江苏高校品牌专业建设工程资助项目（TAPP）

国家重点实验室／高技能人才培养示范基地建设配套用书

例说PLC

【欧姆龙系列】

高安邦　高素美／主编

智淑亚　牟福元／副主编

郑　宏　高　云／参编

鞠全勇　田　敏　吴洪兵／主审

中国电力出版社

CHINA ELECTRIC POWER PRESS

内 容 提 要

榜样的力量是无穷的，编程实例能提供示范和样板，给人以引导和启迪，本书是一部指导欧姆龙系列 PLC 编程开发应用的实践型著作。

全书共分 6 章。第 1 章概要介绍了欧姆龙系列 PLC 开发应用编程所必需的硬/软件资源，这是学会 PLC 编程实践的理论根基和必备条件。然后由浅入深，循序渐进、分门别类地介绍了它的开发应用和编程实践，包括：第 2 章欧姆龙 PLC 基本指令的应用编程实践；第 3 章 PLC 工程应用的基本编程环节和典型小系统的设计编程实践；第 4 章欧姆龙 PLC 课程实验教学中常用的编程实践；第 5 章欧姆龙 PLC 模拟量控制的工程应用开发实践；第 6 章欧姆龙 PLC 通信与扩展的应用开发设计实践。

本书内容翔实，编程实例具典型性，阐述清晰透彻，既可作为 PLC 工程应用设计人员的自学指导书，也可作为理工科大学相关专业本/专科师生的实践教材和参考书，更是职业技术院校高技能人才培训的理实一体化佳作。

图书在版编目（CIP）数据

例说 PLC/高安邦，高素美主编 . —北京：中国电力出版社，2017.3
（欧姆龙系列）
ISBN 978-7-5198-0373-5

Ⅰ.①例…　Ⅱ.①高…　②高…　Ⅲ.①PLC 技术　Ⅳ.①TB4

中国版本图书馆 CIP 数据核字（2017）第 027114 号

出版发行：中国电力出版社
地　　址：北京市东城区北京站西街 19 号（邮政编码 100005）
网　　址：http：//www.cepp.sgcc.com.cn
责任编辑：莫冰莹　iceymo@sina.com
责任校对：郝军燕
装帧设计：王英磊　左　铭
责任印制：蔺义舟

印　　刷：北京市同江印刷厂
版　　次：2017 年 3 月第一版
印　　次：2017 年 3 月北京第一次印刷
开　　本：787 毫米×1092 毫米　16 开本
印　　张：33.5
字　　数：803 千字
印　　数：0001—2000 册
定　　价：89.00 元

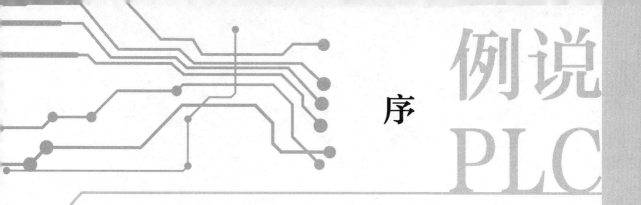

序

　　工业化任务尚未完成的中国，又面临信息化时代的到来。工业化与信息化的并行，决定了我国只能走新型工业化道路，以信息化提升工业化，以工业化促进信息化。信息化和工业化的一个交汇点，即信息技术在工业领域，尤其是制造业的广泛应用，以信息技术提高制造业的自动化、智能化，促进制造业产业升级。

　　近年来，我国制造业通过信息技术的应用，大力推进制造业信息化，使制造业的快速响应市场能力、研究开发能力、企业管理水平等都有了较大提高。为了取得制造业信息化的应有效果，从我国制造业企业的实际出发，要突出强调从信息化的底层做起，即把产品智能化、数字化，设计数字化，生产过程自动化、智能化放在重要位置来抓，并做好基础管理工作，在此基础上，进一步做好管理数字化和产业层次的信息化。

　　可编程序控制器（PLC）是20世纪60年代以来发展极为迅速的一种新型工业控制装置。现代PLC综合了计算机技术、自动控制技术和网络通信技术，其功能已十分强大，超出了原先概念的PLC，应用越来越广泛、深入，已进入系统的过程控制、运动控制、通信网络、人机交互等领域。系统了解PLC的技术原理、熟练掌握PLC技术的应用编程，已是广大工程技术人员、高等院校师生、技术管理人员的迫切愿望，更是国家重点实验室和国家高技能人才培养示范基地师生必备的最基本的职业核心技能之一。

　　本书由长期从事PLC应用技术教学研究和科研开发的人员共同编写，是江苏高校品牌专业建设工程资助项目。相信本书的出版对提高PLC技术人员的编程应用能力和水平，提升金陵科技学院的学术水平和地位、完成学院当前的中心任务将会起到积极的推动和促进作用。

鞠全勇

金陵科技学院机电学院院长/教授/博士

田敏

淮安信息职业技术学院院长/教授/研究员级高级工程师/博士

吴洪兵

金陵科技学院机电学院高级工程师/博士

前言

例说 PLC

PLC 是以微处理器为基础，综合应用计算机技术、半导体技术、自动控制技术、数字技术和网络通信技术发展起来的一种通用的工业自动控制装置。它以其可靠性高、控制能力强、配置灵活、编程简单、使用方便、易于扩展、适应工业环境下应用以及体积小、功耗低等一系列优点，迅速占领了工业控制领域，是当今及今后工业控制的主要手段和重要的自动化控制设备。从运行控制到过程控制；从单机自动化到生产线自动化乃至工厂自动化；从工业机器人、数控设备到柔性制造系统（FMS）；从集中控制系统到大型集散控制系统……PLC 均充当着重要角色，并展现出强劲的态势。PLC 技术和 CAD/CAM 技术、数控机床、工业机器人已成为了现代工业控制的四大支柱并跃居榜首。可以这样说，到目前为止，无论从可靠性上，还是从应用领域的广度和深度上，还没有一种控制设备能够与 PLC 相媲美；其应用的深度和广度已直接代表着一个国家工业先进的程度。

PLC 应用的关键核心和难点技术是编程，而如何以最快的速度、最有效的方法、在最短的时间内学会和掌握 PLC 应用的编程技术，是广大 PLC 学习者最迫切需要解决的问题。本书以应用最广泛的欧姆龙系列 PLC 为例，解决技术人员在实际工程项目开发过程中所遇到的各种困扰，从而更快、更好地完成各种实际项目的开发和设计。

全书内容以实践为引导，从简单到复杂，由浅入深、由简到繁、从入门到精通、循序渐进，可以满足不同要求、不同层次读者的需要。它能给初学者提供示范和样板，所展示的基本程序一读就会，并达到举一反三的学习效果；本书在内容选取方面广泛吸收国外先进标准、先进设计思想的经验，对各类电气设计人员、PLC 控制系统工程设计人员都具有普遍实用的指导、启迪和参考价值，不仅便于教学，更便于自学。

本书为江苏高校品牌专业建设工程资助项目，也是金陵科技学院机电学院创建国家级重点实验室/国家高技能人才培养示范基地的标志性成果之一。该书的编写，既是编者多年来从事教学研究和科研开发实践经验的概括和总结，又博采了目前各教材和著作之精华。参加本书编写工作的有高安邦教授（第 1 章）、高素美副教授（第 2 章）、智淑亚副教授（第 3 章）、牟福元讲师（第 4 章）、郑宏/哈尔滨医科大学附属第二医院助理研究员（第 5 章）、高云/哈尔滨锅炉厂高级工程师（第 6 章）。全书由哈尔滨理工大学教授/金陵科技学院机电学院客座教授高安邦主持编写和负责统稿，由鞠全勇教授、田敏教授、吴洪兵博士主审并作序，他们对本书的编写提供了大力支持并提出了宝贵的编写意见。三亚技师学院的高家宏、高鸿升、佟星、郜普艳、李梦华、谢越发、谢礼德、樊文国、孙佩芳、王海丽、陈瑾、刘曼华、黄志欣、孙定霞、尚升飞、吴多锦、唐涛、钟其恒、王启名等老师，淮安信息职业技术学院的杨帅、薛岚、陈银燕、关士岩、陈玉华、毕洁廷、赵冉冉、刘晓艳、王玲、姚薇、邱少华、王宇航、马鑫、陆智华、余彬、邱一启、张纺、武婷婷、司雪美、朱颖、杨俊、周伟、陈忠、陈丹丹、杨智炜、霍如旭、张旭、宋开峰、陈晨、丁杰、姜延蒙、吴国松、朱兵、杨景、赵家伟、李玉驰、张建民、施赛健等同学也为本书做了大量的辅助性工作。本书的编写还得到了金陵科技学院、铁岭市华通开关有限公司、三亚技师学院、哈尔滨理工大学、哈尔滨医科大学附属第二医院、哈尔滨锅炉厂、淮安信息职业技术学院的大力支持，在此向他们表示最真诚的感激之意！任何一本新书的出版都是在认真总结和引用前人知识和智慧的基础上创新发展起来的，本书的编写无疑也参考和引用了许多前人优秀教材与研究成果的结晶和精华。在此向本书所参考和引用的资料、文献、教材和专著的编著者表示最诚挚的敬意和感谢！

　　鉴于 PLC 目前还是处在不断发展和完善过程中的技术，其应用的领域十分广泛，现场条件千变万化，控制方案多种多样，只有熟练掌握好 PLC 的技术，并经过丰富的现场工程实践才能将 PLC 用熟用透用活，做出高质量的工程应用设计。限于编者的水平和经验，书中错误、疏漏和不妥之处在所难免，恳请各位读者和专家们不吝批评、指正，以便今后更好地修订、完善和提高。

编　者

2017 年 1 月 1 日

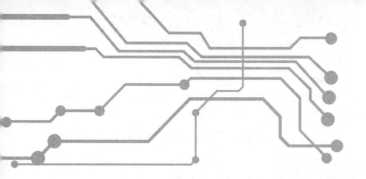

目录

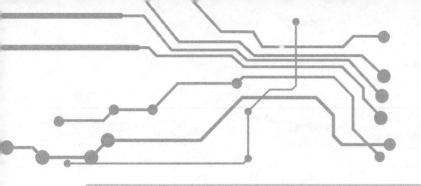

第 1 章

例说欧姆龙PLC编程实践的硬/软件资源

巧妇难为无米之炊，要进行编程首先必须熟练掌握 PLC 的硬/软件资源。

1.1 欧姆龙 PLC 的主要硬件资源

日本欧姆龙公司致力于控制设备产品的生产已有多年的历史，现已形成了一个遍及全球的自动控制产品的生产、销售及用户服务网络。其产品包括种类齐全的工业控制元件、可满足大多数应用需求的系列 PLC、智能变频器以及支持大规模工厂自动化的高效分散控制系统，广泛应用于冶金、电力、机械加工以及石油、化工、市政工程等各个行业中，以其良好的性能和低廉的价格，占据了我国自动控制产品市场的较大份额。

欧姆龙 SYSMAC 系列 PLC 按其系统规模和性能大小，分为微型、小型、中型和大型四大类，共有几十个型号的 PLC 产品，可以根据应用实际需要，灵活选用，能够满足用户不同规模和不同复杂度的系统要求，并能获得最优的性能价格比。其规模、性能如图 1-1 所示，表 1-1 列出了主要的机型和系列。表 1-2 列出了欧姆龙 PLC 性能比较表。不同系列、不同型号的 PLC 均可通过通信、网络或欧姆龙专用总线接口实现系统扩展和通信互联，使系统中的所有 PLC 成为一个有机的整体，彼此

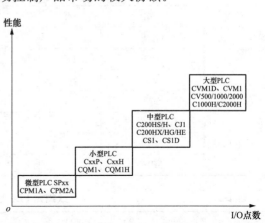

图 1-1　SYSMAC 系列 PLC 规模、性能图

之间均可实现信息交换和资源共享。不同系列、不同型号的 PLC 均可使用相同的编程组态方式，甚至使用相同的 I/O 模板、通信模板和存储器等系统部件。欧姆龙 PLC 的这些优良特点为用户系统的集成、维护和改造提供了十分便利的手段。

表 1-1　　　　　　　　　　欧姆龙 SYSMAC 系列 PLC 性能一览表

系统规模	型号	最大 I/O 点数	程序容量	数据存储容量	指令数/条	处理速度/μm
大型 PLC	CV2000	2048	62K	24K	170	0.125～0.375
	C2000H	2048	30.8K	6.5K	174	0.4～2.4
	CV1000	1024	62K	24K	170	0.125～0.375
	C1000H	1024	30.8K	4K	174	0.4～2.4

续表

系统规模	型号	最大 I/O 点数	程序容量	数据存储容量	指令数/条	处理速度/μm
大型 PLC	CVM1	1024	30K	24K	170	0.125～0.375
	CV500	512	30K	8K	170	0.15～0.45
	C500	512	6.6K	0.5K	71	3～63
中型 PLC	C200HX/HG/HE	1184	31.2K	6K	245	0.1
	C200HS	480	15.2K	6K	239	0.375～1.125
	C200H	480	6.6K	2K	173	0.75～2.25
小型 PLC	CQM1	128	3.2～7.2K	1～6K	118	0.5～1.5
	CPM1-30CDR-A	50	2K	1K	134	0.72～16.3
	CPM1-20CDR-A	40				
	CPM1-10CDR-A	30				
	C60H	240	2878	1000	130	0.75～2.25
	C40H	160				
	C28H	148				
	C20H	140				
	C60P	148	1194	64	37	4～95
	C40P	128				
	C28P	148				
	C20P	140				
	C20	140	1194	—	27	4～80
微型 PLC	SP20	20	250	—	38	0.2～0.72
	SP16	16				
	SP10	10	100		34	0.2～0.72

表 1-2　　　　　　　　　欧姆龙 PLC 性能比较表

系列	CV/CVM1	C200H	CS1	CP	CQM1	CPM1A	SRM1
最大 I/O 点数	2048	1184	5120	148	256	140	256
程序容量/K 步	62	63.2	250	1.194	3.2～7.2	2.096	4.096
指令执行时间/μs	0.125～0.376	0.1	0.04～0.08	10	0.5	0.72～0.64	0.97
定时器数	1024	512	4096	512	256		
计数器数			4096				

1.1.1　欧姆龙 PLC 的主要硬件资源概述

1. 微型机系列

微型机系列，性能卓越，以小见大。具有充裕的存储容量，丰富多彩的内部控制功能。适应高速处理，10～140 点 I/O 系统，是 SYSMAC 系列的最小机型。其主要机型有 CPM1A、CPM2A/AE、CPM2C 和 SP××。表 1-3 列出了 CPM1A、CPM2A/AE、

CPM2C 的主要性能参数。

表 1-3   **CPM1A、CPM2A、CPM2C 的主要性能参数**

型号	CPM1A	CPM2A	CPM2C
程序容量	2048 字	4096 字	
最大 I/O 点数	100 点	120 点	140 点（全晶体管型系统）
指令种类	基本指令：14 种 特殊指令：79 种 135 条	基本指令：14 种 特殊指令：106 种	
指令执行时间	1.72μs/LD	0.64μs/LD	
数据存储	读/写：1024 字 只读：512 字	读/写：2048 字 只读：456 字	
工作位	928 位		
定时器/计数器	128 位（10ms、100ms 定时器，计数器）	256 位（1ms、10ms、100ms、10s 定时器，计数器）	

  CPM1A 是先进的、微型化的 PLC，其大小仅相当于一个 PC 卡（对于 10 点的机型来说），从而使安装体积大幅度减小，同时也进一步节省了控制柜的空间。它不仅具备了以往小型 PLC 所具备的功能，而且还可连接可编程序终端，选用通信适配器与相应的上位 Link、高速 NT Link 及 PT 之间进行高速通信。其 CPU 单元有 10 点至 40 点多种型号 CPU 单元与扩展 I/O 并用，可实现 10 点到 100 点的输入输出要求。系统电源有 AC 和 DC 两种电源型号可选择。汇集了各种先进的功能，如高速响应、高速计数、中断等，还备有一个模拟量设定。充足的程序容量，具有 2048 字的用户程序存储器和 1024 字的数据存储器。

  编程环境与其他 SYSMAC 机种相同，可以使用通用的 SYSMAC 支持软件及编程器，因此系统的扩展及维护都可简单进行。

  SPxx 系列主要有 SP10、SP16、SP20 等机型，是高速度、高性能、世界上最小型的 PLC，具有超小型、高性能、程序免维护等特点，内装模拟定时器，具有输入滤波功能，适合高速处理，并可实时、规模分散控制。

  2. 小型机系列

  小型机系列是最适合于小规模机器控制的 PLC，具有多种型号的 CPU 供用户选择，具有丰富的特殊 I/O 单元和高速处理功能，内含 RS-232C 端口，提供方便的连接和组合手段。其主要机型和系列有 CxxP、CxxH 和 CQM1、CQM1H 两大类。

  CxxP 系列主要有 C20P、C28P、C40P 和 C60P。它提供了最灵活的 I/O 选择，I/O 容量为 20～120 点。整体紧凑设计，在线调整定时器时间，具有位置控制功能，可实现系统可扩展和远程 I/O 系统，可在线编程与维护。

  CQM1 具有多种型号的 CPU 供选择、丰富的特殊 I/O 单元和高速处理功能，内含 RS-232C 端口，可方便地实现系统连接和组合扩展。

  3. 中型机系列

  中型机系列是最适合于中规模机器控制的 PLC，可实现高速处理，具有大容量内存，CPU 含上位机通信功能，与 C200H 共用相同的 I/O 模块，具有更丰富的指令系统和加强的网络功能。其主要机型和系列有 C200HS/H、CJ1、SYSMSC C200HX/HG/HE、CS1

和 CS1D 等。

C200HS/C200H PLC 是中型机中的典型机型，也是欧姆龙公司的典型 PLC，它可实现高速处理，具有大容量内存，CPU 含上位机通信功能，具有更丰富的指令系统和加强的网络功能，其 C200H 系列 I/O 模块和特殊功能单元，为其他多种系列机型所共用。

CS1 系列是中型模块式 PLC，指令处理速度高达 0.04μs/条，内置 RS-232C 接口和实时时钟，通过以太网接口可用 E-mail 进行远程访问。多任务程序结构提高了开发效率和系统响应的速度。

SYSMAC C200HX/C200HG/C200HE 是继 C200HS/C200H 之后，为适应 PLC 的信息化要求而推出的新型中型 PLC，其最大 I/O 点数为 640～1184 点。CPU 单元有内置的上位机链接端口，可以安装一块有 6 种类型可供选择的通信板。PC 卡单元可以使用市场上销售的各种价格便宜的 PCMCIA 卡，如以太网卡和存储器卡。C200HX/C200HG/C200HE 的特殊 I/O 单元有模拟量 I/O 单元、模糊逻辑单元、温度传感器单元、温度控制单元、凸轮定位单元、数据设定器、PID 控制单元、位置控制单元、高速计数单元、ASCII 单元、ID 传感器单元、语音单元、运动控制单元等。

其主要特点是将 PC 卡技术运用到 PLC 中，为控制现场信息化要求，提供了良好的技术支持。欧姆龙在此系列 PLC 中提供了标准 PCMCIA 规格的 ETHERNET 卡、存储器卡等 PC 卡，为 PLC 与计算机之间的信息交换提供了便利的途径。C200HX/C2NHG/C2MHE 是中型机系列的主要机型，它具有下述特点。

（1）基本性能得到了提高。输入输出点数为 640～1184 点，是 C200HS 最大点数的 1.4 倍；处理速度为 0.3～0.1μs，是 C200HS 最大速度的 3.75 倍；程序存储器容量为 3.2～31.2K，是 C200HS 最大容量的 2 倍；数据存储器容量为 4～24K，是 C200HS 最大容量的 4 倍。

（2）具有标准 PCM CIA 规格的 ETHERNET 卡、存储器卡等 PC 卡，为 PLC 系统信息化提供了技术支持。

（3）具有两种适应现场操作的现场总线接口，一种是适应于多 Bit 通信的开放型现场总线 CompoBus/D，另一种是追求高速度、低成本 I/O 总线 CompoBus/S。

（4）SYSMAC LINK 数据链接区域的容量由 918CH 扩大到 2966CH，是 C200HS 的 3 倍，可收集和传递更多的信息。

（5）具有 Protocol Macro 协议宏功能配置，在梯形图软件中用 Protocol Macro 功能可对现场的各种通信信息进行实时处理，提高了通信的灵活性，同时简化了编程的复杂度。

（6）具有丰富的通信模块，在 CPU 本体上备有标准上位接口，可配备 6 种通信模块。由于在 CPU 单元选项槽中，可装备各种通信模块，从而能实现与 SYSMAC LINK/SYSNET 的连接，或者与上位计算机、PLC、BCR、温调模块之间通信。

SYSMACα 系列特点是可通过简易的连接提高开发效率——带协议宏指令功能；具备各种高功能单元——2 轴运动控制单元、Controller Link 单元、CompoBus/S 单元、CompoBus/D（DeviceNet）单元、PC 卡单元、8 点模拟量输入/输出单元等；SYSMACα——ZE * 系列具有更大存储器容量和指令；存储器可扩大到最大 63.2K 字（C200HX-CPU 65/85-ZE）；扩展数据存储器最大到 6K×16 组字（C200Hx-CPU85-ZE）；扩充了近 50 种符号化的比较指令、四则运算指令；可直接指定扩展数据存储器的 1 个组；不需要切换扩展应用指令。

4. 大型机系列

大型机系列是高速度、高性能、高可靠性的大型 PLC，其主要型号有 CVM1D、CVM1、CV500/1000/2000 和 C1000H/C2000H 等。其中，CV500/CV1000/CV2000/CVM1 系列 PLC 具有高速、大容量控制器，每千条基本指令扫描时间仅 0.125ms，数据区可达 256K 字，采用 SFC（顺序功能图）语言，程序结构化，易编、易读、易调试，具有 SYSMAC NET，SYSMAC UNK 及 SYSMAC BU5/2 等高功能通信网络，使用 FINS（欧姆龙通信系统协议），实现多层、远程编程及控制，可通过 CV500-ENT01 与 ETHERNET 通信，并支持并行双 I/O 扩展系统，长度可达 50M，扩展单元地址可方便设定。C1000H/C2000H 系列 PLC 除具有上述功能外，还可实现单机、双机系统（C2000H），单机运行时，一个 CPU 激活，另一个 CPU 热备份。通过 FIT、LSS、SSS 和 GPC 实现在线调试和监控，安装带电插拔模块后，可在线更换 I/O 单元（C2000H）。C500、C1000H、C2000H 单元可互换。

CV/CVM1 系列是大型模块式 PLC，可提供模拟量输入/输出单元、模糊控制单元、温度传感器单元、高速计数单元、凸轮控制单元、ASCII 单元、模拟定时单元、双轴运动控制单元、温度控制单元、PID 控制单元、位置控制单元、ID 传感器单元、语音单元、中断用输入/输出单元和通信用单元等。

1.1.2　微型机中典型代表 CPM1A 系列 PLC 的硬件资源

CPM1A 系列 PLC 是欧姆龙公司生产的小型整体式 PLC，结构紧凑、功能强、性能良好，价格适当，目前在小规模控制中广泛应用。

1. CPM1A 系列 PLC 的主机

CPM1A 系列 PLC 的主机按 I/O 点数分，有 10 点、20 点、30 点和 40 点 4 种；按使用电源的类型分，有 AC 型和 DC 型两种（AC 电源电压为 100～240V；DC 为 24V）；按输出方式分，有继电器输出型和晶体管输出型两种。CPM1A 系列 PLC 主机的规格见表1-4。

表 1-4　　　　　　　　　　　　　**CPM1A 系列 PLC 主机的规格**

类　型	型　号	输出形式	电　源
10 点 I/O 输入：6 点 输出：4 点	CPM1A 10CDR-A	继电器	AC100～240V
	CPM1A-10CDR-D	继电器	DC24V
	CPM1A-10CDT-D	晶体管（NPN）	DC24V
	CPM1A-10CDT1-D	晶体管（PNP）	DC24V
20 点 I/O 输入：12 点 输出：8 点	CPM1A-20CDR-A	继电器	AC100～240V
	CPM1A-20CDR-D	继电器	DC24V
	CPM1A-20CDT-D	晶体管（NPN）	DC24V
	CPM1A-20CDT1-D	晶体管（PNP）	DC24V

续表

类 型	型 号	输出形式	电 源
30 点 I/O 输入：18 点 输出：12 点	CPM1A 30CDR-A	继电器	AC100～240V
	CPMA1 30CDR-D	继电器	DC24V
	CPM1A 30CDT-D	晶体管（NPN）	DC24V
	CPM1A-30CDT1-D	晶体管（PNP）	DC24V
40 点 I/O 输入：24 点 输出：16 点	CPM1A 40CDR-A	继电器	AC100～240V
	CPM1A-40CDR-D	继电器	DC24V
	CPM1A-40CDT-D	晶体管（NPN）	DC24V
	CPM1A-40CDT1-D	晶体管（PNP）	DC24V

图 1-2 所示为 CPM1A 系列 10 点主机的面板结构，20 点、30 点、40 点主机面板类似于 10 点 PLC 主机面板。

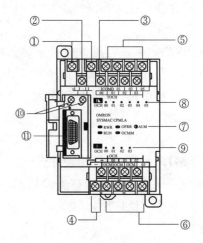

图 1-2　10 点主机的面板结构图

①电源输入端子：接入电源，AC100～240V 或者 DC24V 两种。

②功能接地端子：抗噪声干扰。当有严重噪声时，必须接地。通常可与保护接地端子连在一起接地，但不能与其他设备接地线或金属结构连接，接地电阻限定在 100Ω 以下。这种仅限于 AC 电源。

③保护接地端子：防止触电，必须接地。与功能接地端子的连接要求相同。

④输出 DC24V 电源端子：AC 电源型的主机，通过 DC24V 电源端子向外部提供指定电源。也可作为输入设备或现场传感器的服务电源。

⑤输入端子：连接输入设备。不同 I/O 点数的主机，输入点不同。比如 10 点 I/O 型有 6 个输入点。

⑥输出端子：连接输出设备。10 点 I/O 型有 4 个输出点。

⑦工作状态显示 LED：在主机面板的中部有 4 个工作状态显示 LED。PWR（绿）是电源接通与断开指示。RUN（绿）是 PLC 工作状态指示：编程时闪烁，PLC 执行程序；处于运行或监控时亮，运行正常时灭。COMM（橙）是通信指示灯，PLC 与外部通信时亮，不通信时灭。

⑧输入/输出点显示 LED：每个输入/输出都对应一个 LED，亮时表示该点的状态为 ON。

⑨模拟量设定电位器：两个 0 和 1，布置在面板的左上角。

⑩外设端口：连接编程器等外部设备，也可通过适配器与其他 PLC 联网。

⑪扩展连接器：I/O 点为 30 点和 40 点的主机有连接扩展单元。

2. I/O 扩展单元

表 1-5 所示为 CPM1A 系列 I/O 扩展单元的类型与规格。图 1-3 是 20 点 I/O 扩展单元的面板。10 点、20 点主机没有扩展连接器，不能接 I/O 扩展单元。30 点、40 点主机可以接 I/O 扩展单元，最多连接 3 台 I/O 扩展单元。图 1-4 为 CPM1A 系列 PLC 的 I/O 扩展配置、I/O 点编号。

表 1-5 **CPM1A 系列 I/O 扩展单元的类型与规格**

类 型	型 号	输出形式
8 点型（输入：8 点）	CPM1A-8ED	
8 点型（输出：8 点）	CPM1A-8ER	继电器
	CPM1A-8ET	晶体管（NPN）
	CPM1A-8ET1	晶体管（PNP）
20 点型（输入：12 点，输出：8 点）	CPM1A-20EDR	继电器
	CPM1A-20EDT	晶体管（NPN）
	CPM1A-20EDT1	晶体管（PNP）

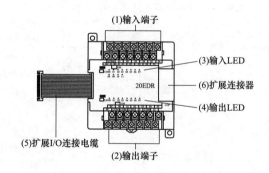

图 1-3 20 点 I/O 扩展单元的面板图

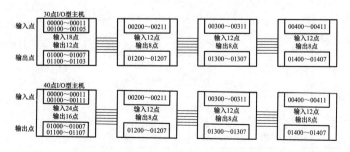

图 1-4 CPM1A 系列 PLC 的 I/O 扩展配置、I/O 点编号

3. 编程工具

CPM1A 系列的编程工具有以下两种。

（1）专用编程器：两种型号，一种本身自带电缆，可直接接主机的外设端口；另一种需要专用电缆与主机连接。

（2）装有专用编程软件的个人计算机：通过适配器或专用电缆与 PLC 连接。用户可以通过键盘输入和调试程序；另外在运行时，还可以对整个控制过程进行监控。

4. 特殊功能单元

CPM1A 系列的特殊功能单元主要有模拟量 I/O 单元、温度传感器、模拟量输出单元和温度传感器输出单元 4 种。对特殊功能单元连接数目有要求，如与主机连接不能超过 2 个。

用户根据需要，可以选择使用一种或几种特殊功能单元。在使用温度传感器单元 TS002 和 TS102 时，只能连接其中的一个，且同时使用的扩展单元总数不能超过 2 台。

5. CPM1A 系列的继电器区及数据区

CPM1A 系列 PLC 的继电器和数据区分为内部继电器区（IR）、特殊辅助继电器区（SR）、暂存继电器区（TR）、保持继电器区（HR）、辅助记忆继电器区（AR）、链接继电器区（LR）、定时器/计数器区（TC）和数据存储区（DM）。CPM1A 系列 PLC 的内部器件以通道形式进行编号，通道号用二位、三位或四位数表示。一个通道内有 16 个继电器，一个继电器对应通道中的一位，16 个位的序号为 00～15。所以，一个继电器的编号由两部分组成：一部分是通道号，另一部分是该继电器在通道中的位序号，见表1-6。

表1-6　　　　　　　　　继电器号分配表

名　称		点　数	通道号（CH）	继电器地址	功　能
输入继电器		160	000～009	00000～00915	继电器号与外部的输入输出端子相对应（没有使用的输入通道可用作内部继电器号使用）
输出继电器		160	010～019	00000～00915	
内部辅助继电器		512	200～231	20000～23115	在程序内可以自由使用的继电器，不可输出
特殊辅助继电器		384	232～255	23200～25507	分配有特定功能的继电器
暂存继电器（TR）		8	TR0～TR7		回路的分歧点上，暂时记忆 ON/OFF 的继电器
保持继电器（HR）		320	HR00～HR19	HR0000～HR1915	在程序内可以自由使用，且断电时能保持掉电前状态的继电器
辅助记忆继电器（AR）		256	AR00～AR15	AR0000～AR1515	分配有特定功能的辅助继电器
链接继电器（LR）		256	LR00～LR15	LR0000～LR1515	1∶1 链接的数据输入输出用继电器（也能用作内部辅助继电器）
定时器/计数器		128	TIM/CNT000～TIM/CNT127		定时器、计数器，编号合用
数据存储器（DM）	可读写	000～009	DM0000～DM0999 DM1022～DM1023		以字为单位（16 位）使用，断电也能保持数据。在 DM1000～DM1021 不作故障记忆时可作常规 DM 使用。DM6144～DM6599、DM6600～DM6655 不能用程序写入，只能用外围设备设定
	故障履历存入区	000～009	DM1000～DM1021		
	只读	000～009	DM6144～DM6599		
	PC 系统设定区	000～009	DM6600～DM6655		

（1）内部辅助继电器区（IR）。

1）IR区。分为I/O继电器区与内部辅助继电器区两部分。

a. I/O继电器区。是供输入/输出用的输入/输出继电器区，该区的通道号为000～019，共20个通道。其中，000～009是输入继电器区，000、001是主机的输入通道，其余为与主机连接的I/O扩展单元的输入通道编号；输出继电器区有编号为010～019的10个通道，其中010、011通道用来对主机的输出通道编号，012～019用于对主机连接的I/O扩展单元的输出通道编号。

b. 内部辅助继电器区。是供用户编写程序使用的，该区的通道不能直接输出，编号为200～231的32个通道。每个通道有16位（点），故共有512点。

2）继电器编号的表示。在IR区，某一个继电器的编号要用5位数表示。前3位数是该继电器所在的通道号，后2位数是该继电器在通道中的位序号。例如，某继电器的编号是00105，其中的001是通道号，05表示该继电器的位序号。

另外，输入/输出继电器区中未被使用的通道也可作为内部辅助继电器使用。

（2）特殊辅助继电器区（SR）。特殊辅助继电器区供系统使用，主要用于暂存CPM1A有关动作的标志，各种功能的设定值、现在值。SR区有24个通道（通道号为232～255），表1-6给出了该继电器的功能。

1）SR区的前半部分（232～251）一般以通道为单位使用，无继电器号。

2）232～249通道也有可作为内部辅助继电器使用的功能（前提不作为既定功能使用时）。

3）250和251只能作为既定功能使用，不可作为内部辅助继电器使用。

4）SR区后半部分（252～255）主要存储PLC的工作状态标志，发出工作启动信号，产生时钟脉冲等。除了25200，这些工作状态只能使用，但不能改变。用户程序只能用其触点，不能将其作为输出继电器使用。

5）25200属于高速计数器的软件复位标志位，状态可控。状态为ON时可复位。

6）25300～25307为故障码存储区。

（3）暂存继电器区（TR）。CPM1A有编号为TR0～TR7共8个暂存继电器区。用于暂存复杂梯形图中分支点之前的ON/OFF状态；同一编号的暂存继电器在同一程序段内不能重复使用，在不同的程序段可重复使用。

（4）保持继电器区（HR）。该区有编号为HR00～HR19的20个通道，每个通道有16位，共有320个继电器。保持继电器的使用方法同内部辅助继电路一样，但保持继电器的通道编号必须冠以HR。保持继电器具有断电保持功能，其断电保持功能通常有两种用法：其一，当以通道为单位用作数据通道时，断电后再恢复供电时数据不会丢失；其二，以位为单位与KEEP指令配合使用或作为自保持电路时，断电后再恢复供电时，该位能保持掉电前的状态。

（5）辅助记忆继电器区（AR）。主要用来存储PLC的工作状态信息，具有断电保持功能（如扩展单元的数目、断电的次数等）。辅助记忆继电器区共有AR00～AR15的16个通道，通道编号前要冠以AR字样。

（6）链接继电器区（LR）。链接继电器区共有编号为LR00～LR15的16个通道，通道编号前要冠以LR字样。当CPM1A与本系列PLC之间进行1∶1链接时，要使用链接继电器与对方交换数据。在不进行 1∶1 链接时，链接继电路可作内部辅助继电器使用。

（7）定时器/计数器区（TC）。该区总共有 128 个定时器/计数器，编号范围为 000～127。定时器/计数器又各分为两种，即普通定时器 TIM 和高速定时器 TIMH，普通计数器 CNT 和可逆计数器 CNTR（统一编号，TC 号不可重复，当一个 TC 号给了定时器，就不能给其他定时器或计数器）。定时器无断电保持功能，电源断电时定时器复位。计数器有断电保持功能。

（8）数据存储区（DM）。数据存储区用来存储数据。该区共有 1536 个通道，每个通道 16 个位。通道编号用 4 位数且冠以 DM 字样，其编号为 DM0000～DM1023、DM6144～DM6655。数据存储区只能以通道为单位使用，具备掉电保持功能。

1）DM0000～DM0999、DM1022～1023 为程序可读写区，用户程序可自由速写内容。

2）DM1000～DM1021 用作故障履历存储器，记录有关故障信息，也可作为普通数据存储器使用。是否作为故障履历存储器，由 DM6655 的 00～03 位设定。

3）DM6144～DM6599 为只读存储区，能读不可写，数据必须提前写入。

4）DM6600～DM6655 为系统设定区，用来设置各种系统参数。由编程器来写入通道中的数据。DM6600～DM6614 仅在编程模式被设定，DM6615～DM6655 可在编程模式或监控模式的时候设定。

6. CPM1A 系列 PLC 的功能简介

CPM1A 系列 PLC 属于高功能的微型机，其主要功能如下。

（1）丰富的指令系统：基本指令有 17 条，应用指令有 136 条。功能强大、简单，编程方便。

（2）模拟设定电位器功能：在主机面板左上角，其参数设定范围为 0～200（BCD），可将其数值自动送到特殊辅助继电器区域。模拟设定电位器的 0 和 1 的数值分别送入对应的 250 通道和 251 通道。当定时器/计数器的设定值采用这两个通道后，其设定值可以方便地进行变动。

（3）输入时间常数设定功能：因为 PLC 输入电路有滤波器，可以减少外部干扰，保证时间常数的稳定性。时间常数的设定是通过系统设置区域的 DM6620～DM6625 来设置的。

（4）高速计数器功能：递增计数和递减计数；中断功能与其他指令配合可以实现目标值比较中断控制或区域比较中断控制。高速计数器通过 DM6642 进行设置。

（5）外部输入中断功能：中断输入点有 00003～00006（10 点的为 00003 和 00004），包括输入中断模式和计数器中断模式。这一功能主要解决快速响应问题。输入中断模式是在输入中断脉冲的上升沿时刻响应中断，停止执行主程序而转去执行中断处理子程序，子程序执行完毕后再返回断点继续执行主程序，其设定为 DM6628；计数器中断模式是对中断输入点的输入脉冲进行高速计数，每达到一定次数就产生一次中断，停止主程序而执行中断子程序，子程序执行完毕再返回断点处继续执行主程序。

（6）间隔定时器中断功能：中断功能有两种，单次中断模式——当间隔定时器达到设定时间时便产生一次中断，停止执行主程序而执行中断程序；重复中断模式——每隔一定的设定时间产生一次中断。

（7）快速响应输入功能：由于 PLC 的输出对输入的响应速度受扫描周期的影响，在某些特殊情况下可能使一些瞬时的输入信号被遗漏。为了防止这种输入信号被遗漏，CPM1A

系列 PLC 中设计了快速响应输入功能。有了此功能，PLC 便可以不受扫描周期的影响，随时接收最小脉冲宽度为 0.2ms 的瞬时脉冲。快速响应的输入点内部具有缓冲功能，可将瞬间脉冲记忆下来并在规定的时间响应它。

通常用系统设置区域的 DM6628 来设定，以实现快速响应输入功能，否则使用无效；在 CPM1A 系列主机中，外部中断输入点也是快速响应输入点。

（8）脉冲输出功能：主要针对晶体管型 PLC，如配合步进电动机的驱动电源实现步进电动机的速度和位置控制。

（9）较强的通信功能：在外设端口连接适配器时，可与其他个人计算机链接通信。

（10）高性能的快闪内存：采用快闪存储器，不需要使用锂电池，并可保证 PLC 的正常工作。这样避免了锂电池定期更换的麻烦，使用非常方便。

7. CPM1A 系列 PLC 的通信功能

CPM1A 系列 PLC 的通信功能很强大。

（1）HOST Link 通信：通信时，上位机发出指令信息给 PLC，PLC 返回响应信息给上位机，上位机可以监视 PLC 的工作状态。

（2）NT Link 通信：PLC 与可编程终端 PT 链接。PT 主要实时显示 PLC 的继电器区、数据区的内容及 PLC 的各种工作状态信息，并对 PLC 控制系统进行监控；也可通过功能键或触摸按钮改变 PLC 的某些设定值（输入数据）。有的也可以存储数据。

（3）1：1 PLC Link 通信：两台 PLC 通过 1：1 链接后可利用 LR 区交换数据，实现信息共享。

（4）CompoBus/SI/O 链接通信：PLC 链接了 CompoBus/S 的 I/O 单元。

1.1.3 小型机中典型代表 C 系列和 CQM1H 系列 PLC 的硬件资源

1. C20PLC 的硬件资源

日本欧姆龙（立石）公司生产的 C 系列 PLC 中有 C20、C20P、C500、C2000 等，其输入、输出点数和结构形式见表 1-7。

表 1-7　　　　　　　　　　C 系列 PLC 输入、输出点数和结构形式

项目	SYSMAC C20P/28P/40P	SYSMAC-C20	SYSMAC-C500	SYSMAC C1000H/C2000H
特点	紧凑	用于小规模系统很理想	积木式型	标准积木式型：Duplex system 适合于 C2000H
外形/mm	250 100	21 26	480 250	480 250 100
程序系统	梯形图	梯形图	梯形图	梯形图
程序容量	1194 地址	512 地址或 1194 地址	6.6K 地址	C1000H：C2000H：32K 地址 32K 地址
输入和输出点数	输入　输出 C20P 12 8 C28P 16 12 C40P 24 16 （扩展至 112）	28～140	512（最大）	C1000H：最大 1024 C2000H：最大 2048

续表

项目	SYSMAC C20P/28P/40P	SYSMAC-C20	SYSMAC-C500	SYSMAC C1000H/C2000H
电源电压	100～240VAC 50/60Hz 24V DC	100/120，200 到 240VAC 或 24V DC	110/120/220/ 240VAC	100～120/200～240VAC， 50/60Hz，24V DC
耗电量	40VA（AC）20W（DC）	30VA，20W	50VA	150VA（AC）55W（DC）

（1）C20 的性能。C20 有两种型号：一是基本型，另一是扩展型。基本型容量为 1194 个程序语句，28 个 I/O 点及 136 个内部辅助继电器；扩展型除了 I/O 点能增加到 140 个以外，其他功能与基本型相同。

C20 可以根据选用的模块，构成：①16 点输入，12 点输出；②32 点输入，24 点输出；③48 点输入，36 点输出；④64 点输入，48 点输出；⑤80 点输入，60 点输出。

C20 共有 48 个定时器/计数器。每个定时器的定时范围是 0.1～999.9s，每个计数器的计数范围为 1～9999。C20 还有高速定时功能，定时范围是 0.01～999.9s。C20 除了具有一般小型 PLC 所具备的逻辑运算指令、定时指令、计数指令和连锁指令以外，还具有数值计算指令，如加法、减法、比较、移位等指令，能适应较为复杂的开关量控制。

C20 机的编程容量为 1194 个指令地址。PLC 既可运行 RAW 中的用户程序，也可以运行 EPROM 中的用户程序，基本操作灵活，当使用 RAW 时用户的程序可以修改和重新写入，而 EPROM 又可以对已经定型的程序加以固化。表 1-8 为 C20 性能表。

表 1-8　　　　　　　　　　　　　　　**C20 性能表**

项　目		不可扩展型	可扩展型
控制系统		程序存储系统	
主控单元		MPU，CMOS-LSI，COM-JS，IS-TTL	
编程系统		梯形图	
指令	指令字长	6 位/地址	
	指令数	27	
编程容量		512 地址	1194 地址
执行时间		10μs/地址	
I/O 继电器数		I：16 点（000～0015） O：12 点（0500～0511）	I：80 点（0000～0415） O：60 点（0500～0911）
内部继电器	内部辅助继电器数	136 点（1000～1807）	
	计时器、计数器数	48 个（TIM/CNT00～TIM/CNT47） TIMEH：0.1～999.9s（高速 0.01～99.99s） COUNTER：0～9999 次	
	保持继电器	160 点（HR000～HR915）	
	微分输出	48 个（DIFU/DIFD 指令）	
	暂存继电器	8 点（TR0～TR7）	
	特殊辅助继电器	1808 电池故障出现时 ON	
		1809	
		1810	

项　目		不可扩展型	可扩展型
内部继电器	特殊辅助继电器	1811 常闭（常 OFF）	
		1812	
		1813	
		1814	
		1815 程序执行—扫描周期后 ON	
		1900　0.1s 时钟	
		1901　0.2s 时钟	
		1902　1s 时钟	
		1903 运算结果不以 BCD 码输出时 ON	
		1904 运算结果有进位时 ON	
		1905 比较结果（＞）ON	
		1906 比较结果（＝）ON	
		1907 比较结果（＜）ON	
指示灯	POWER（红）	POWER ON：亮；POWER OFF：灭	
	RUN（红）	PC RUN 状态：亮；PC STOP 状态：灭	
	ERR（红）	故障：亮；正常：灭	
	ALARM（红）	故障不引起 PC 停：闪；正常：灭	
电池寿命		室温下 5 年（用户最大存储容量）	
继电器程序保持功能		断电时，保持继电器和计数器保持当前数据	
自诊功能	RUN/MONITOR 状态		CPU 故障
			NO END 指令
			电池故障
			存储器错误
			I/O BUS 故障
	PROGRAM 状态		END 指令检查
			不正确指令状态检查

（2）C20 的选件和配置。

1）C20 的选件。C20 采用模块结构，每个模块的体积都很小，安装方便。主要有以下几种选件。

a. 3G2C7-CPU44E。它为可展开的主模块。它的外形尺寸为 210mm×250mm×59.5mm。在这个模块上有微处理器、RAM/ROM、16 点输入和 12 点输出。还有可编程序控制台（3G2A6-PR015E）或 EPROM 写入器（3G2A5-PRW04E）相连的接口。该模块是必选模块。

b. 3G2C7-MC223。它为 I/O28 点扩展模块。它的外形尺寸为 210mm×250mm×59.5mm。该模块有 16 点输入，12 点输出。它通过扁平电缆与主模块相连。

c. 3G2C7-MC224。它为 I/O56 点扩展模块。它的外形尺寸为 210mm×250mm×59.5mm。该模块有 32 点输入，24 点输出。它通过扁平电缆与主模块相连。

d. 3G2A6-PR015E。它是编程控制台，可直接插到主模块上，不占安装位置。它主要用于输入或修改用户程序，监控 PLC 的运行状态。

　　e. 3G2A5-PRW04E。它是 EPROM 写入器，可直接插入主模块上，不占安装位置。它用于将 PLC 存储器中的用户程序写入 EPROM，或将 EPROM 中的用户程序读到 PLC 的 RAM 用户程序区。

　　2）C20 的配置。由于 C20 采用模块式结构，用户可以根据实际需要选购相应的模块，使成本降到最低。例如，一个单位需要购置多台 C20，就可以只购买一台编程器和一台 EPROM 写入器。

　　用户根据需求，可以选择如下配置：① 16 点输入，12 点输出，只购置主模块；②32 点输入，24 点输出，主模块＋I/O 56 点扩展；③48 点输入，36 点输出，主模块＋I/O 56 点扩展；④64 点输入，48 点输出，主模块＋I/O 56 点输入点扩展；⑤80 点输入，60 点输出，主模块＋I/O 56 点扩展。

　　（3）C20 的通道和继电器。C20 有位运算指令，如逻辑运算指令、保持指令、定时指令和计数指令，也有字运算指令，如加法、减法、比较传递等。为了完成这些指令功能，C20 将输入输出和内部变量单元分为通道和继电器。

　　1）通道－CHANNEL：

C20 有CH00～CH04　　　　　　　　5 个输入通道

　　　 CH05～CH09　　　　　　　　5 个输出通道

　　　 CH10～CH17　　　　　　　　8 个内部通道

　　　 HR00CH～HR09CH　　　　　10 个保持通道

每个通道由 16 个继电器构成。

数值运算指令的操作对象是通道。

　　2）内部继电器。继电器号一般由两个部分组成：

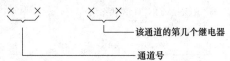

　　例如：1015，表示第十通道的第 16 个继电器；HR000，表示通道的第一个继电器。

　　C20 共有 80 个输入继电器，80 个输出继电器（仅有 60 个与输出端相连），136 个内部辅助继电器，16 个专用继电器，160 个保持继电器，48 个定时器/计数器等。

　　（4）C20 的专用继电器。C20 设置以下专用继电器：①电池异常时为 ON：1808；②常 OFF：1809～1812、1814；③常 ON：1813；④运行单脉冲：1815；⑤$T=0.1s$ 的连续脉冲：1901；⑥$T=0.2s$ 的连续脉冲：1901；⑦$T=1s$ 的连续脉冲：1902；⑧数值运算时操作数不是 BCD 码时为 ON：1903；⑨数值运算进位/借位：1904；⑩数值比较时＞为 ON：1905；＝为 ON：1906；＜为 ON：1907。

　　（5）C20 的部件。C20 结构紧凑，能将 I/O 终端与微处理器装在一个箱体内，称为微处理机（MPU）。可分离的编程控制台，能方便地进行编程。另外，外围设备可使主机的功能扩展。

　　1）MPU。微处理机（MPU）是在 C20 的主机箱内，内部装有微处理器（CPU），其上附有 I/O 终端，可用编程装置将控制程序写入 MPU 内存，并执行程序。外形结构如图

1-5 所示。

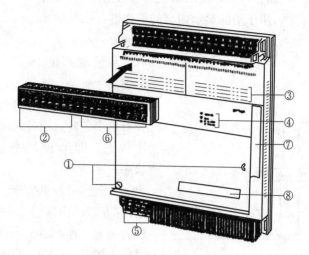

图 1-5 C20 外形结构

图中有编号的器件说明如下。

①控制台螺钉。用扁平螺丝刀拆装，便于打开面板，对 PLC 机维修调整。

②输入终端。这些终端用来连接输入器件和控制装置的传感器。

③输入/输出指示灯。LED 可指示每个输入终端和输出终端信号的状态，当 ON 时为红色，OFF 时为暗。

④LED 指示灯（电源、运行、错误/报警）。这些 LED 的亮或灭可表示主电源的供电与否，可表示 C20 是否处于运行状态；或有无错误发生。

⑤电源终端。这些终端用来连接 AC 或 DC 电源，其接地电阻必须小于 100Ω。

⑥输出终端。输出终端用来连接输出装置，以达到控制的目的。

⑦扩展 I/O 的插口。这个插口只有扩展型 PLC 机才有，它用来连接扩展 I/O 以增加 I/O 数目。

⑧外围设备插口。这个插口是接插编程控制台，或者接插其他外围设备的。

2）编程控制台。这是一个用于 C20 的标准编程装置，编好的程序用它写到 MPU 中存储，并进行运行，面板如图 1-6 所示。

图 1-6 中有编号的器件说明如下。

①安装螺钉。用于将编程器固定在 PLC 机上。

②液晶显示板。能显示 2 行 16 列字

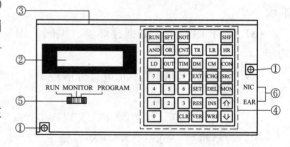

图 1-6 C20 机编程控制台

母和数字。当写入程序时，显示写入程序的内容，同时可作为检查和监控程序的执行情况，也可显示信息的错误。

③显示照明/对比开关。显示照明开关是控制照明灯的，在夜间或灯光比较暗的环境时，打开此开关，就可使显示部位照明，对比开关是调整显示清晰度的。

④键盘。用键色彩区别不同功能，具体如下：

白色键：共 10 个，用作地址、定时值及各种数值的输入键；

红色键：只有 1 个，用于清除显示内容的操作键；

黄色键：共 12 个，是写入或修改程序的编辑键；

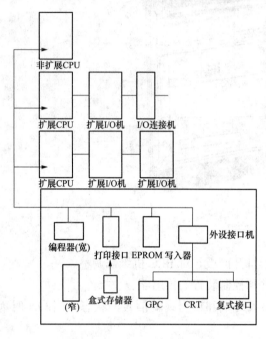

图 1-7　C20 机的典型控制系统

灰色键：共 16 个，是程序的输入指令键。

⑤工作方式选择开关。工作方式选择开关有三个位置，通过它可选定 PLC 的三种工作状态，即编程状态、监控状态和运行状态。

⑥盒式录音机插座。将盒式录音机接到输出插座（MIC）上，就可将控制程序储存到磁带上。存在磁带上的控制程序，可以通过输入插座（EAR）写入 PLC 机中。

（6）基本系统的构成。在图 1-7 中表示了应用 C20 的典型控制系统。如果是直流输入型非扩展 PLC 机，每个系统只有 28 个 I/O 点，而对交流输入型，则为 26 点。

对直流输入型扩展 PLC 机，I/O 点可增加到 56 点、84 点、112 点或 140 点，这只要使用两个扩展 I/O 点就能做到；对交流型，I/O 点可做到 52 点、78 点、104 点或 130 点。

2. C20P、C28P、C40P、C60P 袖珍机的硬件资源

C 系列 P 型机是增强型袖珍机，它虽小巧，但仍具有丰富的功能。

（1）体积小。其体积 C20P 及 C28P 为 250mm×100mm×100mm，C40P 为 300mm×110mm×100mm，C60P 为 350mm×140mm×100mm，使用它们可大幅度节省空间。

（2）有 2kHz 的高速计数器作为定位控制标准功能件，外部复位信号可使定位更为准确。

（3）带有 4 位 64 个数据存储器、编码、BIN BCD 变换、计数器/定时器的外部设定等功能。

（4）可使用 I/O 链接单元进行分散控制，实现小型 FA 系统，可与其他系统同位机进行 I/O 链接。

（5）能用计算机（如 IBM PC/XTGW0520CH 等）对系统进行监控和管理。

（6）容易维修。可安装在 DIN 导轨上。CPU 单元、I/O 单元的端子都是可拆卸的。输出继电器有插座，便于拆卸。

（7）AC 电源可在 AC100～240V 电压范围内任意变动。机内装有供输入用 DC24V 电源，电流 C20P～C40P 为 0.2A，C60P 为 0.3A。

（8）可以共用编程器、EPROM 写入器、打印接口单元及图形编程器等 C 系列丰富的外围设备。另外，在 C20 上编制的程序，可以原封不动地拿来在 P 型机上使用，即使软件均能兼容。

表1-9～表1-14列出了C系列袖珍机的标准模块、一般特性、I/O链接单元特性、CPU特性、输入特性、输出特性等。

表1-9　　　　　　　　　　　C系列增强型袖珍机标准模块适配一览表

单元名称	电源电压	输　入	输　出		型　号
C20P CPU	AC100～240V	DC24V，12点	继电器　2A	8点	C20P-CDR-A
			晶体管　0.5A		C20-CDT-A
			晶体管　1A		C20P-CDTI-A
			双向晶闸管　0.2A		C20P-CDS-A
			双向晶闸管　1A		C20P-CASI-A
		DC24V，2点 AC100V，10点	继电器　2A		C20P-CAR-A
			双向晶闸管　1A		C20P-CASI-A
C28P CPU	AC100～240V	DC24V，16点	继电器　2A	12点	C28P-CDR-A
			晶体管　0.5A		C28-CDT-A
			晶体管　1A		C28P-CDTI-A
			双向晶闸管　0.2A		C28P-CDS-A
			双向晶闸管　1A		C28P-CASI-A
		DC24V，2点 AC100V，14点	继电器　2A		C28P-CAR-A
			双向晶闸管　1A		C28P-CASI-A
C40P CPU	AC100～240V	DC24V，24点	继电器　2A	16点	C40P-CDR-A
			晶体管　0.5A		C40-CDT-A
			晶体管　1A		C40P-CDTI-A
			双向晶闸管　0.2A		C40P-CDS-A
			双向晶闸管　1A		C40P-CASI-A
		DC24V，2点 AC100V，22点	继电器　2A		C40P-CAR-A
			双向晶闸管　1A		C40P-CASI-A
C60P CPU	AC100～240V	DC24V，32点	继电器　2A	28点	C60P-CDR-A
			晶体管　1A		C60P-CDTI-A
			双向晶闸管　1A		C60P-CASI-A
		DC24V，2点 AC100V，30点	继电器　2A		C60P-CAR-AC
			双向晶闸管　1A		C60P-CASI-A
C20P 扩展I/O单元	AC100～240V	DC24V，12点	断电器　2A	8点	C20P-EDR-A
			晶体管　1A		C20P-EDT-A
			晶体管　0.5A		C20P-EDTI-A
		AC100V，12点	双向晶闸管　0.2A		C20P-EDS-A
			双向晶闸管　1A		C20P-EASI-A
			继电器　2A		C20P-EAR-AC
			双向晶闸管　1A		C20P-EASI-A

续表

单元名称	电源电压	输入		输出		型号
C28P 扩展 I/O 单元	AC100～240V	DC24V，16 点		断电器 2A	12 点	C28P-EDR-A
				晶体管 1A		C28P-EDT-A
				晶体管 0.5A		C28P-EDTI-A
		AC100V，16 点		双向晶闸管 0.2A		C28P-EAS-A
				双向晶闸管 1A		C28P-EASI-A
				继电器 2A		C28P-EAR-AC
				双向晶闸管 1A		C28P-EASI-A
C40P 扩展 I/O 单元	AC100～240V	DC24V，24 点		继电器 2A	16 点	C40P-EDR-A
				晶体管 1A		C40P-EDT
				晶体管 0.5A		C40P-EDTI-A
		AC100V，24 点		双向晶闸管 0.2A		C40P-EDS-A
				双向晶闸管 1A		C40P-EASI-A
				继电器 2A		C40P-EAR-AC
				双向晶闸管 1A		C40P-EASI-A
C60P 扩展 I/O 单元	AC100～240V	DC24V，32 点		继电器 2A	28 点	C60P-EDA
				晶体管 1A		C60P-EDTI-A
				双向晶闸管 1A		C60-EDSI-A
		AC100V		继电器 2A		C60P-EDR-A
				双向晶闸管 1A		C60P-EAR-A
C16P	AC100～24V	DC24V	16 点			C60P-EDR-A
		DC24V				C16P-ID-A
		DC10V				C16P-ID
	AC100～240V			继电器 2A	16 点	C16P-ID
				晶体管 1A		C16P-OTI-A
				双向晶闸管 1A		C16P-OSI-A
C4K 扩展 I/O 单元		DC24V AC100V	4 点			C16P-OSI-A
						C4K-ID
				断电器 2A	4 点	C4K-IA
				晶体管 1A		C4K-OR2
				双向晶闸管 1A		C4K-OT2
C4K 模拟定时器		设定时		0.1s～10min	4 点	C4K-OS2
扩展 I/O 连接电缆	购置 I/O 单元时，已包括电缆	水平连接		5cm（C□□P 使用）		G4K-TM
		纵向连接		40cm（C□□P 使用）		C20P-C501
I/O 连接电缆	购置 CAKI/O 单元或模拟定时器时已包括电缆	水平连接		5cm（CK 扩展 I/O 单元）模拟定时器使用		C20P-CN411

续表

单元名称	电源电压	输入	输出		型 号
I/O连接单元	AC100-240V	16点	16点	（光缆APF/PCF用）	C4K-CN502
		16点	16点	（光缆PCF用）	C20-LK011P-P
I/O连接单元				70m	C20-LK011

表 1-10   **C系列增强型袖珍机一般特性表**

电源电压	—A型：100～240VAC，50/60Hz —D型：240V DC
工作电压范围	—A型：85～264VAC —D型：20.4～26.4V DC
消耗功率	—AC：最大40VA —DC：最大20W
20V DC输出	0.2A，24V DC±10%
绝缘电阻	最小100MΩ（在500V DC）在AC端子与机壳之间
绝缘强度	2000VAC，50/60Hz 1min（在AC端子与机壳之间） 500VAC，50/60Hz 1min（在DC端子与机壳之间）
抗干扰	$1000V_{P-P}$，脉宽：100ms～1μs，上升时间：1ns
振动	10～35Hz，2mm双倍幅，在X、Y和Z方向，每向2h（装于导轨时：16.7Hz，双倍幅，在X、Y和Z方向，每向1h）
冲击	10g在X、Y和Z方向，每向3次
环境温度	使用：0～55℃ 保存：—20～65℃
湿度	35%～85%RH（无结露）
接地	小于100Ω
保护级别	IEC IP-30（装于箱内）

表 1-11   **C系列增强型袖珍机 I/O链接单元特性表**

电源电压	100～120/200～240V AC50/60Hz
工作电压范围	85～132/170～264V AC
消耗功率	最大15VA
绝缘电阻	最小10MΩ（在500V DC）在AC端子与机壳之间
绝缘强度	2000VAC50/60Hz 1min（在AC端子与机壳之间）
抗干扰	$1000V_{P-P}$，脉宽：100ms～1μs，上升时间：1ns
冲击	10g在X、Y和Z之向，每向3次
振动	10～35Hz，2mm双振幅，在X、Y和Z方向，每向2h
环境温度	使用：0～55℃ 保存：—20～65℃
湿度	35%～85%RH（无结露）
接地	小于100Ω
保护级别	IEC IP～30（装于箱内）

表 1-12   **C 系列增强型袖珍机 CPU 特性表**

主要控制元件	MPU，C-MOS，LS-TIL
编程方式	梯形图
指令长度	I 地址/指令，6 字节/指令
指令数	37 种
执行时间	10μs/指令（平均）
存储容量	1194 地址
内部辅助继电器	136 点（1000～1807），1807 在使用高速计数器时，用作软复位
特殊辅助继电器	16（1808～1907）常通。常断，电池失效。起始扫描 0.1s 脉冲、0.2s 脉冲、1.0s 脉冲等
保持继电器	160 点（HR000～HR915）
暂存记忆继电器	8 点（TR0～TR7）
数据记忆通道	64（DNCH00～63） 使用高速计数器时，DM32～63 用于上下限设定区
定时器/计数器	48（TIMH、CNT 和 CNTR 的总和） TIM00～TIM47（0～999.9s） TIMH00～TIMH47（0～99.99s） CNT00～CNT47（0～999 个数） CNTR00～CNTR47（0～9999 个数） 使用高速计数器时，CNT47 用于现行值计数
高速计数器	计数输入：0000 硬复位输入：0001 最高响应频率：24Hz 设定值范围：0000～9999 输出数：16 点 （高速计数器可由硬复位或软复位）
记忆保存	保持继电器、计数器现行值和数据寄存器内容具有停电记忆功能
电池寿命	25℃时，使用 5 个 高于 25℃时，使用寿命将缩短 在 ALARM 灯亮后，在一周内更换新电池
自检功能	CPU 失效（监视钟） 存储器失效 I/O 总线失效 电池失效等
程序检查	程序检查（在 CPU 操作开始执行） END 指令丢失 JMP-JME 错误 线圈重复使用 电路错误 EIFU/DIFD 溢出错误 IL/ILC 错误

表 1-13　　　　　　　　　　　　　C 系列增强型袖珍机输入特性表

项目	DC 输入（光电隔离）	AC 输入（光电隔离）
电源电压	24V DC×(1±10%)	(100~120VAC)×(1+10%) −15% 50/60Hz
输入阻抗	3kΩ	9.7kΩ（50Hz） 8kΩ（60Hz）
输入电源	7mA	10mA
ON 电压	最大 15V DC	最大 60VAC
OFF 电压	最小 5V DC	最小 20VAC
ON 延时	最大 2.5ms（输入继电器 0000 和 00001，0.15ms）	最大 35mm
OFF 延时	最大 2.5ms（输入继电器 0000 和 0001，0.15ms）	最大 55ms
电路图		

注　输入继电器 0000 和 0001 为直流输入电压，电路与直流输入电路一样。

24V DC 输出端能为外触点提供 0.2A（C20P/C28P/C40P）、0.3A（C60P）的电流。

表 1-14　　　　　　　　　　　　　C 系列增强型袖珍机输出特性表

项目	ON 延时	OFF 延时	最大开关容量	最小开关容量	电路图
继电器 （光电隔离）	最大 15ms	最大 15ms	2A，250VAC， 2A，24V DC (p. f=1) 4A/4 公共端 6A/8 公共端 12A（C20P） 16A（C28P） 20A（C40P） 28A（60P）/单元	10mA 5V DC	
晶体管 （光电隔离）	最大 1.5ms	最大 1.5ms	0.5A， 5~24V DC	10mA，5V DC， 饱和电压， 1.5V DC	
双向晶闸管 （光电隔离）	最大 1.5ms	负载频率 的 1/2 最大 为 1ms	1A/点， 85~250VAC， 1.6~4A/4 公共端	100mA 100VAC 20mA 200VAC	

3. CQM1H 系列 PLC 的硬件资源

CQM1H 系列 PLC 为模块式结构，主要由 CPU 模块、I/O 模块、模拟量 I/O 模块、电源模块、存储器盒及工业标准（DIN）导轨组成。CQM1H 系列 PLC 的 CPU 模块主要性能见表 1-15。

表 1-15　　　　　　　　　CQM1H 系列 PLC 的 CPU 模块主要性能

型号	I/O 点数	程序容量	DM 区域	RS-232 口	内装板	通信单元
CQM1H-CPU11	256	3.2K 字	3K 字	—	不支持	不支持
CQM1H-CPU21						
CQM1H-CPU51	512	7.2K 字	6K 字	有	支持	支持
CQM1H-CPU61		15.2K 字				

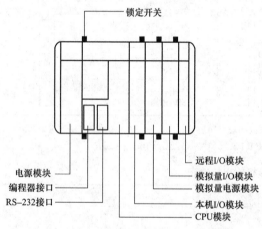

图 1-8　COM1H 系列 PLC 的硬件系统配置示意图

（1）CQM1H 系列 PLC 的系统配置。用户可按实际需要自由选择 CPU、I/O 等模块，并将它们组合起来，通过每个模块两边的定位锁定开关将它们固定起来。在模块组合安装过程中，应注意模块的顺序。从左向右的顺序是电源模块、CPU 模块、I/O 模块。如果有模拟量 I/O 模块，必须配一个专用的模拟员电源，安装时模拟量 I/O 模块必须紧靠模拟量电源安装。CQM1H 系列 PLC 的 CPU 模块最多只能安装 11 个 I/O 单元。硬件系统配置示意如图 1-8 所示。

（2）COM1H 系列 PLC 的 I/O 通道分配。

1）数字量 I/O 通道分配。CQM1H 系列 PLC 的 I/O 通道号为固定式，从装在左侧的模块开始，从左到右依序分配通道。CPU 模块内藏的输入端子为 000 通道，与 CPU 模块连接的 I/O 模块的通道号按顺序安排，即所加入的输入模块的通道号从 001 开始，按 002、003、004……依序排列；输出模块的通道号则从 100 开始，按 101、102……依序排列。即使是 8 个点的 I/O 模块也分配一个通道。8 点 I/O 模块位地址的使用情况见表 1-16。数字量通道分配举例如图 1-9 所示。

表 1-16　8 点 I/O 模块位地址的使用情况

模块	0～7 位	8～15 位
输入	输入位	OFF
输出	输出位	工作位

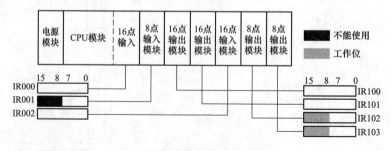

图 1-9　数字量通道分配举例

2）模拟量输入通道分配。输入地址是按模块安装的顺序从左到右来分配的。其中模拟量电源不占用地址，它紧靠模拟量输入模块的左侧或右侧安装。模拟量输入模块通道分配举例如图 1-10 所示。

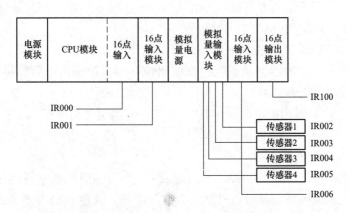

图 1-10　模拟量输入模块通道分配举例

（3）CQM1H 系列 PLC 的内部编程元件及其功能。PLC 的内部编程元件就是 PLC 编程时可使用的软器件。由于它们并不是实际物理器件，因此一般称为"软继电器"，但习惯上仍然简称为继电器。它们的线圈没有实际物理继电器的工作电压等级、功耗大小、电磁惯性等问题，触点的使用也没有数量限制、机械磨损和电蚀等问题。

1）欧姆龙 PLC 的数据存储格式。欧姆龙 PLC 采用通道的概念存储数据。如图 1-11 所示，将存储数据的单元称为通道（CH），也叫字。每个存储单元都有 1 个地址，就叫通道地址，简称通道号，用 3 个数字表示。每个通道有 16 位（bit），分别称为 00 位、01 位、02 位……15 位。每个位就是 1 个"软继电器"（简称继电器），因此 1 个通道就有 16 个继电器。当某位为逻辑 1 时，该继电器线圈得电（ON）；当某位为逻辑 0 时，该继电器线圈失电（OFF）。通道也可用来存储十进制数据，因为十进制数可用特定的二进制编码（BCD码）表示。所以，当用通道存储十进制数时，每 4 位分成 1 组，存储 1 个由 BCD 码表示的十进制数，因此，将每 4 位称为 1 个数字位。也就是说，1 个通道有 4 个数字位，可存储 4 位十进制数。

图 1-11　欧姆龙 PLC 的数据存储格式

欧姆龙 PLC 将整个数据存储器分为 9 个区，分别是：输入继电器区、输出继电器区、内部辅助继电器区、特殊继电器区、保持继电器区、暂存继电器区、定时/计数器区、数据存储区、辅助存储继电器区、链接继电器区。

2）输入/输出继电器区。PLC 通过输入继电器区中的各个位与外部的输入物理设备建立联系。当 PLC 扫描到数据 I/O 阶段时，输入点的状态就锁存到输入继电器。输入继电器为只读存储器，其内容不能用程序改变，而只能由输入点的状态（映像）决定。CQM1H系列PLC输入继电器区有16个通道，通道号为000～015。每个通道有16个输入继电器，位号为00～15。因此一个继电器号由两部分组成：一部分是通道号，另一部分是该继电器通道中的位号。例如，某继电器编号是00000，其中前3位000是通道号，后2位00是位号。因为通道号000属于输入继电器区，所以这是一个输入继电器。又如继电器号00103，表示第001通道的03位，它也是输入继电器。

PLC通过输出继电器区中的各个位与外部的输出物理设备建立联系。当PLC扫描到数据I/O阶段时，输出继电器的状态就送到输出锁存器，经输出电路作用到外接电器上。输出继电器是可读可写的存储器。

CQM1H系列PLC输出继电器区也有16个通道，通道号为100～115。每个通道有16个输出继电器，位号为00～15。继电器编号的表示方法同上，如10000就表示100通道的00位，这是一个输出继电器。

3）内部辅助继电器区IR（Internal Relay Area）。内部辅助继电器用作中间变量，与输入端、输出端无对应关系，其触点只供内部编程使用。合理利用内部辅助继电器可实现输入与输出之间的复杂变换。CQM1H系列PLC内部辅助继电器区通道号为016～089和116～189，可按继电器使用，也可整个通道使用。继电器编号的表示方法同上，如01600表示016通道的00位，这是一个内部辅助继电器。无输出点对应的输出继电器，也可作为内部辅助继电器使用。

4）特殊继电器区SR（Special Relay Area）。它用于监测PLC的工作状态，提供时钟脉冲，给出错误标志等。CQM1H系列PLC特殊继电器区通道号为244～255。特殊继电器区各位的状态一般由系统程序自动写入，用户只能读取、使用该区中继电器状态。特殊继电器既可按通道，也可按位访问。CQM1H系列PLC常用特殊继电器的功能如下：

25308——电池电压低时接通（ON），可作低电压报警或其他相应处理；

25313——在PLC工作期间始终保持接通（ON）；

25314——在PLC工作期间始终保持断开（OFF）；

25315——PLC开始运行的第1个扫描周期接通，此后就一直断开；

25400——周期为1min的时钟脉冲（30s通，30s断）；

25401——周期为0.02s的时钟脉冲（0.01s通，0.01s断）；

25500——周期为0.1s的时钟脉冲（0.05s通，0.05s断）；

25501——周期为0.2s的时钟脉冲（0.1s通，0.1s断）；

25502——周期为1s的时钟脉冲（0.5s通，0.5s断）；

25503——指令执行错误标志；

25504——指令执行结果有进位（或借位）时接通（ON）；

25505——执行比较指令时，第一操作数"大于"第二操作数时接通（ON）；

25506——执行比较指令时，两个操作数"等于"时接通（ON）；

25507——执行比较指令时，第一操作数"小于"第二操作数时接通（ON）。

CQM1H系列PLC其他特殊继电器的功能参见有关资料。

5）保持继电器区HR（Holding Relay Area）。保持继电器在PLC电源切断时，仍能记忆原来的ON/OFF状态，这主要靠PLC内的锂电池或大电容器的支持。使用保持继电器可使 PLC 少受断电的影响，保持程序运行的连续性。

保持继电器通常有两种用法：一是当以通道为单位用作数据通道时，断电后再恢复供电时数据不会丢失；二是当以继电器为单位与 KEEP 指令配合使用或接成自锁电路，断电后再恢复供电时，继电器能保持断电前的状态。

CQM1H 系列 PLC 的保持继电器区通道号为 HR00～HR99，每个通道有 16 个保持继电器。保持继电器既可按通道使用，也可按位使用。保持继电器编号也由通道号和位号组合而成，如 HR0001，前 4 个字符 HR00 表示通道号，后 2 个数字 01 表示位号。

6）暂存继电器区 TR（Temporary Relay Area）。暂存继电器区用于暂时存储程序分支点之前的 ON/OFF 状态。CQM1H 系列 PLC 暂存继电器只有 8 个，编号为 TR0～TR7。在程序的同一个梯级内，暂存继电器的编号不能重复使用，而在程序的不同梯级之间，可重复使用。

7）定时/计数器区 TC（Timer/Counter Area）。定时器（TIM）用于定时控制，计数器（CNT）用于记录脉冲的个数，它们在工业控制中经常用到。CQM1H 系列 PLC 的定时/计数器区为用户提供了总共 512 个定时器（包括普通定时器和高速定时器）或计数器（包括单向计数器和可逆计数器），其编号为 000～511，如定时器 TIM000，计数器 CNT001。

定时器和计数器采用统一编号，一个编号既可分配给定时器，也可分配给计数器，但一个编号只能分配一次，不能重复分配。例如，000 若已经分配给定时器（写成 TIM000），则其他的定时器和计数器便不能再使用 000 这个编号。OMRON PLC 的定时器断电不保持，电源断电时定时器复位。计数器断电能保持，断电后计数值仍保持。

8）数据存储区 DM（Data Memory Area）。数据存储区提供了在数据处理和计算过程中专门用于存储数据的单元。CQM1H 系列 PLC 数据存储区的通道号为 DM0000～DM3071。数据存储器只能以通道形式使用，不能按位使用。数据存储器具有断电保持的功能。

9）辅助继电器区 AR（Auxiliary Relay Area）。辅助继电器区主要用于存储 PLC 的工作状态信息，如扫描周期的最大值及当前值，高速计数器、脉冲输出的工作状态标志，通信出错码，系统设定区域异常标志等，用户可根据其状态了解 PLC 的运行状况，具有断电保持功能。其通道号为 AR00～AR27。

10）链接继电器区 LR（Link Relay Area）。当 PLC 与 PLC 之间进行 1∶1 通信链接时，使用链接继电器区与对方交换数据。其通道号为 LR00～LR63。链接继电器可按通道使用，也可按位使用。在不进行 1∶1 通信链接时，链接继电器可作为内部辅助继电器使用。

CQM1H 系列 PLC 内部编程元件及其编号见表 1-17。

表 1-17　　　　　　　　CQM1H 系列 PLC 内部编程元件及其编号

名　称	点　数	通道号	继电器号	功　能
输入继电器区	256 点	000～015CH	00000～01515	接受外部信号的输入
输出继电器区	256 点	100～115CH	10000～11516	程序处理结果向外部输出
内部辅助继电器区	2528 点	016～089CH 116～189CH 216～219CH 224～229CH	01600～08915 11600～18915 21600～21915 22400～22915	仅供程序内部使用的继电器

名　称		点　数	通道号	继电器号	功　能
宏操作数	输入区	64 点	096～099CH	09600～09915	当使用宏指令时，该区域被使用
	输出区	64 点	196～199CH	19600～19915	
内板槽 1 区		256 点	200～215CH	20000～21515	可分配给安装在 CQM1H CPU 51/61 的槽 1 上的内板
模拟设定区		64 点	220～223CH	22000～22315	安装 CQM1H AVB41 模拟设定板后，用于存储模拟设定
高速计数器 0 的 PV（当前）值		32 点	230～231CH	23000～23115	用于存储内置高速计数器 0 的当前值
内板槽 2 区		192 点	232～243CH	23200～24315	可分配给安装在 CQM1H CPU 51/61 的槽 2 上的内板
特殊继电器		184 点	244～255CH	24400～25515	具有特定功能的继电器
暂存继电器		8 点	—	TR0～TR7	用于暂存程序分支点的状态
保持继电器		1600 点	HR00～99CH	HR0000～9915	断电时能保持状态的继电器
辅助记忆继电器		448 点	AR00～27CH	AR0000～2715	具有特定功能的继电器
链接继电器		1024 点	LR00～63CH	LR0000～6315	1∶1 链接中使用的继电器
定时器/计数器		512 点	TIM/CNT000～TIM/CNT511		定时器和计数器共用相同编号
数据存储区	可读写	3072 通道	DM0000～DM3071		数据存储区以通道为单位使用，电源断电时数据能保持。不能从程序中写入数据到 DM6144～DM6655
		3072 通道	DM3072～DM6143（CPU51/61）		
	只读	425 通道	DM6144～6568		
	出错记录	31 通道	DM6569～6599		
	PC 系统设置区	56 通道	DM6600～6655		

1.1.4　中型机中典型代表 PLC 的硬件资源

现选用中型机中两种典型代表：C 系列 PLC 和 CS1 系列 PLC 分别给予介绍。

1. 中型机中 C 系列 PLC 系统组成

由于 PLC 从结构上分为整体式和模块式，下面分别介绍中型机中典型代表整体式 P 型机和模块式 C200H 型机的系统组成。

（1）中型机中 C 系列 P 型机组成。C 系列 P 型机采用整体结构，内部组成一个计算机系统，包括电源、微处理器、系统存储器、控制逻辑、接口电路、I/O 单元等，其组成框图如图 1-12 所示。

另外，还提供编程器接口和 I/O 总线接口插槽，用于安装用户程序存储器。面板上设有电源指示，系统运行指示，报警及错误指示。系统上电后，绿色 POWEE 指示灯亮，系统正常运行时绿色 RUN 指示灯亮，系统运行过程中出现不停机故障时红色 ERROR 指示灯亮。交流供电的 PLC 还提供直流 24V 输出，可用于输入回路。

（2）中型机中 C200H PLC 组成。C200H PLC 系统为模块式结构，其结构框图如图 1-

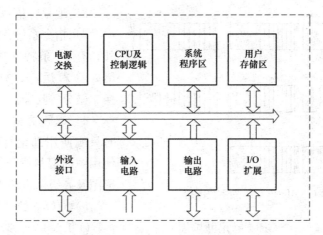

图1-12 C系列P型机组成框图

13所示。CPU单元为系统核心，包括电源、微处理器、系统存储器、控制逻辑相接口电路等；基本I/O单元和特殊I/O单元提供现场输入设备和输出设备与CPU的接口电路，它们都通过统一的标准总线SYSBUS与CPU单元连接，I/O的个数可根据用户的需要配置；CPU单元上还提供了用户存储器、录音机及编程器接口。

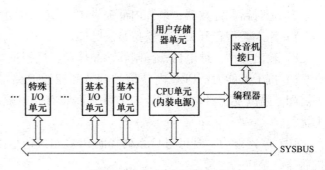

图1-13 C200H组成框图

C200H PLC的基本组成为：一个母板（安装机架）提供系统总线和模块插槽，一个CPU单元，一个存储器单元，一个编程器及若干个基本I/O单元，基本I/O单元的个数视系统I/O点数及母板上的槽数而定。因为CPU单元内装电源，所以系统不需要再配电源单元。此外，CPU单元内系统存储器中固化了系统管理程序。

C200H PLC系统有两种扩展方式可供用户选择：一种是在CPU单元所在的母板上用电缆连接I/O扩展母板，最多可连两个扩展母板，且为串联方式，两母板间最大距离为10m，但CPU与两扩展母板的距离总和不超过12m，扩展母板可根据需要配置I/O单元，不需要再配置CPU单元，但要配置扩展电源单元。另一种扩展方式是建立远程I/O系统，即在CPU母板或扩展母板上配置远程I/O主单元，而在另外的扩展母板上配置远程I/O从单元。用双绞线或其他通信电缆将远程I/O主单元和远程I/O从单元连接起来，构成远程I/O主从系统，既可扩展系统的I/O点数，又可控制远离CPU的I/O点。每个C200H PLC的CPU单元最多可配置2个远程I/O主单元、系统中最多可配置5个远程I/O从单元。两种扩展方式混合应用的系统配置如图1-14所示。

2. 中型机C系列的系统特点

（1）C系列P型机系统特点。C系列P型机采用整体式结构，体积小，大幅度节省了安装空间。采用了比较先进的微处理器，可用于一般的控制系统。系统特点如下。

1）处理速度：基本指令执行时间为$4\sim17.5\mu s$/条，平均指令执行时间为$10\mu s$/条。

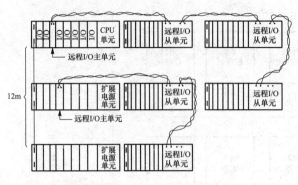

图 1-14　C200H PLC 扩展系统配置

2）编程容量：1194 字（步）。

3）指令系统：除 12 条基本指令外，有 25 条特殊功能指令，可实现诸如算术运算、数值比较、码制变换、微分等功能。

4）编程方式：使用简易编程器时只能使用助记符命令语句表编程，使用图形编程或智能编程器时可用梯形图及高级语言编程。

5）I/O 点数：最小点数为 20 点，最大点数为 148 点，一个 CPU 单元可扩展一个或两个 I/O 扩展单元和一个 I/O 链接单元或模拟定时器单元。

6）定时器和计数器：系统内部提供 48 个定时器相计数器。

7）输入类型；开关量、模拟量、脉冲。

8）输出类型：继电器、晶闸管、晶体管、模拟量。

9）抗干扰能力：PLC 内装信号调节和滤波电路，具有良好的抗电子噪声干扰能力，不需配备隔离变压器，在 CPU 与 I/O 之间装有光电隔离电路，可抗峰值为 1000V 的噪声干扰。

10）联网能力：既可与 C 系列其他 PLC 组成通信网络，也可通过主机链接单元与上位机通信。

11）特殊功能 I/O 单元：除基本 I/O 单元之外，C 系列 P 型机还配有高速计数功能，最多可接收 2kHz 的脉冲信号，并配有模数转换单元和数模转换单元，可实现模拟量输入和输出。

（2）C200H PLC 特性。C200H PLC 具有功能强、体积小、结构灵活、应用范围广等特性，具体如下。

1）处理速度：基本指令执行时间为 0.75μs/条，高性能指令执行时间一般为 2.25μs/条。

2）编程容量：最大 8K 字（步）。

3）指令系统：除 12 条基本指令外，还拥有 133 条多功能应用指令，可实现多种数据处理功能，如按位、字、块进行逻辑操作、比较等，4 位或 8 位 BCD 数及 4 位 16 进制数进行加、减、乘、除运算，浮点除法和平方根运算；微分指令、子程序调用和中断功能等，编程简便、灵活、实用。

4）编程方式：使用简易编程器时只能使用助记符命令语句表编程，使用图形编程器或智能编程器时可用材形图及高级语言编程。

5）I/O 点数：当系统采用 I/O 扩展母板方式配置时，最大基本 I/O 点数为 384 点，如果采用远程 I/O 系统配置时，则可扩展 560 个基本 I/O 点。

6）定时器和计数器：系统内部提供 512 个定时器和计数器。

7）内部数据存储区：2K 字。

8）输入类型：开关量、模拟量、脉冲。

9）输出类型：继电器、晶闸管、晶体管、模拟量、脉冲。

10）联网能力：既可以和 C 系列其他 PLC 组成通信网络，也可以与个人计算机组成主从式通信网络；与个人计算机联网可以通过主机链接单元上的 RS-232b、ES-422 标准接口或通过光纤电缆进行通信。

11）抗干扰能力：PLC 内装信号调节和滤波电路，具有良好的抗电子噪声干扰性能，不需要配备隔离变压器、在 CPU 单元及每个具有光隔离的 I/O 模块中、对电源进行多重滤波；控制器可抗峰值为 1000V 的噪声干扰。

12）特殊功能 I/O 单元及智能单元：为满足用户对于扩展 I/O、过程控制、运动控制等多方面需要，C200H PLC 还可配置多种特殊 I/O 单元和智能单元，如多点 I/O 单元可提供 32 点 I/O 单元；模/数转换单元和数/模转换单元可提供模拟量 I/O 通道，温度传感器单元可以连接多种热电偶、热电阻等温度检测元件；位置控制单元可实现对步进电动机伺服电动机的控制；高速计数器单元可连接光栅编码器，对高速脉冲输入进行计数；远程 I/O 主从单元可用来组成远程 I/O 系统，对远离 CPU 的 I/O 进行监控；PLC 链接单元和主机链接单元可以用来组成 PLC 通信网络，实现分级分布控制，等等。此外，ASCII 单元可提供 PLC 与 BASIC 语言接口，便于实现管理过程控制。C200H PLC 还可以配置打印机接口单元和 E-PROM 写入单元。

（3）存储区及通道分配。C 系列 PLC 的存储器包括系统存储器和用户存储器，其中系统存储器主要存储 PLC 生产厂家的系统管理和监控程序，对用户程序做编译处理等。这些程序已由厂家固化在 ROM 中，用户不能直接访问。用户程序又分为程序区和数据区。程序区用来存放由编程器、个人 PC 机或磁带输入的用户程序，这些程序可由用户任意修改或增删，并能实现掉电保护，提供计数器、定时器、寄存器等，还包括系统程序所使用和管理的系统状态和标志信息。

欧姆龙 C 系列机引用了电气控制系统中的术语，用继电器定义数据存储区中相应的位，对于用户数据区的分类也采用了××继电区的命名方法。下面对 C 系列 P 型机进行介绍。

1）C 系列 P 型机的存储区及通道分配。C 系列 P 型机将用户数据按继电器的类型分为 7 大类，即 I/O 继电器区、内部辅助继电器区、专用继电器区、暂存继电器区、保持继电器区、定时/计数继电器区和数据存储区，对各区的访问采用通道的概念，将各个区划分为若干连续的通道，每个通道包含 16 个二进制数，用标识符及 1~2 个数字组成通道号来标识各区的各个通道。有些区可按继电器（位）寻址，要在通道后面再加两位数字 00~15 组成继电器号（位号）来标识各通道中的各位。整个数据存储区的任一通道、任一继电器或位都可用通道号或继电器号唯一表示。数据区通道号分配见表 1-18。

表 1-18　　　　　　　　　　　　　数据区通道号分配表

区域名称	通道号	区域名称	通道号
I/O 继电器	00~09	保持继电器　HR	0~9
辅助存储继电器　AR	10~17	定时/计数器　TIM/CNT	00~47
专用继电器　SR	18~19	数据存储区 DM	00~63
暂存断电器　TR	0~8		

I/O 继电器实际上是外部输入输出设备状态的映像区，PLC 通过 I/O 区中的各个位与外部物理设备建立联系，每个通道都可以映像一个 I/O 单元的状态，每个通道中的每个位都可以映像一个 I/O 单元上的一个端子的状态。C 系列 P 型机 I/O 区最多有 10 个通道，其中 0～4 是输入通道，5～9 是输出通道。不同型号不同配置的系统，其 I/O 点数不同。

下面给出 C40P CPU 模块加 C 40P 扩展模块加 I/O 链接模块组成系统的例子，由此说明系统的 I/O 编号。该系统总 I/O 点数为 112，其中输入 64 点，输出 48 点，见表 1-19。

表 1-19　　　　　　　　　　　　　　　　　I/O 范围表

	CH00		CH01		CH02		CH03		CH04	
I	00	08	00	不能使用	00	08	00	不能使用	00	08
	01	09	01		01	09	01		01	09
	02	10	02		02	10	02		02	10
	03	11	03		03	11	03		03	11
	04	12	04		04	12	04		04	12
	05	13	05		05	13	05		05	13
	06	14	06		06	14	06		06	14
	07	15	07		07	15	07		07	15

	CH05		CH06		CH07		CH08		CH09	
O	00	08	00	08	00	08	00	08	00	08
	01	09	01	09	01	09	01	09	01	09
	02	10	02	10	02	10	02	10	02	10
	03	11	03	11	03	11	03	11	03	11
	04	12	04	12	04	12	04	12	04	12
	05	13	05	13	05	13	05	13	05	13
	06	14	06	14	06	14	06	14	06	14
	07	15	07	15	07	15	07	15	07	15

表 1-19 中黑框内的输出点没有端子与之对应，不能直接控制负载，只能用作内部辅助继电器使用。当程序中使用高速计数指令时，输入点 0000 和 0001 可作高速计数器的输入和复位端，若无高速计数指令，0000 和 0001 可作为一般的插入点。

I/O 继电器区中直接映像外部输入信号的那些位称作输入位或输入点，编程时可根据需要按任意顺序、任意次数使用，但不能用作输出。

I/O 继电器区中直接控制外部输出设备的那些位称为输出位，编程时输出位只能被输出一次，但可无数次用作输入，作为其他输出的条件。

实际系统输入输出继电器的数量和编号，由系统的配置来决定。主机单元的输入、输出继电器从 0000 开始逐一增加，扩展单元的输入、输出通道起始编号等于主机单元结束通道号 $n+1$ 或 $m+1$。

2）辅助存储继电器区（AR）。辅助存储继电器（Auxiliary Relay Area）实质上是一些存储器单元，它不能直接控制外部负载，只起中间继电器的作用。没有使用的输出点，可以作为辅助继电器使用。

辅助存储继电器只有 CPU 单元具有，分配在 CH10～CH18。其位号为 1000～1807 共136 个。

3）内部专用继电器区（SR）。内部专用继电器区（Special Relay Area）用于监视 PLC的工作状态，为用户提供特殊信号，位号从 1808～1907 共有 16 个，这些继电器的状态一般是由系统程序自动写入，用户一般只能读取其状态。具体位号功能说明如下：

1808 继电器是 PLC 内部电池电压监视继电器。当电池电压不足时，1808 继电器变

ON，电池电压正常时为 OFF。

1809 继电器是扫描时间监视继电器。P 型机的扫描时间应小于 100ms，当 P 型机的扫描周期在 100～130ms 时，该继电器为 ON，PLC 继续工作。若扫描时间大于 130ms 时，PLC 就停止工作。

1810 继电器是高速计数器复位继电器。平时继电器为 OFF，在使用高速计数器指令时，当硬件置"0"信号来到时，继电器变 ON 一个扫描周期。

1811～1814 继电器是常为 ON 或常为 OFF 继电器。当 PLC 正常工作时，1811、1812、1814 继电器常为 OFF，1813 继电器常为 ON，利用这些继电器及输出继电器，可以监视 PLC 的工作状态。

1815 继电器为第一次扫描标志。PLC 开始运行时，1815 继电器为 ON 一个扫描周期，然后变为 OFF。可用来作 PLC 的上电复位信号。

1900～1902 继电器是时钟脉冲标志继电器。1900 继电器产生周期为 0.1s 的方波脉冲。1901 继电器产生周期为 0.2s 的方波脉冲，1902 继电器产生周期为 1s 的方波脉冲。这几个时钟继电器与计数器配合使用，可以构成定时器，也可以加长定时器时间。电源掉电后，这个定时器的数据可以保持。

1903～1907 继电器是算术运算标志继电器。

1903 继电器为出错标志。若操作数不是 BCD 码，则 1903 继电器为 ON。

1904 继电器为进位标志 CY。算术运算时，若有进位（借位），则 1904 继电器为 ON。

1905 继电器为大于标志 GR。若比较结果是大于，则 1905 继电器为 ON。

1906 继电器为等于标志 EQ。若比较结果是等于，则 1906 继电器为 ON。

1907 继电器为小于标志 LE。若比较结果是小于，则 1907 继电器为 ON。

注意：1903～1907 这些继电器在执行结束指令（END）时被复位，所以编程器不能监视它们的状态。

4）保持继电器区（HR）。保持继电器区（Holding Relay Area）用于各种数据的存储和操作，当系统工作方式发生变化或掉电时，HR 区数据保持不变，P 型机有 160 个保持继电器，分为 0～9 共 10 个通道，每个通道有 16 个点，其编号为 HR000～HR915。

5）暂存继电器区（TR）。暂存继电器区（Temporary Relay Area）只包含 8 位，用于存储分支点的数据，适用与那些输出有许多分支点，但 IL 和 ILC 分支指令又不能用的情况下编程。

TR 区寻址需在地址号前加前缀"TR"，寻址范围是 TR00～TR07。在程序的一个分支内（即从梯形图左边竖母线引出的单一分支内）同一个 TR 号不能重复使用，但在不同的程序分支间同一个 TR 号可重复使用。与前面讲的几个区不同的是，TR 位只可以与 LD 和 OUT 指令联用，其他指令不能使用 TR 位作为数据。

6）定时器/计数器区（TIM /CNT）。定时器/计数器区（Timer/Counter Area）为用户提供了 48 个定时器或计数器，地址为 00～47，这 48 个点可编程为定时器，也可编程为计数器。当选作定时器时，前面加字母 TIM；当用作计数器时，前面冠以 CNT。但同一编号不能同时用作定时器和计数器。在选作定时器时，可用作普通定时器和高速定时器。在选作计数器时，可用作计数器和可逆计数器。当电源掉电时，定时器复位，而计数器的值保持不变。

7）数据存储区（DM）。数据存储区（Data Memory Area）只能以通道形式访问，P型机共有 64 个数据通道，编号为 DM00～DM63。数据存储器可用来保持 16 位数据。其中，DM32～DM63 这 32 个通道，在使用高速计数器时，用来设置计数的上下限区。在掉电时，DM 内部保持不变。

（4）C200H PLC 的存储区及通道分配。C200H PLC 用户数据区除了有 C 系列 P 型机用户数据区的 I/O 继电器区、辅助存储继电器区（AR）、专用继电器区（SR）、暂存继电器（TR）、保持继电器（HR）、定时器/计数器区（TIM/CNT）、数据存储区（DM）外，还有内部辅助继电器区（IR）、链接继电器区（LR），共 9 大类。C200H PLC 系统数据区通道号分配见表 1-20。

表 1-20　　　　　　　　　　　　C200H PLC 数据区通道号分配表

区域名称	通道号	区域名称	通道号
I/O 继电器	000～029（不用 I/O 通道可作为内部辅助继电器使用）	辅助存储继电器　AR	AR00～AR27
内部辅助继电器　IR	030～250	链接继电器　LR	LR00～LR63
专用继电器　SR	251～255	定时/计数继电器 TC	TM000～TM511
暂存继电器　TR	TR0～TR7（只有 8 位）	数据存储区　DM	DM0000～DM0999（读/写）
保持继电器　HR	HR00～HR99		DM1000～DM1999（只读）

1）I/O 继电器区。I/O 继电器区就是为 C200H PLC 系统配置 I/O 单元准备的映像区，共有 30 个通道，编号为 000～029。

每个单元究竟占用哪个通道号是由它在母板上安装的位置决定的。前面说到，一个 C200H PLC 系统中的 CPU 母板最多可带两个扩展母板。母板上的槽位确定了通道号以后，I/O 单元可按任意顺序安装，但 CPU 母板上右边两槽不能安装多于 8 点的 I/O 单元，因为这将妨碍 CPU 单元上直接安装外部设备（如编程器）。

每通道可寻址 16 位、因此除 CPU 母板上最右边两槽外，其余槽都可安装 16 点的 I/O 单元，若安装 16 点以下单元或选用 8 槽以下母板，则 I/O 继电器区中的某些通道某些位就不直接反映实际的输入输出设备的状态，这些通道都可以作为内部辅助继电器使用，用于中间变量存储等。

I/O 继电器区既可以用通道访问，也可以用位访问，寻址范围见表 1-21。用通道访问时只需给出 3 位数字的通道号即可，若以位访问时则需在通道号后再加 2 位数字，用 5 位数字表示 I/O 继电器区中的一个位（一个继电器）。

表 1-21　　　　　　　　　　　　I/O 继电器区位号

CPU 母板	00000～00015	00100～00115	00200～00215	00300～00315	00400～00415	00500～00515	00600～00615	00700～00715	00800～00815	00900～00915
I/O 扩展母板	01000～01015	01100～01115	01200～01215	01300～01315	01400～01415	01500～01515	01600～01615	01700～01715	01800～01815	01900～01915
	02000～02015	02100～02115	02200～02215	02300～02315	02400～02415	02500～02515	02600～02615	02700～02715	02800～02815	02900～02915

2）内部辅助继电器区（IR）。内部辅助继电器区（Internal Relay Area）用作数据处理区，控制其他位、定时器和计数器等。但这些位不能直接与外部输入输出设备相连，它只是中间操作区，通道号分配在CH030～CH250。IR区寻址方式与I/O继电器区相同。

如果C200H使用了特殊I/O单元（如远程I/O从单元或光传输I/O单元），则IR区中CH050～CH231通道可由上述特殊单元保留使用。远程I/O从单元占用通道号为0×0～0×9，×＝n×10＋50，n为所选用的远程I/O从单元的单元号，C200H PLC系统中最多可选用5个远程I/O从单元，则全部远程I/O从单元共占用通道050～099。光纤传输I/O单元占用通道200～231，共32个通道，占用通道号等于单元号＋200。其他特殊I/O单元占用通道100～199，每个单元配置了10个连续的通道，每个特殊I/O单元占用通道1×0～1×9，×＝n×10＋100，n为单元号。特殊I/O单元可安装于CPU母板或扩展母板的任意槽，而这些槽位所占用的I/O继电器中的通道就可以作为IR区用。如果系统中使用了PLC Link单元，通道247～250用于监测最多32个Link单元的工作状态，不用Link单元时通道可作为数据处理使用。IR区通道分配见表1-22。

表1-22　　　　　　　　　　　　IR区通道分配

通道号	030～049	050～099	100～199	200～231	232～246	247～250
用途	用户任意	远程I/O从单元	A/D，D/A，温度传感器，位控，高速计数等单元	光纤传输I/O单元	用户任意	PC Link单元
		不使用这些特殊单元时，可由用户任意使用				不使用PC Link时可由用户任意使用

3）专用继电器区（SR）。专用继电器区用于监视PLC系统的工作状态，产生时钟脉冲和报警信号等。SR区的寻址范围为通道251～255。SR区各继电器的状态一般由系统程序自动写入，用户一般只能读取该区的继电器状态。表1-23列出了SR区标志位及其位的功能。

表1-23　　　　　　　　　　　　SR区标志功能表

通道	位	功　能	通道	位	功　能
251	00	当几个远程I/O单元同时出错时，将各单元状态写至不同的标志位	252	00 01 02 03 04 05	不用
	01 02	不用			
	03	远程I/O故障标志			
	04	·远程I/O次单元故障标志（0～4号）		06	1号槽位安装型Host Link单元故障标志
	05	·光传输I/O"H"成"L"单元故障标志（04位）		07	1号槽位安装型Host Link单元重新启动标志
	06				
	07	不用		08	CPU安装型Host Link单元故障标志
	08 09 10 11 12 13 14 15	·远程I/O主单元故障标志（B0～B1） ·光传输I/O单元故障标志（00～31号）		09	CPU安装型Host单元重新启动标志
				10 11	不用

续表

通道	位	功　能	通道	位	功　能
252	12	数据保持标志	254	00	1min 时钟脉冲
	13	0 号槽位安装型 Host Link 单元重新启动标志		01	0.02s 时钟脉冲
	14	不用		02 03 04 05 06	不用
	15	输出禁止继电器		07	步进启动标志，第一次扫描时为 ON
253	00 01 02 03 04 05 06 07	FAL 代码输出区		08 09 10 11 12 13 14	不用
	08	电池失效报警		15	特殊 I/O 单元故障标志
	09	扫描时间报警	255	00	0.1s 时钟脉冲
	10	I/O 检查错误标志		01	0.2s 时钟脉冲
	11	0 号槽位安装型 Host Link 单元故障标志		02	1.0s 时钟脉冲
	12	远程 I/O 故障标志		03	错误（ER）标志
	13	常 ON 继电器		04	进位（CY）标志
	14	常 OFF 继电器		05	大于（GR）标志
	15	复位标志上电后，第一次扫描时为 ON		06	等于（EQ）标志
				07	小于（LE）标志

4）保持继电器区（HR）。保持继电器区可用于各种数据的存储和操作，可以以通道访问，也可以以位访问，能掉电保持。通道号为 HR00～HR99。

5）暂存继电器区（TR）。暂存继电器的寻址范围是 TR00～TR07，使用见前面的 C 系列 P 型机。

6）辅助继电器区（AR）。辅助继电器区的寻址范围是通道 AR00～AR27，其中通道 AR07～AR22 可用于内部数据存储和操作，用户可读、可写。而 AR00～AR06 和 AR23～AR27 如同 SR 区一样被系统占用，并且在系统每次扫描时都由系统刷新一次。系统占用 AR 位功能见表 1-24。

表 1-24　　　　　　　　　　AR 位功能表

通道	位	功　能	备　注
00	00	单元 0 错误标志	特殊 I/O 单元错误标志； （1）特殊 I/O 单元编号重复； （2）CPU 不能正常刷新特殊 I/O 单元
	01	单元 1 错误标志	
	02	单元 2 错误标志	
	03	单元 3 错误标志	
	04	单元 4 错误标志	
	05	单元 5 错误标志	

续表

通道	位	功 能	备 注
00	06	单元6错误标志	特殊I/O单元错误标志； (1) 特殊I/O单元编号重复； (2) CPU不能正常刷新特殊I/O单元
	07	单元7错误标志	
	08	单元8错误标志	
	09	单元9错误标志	
	10、11	不用	
	12	I/O安装型Host Link单元1错误标志	
	13	I/O安装型Host Link单元0错误标志	
	14	远程I/O主单元1错误标志	
	15	远程I/O主单元0错误标志	
01	00	单元0重新启动标志	特殊I/O单元重新启动标志
	01	单元1重新启动标志	
	02	单元2重新启动标志	
	03	单元3重新启动标志	
	04	单元4重新启动标志	
	05	单元5重新启动标志	
	06	单元6重新启动标志	
	07	单元7重新启动标志	
	08	单元8重新启动标志	
	09	单元9重新启动标志	
	10~13	不用	
	14	远程I/O主单元1重新启动标志	
	15	远程I/O主单元0重新启动标志	
02	00	单元0错误标志	远程I/O从单元错误标志； (1) 远程I/O从单元编号重复 (2) 起始传输错误（SR区的错误标志表示操作期间错误)
	01	单元1错误标志	
	02	单元2错误标志	
	03	单元3错误标志	
	04	单元4错误标志	
	05~15	不用	
03	00	光传输I/O单元0"L"错误标志	光传输I/O单元错误标志指示通道重复设定
	01	光传输I/O单元0"H"错误标志	
	02	光传输I/O单元1"L"错误标志	
	03	光传输I/O单元1"H"错误标志	
	04	光传输I/O单元2"L"错误标志	
	05	光传输I/O单元2"H"错误标志	
	06	光传输I/O单元3"L"错误标志	
	07	光传输I/O单元3"H"错误标志	
	08	光传输I/O单元4"L"错误标志	

续表

通道	位	功　能	备　注
03	09	光传输 I/O 单元 4 "H" 错误标志	光传输 I/O 单元错误标志指示通道重复设定
	10	光传输 I/O 单元 5 "L" 错误标志	
	11	光传输 I/O 单元 5 "H" 错误标志	
	12	光传输 I/O 单元 6 "L" 错误标志	
	13	光传输 I/O 单元 6 "H" 错误标志	
	14	光传输 I/O 单元 7 "L" 错误标志	
	15	光传输 I/O 单元 7 "H" 错误标志	
04	00	光传输 I/O 单元 8 "L" 错误标志	
	01	光传输 I/O 单元 8 "H" 错误标志	
	02	光传输 I/O 单元 9 "L" 错误标志	
	03	光传输 I/O 单元 9 "H" 错误标志	
	04	光传输 I/O 单元 10 "L" 错误标志	
	05	光传输 I/O 单元 10 "H" 错误标志	
	06	光传输 I/O 单元 11 "L" 错误标志	
	07	光传输 I/O 单元 11 "H" 错误标志	
	08	光传输 I/O 单元 12 "L" 错误标志	
	09	光传输 I/O 单元 12 "H" 错误标志	
	10	光传输 I/O 单元 13 "L" 错误标志	
	11	光传输 I/O 单元 13 "H" 错误标志	
	12	光传输 I/O 单元 14 "L" 错误标志	
	13	光传输 I/O 单元 14 "H" 错误标志	
	14	光传输 I/O 单元 15 "L" 错误标志	
	15	光传输 I/O 单元 15 "H" 错误标志	
05	00	光传输 I/O 单元 16 "L" 错误标志	光传输 I/O 单元错误标志指示通道重复设定
	01	光传输 I/O 单元 16 "H" 错误标志	
	02	光传输 I/O 单元 17 "L" 错误标志	
	03	光传输 I/O 单元 17 "H" 错误标志	
	04	光传输 I/O 单元 18 "L" 错误标志	
	05	光传输 I/O 单元 18 "H" 错误标志	
	06	光传输 I/O 单元 19 "L" 错误标志	
	07	光传输 I/O 单元 19 "H" 错误标志	
	08	光传输 I/O 单元 20 "L" 错误标志	
	09	光传输 I/O 单元 20 "H" 错误标志	
	10	光传输 I/O 单元 21 "L" 错误标志	
	11	光传输 I/O 单元 21 "H" 错误标志	
	12	光传输 I/O 单元 22 "L" 错误标志	
	13	光传输 I/O 单元 22 "H" 错误标志	
	14	光传输 I/O 单元 23 "L" 错误标志	
	15	光传输 I/O 单元 23 "H" 错误标志	

通道	位	功　能	备　注
06	00	光传输 I/O 单元 24 "L" 错误标志	光传输 I/O 单元错误标志指示通道重复设定
	01	光传输 I/O 单元 24 "H" 错误标志	
	02	光传输 I/O 单元 25 "L" 错误标志	
	03	光传输 I/O 单元 25 "H" 错误标志	
	04	光传输 I/O 单元 26 "L" 错误标志	
	05	光传输 I/O 单元 26 "H" 错误标志	
	06	光传输 I/O 单元 27 "L" 错误标志	
	07	光传输 I/O 单元 27 "H" 错误标志	
	08	光传输 I/O 单元 28 "L" 错误标志	
	09	光传输 I/O 单元 28 "H" 错误标志	
	10	光传输 I/O 单元 29 "L" 错误标志	
	11	光传输 I/O 单元 29 "H" 错误标志	
	12	光传输 I/O 单元 30 "L" 错误标志	
	13	光传输 I/O 单元 30 "H" 错误标志	
	14	光传输 I/O 单元 31 "L" 错误标志	
	15	光传输 I/O 单元 31 "H" 错误标志	
23	00～15	用 BCD 码记录电源掉电次数，如果需要，可用修改当前值的办法将计数器复位为 0000，下次上电再重计数	
24	00～12	不用	
	13	I/O 安装型 Host Link 单元 1 连接确认标志（每次扫描时刷新）	
	14	I/O 安装型 Host Link 单元 0 连接确认标志（每次扫描时刷新）	
	15	CPU 安装型外围（Host Link 单元）连接确认标志	
25	00～25	FALS 故障代码	
26	00～25		最大扫描时间：①用 BCD 码存储最大扫描时间（000.0～999.9ms）；②从运行开始记录最大扫描时间，每个扫描周期刷新一次
27	00～15		当前扫描时间：用 BCD 码记录当前扫描时间（000.0～999.9ms），在 RUN 方式下，每个扫描周期刷新一次

7）链接继电器区（LR）。链接继电器区（Link Relay Area）寻址范围为通道 LR00～LR63。在使用 PLC Link 单元的系统中，LR 区的一部分被用于系统数据通信，另一部分被用到中间数据存储和操作，使用方法与 IR 区相同。

8）定时器/计数器区（TC）。定时器/计数器区为用户提供了 512 个定时器或计数器，地址为 000～511。TC 区只能以数据通道形式访问，用于存储定时器或计数器（TIM/CNT）的设定值（SV）和当前值（PV）。一旦某个 TC 号已被用过，则不能再重复定义其他的定时器或计数器。例如，在一段程序中已用了 TIM010，则在后面的程序中如果再用 CNT010 就会出错。

电源掉电时，定时器/计数器区将保持 TIM 或 CNT 的设定值 SV 以及 CNT 的当前值 PV，而不保持 TIM 的当前值。

9）数据存储区（DM）。数据存储区只能以通道的形式访问，寻址范围是 DM0000～DM1999，掉电期间 DM 区的数据可保存。其中，DM0000～DM0999 是用户可写入区，用于数据存储与操作，而 DM1000～DM1999 通道为只读区，用户不能编程写入数据，这些通道是为特殊 I/O 单元提供的参数区，由系统写入或用户用编程器的通道修改方式写入，这一切在用户程序执行前完成，用户程序中只可读取此区的参数。

1.1.5　CS1 系列 PLC 的硬件体系结构

1. CS1 系列 PLC 概述

（1）基本性能。CS1 系列 PLC 结构上采用先进的 LSI 来执行指令和高速的精简指令系统计算机（RISC）处理器，使 CSI 系列 PLC 的工作速度比欧姆龙以前生产的 PLC 提高了 2.5 倍。很多特殊指令能像基本指令那样容易执行。程序任务控制的优化处理提高了处理速度，CS1 系列 PLC 的 CPU 单元可实现控制多至 5120I/O 点、250K 程序、448K 字数据存储区（包括扩展存储区）和各 4096 个计时器和计数器。由于丰富的程序容量使 CS1 系列 PLC 可轻而易举地适合多种应用和数据处理。从小型系统到大型系统可多至 9 个 CPU 单元，从而扩展了应用领域。更有高容量电源单元和高密度（I/O）单元（96 点）。存储卡和系统通信板可供构筑所需的任何柔性系统。

（2）特殊 I/O 功能。CS1 系列 PLC 具有种类齐全的特殊 I/O 单元，包括 96 点的高密度 I/O 单元等等，使得 CS1 系列能完全满足应用系统的实际需要。

（3）通信功能。CS1 系列 PLC 提供多层次的网络系统。以太网适合于信息层，Controller Link 适合于控制层，Device Net（CompoBus/D）适合于器件层。以太网和 Controller Link 网之间的通信非常容易，就像在同一网络中那样。

通过 CompoBus/D、CS1 系列可支持 Device Net 现场器件网络，使用多 I/O 终端等产品。越来越多的设备能连接到工业标准网络，因而提供了一个灵活筑构网络的方法。

以太网已发展成为信息网络最重要的标准。以太网单元支持多至 8 个 TCP/IP 和 UDP/IP Socket 接口。它也支持 FINS 信息、FTP 文件传输和电子邮件（E-mail），可在生产现场进行有条不紊的信息管理。

每台 CS1 系列 PLC 支持多至 16 个通信单元和一个通信板，每个通信单元有两个接口。用串行通信单元可连接多至 34 个装置，速度可达到 38.4kbit/s，每帧信息长度也从 256B 扩大到 1000B，使得通信更为方便和强大。

（4）管理功能和兼容性使系统维护和操作便利。用户程序、I/O 存储器或系统参数可被转化为文件形式并存储在存储卡或 EM 文件存储区中（在 CPU 中）。在启动时，能自动阅读从存储卡输送至 CPU 中的程序和其他数据。在线改变程序只需用存储卡或编程器，或使用存储卡存储各种表格或 I/O 注释。

系统具有自动维护功能（如逻辑错误、电源中断记录、电源中断计数、电源 ON 计时器在 10h 内计时值等等）、这样再加上其他的维护功能就提供了处理突发情况的手段。

扩展指令集可完成如符号比较、数据控制、网络通信、字符串处理及许多其他新指令。所有用于 C200H、200HS 和 C20HX/HG/HE 的 I/O 单元及部分通信单元都可用于 CS1，C200H 扩展 I/O 机架也可使用于 CS1。

系统具有远程维护功能，可通过调制解调器（Modem）对远程 PLC 编程或监控；通过 Host Link 可对网络 PLC 编程或监控；可从连在以太网上的 PLC 发送 E-mail，等等。

2. CS1 系列 PLC 的应用系统结构

CS1 系列 PLC 为模块式结构，可以根据控制系统的需要灵活地组合成最佳的配置。根据应用要求可组合成为基本应用系统、I/O 扩展机架采用系统和 SYSMAC 总线从站机架扩展应用系统等三种结构形式。

（1）基本应用系统。CS1 系列 PLC 基本应用系统（CPU 机架系统）由 CPU 单元和底板，电源、基本 I/O、CPU 总线单元组成。系统结构组成如图 1-15 所示。

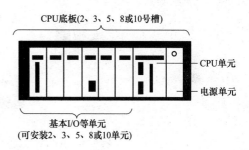

图 1-15 CS1 系列 PLC 基本应用系统结构组成

（2）I/O 扩展机架应用系统。为了扩展基本应用系统中的单元数量，可将其他扩展机架连接到基本应用系统之上。扩展机架通常由电源、扩展底板（分为 3、5、8、10 号槽）和连接电缆（分为 30cm、70cm、2m、3m、10m 和 12m）等三部分组成。

CS1 系统不支持将扩展机架连接到 2 槽 CPU 机架底板上。扩展连接中，连接电缆的长度不能超过 12m。具体扩展模式根据基本应用系统的配置可分为下述三种。

1）带有 CS1 扩展机架的应用系统。该系统需在基本应用系统（CPU 机架系统）底板上配备相应扩展连接模块，以连接 CS1 扩展机架。扩展机架最多可连接 7 个。带有 CS1 扩展机架的基本应用系统如图 1-16 所示。

2）带有 CS1 和 C200H 扩展 I/O 机架的应用系统。该系统需在基本应用系统（CPU 机架系统）底板上配备相应扩展连接模块，以连接 CS1、C200H 扩展 I/O 机架，最多可连接 7 个扩展机架。其中，C200H 扩展 I/O 机架最多为 3 个，需注意 CS1 系统支持在 CS1 扩展机架上连接 C200H 扩展 I/O 机架，但不支持在 C200H 扩展 I/O 机架上连接 CS1 扩展机架。具体连接如图 1-17 所示。

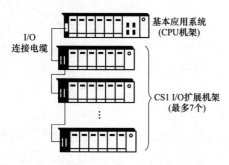

图 1-16 带有 CS1 扩展机架的应用系统

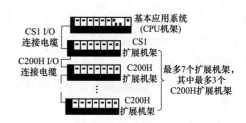

图 1-17 带有 CS1 和 C200H 扩展
I/O 机架的应用系统

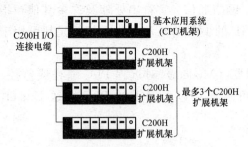

图1-18 带有C200H扩展I/O机架的应用系统

3）带有C200H扩展I/O机架的应用系统。该系统需在基本应用系统（CPU机架系统）底板上配备相应扩展连接模块，以连接C200H扩展I/O机架，最多可连接3个C200H扩展机架。系统构成如图1-18所示。

（3）SYSMAC总线从站机架扩展应用系统。SYSMAC总线从站机架扩展应用系统可完成远程的I/O控制。该系统需在基本应用系统（CPU机架）底板上或CS1扩展机架底板上配备相应连接模块，以连接SYSMAC总线从站系统。系统结构如图1-19所示。

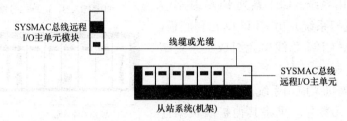

图1-19 SYSMAC总线从站机架扩展I/O应用系统

由图1-19可知，系统组成包括SYSMAC总线远程I/O主单元（安装在基本应用系统上或CS1扩展机架底板上）、SYSMAC总线远程I/O从单元（机架）和连接线缆（双绞线缆或光缆）三部分。

SYSMAC总线从站系统由相应的底板（分为3、5、8和10槽）和远程I/O从单元构成。系统利用双绞线缆或光缆将远程I/O主单元和远程I/O从单元连接起来，构成I/O主从系统。连接长度依连接介质不同而不一，其中双绞线缆和塑料层光缆（PCF）连接长度可达200m，全塑料光缆（APF）仅为20m。

每个CS1系列PLC的CPU单元最多可配置2个远程I/O主单元、系统中最多可配置5个SYSMAC总线从站系统。从站系统中可连接C200H基本单元和C200H特殊I/O单元。

3. CS1系列PLC的应用模块单元

CS1系列PLC应用模块单元可分为三类，分别是基本I/O单元、特殊I/O单元和CS1 CPU总线单元。

其中，基本I/O单元包括CS1基本I/O单元、C200H基本单元和C200H组-2高密度I/O单元；特殊I/O单元包括CS1特殊I/O单元和C200H特殊I/O单元；CS1 CPU总线单元包括Controller Link单元、串行通信单元和以太网单元。

CS1系列PLC应用单元模块索引见表1-25。

4. CS1系列PLC的数据存储区与编程元件编号

CS1系列PLC的CPU单元存储区（RAM）可分为三部分：用户程序存储区、I/O存储区和系统参数存储区。程序存储区用来存储用户编制的程序，I/O存储区含有PLC指令操作数可以访问的数据区，系统参数存储区用来存放系统设置的相关参数，如PLC设置、I/O表、路径表以及CS1 CPU总线单元设置等。系统参数存储区的数据不能由指令操作数改变,只能由编程装置制定。各区域地址范围见表1-26。

表1-25 **CS1 系列 PLC 应用单元模块索引**

单 元 项 目		主 要 型 号	分 类
I/O 单元	输入单元	C200H-ID211/212	C200H 基本 I/O 单元
		C200H-LA□□	
		C200H-IM211/212	
		C200H-ID216/217/111	C200H 组-2 高密度单元
		C200H-ID501/215	C200H 特殊 I/O 单元
		CS1W-ID291	CSI 基本 I/O 单元
	输出单元	C200H-0C22□(□)	C200H 基本 I/O 单元
		C200H-0D22□□□	
		C200H-0A22□(□)	
		C200-0D218/219	C200H 组-2 高密度单元
		C200H-0D215	C200H 特殊 I/O 单元
		C200H-0D501	
		CSIW-0D291/292	CS1 基本 I/O 单元
	I/O 单元	C200H-MD501/215/115	C200H 特殊 I/O 单元
		C200H-MD291/292	CS1 基本 I/O 单元
中断输入单元		C200H-INT01	C200H 特殊 I/O 单元
模拟定时器单元		C200H-TM001	C200H 特殊 I/O 单元
模拟 I/O	模拟量输入单元	C200H-AD00□	C200H 特殊 I/O 单元
	模拟量输出单元	C200H-DA00□	C200H 特殊 I/O 单元
	模拟量 I/O 单元	C200H-MAD01	C200H 特殊 I/O 单元
		CS1W-MAD44	CS1 基本 I/O 单元
温度传感器单元		C200H-TS00□	C200H 特殊 I/O 单元
温度控制单元		C200H-TC□□□	C200H 特殊 I/O 单元
加热/冷却控制单元		C200H-TV□□□	C200 特殊 I/O 单元
PID 控制单元		C200H-PID□□□	C200H 特殊 I/O 单元
位置控制单元		C200H-NC□□3	C200H 特殊 I/O 单元
运动控制单元		C200H-MC221	C200H 特殊 I/O 单元
高速计数单元		C200H-CT□□□(-V1)	C200H 特殊 I/O 单元
ID 传感器单元		C200H-IDS□□□(-V1)	C200H 特殊 I/O 单元
串行通信板或单元	串行通信板	CS1W-SCB21/41	内装板
	串行通信单元	CS1W-SCU21	CS1 CPU 总线单元
ASCII 单元		C200H ASCII/21/31/02	C200H 特殊 I/O 单元
以太网单元		CS1W-ETN01	CS1 CPU 总线单元
Controller Link 板或单元	Controller Link 单元	CS1W-CLK11/21	CS1 CPU 总线单元
	Controller Link 板	3F8F5-CLK11/21	个人电脑板
		3F8F6-CLK21	

续表

单元项目		主要型号	分类
CompoBus/D（DeviceNet）和CompoBus/S单元	CompoBus/D主单元	C200HW-DRM21-V1	C200H特殊I/O单元
	I/O链接单元	C200HW-DRT21	C200H特殊I/O单元
	CompoBus/D从单元	DRT1系列	
	多I/O终端	GT1系列	
	CompoBus/S主单元	C200H-SRM21	C200H特殊I/O单元
	CompoBus/S从单元	SRT1系列	

表 1-26　CS1 系列 PLC 内部 I/O 存储器地址的存储器表

类别	内部存储器地址（十六进制）	用户地址	区域
参数区	000000 OBOFF		PC设置区 登记的I/O表区 路径表区 CS1 CPU总线单元设置区 实际I/O表区 单元描述区
I/O存储区	OB100～OB1FF		保留给系统
	OB200～OB7FF		保留给系统
	OB800～OB801	TK00～TK31	任务标记区
	OB802～OB83F		保留给系统
	OB840～OB9FF	A000～A447	只读辅助区
	OBA00～OBBFF	A448～A959	读/写辅助区
	OBC00～OBDFF		保留给系统
	OBE00～OBEFF	T0000～T4095	定时器完成标记
	OBF00～OBFFF	C0000～C4095	计数器完成标记
	OC000～OD7FF	CIO0000～CIO6143	CIO区
	OD800～OD9FF	H000～H511	保持区
	ODA00～ODDFF		保留给系统
	ODE00～ODFFF	W000～W511	工作区
	OE000～OEFFF	T0000～T4095	定时器PV值
	OF000～OFFFF	C0000～C4095	计数器PV值
	10000～17FFF	D00000～D32767	DM区
	18000～IFFFF	E0 00000～E0 32767	EM区Bank0
	20000～27FFF	E1 00000～E1 32767	EM区Bank1
	28000～2FFFF	E2 00000～E2 32767	EM区Bank2

类别	内部存储器地址 （十六进制）	用户地址	区　域
I/O存储区	30000～37FFF	E300000～E332767	EM区 Bank3
	38000～3FFFF	E400000～E432767	EM区 Bank4
	40000～47FFF	E500000～E532767	EM区 Bank5
	48000～4FFFF	E600000～E632767	EM区 Bank6
	50000～57FFF	E700000～E732767	EM区 Bank7
	58000～5FFF	E800000～E832767	EM区 Bank8
	60000～67FFF	E900000～E932767	EM区 Bank9
	68000～6FFFF	EA 00000～EA32767	EM区 BankA
	70000～77FFF	EB00000～EB32767	EM区 BankB
	78000～7FFFF	EC00000～EC32767	EM区 BankC

上述两个区域只有I/O存储区与指令操作数相关，该区域具体结构组成包括CIO（核心I/O）区、工作区、保持区、辅助区、暂存区、定时器区、计数器区、动态数据存储区、扩展的数据存储区、数据寄存器区、变址寄存器区和任务标志区，等等。具体编程编号见表1-27。

表1-27　　　　　　　　　　**CS1系列PLC数据区分配与编程元件索引表**

数据区区域名称	编程元件标识（字）
CIO区	CIO0000～CIO6143
工作区（W）	W000～W511
保持区（H）	H000～H511
辅助区（A）	A000～A447
暂存区（TR）	TR00～TR15
定时器区（T）	T0000～T4095
计数器区（C）	C0000～C4095
动态数据存储区（DM）	D00000～D32767
扩展的数据存储区（EM）	EM00000～EM32767
数据寄存器（DR）	DR0～DR15
变址寄存器（IR）	IR0～IR15
任务标志区（TK）	TK0000～TK003

CS1系列PLC的存储区采用字和位的概念进行寻址。系统将存储区各个区都划分为若干个字，每个字用标识符及4个数字组成字标识符。有些区还可以按位进行寻址，此时要在字标识符后面再加二位数字00～15构成对应的位号。对主要数据区结构、对应编程元件编号及其功能简介如下。

（1）CIO（核心I/O）区。CIO区通常用于像各单元I/O刷新这样的数据交换。编程中，不用输入"CIO"标识符。CIO区细分为如下区域。

1）I/O区。包括I/O单元区、CompoBus/D区、PC链接区。

a. I/O 单元区：5120 位（320 字），输出位地址范围为 CIO000000～CIO031915（字地址范围为 CIO0000～CIO0319）。第一个机架字设定能够由默认值（CIO0000）改变为 CIO0000～CIO0999 之间的任意值。I/O 位分配给基本 I/O 单元，诸如 CS1 基本 I/O 单元、C200H 基本 I/O 单元和 C200H 组-2 高密度 I/O 单元。

b. CompoBus/D 区：1600 位（100 字），输出位地址范围为 CIO005000～CIO009915（字地址范围为 CIO0050～CIO0099），输入位地址范围为 CIO035000～CIO039915（字地址范围为 CIO0350～CIO0399）。CompoBus/D 位分配给 CompoBus/D 远程 I/O 通信的从单元。

c. PC 链接区：64 位（4 字），位地址范围为 CIO024700～CIO025015（字地址范围为 CIO0247～CIO0250）。当在一个 PC 链接系统中使用 PC 链接单元时，使用这些值监控 PC 链接出错及在 PC 链接系统中其他 CPU 单元的状态。

2）数据链接区。3200 位（200 字），位地址范围为 CIO100000～CIO119915（字地址范围为 CIO1000～CIO1199），链接位用于数据链接并分配给 Controller Link 系统和 PC Link 系统中的单元。

3）CS1 CPU 总线单元区。6400 位（400 字），位地址范围为 CIO150000～CIO189915（字地址范围为 CIO1500～CIO1899），CS1CPU 总线单元位用于储存 CS1 CPU 总线单元的操作状态（每单元为 25 字，最大为 16 个单元）。

4）特殊 I/O 单元区。15360 位（960 字），位地址范围为 CIO200000～CIO295915（字地址范围为 CIO2000～CIO2959），特殊 I/O 单元位分配给 CS1 特殊 I/O 单元和 C200H 特殊 I/O 单元（一些 I/O 单元被分类为特殊 I/O 单元），每个单元为 10 字，最大为 96 个单元，然而，最大槽数只有 80 个（包括扩展槽），因此实际上最大为 804 单元。

5）内装板区。1600 位（100 字），位地址范围为 CIO190000～CIO199915（字地址范围为 CIO1900～CIO1999），内装板位分配给内装板（最大为 100 个 I/O 字）。

6）SYSMAC BUS。800 位（50 字），位地址范围为 CIO300000～CIO304915（字地址范围为 CIO3000～CIO3049），SYSMAC BUS 位被分配给连接到 SYSMAC BUS 远程 I/O 主单元上的从机架（每个机架 10 个字，最多 5 个机架）。

7）I/O 终端区。512 位（32 字），位地址范围为 CIO310000～CIO313115（字地址范围为 CIO3100～CIO3131）。I/O 终端位分配给连接到 SYSMAC BUS 远程 I/O 主单元上的 I/O 终端单元（每个终端 1 个字，最多为 32 个终端）。

8）内部 I/O 区。4800 位（300 字），位地址范围为 CIO120000～CIO149915（字地址范围为 CIO1200～CIO499）；37504 位（2344 字），位地址范围为 CIO380000～CIO614315（字地址范围为 CIO3800～CIO6143）。内部 I/O 位只能用作内部编程、控制程序执行的工作位，不能用作外部 I/O。

（2）工作区（W）。8192 位（512 字），位地址范围为 W00000～W51115（字地址范围为 W000～W511）。工作区中的字只能在程序中用，不能用于同外部 I/O 终端的 I/O 交换。与其他区相比，当编程而使用工作位时，应允许使用工作区的位。

（3）保持区（H）。8192 位（512 字），位地址范围为 H00000～H51115（字地址范围为 H000～H511）。保持区的位同样只能用作程序控制，并在 PLC 断电或操作模式改变时保持它们的 ON/OFF 状态不变。

（4）辅助区（A）。只读辅助区为 7168 位（448 字），位地址范围为 A00000～A44715（字地址范围为 A000～A447）；读/写辅助区为 8192 位（512 字），位地址范围为 A44800～A9595（字地址范围为 A448～A959）。辅助区包括标志和用于监视、控制 PLC 的控制位，辅助位分配给特定的功能。

（5）暂存区（TR）。16 位（TR00～TN15），暂存位用于在程序分支中存储 ON/OFF 执行条件，暂存位只能与助记符一同使用。

（6）定时器区（T）。4096 个（T0000～T4095，仅用于定时器）。定时器区有两个定时数据区，即计时完成标志和计时器当前值。用相同编号访问定时器的计时完成标志和计时器当前值。

（7）计数器区（C）。4096 个（C0000～C4095，仅用于计数器）。计数器区有两个计数数据区、计数完成标志和计数器当前值。用相同编号访问计数器的计数完成标志和计数器当前值。

（8）动态数据存储区（DM）。32768 字，字地址范围为 D00000～D32767。用于通用的数据区，以字为单位（16 位）读和写数据。在 PLC 断电或操作模式改变时，DM 区中的字保持它们的状态。DM 区可细分为内部特殊 I/O 单元 DM 区、CS1CPU 总线单元 DM 区和内装板 DM 区。

1）内部特殊 I/O 单元 DM 区。字地址范围为 D20000～D29599（100 字×16 单元）用于设置参数。

2）CS1CPU 总线单元 DM 区。D30000～D31599（100 字×16 单元）用于设置参数。

3）内装板 DM 区。字地址范围为 D32000～D32099，用于设置内装板的参数。

（9）扩展的数据存储区（EM）。每个存储体为 32 个字，最多为 13 个存储体，地址范围为 E0_00000～EC_32767（在有些 CPU 单元上无效）。用于通用的数据区，以字为单位（16 位）读和写，在 PC 断电或操作模式改变时，EM 区中的字保持它们的状态。EM 区分成为存储体，地址能用如下方法设置。使用 EMBC（281）指令改变当前存储体并为当前存储体设定地址。直接设定存储体号和地址。通过指定第一个存储体，EM 数据能够被存储在文件中。

（10）数据寄存器（DR）。编号为 DR0～DR15，通常与变址寄存器一同使用，用于存储间接寻址的偏移值。数据寄存器能在每个任务中独立使用，一个寄存器是 16 位（1 个字）。

（11）变址寄存器（IR）。编号为 IR0～IR15，用于存储间接寻址的 PLC 存储器地址（RAM 中的绝对地址）来间接访问 I/O 存储区中的字。变址寄存器能在每个任务中独立使用，1 个寄存器是 32 位 2 个字。

（12）任务标志区（TK）。编号为 TK0000～TK0031，共有 32 个。任务标志是只读标志，当相应的周期性任务可执行时为 ON，并且当相应任务不可执行或在旁路状态时为 OFF。

1.1.6　大型机中典型代表 PLC 的硬件资源

1. 具有数据处理和通信功能的 C500

C500 是欧姆龙公司生产的一种功能较强的大型 PLC，它的特点如下。

（1）薄型积木结构 C500PLC 厚度只有 100mm，积木结构安装十分方便。

（2）适用于大规模控制场合。基本系统可提供最大512个I/O控制点；用作PLC连接系统，I/O点可增至4096。再使用上位连接系统I/O点可达16384，可适用于各种大规模控制场合。

（3）采用光纤连接系统。光纤系统具有良好噪声抑制能力，远程I/O单元使数据传输得十分可靠。

（4）可进行高度复杂的控制。先进的硬件，配有12条基本指令，31条应用指令，19条特殊指令，可进行复杂的控制。

（5）指令语句系列兼容。SYSMAC-C500上的用户程序在SYSMAC-C120、SYSMAC-C250中照常运行。同一种用户程序可用于SYSMAC-C系列中的各种机型。

（6）特殊功能的I/O单元。有A/D、D/A转换单元，高速计数单元等各种特殊功能的I/O单元，可适应高水平的系统控制。

（7）外设可以通用。外部设备可通用于SYSMAC-C系列的所有机型，表1-28列出C500型机可选组件型号。

表1-28　　　　　　　　　　　　C500型机可选组件型号

类　别		规　格	最大质量	型　号
CPU架及其附件	CPU架	最大安装8个I/O单元	3.0kg	3G2A5-BC081
		最大安装5个I/O单元	3.0kg	3G2A5-BC051
	CPU		1.0kg	3G2C3-CPC11-E
	CPU架电源	AC110/120/220/240V	2.2kg	3C2A5-PS221-E
	I/O控制单元	增I/O扩展架时使用	450g	3G2A5-II001
	存储单元　ROM	约6.6K地址，没有EPROM①	80g	3G2A5-MP831
	存储单元　RAM	约4.4K地址带RAM①	80g	3G2A5-MR431
		约6.6K地址带RAM①	80g	3G2A5-MR831
I/O扩展架	I/O扩展架	最大安装8个I/O单元	3.0kg	3G2A5-BIO81
		最大安装5个I/O单元	3.0kg	3G2A5-BIO51
	I/O扩展架电源	AC110/120/220/240V	1.2kg	3C2A5-PS222-E
	I/O接口单元		450g	3G2A5-II002
	I/O连接电缆	电缆长度：13cm	200g	3G2A5-CN111
		电缆长度：50cm	300g	3G2A5-CN511
		电缆长度：500cm	400g	3G2A5-CN121
I/O单元	输入（I）单元	AC100～240V，10mA，16点	450g	3G2A5-IA121
		AC200～240V，10mA，16点	450g	3G2A5-IA222
		AC/DC12～24V，10mA，16点 PNP/NPN②	450g	3G2A5-IN211
		AC/DC12～24V，10mA，32点 PNP/NPN②	500g	3G2A5-IN212
		DC5～12V，16mA，16点 NPN③	450g	3G2A5-ID112
		DC12～24V，10mA，16点 NPN③	450g	3G2A5-ID213

续表

类 别		规 格	最大质量	型 号
I/O单元	输入（I）单元	DC12～24C，10mA，32点NPN③	450g	3G2A5-ID218
		DC24V，10mA，64点扫描方式	450g	3G2A5-ID212
	输出（O）单元	继电器：AC250V/DC24V，2A，16点，带继电器插座	450g	3G2A5-OC221
		晶闸管：AC85～120V，1A，16点	55g	3G2A5-OA121
		晶闸管：AC85～250V，1A（型号G3CSSR），16点④	500g	3G2A5-OA221
		晶闸管：DC12～48V，1A，16点	500g	3G2A5-OD411
		晶闸管：DC12～48V，0.3A，32点	530g	3G2A5-OD412
		晶体管：DC24V，0.1A，64点扫描方式	450g	3G2A5-OD211
		晶体管：DC12～24V，0.3A，32点"+"公共端	530g	3G2A5-OD212
	虚拟I/O单元	I/O16，32，64点（公共端）	450g	3G2A5-DUM01
	空单元	充当3G2A5-II001	150g	3G2A5-SP001
		充当各种I/O单元、特殊I/O单元和3G2A5-SP002		
任选品	EPROM	128K位（27128）	50g	ROM-1
		128K位（2764）	50g	ROM-H
	电池		100g	3G2A9-BAT08
	盖板	盖板上的I/O单元插座	10g	3G2A5-COV01
		盖板上的上位连接单元和PC连接单元插座	10g	3G2A5-COV02
		盖板上的3C2A5-II001/002单元插座	10g	3G2A5-COV03

①详细情况参阅有关资料。

②ON延迟时间：15ms；OFF延迟时间：15ms。

③ON延迟时间：1.5ms；OFF延迟时间：1.5ms。

④当CPU架最右边的三个插槽中有上位连接单元和PLC连接单元时，此单元不能插在这3个位置上。

2. 功能强大的C2000

欧姆龙公司的PLC机是在C500机的基础上发展起来的更高级、更方便的PLC机。它的CPU双重化，可以24h连续运行。每台PLC的I/O点数能达到2048。如果32台联机，就能达到65536个点，适用于大规模的过程控制。为了消除干扰和噪声，采用光导纤维传输信号，可靠性大为提高。C系列的编程方法基本上是通用的。编程的运行中都可从液晶显示器监视，可以方便地更改、删除、插入程序的指令。具有A/D、D/A变换、高速计数、PID调节、位置控制、声响输出、磁卡等高功能的I/O单元，便于高级控制系统应用。基本指令12种，另有应用指令70种。其性能见表1-29。

表 1-29 C2000 型 PLC 机性能表

结　构		积木式装配			
功能	逻辑定时范围 计数值	梯形图（继电器触点式） 0.1～999.9s, 高速 0.01～99.99s 1～9999	输入输出	最大 I/O 数输入（增设单位） 输入电压，电流 输出（增设单位） 输出电压、电流 远传 I/O	单独 2048 最大 2048（16、32、64） 直流 5～12V, 12～24V, 交流 12、24、100、200V 最大 2048（16、32、64） 直流 12、24、48V 交流 100～24V、250V 最大 51.2km （16、32、64 点单位）
	移位寄存	16 位的 1 位位移有输入、输出电器，内部辅助继电器，环节继电器，自锁继电器，自锁区段继电器。16 位的字位移有输入、输出继电器，内部辅助继电器，环节继电器，保持继电器，数据存储区段			
	停电记忆	保持继电器（1600 点） 计数器（512 点） 数据存储（3072 语＝49152 点）			
	数值运算	＋、－、×、÷	程序	语言 编程器	梯形图 编程盘，图示编程盘，多功能台，PROM 打印机，打印机接口，磁带接口
	比较	＜、＝、＞			
	跳变	有			
	子程序	有			
	其他	环节继电器（1024 点）微分输出（512 点）～数据存储（3072 语）			
CPU	器件位数	16 位 NMOS 微机处是器 16			
存储	器件容量 用户使用 最小容量	EPROM　CMOS-RAM 40K 32K 8K	接口		RS-232C，RS-422
			其他		CPU 双重运转功能、PC 环功能，I/O 环功能

1.1.7 典型 CJ 系列 PLC 和 CP1H 系列 PLC 的硬件资源

1. 典型 CJ 系列 PLC 的硬件资源

（1）CJ 系列 PLC 的特点与功能。CJ1 PLC 属于小型 PLC，它以体积小、速度快为特色，具有与 CS 系列 PLC 相似的先进控制功能，采用多任务结构化编程模式，具有多个协议宏服务端口，易于联网，适用于高频计数与高频脉冲输出的系统。其突出特点及功能如下。

1）处理速度快。CJ1 PLC 的 CPU 执行基本指令的时间一般为 $0.08\mu s$/条（CJ1-H CPU：$0.02\mu s$/条），执行高级指令的时间一般为 $0.12\mu s$/条（CJ1-H CPU：$0.06\mu s$/条），系统管理、I/O 刷新和外设服务所需的时间大幅度减少。

2）程序容量与 I/O 容量大。CJ1 PLC 的程序存储量最大 120K 字，数据存储器（DM 区）的最大容量是 256K 字，最多 2560 个 I/O 点，这些为复杂程序和各类接口单元、通信及数据处理提供了充足的内存。

3）无底板结构。CJ 系列 PLC 不配底板，总线嵌在各单元内部，单元组合灵活，提高了空间利用率。

4）软硬件兼容性好。CJ系列PLC在程序及内部设置方面与CS系列CPU单元几乎100%兼容。

5）系统扩展性好。CJ1 PLC最多可用电线串行连接3块扩展机架，最多支持40个单元。

6）I/O点分配灵活。由于CJ系列PLC无须底板，它的I/O点的分配可以采用系统自动分配和用户自定义两种方式。

7）高速性能强。CJ1M PLC的CPU单元具有高速中断输入处理功能，高速计数器功能和可调占空比的高频脉冲输出功能，实现精确定位控制和速度控制。

总之，CJ系列PLC具有功能强、速度高、配置灵活、微型化等特点。

（2）CJ系列PLC的基本结构与配置。CJ1 PLC为无底板的模块式结构，如图1-20所示。它的基本配置包括CPU单元、电源单元、基本I/O单元、特殊I/O单元、CPU总线单元和端盖等，最多可连接10个I/O单元。可以选配存储卡，连接扩展机架时必须配I/O控制单元。

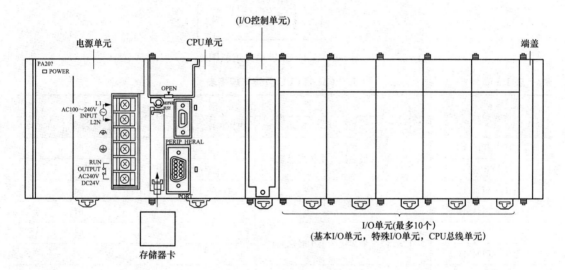

图1-20　CJ1 PLC总貌图

虽然CJ系列PLC不需要底板，但术语"槽"仍然用于指示机架上单元的相关位置。各单元的安装顺序是电源单元、CPU单元和I/O单元以及端盖，其中CPU单元右边的槽号默认为0，槽号向右依次增加。在连接各单元时，应将两单元底部的总线端口对齐后压紧，并拨动单元顶部和底部的黄色滑杆将两单元锁在一起，必须确认滑杆锁到位，否则PLC不能正常工作。端盖也用同样的方法连接在PLC最右边单元上。

1）CPU单元。CJ1 CPU单元如图1-21所示。CPU单元为系统的核心，包括微处理器、系统存储器、控制逻辑和接口电路等；标准I/O单元和特殊I/O单元提供现场输入设备和控制输出设备与CPU的接口电路，它们都通过统一的标准总线SYSBUS与CPU单元连接，I/O单元的个数可根据用户需要配置；另外CPU单元上还提供了外围设备接口、存储卡仓、内插板连接器和RS-232C端口等。CJ系列PLC的各种CPU型号及规格见表1-30。但是CJ系列PLC所配的CPU均不支持内插板。

a. 指示灯。CJ1 CPU单元面板上的指示灯显示功能见表1-31。

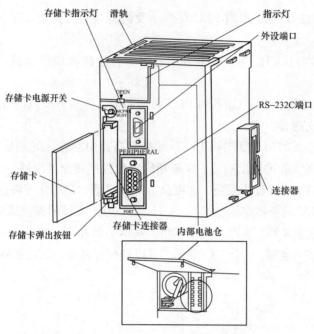

图 1-21　CJ1 CPU 单元示意图

表 1-30　　　　　　　　　**CJ1、CJ1-H CPU 型号与规格表**

型　号	规　格		
	I/O 点	用户程序容量（K 字）	数据存储器容量（K 字）
CJ1G-CPU44	1280 位（最多接 3 个扩展机架）	30	64
CJ1G-GPU45		60	128
CJ1G-CPU42H	960 位（最多接 2 个扩展机架）	10	64
CJ1G-CPU43H		20	64
CJ1G-CPU44H	1280 位（最多接 3 个扩展机架）	30	64
CJ1G-CPU45H		60	128
CJ1G-CPU65H	2560 位（最多接 3 个扩展机架）	60	128
CJ1G-CPU66H		120	256

表 1-31　　　　　　　　　**CJ1 PLC 的 CPU 面板指示灯说明表**

指示灯	内　容
RUN（绿色）	在 MONITOR 或 RUN 模式下，PLC 正常运行时常亮
ERR/ALM（红色）	当出现故障，而 CPU 不停机（非致命故障）时闪烁； 当出现故障，导致 CPU 停机（致命故障）时常亮。当发生致命故障时，RUN 指示灯熄灭，同时所有输出单元的输出中断
INH（橙色）	当负载关断位（A50015）变"ON"时常亮。此时，所有输出单元的输出中断
PRPHL（橙色）	当 CPU 通过外设端口通信时闪亮
BKUP（橙色，仅适用于 CJ1-HCPU 单元）	数据从 RAM 备份到存储卡时亮。此指示灯亮时不要关闭 CPU 单元
COMM（橙色）	当 CPU 通过 RS-232C 端口通信时闪亮
MCPWR（绿色）	当电源向存储卡供电时闪亮
BUSY（橙色）	当存储卡被访问的闪亮

b. 存储卡仓。CPU上的存储卡仓可以安装一个用于存放用户程序、PLC设置、I/O注释、DM区和其他数据区域的数据的存储卡，具体型号见表1-32。

表 1-32　　　　　　　　　　　　CJ 系列 PLC 的 CPU DIP 开关功能表

脚号	设置	功　　能
1	ON	禁止写入用户存储器
	OFF	允许写入用户存储器
2	ON	通电时，自动转送和执行用户程序
	OFF	通电时，自动传送用户程序但不执行
3		不使用
4	ON	使用 PLC 设置中的外设通信参数
	OFF	自动检测外设端口上的手持编程器或 CX-Programmer 的通信参数
5	ON	自动检测 RS-232C 端口上的手持编程器或 CX-Programmer 的通信参数
	OFF	使用在 PLC 中设置的 RS-232C 端口通信参数
6	ON	用户定义针脚。用户 DIP 开关针脚标记（A39512）设置"OFF"
	OFF	用户定义针脚，用户 DIP 开关针脚标记（A39512）置为"ON"
7	ON	1. 按住存储卡电源开关 3s；将 CPU 单元的内容备份到存储卡 2. 当 DIP 开关 2 为"ON"时，开启 PLC 电源，恢复存储卡的内容到 CPU 单元
	OFF	校验存储卡的内容
8	OFF	总为"OFF"

c. DIP开关。DIP开关位于电池右侧，用来设置PLC的基本工作状态，CJ1 PLC的CPU单元有一个8脚的DIP开关，如图1-22所示，每个脚的设定值含义见表1-33。

表 1-33　　　　　　　　　　　　CJ 系列 PLC 的 CPU DIP 开关功能表

脚号	设置	功　　能
1	ON	禁止写入用户存储器
	OFF	允许写入用户存储器
2	ON	通电时，自动传送和执行用户程序
	OFF	通电时，自动传送用户程序但不执行
3		不使用
4	ON	使用 PLC 设置中的外设通信参数
	OFF	自动检测外设端口上的手持编程器或 CX-Programmer 的通信参数
5	ON	自动检测 RS-232C 端口上的手持编程器或 CX-Programmer 的通信参数
	OFF	使用在 PLC 中设置的 RS-232C 端口通信参数
6	ON	用户定义针脚。用户 DIP 开关针脚标记（A39512）置为"OFF"
	OFF	用户定义针脚。用户 DIP 开关针脚标记（A39512）置为"ON"
7	ON	1. 按住存储卡电源开关 3s，将 CPU 单元的内容备份到存储卡 2. 当 DIP 开关 2 为"ON"时，开启 PLC 电源，恢复存储卡的内容到 CPU 单元
	OFF	校验存储卡的内容
8	OFF	总为"OFF"

d. 外设端口。外设端口主要用于连接外围设备，如手持编程器等。此外，它可以通过转换电缆作为 RS-232C 接口使用。

e. RS-232C 端口。RS-232C 端口是用来连接支持 RS-232C 接口的外围设备的，如上位计算机、通用外部设备、可编程序终端等。

2）电源单元。电源单元对交流电源进行整流、滤波和稳压，为其他部分提供可靠的工作电能。它有直流 DC 和交流 AC 两种输入，以 PA205R 为例，说明其面板结构，如图 1-23 所示。

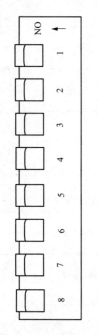

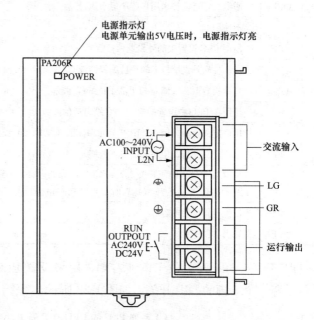

图 1-22　DIP 开关示意图　　　　　　图 1-23　CJ1 PLC 电源单元示意图

a. 电源指示灯。当电源单元输出 DC5V 时，电源指示灯亮。

b. 外部连接端子。按图 1-23 中的顺序，各端子含义如下。

①交流电源输入：连接 AC100～120V 或 AC200～240V 电源。

②LG 接地端：接地电阻小于或等于 100Ω，功能是抗强噪声干扰及防止电气冲击。

③GR 接地端：接地电阻小于或等于 100Ω，功能是防止感应电干扰和电气冲击。

④运行输出端：当 CPU 单元正在运行（RUN 和 MONITOR 模式）时，内部触点闭合，该对端子提供直流 24V 的输出电源，单元必须在 CPU 机架上。

（3）CJ 系列 PLC 的 I/O 扩展。CJ1 PLC 的 I/O 扩展模式如图 1-24 所示，CJ 系列扩展机架可连接到 CPU 机架以增加系统中的单元数，每个扩展机架最多可安装 10 个 I/O 单元，总共可连接 3 个扩展机架。因此，一个 CJ1 PLC 最多可以连接 40 个 I/O 单元。

需要注意的是，采用 I/O 扩展时，I/O 控制单元必须安装在 CPU 机架上，而且它必须紧靠着 CPU 单元右边安装，否则不能正常工作；在扩展机架上安装的 I/O 接口单元必须紧靠着电源单元右边安装，否则也不能正常工作。所有机架间的 I/O 连接电缆的总长必须小于 12m。I/O 控制单元如图 1-25（a）所示，I/O 接口单元如图 1-25（b）所示。

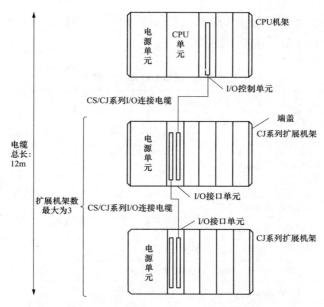

图 1-24　CJ1 PLC 的 I/O 扩展示意图

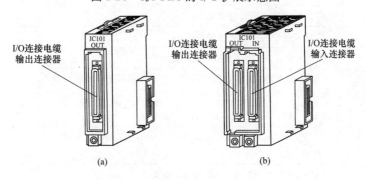

图 1-25　I/O 控制单元与 I/O 接口单元示意图
（a）CJ1W-IC101 I/O 控制单元；（b）CJ1W-IC101 I/O 接口单元

（4）CJ 系列 PLC 的基本 I/O 单元。CJ 系列 PLC 的 I/O 单元泛指 PLC 与外部设备交换信息的接口单元，它可分为基本 I/O 单元，特殊 I/O 单元及 CPU 总线单元等，适用于 CJ 系列 PLC 的所有 I/O 单元必须是 CJ1 型的，不能兼容其他机型的单元。

基本 I/O 单元是指 I/O 点数小于或等于 16 点的开关量输入输出单元。CJ 系列 PLC 最多可配置 40 个基本 I/O 单元，外观如图 1-26 所示。它们可以安装在 CPU 机架、本地 I/O 扩展机架或远程 I/O 扩展机架上。CJ 系列 PLC 的基本 I/O 单元见表 1-34。

（5）CJ 系列 PLC 的特殊 I/O 单元。特殊 I/O 单元是指与 CPU 配合实现某一特定功能的输入输出单元，由于其功能各异，设置较复杂，占用内存较大，故 CJ 系列 PLC 最多可配置 40 个 CJ1 型特殊 I/O 单元，16 个 CJ1 CPU 总线单元（某

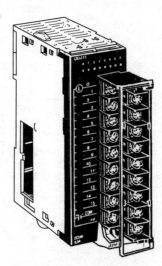

图 1-26　CJ 系列 PLC 的基本 I/O 单元

些 CJ1 CPU 总线单元不能安装在扩展机架上），它们可以安装在 CPU 机架或扩展机架上。典型的 CJ1 型特殊 I/O 单元见表 1-35。

表 1-34　　　　　　　　**CJ1 型 PLC 基本 I/O 单元一览表**

名　称		规　格	点数	型　号
输入单元	DC 输入单元	DC12～24V，10mA	8	CJ1W-ID201
		DC24V，7mA	16	CJ1W-ID211
		DC24V，4.1mA	32	CJ1W-ID231
		DC24V，4.1mA	32	CJ1W-ID232
		DC24V，4.1mA	64	CJ1W-ID261
		DC24V，4.1mA	64	CJ1W-ID262
	AC 输入单元	AC100～120V，7mA（100V，50Hz）	16	CJ1W-IA111
		AC200～240V，10mA（200V，50Hz）	8	CJ1W-IA201
	中断输入单元	DC24V，7mA	16	CJ1W-INT01
	高速输入单元	DC24V，7mA	16	CJ1W-IDP01
输出单元	继电器输出单元	AC250V 或 DC24V，独立触点，2A	8	CJ1W-OC201
		AC250V 或 DC24V，独立触点，2A	16	CJ1W-OC211
	晶体管输出单元	DC12～24V，2A/点，8A/单元，漏型	8	CJ1W-OD201
		DC24V，2A/点，8A/单元。源型，负载短路保护，断线检测，报警	8	CJ1W-OD202
		DC12～24V，0.5A/点，4A/单元，漏型	8	CJ1W-OD203
		DC24V，0.5A/点，4A/单元。源型，负载短路保护，断线检测，报警	8	CJ1W-OD204
		DC12～24V，0.5A/点，5A/单元，漏型	16	CJ1W-OD211
		DC24V，0.5A/点，5A/单元，源型，负载短路保护，断线检测，报警	16	CJ1W-OD212
		DC12～24V，0.5A/点，4A/单元，漏型	32	CJ1W-OD231
		DC24V，0.5A/点，4A/单元。源型，负载短路保护，断线检测，报警	32	CJ1W-OD232
		DC12～24V，0.5A/点，4A/单元，漏型	32	CJ1W-OD233
		DC12～24V，0.3A/点，6.4A/单元，漏型	64	CJ1W-OD261
		DC24V，0.3A/点，6.4A/单元。源型	64	CJ1W-OD262
		DC12～24V，0.3A/点，6.4A/单元，漏型	64	CJ1W-OD263
	晶闸管输出单元	AC250V，0.6A	8	CJ1W-OA201
I/O 单元	DC 输入/晶体管输出单元	输入 16 点，DC24V，7mA 输出 16 点，DC12～24V，0.5A/点，漏型	16 16	CJ1W-MD231
		输入 16 点，DC24V，7mA 输出 16 点，DC24V，0.5mA/点，源型，负载短路保护，报警	16/16	CJ1W-MD232
		输入 16 点，DC24V，7mA 输出 16 点，DC12～24V，0.5A/点，漏型	16/16	CJ1W-MD233

名　称		规　格	点数	型　号
I/O单元	DC输入/晶体管输出单元	输入32点，DC24V，4.1mA	32/32	CJ1W-MD261
		输出32点，DC12~24V，0.3A/点，漏型		
		输入32点，DC24V，4.1mA	32/32	CJ1W-MD263
		输出32点，DC12~24V，0.3A/点，漏型		
	TTL I/O单元	输入32点，DC5V，35mA	32/32	CJ1W-MD563
		输出32点，DC5V，35mA/点，1.12A/单元		
B7A接口单元		输入64点	64/0	CJ1W-B7A14
		输出64点	0/64	CJ1W-B7A04
		输入32点，输出32点	32/32	CJ1W-B7A22

表 1-35　　　　　　　CJ1 型 PLC 特殊 I/O 单元一览表

名　称	规　格	型　号
模拟量输入单元	4点输入（1~5V，0~5V，0~10V，−10~10V，4~20mA） 分辨率：8000，转换：250μs/点	CJ1W-AD041-V1
	8点输入（1~5V，0~5V，0~10V，−10~10V，4~20mA） 分辨率：8000，转换：250μs/点	CJ1W-AD081-V1
	该单元实现模数转换功能	
模拟量输出单元	2点输出（1~5V，0~5V，0~10V，−10~10V，4~20mA） 分辨率：4000，转换：1ms/点	CJ1W-DA021
	4点输出（1~5V，0~5V，0~10V，−10~10V，4~20mA） 分辨率：4000，转换：1ms/点	CJ1W-DA041
	8点输出（4~20mA），分辨率：4000，转换：1ms/点	CJ1W-DA08C
	8点输出（1~5V，0~5V，0~10V，−10~10V） 分辨率：4000，转换：1ms/点	CJ1W-DA08V
	该单元实现数模转换功能	
模拟量I/O单元	4点输入（1~5V，0~5V，0~10V，−10~10V，4~20mA） 2点输出（1~5V，0~5V，0~10V，−10~10V，4~20mA） 分辨率：4000，转换：1ms/点	CJ1W-MAD42
	该单元实现模数、数模转换功能	
温度控制单元	4个控制回路，热电偶输入，NPN输出	CJ1W-TC001
	4个控制回路，热电偶输入，PNP输出	CJ1W-TC002
	2个控制回路，热电偶输入，NPN输出，加热器断线检测	CJ1W-TC003
	2个控制回路，热电偶输入，PNP输出，加热器断线检测	CJ1W-TC004
	4个控制回路，热电阻输入，NPN输出	CJ1W-TC101
	4个控制回路，热电阻输入，PNP输出	CJ1W-TC102
	2个控制回路，热电阻输入，NPN输出，加热器断线检测	CJ1W-TC103
	2个控制回路，热电阻输入，PNP输出，加热器断线检测	CJ1W-TC104
	该单元实现基于热电偶或热电阻输入的2个回路PID控制和双位控制	

续表

名　称	规　格	型　号
过程输入单元	4点输入，R，S，K，J，T，L，B，转换：250ms/4点	
	4点输入，Pt100Ω（JIS，IEC），JPt100Ω，转换：250ms/4点	
	此类单元用于将温度信号转换成数字量	
高速计数单元	脉冲输入：2点；计数速率：最大500kcps	
	该单元是智能模块，可脱离PLC独立对高频脉冲信号进行计数操作	
位置控制单元	1轴脉冲序列，集电极开路输出	CJ1W-NC113
	2轴脉冲序列，集电极开路输出	CJ1W-NC213
	4轴脉冲序列，集电极开路输出	CJ1W-NC413
	1轴脉冲序列，线路驱动器输出	CJ1W-NC133
	2轴脉冲序列，线路驱动器输出	CJ1W-NC233
	4轴脉冲序列，线路驱动器输出	CJ1W-NC433
	该单元可以直接连接步进电动机驱动器或伺服电动机驱动器，适用于远动控制中的定位控制和速度控制	
Compo Bus/S主单元	CompoBus/S远程I/O，最大256位	CJ1W-SRM21
	该单元用于CompoBus/S总线通信，实际远程I/O控制	

（6）CJ系列PLC的存储器。CJ系列PLC的存储器分成三部分：用户程序存储区、I/O存储区和参数区，其中用户程序存储区是存放由编程设备输入的、用户编写的控制程序，存储容量是250000程序步，它可以是RAW、EPROM或E^2PROM存储器，但都能实现掉电保护数据的功能，并且可以由内用户任意修改或增删。

I/O存储区是指指令操作数可以访问的数据区，它包括CIO区、工作区（W）、保持区（H）、辅助区（A）、暂存区（TR）、数据存储区（DM）、扩展数据存储器区（EM）、定时器区（T）、计数器区（C）、任务标志区（TK）、数据寄存器（DR）、变址寄存器（IR）、条件标志区和时钟脉冲区等。最大448000字的数据存储器和最多5120个I/O点，主要是用来存储输入、输出数据和中间变量，提供定时器、计数器、寄存器等，还包括系统程序所使用和管理的系统状态和标志信息。

对于各区的访问，CJ系列PLC采用字（也称作通道）和位的寻址方式，前者是将各个区都划分为若干个连续的字，每个字包含16个二进制位，用标识符及3～5个数字组成字号来标识各区的字；后者是指按位进行寻址，需在字号后面再加00～15两位数字组成位号来标识各个字中的各个位。这样整个数据存储区的任一字、任一位都可用字号或位号唯一表示。需要注意的是，在CJ系列PLC的I/O存储区中，TR区、TK区只能进行位寻址；而T区、C区、DM区、EM区和DR区只能进行字寻址，除此以外，其他区两种寻址方式皆可。

参数区包括各种不能由指令操作数指定的设置，这些设置只能由编程装置设定，包括PLC设置，路径表及CPU总线单元设置等。CJ系列PLC的I/O存储区分配参见表1-36。

表 1-36 　　　　　　　　　　　　　　CJ 系列 PLC 存储区分配表

区　域	大　小	范　围	注　释
CIO 区	98304 位	CIO0000～CIO6143	PLC 与 I/O 单元的数据交换
工作区（W 区）	8192 位	W000～W511	编程时使用的工作字或位
保持区（H 区）	8192 位	H000～H511	用于内部工作字或位，PLC 工作模式改变时数值不变
辅助区（A 区）	15360 位	A000～A959	包括标志位和特殊功能位，掉电时保留状态
暂存区（TR 区）	16 位	TR0～TR15	当编辑某种类型的分支梯形图时，可用于临时存储和读取执行条件
数据存储区（DM 区）	32768 字	D00000～D32767	按字寻址的多功能数据区
扩展数据存储区（EM 区）	每组 32768 字，最多 13 组	E000000～EC32767	EM 区域存储容量取决于使用 PC 的型号。PLC 最多可配 13 组 32767 个字的 EM 区。与 DM 一样，EM 只能按字存取，当 PC 掉电时，EM 区域中数据被保留
定时器当前值	4096 字	T0000～T4096	用于定义定时器及存取定时器当前值 PV T000～T255 作为高速定时器时通过中断处理刷新
定时完成标志	4096 位	T0000～T4096	定时器到时对应的结束标志置位
计数器当前值	4096 字	C0000～C4096	用于定义计数器及存取计数器当前值 PV
计数完成标志	4096 位	C0000～C4096	计数器到时对应的结束标志置位
任务标志区（TK 区）	32 位	TK00～TK31	周期任务执行完毕标志置位
变址寄存器（IR 区）	16 个寄存器	IR0～IR15	存储 PLC 存储器地址
数据寄存器（DR 区）	16 个寄存器	DR0～DR15	存储地址偏移值
条件标志区	14 区		符号指定各种运算、比较标志位
时钟脉冲区	5 位	0.02s、0.1s、0.2s、1s、1min	符号指定内部时钟脉冲位

其中，CIO 区域在编程中最常用，它既可用作控制 I/O 点的数据，也可用作内部处理和存储数据的工作位，它可以按位或字存取。CIO 区在 CJ 系列 PLC 中的寻址范围是由字 CIO0000～CIO6143，在指定某一 CIO 区中的地址时无须输入缩写"CIO"，根据不同用途在 CIO 区中又划分了若干段，参见表 1-37。

表 1-37 　　　　　　　　　　　　　　CIO 区分配表

区　域	范　围	注　释
I/O 区	CIO0000～CIO0079	
	CIO0080～CIO0999	设置机架的首字
数据链接区	CIO1000～CIO1199	分配给 Controller 链接网
内部 I/O 区	CIO1200～CIO1499	用于程序中工作位或工作字
CPU 总线单元区	CIO1500～CIO1899	25 字/单元
未用	CIO1900～CIO1999	用于程序中工作位或工作字
特殊 I/O 单元区	CIO2000～CIO2959	分配给特殊 I/O 单元（0～95），10 字/单元
未用	CIO2960～CIO3199	用于程序中工作位或工作字
DeviceNet 区	CIO3200～CIO3799	DeviceNet 区（输入）
内部 I/O 区	CIO3800～CIO6143	用于程序中工作位或工作字

2. 典型 CP1H 系列 PLC 的硬件资源

CP1H 系列 PLC 是欧姆龙公司于 2005 年推出的新型 PLC。它是一款浓缩了众多功能于一身的整体型 PLC。这里将简要介绍 CP1H 型 PLC 的硬件结构，存储器的组成、标准 I/O 单元及扩展 I/O 单元等内容。

（1）CP1H PLC 的基本结构与系统特点。

1）CP1H PLC 的基本结构。CP1H 型 PLC 为整体式结构，XA 型 CP1H 的结构如图 1-27 所示。CPU 单元为系统的核心，其主机上配备了 2 个 7 段数码管、外部 USB 端口、模拟电位器、外部模拟设定输入、电池、存储盒等。I/O 单元提供了现场输入/输出设备与 CPU 的接口电路。另外，CPU 单元上还提供了 RS-232C 端口和 RS-422A/485 端口共 2 个，可根据需要配置 RS-232C 选件板或 RS-422A/485 选件板。

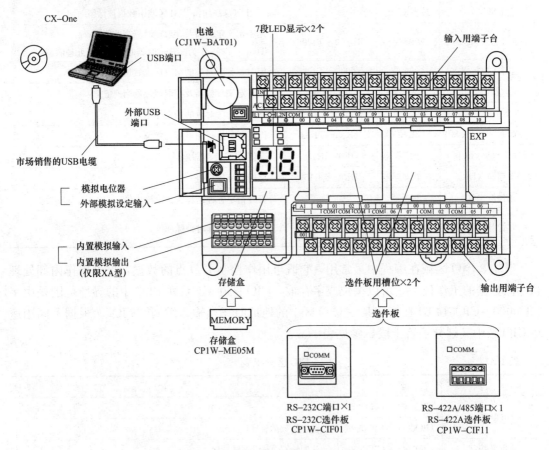

图 1-27　CP1H PLC 主机总体结构图

2）CP1H PLC 的系统特点。CP1H PLC 属于小型 PLC，使用 USB 端口与上位机通信，采用梯形图配功能块的结构文本语言编程，多任务的编程模式，多个协议宏服务端口，易于联网，拥有多路高速计数与多轴脉冲输出。CP1H 具有与 CS/CJ 系列 PLC 相似的先进控制功能，其突出特点与功能如下。

a. 处理速度快。CP1H PLC 的 CPU 执行基本指令的时间一般为 $0.1\mu s$/条，执行 MOV 类高级指令的时间一般为 $0.3\mu s$/条，运行速度分别是小型机 CPM2A 的 6 倍和 26

倍。相应的系统管理、I/O刷新时间和外设服务所需的时间大幅度减少。

b. 程序容量与I/O容量大。CP1H PLC 的程序存储最大容量 20K 字，数据存储器（DM 区）的存储最大容量是 32K 字，I/O 点最多可达 4800 个，这些为复杂程序和各类接口单元、通信及数据处理提供了充足的内存。

c. 整体式机构。CP1H PLC 采用整体式结构，体积小巧且功能完备，大幅提升了空间的利用率。

d. 软硬件的兼容性好。CP1H PLC 采用 CX-Programmer 6.1 版本作为编程软件，配有 FA 综合工具包 CX-ONE，可以实现 PLC 与各种外部元器件的结合。

e. 系统扩展性好。CP1H PLC 最多可以连接 7 个 I/O 扩展单元，每个 I/O 扩展单元具有 40 个 I/O 点，加上 CPU 单元本身内置的 40 个 I/O 点，数达 320 点。

f. 高速性能强。CP1H PLC 的 CPU 单元具有模拟量输入/输出功能、高速中断输入功能、高速计数功能和可调占空比的高频脉冲输出功能，可以实现模数与数模转换、精确的定位控制和速度控制，可以高速处理约 400 条指令。

g. 功能块编程语言简便。用户可以根据实际需求自行创建相应的功能块，将标准的多个电路编制在一个功能块中，只要将其插入并在输入输出中设定参数，就可以很方便地对复杂的电路进行反复调用。这样，可以大大减少程序编制与调试的工作量以及编码错误，增强可读性。

h. 程序组织模式结构化。CP1H PLC 可将程序划分为最多 32 个实现不同控制功能的循环任务段，另外提供了电源断开中断、定时中断、I/O 中断和外部 I/O 中断等 4 类 256 个中断任务，这种任务式的程序组织模式提高了大型程序开发的效率，调试维护更加简便，改善了系统的响应性能。

i. 串行通信功能强。CP1H PLC 的串行通信口最多可以装 2 个（RS-232C 或 RS-422A/485 选件板可供选择），可以方便地实现与可编程终端（简称 PT）、变频器、温度控制器、智能传感器及 PLC 之间的各种链接。其中，Modbus-RTU 简易主站功能可以实现对变频器的速度控制，串行 PLC 链接功能可以将 9 台 CP1H（或是 CJ1M）链接通信，每台 PLC 之间可以实现 10 个通道以内的数据传送。

j. USB 通信方式简捷。CP1H PLC 采用的外部 USB 端口与上位计算机连接，利用 CX-Programmer6.1 软件与计算机进行编程和监视，通信简捷。

总之，CP1H PLC 具有功能强、速度快、体积小、适用范围广等特点。

（2）X/XA 型 CP1H CPU 单元。

1）CP1H 的 CPU 单元类型及其特点。CP1H CPU 单元包括基本型（X 型）、模拟量型（XA 型）和脉冲型（Y 型）三种类型，各种 CPU 单元的基本指标见表 1-38。

表 1-38   CP1H 型 CPU 单元的基本指标表

名称	型 号	电源电压	输出特性	输入特性	扩展 I/O 单元 最大连接台数	最大扩展点数
CP1H X 型	CP1H-X40DR-A	AC100～240V	继电器输出 16 点	DC24V 24 点	7	280 点 （最多 7 单元 40 点/单元）
	CP1H-X40DT-D	DC24V	晶体管输出漏型 16 点			
	CP1H-X40DT1-D		晶体管输出源型 16 点			

续表

名称	型号	电源电压	输出特性	输入特性	扩展I/O单元最大连接台数	最大扩展点数
CP1H XA型	CP1H-X40DR-A	AC100~240V	继电器输出16点	DC24V 24点	7	同上
	CP1H-XA40DT-D	DC24V	晶体管输出漏型16点			
	CP1H-XA40DT1-D		晶体管输出源型16点			
CP1H Y型	CP1H-Y20DT-D	DC24V	晶体管输出漏型8点	DC24V 12点	7	同上

CP1H型PLC的CPU单元型号的含义如图1-28所示。

a. X型CP1H的CPU单元。X型为CP1H系列PLC的标准型。其主要特点如下。

①CPU单元本体内置输入24点、输出16点，实现4轴高速计数、4轴脉冲输出。

②通过扩展CPM1A系列的扩展I/O单元，CP1H整体最多可达320个I/O点。

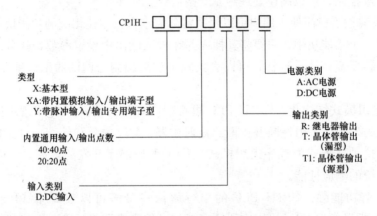

图1-28　CP1H CPU单元型号示意图

③通过扩展CPM1A系列的扩展单元，可以实现功能扩展（如温度传感器输入等）。

④通过安装选件板，可以实现RS-232C通信或RC-422/485通信（用于连接PT、条形码阅读器、变频器等）。

⑤通过扩展CJ系列高功能单元，可以向上位或下位扩展通信功能等。

此外，X型CP1H的每个I/O点还可以通过系统设定来确定其使用状态，这些状态包括通用输出、输出中断、脉冲接收、高速计数等。也可以通过指令在通用输出、脉冲输出或PWM输出中选择某一状态，参见图1-29。

2）XA型CP1H的CPU单元。XA型是在X型上增加了模拟输入输出功能。其主要特点如下。

a. CPU单元主体，I/O单元扩展和其他扩展单元和X型相同（具体功能参见X型）。

b. XA型内置了模拟量电压/电流输入4点和模拟电压/电流输出2点。

此外，XA型CP1H的每个I/O点设定也与X型相同，参见图1-30。

c. Y型CP1H的CPU单元。Y型CP1H与X型不同，它限制了内置I/O点数，取而代之以脉冲输入输出（频率为1MHz）专用端子。其主要特点如下。

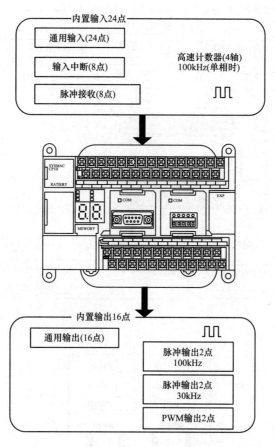

图 1-29 X 型 CP1H 的功能图

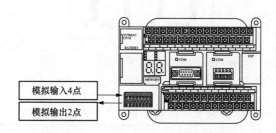

图 1-30 XA 型 CP1H 的功能图

①CPU 单元主体内置输入 12 点、输出 8 点，可实现 4 轴高速计数和 4 轴脉冲输出。根据机种，可配备最大 1MHz 的高速脉冲输出，线性伺服也可以适用。

②通过扩展 CPM1A 系列的扩展 I/O 单元，CP1H 整体最大可扩展至 300 个 I/O 点。

③其他功能与 X 型、XA 型相同（具体功能参见 X 型）。

此外，Y 型 CP1H 的每个 I/O 点设定也与 X 型、XA 形相同，参见图 1-31。

3）CPU 单元的结构。

a. 工作指示灯。工作指示灯表示 CP1H 所处的工作状态，如图 1-32 所示。CPU 单元面板上的指示灯显示的信息见表 1-39。

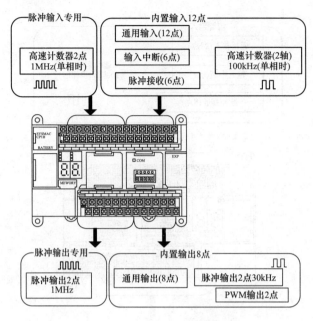

图 1-31　Y型 CP1H 的功能图

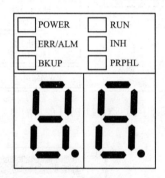

图 1-32　CPU 单元指示灯
与数码管

表 1-39　　　　　　　　　　CP1H 系列 PLC 的 CPU 面板工作指示灯说明表

指示器	内　　容
POWER（绿色）	通电时灯常亮，断电时灯熄灭
PUN（绿色）	在【运行】或【监视】模式下，PLC 正常运行时常亮
ERR/ALM （红色）	当出现故障，而 CPU 不停机（非致命故障）时闪烁； 当出现故障，导致 CPU 停机（致命故障）时常亮。当发生致命故障时，RUN 指示灯熄灭，同时所有输出单元的输出中断
INH（橙色）	当负载关断位（A50015）变 ON 时常亮。此时，所有输出单元的输出中断
BKUP（橙色）	当向 PLC 写入程序、参数、数据内存时。或开启 PLC 电源 PLC 复位过程中灯亮 注：该灯亮时，不要将 PLC 电源关闭
PRPHL（橙色）	当 CPU 通过外设端口通信时闪亮

b. 7 段显示数码管。7 段显示数码管（简称 LED）可以显示单元版本、CPU 单元的故障代码、存储盒传送状态、模拟电位器值变更状态、用户定义代码等信息，以便将 PLC 的状态更简易地告知用户，从而提高了设备运行时检测和维护的效率。7 段 LED 为 2 位，而故障代码为 4 位，因此故障代码分 2 次显示，此外异常的信息显示方式也如此，如图 1-33 所示。当 PLC 发生异常时 7 段 LED 优先显示故障代码。多个异常同时发生时，优先显示重要信息。

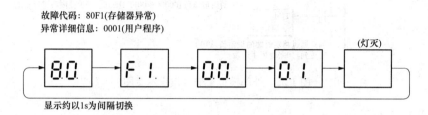

图 1-33　7 段 LED 显示示例

c. 模拟电位器。通过用十字螺丝刀旋转模拟电位器，可以将特殊辅助继电器区域 A642 通道的值在 00～FF（十进制数 0～255）的范围内做任意改变。更新当前值时，与 CP1H 的动作模式无关，在 7 段数码管上显示当前值约 4s。这样，在没有外围工具的情况下，可以方便地调整定时器或计数器的设定值，如图 1-34 所示。

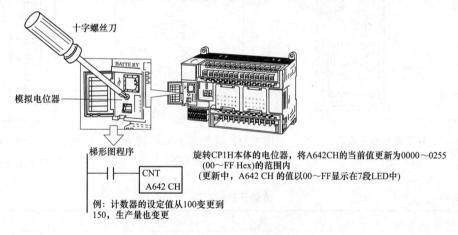

图 1-34　模拟电位器设定示意图

注意：模拟电位器的设定值有时会随着环境温度的变化及电源电压的变化而变化。对于要求设定值精密的用途，其不要使用。

d. 外部模拟量输入连接器。在外部模拟设定输入端子上施加 0～10V 的电压，将模拟量进行 A/D 转换，并存储在特殊辅助继电器区域 A643 通道中，转换值在 00～FF（十进制数 0～255）的范围内变化，如图 1-35 所示。

外部模拟量输入连接器适用于需要在现场调整设定值且要求精度不高的场合，如室外温度的变化或电位计输入。具体连接方式如图 1-36 所示，利用导线（1m）将 0～10V 的电压连接到 CP1H CPU 单元的外部模拟输入连接器上。输入电压值与 A643 通道当前值的对

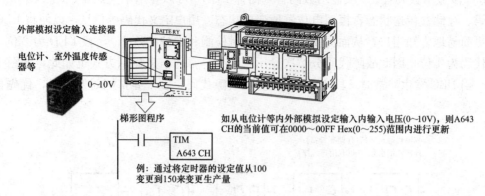

图1-35 外部模拟量输入设定示意图

应关系如图1-37所示。

请注意：输入电压的最大值为DC11V，不要超限。

e. 拨动开关。拨动开关位于模拟电位器右边，用来设置PLC的基本参数，CP1H PLC的CPU单元有一个6脚的拨动开关，初始状态都是"OFF"。如图1-38所示，每个脚的设定值含义见表1-40。

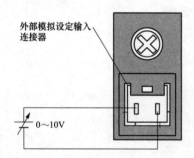

图1-36 外部模拟输入连接器布线图

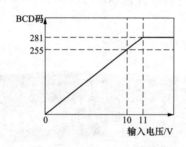

图1-37 电压值与A643通道值的关系图

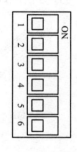

图1-38 CPU单元拨动开关示意图

表1-40 拨动开关设定表

开关号	设定	设 定 内 容	用 途
SW1	ON	不可写入用户程序存储器（注）	防止改写用户程序
	OFF	可写入用户程序存储器	
SW2	ON	电源为"ON"时，执行存储盒的自动传送	在电源为"ON"时，可将保存在存储盒内的程序、数据内存、参数调入CPU单元
	OFF	不执行	
SW3	—	不使用	—
SW4	ON	在用工具总线的情况下使用	需要通过工具总线来使用选件板槽位1上安装的串行通信选件板时置于"ON"
	OFF	根据PLC系统设定	

开关号	设定	设　定　内　容	用　　途
SW5	ON	在用工具总线的情况下使用	需要通过工具总线来使用选件板槽位 2 上安装的串行通信选件板时置于"ON"
	OFF	根据 PLC 系统设定	
SW6	ON	A395.12 为"ON"	在不使用输入单元而用户需要使某种条件成立时，将该SW6 置于"ON"或"OFF"，在程序上应用 A395.12
	OFF	A395.12 "OFF"	

注　通过将 SW1 置于"ON"转换为不写入的数据如下：

1）所有用户程序（所有任务内的程序）；

2）参数区域的所有数据（PLC 系统设定等）。

此外，该 SW1 为"ON"的情况，即使执行由 CX-Programmer 将存储器全部清除的操作，所有的用户程序及参数区域的数据都不会被删除。

f. 内置模拟输入输出端子台/端子台座（仅限 XA 型）。XA 型 CP1H CPU 单元内置 4 个模拟输入点和 2 个模拟输出点。

g. 内置模拟输入切换开关（仅限 XA 型）。内置模拟输入切换开关（SW1、SW2、SW3、SW4）是设置 4 路模拟输入是电压还是电流。初始值都为 OFF，如图 1-39 所示。开关的设定一定要在安装端子台之前进行。开关置为 ON 则表示模拟量输入为电流输入，置为 OFF 则表示模拟量输入为电压输入。

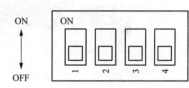

图 1-39　内置模拟输入切换开关

h. 存储盒。存储盒安装的 CP1W-ME05M，可将程序及 DM 区初始值等内置闪存内的数据保存到存储盒（选件），作为备份数据来保存。此外，编制相同系统时，可用存储盒将程序及初始值数据等简单地复制到其他的 CPU 单元内，如图 1-40 所示。

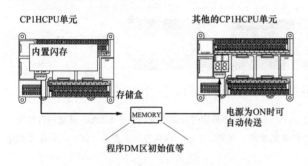

图 1-40　存储盒程序、数据复制示意图

i. 电源与接地端子。电源端子连接供给电源（AC100～240V 或 DC 24V）。

接地端子可分为功能接地（⏚）和保护接地（⏚）。功能接地是为了强化抗干扰性、防止电击，必须接地（仅限 AC 电源型）。保护接地是为了防止静电，必须进行 D 种接地（第 3 种接地）。

j. 选件板槽位。CP1H 最多可以安装 2 个串行通信选件板，1 个 RC-232C 选件板与 1 个 RC-422A/485C 选件板。RS-232C 选件板与 RS-422A/485 选件板的型号见表 1-41。

表 1-41　　　　　　　　　　　串行通信用选件

名　　称	型　号	端　口	串行通信模式
PS-232C 选件板	CP1W-CIF01	1 个 RS-232C 端口（D-SUB9 引脚 插孔）	高位链接、NT 链接（1∶N 模式）、无顺序、串行 PLC 链接从站、串行 PLC 链接主
RS-422A/485 选件板	CP1W-CIF11	1 个 RS-422A/485 端口（棒状端子用端子台）	站、串行网关（向 CompoWay/F 的转换，向 Modbus-RTU 的转换）、工具总线

注意：选件板的装卸一定要在 PLC 的电源为"OFF"的状态下进行。

因为 CP1H 包含了 1 个 USB 端口、1 个 RS-232C 端口与 1 个 RS-422A/485 端口，所以最多有 3 个串行通信端口，可轻松实现同时与上位计算机、PT、CP1H 各种外设（变频器、温度调节、智能传感器等）的连接，如图 1-41 所示。

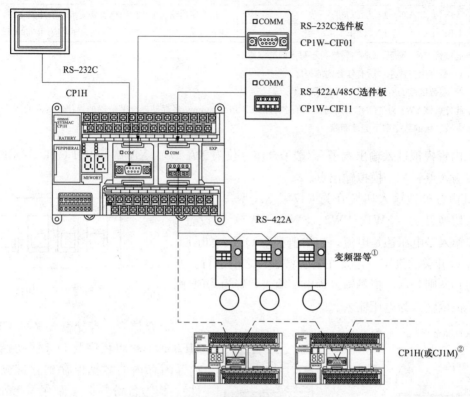

图 1-41　CP1H 串行通信口连接示意图

① 通过 Modbus-RTU 简易主站功能（所以类型共通），可通过简单地串行通信对变频器等 Modbus 从站进行控制。

如先在固定分配区域（DM）中设定 Modbus 从站设备的地址、功能、数据，将软件开关置为"ON"，可在无程序状态下进行一次信息的发送接收，如图 1-42 所示。

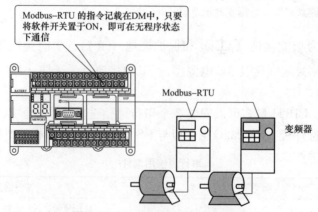

图 1-42　Modbus-RTU 连接示意图

② 使用 RS-422A/485 选件板实现串行 PLC 链接（所有类型共通），如图 1-43 所示。图中最多 9 台 CP1H 之间或 CP1H 与 CHM 之间组成 PLC 链接通信网，每个 CPU 单元在无程序状态下享有最多 10 个数据交换的通道。

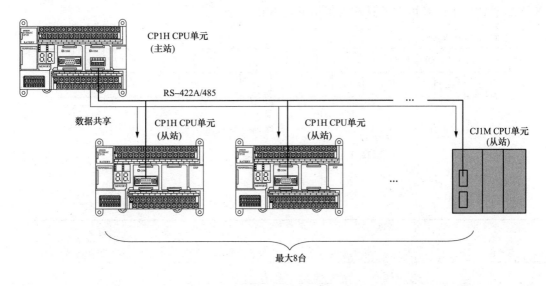

图 1-43　RS-422A/485 端口连接示意图

k. 扩展 I/O 单元连接器。可连接 CPM1A 系列的扩展 I/O 单元（输入输出 40 点/输入输出 20 点/输入 8 点/输出 8 点）及扩展单元（模拟输入输出单元、温度传感器单元、CompoBus/S/I/O 连接单元、DevicetNet I/O 链接单元），最多 7 台。

l. CJ 单元适配器。CP1H CPU 单元的侧面可以连接 CJ 单元适配器 CP1W-EXT01，它可以连接 CJ 系列特殊 I/O 单元或 CPU 总线单元，且最多 2 个单元，但是不能连接 CJ 系列的基本 I/O 单元，如图 1-44 所示。

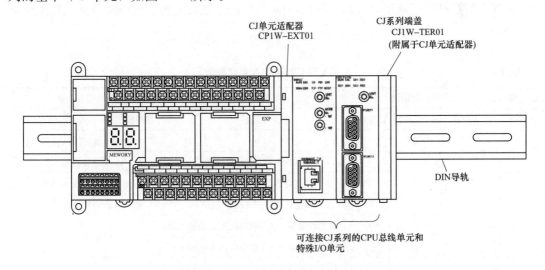

图 1-44　CJ 单元适配器连接示意图

（3）CP1H PLC 的输入/输出单元。

1）X/XA 型 CP1H 输入单元的用法。X/XA 型 CP1H 拥有 24 个输入点，如图 1-45 所示。0 通道 0.00～0.11 位共 12 点，1 通道 1.00～1.11 位共 12 点，2 个通道合计 24 点。

X/XA 型 CP1H PLC 的开关量输入规格见表 1-42。

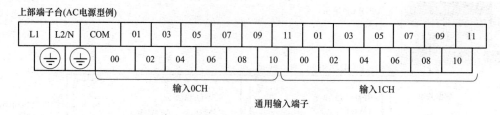

图 1-45　X/XA 型输入端子台示意图

表 1-42　　　　　　　　　　　　CP1H（X/XA 型）输入规格

项　目	规　格		
	0.04～0.11	0.00～0.03/1.00～1.03	1.04～1.11
输入电压	DC24V，＋10%，－15%		
对象传感器	2 线式		
输入阻抗	3.3kΩ	3.0kΩ	4.7kΩ
输入电流	7.5mA TYP	8.5mA TYP	5mA TYP
ON 电压	最小 DC 17.0V 以上	最小 DC 17.0V 以上	最小 DC 14.4V 以上
OFF 电压/电流	最大 DC 5.0V 1mA 以下	最大 DC 5.0V 1mA 以下	最大 DC 5.0V 1mA 以下
ON 响应时间	2.5μs 以下	50μs 以下	1ms 以下
OFF 响应时间	2.5μs 以下	50μs 以下	1ms 以下

X/XA 型 CP1H 的通用输入端子可以根据 PLC 的系统设定进行选择和分配，具体设置见表 1-43。

表 1-43　　　　　　　　　　X/XA 型 CP1H 输入点功能表

输入端子台		输入动作设定			高速计数器动作设定	原点搜索功能
通道	位号	通用输入	输入中断[①]	脉冲输入	高速计数器 0～3	脉冲输出 0～3 的原点搜索功能
0	00	0	0	0	—	脉冲 0 原点输入信号
	01	1	1	1	高速计数器 2（Z 相/复位）	脉冲 0 原点接近输入信号
	02	2	2	2	高速计数器 1（Z 相/复位）	脉冲 1 原点输入信号
	03	3	3	3	高速计数器 0（Z 相/复位）	脉冲 1 原点接近输入信号
	04	4	—	—	高速计数器 2（A 相/加法/计数输入）	—
	05	5	—	—	高速计数器 2（B 相/减法/方向输入）	—
	06	6	—	—	高速计数器 1（A 相/加法/计数输入）	—
	07	7	—	—	高速计数器 1（B 相/减法/方向输入）	—
	08	8	—	—	高速计数器 0（A 相/加法/计数输入）	—
	09	9	—	—	高速计数器 0（B 相/减法/方向输入）	—
	10	10	—	—	高速计数器 3（A 相/加法/计数输入）	—
	11	11	—	—	高速计数器 3（B 相/减法/方向输入）	—

续表

输入端子台	输入动作设定			高速计数器动作设定	原点搜索功能
	00	12	4	4	高速计数器3（Z相/复位）	脉冲2原点输入信号
	01	13	5	5	—	脉冲2原点接近输入信号
	02	14	6	6	—	脉冲3原点输入信号
	03	15	7	7	—	脉冲3原点接近输入信号
1	04	16	—	—	—	—
	05	17	—	—	—	—
	06	18	—	—	—	—
	07	19	—	—	—	—
	08	20	—	—	—	—
	09	21	—	—	—	—
	10	22	—	—	—	—
	11	23	—	—	—	—

①直接模式或计数器模式，根据 MSKS 指令设定。

2）X/XA 型 CP1H 输出单元的用法。X/XA 型 CP1H 拥有 16 个输出点，如图 1-46 所示。100 通道 100.00～100.07 位共 8 点，101 通道 101.00～101.07 位共 8 点，合计 16 点。X/XA 型 CP1H 的开关量输出规格参见表 1-44、表 1-45。

图 1-46　X/XA 型 CP1H 输出端子台示意图

表 1-44　　　　　CP1H（X/XA 型）PLC 的继电器输出型输出规格

项　　目			规　　格
最大开关能力			AC 250V/2A（$\cos\varphi=1$）
			DC 24V/2A（4A/公共）
最小开关能力			DC 5V、10mA
继电器寿命	电气	阻性负载	10 万次（DC 24V）
		感性负载	48000 次（AC 250V$\cos\varphi=0.4$）
	机械		2000 万次
ON 响应时间			15ms 以下
OFF 响应时间			15ms 以下

表 1-45   **CP1H（X/XA 型）PLC 的晶体管输出型输出规格**

项　　目	规　　格		
	100.00～100.07	101.00、101.01	101.02～101.07
最大开关能力	DC 4.5～30V 300mA/点 0.9A/公共 3.6A/单元		
最小开关能力	DC 4.5～30V 1mA		
漏电流	0.1mA 以下		
残留电压	0.6V 以下		1.5V 以下
ON 响应时间	0.1ms 以下		
OFF 响应时间	0.1ms 以下		1ms 以下
熔丝	有（1 个/点）		

X/XA 型 CP1H 通用输出端子可根据 PLC 的系统设定进行脉冲输出。具体设置见表 1-46。

表 1-46   **X/XA 型 CP1H 输出点功能表**

输出端子台		除执行右侧所述指令以外	执行脉冲输出指令（SPED、ACC、PLS2、ORG 中的某一个）		通过 PLC 系统设定，用"应用"+ORG 指令执行原点搜索功能	执行 PWM 指令
通道	位号	通用输出	固定占空比脉冲输出			可变占空比脉冲输出
			CW/CCW	脉冲＋方向	＋应用原点搜索功能时	PWM 输出
100	00	0	脉冲输出 0（CW）	脉冲输出 0（脉冲）	—	—
	01	1	脉冲输出 0（CCW）	脉冲输出 0（方向）	—	—
	02	2	脉冲输出 1（CW）	脉冲输出 1（脉冲）	—	—
	03	3	脉冲输出 1（CCW）	脉冲输出 1（方向）	—	—
	04	4	脉冲输出 2（CW）	脉冲输出 2（脉冲）	—	—
	05	5	脉冲输出 2（CCW）	脉冲输出 2（方向）	—	—
	06	6	脉冲输出 3（CW）	脉冲输出 3（脉冲）	—	—
	07	7	脉冲输出 3（CCW）	脉冲输出 3（方向）	—	—
101	00	8	—	—	—	PWM 输出 0
	01	9	—	—	—	PWM 输出 1
	02	10	—	—	原点搜索 0（偏差计数器复位输出）	—
	03	11	—	—	原点搜索 1（偏差计数器复位输出）	—
	04	12	—	—	原点搜索 2（偏差计数器复位输出）	—
	05	13	—	—	原点搜索 3（偏差计数器复位输出）	—
	06	14	—	—	—	—
	07	15	—	—	—	—

（4）CP1H PLC 的存储器。CP1H 型 PLC 的存储器分成 5 部分：用户程序存储区、I/O 存储区、参数区、内置闪存和存储盒。其中，用户程序存储区是由多个任务构成，程序包括作为中断使用的任务最多可编写 288 个。通过 CX-Programmer 软件将这些程序按 1：1 被分配到执行任务中后，传送到 CPU 单元。

I/O 存储区域是指通过指令的操作数可以进入的区域。它由 I/O 继电器区（CIO）、内部辅助继电器区（WR）、保持继电器区（HR）、特殊辅助继电器区（AR）、暂时存储继电器（TR）、数据存储器（DM）、定时器（TIM）、计数器（CNT）、状态标志、时钟脉冲、任务标志（TK）、变址寄存器（IR）和数据寄存器（DR）等组成，主要是用来存储输入、输出数据和中间变量，提供定时器、计数器、寄存器等，还包括系统程序所使用和管理的系统状态和标志信息。I/O 存储区的分配参见表 1-47。

表 1-47   **CP1H 型 PLC 存储器分配表**

名　称		大小	通道范围	访问方式
输入输出继电器	输入继电器	272 点	0～16	通道或位访问，可强制置位/复位
	输出继电器	272 点	100～116	通道或位访问，可强制置位/复位
内置模拟输入输出（仅限 XA 型）	内置模拟输入量	4 字	200～203	通道或位访问，可强制置位/复位
	内置模拟输出量	2 字	210～211	通道或位访问，可强制置位/复位
CIO 区域	数据链接继电器	3200 点	1000～1199	通道或位访问，可强制置位/复位
	CPU 总线单元继电器	6400 点	1500～1899	通道或位访问，可强制置位/复位
	总线 I/O 单元继电器	15360 点	2000～2959	通道或位访问，可强制置位/复位
	串行 PLC 链接继电器	1440 点	3100～3189	通道或位访问，可强制置位/复位
	DeviceNet 继电器	9600 点	3200～3799	通道或位访问，可强制置位/复位
	内部辅助继电器	4800 点 37504 点	1200～1499 3800～6143	通道或位访问，可强制置位/复位
内部辅助继电器		8192 点	W000～W511	通道或位访问，可强制置位/复位
保持继电器		8192 点	H000～H511	通道或位访问，可强制置位/复位
特殊辅助继电器		15360 点	A000～A959	通道或位访问，不能强制置位/复位
暂时存储继电器		16 位	TR0～TR15	只能位访问，不可强制置位/复位
数据存储器		32 768 字	D00000～D32767	只能通道访问，不可强制置位/复位
定时器当前值		4096 字	T0000～T4095	只能通道访问，不可强制置位/复位
定时完成标志		4096 点	T0000～T4095	只能位访问，可强制置位/复位
计数器当前值		4096 字	C0000～C4095	只能通道访问，不可强制置位/复位
计数完成标志		4096 点	C0000～C4095	只能位访问，可强制置位/复位
任务标志		32 点	TK0～TK31	只能位访问，不可强制置位/复位
变址寄存器		16 个	IR0～IR15	通道或位访问，不可强制置位/复位
数据寄存器		16 个	DR0～DR15	只能通道访问，不可强制置位/复位

对于各区的访问，CP1H 型 PLC 采用字（也称作通道）和位的寻址方式，前者是指各个区可以划分为若干个连续的字，每个字包含 16 个二进制位，用标识符及 3～5 个数字组成字号来标识各区的字；后者是指按位进行寻址，需在字号后面再加 00～15 二位数字组成

位号来标识某个字中的某个位。这样整个数据存储区的任意一个字、任意一个位都可用字号或位号唯一表示。

需要注意的是，在 CP1H 型 PLC 的 I/O 存储区中，TR 区、TK 区只能进行位寻址；而 T 区、C 区、DM 区和 DR 区只能进行字寻址，除此以外，其他区域既支持字寻址又支持位寻址方式。

参数区包括各种不能由指令操作数指定的设置，这些设置只能由编程装置设定，包括 PLC 系统设定、路由表及 CPU 高功能单元系统设定区域。

CP1H 的 CPU 单元中内置有闪存，通过 CX-Programmer 软件向用户程序区和参数区写入数据时，该数据可自动备份在内置闪存中，下次电源接通时，会自动地从闪存中传送到 RAM 内的用户内存区。

存储盒可以保存程序、数据内存、PLC 系统设定、外围工具编写的 I/O 注释等数据。电源接通时，可将存储盒内保存的数据自动地进行读取。

CIO 区是用户最为常用的内存区域，它既可以用作控制 I/O 点的数据，也可以用作内部处理和存储数据的工作位，它可以按位或字存取。CIO 区在 CP1H 型 PLC 中的字寻址范围是 CIO0000～CIO6143，在指定某一 CIO 区中的地址时无须输入缩写"CIO"，根据不同用途在 CIO 区中又划分了若干区域，未分配给各单元的区域可以作为内部辅助继电器使用。区域分配参见表 1-48。

表 1-48　　　　　　　　　　　　　　　　CIO 区分配表

通道范围	型　　号		注　　释
	X/Y 型	XA 型	
0～16	输入继电器区	输入继电器区	用于内置输入继电器区
17～99	空闲	空闲	
100～116	输出继电器区	输出继电器区	用于内置输出继电器区
117～199	空闲	空闲	
200～211	空闲	内置模拟输入输出区	内置模拟输入：200～203 内置模拟输出：210～211
212～999	空闲	空闲	
1000～1199	数据链接继电器区	数据链接继电器区	分配给 Controller 链接网
1200～1499	内部辅助继电器区	内部辅助继电器区	程序内部使用的继电器区
1500～1899	CPU 高功能单元继电器区 （25 通道/单元）	CPU 高功能单元继电器区 （25 通道/单元）	
1900～1999	空闲	空闲	
2000～2959	高功能 I/O 单元继电器区 （I/O 通道/单元）	高功能 I/O 单元继电器区 （I/O 通道/单元）	
2960～3099	空闲	空闲	
3100～3199	串行 PLC 链接继电器区	串行 PLC 链接继电器区	用于与其他 PLC 进行数据链接
3200～3799	DeviceNet 继电器区	DeviceNet 继电器区	适用 CJ 系列 DeviceNet 单元
3800～6143	内部辅助继电器区	内部辅助继电器区	程序内部使用的继电器区

（5）CP1H PLC 的 I/O 扩展单元。

1) CPM1A 系列扩展单元。CP1H CPU 单元上最多可以扩展 7 个 CPM1A 系列的扩展 I/O 单元或如表 1-49～表 1-51 所示的扩展单元。这样，既可以增加 CP1H 系统的 I/O 点数（最多扩展输入输出点数为 280 点），也可以增加新的控制功能（如温度传感器输入）。扩展方式如图 1-47 所示。

表 1-49　　CPM1A 系列扩展 I/O 单元

外观・名称	型　号	规　　格		备注
		输　　出	输　　入	
输入输出 40 点型 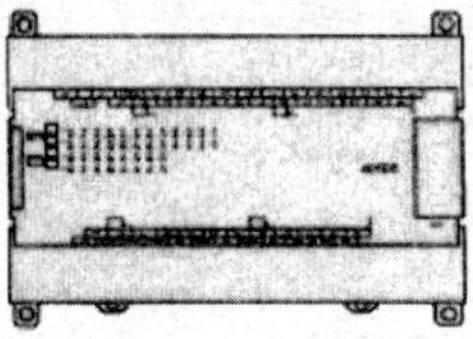	CPMA-40EDR	继电器输出 16 点	DC24V 24 点	
	CPM1A-40EDT	晶体管输出漏型 16 点		
	CPM1A-40EDT1	晶体管输出源型 16 点		
输入输出 20 点型 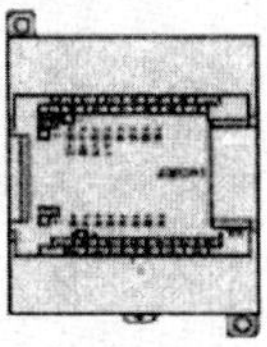	CPMA-20EDR1	继电器输出 16 点	DC24V 12 点	
	CPM1A-20EDT	晶体管输出漏型 16 点		
	CPM1A-20EDT1	晶体管输出源型 16 点		
输入 8 点类型 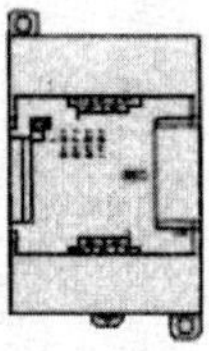	CPM1A-8ED	无	DC24V 8 点	
输出 8 点类型 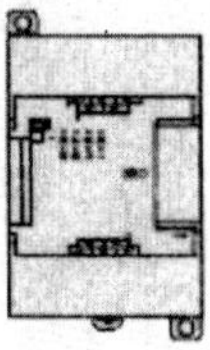	CPM1A-8ER	继电器输出 8 点	无	
	CPM1A-8ER	晶体管输出漏型 8 点		
	CPM1A-8ET1	晶体管输出源型 8 点		

表 1-50　　CPM1A 系列扩展单元

外观・名称	型　号	规　　格	备注
模拟输入/输出单元 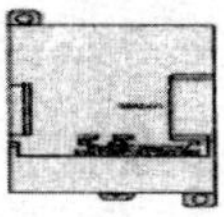	CPM1A-MAD01	模拟输入 2 点 1～5V，0～10V，4～20mA 模拟输出 1 点 0～10V，－10～＋10V，4～20mA 分辨率 256	

续表

外观·名称	型 号	规 格	备注
模拟输入输出单元	CPM1A-MAD11	模拟输入 2 点 0～5V，1～5V，0～10V，－10～＋10V，0～20mA，4～20mA 模拟输出 1 点 1～5V，0～10V，－10～＋10V，0～20mA，4～20mA 分辨率 6000	
温度传感器单元	CPM1A-TS001	热电偶输入 K，J 2 点	
	CPM1A-TS002	热电偶输入 K，J 4 点	
	CPM1A-TS101	测温电阻体输入 Pt100，JPt100 2 点	
	CPM1A-TS102	测温电阻体输入 Pt100，JPt100 4 点	
DeviceNet I/O 链接单元	CP1A-DRT21	作为 DeviceNet 从单元，可进行输入 32 点/输出 32 点的数据通信	
CompoBus/S I/O 链接单元	CPM1A-SRT21	作为 CompoBus/S 从单元，可进行输入 8 点/输出 8 点的通信	

表 1-51　　　　　　　　　　　　CJ 系列高功能 I/O 单元

外观·名称	型 号	规 格		备注
模拟输入单元	CJ1W-AD081-V1	模拟输入 8 点	0～5V，1～5V，0～10V，－10～＋10V，4～20mA 分辨率 8000	分辨率也可以设定为 4000
	CJ1W-AD041-V1	模拟输入 8 点		
模拟输出单元	CJ1W-DA08V	模拟输出 8 点	0～5V，1～5V，0～10V，－10～＋10V 分辨率 8000	分辨率也可以设定为 4000
	CJ1W-DA08C	模拟输出 8 点	4～20mA 分辨率 8000	
	CJ1W-DA041	模拟输出 4 点	0～5V，1～5V，0～10V，－10～＋10V 分辨率 8000	
	CJ1W-DA021	模拟输出 2 点		
模拟输入输出单元	CJ1W-MAD42	模拟输入 4 点/模拟输出 2 点 0～5V，1～5V，0～10V，－10～＋10V，4～20mA 分辨率 4000		分辨率也可以设定为 8000

外观·名称		型 号	规 格			备注
过程输入输出单元	温度传感器单元	CJ1W-PTS51	热电偶输入R，S，K，J，T，L，B 2点			
		CJ1W-PTS52	测温电阻体输入Pt100（JIS，IEC），JPt100 4点			
		CJ1W-PTS15	热电偶输入 B，E，J，K，L，N，R，S，T，U，WRe5-26， PLⅡ直流电压±100mV 2点			
		CJ1W-PTS16	测温电阻体输入Pt100，JPt100，JPt50， Ni508.4 2点			
	隔离型直流输入单元	CJ1W-PDC15	直流电压 0～125V，－125～＋125V，0～5V，1～5V， －5～＋5V，1～5V，0～10V，－10～＋10V， ±10V的任意量程 直流电流0～20mA，4～20mA 2点			
温度调节单元		CJ1W-TC001	热电偶输入B，S，K，J，T，B，L	4回路	集电极开路NPN输出	
		CJ1W-TC002			集电极开路PNP输出	
		CJ1W-TC003		2回路	集电极开路NPN输出	
		CJ1W-TC004			集电极开路PNP输出	
		CJ1W-TC101	测温电阻体输入JPt100，Pt100	4回路	集电极开路NPN输出	
		CJ1W-TC102			集电极开路PNP输出	
		CJ1W-TC103		2回路	集电极开路NPN输出	
		CJ1W-TC104			集电极开路PNP输出	
位置控制单元		CJ1W-NC113	1轴控制		集电极开路输出	
		CJ1W-NC133			线路驱动器输出	
		CJ1W-NC213	2轴控制		集电极开路输出	
		CJ1W-NC233			线路驱动器输出	
		CJ1W-NC413	4轴控制		集电极开路输出	
		CJ1W-NC433			线路驱动器输出	
高速计数器单元		CJ1W-CT021	2CH 10kHz/50kHz/500kHz			
ID传感器单元		CJ1W-V600C11	R/W头连接数1台			
		CJ1W-V600C12	R/W头连接数2台			

续表

外观·名称	型 号	规 格	备注
CompoBus/S 主站单元	CJ1W-SRM21	256 点（输入 128 点/输出 128 点）	
位置控制单元	CJ1W-NCF71	MECHATROLINK11 对应 最大 16 轴控制	
远动控制单元	CJ1W-MCH71	MECHATROLINK11 对应	
串行通信单元	CJ1W-SCU41-V1	RS-232C 1 端口 RS-422A/485 1 端口	
	CJ1W-SCU21-V1	RS-232C 2 端口	
EtherNet 单元	CJ1W-ETN21	100BASB-TX/10BASE-T 对应	
Controller Link 单元	CJ1W-CLK21	数据交换 最大 20000CH	
FL-Net 单元	CJ1W-FLN22	100BASE-TX 对应	
DeviceNet 单元	CJ1W-DRM21	控制点数，最大 3200 点 （2000CH）	

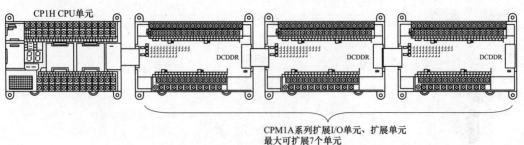

图 1-47 CP1A 系列 I/O 扩展示意图

若使用 I/O 连接电缆 CP1W-CN811，可延长至 80cm，可以采用双排并行连接，如图 1-48 所示。

CP1H CPU 单元将按照连接顺序给扩展单元分配输入输出通道号。输入通道号从 2 通

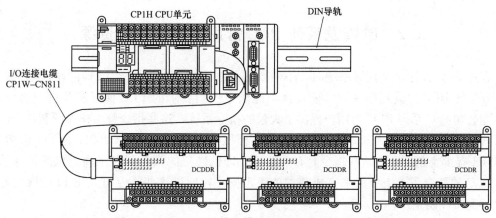

图 1-48 CP1H 用连接电缆 CP1W-CN811 扩展示意图

道开始，输出通道号从 102 通道开始，分配通道示例如图 1-49 所示。

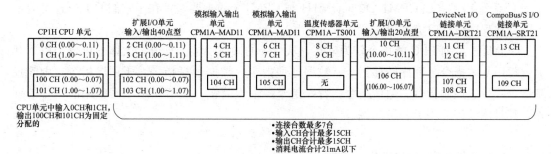

图 1-49 CP1H 的扩展通道号分配示例

所连接的扩展单元、扩展 I/O 单元所占用的 I/O 通道数总和必须在 15 个通道以内。由于某些特殊单元占用多个输入通道，如温度调节单元 CPM1A-TS002/102 占用 4 个输入通道，因此在使用此类单元时，要减少可分接的单元数。

2）CJ 系列扩展单元。CJ 系列的高功能单元（包括特殊 I/O 单元、CPU 总线单元等）最多只能连接 2 台，并配备 CJ 单元适配器 CP1W-EXT01 及端板 CJ1W-TER01。这样，可以扩展网络通信或协议宏等串行通信设备，如图 1-50 所示。CP1H 不能扩展连接 CJ 系列的基本 I/O 单元。

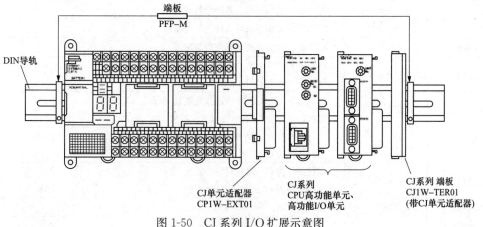

图 1-50 CJ 系列 I/O 扩展示意图

1.2 欧姆龙系列 PLC 常用的主要软件资源

在用 PLC 设计一个控制系统时，不但要熟悉系统的工艺要求及 PLC 的硬件结构，而且还要掌握 PLC 的编程指令，才能设计出能满足控制要求的 PLC 梯形图及指令语句表。欧姆龙公司的 C 系列 PLC 为用户提供了大量的指令系统，这些指令都由梯形图和指令码两种形式组成。P 型机共有 37 条指令，其他高档机指令更丰富，如 C200H 有 145 条指令，C2000H 有 174 条指令。这些指令具有兼容性，即低档机的指令包含于高档机的指令系统中。PLC 的基本逻辑指令用来完成基本的逻辑操作，通过这些指令可以用 PLC 取代原有继电器逻辑控制系统。

欧姆龙系列 PLC 的种类机型繁多。本节将以欧姆龙的 CQM1H 系列 PLC 为例，介绍 PLC 的指令系统。由于 CQM1H 与 C 系列 PLC 指令兼容，因此，这里所介绍的指令也适用于 C 系列 PLC（如 CPM1A）。CQM1H 与 CPM1A 的主要差别在于它们的 I/O 地址分配不同，在程序设计时应加以注意。

CQM1H 系列 PLC 的指令较为丰富，从指令的操作功能上划分，大体上可分为以下几类：常用基本指令、程序转移指令、数据处理指令、数据运算指令、子程序指令、中断控制指令、步进控制指令、通信指令、特殊指令。限于篇幅，本节只给出其常用的指令的列表，其具体编程应用见各种实例。

1.2.1 欧姆龙 PLC 的基本指令列表

（1）欧姆龙 PLC 的基本指令有 14 条，见表 1-52。

表 1-52　　　　　　　　　　欧姆龙 PLC 的基本指令列表

指令名称	助记符	功　能
装载	LD	用开启动具有指定位状态的指令行
装载非	LD NOT	用于启动具有指定位的反相状态的指令行
与	AND	将指定位状态与执行条件
与非	AND NOT	将指定位反相与执行条件进行逻辑与
与装载	AND LD	将先前各逻辑块的结果进行逻辑与
或	OR	将指定位状态与执行条件进行逻辑或
或非	OR NOT	将指定位反相与执行条件进行逻辑或
或装载	OR LD	将先前各逻辑块的结果进行逻辑或
输出	OUT	将执行条件为 ON 时将操作位置 ON 将执行条件为 OFF 时将操作位置 OFF
输出非	OUT NOT	将执行条件为 ON 时将操作位置 OFF 将执行条件为 OFF 时将操作位置 ON
复位	RSET	执行条件为 ON 时将操作位置 OFF 执行条件为 OFF 时，不影响操作位状态
置位	SET	执行条件为 ON 时将操作位置 ON 执行条件为 OFF 时，不影响操作位状态
计数器	CNT	减量计数器
定时器	Tim	ON 延迟（减量）定时器工作

（2）基本指令的梯形图及和操作数据区的关系。基本指令的梯形图及和操作数据区的关系见表1-53。

表 1-53　　　　　　　　　　基本指令和操作数据区的关系

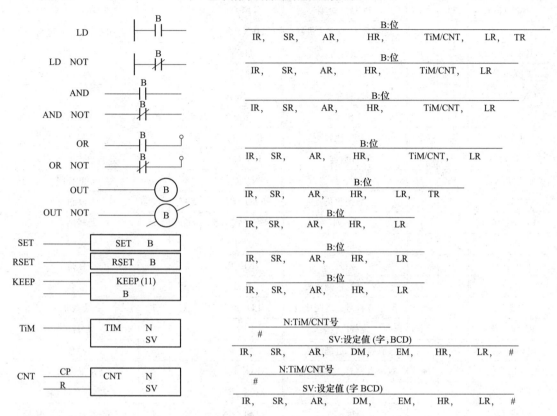

1.2.2　CQM1H 系列 PLC 按助记符字母顺序排列的指令列表

CQM1H 系列 PLC 按助记符字母顺序排列的指令列表，见表1-54。

表 1-54　　　　　　CQM1H 系列 PLC 按助记符字母顺序排列的指令列表

助记符	代码	字数	名　　称	助记符	代码	字数	名　　称
7SEG	88	4	7 段显示输出	APR（@）	—	4	算术处理
ACC（@）	—	4	加速控制	ASC（@）	86	4	ASCII 转换
ACOS（@）	—	3	反正弦	ASFT（@）	17	4	异步移位寄存器
ADB（@）	50	4	二进制加	ASIN（@）	—	3	反正弦
ADBL（@）	—	4	双字二进制加	ASL（@）	25	2	算术左移
ADD（@）	30	4	BCD 加	ASR（@）	26	2	算术右移
ADDL（@）	54	4	双字 BCD 加	ATAN（@）	—	3	反正切
AND	无	1	与（串联）	AVG	—	4	平均值
AND LD	无	1	与装载	BCD（@）	24	3	二进制-BCD
AND NOT	无	1	与非	BCDL（@）	59	3	双字二进制-双字 BCD
ANDW（@）	34	4	逻辑与	BCMP（@）	68	4	块比较

助记符	代码	字数	名　称	助记符	代码	字数	名　称
BCNT（@）	67	4	位计数器	FLTL（@）	—	3	32位—浮点
BIN（@）	23	3	BCD-二进制	FPD	—	4	故障点检测
BINL（@）	58	3	双字BCD-双字二进制	HEX（@）	—	4	ASCII到十六进制
BSET（@）	71	4	块设置	HKY	—	4	16键输入
CLC（@）	41	1	清除进位	HMS	—	4	秒—时
CMND（@）	—	4	发布命令	IL	02	1	连锁
CMP	20	3	比较	ILC	03	1	连锁清除
CMPL	60	4	双字比较	INC（@）	38	2	递增
CNT	无	2	计数器	INI（@）	61	4	模式控制
CNTR	12	3	可逆计数器	INT（@）	89	4	中断控制
COLL（@）	81	4	数据收集	IORF（@）	97	3	I/O刷新
COLM（@）	—	4	行-列	JME	05	2	跳转结束
COM（@）	29	2	取补	JMP	04	2	跳转
COS（@）	—	3	余弦	KEEP	11	2	保持
CPS		4	有符号二进制比较	LD	无	1	装载
CPSL	—	4	双字有符号二进制比较	LD NOT	无	1	装载非
CTBL（@）	63	4	装载比较表	LINE	—	4	行
DBS（@）	—	4	有符号二进制除法	LOG（@）	—	3	对数
DBSL（@）		4	双字有符号二进制除法	MAX（@）	—	4	求最大值
DEC（@）	39	2	BCD递减	MBS（@）	—	4	有符号二进制乘法
DEG（@）	—	3	弧度—度	MBSL（@）	—	4	双字有符号二进制乘法
DIFD	14	2	微分下降	MCMP（@）	19	4	多字比较
DIFU	13	2	微分上升	MCRO（@）	99	4	宏
DIST（@）	80	4	单字分配	MLN（@）	—	4	求最小值
DIV（@）	33	4	BCD除法	MLB（@）	52	4	二进制乘法
DIVL（@）	37	4	双字BCD除法	MLPX（@）	76	4	4-16译码
DMPX（@）	77	4	16.4编码	MOV（@）	21	3	传递
DSW	87	4	数字切换	MOVB（@）	82	4	传送位
DVB（@）	53	4	二进制除法	MOVD（@）	83	4	传送数字
END	01	1	结束	MSG（@）	46	2	信息
EXP（@）	—	4	指数	MUL（@）	32	4	BCD乘法
FAL（@）	06	2	错误报警与复位	MULL（@）	56	4	双字BCD乘
FALS	07	2	严重错误报警	MVN（@）	22	2	传送非
FCS（@）	—	4	FCS计算	NEG（@）	—	4	二进制补码
FIX（@）	—	3	浮点—16位	NEGL（@）	—	4	双字二进制补码
FIXL（@）	—	3	浮点—32位	NOP	00	1	空操作
FLT（@）	—	3	16位—浮点	OR	无	1	或（并联）

续表

助记符	代码	字数	名　称	助记符	代码	字数	名　称
OR LD	无	1	或装载	SLD（@）	74	3	1位数字左移
OR NOT	无	1	或非	SNXT	09	2	步开始
ORW（@）	35	4	逻辑或	SPED（@）	64	4	速度输出
OUT	无	2	输出	SQRT（@）	—	3	平方根
OUT NOT	无	2	输出非	SRCH（@）	—	4	数据搜索
PID	—	4	PID控制	SRD（@）	75	3	1位数字右移
PLS2（@）	—	4	脉冲输出	STC（@）	40	1	设置进位
PMCR（@）	—	4	协议宏	STEP	08	2	步定义
PRV（@）	62	4	读高速计数器当前值	STIM（@）	69	4	间隔定时器
PULS（@）	65	4	设置脉冲	STUP（@）	—	4	修改串口设置
PWM（@）	—	4	可变占空比脉冲	SUB	31	4	BCD减法
RAD（@）	—	3	度数—弧度	SUBL（@）	55	4	双字BCD减法
RECV（@）	98	4	网络接收	SUM（@）	—	4	求和
RET（@）	93	1	子程序返回	TAN（@）	—	3	正切
ROL（@）	27	2	循环左移	TCMP（@）	85	4	表比较
ROOT（@）	72	3	平方根	TIM	无	2	定时器
ROR（@）	28	2	循环右移	TIMH	15	3	高速定时器
RSET	无	2	复位	TKY（@）	13	4	十键输入
RXD（@）	47	4	接收	TRSM	45	1	跟踪内存采样
SBB（@）	51	4	二进制减法	TTIM	—	4	累加定时器
SBBL（@）	—	4	双字二进制减法	TXD（@）	48	4	传送
SBN	92	2	子程序定义	WSFT（@）	16	3	字移位
SBS（@）	91	2	子程序入口	XCHG（@）	73	3	数据交换
SCL（@）	66	4	标度	XFER（@）	70	4	块传送
SCL2（@）	—	4	有符号二进制到BCD标度	XFRB（@）	—	4	位传送
SCL3（@）	—	4	BCD到有符号二进制标度	XNRW（@）	37	4	异或非
SDEC（@）	78	4	7段译码	XORW（@）	36	4	异或
SEC	—	4	时—秒	ZCP	—	4	区域范围比较
SEND（@）	90	4	网络发送	ZCPL	—	4	双字区域范围比较
SET	无	2	设置	+F（@）	—	4	浮点加法
SFT	10	3	移位寄存器	−F（@）	—	4	浮点减法
SFTR（@）	84	4	可递移位寄存器	*F（@）	—	4	浮点乘法
SIN（@）	—	4	正弦	/F（@）	—	4	浮点除法

注 代码这一列内的"—"表示没有固定功能代码的扩展指令，"无"表示该指令不使用功能代码，@表示微分形式的指令。

1.2.3 COM1H 系列 PLC 特殊继电器功能列表

COM1H 系列 PLC 特殊继电器功能列表见表 1-55。

表 1-55   **COM1H 系列 PLC 特殊继电器功能列表**

字	位	功 能
SR244	00～15	输入中断 0 计数器模式 SV 当输入中断 0 用于计数器模式时为 SV（4 位数十六进制，0000～FFFF），当输入中断不用于计数器模式时不可用作工作位
SR245	00～15	输入中断 1 计数器模式 SV 当输入中断 1 用于计数器模式时为 SV（4 位数十六进制，0000～FFFF），当输入中断不用于计数器模式时不可用作工作位
SR246	00～15	输入中断 2 计数器模式 SV 当输入中断 2 用于计数器模式时为 SV（4 位数十六进制，0000～FFFF），当输入中断不用于计数器模式时不可用作工作位
SR247	00～15	输入中断 3 计数器模式 SV 当输入中断 3 用于计数器模式时为 SV（4 位数十六进制，0000～FFFF），当输入中断不用于计数器模式时不可用作工作位
SR248	00～15	输入中断 0 计数器模式 PV 减 1 当输入中断 0 用于计数器模式时为计数器 PV-1（4 位数十六进制）
SR249	00～15	输入中断 1 计数器模式 PV 减 1 当输入中断 1 用于计数器模式时为计数器 PV-1（4 位数十六进制）
SR250	00～15	输入中断 2 计数器模式 PV 减 1 当输入中断 2 用于计数器模式时为计数器 PV-1（4 位数十六进制）
SR251	00～15	输入中断 3 计数器模式 PV 减 1 当输入中断 3 用于计数器模式时为计数器 PV-1（4 位数十六进制）
SR252	00	高速计数器 0 复位位
	01	槽 2 中的内板控制位 脉冲 I/O 板：高速计数器 1 复位位，置 ON 使高速计数器 1（端口 1）的 PV 复位 绝对编码器接口板：绝对高速计数器 1 原点补偿位，置 ON 设置绝对高速计数器 1（端口 1）的原点补偿，补偿值置于 DM6611，自动变为 OFF
	02	槽 2 中的内板控制位 脉冲 I/O 板：高速计数器 2 复位位，置 ON 使高速计数器 2（端口 2）的 PV 复位 绝对编码器接口板：绝对高速计数器 2 原点补偿位，置 ON 设置绝对高速计数器 2（端口 2）的原点补偿，补偿值置于 DM6612，自动变为 OFF
	03～07	未用
	08	外围端口复位位 置 ON 使外围端口复位（当与外围设备相连时无效），在复位完成后自动变为 OFF
	09	RS-232C 复位位 置 ON 使 RS-232C 端口复位，复位完成后自动变为 OFF
	10	PC 设置复位位 置 ON 初始化 PC 设置（DM6600～DM6655），在复位完成后自动变为 OFF，仅当 PC 在编程模式下才有效

字	位	功　能
SR252	11	强制状态保持位 OFF：当从编程模式切换到监视模式时，强制使置位/复位位清除 ON：当从编程模式切换到监视模式叶，强制使置位/复位位的状态保持
	12	I/O 保持位 OFF：当启动操作或停止操作时，IR 位和 LR 位都复位 ON：当启动操作或停止操作时，IR 位状态和 LR 位状态保持
	13	未用
	14	错误日志复位位 为 ON 时清除错误日志，本操作完成后自动为 OFF
	15	输出 OFF 位 OFF：正常输出状态 ON：所有输出变为 OFF
SR253	00～07	FAL 错误代码 当错误发生时，错误代码（2 位数）存储在此处，当 FAL（06）或 FALS（07）被执行时，FAL 号存储在此处，执行 FAL00 指令或由编程设备清除错误，此字节就被复位（为00）
	08	低电压标志 当 CPU 电池电压跌落时变为 ON
	09	循环时间超过标志 当循环时间过运行发生时（即当循环时间超过 100ms）变为 ON
	10～12	未用
	13	总是 ON 标志
	14	总是 OFF 标志
	15	首循环标志 操作开始时的一个循环置 ON
SR254	00	1min 时钟脉冲（30s ON；30s OFF）
	01	0.02s 时钟脉冲（0.01s ON；0.01s OFF）
	02、03	未用
	04	上溢（OF）标志 当计算结果高于有符号二进制数据的上限时变为 ON
	05	下溢（UF）标志 当计算结果低于有符号二进制数据的上限时变为 ON
	06	微分监视完成标志 当微分监视完成时变为 ON
	07	STEP（08）执行标志 只在基于 STEP（08）的过程开始时的一个循环置 ON
	08	HKY（—）执行标志 在执行 HKY（—）时变为 ON
	09	7SEG（88）执行标志 在执行 7SEG（88）时变为 ON

字	位	功　　能
SR254	10	DSW（87）执行标志 在执行 DSW（87）时变为 ON
	11、12	未用
	13	通信单元错误标志 在一个通信单元中产生错误时置 ON，该标志反映通信单元操作错误标志（AR0011）
	14	未用
	15	内板错误标志 安装在槽 1 或槽 2 上的内板出错时置 ON，槽 1 的错误代码存储在 AR0400～AR0407 中，槽 2 的错误代码存放在 AR0408～AR0415 中
SR255	00	0.1s 时钟脉冲（0.05s ON；0.05s OFF）
	01	0.2s 时钟脉冲（0.1s ON；0.1s OFF）
	02	1.0s 时钟脉冲（0.5s ON；0.5s OFF）
	03	指令执行错误（ER）标志 当在执行指令时发生错误时变为 ON
	04	进位（CY）标志 当指令执行的结果有进位时变为 ON
	05	大于（GR）标志 当比较操作的结果是"大于"时变为 ON
	06	等于（EQ）标志 当比较操作的结果是"等于"，或当指令执行的结果是 0 时，变为 ON
	07	小于（LE）标志 当比较操作的结果是"小于"时，变为 ON

注　这些位主要用作与 CQM1H 操作相关的标志。当输入中断，未在计数器模式中使用时，SR244～SR247 也可用作工作位。

1.2.4　CQM1H 系列 PLC 系统设定

CQM1H 系列 PLC 系统设定见表 1-56。

表 1-56　　　　　　　　　　　　CQM1H 系列 PLC 系统设定

字	位	功　　能
启动处理（DM6600～DM6614） 下列设定在传送到 PLC 后的下次启动工作有效		
DM6600	00～07	启动模式（位 08～15 设为 02 时有效） 00：编程，01：监视，02：运行
	08～15	启动模式定义 00：根据 CPU 单元 DIP 开关的 7 脚和编程器开关设置 01：继续使用上次断电前使用的方式 02：DM6600 中的位 00～07 设定

续表

字	位	功　能
DM6601	00～07	未使用
	08～11	I/O保持位状态（SR25212） 0：复位，1：维持
	12～15	强制状态保持位状态（SR25211） 0：复位，1：维持
DM6602～DM6603	00～15	内板槽1设定
DM6604～DM6610	00～15	未使用
DM6611～DM6612	00～15	内板槽2设定
DM6613	00～15	串行通信板端口2服务时间设定
DM6614	00～15	串行通信板端口1服务时间设定

脉冲输出和循环时间设定（DM6615～DM6619）

下列设定在传送到PLC后的下次启动工作有效

字	位	功　能
DM6615	00～07	脉冲输出字 00：IR100，01：1R101，02：IR102…15：IR115 设置用于从晶体管输出单元输出脉冲，一次只能输出一个脉冲
	08～15	未使用，设置为00
DM6616	00～07	RS-232C端口服务时间（位08～15设为01时） 00～99（BCD）；用于服务RS-232C端循环时间的百分比，服务时间0.256～65.536ms
	08～15	允许RS-232C端口服务设定 00：循环时间的5%，01：使用在00～07中的时间（当PLC停止时，服务时间总是10ms）
DM6617	00～07	外围端口服务时间（当位08～15设为01时） 00～99（BCD）；用于服务外围端口的循环时间的百分比，服务时间0.256～65.536ms
	08～15	允许外围端口服务设定 00：循环时间的5%，01：使用在00～07中设定的时间（当PLC停止时，服务时间总是10ms）
DM6618	00～07	循环监视时间（当位08～15设为01、02或03） 00～99（BCD）×设定单位（见位08～15）
	08～15	允许循环监视 00：120ms（禁用位00～07中的设定），01：设定单位：10ms，02：设定单位：100ms，03：设定单位：1s
DM6619	00～15	循环时间 0000：可变（无最小值），0001～9999（BCD）（ms为单位的最小循环时间）

中断处理（DM6620～DM6639）

下列设定在传送到PLC后的下次启动工作有效

字	位	功　能
DM6620	00～03	IR00000～IR00007的输入时间常数 0：8ms，1：1ms，2：2ms，3：4ms，4：8ms，5：16ms，6：32ms，7：64ms，8：128ms
	04～07	IR00008～IR00015的输入时间常数（与位00～03设定相同）
	08～11	IR001的输入时间常数（与位00～03设定相同）
	12～15	未使用，设为0

续表

字	位	功　　能
DM6621	00～07	R002 的输入常数 00：8ms，01：1ms，02：2ms，03：4ms，04：8ms，05：16ms，06：32ms，07：64ms，08：128ms
	08～15	IR003 的输入常数（与 IR002 的设定相同）
DM6622	00～07	IR004 的输入常数（与 IR002 的设定相同）
	08～15	IR005 的输入常数（与 IR002 的设定相同）
DM6623	00～07	IR006 的输入常数（与 IR002 的设定相同）
	08～15	IR007 的输入常数（与 IR002 的设定相同）
DM6624	00～07	IR008 的输入常数（与 IR002 的设定相同）
	08～15	IR009 的输入常数（与 IR002 的设定相同）
DM6625	00～07	IR010 的输入常数（与 IR002 的设定相同）
	08～15	IR011 的输入常数（与 IR002 的设定相同）
DM6626	00～07	IR012 的输入常数（与 IR002 的设定相同）
	08～15	IR013 的输入常数（与 IR002 的设定相同）
DM6627	00～07	IR014 的输入常数（与 IR002 的设定相同）
	08～15	IR015 的输入常数（与 IR002 的设定相同）
DM6628	00～03	IR00000 中断允许 0：标准输入，1：中断输入模式或计数器模式中的中断输入
	04～07	IR00001 中断允许 0：标准输入，1：中断输入模式或计数器模式中的中断输入
	08～11	IR00002 中断允许 0：标准输入，1：中断输入模式或计数器模式中的中断输入
	12～15	IR00003 中断允许 0：标准输入，1：中断输入模式或计数器模式中的中断输入
DM6629	00～07	通过中断刷新而刷新的 TIMH（15）高速定时器数 00～15（BCD，如设为 3，定时器 00～02）
	08～15	高速定时器中断刷新允许 00：16 个定时器（位 00～07 的设定禁用），01：使用 00～07 的设定
DM6630	00～07	I/O 中断 0 的第一个输入刷新字：00～11（BCD）
	08～15	I/O 中断 0 的输入刷新字数：00～12（BCD）
DM6631	00～07	I/O 中断 1 的第一个输入刷新字：00～11（BCD）
	08～15	I/O 中断 1 的输入刷新字数：00～12（BCD）
DM6632	00～07	I/O 中断 2 的第一个输入刷新字：00～11（BCD）
	08～15	I/O 中断 2 的输入刷新字数：00～12（BCD）
DM6633	00～07	I/O 中断 3 的第一个输入刷新字：00～11（BCD）
	08～15	I/O 中断 3 的输入刷新字数：00～12（BCD）
DM6634	00～07	高速计数器 1 的第一个输入刷新字：00～11（BCD）
	08～15	高速计数器 1 的输入刷新字：00～12（BCD）

字	位	功　能
DM6635	00～07	高速计数器2的第一个输入刷新字：00～11（BCD）
	08～15	高速计数器2的输入刷新字数：00～12（BCD）
DM6636	00～07	间隔定时器0的第一个输入刷新字：00～15（BCD）
	08～15	间隔定时器0的输入刷新字数：00～16（BCD）
DM6637	00～07	间隔定时器1的第一个输入刷新字：00～15（BCD）
	08～15	间隔定时器1的输入刷新字数：00～16（BCD）
DM6638	00～07	间隔定时器2或高速计数器0的第一个输入刷新字：00～16（BCD）
	08～15	间隔定时器2或高速计数器0的输入刷新字：00～16（BCD）
DM6639	00～07	输出刷新方法 00：循环，01：直接
	08～15	数字切换［DSW（87）］指令的数字个数 00：4个数字，01：8个数字

高速计数器设定（DM6640～DM6644）

下列设定在传送到PLC后的下次启动工作有效

DM6640～DM6641	00～15	内板槽1设定（详细内容参见内板设定）
DM6642	00～03	高速计数器0输入模式 0：相位差模式，4：递增模式
	04～07	高速计数器0复位模式 0：Z相和软件复位，1：仅软件复位
	08～15	高速计数器0允许 00：不用高速计数器0，01：使用高速计数器0

RS-232C端口设定

下列设定在传送到PLC后的下次启动工作有效

DM6645	00～03	端口设定（上位机链接或无协议模式） 0：标准（1个起始位，7位数据。偶校验，2个停止位，9600bps），1：在DM6646中设定
	04～07	CTS控制设定（上位机链接或无协议模式） 0：禁止，1：设置
	08～11	1，1数据链接的链接字（1，1数据链接主模式） 0：LR00～LR63，1：LR00～LR31，2：LR00～LR15
	12～15	通信模式 0：上位机链接，1：无协议，2：1：1数据链接从，3：1：1数据链接主，4：1：1模式的NT链接

字	位	功　能
DM6646	00～07	**波特率** 00：1.2kbps，01：2.4kbps，02：4.8kbps，03：9.6kbps，04：19.2kbps
	08～15	**帧格式** 　　　　　起始　　　　长度　　　　停止　　　　校验 00：　　1位　　　　7位　　　　1位　　　　偶 01：　　1位　　　　7位　　　　1位　　　　奇 02：　　1位　　　　7位　　　　1位　　　　无 03：　　1位　　　　7位　　　　2位　　　　偶 04：　　1位　　　　7位　　　　2位　　　　奇 05：　　1位　　　　7位　　　　2位　　　　无 06：　　1位　　　　8位　　　　1位　　　　偶 07：　　1位　　　　8位　　　　1位　　　　奇 08：　　1位　　　　8位　　　　1位　　　　无 09：　　1位　　　　8位　　　　2位　　　　偶 10：　　1位　　　　8位　　　　2位　　　　奇 11：　　1位　　　　8位　　　　2位　　　　无
DM6647	00～15	**传输延迟（上位机链接或无协议）** 0000～9999（BCD）：以10ms为单位设置，如设置0001等于10ms
DM6648	00～07	**节点号（上位机链接）：00～31（BCD）**
	08～11	**起始代码允许（无协议）** 0：禁用，1：设置
	12～15	**结束代码允许（无协议）** 0：禁用（接收的字节数），1：设置（指定结束代码），2：CR，LF
DM6649	00～07	**起始代码（无协议）** 00～FF（十六进制）
	08～15	当DM6648的位12～15设为0时：接收的字节数 00：缺省设置（256字节），01～FF：1～255字节 当DM6648的位12～15设为1时结束代码（无协议） 00～FF（十六进制）

外围端口设定

下列设定在传送到PLC后的下次启动工作有效

字	位	功　能
DM6650	00～03	**端口设定（上位机链接或无协议模式）** 0：标准（1个起始位，7位数据，偶校验，2个停止位，9600bps），1：在DM6651中设定
	04～07	**CTS控制设定（上位机链接或无协议模式）** 0：禁用，1：设置
	08～11	**未使用**
	12～15	**通信模式（当位00～03设为1时）** 0：上位机链接，1：无协议 当编程器连接到外围端口时，把CPU单元的DIP开关的7脚置为OFF（在此情况下，5脚和PC设置设定禁用） 当个人计算机连接到外围端口用作编程设备时，把7脚置为ON，并把通信模式设为"上位机链接"。进行这些设定，并且个人计算机被设置为外围总线操作后，CPU单元的外围端口通信模式将自动切换到外围总线模式

续表

字	位	功　能
DM6651	00～07	波特率（上位机链接，外围总线，或无协议模式） 00：1.2kbps，01：2.4kbps，02：4.8kbps，03：9.6kbps，04：19.2kbps
	08～15	帧格式（上位机链接或无协议模式） 　　　　　　　　起始　　　　长度　　　　停止　　　　校验 00：　　　　1位　　　　7位　　　　1位　　　　偶 01：　　　　1位　　　　7位　　　　1位　　　　奇 02：　　　　1位　　　　7位　　　　1位　　　　无 03：　　　　1位　　　　7位　　　　2位　　　　偶 04：　　　　1位　　　　7位　　　　2位　　　　奇 05：　　　　1位　　　　7位　　　　2位　　　　无 06：　　　　1位　　　　8位　　　　1位　　　　偶 07：　　　　1位　　　　8位　　　　1位　　　　奇 08：　　　　1位　　　　8位　　　　1位　　　　无 09：　　　　1位　　　　8位　　　　2位　　　　偶 10：　　　　1位　　　　8位　　　　2位　　　　奇 11：　　　　1位　　　　8位　　　　2位　　　　无
DM6652	00～15	传输延迟（仅无协议或从站启动上位机链接） 0000～9999（BCD）：以10ms为单位设置，如设置0001等于10ms
DM6653	00～07	节点号（上位机链接）：00～31（BCD）
	08～11	起始代码允许（无协议） 0：禁用，1：设置
	12～15	结束代码允许（无协议） 0：禁用（接收的字节数），1：设置（指定结束代码），2：CR，LF
DM6654	00～07	起始代码（无协议） 00～FF（十六进制）
	08～15	当DM6653的位12～15设为0时接收的字节数 00：缺省设置（256字节），01～FF：1～255字节 当DM6653的位12～15设为1时结束代码（无协议） 00～FF（十六进制）

错误日志设定（DM6655）

下列设置在传送到PLC后的下次启动工作有效

字	位	功能
DM6655	00～03	形式 0：存储10个记录后移位，1：仅存储开关10个记录（不移位），2～F。不存储记录
	04～07	不使用，设为0
	08～11	循环时间监视器允许 0：检测长循环的非致命错误，1：不检测长循环
	12～15	电池电压低错误允许 0：检测电池电压低为非致命错误，1：不检测电池电压低

注　表中按DM区中的顺序显示PLC设置的设定。

1.3　欧姆龙系列 PLC 的编程工具软件

要学用欧姆龙系列 PLC，就必须掌握欧姆龙系列 PLC 的编程软件，它是进行欧姆龙系列 PLC 程序设计的工具。就欧姆龙系列 PLC 的开发应用来看，目前使用较多的还是以 C 系列 PLC 为主流产品。这里介绍的 CXP 和 CPT 编程软件就是欧姆龙公司开发的、适用于 C 系列 PLC 的梯形图编程软件，它在 Windows 系统下运行，可实现梯形图的编程、监视和控制等功能，尤其擅长于大型程序的编写，弥补了手写编程器编程效率低的不足。同时，还可进行 PLC 网络配置。

1.3.1　CXP 编程软件

1. 界面

CXP 编程软件用的是完全 Windows 风格的界面。有窗口、菜单、工具条、状态条。可用鼠标操作，也可用键盘操作。并可打开多例程（INSTANCE 或工程），多窗口，多 PLC，多程序进行处理。

（1）窗口。有主体窗口、子窗口、对话窗口及其他工作窗口 4 种。主体窗口为打开本软件后首先出现的窗口。

1）主体窗口。主体窗口如图 1-51 所示。

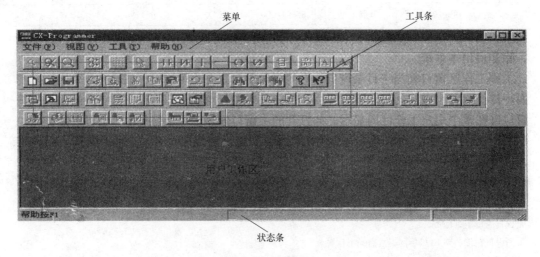

图 1-51　主体窗口

2）子窗口。子窗口显现在框架窗口的用户工作区内。只有打开或新建文件后才可能出现子窗口。子窗口可分为主窗口及辅窗口，子窗口只能在框架窗口显示与移动。主窗口有 5 种，分别用以显示梯形图、助记符、全局符号、局部符号及交叉引用数据的画面，可相应进行梯形图、助记符、全局符号、局部符号的编辑及查看变量交叉引用的情况。辅窗口有三种，分别有工程工作区窗口、输出窗口及观察窗口。如图 1-52 所示，为显示有主窗口（显示梯形图）及三个辅窗口的画面。

辅窗口可打开，也可关闭。这可单击菜单项实现，也可用热键操作。可分别用 ALT＋

辅窗口1，显示工程工作区　　　　　　　主窗口，显示梯形图

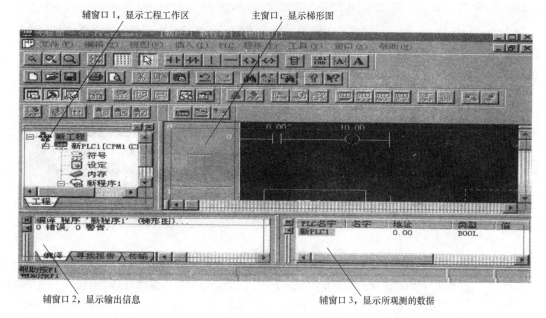

辅窗口2，显示输出信息　　　　　　　　　辅窗口3，显示所观测的数据

图1-52　显示主窗口和辅窗口的画面

1键打开或关闭工程工作区窗口，用 ALT＋2 键打开或关闭输出窗口，用 ALT＋3 键打开或关闭观察窗口。如窗口打开，此操作后，则关闭；反之，则打开。主窗口打开后，不能关闭，除非退出本系统。

工程工作区窗口相当于目录窗口，它的目录项可打开也可缩回，如同其他 Windows 界面。而且，在它的目录项打开后，双击其中的任意项，即可弹出相应的画面。打开的主窗口可在整个用户工作区内显示。如打开的主窗口较多，可层叠显示，也可平铺显示。图1-53 为层叠显示，而图1-54 为平铺显示。但辅窗口设为浮动时，也可占满整个用户工作区，也可与主窗口一样处理。

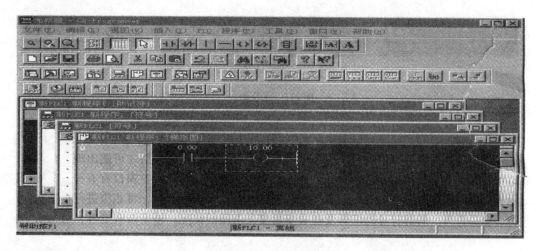

图1-53　层叠显示

显示梯形图的窗口还可进行分割，可分为四份或两份。

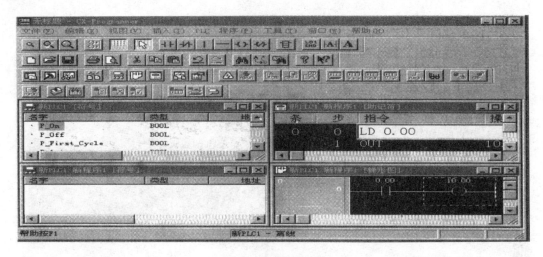

图 1-54　平铺显示

如图 1-55 所示，分割后的四部分，显示的内容完全一样。分割的目的是便于程序编辑与观察。

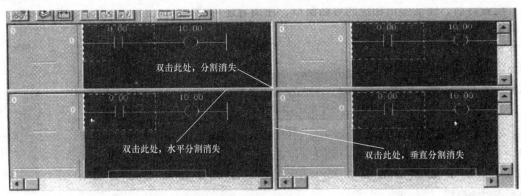

图 1-55　窗口分割图

3）对话窗口。信息显示窗口用以显示提示信息。图 1-56 为一对话窗口，它是在打开本软件，进入本系统后出现的欢迎窗口，并显示本软件的版本。

图 1-57 是一个对话窗口，是单击联机命令后出现的，要求使用者做出相应回答。图 1-58 也是一个对话窗口，是新建文件时出现的，要求使用者做出相应的选择。

图 1-56　欢迎对话窗口

图 1-57　应答对话窗口

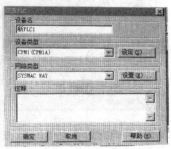

图 1-58　选择对话窗口（1）

设置好后，还会弹出相应的对话窗口，使用者还可进一步做出相应的选择。图 1-59 为设置确定后出现的窗口。

图 1-60 是一个对话窗口，是对 PLC 作设置时出现的，如要对 PLC 作设置时可使用本窗口。

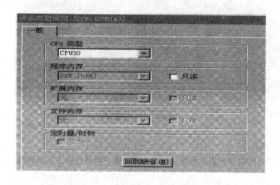

图 1-59　选择对话窗口（2）

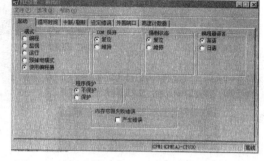

图 1-60　设置对话窗口

4）其他工作窗口。其他工作窗口有内存窗口、时间图监控窗口等。这些窗口也是父子式的，在框架窗口内也可有很多子窗口，图 1-61 为内存窗口，用以向 PLC 读写数据。它与本主体窗口的风格是基本一致的。

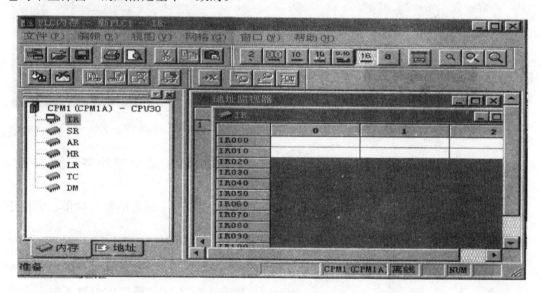

图 1-61　内存窗口

图 1-62 为时间图监控窗口，可用时间图的方式从 PLC 读取数据。可用它建很多子窗口，以实现种种数据采集，并用图形显示。

（2）菜单。本系统用的菜单有两种：下拉菜单与弹出菜单。

1）下拉菜单。依不同窗口的打开而有所变化。当打开或新建文件后，主下拉菜单项有：文件、编辑、视图、插入、PLC、程序、工具、窗口和帮助 9 项。这里的文件、编辑、视图、工具、窗口和帮助基本与标准的 Windows 界面是相同的。而插入、PLC 和程序三项是本软件特有的。

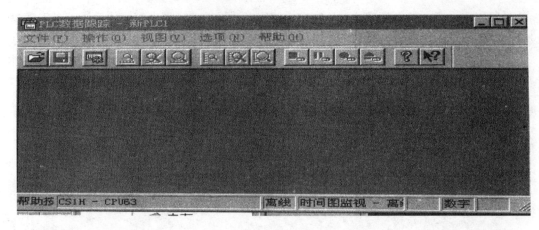

图 1-62　时间图监控窗口

a. 插入项。如工程工作区激活时，可用以插入 PLC，插入程序；如符号画面激活时，可用以插入符号。其子菜单如图 1-63 所示。梯形图画面可以插入梯形图符号等，其余菜单如图 1-64 所示。

图 1-63　插入项子菜单（1）

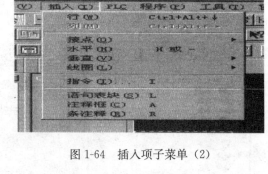

图 1-64　插入项子菜单（2）

b. PLC 项。其子菜单项较多，如图 1-65 所示。

c. 程序项。图 1-66 是它的展开菜单，它用于程序编译与在线编辑。

2) 弹出菜单。在不同窗口、不同位置，右击后会弹出一个菜单，此即弹出菜单。所弹出菜单的内容，依右击时所在的窗口或位置不同而有所不同。图 1-67 所示为在工程工作区右击时弹出的一个菜单。图 1-68 所示为在工程工作区新 PLC 处右击时弹出的一个菜单。

图 1-69 所示为在工程工作区新 PLC〔CS1G〕离线处右击时弹出的一个菜单，图 1-70 所示为在梯形图显示窗口右击时弹出的一个菜单。

图 1-71 所示为在梯形图显示窗口光标旁102.00 处时，右击时弹出的一个菜单。

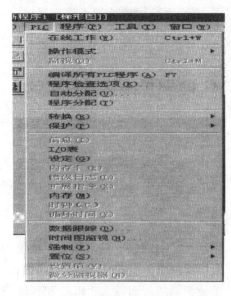

图 1-65　PLC 项菜单

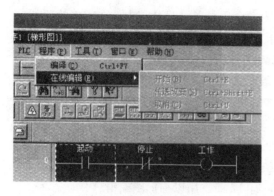

图1-66　程序项菜单

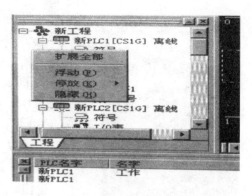

图1-67　工程工作区显示

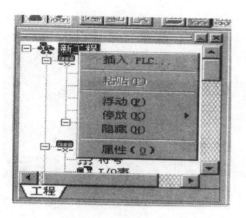

图1-68　工程工作区新PLC处显示（1）

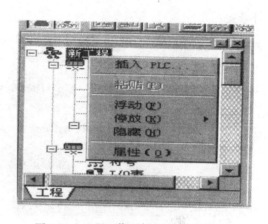

图1-69　工程工作区新PLC处显示（2）

图1-70　梯形图显示窗口
弹出菜单（1）

图1-71　梯形图显示窗口
弹出菜单（2）

图1-72所示为在输出窗口右击时弹出的一个菜单。在弹出菜单出现后，再单击鼠标左键，即可进入相应的操作。

3）工具条。共有7个工具条。它们是：标准、符号表、图、查看、插入、PLC和程

图 1-72 输出窗口弹出菜单

序。图 1-73 所示为 7 个工具条，只是它未放在窗口的顶部。

这 7 个工具条的功能及其是否激活与相应的菜单项是对应的。其具体的情况介绍如下。

a. 标准工具条，它为 Windows 界面通用。有 15 项，含有文件操作、文本编辑等功能，与其他的 Windows 界面类似工具条相同。

b. 符号表工具条，有 4 项，用在符号编辑窗口出现时选择显示方式。该方式有大图标、小图标、列表种、详情 4 种。

c. 图工具条，有 17 项。用以梯形图编辑。

d. 查看工具条，有 9 项，用于显示窗口的选择。

e. 插入工具条，有 3 项，用以选择插入 PLC、程序或符号。

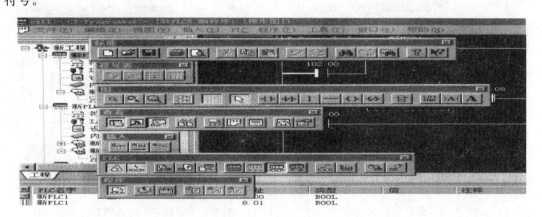

图 1-73   7 个工具条

f. PLC 工具条，有 13 项，用以选择与 PLC 通信，如联机和脱机，监控和不监控. 下载和上传，微分监控和数据跟踪或时间图监视器，加密和解密等。

g. 程序工具条，有 6 项，用以选择监控，程序编译，程序在线编辑。

对工具条操作与对菜单项操作的功能相同，但要简单与迅速。所以，编程人员要努力学会操作它。

4）状态条。状态条是用以提示信息。

5）操作。本软件可用鼠标或键盘进行操作。

a. 鼠标。如同其他 Windows 界面，鼠标有 4 种操作：单击、双击、右击和拖动。在不同窗口或不同的项目或不同的画面下，对这 4 种操作做些测试，即可得知这些操作各有什么功能。

b. 键盘。用以输入数据及对系统操作。输入数据按提示进行、对系统操作则用热键。用热键操作再与输入数据结合，速度快，是提高编程效率所必须做的。以用梯形图进行编程为例，用热键比用鼠标是要快很多的。如移动光标可用方向键，它不比鼠标慢。

当光标在合适位置时，如插入一行按 Ctrl＋Alt＋向下键要比用鼠标操作快；如插入一列按 Ctrl＋Alt＋向左键也要比用鼠标操作快；如删除一行按 Ctrl＋Alt＋向上键要比用鼠标操作快；如删除一列按 Ctrl＋Alt＋向右键要比用鼠标操作快。插入指令也一样，如按

Alt＋I 键，再按 Alt＋O 键比用鼠标插入动合触点也快得多；如按 Alt＋I 键，再按 Alt＋L 键，再按 Alt＋O 比用鼠标插入线圈也快得多；如按 Alt＋I 键，再按 Alt＋I 键比用鼠标插入指令也快得多；如用 Ctrl＋F7 键比用鼠标进行程序编译也快得多。

总之，学会用热键编程是掌握好本软件所必需的条件。

特别要指出的是，本软件的多实例的机制，即可打开多个实例。打开多个实例可便于多个程序互相参考与引用。同时，本软件可多 PLC 编程，即用一个工程文件，可对多个 PLC 编程。而且，对同一 PLC 还可多程序编程（对某些 PLC 型号）。这既便于多个程序互相参考与引用，又可简化文档的管理。多程序编程对 CS1 机更有特殊的意义。因为它是模块式编程，允许多任务，即多个小程序工作。

2. 脱机编程序

脱机编程是 PLC 编程的第一步。但编程之前当然要清楚工序及 PLC 的配置。这里主要有三个工作：PLC 的配置、符号（即 I/O 或地址分配）编辑及梯形图编辑。

（1）PLC 配置。它是根据实际系统的情况，对 PLC 进行配置。其步骤是：打开本软件，选择增加 PLC，则出现 PLC 配置窗口。可在其上输入相应数据。具体有 PLC 型号、CPU 型号、通信口参数，等等。

（2）I/O 表设计。I/O 表用于定义与显示 PLC 所安装的机架与单元（模块），它与 PLC 的 I/O 地址相联系。显然，I/O 表没设计好，PLC 的 I/O 地址不确定，是无法编程的。当然，不是所有的 PLC 都要设计 I/O 表，只是 CS1 及 CV 机才要设计 I/O 表。设计时，双击工程工作区中的 I/O 表项，将弹出 I/O 表设计窗口。该窗口提供了最大可能的 I/O 配置，可按系统实际配置进行选择。设计后，可传送给 PLC，但这个传送必须在如下三个条件下才能实现。

1）PLC 联机。

2）PLC 处编程状态。

3）PLC 只能是 CS1 或 CV 机。其他的 PLC I/O 是自动定位的可不设计，或用 I/O 登记的办法处理。

（3）符号编辑。本软件允许用符号，即变量，为 I/O 或内部器件的地址名。用它代替 PLC I/O 或其他内部器件的地址。如符号名按实际内容设，则可为程序读、修改及重用提供了方便。显然，读符号比读地址要好读得多。而更改符号与地址的对应关系，也就更改了程序。同时，由符号编成的程序，可做到与地址无关，实现标准化，只要在改用时，符号与地址再重新作对应，就可重用了。

变量有全局与局部两种。全局变量在所选的 PLC 内有效；而局部变量仅在所编的程序中有效。这些变量可在相应的符号编辑窗口中进行。要指出的是，对多数 PLC，下载程序时这里的符号不能下载到 PLC 中。PLC 保存的只是梯形图程序编译后机器码，不保存符号。所以，从 PLC 上载的程序用的是地址，而不是符号。

（4）梯形图编辑。梯形图编辑是在梯形图编辑窗口中进行。可添加梯形图符号，删除梯形图符号，复制梯形图符号，剪切梯形图符号，粘贴梯形图符号，还可进行撤销、恢复、查找、替换，等等。输入的数据可为即时数，也可为所定义的符号，按要求确定。

编辑好的梯形图程序要进行编译，按 Ctrl＋F7 键即可实现。编译的结果（程序的正确与否）会在输出窗口中显示。图 1-74 为梯形图程序例子。

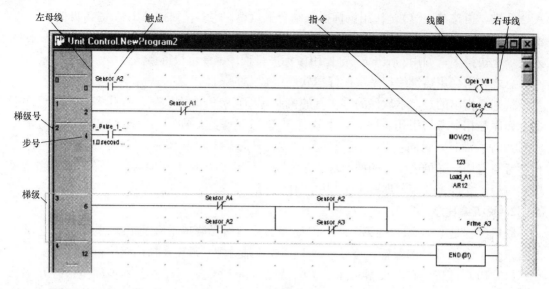

图 1-74　梯形图程序

（5）程序注解。

1）变量注解，这在定义变量时进行。在梯形图显示时，将与变量名同时显示。

2）框注解。在梯形图上选好合适位置，在插入菜单项下单击注释框项弹出空注释框，然后在其中加入所要的注释。同时，这个框还可在梯形图上任意移动。

3）条注解。在梯形图上，空出位置，在插入菜单项下单击注释条弹出空注释条，然后在其中加入所要注释。注释条不能移动。

以上操作也可用热键或工具条进行。

（6）查内存使用情况。在编程过程中，如要查看 PLC 内存使用的情况，可打开地址引用工具，或交叉引用报告窗口，从中可看到相应内存单元使用情况。

3. 联机调程序

联机是指计算机与 PLC 联网，传送程序或数据。

（1）通信建立。在 PLC 设定时也要对 PLC 与计算机的通信方法与通信参数做设定。一般用的是 Host Link 网，即 Sysmac Way 方式。选定后还要对驱动器做相应设定，所设定参数要与 PLC 的设定参数一致。通信设定好后，计算机与 PLC 联好线并把 PLC 接上电源，即完成了联机的准备。这时，单击在线工作菜单项，即弹出是否要联机的提示窗口，如回答是肯定，则将建立通信，计算机与 PLC 进入联机状态。

（2）程序传送。进入联机状态后可向 PLC 传送程序，以及 PLC 设置，I/O 表等。显然，如 PLC 未装有程序，未做必要的设置（或要改变默认的设置）则向 PLC 传送程序，则设置、I/O 表等将是首先要做的工作。下传的操作是：单击 PLC 转换到 PLC 菜单项，或使用相应的热键和工具条，之后，将出现提示对话窗口，只要做相应的回答，即进行下传。下传完成后，也会有相应的提示信息。如 PLC 中装有程序，或做了设置，也可将其上传给计算机。操作与下传类似。在上下传时，所要传送的项目，可在出现的提示对话窗口选定。除了传送，还可与存于 PLC 中程序、设置或数据作比较。比较的结果也将有提示。

（3）工作模式转换。欧姆龙的工作模式有三种（大型机及 CS1 机有 4 种，还有调试一种），即：编程、监控和运行。在编程下，PLC 不运行程序，不产生输出，但是也只有在这种情况下才可向它传送程序，以及进行 PLC 设定和 I/O 表等。监控与运行基本相同，只是在运行下，计算机不能改写 PLC 内部的数据，而在监控下，则可改写。PLC 工作模式转换可用菜单，或使用工具条和热键进行。为确保系统安全，在进行这些操作时都有信息提示，并要求予以确认。

（4）在线编辑。程序下传后，如要做小量（只能对一个梯级，RUNG，进行改动）的改动，可进行在线编辑。办法是，先选好要改动的梯形图的梯级，再单击在线编辑菜单项，或使用热键和工具条、则在梯形图所选定的梯级处即可进行与未联机前一样的梯形图编辑了。编辑后，还要把编辑的结果传送给 PLC。这时，可单击"程序"→"在线编辑"→"传送"改变菜单项，或使用相应工具条和相应热键，之后，CXP 将对所作的改动做语法检查，如无误，则把所做的改动下传给 PLC。

当然，如不想把所做的改动下传给 PLC，也可单击"程序"→"在线编辑"→"取消"菜单项，或使用相应工具条和相应热键，之后，将结束在线编辑。要提及的是，进行在线编辑的前提是 PLC 中装的程序必须与计算机上的程序是一样的，否则不能进入在线编辑状态。

4. 监控

与 PLC 联机还有一个目的就是对 PLC 进行监控。本软件有多种方法进行监控。

（1）梯形图窗口监控。在联机后，单击 PLC→"监视"菜单项或按 CTRL＋M 键，ALT＋C 键和 ALT＋O 键，或单击工具条中"切换 PLC 监视"项，则进入梯形图窗口监控。这时，如果 PLC 处运行或监控状态，则母线上有"电流"标志出现，接点处将有"电流"通过。可形象地看到 PLC 的工作状况。如果显示的字体选择合适，还可在相应的指令显示处看到相应内存单元的当前值（即时数据）。图 1-75 所示为梯形图窗口监控。

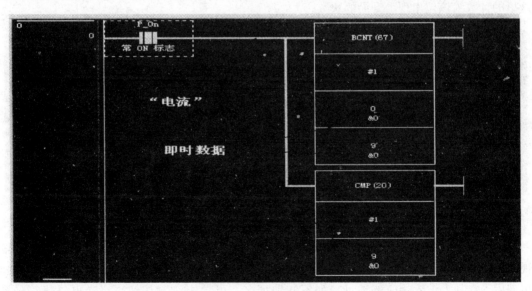

图 1-75　梯形图窗口监控

在此窗口不仅可进行监视，还可写 PLC 的内存（在监控模式下）。可写通道（字），也可写（置）位（置为 1 或 0），还可强迫置位。经强制后，此位的状态将不受程序或 I/O 刷新改变。写或置位操作，可在梯形图中选好要写的内存地址，然后单击 PLC→"强制"（或"置位"，或"设置"）菜单项或相应的热键，再按提示进行操作即可。要取消强制，办法也是单击 PLC→"强制"（或"置位"，或"设置"）菜单项或相应的热键，然后再进行强制取消的操作。

梯形图窗口还可利用微分器进行微分监控，用此可观察到位的上升沿或下降沿的出现情况。选好要观察的位后，单击 PLC→"微分监视器"菜单项或相应的热键，即弹出如图1-76 所示窗口。此图利用微分器监控的地址是"12.01"。

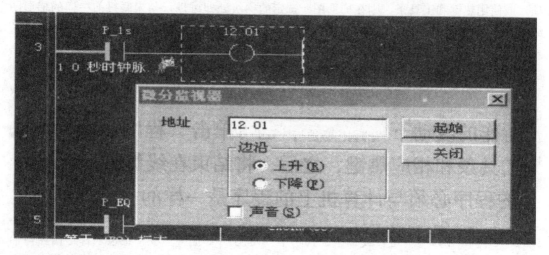

图 1-76　梯形图窗口的微分监控

单击起始按钮后，开始监控，当 12.01 出现上升变化时图 1-77 和图 1-78 将交替出现。这里的计数为该位出现上升沿的次数。

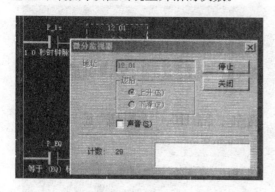

图 1-77　微分监视（1）

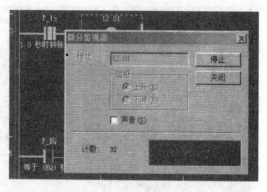

图 1-78　微分监视（2）

（2）观察窗口监控。还可在观察窗口实现监控。首先要打开观察窗口，然后添加要监视的 PLC 内存地址。办法是，用鼠标指向观察窗口，右击后等待弹出增加观察窗口。窗口出现后，在其上填入相应的地址。如不知地址名，可单击浏览按钮，将弹出寻找符号窗口。可在其中找出要观察的符号地址。图 1-79 所示为这两个窗门。

增加观察的地址后，如处 PLC 监视状态，即可观察到该地址的现值，也可在观察窗口写 PLC 内存。这时，先把鼠标指向要写的地址的列，并指向 PLC 名处，右击，等待弹出

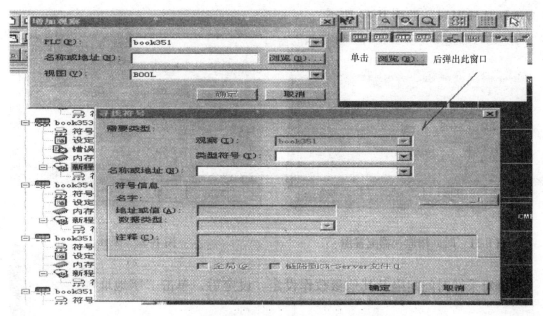

图1-79　增加观察窗口和寻找符号窗口

窗口，弹出窗口后单击数据设置，再在数据设置窗口写入要写的值。

（3）时间图监控。梯形图监控窗口激活时，单击 PLC→"数据跟踪"或"时间图监视"菜单项，则弹出 PLC 数据跟踪窗口，如图 1-80 所示。

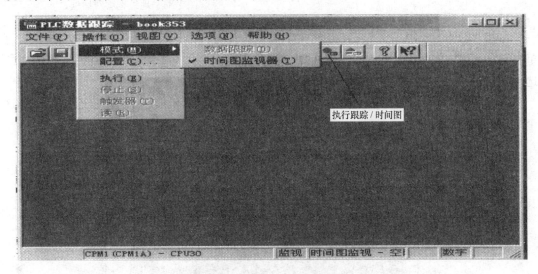

图1-80　PLC 数据跟踪窗口

在其上的"操作"→"模式"菜单项下，可选监控模式。但数据跟踪只在大型机才可进行。进行监控前首先要进行配置。

单击操作→"配置"菜单项将弹出配置窗口，如图 1-81 所示。

这时可先选触发器项，由它选定触发信号及其特性。选定后，单击"采样"标签，将改变为采样选择窗口，如图 1-82 所示。

这时可对采样时间间隔及其他参数作设定。设定后，单击"字地址"或"位地址"标签，将改变为字或位地址窗口，如图 1-83 所示。

这时可右击，将弹出如图 1-84 所示的窗口。

图 1-81　时间图监视器配置图

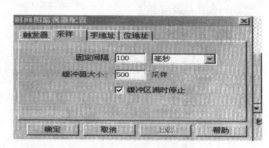

图 1-82　采样选项卡

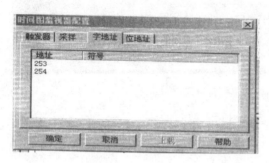

图 1-83　字地址选项卡

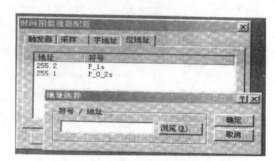

图 1-84　地址选项对话框

在其"符号地址"项文本框中可填入要监视的符号或地址。如符号或地址不详，也可单击浏览按钮，将弹出如在设置观察窗口时所看到的，寻找符号窗口。可在其上作相应的选择。

配置后还要单击工具条上的"执行跟踪/时间图"按钮，才能启动这个监控。启动这个监控后的画面如图 1-85 所示。

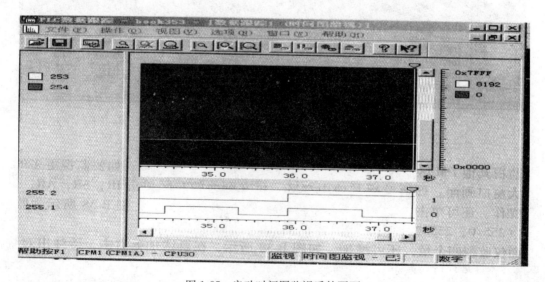

图 1-85　启动时间图监视后的画面

这里位与字显示的颜色与形式可在选项菜单中选定。监视后取得的数据可存为文件。这种监控可从时序上看出各个量间的关系，所以对调 PLC 程序是很有帮助的。

（4）内存窗口监控。梯形图监控窗口激活时，单击 PLC→“内存”菜单项，则弹出 PLC 内存窗口。此窗口与编程窗口类似，也可多文档工作，如图 1-86 所示。

图 1-86　PLC 内存窗口

本窗口可用于读（从 PLC 上传数据）、写（向 PLC 下传数据，一般仅为 DM 区）及与 PLC 比较内存区。还可用于及时（采集时间间隔可设定）监视 PLC 内存数据。监视时可任选内存区，也可自定相应地址。用后者时还可对位数值进行强制。图 1-87 所示为打开内存区进行监视 PLC DM 区 0050 到 0110 数据的画面。

	0	1	2	3	4	5	6	7	8	9
DM0050	0000	0000	0000	0000	0000	0000	0000	0000	0000	0000
DM0060	0000	0000	0000	0000	0000	0000	0000	0000	0000	0000
DM0070	0000	0000	0000	0000	0000	0000	0000	0000	0000	0000
DM0080	0000	0000	0000	0000	0000	0000	0000	0000	0000	0000
DM0090	9182	9182	9182	9182	0000	0000	0100	0000	0000	0000
DM0100	0000	0000	0125	0125	0125	0125	0125	0125	0125	0125
DM0110	0125	0125	0125	0125	0125	0125	0125	0125	0125	0125

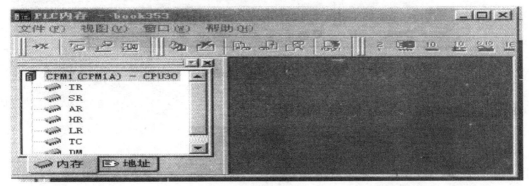

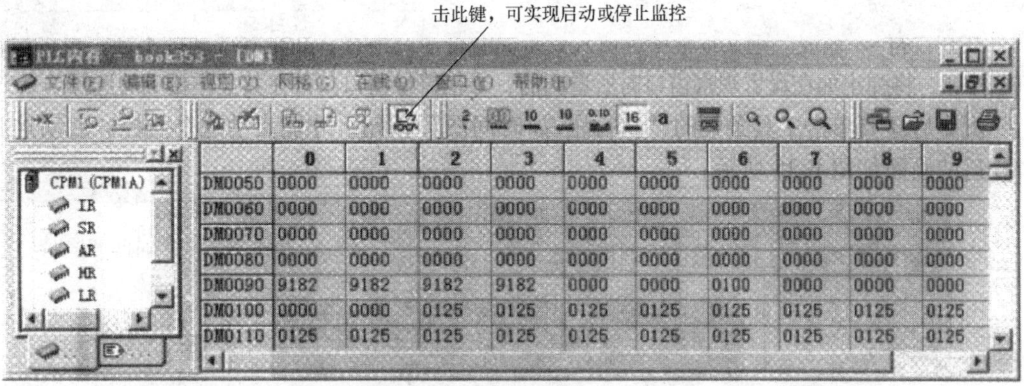

图 1-87　PLC 内存监视画面

如要监视其他 DM 区地址的现值，可用垂直滚动按钮进行调整。如要监视更多的 DM 地址，可增大窗口画面。如要监视其他内存区，可在画面的左区单击 IR、SR、AR、HR…可按提示操作。还可单击“地址”按钮，自定要监视的内存地址。图 1-88 所示为监视自定内存地址（255.0，255.2，255，10.0）的画面。

该画面仅监视 4 个量，还可增加。如图 1-88 所示，在要增加处右击，待弹出对话窗口，并在其中填入要监视的地址即可。此窗口还可对 PLC 数据进行设置，强制置位、强制复位或强制取消。选好要设置或强制的量后，单击图中所示的工具条上的相应的按钮，则可实现。

在图 1-88 中，属性为 500ms，为采集数据的时间间隔，是可选的。这可在显示数据区

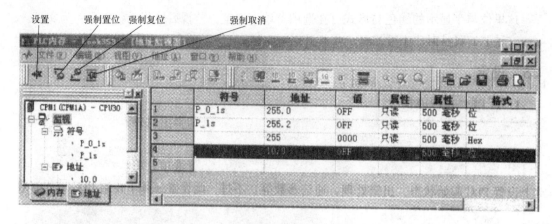

图 1-88 监视自定内存地址的画面

中，右击后即弹出如图 1-89 所示菜单，从中选定即可。

所显示的数据的字体、大小、格式也可通过菜单，或单击工具条上相应的按钮设定。如图 1-90 所示，可选定显示格式。

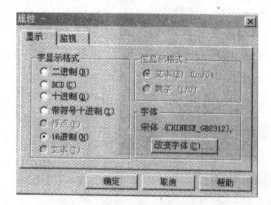

图 1-89 属性窗口

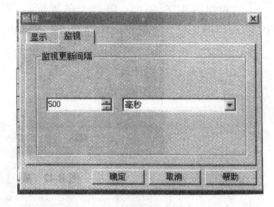

图 1-90 选择采集数据的时间间隔

此操作也可通过菜单实现，如图 1-91 所示。

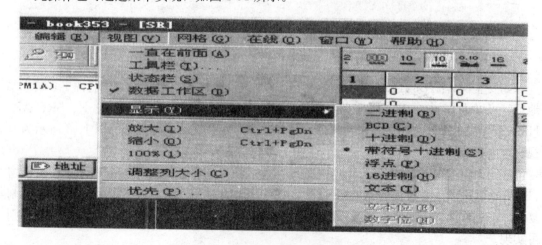

图 1-91 通过菜单选样显示格式

选定内存区后，还可对其填充数据，填充后还可下载。只是多数 PLC 只能下载 DM 区数据。除了下载数据，还可上载，或上下数据比较。

（5）设定。

1）对 PLC 进行设定。

a. 时钟设置。联机后，单击 PLC→"时钟"菜单项，即弹出时钟设定窗口。在其上即可对 PLC 的时钟进行设置。

b. 起始、出错、通信设置。在工程工作区中，双击设置选项，将单独设置窗口。可在其上设置 PLC 起始状态，出错处理、通信参数等。不过，此设置还须下传给 PLC 后才有效。

2）本软件界面设定。当梯形图显示窗口激活时，单击"工具"→"选项"菜单项，或相应的热键，则弹出设定窗口，如图 1-92 所示。

此窗口有 4 个可选择标签：图、PLC、

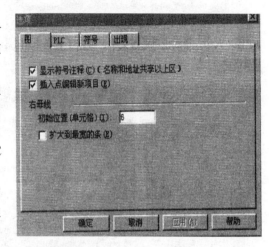

图 1-92　软件界面设定窗口

符号及出现。可分别做相应的设置。如选出现则出现如图 1-93 所示的窗口。

在此窗口，可对各个项目进行设置。图 1-94 所示为可选置的项目，共 9 项。

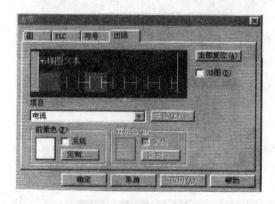

图 1-93　"出现"选项卡

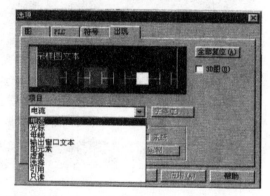

图 1-94　"出现"选项卡中的项目设定

图 1-95 所示为单击"图"标签后出现的画面，从中可设定梯形图元素的前景色与背景色，以及字体、字号等。

（6）旧程序转换。用欧姆龙旧版软件所编的程序，可用程序转换工具转换成符合本软件格式的程序。步骤如下。

1）用转换工具先把原来的程序转换成文本程序，扩展名为 .cxt。该转换工具在安装本软件的同时被安装。可单击"Windows 起始"→"OMRON"→"CX-Programmer"→"文件转换实用工具"菜单项，调出它。此路径如图 1-96 所示。

调出后的界面如图 1-97 所示。

在此界面，单击文件菜单项即弹出选择输入画面，可选择相应的文件。

2）用本软件读入该 CXT 文件。

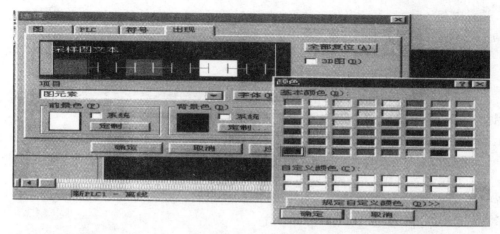

图 1-95 "图"选项卡

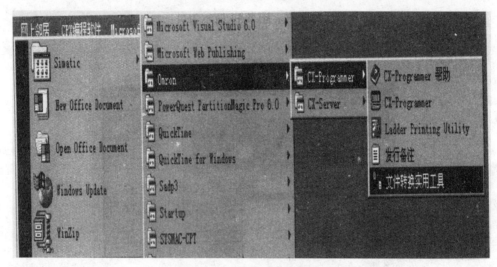

图 1-96 调出转换工具

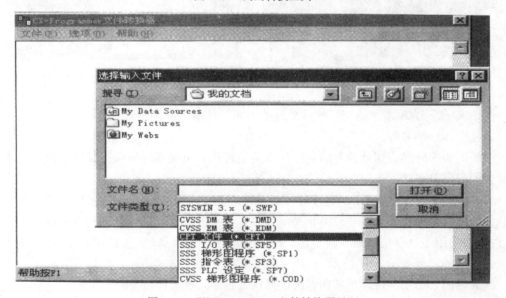

图 1-97 CX-Programmer 文件转换器界面

3）全部选择显示梯形图窗口。

4）单击编辑、标准化菜单项，则实现了转换。

5）存 CXP 文件。

1.3.2　SYSMAC-CPT 软件

1. SYSMAC-CPT 软件简介

SYSMAC-CPT 是欧姆龙公司为其生产的 PLC 而设计的编程支持软件，可在 Windnws3.1 或 Windows95/98 系统上操作。该软件适用于从超小型 CPM1A 系列到大型 CVM1/CV 系列的任何一种欧姆龙的 PLC，能够编制和读出欧姆龙早期 DOS 版支持软件和 SYSMAC 支持软件所编制的程序，从而有效地利用以往的资源。该软件为用户提供了程序的输入、编辑、检查、调试监控和数据管理等手段，不仅适用于梯形图语言，而且也适用于助记符语言。该软件主要功能如下。

（1）编程。SYSMAC-CPT 提供了梯形图方式和助记符方式两种编程方式。

1）梯形图方式。当用户选择梯形图方式后，可在编程区的上方用鼠标点击梯形图的编程符号，并拖至编程区中进行梯形图编程。如果需要，也可将梯形图形式的 PLC 程序转换为助记符形式的 PLC 程序。

2）助记符方式。在主菜单中单击"View"，在下拉菜单中选取"Program editors"，单击"Mnemonic"后，就进入到助记符编程方式。在此方式下，可单击编程区上方的各个助记符指令按钮进行助记符编程。同样，如果需要也可将助记符程序转换为梯形图程序。

（2）编辑与文件管理。SYSMAC-CPT 具有编辑功能，可对程序进行编辑、修改、插入、剪切、存盘、复制、新建、打开等操作。

（3）打印。在主菜单中单击"File"，在下拉菜单中可选取页面设置、打印预览和打印功能。

（4）程序的下载与上载。PLC 程序编制好并检查无误后，可通过 RS-232C 通信电缆将已编制好的程序下载至 PLC 中。同样，计算机也可从 PLC 读取程序或数据。

（5）监视。监视功能是指将正在运行的 PLC 数据，通过与计算机相连的通信电缆送至计算机屏幕显示。监视有梯形图程序监视、助记符程序监视和数据监视。

SYSMAC-CPT 编程软件常用菜单项目功能见表 1-57。

表 1-57　　SYSMAC-CPT 编程软件常用菜单选项功能

主菜单	子菜单选项	功　能	主菜单	子菜单选项	功　能
File	New	创建一个新项目并选择 PLC 及其 CPU 的型号	Edit	Cut	剪切
				Copy	复制
	Open	打开一个已有的文件		Paste	粘贴
	Close	关闭一个文件		Paste special	特殊粘贴方式
	Save	文件直接存盘		Clear	清除选取的对象
	Save as	以其他路径或名字保存当前文件		Select all	选取所有对象
				Find	查找
	Save all	保存所有正打开的文件		Replace	替换
	Summary info	文件的相关信息		Insert row	插入一行
	Print view	打印预览		Delete row	删除一行
	Print	打印		Go to	转向指定的行或指定的程序地址
	Page setup	页面设置			
	Exit	退出		Mark	指定标记

主菜单	子菜单选项	功 能	主菜单	子菜单选项	功 能
Edit	Clear all marks	清除所有标记	On-line	Cycle time	测试在线运行 PLC 的扫描周期时间
	View marks	查看所有被标记的行		Communication settings	通信设置
	Program check	程序检查		Programs	在 PLC 主程序与中断之间进行切换
View	Program editor	选择编程方式（梯形图方式/助记符方式）	Ladder	Contacts	触点
	Tables	以表格的形式显示程序信息（地址、数据）		Coils	线圈
				Rung comment	注释
	I/O table	显示 I/O 表窗口信息		Functions	功能元器件
	PLC settings	PLC 设置		Not	取反
	Cross reference popup	显示 PLC 程序特定地址的相关信息		Differentiate	微分
	Address manager	地址管理		Redraw rung	重新编辑一被删除行
	Oprions	有关显示内容与方式的相关选项		Immediate update	立即更新
	Toolbars	工具栏		Connect Line	连线
	Status	状态栏		Erase line	擦除连线
	Zoom	放大/缩小		Differential monitor	打开或关闭微分观察器
On-line	Go on-line	在线连接		Force	强制
	Mode	PLC 工作方式选择	Window	Cascsde	将所有打开的窗口以重叠方式排列
	Password protection	口令设置		Cascade by projects	与 Cascade 命令相似，但相同项目重叠在一起
	On-line edit	在线编辑		Tile	将所有打开的窗口以平铺方式排列
	Edit ast value	在线编辑时设定某个器件的值（如定时器的值）			
	Compare to PLC	将存储在计算机中的程序与 PLC 的程序进行比较		PLC control panel	打开或关闭 PLC 控制面板
	Transfer to PLC	将程序下载到 PLC		Error listing	显示错误信息
	Data monitor	数据监视器	Help		帮助信息
	Error log	显示在线运行 PLC 的错误情况			

2. SYSMAC-CPT 软件的使用方法

使用 CPT 软件进行梯形图设计的一般步骤如图 1-98 所示。

下面以一个"用 OMRON PLC 实现对一台电动机的正/反转自动循环控制"的例子来说明用 CPT 软件进行编程的方法和步骤。

（1）分析工艺过程，明确控制要求。控制要求：电动机正转启动，5s 后自动反转；反转 8s 后又自动回到正转，如此循环。可随时停机。三相电动机的正/反转可用两个接触器来控制，当正转接触器接通时电动机正转；当反转接触器接通时，三相电源的相序相反，电动机反转。

（2）统计输入/输出点数并选择 PLC 型号。输入：启动按钮1个，停止按钮1个，共2个输入点；输出：正转接触器1个，反转接触器1个，共2个输出点。可选用欧姆龙的 OQM1H 系列 PLC。

（3）分配 PLC 输入/输出点。本例中 PLC 输入/输出点分配见表 1-58。

（4）画控制流程图。画控制流程图就是将整个系统的控制分解为若干步，并确定每步的转换条件，以便能容易地用常用基本指令和功能指令画出梯形图。本例的控制流程图如图 1-99 所示。

（5）PLC 梯形图程序设计。利用 CPT 软件进行梯形图程序设计的具体步骤如下。

1）启动 CPT 软件。接通个人计算机电源，单击"开始"按钮进入"程序"，选择"SYSMAC-CPT"，即可启动 CPT 软件，进入 CPT 的操作界面，显示"Welcome"窗口，单击"OK"按钮。

2）建立新项目。单击"New"图标，或从"File"的下拉菜单中选择"New"建立新项目。在弹出的对话框中填入新项目名，如 M0T0R。对 CQM1H 系列 PLC，型号应选 CQM1，CPU 应选 CQM1-CPU43，如图 1-100 所示。最后单击"OK"按钮，关闭对话框。

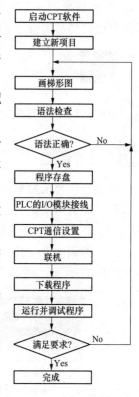

图 1-98 用 CPT 软件进行编程的步骤

表 1-58   **电动机正/反转自动循环控制 PLC 输入/输出点分配**

输入电器	输入点	输出电器	输出点
启动按钮 SB1	00001	正转接触器 KM1	10001
停止按钮 SB2	00002	反转接触器 KM2	10002

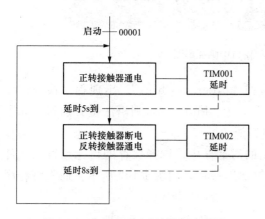

图 1-99 电动机正/反转控制流程图

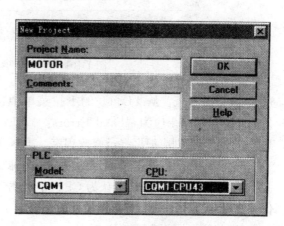

图 1-100 建立新项目

3）画梯形图。在编辑窗口的上方有很多逻辑符号图标和功能指令，可用鼠标选取来编辑自己的梯形图程序。常用图标功能如下：

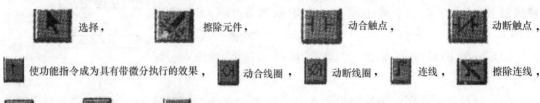

选择，　　擦除元件，　　动合触点，　　动断触点，

使功能指令成为具有带微分执行的效果，　动合线圈，　动断线圈，　连线，　擦除连线，

定时器，　计数器，　选择功能指令。

本例动作要求简单，可采用经验设计法。根据被控对象的控制功能，先选择典型控制环节程序段。电动机的正、反转控制回路应选择两个自锁环节，在此基础上再增加延时互锁控制。注意：在CPT软件中，定时器符号"TIM"用字母"T"表示，且用矩形框表示，而不是用圆圈。计数器符号"CNT"用字母"C"表示。在CPT上画出的梯形图如图1-101所示。

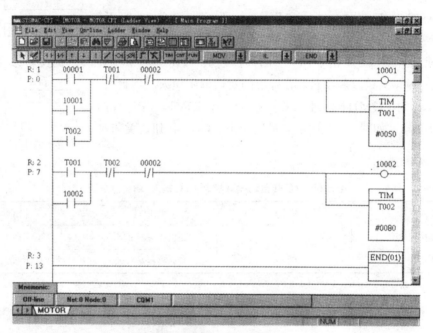

图1-101　在CPT编程窗口中画梯形图

4）语法检查。从"Edit"的下拉菜单中选择"Program Check"，出现程序检查进度条。最后显示结果应为"Fatal Errors：0，Errors：0，Info：0"，则语法检查通过，如图1-102所示。否则应根据提示修改程序，重新进行语法检查。

5）程序存盘。单击"Save"图标，在弹出的对话框中，选择保存的目标盘符及文件夹，给出文件名（扩展名默认为CPT），单击"OK"按钮，如图1-103所示。通常将程序保存在硬盘上，以加快程序运行速度。

6）将梯形图程序下载到PLC。

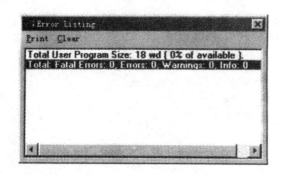

图 1-102　语法检查结果

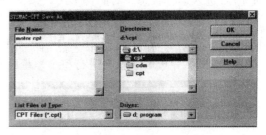

图 1-103　梯形图程序存盘

a. 通信设置。从 "On-line" 的下拉菜单中选择 "Communication Setting…"，弹出通信设置窗口。单击 "Setup" 按钮，弹出网络设置窗口。再单击 "Setup" 按钮，弹出通信格式设置窗口。如果 RS-332C 通信电缆线插在 COM1 口，则选 COM1，波特率选 9600，奇偶校验、起始位和停止位等保持缺省值不变，如图 1-104 所示。单击 "OK" 钮，关闭该窗口。再单击 "OK" 按钮，关闭网络设置窗口，单击 "Close" 按钮，结束通信设置。

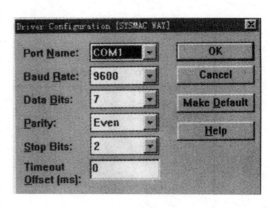

图 1-104　通信格式设置窗口

b. 联机。从 "On-line" 的下拉菜单中选择 "Go on-line"，在弹出的确认框中单击 "确定"，计算机与 PLC 就连接起来了。

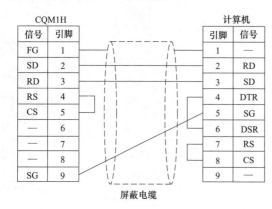

图 1-105　CQM1H 与一台个人计算机间的连接

注意：欧姆龙的 CQM1H 系列 PLC 与个人计算机的 RS-232 串口之间的连接应如图 1-105 所示。

c. 下载程序。从 "On-line" 的下拉菜单中选择 "Transfer to PLC…"，在弹出的下载对话框中，选择 "Program"，单击 "OK" 按钮，显示下载进度条，至 100% 时下载完成，个人计算机上的梯形图程序就传到了 PLC 中。

7）调试程序。

a. 进行 PLC 模块的外部接线。在 PLC 不通电的情况下，按照梯形图的输入/输出点分配进行 PLC 输入模块与输入电器间的连接，注意输入模块的 24V 电源不要接错。输出电器可暂时不接，等模拟调试通过后再连接到输出模块的对应端子上。检查接线无误后，接通 PLC 电源。

b. 运行并调试程序。单击编辑窗口左下角的状态按钮，在弹出的菜单中选中"Run"，使 PLC 进入运行状态。对照梯形图，按下 SB1 按钮，使输入继电器 00001 接通，观察屏幕上的输出继电器 10001 和 10002 的通断状态是否达到控制要求。如果输出不对，应回到上面第（5）步，重新修改梯形图程序，再下载到 PLC 中调试，直至正确。

模拟调试完成后，就可进行整个系统的现场运行调试。

第 2 章

欧姆龙PLC基本指令的应用编程实践

欧姆龙 PLC 指令系统非常丰富,其应用都要经过编程。现先将 CS1PLC 常用主要指令的语句助记符、功能、操作数范围、适用场合及编程方法等进行实践训练,然后才能进行复杂控制的编程。

2.1 基本指令的应用编程实践

基本指令包括顺序输入、顺序输出及顺序控制指令等。下面将通过实践训练来介绍部分基本指令的功能与编程使用方法。

2.1.1 逻辑存取 (LD)、逻辑取反 (LD NOT) 和输出 (OUT) 指令

在 PLC 中,根据连接母线的第一存取元素是否为常开或常闭,可采用逻辑存取 (LD) 和逻辑取反 (LD NOT) 指令。与继电器逻辑电路相似,对动合触点,采用逻辑存取指令 LD,例如,LD 000001 执行存取地址为 000001 触点状态的操作;对动断触点,采用逻辑取反指令 LD NOT,例如,LD NOT 000002 执行存取地址为 000002 触点状态的操作。需要说明的是,000001 是动合触点,而 000002 是动断触点。LD 是存取的助记符,NOT 是反相或非的助记符。PLC 的输出 (OUT) 指令是 PLC 输出到输出位的信号。OUT 是输出的助记符。例如,OUT 005000 指令表示把该指令所在梯级的运算结果输出到接在 005000 端子上的负载设备去。对定时器或计数器输出,在 CS1 系列的产品中采用 TIM 或 CNT 指令。LD、LD NOT 的操作数范围:CIO、W、H、A、T、C、TK 等;OUT、OUT NOT 的操作数范围:CIO、W、H、A、TR 等。应用举例如下。

【例 2-1】 LD、OUT 指令的应用

LD、OUT 指令应用的语句表程序和对应的梯形图如图 2-1 所示。

地址	指令	操作数
00000	LD	000000
00001	OUT	000100

图 2-1   LD、OUT 指令应用的语句表程序和梯形图

2.1.2 触点与 (AND)、或 (OR)、非 (NOT) 和程序块的串联 (AND LD)、并联 (OR LD) 指令

基本的逻辑操作有与、或、非逻辑操作或运算。其中,非逻辑操作是对信号进行反相

运算，它可和逻辑与、逻辑或及输出进行复合，组成与非、或非及输出非的逻辑运算。在 CS1 中，采用助记符号 AND 表示与运算，采用助记符号 OR 表示或运算，采用助记符号 NOT 表示非运算。因此，AND NOT 表示与非运算，OR NOT 表示或非运算，而 OUT NOT 表示输出取反的操作过程。非逻辑运算是对信号取反，其操作过程是对输入信号先采集后取反运算，对输出信号是先取反再输出到输出地址的寄存器。在梯形图中，与操作表现为触点的串联、或操作表现为触点的并联。非操作是对信号取反，即动合触点的信号被采样后按取反的原则，把动断触点状态的信息存入输入寄存器中等。

【例 2-2】 LD、AND、OR、OUT 指令的应用

LD、AND、OR、OUT 指令应用的语句表程序和对应梯形图及当输入 000000 和 000001 同时为 ON，或者输入 000002 为 ON 时，000200 为 ON 时的时序图如图 2-2 所示。

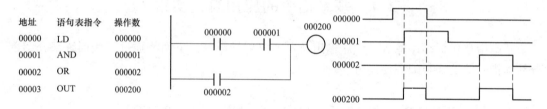

图 2-2 LD、AND、OR、OUT 指令应用的语句表程序和梯形图及时序图

【例 2-3】 LD NOT、OR NOT 指令的应用

LD NOT、OR NOT 指令应用的语句表程序和对应梯形图及当输入 000001 和 000002 都为 OFF，或者输入 000003 为 OFF 时，000100 都为 ON 时的时序图如图 2-3 所示。

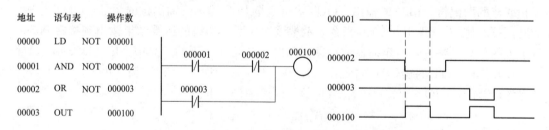

图 2-3 LD NOT、OR NOT 指令应用的语句表程序和梯形图及时序图

【例 2-4】 AND LD 指令的应用

AND LD 指令将两个程序块串联使用。其语句表程序和对应梯形图如图 2-4 所示。

地址	语句表指令	操作数
00000	LD	000000
00001	OR	000001
00002	LD	000002
00003	OR	000004
00004	AND LD	—
00005	OUT	000100

图 2-4 AND LD 指令应用的语句表程序和梯形图

【例 2-5】 OR LD 指令的应用

OR LD 指令将两个程序块并联使用。其语句表程序和对应梯形图如图 2-5 所示。

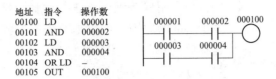

图 2-5 OR LD 指令应用的语句表程序和梯形图

2.1.3 结束［END(001)］指令和空操作［NOP(000)］指令

PLC 的程序执行是采用扫描的方式进行的。为便于了解新的一次扫描开始，要判断程序是否已经扫描结束，在 CS1 中，采用 END 指令表示程序的结束。END 是结束的助记符。它也是无操作数的指令。无操作数的指令还有分支指令、空操作指令等。在 CS1 手持编程器中，采用 FUN 链与三个数字键组合来完成，即先按 FUN 键，按两次数字 0 键，按一次数字 1 键，再按 WRITE(写入) 键。

空操作指令可以为用户程序的更改提供删除或插入的可能。空操作（NOP）指令是对该程序执行空操作。空操作有时也被用来作为一个极短暂的时间延时。与 END 指令相同，它是通过 FUN 键与数字 000 键来完成指令的输入。NOP 是空操作的助记符。在系统执行全清后，存储的全部指令成为 NOP 指令。

【例 2-6】 AND NOT、END 指令的应用

在本应用中，使用了 END 指令，表示程序结束。每个程序的结束必须有一个 END 指令。AND NOT、END 指令应用的语句表程序和对应梯形图如图 2-6 所示。

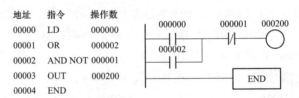

图 2-6 AND NOT、END 指令应用的语句表程序和对应梯形图

2.1.4 保持指令 KEEP(011)

为了使程序结构简单明了，在 PLC 中设置了保持区，该区域可作为锁存继电器操作。该继电器有两个输入端，它们操作数的位的状态将决定输出的状态。操作数可为 CIO、W、H、A。当 S 端置 1 时，保持继电器的输出为 1；当 R 端为 1 时，保持继电器的输出为 0；当同时为 1 时，根据优先级确定输出状态。在 CS1 中，优先级别是复位优先级高于置位优先级，即当置位和复位输入信号同时为 1 时，复位信号优先，因此，输出将被复位。KEEP(011) 具有立即刷新变化（! KEEP）功能。在 CS1 系列 PLC 中，保持继电器用图 2-7 的符号表示，其中 S 是置位端、R 是复位端、B 是操作数（位）。在指令表中功能键

（FUN）和数字键（011）进行输入操作。

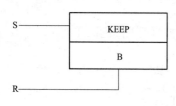

图 2-7　保持继电器梯形图

在系统掉电时，保持继电器将对掉电前继电器的状态记忆并保持。应用中，可把掉电时需要保持操作数位状态的信号采用保持继电器进行存储。例如，为了分析掉电时发生事故的原因，可以把有关的过程参数信号用存储继电器存储，并在掉电时通过对存储继电器状态的检测进行信号的分析，以便确定事故原因。

【例 2-7】　KEEP 指令的应用

KEEP 指令应用的语句表程序和对应梯形图如图 2-8 所示。

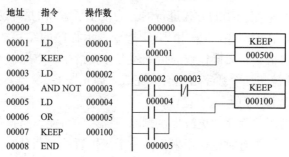

图 2-8　KEEP 指令应用的语句表程序和对应梯形图

2.1.5　跳转［JMP(004)］和跳转结束［JME(005)］指令

跳转［JMP(004)］和跳转结束［JME(005)］指令用于控制程序的分支。当跳转指令所在梯级的条件满足时，在 JMP 和 JME 之间的程序将按照没有设置跳转和跳转结束指令的情况正常执行；当跳转指令所在梯级的条件不满足时，在 JMP 和 JME 之间的程序将被跳过，程序将从 JME 指令后的第一条指令继续执行，同时，在 JMP 和 JME 之间的各个继电器状态均被保持。使用 JMP 和 JME 指令时应注意的事项如下。

（1）在一个程序中，可以有多组 JMP 和 JME。为了对它们进行区别，可以对 JMP 和 JME 进行编号，这种编号称为跳转号，跳转号范围为 0～1024。

（2）在 JMP 和 JME 指令之间的全部输出（位和字）保持状态不变，运行的定时器继续计时。

（3）在编程输入时，采用功能键（FUN）和数字键完成 JMP 和 JME 指令的输入。JMP 指令用 FUN 004，JME 指令用 FUN 005。

CS1 PLC 各种跳转指令比较见表 2-1。

表 2-1　　　　　　　　　　　　　CS1 PLC 各种跳转指令比较表

项　目	JMP(004) JME(005)	CJP(51) JME(005)	CJPN(511) JME(005)	JMP0(515) JME0(516)
跳转执行条件	OFF	ON	OFF	OFF
允许数目	总共 1024			没有限制
跳转时的指令过程	不执行			NOP(000) 过程

续表

项　目	JMP(004) JME(005)	CJP(51) JME(005)	CJPN(511) JME(005)	JMP0(515) JME0(516)
跳转的指令执行时间	无			如同 NOP(000) 指令
跳转时输出状态（位和字）	位和字保持以前状态			
跳转时正在运行的定时器状态	运行的定时器继续计时			
在块程序中的过程	始终跳转	ON 时跳转	OFF 时跳转	不允许

【例 2-8】　JMP/JME 指令的应用

JMP/JME 指令应用的语句表程序和对应梯形图如图 2-9 所示。

在本例中，000000 和 000001 是 JMP 的条件，当它们均为 ON 时，JMP 和 JME 之间的程序正常执行。一旦 JMP 条件为 OFF（显然，不论是因为 000000 还是 000001 为 OFF。或两者皆为 OFF），则 JMP 和 JME 之间的程序都不执行，但是所有输出的状态都保持不变。

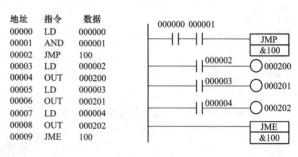

图 2-9　JMP/JME 指令应用的语句表程序和对应梯形图

2.1.6　互锁［IL(002)］指令和互锁清除［ILC(003)］指令

IL(0002) 和 ILC(003) 总是配合使用的，分别位于一段程序的首尾处。指令操作功能分为以下两种情况。

（1）如果 IL 的输入条件不满足时（即位于 IL 前面的触点刚好为 OFF 时），则位于 IL 和 ILC 之间的程序段就不执行，并且 IL 和 ILC 之间的程序输出状态如下：所有的 OUT、OUT NOT 位关断，TIMC、TIMH、TIMHH 和 TIML 复位，其他所有指令操作的位或字状态不变化。如果 IL 的输入条件满足，则执行 IL 和 ILC 之间的程序。

（2）如果 IL 和 ILC 没有配对使用，在执行程序检查时，会在编程器显示：IL-ILC FRROR，但不会影响程序的执行。

IL 和 ILC 指令不允许嵌套使用。IL(002)/ILC(003) 和 JMP(004)/JME(005) 之间的差别见表 2-2。

表 2-2　　　　　　　　　互锁/互锁清除结束和跳转/跳转结束指令的区别

项　目	IL(002)/ILC(003) 中的处理	JMP(004)/JME(005) 中的处理
执行指令	除 OUT、OUT NOT 和定时器指令外，不执行其他指令	不执行任何指令
指令中的输出状态	除了在 OUT、OUT NOT 和定时器指令中的输出，其他所有输出保持以前状态	所有输出保持以前状态

续表

项　　目	IL(002)/ILC(003) 中的处理	JMP(004)/JME(005) 中的处理
在 OUT、OUT NOT 中的位	OFF	所有输出保持以前状态
定时器指令的状态 （除了 TTIM 和 MTIM）	复位	正在执行的定时器（仅 TIM、TIMH、TMHH）继续计时

【例 2-9】　IL-ILC 指令的应用

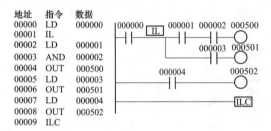

地址	指令	数据
00000	LD	000000
00001	IL	
00002	LD	000001
00003	AND	000002
00004	OUT	000500
00005	LD	000003
00006	OUT	000501
00007	LD	000004
00008	OUT	000502
00009	ILC	

图 2-10　IL-ILC 指令应用的语句表
程序和对应梯形图

IL-ILC 指令应用的语句表程序和对应梯形图如图 2-10 所示。

2.1.7　TR 位指令

CS1 系列 PLC 提供 16 个 TR 位，即 TR0～TR15，用于存储程序分支点上的数据。对于在程序中不能使用 TL 和 ILC 指令来编程的分支电路，可以使用 TR 位。TR 位可以多次使用，但在同一段程序中位地址不能重复。在不同的程序段内同一个 TR 位可以多次使用。

TR 位，在系统运行期间是不能用编程器或任何设备检测其状态的。它不是独立的编程指令，必须和 LD 或 OUT 指令配合使用。

【例 2-10】　TR 指令的应用

TR 指令应用的语句表程序和对应梯形图如图 2-11 所示。

TR 和 IL-ILC 指令的比较：由于 IL-ILC 指令不需要像 LD TR 那样多占存储地址，所以程序中，应尽可能使用 IL-ILC 指令代替 TR 指令的使用，这样编写的程序既短，又节省存储空间。

地址	指令	数据
00200	LD	000000
00201	OUT	TR0
00202	AND	000001
00203	OUT	TR1
00204	AND	000002
00205	OUT	000100
00206	LD	TR1
00207	AND	000003
00208	OUT	000101
00209	LD	TR0
00210	AND	000004
00211	OUT	000102

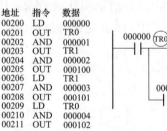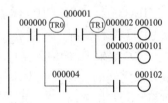

图 2-11　TR 指令应用的语句表程序
和对应梯形图

2.1.8　上微分［DIFU(013)］指令和下微分［DIFD(014)］指令

在一个程序中，常常发生只需要在一个扫描周期内有效的指令，这种指令是各种微分指令。它们的特点是该指令只在执行条件满足后的第一个扫描周期内执行一次。这表明，这类指令的执行是有条件的，执行的时间是在条件满足后的扫描周期内，执行的次数是一次。在 CS1 系列 PLC 中，微分指令的特征是在这类指令前有符号@。编程输入时先按相应的指令，然后，按 NOT 键和写入键。上微分［DIFU(13)］指令和下微分［DIFD(14)］指令的操作数范围是 CIO、W、H、A 区等。上微分［DIFU(13)］指令和下微分［DIFD(14)］指令具有立即刷新功能。

【例2-11】 DIFU 和 DIFD 指令的应用

DIFU 和 DIFD 指令应用的语句表程序和对应梯形图如图 2-12 所示。

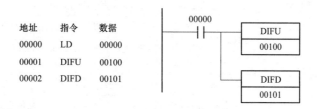

地址	指令	数据
00000	LD	00000
00001	DIFU	00100
00002	DIFD	00101

图 2-12 DIFU 和 DIFD 指令应用的语句表程序和对应梯形图

本例中，输入000000 从 OFF 变化为 ON 的跳变使000100 位置为 ON，但只在一个扫描周期内有效。输入000000 从 ON 变化为 OFF 的跳变使000101 位置为 ON，同样也在一个扫描周期内有效。

2.1.9 循环控制指令 FOR(512)/NEXT(513)、BREAK(514)

循环控制指令 FOR(512)/NEXT(513)、BREAK(514) 的基本功能见表 2-3。

表 2-3 循环指令功能简介表

指令名称	助记符	功能码	功能描述
循环控制	FOR	512	在 FOR(512) 和 NEXT(513) 之间的指令重复规定的次数，FOR(512) 和 NEXT(513) 成对使用
循环控制	NEXT	513	在 FOR(512) 和 NEXT(513) 之间的指令重复规定的次数，FOR(512) 和 NEXT(513) 成对使用
退出循环控制	BREAK	514	在 FOR 至 NEXT 循环中，在一个给定的条件下中止循环的执行

2.2 定时器（TIM/TIMH）和计数器（CNT/CNTR）指令的应用编程实践

通常定时器和计数器有两种计时的方式。递增计时方式从 0 开始计时，内部计时值递增，当内部计时值与所需要的计时设定值比较后，两者相等，表示计时时间到，这时计时器输出一个信号。当允许计时的信号为 0 时，计时器被复位，即它的内部计时值设置成 0。递减的计时方式是在定时开始时，内部定时恒等于定时设定值，采用递减的计时方式，直到内部定时值减到等于 0，表示定时时间到，并输出一个信号。CS1 系列 PLC 定时器、计数器指令见表 2-4。

表 2-4 CS1 系列 PLC 定时器和计数器指令简表

名称	助记符	功能码	功能描述
定时器	TIM		TIM 是 0.1s 为单位运行的减计时器，0～999.9s
计数器	CNT		CNT 作为一个减计数器运行，0～9999
高速定时器	TIMH	015	TIMH 是 10ms 为单位运行的减定时器，0～99.99s

续表

名　称	助记符	功能码	功　能　描　述
1ms 定时器	TMHH	540	TMHH(540) 以 1ms 为单位的减定时器，0～9.999s
累加定时器	TTIM	087	TTIM(087) 是 0.1s 为单位的加定时器，0～999.9s
长定时器	TIML	542	TIML(542) 是 0.1s 为单位的减定时器，9999999.9s
多路输出定时器	MTIM	543	MTIM(543) 具有 8 个独立的设定值和完成标志的 0.1s 加定时器，设定范围为 0～999.9s
可逆计数器	CNTR	012	CNTR(012) 可逆计数器
复位定时/计数器	CNR	545	在规定的定时器或计数器号范围内，复位定时器或计数器，将设定值（SV）设置到最大

定时器和计数器操作数：定时器/计数器编号为 N，定时器/计数器设定位为 SV。复位输入为 R，可逆计数器的递减输入为 DI、递增输入为 H。

定时器和计数器编号范围为 0～4095，且各自编号使用。

设定值 SV：♯0000～9999，外部设定：CIO、W、H、A、T、C、DM、EM、常数等。

【例 2-12】 TIM 指令的应用

TIM 指令应用的语句表程序和对应梯形图如图 2-13 所示。

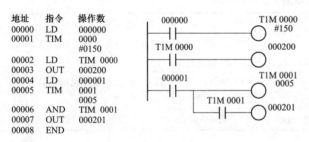

本例中，定时器 0000 的定时为 15s，定时器 0001 的定时值由 CIO 0005 没定。通过 CIO 0005 设定运行值的好处是定时器的设定值是可变的。如果在定时过程中改变设定值，则上次定时到以后才按新的设定值开始定时。

图 2-13　TIM 指令应用的语句表程序和对应梯形图

【例 2-13】 TIMH 指令的应用

TIMH 指令应用的语句表程序和对应梯形图如图 2-14 所示。

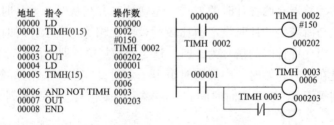

图 2-14　TIMH 指令应用的语句表程序和对应梯形图

【例 2-14】 CNT 指令的应用

CNT 指令应用的语句表程序和对应梯形图如图 2-15 所示。

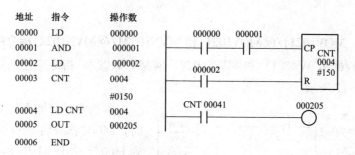

图 2-15　CNT 指令应用的语句表程序和对应梯形图

【例 2-15】　CNTR 指令的应用

CNTR 指令应用的语句表程序和对应梯形图如图 2-16 所示。

本例中，计数器 0006 的设定值为 5000，计数器 0007 在运行监控状态下，设定值由 CIO 0005 的内容决定，此时在输入 CIO 0005 连接外部设定器，则可以构成设定值可变的可逆计数器。

本例中，TIM0001 每 5s 产生一个脉冲，CNT0001 对该脉冲进行计数，总定时间隔为 $T=$（定时器 SV＋扫描时间）× 计数值。一般扫描时间小于定时器的定时时间（扫描时间为 ms 级），实际应用中扫描时间可忽略不计，所以此例为 500s 的定时器。

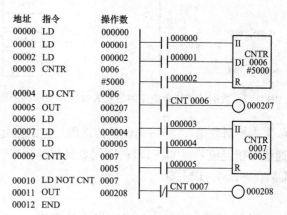

图 2-16　CNTR 指令应用的语句表程序和对应梯形图

2.3　数据传送、移位、比较、转换指令的应用编程实践

2.3.1　数据传送指令

1. 数据传送指令 MOV(021)/@MOV(021) 和数据求"反"传送指令 MVN(022)/@MVN(022)

数据传送指令 MOV(021)/@MOV(021) 功能是将指定通道的数据或一个 4 位十六进制常数（源数据）传送到目的通道。

数据求"反"传送指令 MVN(022)/@MVN(022) 功能是将指定通道的数据或一个十六进制常数（源数据）求"反"后，传送到目的通道。

数据传送指令 MOV(021)/@MOV(021) 和数据求"反"传送指令 MVN(022)/@MVN(022) 的源数据操作数范围可为 CIO、W、H、A、T、C、DM、*DM、EM 常数等，目的通道操作数范围可为 CIO、W、H、A、T、C、DM、*DM、EM 等。

【例 2-16】 MOV(021)/@MOV(021)和 MVN(022)/@MVN(022)指令的应用

MOV(021)/@MOV(021) 和 MVN(022)/@MVN(022) 指令应用的语句表程序和对应梯形图如图 2-17 所示。

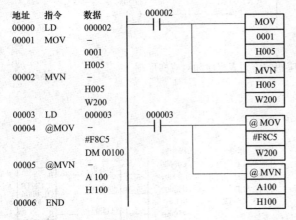

图 2-17　数据传送指令应用的语句表程序和对应梯形图

本例中，当输入 CIO 000002 为 ON 时，MOV 指令将 CIO 0001 的内容传送到 H005，并且 MVN 将 H005 的数据求"反"后再传送到 W200。

2. 位传送指令 MOVB（082）/@MOVB(082)

位传送指令 MOVB(082)/@MOVB(082) 功能是将源通道指定位的内容传送到目的通道的指定位。指令操作数有三个，即 S、C、D。S 代表源通道号或数据，其操作数范围为 CIO、W、H、A、T、C、DM、*DM、EM 常数等；

C 代表控制数据，第 0~7 位是传送源通道的指定位号（00~15），第 8~15 位是传送目的通道的指定位号（00~15）；D 代表目的通道号，操作数范围为 CIO、W、H、A、T、C、DM、*DM、EM 等。

【例 2-17】 MOVB(082) 指令的应用

MOVB(082) 指令应用的语句表程序和对应梯形图如图 2-18 所示。

在本例中，输入 000000 为 ON 时，由控制字中的数据（假定 D00200 单元内容为 0C05）指定了源通道 0200 的第 5 位的内容向目的通道的 0300 的第 12 位进行传送。

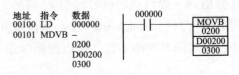

图 2-18　MOVB(082) 指令应用的语句表程序和对应梯形图

3. 数字传送指令 MOVD(083)/@MOVD(083)

数字传送指令 MOVD(083)/@MOVD(083) 指令操作数有三个：S、C、D。S 代表源通道号或数据，C 代表控制数据，S、D 操作数范围为 CIO、W、H、A、T、C、DM、*DM、EM、常数等，D 代表目的通道号，D 操作数范围为 CIO、W、H、A、T、C、DM、*DM、EM。

该指令实现将源通道 S 重指定数位的数传送到目的通道 D 中指定的位。用该指令最多一次可传送 4 个数字，共计 16 位。要传送的数字在通道中的位置和要传送的数字个数，由 C 指令的通道内容来确定。

【例 2-18】 MOVD(083)/@MOVD(083) 指令的应用

MOVD(083)/@MOVD(083) 指令应用的语句表程序和对应梯形图如图 2-19 所示。

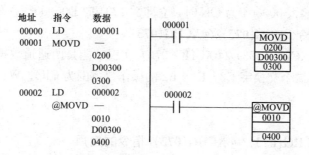

图 2-19 MOVD/@MOVD 指令应用的语句表程序和对应梯形图

4. 数据块传送指令 XFER(070)/@XFER(070)

数据块传送指令 XFER(070)/@XFER(070) 实现功能是将几个相邻通道的内容分别传送到另外几个相邻通道中。操作数共有三个：传送字的数目 N、传送源起始字 S、传送目的起始字 D。N 的操作数范围为 CIO、W、H、A、T、C、D、E、常数等，S、D 操作数范围为 CIO、W、H、A、T、C、D、E 等。

【例 2-19】 XFER 指令的应用

XFER 指令应用的语句表程序和对应梯形图如图 2-20 所示。

在本例中，输入 000005 为 ON 时，D00100～D00109 的 10 个字分别向 D00200～D00209 传送。

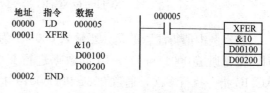

图 2-20 XFER 指令应用的语句表程序和对应梯形图

5. 多通道置数指令 BSET (071)/@BSET(071)

多通道置数指令 BSET(071)/@BSET(071) 实现功能是将某一通道的数据或立即数传送到几个连续的目的通道中。操作数共有源数据字 S、传送目的起始字 St、传送目的结束字 E。S 操作数范围为 CIO、W、H、A、T、C、D、E、常数等；St、E 的操作数范围为 CIO、W、H、A、T、C、D、E 等。

【例 2-20】 BSET(071)/@BSET(071) 指令的应用

BSET（071)/@BSET（071）指令应用的语句表程序和对应梯形图如图 2-21 所示。

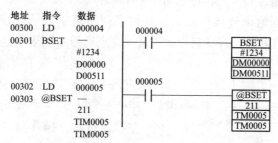

图 2-21 BSET/@BSET 指令应用的语句表程序和对应梯形图

在本例中，当输入 000004 为 ON 时，立即数 1234 向 D00000～D00511 传送。

6. 数据交换指令 XCHG(073)/@XCHG(073)

数据交换指令 XCHG(073)/@XCHG(073) 实现功能是两通道数据交换。操作数省第一个交换字 E1、第二个交换字 E2。E1、E2 的操作数范围为 CIO、W、H、A、T、C、D、E 等。

【例 2-21】 XCHG(073)/@XCHG(073) 指令的应用

XCHG(073)/@XCHG(073) 指令应用的语句表程序和对应梯形图如图 2-22 所示。

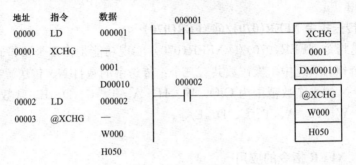

图 2-22　XCHG/@XCHG 指令应用的语句表程序和对应梯形图

在本例中值得注意的是，当输入 000001 为 ON 时，CPU 每次扫描执行到 XCHG 指令时，都把通道 0001 和 D00010 的数据进行交换、这样输入 000001 接通一次就可能导致 XCHG 指令执行多次，通道 0001 和 D00010 中的数据就会反复交换。为避免反复交换，可使用微分指令@XCHG 以保证在输入信号接通二次、只执行一次数据交换的操作。

2.3.2　数据移位指令

1. 移位寄存器指令 SFT(010) 和可逆移位寄存器指令 SETR(084)/@SFTB(084)

移位寄存器指令 SFT(010) 实现指定通道的内容按位移位。操作数有起始字 St、结束字 E。St、E 的操作范围为 CIO、W、H、A。移位控制信号有数据输入、移位信号输入、复位输入端。SFT 指令执行过程：当移位脉冲输入端每接收一个脉冲信号上升沿时，数据输入端的状态将被移入起始通道的最低位，起始通道号至终点通道号的所有通道中的数据依次左移一位，终点通道的最高位丢失。

SFT 的复位输入端为 ON 时，将起始字至结束字中所有位置 0，并且不接受数据输入。SFT 指令允许多个数据通道连续移位。但起始字和结束字必须设在同一内存区域或数据区，并使起始字小于结束字。若设定起始通道＝终点通道，则表示是 16 位的移位寄存器。

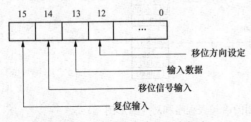

图 2-23　控制字中位的内容规定

可逆移位寄存器指令 SFTR(084)/@SFTR(084) 是可切换移位方向的移位寄存器指令。它指定一个或几个连续字的数据按位左移或右移。操作数为控制字、起始字和结束字。控制字中位的内容规定如图 2-23 所示，简介如下。

（1）复位：控制字的第15位为ON时，起始字和结束字的全部位，以及进位CY全部为0，并且不接受输入。

（2）左移位：控制通道的第12位为ON时，其第13位在有移位脉冲（控制通道的第14位）的上升沿（OFF→ON）被移进起始通道的第0位，同时各个位的内容一位一位地向左移，终点通道的第15位内容移入进位标志位CY。

（3）右移位：控制通道的第12位为OFF时，其第13位在移位脉冲（控制通道的第14位）的上升沿（OFF→ON）被移进结束字的第15位，同时各个位的内容均向右移动一位，起始字的第0位的内容移入进位标志位。

（4）对于SFTR指令，为保证在移位输入ON列只移位一次，可使用@SFTR指令。

【例2-22】 SFT指令的应用

当输入000002为ON、000003为OFF时，H000复位。000001输入信号的每一个上升沿，使000000数据输入端的内容移入H000的最低位H0000，而H000字的其他位依次左移，H000K的内容丢失，CIO 000100在H 00004为1时为ON。SFT指令应用的语句表程序和对应梯形图及程序执行动作时序图如图2-24所示。

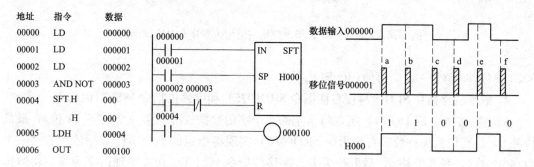

图2-24　SFT指令应用的语句表程序和对应梯形图及时序图

2. 算术左移/右移指令 ASL(025)/ASR(026)

算术左移指令ASL(025)实现通道内数据左移一位功能，算术右移指令ASR(026)实现通道内数据右移一位功能。算术左移ASL(025)/右移指令ASR(026)的操作数范围为CIO、W、H、A、T、C、E等。

【例2-23】 ASL/@ASL指令的应用

ASL/@ASL指令应用的语句表程序和对应梯形图及执行结果如图2-25所示。

3. 循环左移指令 ROL(027)/右移指令 ROR(028)

循环左移指令ROL(027)/右移指令ROR(028)实现字单元数据循环左移一位或右移一位，字操作数范围可为CIO、W、H、A、T、C、D、E等。

【例2-24】 ROL/@ROR指令的应用

ROL/@ROR指令应用的语句表程序和对应梯形图如图2-26所示。

本例中，只要CIO 000001为ON时，则每次扫描都执行ROL指令，若只在输入

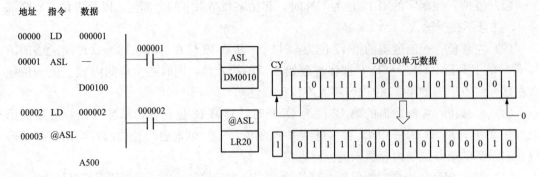

图 2-25　ASL/@ASL 指令应用的语句表程序和对应梯形图及执行结果

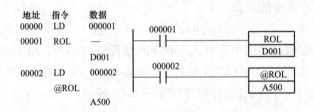

图 2-26　ROL/@ROR 指令应用的语句表程序和对应梯形图

000001 ON 时移位一次，可使用@ROL 指令。

4. 数字左移指令 SLD(074)/右移指令 SRD(075) 和字移位指令 WSFT(016)

数字左移指令 SLD(074) 实现将指定的多个字的数据依次左移一个数字（4 位），最低位补 0，最高位丢失；数字右移指令 SRD(075) 实现将指定的多个字的数据依次右移一个数字（4 位），最高位补 0，最低位丢失；字移位指令 WSFT(016) 实现以字为单位将数据从起始字向结束字依次移动一个字（16 位）。操作数范围均为 CIO、W、H、A、T、C、D、E 等。

【例 2-25】　SLD/@SLD 指令的应用

SLD/@SLD 指令应用的语句表程序和对应梯形图及执行结果如图 2-27 所示。

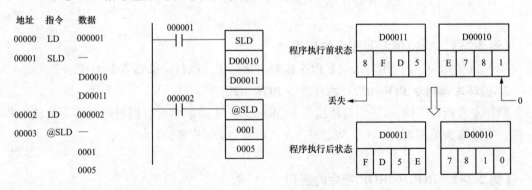

图 2-27　SLD/@SLD 指令应用的语句表程序和对应梯形图及执行结果

【例2-26】　SRD/@SRD指令的应用

SRD/@SRD指令应用的语句表程序和对应梯形图及执行结果如图2-28所示。

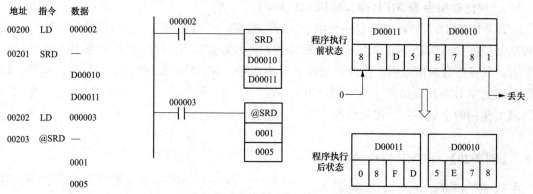

图2-28　SRD/@SRD指令应用的语句表程序和对应梯形图及执行结果

【例2-27】　WSFT/@WSFT指令的应用

WSFT/@WSFT指令应用的语句表程序和对应梯形图及执行结果如图2-29所示。

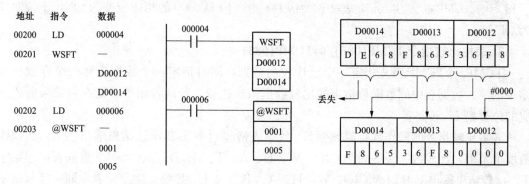

图2-29　WSFT/@WSFT指令应用的语句表程序和对应梯形图及执行结果

2.3.3　数据比较指令

数据比较指令既有单字数据比较指令，又有数据块比较指令，既可以比较数据的范围，又可以进行相等比较。

1. 数据比较指令 CMP(020)/@CMP(020)

数据比较指令 CMP(020)/@CMP(020) 实现两个字中的数据比较功能。操作数为两个待比较的数据 S1、S2。操作数范围是 CIO、W、H、A、T、C、D、E、♯等。

【例2-28】　CMP指令的应用梯形图

在本例中，当输入000005为ON时，执行CMF指令，将CIO 0100的内容与H009的内存进行比较。比较的结果如下：

若0100的内容大，则接通00200输出；若0100的内容与H009的内容相等，则接通

00201 输出；若 0100 的内容小，则接通 00202 输出。需要注意的是：算术标志会受其前面指令的影响，不要在 CMP 和访问 CMP 结果的输入条件之间编制其他指令，因为该指令可能改变算术标志的结果。

2. 块比较指令 BCMP(068)/@BCMP(068)

BCMP/@BCMP 首先指定一个用于比较的数据，同时还指定一个数据块和一个存放比较结果的字。BCMP/@BCMP 有三个操作数：比较数据源 S、数据块起始字 B 和比较结果字 R。其操作数取值范围，比较数据源 S 时为 CIO、W、H、A、T、C、D、E、♯ 等，数据块起始字 B 与比较结果字 R 时为 CIO、W、H、A、T、C、D、E 等。注意三者在同一区域所使用的字域不一，详见编程手册。

【例 2-29】　BCMP 指令的应用

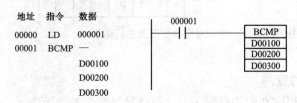

BCMP 指令应用的语句表程序和对应梯形图如图 2-30 所示。

本例中，当 CIO 000000 为 ON 时，BCMP 比较 D00100 的内容和在 D00200～D00231 中定义的 16 个范围，当 S 在范围内 D00300 的相应位变为 ON，不等时变

图 2-30　BCMP 指令应用的语句表程序和对应梯形图

为 OFF。

3. 表格比较指令 TCMP(085)/@TCMP(085)

TCMP/@TCMP 首先指定一个已比较的数据，同时指定一个数据表和一个存放比较结果的字。数据表中的数据与指定的比较数据依次比较，若两者相等，则在句结果通道对应的位置置 1，否则置 0。

表格比较指令的操作数有源数据 S、数据表格起始字 T 和比较结果输出字 R，其操作数取值范围，比较数据源 S 时为 CIO、W、H、A、T、C、D、E、♯ 等，数据表格起始字 T、比较结果输出字 R 时为 CIO、W、H、A、T、C、D、E 等。注意三者在同一区域所使用的字域不一，详见编程手册。

【例 2-30】　TCMP 指令的应用

TCMP 指令应用的语句表程序和对应梯形图如图 2-31 所示。

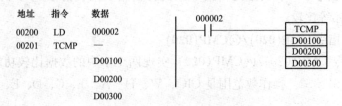

图 2-31　TCMP 指令应用的语句表程序和对应梯形图

本例中当 CO 000000 为 ON 时、TCMP 把 D00100 的内容和字 D00200～D00215 的内容比较，当内容相等时，D00300 的相应位变为 ON，不等时变为 OFF。

2.3.4　数据转换指令

BIN/@BIN 指令和 BINL/@BINL 指令都具有将 BCD 数转换成二进制数，并将转换的结果输出到指定字的功能，所不同的是，前者是对一个字中的数据（16 位）进行转换、后者是对双字的数据（32 位）进行转换。操作数有两个，即源字 S 和转换结果字 R。S、R 操作数取值范围为 CIO、W、H、A、T、C、D、E 等。

【例 2-31】　BIN 指令的应用

BIN 指令应用的语句表程序和对应梯形图如图 2-32 所示。

图 2-32 中，H005 通道中原有的数据被变换后的数据替换，BCD 数是 0302 时，对应的十六进制数为 012E。

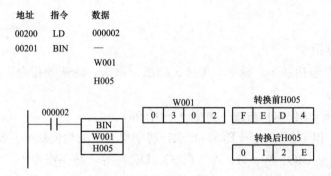

图 2-32　BIN 指令应用的语句表程序和对应梯形图

【例 2-32】　BINL(058)/@BINL(058) 指令的应用

BINL(058)/@BINL(058) 指令应用的语句表程序和对应梯形图如图 2-33 所示。

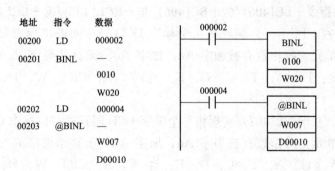

图 2-33　BINL/@BINL 指令应用的语句表程序和对应梯形图

【例 2-33】　BCDL(059) 指令的应用

BCDL(059) 指令应用的语句表程序和对应梯形图如图 2-34 所示。

在图 2-34 中，当 CIO 000002 为 ON 时，CIO 0010 中的十六进制数转换成 BCD 码，并

存储在 D00100 和 D00101 中。

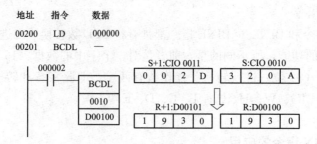

图 2-34 BCDL 指令应用的语句表程序和对应梯形图

2.4 运算指令的应用编程实践

2.4.1 BCD 运算指令

BCD 运算指令包括加一、减一、加法、减法、乘法、除法等指令，可以实现 BCD 数据的基本算术运算。

1. 加一指令＋＋B(594) 与减一指令－－B(596)

加一指令＋＋B(594)/@＋＋B(594) 执行将字单元中的数据加一。操作数是数据字单元 Wd，取值范围是 CIO、W、H、A、T、C、D、E 等，减一指令－－B(596)/@－－B(596) 实现将字单元中的数据减一。操作数是数据字单元 Wd。取值范围是 CIO、W、H、A、T、C、D、E 等。

只要加一指令＋＋B(594) 与减一指令－－B(596) 的执行条件为 ON，每次循环都将指定字单元的 BCD 数加一或减一。如果希望指令在执行条件满足后第一次扫描时才执行，而且只执行一次，即只进行一次加一/减一操作，则应采用微分型的加一/减一指令。

2. DCD 加法指令＋BC(406)/@＋BC(406) 与＋BCL(407)/@＋BCL(407)

＋BC(406)/@＋BC(406) 实现将 4 个单字 DCD 码连同进位标志 CY 进行相加，结果输送到指定字单元。操作数有被加字 Ad、加字 Au、运算结果字 R。操作数取值范围 Ad/Au：CIO、W、H、A、T、C、D、E、♯ 等，R：CIO、W、H、A、T、C、D、E 等。

＋BCL(407)/@＋BCL(407) 实现将 8 个单字 BCD 码连同进位标志 CY 进行相加，结果输送到指定字单元。操作数有被加字 Ad、加字 Au、运算结果字 R。操作数取值范围 Ad/Au：CIO、W、H、A、T、C、D、E、♯ 等，R：CIO、W、H、A、T、C、D、E 等。

无论是＋BC(406) 指令还是＋BCL(407) 指令，都是带进位的加法运算指令。为确保加法运算结果的正确，在使用加法指令之前，必须先使用 CIO 指令，使进位标志 CY 清 0。

【例 2-34】 ＋BC(406) 指令的应用

＋BC(406) 指令应用的语句表程序如图 2-35 所示。

本例的执行过程：当 CIO 000000 为 ON 时，D00100 和 D00110 将作为 4 个数字 BCD 相加，并把结果送到 D00120 中。

【例 2-35】 ＋BCL(407) 指令的应用

＋BCL(407) 指令应用的语句表程序如图 2-36 所示。

地址	指令	数据
00100	LD	000000
00101	CLC	—
00102	+BC	—
		D00100
		D00110
		D00120

地址	指令	数据
00100	LD	000001
00101	CLC	
00102	+BCL	—
		D00100
		D00110
		D00120

图 2-35　＋BC(406) 指令应用的语句表程序　　　图 2-36　＋BCL(407) 指令应用的语句表程序

本例的执行过程：当 CIO 000001 为 ON 时，D00101、D00100、D00111、D00110 及 CY 将作为 8 个数字 BCD 相加，并把结果送到 DO0121 和 D00120 中。

3. BCD 减法指令－BC(416)/@－BC(416) 与－BCL(417)/@－BCL(417)

－BC(416)/@－BC(416) 实现 4 个数字 BCD 码连同进位标志 CY 进行相减，结果送到指定字单元。－BCL(417)/@－BCL(417) 实现对 8 个数字 BCD 码连同进位标志 CY 进行减法运算，并将结果输出到指定字单元。

－BC(416)/@－BC(416) 与－BCL(417)/@－BCL(417) 的操作数同为被减字单元 Mi、减字单元 Su 和结果字单元 R。操作数取值范围 Mi/Su：CIO、W、H、A、T、C、D、E、♯ 等，R：CIO、W、H、A、T、C、D、E 等。

无论是－BC(416) 指令还是－BCL(417) 指令，都是连同进位标志 CY 进行减法操作的指令，为确保减法运算结果的正确，在使用减法指令之前，必须先使用 CLC 指令，使进位标志位 CY 清 0。如运算结果为负数，则以补码形式输出，并且进位标志 CY 置 1。

【例 2-36】 －BCL(417) 指令的应用

－BCL(417) 指令应用的语句表程序如图 2-37 所示。

在本例中，当 CIO 00000 为 ON 时，以 8 位 BCD 值形式从 D00101 和 D00100 中减去 D00111、D00110 和 CY，并把结果输出到 D00121 和 D00120 中。如果相减的结果是一个负数（Mi< Su 或 Mi＋1，Mi<Su＋1，Su），结果作为 10 的补码输出，进位标志（CY）将置 ON。为把 10 的补码转换成真实的数字，需要一个从 0 减去该结果的程序，进位标志（CY）作为输入条件。进位标志置 ON 表示相减的结果为负数。

地址	指令	数据
00100	LD	000000
00101	CLC	—
00102	BCL	—
		D00100
		D00110
		D00120

图 2-37　－BCL(417) 指令应用的语句表程序

4. BCD 乘法 ＊B(424)/@＊B(424) 与 ＊BL(425)/@＊BL(425) 指令

BCD 乘法 ＊B(424)/@＊B(424) 单字长指令实现将 4 个数字（单字）BCD 码相乘，

结果送到指定单元字。＊BL(425)/@＊BL(425)双字长指令实现将 8 个数字（双字）BCD 码相乘，结果送到指定单元字。操作数有被乘数字 Md、乘数字 Mr、运算结果字 R。操作数取值范围 Md/Mr：CIO、W、H、A、T、C、D、E、♯等，R：CIO、W、H、A、T、C、D、E 等。

对于单字长 DCD 乘法＊B(424)/@＊B(424) 指令，运算结果是 8 位 BCD 数据，所以结果占 2 个字，R、R＋1 应在同一数据区；对于双字长＊BL(425)/@＊BL(425) 指令，运算结果是 16 位 BCD 数据，所以输出占 4 个字，R～R＋3 应在同一数据区。

【例 2-37】 BCD 乘法指令＊B(424) 的应用

地址	指令	数据
00100	LD	000000
00101	＊B	——
		D00100
		D00110
		D00120

图 2-38　BCD 乘法指令＊B(424)
应用的语句表程序

BCD 乘法指令＊B(424) 应用的语句表程序如图 2-38 所示。

指令执行过程：当 CIO 000000 为 ON 时，D00100 与 DO0110 的内容将作 BCD 码乘法，结果存于 D00121 和 D00120 之中。

5. BCD 除法指令/B(434) 与 @/B(434) 和/BL(435) 与 @/BL(435)

/B(434)/@/B(434) 指令实现将 4 个数字（单字）BCD 码做除法运算，并把商和余数分别输出到指定单元字。/BL(435)/@/BL(435) 指令实现将 8 个数字（双字）BCD 码做除法运算，并把商和余数输出到指定单元字。操作数有被除数字 Dd、除数字 Dr、运算结果起始字 R。操作数取值范围 Dd/Dr：CIO、W、H、A、T、C、D、E、♯等，R：CIO、W、H、A、T、C、D、E 等。

无论哪一种类型的 BCD 除法指令，都不允许除数为 0。执行除法指令后，所得的商和余数占用的字单元见表 2-5。

表 2-5　执行除法指令后运算结果字分配表

指令	商占用的字	余数占用的字
/B 与 @/B	R	R＋1
/BL 与 @/BL	R 和 R＋1 （其中，R 存放商的低位字）	R＋2 和 R＋3 （其中，R＋2 存放余数的低位字）

【例 2-38】 BCD 除法指令/B(434) 的应用

BCD 除法指令/B(434) 应用的语句表程序如图 2-39 所示。

指令执行过程：当 CIO 000000 为 ON 时，D00100 将作为 4 个 BCD 码除以 D00110，商被送到 D00120，余数被送到 D00121 之中。

地址	指令	数据
00100	LD	000000
00101	/B	
		D00100
		D00110
		D00120

图 2-39　BCD 除法指令/B(434)
应用的语句表程序

2.4.2　二进制运算指令

二进制运算指令包括加一、减一、加法、减法、乘法、除法等指令，可以实现二进制数据的基本算术运算。

1. 加一++(590)/@++(590) 与减一−−(592)/@−−(592) 指令

加一++(590)/@++(590) 与减一−−(592)/@−−(592) 指令完成指定字中的4位十六进制数加一或减一。操作数有 Wd，取值范围为 CIO、W、H、A、T、C、D、E 等。

++(590) 指令使 Wd 二进制内容加一，只要++(590) 的执行条件为 ON，每次循环指定字会增加一。当使用这条指令的上升沿微分变化 ［@++(590)］ 时，仅在执行条件从 OFF 变到 ON 时指定字递增。

−−(592) 指令使 Wd 二进制内容减一，只要−−(592) 的执行条件为 ON，每次循环指定字会减一，当使用这条指令的上升沿微分变化 ［@−−(592)］ 时，仅在执行条件从 OFF 变到 ON 时指定字递减。

2. 二进制加法+C(402)/@+C(402) 与+CL(403)/@+CL(403) 指令

+C(402)/@+C(402) 实现将4位数字（单字）十六进制数连同进位标志 CY 进行相加，结果输送到指定字单元。操作数有被加字 Ad、加字 Au、运算结果字 R。操作数取值范围 Ad/Au：CIO、W、H、A、T、C、D、E、♯ 等；R：CIO、W、H、A、T、C、D、E 等。

+CL(403)/@+CL(403) 指令实现将8位数字（双字）十六进制数连同进位标志 CY 进行相加，结果输送到指定字单元。操作数有被加字 Ad、加字 Au、运算结果字 K。操作数取值范围 Ad/Au：CIO、W、H、A、T、C、D、E、♯ 等；H：CIO、W、H、T、A、C、D、E 等。

3. 二进制减法指令−C(412)/@−C(412) 与−CL(413)/@−CL(413)

−C(412)/@−C(412) 实现4位数字（单字）十六进制数连同进位标志 CY 进行相减，结果送到指定字单元。−CL(413)/@−CL(413) 实现对8位数字（双字）十六进制数据连同进位标志 CY 进行减法运算，并将结果输出到指定字单元。

−C(412)/@−C(412) 与−CL(413)/@−CL(413) 的操作数同为被减字 Mi、减字 Su 和结果字 R。操作数取值范围 Mi/Su：CIO、W、H、A、T、C、D、E、♯ 等；R：CIO、W、H、A、T、C、D、E 等。

4. 二进制乘法指令 ∗(420)/@∗(420) 与 ∗L(420)/@∗L(420)

二进制乘法指令 ∗(420)/@∗(420) 实现4位有符号十六进制数乘法运算，并把运算结果输出到指定的字单元。操作数有被乘数字 Md、乘数字 Mr、运算结果字 R。操作数取值范围 Md/Mr：CIO、W、H、A、T、C、D、E、♯ 等；R：CIO、W、H、A、T、C、D、E 等。

5. 二进制除法指令/(430)/@/(430) 与 L/(431)/@/L(431)

/(430)/@/(430) 实现将8个数字（双字）有符号十六进制数做除法运算，并把商和余数输出到指定的字单元。操作数有被除数字 Dd、除数字 Dr、运算结果起始字 R。操作数取值范围 Dd/Dr：CIO、W、H、A、T、C、D、E、♯ 等，R：CIO、W、H、A、T、C、D、E 等。

2.4.3　逻辑运算指令

COM(029)/@COM(029) 实现将指定字（Wd）的所有位数据求反。即将原来为 ON

的位清零，将原来为 OFF 的位置 1。操作数是被求反数据字 Wd。操作数取值范围 Wd：CIO、W、H、A、T、C、D、E 等。

ANDW(034)/@ANDW(034) 实现对两个 16 位二进制数进行按位逻辑与运算，并将运算结果输出到指定字单元。ORW(035)/@ORW(035) 实现对两个 16 位二进制数进行按位逻辑或运算，并将运算结果输出到指定字单元。XORW(036)/@XORW(036) 实现对两个 16 位二进制数进行按位异或运算，并将运算结果输出到指定字单元。XNRW(037)/@XNRW(037) 实现对两个 16 位二进制数进行异或非运算，并将运算结果输出到指定字单元。ANDW(034)/@ANDW(034)、ORW(035)/@ORW(035)、XORW(036)/@XORW(036)、XNRW(037)/@XNRW(037) 操作数有运算数据 I_1、运算数据 I_2、运算结果字 R。操作数值范围 I_1/I_2：CIO、W、H、A、T、C、D、E、♯ 等；R：CIO、W、H、A、T、C、D、E 等。

2.5　其他功能指令应用的编程实践

2.5.1　子程序指令

对于一个较复杂的控制任务，往往可以分解为几个相对独立的较小的控制任务，对于那些需要重复执行的较小控制任务，可以将其编写成子程序的形式。在执行主程序的过程中，需要调用子程序时，可以使用子程序的调用指令，这样控制就转移到子程序，并执行子程序中的指令，当子程序执行结束时，则通过返回指令，返回主程序，并从当前调用子程序的断点处继续往下执行。

1. 子程序指令 SBS(091)/@SBS(091)、SBN(092)、RET (093)

SBS(091)/@SBS(091) 实现子程序调用指令，操作数范围为 0~1023；SBN(92) 是子程序进入指令，表示一个子程序段的开始，操作数范围为 0~1023；RET (93) 实现子程序返回指令，表示一个子程序的结束。

一个子程序的开始与结束用 SBN 和 RET 分别标记；子程序位于主程序之后，END 指令之前；用 SBN 总共可以定义 1023 个子程序；子程序可以嵌套，最多可嵌套 16 级。

子程序的调用过程：在主程序执行过程中，当程序执行到 SBSN 时，程序的控制就转移到子程序 N，执行完 SBN 和 RET 之间的子程序指令，程序返回到主程序中 SBSN 后面的那条指令上。调用子程序的次数不受限制。

2. 宏 MCRO (099)/@MCRO (099)

MCRO(099) 指令完成调用指定子程序号的子程序，并用 S 到 S+3 中的输入参数和 D 到 D+3 的输出参数执行程序。操作数是子程序编号 N，范围是 0 到 1023 之间的十进制子程序编号；S、D 的取值范围为 CIO、W、H、A、T、C、D、E 等。

MCRO(099) 对指定子程序号的子程序的调用与 SBS(091) 类似，MCRO(099) 与 SBS(091) 的不同在于 MCRO(099) 以使用 S 和 D 中的参数改变子程序中位和字的地址，而不改变子程序的结构。当执行 MCRO(099) 时，S 到 S+3 的内容复制到 A600 到 A603（宏区输入），并执行指定子程序。当子程序执行完成时，A604 到 A607（宏区输出）被复制到 D 到 D＋3，且程序将继续执行 MCRO(099) 后的下一个指令。

图 2-40 为子程序调用指令应用梯形图。程序执行过程说明，梯形图中的第一个 MCRO(099) 指令将 CIO 0100 到 CIO 0103 中输入数据传入，并执行调入子程序。子程序执行完毕后，输出数据存入 CIO 0300 到 CIO 0303。第二个 MCRO(099) 指令将 CIO 0200 到 CIO 0203 中输入数据传入、并执行子程序。子程序执行完毕后，输出数据存入 CIO 0400 到 CIO 0403。第二个 MCRO(099) 指令执行同样的操作，但 CIO 0200 到 CIO 0203 中的输入数据被传送到 A600 到 A603，A604 到 A607 中的输出数据被传送到 CIO 0400 到 CIO 0403。

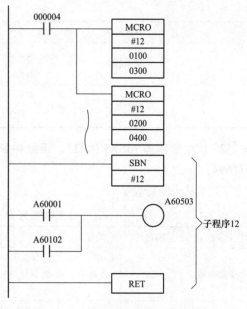

图 2-40 子程序调用指令应用梯形图

2.5.2 中断控制指令

中断控制也会使主程序的执行中断，控制指令转移到中断服务程序。当中断服务子程序执行完后，再返回到主程序，并从原来的断点处继续往下执行。需要注意的是：中断与子程序是不同的，中断是由中断信号触发的，而不是由主程序调用的。中断信号可以由外部中断源（中断单元）产生的，或是在定时中断情况下，周期性地产生。

1. 中断屏蔽指令 MSKS(690)/@MSKS(690)

中断屏蔽指令完成为 I/O 中断或定时中断设置中断过程，在 PLC 第一次通电时，I/O 中断任务和定时中断任务均被屏蔽（禁止）。MSKS(690) 可用于对 I/O 中断屏蔽（取消屏蔽）和为定时中断设定时间间隔。操作数包括中断限定符 N、中断数据 S。N 的操作数范围仅为指定常量，S 的取值范围为 CIO、W、H、A、T、C、D、E 等。

限定符 N 限定中断，数字 0 到 3 指示中断输入单元 0 到 3，数字 4 和 5 分别指示定时中断 2 和 3。中断数据 S 包含 I/O 中断的屏蔽数据或定时中断的时间间隔。表 2-6 列出了中断操作数及其功能说明。

表 2-6 中断操作数及其功能索引表

N	中断源	S 的 作 用
0	中断输入单元 0	S 的第 0～7 位控制 I/O 中断任务 100～107
1	中断输入单元 1	S 的第 0～7 位控制 I/O 中断任务 108～115
2	中断输入单元 2	S 的第 0～7 位控制 I/O 中断任务 116～123
3	中断输入单元 3	S 的第 0～7 位控制 I/O 中断任务 124～131

续表

N	中断源	S 的 作 用
4	定时中断 2	S控制定时中断任务 2 或 3 0000：禁止中断任务
5	定时中断 3	0001～270F：设置时间间隔（1 到 9999T） （T 在 PLC 设置中设为 10ms 或 1ms）

2. 读中断屏蔽 MSKR(692)、清除中断 MSKR(691)、禁止中断 CLI(693)、允许中断 EI(694)

其实现功能见表 2-7。

表 2-7　　　　　　　　　　　　CS1 系列 PLC 中断指令汇总表

名称	助记符	功能码	功 能
中断屏蔽	MSKS	690	设置 I/O 中断成预定中断的处理，当 PLC 第一次变为 ON 时，I/O 中断 N 任务和预定中断任务都被禁止，MSKS(690) 能用于解禁或禁止 I/O 中断，并为预定中断设置间隔时间
读中断屏蔽	MSKR	692	读取使用 MSKS(690) 设置的当前中断处理的设定
清除中断	CLI	691	清除或保持纪录的 I/O 中断的中断输入或为预定中断设置第一次预定中断的时间
禁止中断	DI	693	使除了电源 OFF 中断外，所有中断任务执行无效
允许中断	EI	694	使 DI(693) 无效

2.5.3　步进指令

在工业控制中，利用 PLC 实现顺序控制有多种编写程序的方法。可以用基本的逻辑指令编程，也可以用步进指令进行编程。采用步进指令编程具有简单、直观、控制易于实现等特点。

欧姆龙的步进指令 STEP 和 SNXT 常用于在一个大程序中为各个程序段建立连接点，使程序以段（也称为步）为单位执行，每段程序完成之后，定时器被复位，数据区被清除。所以步进指令特别适合于顺序控制场合的应用。

步进指令 STEP(008) 和步进设置指令 SNXT（009）通常为成对应用，它们在用功能表图表示的逻辑控制系统中常被采用。SNXT 指令用于步的设置，因此，必须有步的编号。它的触发条件就是使该步成为活动步的转换条件，因此，该步被激活后，它的前续步就成为非活动步，与前续步连接的 STEP 指令所执行的命令或动作被停止。STEP 指令是该步成为活动步后允许执行的命令和动作。步编号的取值数据区是：W00000～W51115。在步进指令间不允许有跳转、分支和结束指令，也不允许有子程序定义指令。此外，在子程序的指令内也不允许有步进指令。

STEP 指令有带操作数（即步编号 N）的指令和不带操作数的指令两种。带操作数的 STEP N 指令与 SNXT N 指令配对；不带操作数的 STEP 指令用于步进程序段的结束。

2.5.4　故障报警指令 FAL(006)/@FAL(006) 和重故障报警指令 FALS(007)

FAL(006)/@FAL(006) 指令，在用户任意定义的出错条件发生时报警，输出一个故障码到 FAL 输出区 M，可以用编程器读出，用户根据此代码就可以对故障进行诊断。FAL(006)/@FAL(006) 与 FALS 指令的不同，前者会使前面板上的报警指示灯亮，但程序执行仍旧继续。然而，FALS 不仅使报警指示灯亮，而且还使 CPU 停机，中断程序的执行。

2.5.5 信息（消息）显示指令 MSG(O46)/@MSG(046)

信息显示指令 MSG(046)/@MSG(046) 实现将 8 个连续字中用 ASCII 码表示的 16 个字符送到编程器屏幕上显示。操作数是信息号 N 和第一个信息字单元 M。N、M 取值范围是：CIO、W、H、A、T、C、D、E、常数等。其中取常数时，N 的取值范围必须是十六进制 0000～0007 或十进制数 0～7；M 的取值范围必须是十六进制 0000～FFFF。

2.5.6 扩展最大循环时间 WDT（094）/@WDT（094）

WDT（094）/@WDT（094）用于对用户程序内的监视定时器的设定值进行变更。WDT/@WDT 的操作数是定时器设定数 N，N 的取值范围是 0000～0F9F。系统最大循环时间的缺省值是 1000ms。若用户程序较长时，可用此指令将系统定时器的设定值增加；若系统扫描时间超出这个定时时间，系统自动在显示辅助区产生相关标志和字。

说明：监视定时器的值可以 10ms 为单位增加。由 N 来指定 10ms 的个数。

2.5.7 置进位标志指令 STC(040)/@STC(040) 和清进位标志指令 CLC(041)/@CLC(041)

置进位标志指令 STC(040)/@STC(040) 实现置进为标志 CY。清进位标志 CLC/@CLC 实现清进位标志 CY。在任何加减或移位操作之前，应先执行 CLC 指令，以确保运算结果正确。某些指令的执行会对进位标志位 CY 产生影响，具体见编程手册的指令说明。

2.5.8 I/O 单元写指令 IORF(097)/@IORF(097)

I/O 单元写指令 IORF(097)/@IORF(097) 实现将起始字至结束字间的所有数据进行刷新。操作数有起始字 St 和结束字 E。操作数范围：CIO 0000～CIO 6143。另外只有直接连在 PLC 上的 I/O 单元才能有效地用 IORF 来实现刷新，IORF 不能用于远程 I/O 从单元或光纤通信 I/O Link 单元的刷新。

2.5.9 SYSNET 网络指令

SYSNET 是由计算机、PLC、线路服务器、网络服务器（NSB）、网络服务单元（NSU）通过光缆而连接起来的 PLC 网络。网络拓扑结构为环形。它还可以把其他系统连接成它的子系统，从而形成有很强的控制和管理工厂生产的能力。在该网络中，可以使用网络发送和接收通信指令实现数据的交换。

1. 网络发送指令 SCND(090)/@SEND(090)

网络发送指令 SEND(090) 通过 SYSNET 发送数据到网络中的其他设备上。操作数是起始源字 S（本地节点）、目标起始字 D（远程节点）、起始控制数据字 C。操作数范围：

CIO、W、H、A、T、C、D、E 等。

注意：当执行条件不满足时，SEND(090)/@SEND(090) 不执行，若当执行条件满足时（即 ON），则 SEND/@SEND 指令将发送方起始字 S 单元的数据传送到网络中指定的 D 单元起始字中。而传送的字数、目标节点和其他参数由 C、C+1、C+2 来决定。控制数据字的内容见表 2-8。

表 2-8　　　　　　　　　　　　　控制数据字的内容

通道	第 00～07 位	第 08～15 位
C	字数：0001～允许最大值（用 4 位十六进制数）	
C+1	目标网络地址：00～7F	上位机链接通信的串行口号（01～04H）
C+2	目标单元地址：00～FE	M 目标节点地址：00～允许最大值
C+3	重复次数：00～0F(0～15)	位 08～11：08～11 通信端口号（内部逻辑端口）：0～7 第 12～15 位：响应设置 　　0：响应请求 　　8：无响应请求
C+4	响应监视时间：0001～FFFF(0.1～6553.5s)	

当目标节点号设为 0 时，则将数据传送到所有节点，即数据发送到所有已联网至 SYS-NET 上的 PLC 和个人计算机上。

2. 网络接收指令 RECV(098)/@RECV(098)

网络接收指令 RECV 接收节点 N 发送的数据，并存储在目标字。操作数及其范围同网络发送指令。当执行条件不满足时，RECV/@RECV 指令不执行。当执行条件满足时，RECV/@RECV 指令将接收起始字 S 单元的数据，并传送到指定字 D 的字单元中去。而控制数据字 C、C+1、C+2 提供接收字数、源节点和其他参数。控制数据通道的内容见表 2-9。

表 2-9　　　　　　　　　　　　　控制数据通道的内容

通道	第 00～07 位	第 08～15 位
C	字数：0001～允许最大值（用 4 位十六进制数）	
C+1	源网络地址：00～7F	用于 host link 通信的串行口号 00～04
C+2	源单元地址 CPU 单位：十六进制 00 CS1 CPU 总线单元：单元号+10 CS1 特殊单元：单元号+20 内置板：十六进制 E1 计算机：十六进制 01 连接到网络的单元： 十六进制 EE	源节点地址：00～最大值
C+3	重复次数：00～0F(0～15)	端口号：00～07 应答固定位"必需"
C+4	应答监视时间：0001～FFFF(0.1～6553.5s)	

2.6　梯形图设计原则与技巧的编程实践

PLC的编程语言，根据生产厂家不同和机型不同而各不相同。由于目前还没有统一的通用语言，所以在使用不同厂家的PLC时，同一种编程语言（如梯形图编程语言或指令表编程语言）也有所不同。梯形图是PLC用得最多的编程语言，是在继电器—接触器控制系统电路图基础上简化了符号而演变来的，可以说它是沿袭了传统的电气控制图。在简化的同时还加进了许多功能强而又使用灵活的指令，将微机的特点结合进去，使编程容易，而实现的功能却大大超过了传统电气控制图，是目前应用最普遍的一种PLC编程语言。

2.6.1　梯形图设计原则

【例2-39】　梯形图设计原则1

梯形图的每一逻辑行都是从左边母线开始，以输出线圈结束。也就是说，在输出线圈与右母线之间不能再接任何继电器触点，所以，右边母线经常省略。梯形图设计原则1如图2-41所示。

图2-41　梯形图设计原则1

（a）错误电路；（b）正确电路

【例2-40】　梯形图设计原则2

梯形图中所有输入/输出继电器、内部继电器、TIM/CNT等触点的使用次数都是无限的，且动合、动断形式均可。所以，在画梯形图时，应使结构尽量简化（使之有明确的串、并联关系），而不必用复杂的结构来减少触点的使用次数。所有输出继电器都可以用作内部辅助继电器，且触点使用次数也是无限的；但输入继电器不能作为内部辅助继电器。梯形图设计原则2如图2-42所示。

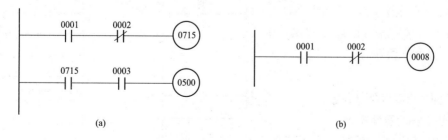

图2-42　梯形图设计原则2

（a）正确电路；（b）错误电路

【例 2-41】 梯形图设计原则 3

输出线圈不能与左边母线直接相连，如果有这种需要的话，可通过一个没有使用过的内部辅助继电器的动断触点或常 ON 继电器 1813 来连接。梯形图设计原则 3 如图 2-43 所示。

【例 2-42】 梯形图设计原则 4

同一线圈不能重复使用，图 2-44 所示为错误电路，在程序查错时，将出现 DOUBLEC0IL 出错信息。

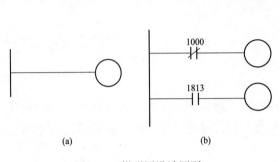

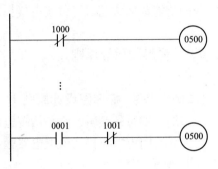

图 2-43　梯形图设计原则 3

（a）错误电路；（b）正确电路

图 2-44　梯形图设计原则 4

【例 2-43】 梯形图设计原则 5

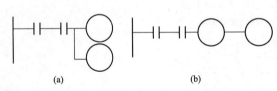

图 2-45　梯形图设计原则 5

（a）正确电路；（b）错误电路

两个或两个以上线圈可以并行连接，但不能串联，如图 2-45 所示。

【例 2-44】 梯形图设计原则 6

程序的运行是以第一个地址到 END (01) 指令，按从左到右，从上到下的顺序执行。在编程时要考虑程序的先后顺序。如图 2-46 所示，在调试程序时，可以把程序分成若干段，每段插入一条 END(01) 指令，这样就可逐段调试程序，第一段调好后，删去插入的第一个 END (01) 指令，这样就可以逐段调试，直到整个程序都调好为止。

2.6.2 梯形图的编程技巧

1. 电路块的重新排列

几个电路块串并联时，适当安排电路块的位置，可使指令编码简化。

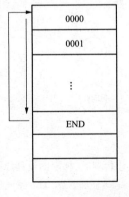

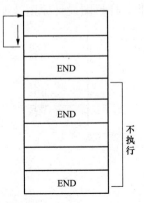

图 2-46　梯形图设计原则 6

【例 2-45】 并联电路的处理

对梯形图中的并联电路，要把串联触点多的并联支路移到上方，把单个触点的并联支路移到最下面，并联电路的处理如图 2-47 所示。

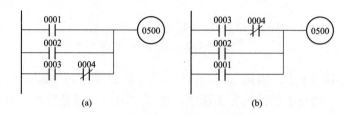

图 2-47　并联电路的处理

（a）处理前电路；（b）处理后电路

【例 2-46】 串联电路的处理

对梯形图中的串联电路，要把触点多并联的支路移到最右边，如图 2-48 所示。

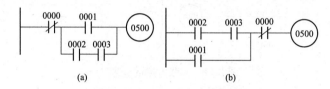

图 2-48　串联电路的处理

（a）处理前电路；（b）处理后电路

2. 并联输出的处理

【例 2-47】 并联电路的处理 1/**【例 2-48】** 并联电路的处理 2

对只有一个带触点的并联输出支路，把带触点的输出支路移到最下方，无须用 IL（02）/ILC（03）指令编程。并联电路的处理 1 如图 2-49 所示；并联电路的处理 2 如图 2-50 所示。

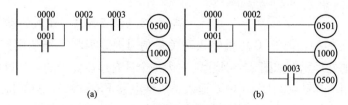

图 2-49　并联电路的处理 1

（a）处理前电路；（b）处理后电路

【例 2-49】 并联电路的处理 3

在并联输出中有两个及两个以上带触点的输出支路，先将带触点的支路移到最下方，

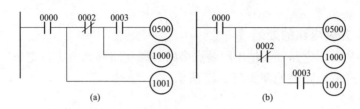

图 2-50 并联电路的处理 2

（a）处理前电路；（b）处理后电路

直接输出的支路移到最上方，再用 IL(02)/ILC(03) 指令设分支，如图 2-51 所示。对本例由于外层已设分支，内层不便再用分支指令，最好在内层分支处设暂存继电器 TRO 建立分支。

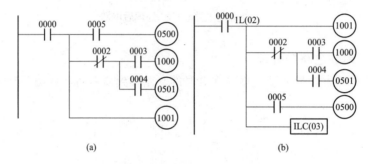

图 2-51 并联电路的处理 3

（a）处理前电路；（b）处理后电路

3. 桥式电路的化简

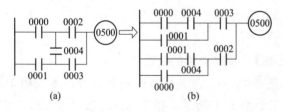

图 2-52 桥式电路的化简

（a）化简前电路；（b）化简后电路

【例 2-50】 桥式电路的化简

PLC 不能对电路编程，必须进行化简后才能编程，桥式电路的化简如图 2-52 所示。

4. 输入为动断触点的处理

【例 2-51】 输入为动断触点的处理

当用外部开关的触点向 PLC 提供输入开关量信号时，要尽可能使用开关的动合触点。输入为动断触点的处理示例如图 2-53 所示。它为一个具有过热保护的电动机启动和停止控制电路，停止按钮用动合触点 SB2（0001）输入。热继电器 FR(0002)，只能接动断触点，在向PLC 输入程序时，应将 "AND-NOT 0002" 指令改为 "AND 0002" 输入。当 0002 端子接 FR的动断触点，输入继电器通电，其动合触点 0002 闭合，电动机才能启动，否则无法启动。

5. 增补触点的处理

【例 2-52】 增补触点的处理

图 2-54（a）增补若干触点后为（b），两者等效，再用两条 OR-LD 指令编程。

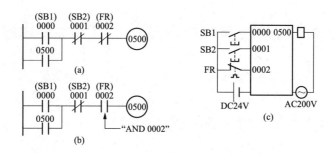

图 2-53　输入为动断触点的处理

（a）输入两个动断触点；（b）FR 改用动合触点；（c）I/O 接口电路

6. 复杂电路的编程方法

【例 2-53】　复杂电路的编程

假设有图 2-55（a）所示的某复杂电路，在编程时可把它看成由若干简单的程序段连接而成的。

首先，把程序分成（a）～（f）6 个程序段，如图 2-55（b）所示。在划分程序段时是自上而下、从左到右来划分的；

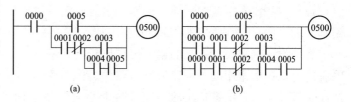

图 2-54　增补触点的处理

（a）增补触点前电路；（b）增补触点后电路

在连接程序段时，也是先垂直连接，再从左到右连接。本例中，无论编程还是连接都是从①到⑤，如图 2-55（b）、（c）所示。

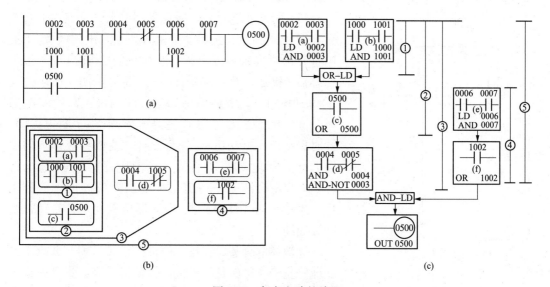

图 2-55　复杂电路的编程

（a）复杂电路；（b）复杂电路的分段；（c）复杂电路的分段编程

2.7　PLC 应用程序的基本编程方法与实践

在工程中，对 PLC 应用程序的设计有多种方法，这些方法的使用，也因各个设计人员的技术水平和喜好有较大差异。这里主要介绍经验设计法、逻辑设计法（时序电路设计法）和功能表设计法等常用的程序设计方法及编程实例。

2.7.1　经验设计法与应用编程实践

经验设计法是在掌握了一定量典型的控制环节设计的基础上，熟悉 PLC 各种指令功能，根据被控对象的具体要求，借经验能比较准确地选择使用 PLC 指令进行组合、修改，以满足控制要求，从而进行相应的程序设计。例如，要编一个控制一台电动机正、反转的梯形图程序，可将两个自锁环节梯形图组合，再按互锁的要求进行修改。有时为了得到一个满意的设计结果，需要进行多次反复调试和修改，增加一些辅助触点和中间编程元件。这种设计方法没有普遍的规律可遵循，具有一定的试探性和随意性，最后得到的结果也不是唯一的，而且设计所用的时间、质量与设计者的经验有关。

经验设计法对设计人员的素质要求比较高，特别是一些实践要求，要求设计者对控制系统以及工业中常用的各种典型环节熟悉。但对于结构复杂、不易掌握的系统，经验设计法花费较长，且系统维护困难。所以经验设计法对于简单控制系统的设计是非常有效的，并且它是设计复杂控制系统的基础，要很好地掌握。但这种方法主要依靠设计者的经验，所以要求设计者在平常的工作中注意收集与积累工业控制系统和生产上常用的各种典型环节程序段，从而不断丰富自己的经验。下面通过例子说明经验设计法的设计过程。

【例 2-54】　用经验设计法设计某液体混合装置的 PLC 控制梯形图程序

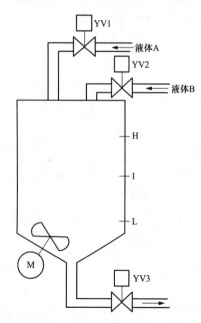

图 2-56　液体混合装置示意图

（1）分析工艺过程，明确控制要求。某液体混合装置如图 2-56 所示，按启动按钮 SB1 后，电磁阀 YV1 通电打开，液体 A 流入容器。当液位高度到达 I 时，液位传感器 I 接通，此时电磁阀 YV1 断电关闭，而电磁阀 YV2 通电打开，液体 B 流入容器。当液位高度到达 H 时，液位传感器 H 接通，这时电磁阀 YV2 断电关闭，同时启动搅拌电动机 M 进行搅拌，使两种液体均匀混合。1min 后电动机 M 停止，这时电磁阀 YV3 通电打开，放出混合液去下一道工序。当液位高度下降到 L 后，再延时 2s，使电磁阀 YV3 断电关闭，并自动开始新的周期。

该液体混合装置在按下停机按钮 SB2 时，要求不要立即停止工作，而是将停机信号记忆下来，直到完成一个工作循环时才停止工作。

（2）统计输入/输出点数并选择 PLC 型号。输入有按钮 2 个，液位传感器 3 个，共 5 个输入点。输出有电磁阀3个，电动机接触器1个，共4个输出点。可选用欧姆龙的 CQM1H 系列 PLC。

（3）分配 PLC 输入/输出点。本例中 PLC 输入/输出点分配见表2-10。PLC 外部接线如图 2-57（a）所示。

表 2-10 液体混合装置控制 PLC 输入/输出点分配

输入电器	输入点	输出电器	输出点
启动按钮 SB1	00000	电动机 M 接触器 KM	10000
停止按钮 SB2	00001	电磁阀 YV1	10001
液位传感器 H	00002	电磁阀 YV2	10002
液位传感器 I	00003	电磁阀 YV3	10003
液位传感器 L	00004		

（4）画控制流程图。画控制流程图就是将整个系统的控制分解为若干步，并确定每步的转换条件，以便易于用常用基本指令和功能指令画出梯形图。本例的控制流程图如图 2-57（b）所示。

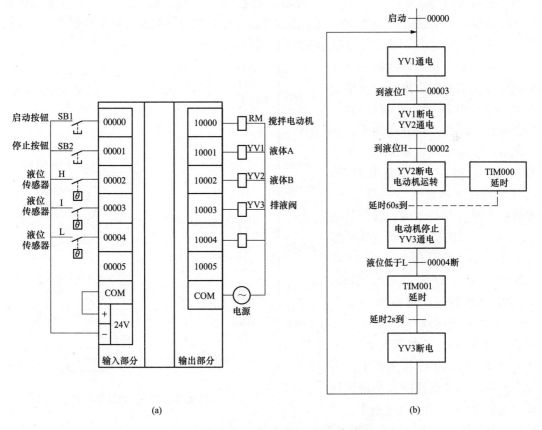

图 2-57 PLC 外部接线图和控制流程图
(a) PLC 外部接线图；(b) PLC 控制流程图

（5）PLC 梯形图程序设计。本例动作要求简单，可采用经验设计法。根据被控对象的控制功能，首先选择典型控制环节程序段。由于所选择的程序段通常并不能完全满足实际控制的要求，所以还应对这些程序段进行组合、修改，以满足控制要求。本例中电磁阀控制应选择自锁环节。

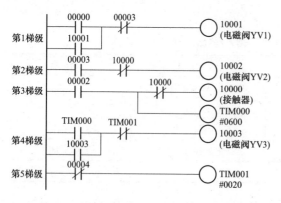

图2-58　按控制要求初步设计的梯形图程序

当按下启动按钮SB1时，输入继电器00000接通，此时输出继电器10001应接通并自锁，从而在放开按钮SB1后，电磁阀YV1仍能保持通电状态。而当液位高度上升到I时，液位传感器I闭合，输入继电器00003接通，其动断触点断开，使输出继电器10001断开，从而使电磁阀YV1断电，如图2-58中的第1梯级所示。

当液位高度到达I时，输入继电器00003接通，此时输出继电器10002接通，使电磁阀YV2通电。当液位高度到达H时，输入继电器00002接通，此时输出继电器10000接通，接触器KM线圈通电，其主触点控制电动机启动运转，开始搅拌。同时输出继电器10000的动断触点断开，使输出继电器10002断开，电磁阀YV2断电。在输出继电器10000通电的同时接通定时器TIM000线圈，使之开始定时，如图2-58中的第2、3梯级所示。

当定时器TIM000定时60s时间到时，其动断触点断开，使输出继电器10000断开，电动机停转，停止搅拌。同时TIM000的动合触点闭合，使输出继电器10003接通并自锁，电磁阀YV3通电打开，混合后的液体排放到下一道工序。当液位下降到L以下时，液位传感器L断开，输入继电器00004断开，其动断触点闭合，定时器TIM001开始延时，2s定时时间到，其动断触点断开，使输出继电器10003断开，电磁阀YV3断电，如图2-58中的第4、5梯级所示。

至此，该液体搅拌装置工作了一个循环，初步设计的整个梯形图程序如图2-59所示。上述初步设计的整个梯形图还不能完全满足控制要求，还需进一步完善。

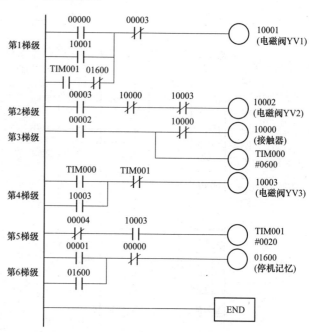

图2-59　修改后的梯形图程序

根据控制要求，当一个工作循环完成后，不必再按按钮就自动开始下一个循环。为此，可利用定时器TIM001的动合触点并联到输入继电器00000的动合触点上，这样，当定时器TIM001定时时间到时，一方面其动断触点将电磁阀YV3关闭，另一方面其动合触点将输出继电器10001接通并自锁，从而又开始了新的循环。修改后的梯形图如图2-59的第1梯级所示。

根据混合装置的停机控制要求，应将停机信号记忆下来，待一个工作循环结束时再停止工作，因此应选择一个自锁环节。当按下停止按钮 SB2 时，输入继电器 00001 接通，使内部辅助继电器 01600 接通并自锁（见图 2-59 中的第 6 梯级），而将内部辅助继电器 01600 的动断触点与第 1 梯级中 TIM 001 的动合触点相串联。按过停止按钮 SB2 后，内部辅助继电器 01600 的动断触点断开，从而在 TIM001 延时到的时候不再接通输出继电器 10001，即不再开始下一个循环，达到停机控制的要求。

另外，在第 2 梯级中串入输出继电器 10003 的动断触点，以避免在放液体过程中，当液位低于 H 而高于 I 时，输出继电器 10002 又接通。在第 5 梯级中串入输出继电器 10003 的动合触点，以避免在液位上升过程中而液位尚低于 L 时，定时器 TIM001 线圈通电。

在程序的最后应有结束指令 END。修改后整个梯形图如图 2-59 所示。

（6）将程序输入 PLC 并调试。如果用简易编程器输入，则应先将梯形图转换成指令助记符程序，图 2-59 梯形图对应的指令助记符程序如下所示。

LD	00000	OUT	10002	LD NOT	00004
OR	10001	LD	0002	AND	10003
LD	TIM001	TIM	000	TIM	001
AND NOT	01600		♯0600		♯0020
OR LD		AND NOT	TIM000	LD	00001
AND NOT	00003	OUT	10000	OR	01600
OUT	10001	LD	TIM000	AND NOT	00000
LD	00003	OR	10003	OUT	01600
AND NOT	10000	AND NOT	TIM001	END	
AND NOT	10003	OUT	10003		

按照指令助记符程序，通过简易编程器逐条输入 PLC。如果在个人计算机上用 SYS-MAC-CPT 软件编程，在 SYSMAC-CPT 中设置好通信格式后，即可将个人计算机中的梯形图程序直接下装到 PLC。

程序输入到 PLC 后即可进行调试工作。先进行模拟调试，即不将 PLC 的输出接到设备上，按控制要求在各指定输入端输入信号，观察输出指示灯的状态，若输出不符合要求，应借助简易编程器或个人计算机联机查找原因，并排除之。模拟调试完成后，就可进行整个系统的现场运行调试。

【例 2-55】 用经验设计法设计某电动运输小车的 PLC 控制梯形图程序

有一部电动运输小车供 8 个加工点使用。对小车的控制有以下几点要求。

（1）PLC 上电后，车停在某加工点（下称工位）。若没有用车呼叫（下称呼车）时，则各上位的指示灯亮，表示各工位可以呼车。

（2）若某工位呼车（按本位的呼车按钮）时，其他各位的指示灯均灭，表示此后再呼车无效。

（3）停车位呼车则小车不动。当呼车位号大于停车位号时，小车自动向高位行驶，当呼车位号小于停车位号时，小车自动向低位行驶。当小车到达呼车位时自动停车。

（4）小车到达某位时应停留30s供该工位使用，不立即被其他工位呼走。

（5）临时停电后再复电，小车不会自启动。

对本例的控制要求，可参照下面的步骤进行程序设计。

（1）确定输入/输出电器。每个工位应设置一个限位开关和一个呼车按钮，系统要有用于启动和停机的按钮，这些是PLC的输入元件；小车要用一台电动机拖动，电动机正转时小车驶向高位，反转时小车驶向低位，电动机正转和反转各需要一个接触器，是PLC的执行元件。

另外，各工位还要有指示灯作呼车显示。电动机和指示灯是PLC的被控对象。各工位的限位开关和呼车按钮的布置如图2-60所示。图中ST和SB的编号也是各工位的编号。ST为滚轮式，可自动复位。

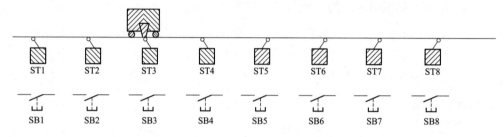

图2-60 各加工位的限位开关、呼车按钮布置图

（2）确定输入和输出点的个数，选择PLC机型，做出I/O分配。为了尽量减少占用PLC的I/O点个数，对本例，由于各工位的呼车指示灯状态一致，因此可选用小电流的发光元件并联在一起，然后接在一个PLC输出点上。使用CPM1A时所做的I/O分配见表2-11。

表2-11   I/O分配表

输　　入				输　　出	
信号名称	地　址	信号名称	地　址	信号名称	地　址
限位开关 ST1	00001	呼车按钮 SB1	00101	呼车指示灯	01107
限位开关 ST2	00002	呼车按钮 SB2	00102	电动机正转接触器线圈	01000
限位开关 ST3	00003	呼车按钮 SB3	00103	电动机反转接触器线圈	01001
限位开关 ST4	00004	呼车按钮 SB4	00104		
限位开关 ST5	00005	呼车按钮 SB5	00105		
限位开关 ST6	00006	呼车按钮 SB6	00106		
限位开关 ST7	00007	呼车按钮 SB7	00107		
限位开关 ST8	00008	呼车按钮 SB8	00108		
系统启动按钮	00000	系统停止按钮	00010		

（3）为了分析问题方便，可先做出系统动作过程的流程图，如图2-61所示。

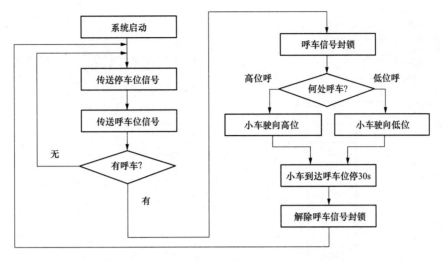

图 2-61　小车 PLC 控制系统流程图

（4）选择 PLC 指令并编写程序。选择指令是一个经验问题。对于本例的控制要求，一般会想到用 MOV 指令和 CMP 指令，即先把小车所在的工位号传送到一个通道中，再把呼车的工位号传送到另一个通道中，然后将这两个通道的内容进行比较，若呼车的位号大于停车的位号，则小车向高位行驶；若呼车的位号小于停车的位号，则小车向低位行驶。这是本例程序设计的主线。

（5）编写其他控制要求的程序。第一，若有某位呼车，则应立即封锁其他位的呼车信号；第二，小车行驶到位后应在该位停流一段时间，即延迟一定时间以解除对呼车信号的封锁；第三，失电压保护程序；第四，呼车显示程序。

（6）将对各环节编写的程序合理地联系起来，即得到一个满足控制要求的程序。本例设计的程序如图 2-62 所示。

小车自动控制的过程简要分析如下。

1）用 MOV 指令分别向 DM0000 通道传达车位信号，向 DM0001 通道传送各位的呼车信号。无呼车时，20100 为 OFF，01107 为 ON，各位的指示灯亮，示意各工位可以呼车。

2）本例用 KEEP 指令进行呼车封锁和解除封锁的控制。只要某位呼车，就执行KEEP 指令，将 20100 置为 ON，从而使其他传送呼车信号的 MOV 指令不能执行，实现先呼车的位优先用车。同时指示灯灭，示意别的位不能呼车，即呼车封锁开始。

3）执行 CMP 指令可以判别呼车位号比停车位号大还是小，从而决定小车的行驶方向。若呼车位号比停车位号大，则 01000 为 ON，小车驶向高位。在行车途中经由各位时必然要压动各位的限位开关，即行车途中 DM0000 通道的内容随时改变，但由于其位号都比呼车位号小（DM0001 中的呼车位号不变）。故可继续行驶直至到达呼车位。若呼车位号比停车位号小，则小车驶向低位。在行车途中要压动各位的限位开关，但其位号都比呼车位号大，故可继续行驶直至到达呼车位。

4）当小车到达呼车位时，其一，使 25505 或 25507 变为 OFF，使 01000 或 01001 变为 OFF，小车停在呼车位；其二，使 25506 变为 ON、则立即启动 TIM000 并开始定时，使小车在呼车位停留 30s。30s 到，使 20100 复位，指示灯亮并解除呼车封锁。此后各工位又

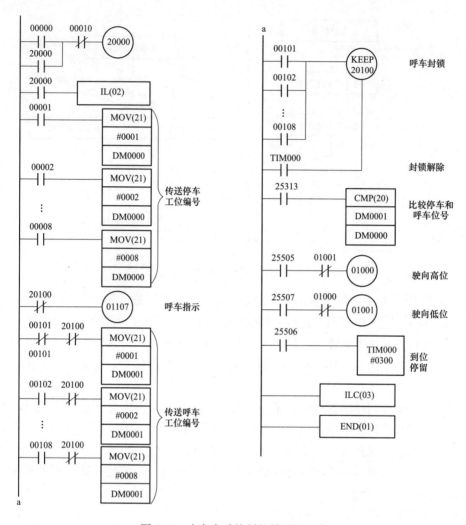

图 2-62　小车自动控制的梯形图程序

可以开始呼车。

　　5）若系统运行过程中掉电再复电时，不按下启动按钮程序是不会执行的。另外，在 PLC 外部也设置失压保护措施，所以掉电再复电时，小车不会自行启动。

2.7.2　逻辑设计法与应用编程实践

　　逻辑设计法是根据数字电子技术中的逻辑设计方法进行 PLC 的程序设计。逻辑设计法的基础是逻辑代数。在程序设计时，对控制任务进行逻辑分析和综合。该方法是用逻辑表达式描述问题，在得出逻辑表达式后，根据逻辑表达式画出梯形图。也可以直接根据逻辑表达式写出助记符程序。当主要对开关量进行控制时，使用逻辑设计法比较好，在和时间有关的控制系统中显得较复杂。这种方法的设计思路清晰，所编写的程序易于优化，是一种较为实用可靠的程序设计方法。

　　工业控制，有不少都是通过继电器等电气元件来实现，而继电器、交流接触器的触点只有两种状态，即吸合和断开，因此，可用"1"和"0"两种取值的逻辑代数设计电器控制线路。设 X、Y、Z 为 3 个触点，则其逻辑关系有如下控制规律：

(1) 交换律　$AB=BA$；　　$A+B=B+A$

(2) 结合律　$A(BC)=(AB)C$；　$A+(B+C)=(A+B)+C$

(3) 分配律　$A(B+C)=AB+AC$；　$A+(BC)=(A+B)(A+C)$

(4) 吸收律　$A+AB=A$；　　$A(A+B)=A$

　　　　　$A+\overline{AB}=A+B$　$\overline{A}+AB=\overline{A}+B$

(5) 重叠律　$AA=A$；　　$A+A=A$

(6) 非非律　$\overline{\overline{A}}=A$

(7) 反演律（摩根定理）　$\overline{A+B}=\overline{A}\ \overline{B}$　　$\overline{AB}=\overline{A}+\overline{B}$

上述规律可以通过实际电路加以验证，如分配律，可以由图 2-63（a）、(c) 与图 2-63 (b)、(d) 的等效关系加以验证。

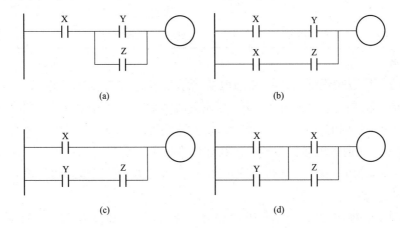

图 2-63　触点的分配律

PLC 的早期应用就是替代继电器控制系统，因此用逻辑设计方法同样也适用于 PLC 应用程序的设计。基本逻辑函数和运算式与梯形图、指令助记符的对应关系见表 2-12。由表可见，当一个逻辑函数用逻辑变量的基本运算式表达出来后，实现这个逻辑函数的梯形图也就确定了。当这种方法使用熟练后，甚至可直接由逻辑函数表达式写出对应的指令助记符程序。

表 2-12　　　　逻辑函数和运算式与梯形图、指令助记符的对应关系

函数和运算式	梯 形 图	指令助记符	
逻辑"与" $f_{M1}=X1 \cdot X2$	X1 X2 ── M1	LD AND OUT	X1 X2 M1
逻辑"或" $f_{M2}=X1+X2$	X1 X2 ── M2	LD OR OUT	X1 X2 M2
逻辑"非" $f_{M3}=\overline{X1}$	X1 ── M3	LD NOT OUT	X1 M3

函数和运算式	梯 形 图	指令助记符	
"或/与"运算式 $f_{Y1} = (X1+X2)\cdot X3\cdot X4$		LD OR AND AND NOT OUT	X1 X2 X3 X4 Y1
"与/或"运算式 $f_{Y2}=X1\cdot X2+X3\cdot X4$		LD AND LD AND OR LD OUT	X1 X2 X3 X4 Y2

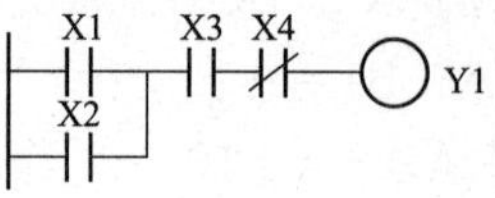

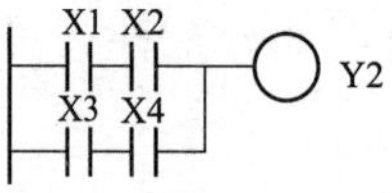

【例 2-56】　用逻辑设计法设计某通风机指示系统的 PLC 控制程序

（1）分析工艺过程，明确控制要求。某地下通风系统有 3 台通风机，要求在以下几种运行状态下应显示不同的信号：2 台及 2 台以上通风机运转时，绿灯亮；只有一台在运转时，黄灯闪烁；3 台通风机都不运转时，红灯亮且报警。由控制要求可知，这是一个对地下通风系统进行监视的问题。显然，必须先将 3 台通风机的运行状态信号输入 PLC，通过 PLC 控制各种运行状态的显示。

（2）统计输入/输出点数并选择 PLC 型号。输入：3 台通风机的运转检测信号，共 3 个输入点；输出：红、绿、黄指示灯，共 3 个输出点。可选用欧姆龙的 CQM1H 系列 PLC。

（3）分配 PLC 输入/输出点。本例中 PLC 输入/输出点分配见表 2-13。PLC 外部接线图如图 2-64 所示。

表 2-13　　　　　　　　通风机指示系统控制 PLC 输入/输出点分配

输入电器	输入点	输出电器	输出点
1 号通风机转	00001	绿灯	10000
2 号通风机转	00002	黄灯	10001
3 号通风机转	00003	红灯	10002

（4）列状态表。为了明确起见，将系统的工作状态以列表的形式表示出来。在本例中，系统的各种运行情况与对应的显示状态是唯一的，故可将几种运行情况分开列表。为讨论问题方便，将 3 台通风机分别用 A、B、C 表示，绿灯、黄灯、红灯分别用 F1、F2、F3 表示。表格中通风机运转为逻辑"1"，停止为逻辑"0"，指示灯亮为逻辑"1"，暗为逻辑"0"。

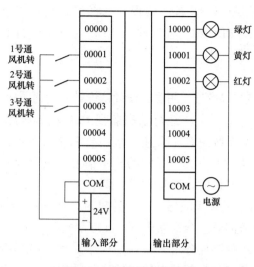

图 2-64 PLC外部接线图

绿灯亮的状态如下：

A	B	C	F1
1	1	0	1
0	1	1	1
1	0	1	1
1	1	1	1

黄灯闪烁状态如下：

A	B	C	F2
1	0	0	1
0	1	0	1
0	0	1	1

红灯亮且报警状态如下：

A	B	C	F3
0	0	0	1

（5）列出逻辑表达式，画梯形图程序。由上述绿灯状态表可知，绿灯 F1 亮的逻辑由 4 项组成，第 1 项是 A 转、B 转、C 不转，表达成 $AB\bar{C}$；第 2 项是 A 不转、B 转、C 转，表达成 $\bar{A}BC$；第 3 项是 A 转、B 不转、C 转，表达成 $A\bar{B}C$；第 4 项是 A、B、C 都转，表达成 ABC。因此可列出绿灯 F1 的逻辑表达式并化简：

$$F1=AB\bar{C}+\bar{A}BC+A\bar{B}C+ABC=AB+BC+C$$

同理，根据上面黄灯和红灯的状态表，列出黄灯 F2 和红灯 F3 的逻辑函数表达式：

$$F2=A\bar{B}\bar{C}+\bar{A}B\bar{C}+\bar{A}\bar{B}C, \quad F3=\bar{A}\bar{B}\bar{C}$$

将表 2-11 的输入/输出继电器号代入上面各式，得：

$$10000=00001 \cdot 00002+00002 \cdot 00003+00001 \cdot 00003$$

$$10001=00001 \cdot \overline{00002} \cdot \overline{00003}+\overline{00001} \cdot 00002 \cdot \overline{00003}+\overline{00001} \cdot \overline{00002} \cdot 00003$$

$$10002=\overline{00001} \cdot \overline{00002} \cdot \overline{00003}$$

根据上面各式可设计出通风机指示系统梯形图程序，如图 2-65 所示，其中 25502 是 0.5s 通、0.5s 断的特殊继电器，用来使黄灯闪烁。

（6）将程序输入 PLC 并调试。如果用简易编程器输入，则应先将梯形图转换成指令助记符程序，图 2-65 梯形图所对应的指令助记符程序如下所示。

LD	00001	LD	00001	AND	00003
AND	00002	AND NOT	00002	OR LD	
LD	00002	AND NOT	00003	AND	25502
AND	00003	LD NOT	00001	OUT	10001
OR LD		AND	00002	LD NOT	00001
LD	00001	AND NOT	00003	AND NOT	00002
AND	00003	OR LD		AND NOT	00003
OR LD		LD NOT	00001	OUT	10002
OUT	10000	AND NOT	00002	END	

按照指令助记符程序，通过简易编程器逐条输入 PLC。如果是在个人计算机上使用

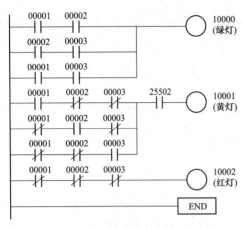

图 2-65　通风机指示系统控制梯形图

SYSMAC-CPT 软件编程，可将编好的程序直接装到 PLC 中。程序输入 PLC 后即可进行调试工作。

【例 2-57】　用逻辑设计法设计 4 台通风机运行状态监视 PLC 控制程序

某系统中有 4 台通风机，要求在以下几种运行状态下应发出不同的显示信号：三台及三台以上开机时，绿灯常亮；两台开机时，绿灯以 5Hz 的频率闪烁；一台开机时，红灯以 5Hz 的频率闪烁；全部停机时，红灯常亮。

由控制任务可知，这是一个对通风机运行状态进行监视的问题。显然，必须把 4 台通风机的各种运行状态的信号输入到 PLC 中（由 PLC 外部的输入电路来实现）；各种运行状态对应的显示信号是 PLC 的输出。

为了讨论问题方便，设 4 台通风机分别为 A、B、C、D，红灯为 F1，绿灯为 F2。由于各种运行情况所对应的显示状态是唯一的，故可将几种运行情况分开进行程序设计。

（1）红灯常亮的程序设计。当 4 台通风机都不开机时红灯常亮。设灯常亮为"1"，灭为"0"；通风机开机为"1"，停为"0"（下同）。其状态见表 2-14。根据逻辑函数（1）容易画出其梯形图如图 2-66 所示。

表 2-14　红灯常亮的状态表

A	B	C	D	F1
0	0	0	0	1

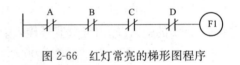

图 2-66　红灯常亮的梯形图程序

由状态表可得 F1 的逻辑因数

$$F1=\overline{A}\,\overline{B}\,\overline{C}\,\overline{D} \tag{1}$$

（2）绿灯常亮的程序设计。能引起绿灯常亮的情况有 5 种，其状态见表 2-15。

由状态表可得 F1 的逻辑因数

$$F2=\overline{A}BCD+A\overline{B}CD+AB\overline{C}D+ABC\overline{D}+ABCD \tag{2}$$

根据这个逻辑函数直接画梯形图时，梯形图会很烦琐，所以要先对逻辑函数（2）进行化简。例如，将式（2）化简化成下式

$$F2=AB(D+C)+CD(A+B) \tag{3}$$

根据式（3）画出的梯形图如图 2-67 所示。

（3）红灯闪烁的程序设计。设红灯闪烁为"1"。其状态见表 2-16。

由状态表可得 F1 的逻辑函数为

$$F1=\overline{A}\,\overline{B}\,\overline{C}D+\overline{A}\,\overline{B}\,C\overline{D}+\overline{A}\,B\overline{C}\,\overline{D}+A\overline{B}\,\overline{C}\,\overline{D} \tag{4}$$

将式（4）化简为

$$F1=\overline{A}\,\overline{B}(\overline{C}\,D+C\,\overline{D})+\overline{C}\,\overline{D}(\overline{A}\,B+A\,\overline{B}) \tag{5}$$

由式（5）画出的梯形图如图 2-68 所示。其中，25501 能产生 0.2s 即 5Hz 的脉冲信号。

表 2-15　　绿灯常亮的状态表

A	B	C	D	F2
0	1	1	1	1
1	0	1	1	1
1	1	0	1	1
1	1	1	0	1
1	1	1	1	1

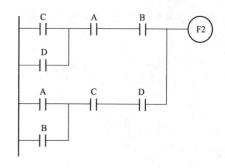

图 2-67　绿灯常亮的梯形图程序

表 2-16　　红灯闪烁的状态表

A	B	C	D	F1
0	0	0	1	1
0	0	1	0	1
0	1	0	0	1
1	0	0	0	1

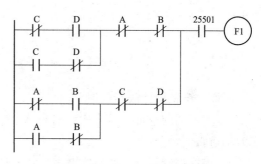

图 2-68　红灯闪烁的梯形图程序

（4）绿灯闪烁的程序设计。设绿灯闪烁为"1"，其状态见表 2-17。

表 2-17　　绿灯闪烁的状态表

A	B	C	D	F2
0	0	1	1	1
0	1	0	1	1
0	1	1	0	1
1	0	0	1	1
1	0	1	0	1
1	1	0	0	1

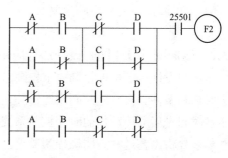

图 2-69　绿灯闪烁的梯形图程序

由状态表可得 F2 的逻辑函数为

$$F2=\overline{A}\,\overline{B}CD+\overline{A}\,B\,\overline{C}\,\overline{D}+\overline{A}BC\overline{D}+A\,\overline{B}\,CD+A\,\overline{B}C\overline{D}+AB\overline{C}\,\overline{D} \tag{6}$$

将式（6）化简为

$$F2=(\overline{A}B+A\,\overline{B})(\overline{C}D+C\,\overline{D})+ABC\overline{D}+AB\overline{C}\,\overline{D} \tag{7}$$

根据式（7）画出其梯形图如图 2-69 所示。

（5）选择 PLC 机型，作 I/O 点分配。本例只有 A、B、C、D 4 个输入信号，F1、F2 两个输出，系统选择的机型是 LPM1A，做出 I/O 分配见表 2-18。

表 2-18　　　　　　　　　　　　　　I/O 分配表

输　　入				输　　出	
A	B	C	D	F1	F2
00101	00102	00103	00104	01101	01102

将I/O分配及图2-66～图2-69综合在一起，便得到总梯形图如图2-70所示。

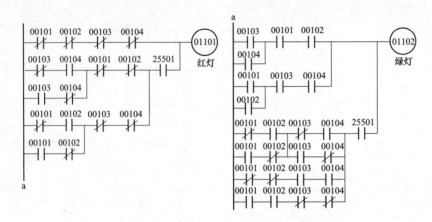

图 2-70　通风机运行状态监视总梯形图程序

下面对逻辑设计法归纳如下。

1) 用不同的逻辑变量来表示各输入、输出信号，外设定对应输入、输出信号各种状态时的逻辑值。

2) 根据控制要求，列出状态表或画出时序图。

3) 由状态表或时序图写出相应的逻辑函数，并进行化简。

4) 根据化简后的逻辑函数画出梯形图。

5) 上机调试，使程序满足要求。

2.7.3　波形图（时序图）设计法与应用编程实践

波形图设计法是根据控制要求先画出对应信号的工作波形图，然后找出各信号状态转换的时刻和条件，再对应时间用逻辑关系去组合，从而设计出梯形图程序。波形图设计法对于按时间先后顺序动作的时序控制系统的设计尤为方便。其编程步骤如下。

(1) 分析工艺过程，明确控制要求。

(2) 根据控制要求分配输入/输出触点，有时还要分配内部辅助继电器及定时器/计数器等。

(3) 分析逻辑关系，画波形图（时序图）。

(4) 根据波形图，列出输出信号的逻辑表达式。

(5) 依上述分析画出梯形图。

(6) 验证。由于逻辑表达式不一定列全，应结合经验法分析其正确性。

下面通过一个实例详细说明波形图设计的方法。

【例 2-58】　用波形图设计法设计某彩灯电路的 PLC 控制程序

(1) 分析工艺过程，明确控制要求。某彩灯电路共有 A、B、C、D 4 组彩灯，工作过程为：①B、C、D 暗，A 组亮 2s；②A、C、D 暗，B 组亮 2s；③A、B、D 暗，C 组亮 2s；④A、B、C 暗，D 组亮 2s；⑤B、D 两组暗，A、C 两组同时亮 1s；⑥A、C 两组暗，

B、D 两组同时亮 1s。然后按①～⑥反复循环。要求用一个输入开关控制，开关闭合彩灯电路工作，开关断开彩灯电路停止工作。由上述彩灯电路的控制要求可见，A、B、C、D 4 组彩灯按时间先后顺序依次点亮，是典型的时序控制系统，最适合使用波形图设计法。

（2）统计输入/输出点数并选择 PLC 型号。输入：一个输入开关，占 1 个输入点；输出：A、B、C、D 4 组彩灯，共 4 个输出点。可选用欧姆龙的 CQM1H 系列 PLC。

（3）分配 PLC 的输入/输出点。本例中 FLC 输入/输出点分配见表 2-19。

表 2-19　　　　　　　　　彩灯电路控制 PLC 输入/输出点分配

输入电器	输入点	输出电器	输出点
输入开关 SA	00000	A 组彩灯 HL1	10001
		B 组彩灯 HL2	10002
		C 组彩灯 HL3	10003
		D 组彩灯 HL4	10004

（4）画波形图。按照时间的先后顺序关系，画出各信号在一个循环中的波形图，分析波形图中有几个时间段需要控制，决定使用几个定时器，并对应时间画出定时器的波形图。本例中 4 组彩灯 HL1、HL2、HL3、HL4 的波形图如图 2-71 所示，由图可见，4 组彩灯工作一个循环由 6 个时间段构成，可用 6 个定时器 TIM001～TIM006 加以控制。当工作开关 SA 接通后，延时 2s 后 TIM001 接通，再延时 2s 后 TIM002 接通……以此类推，最后 TIM006 接通时将所有定时器（包括自己）线圈都断开，从而又开始新的一个循环。

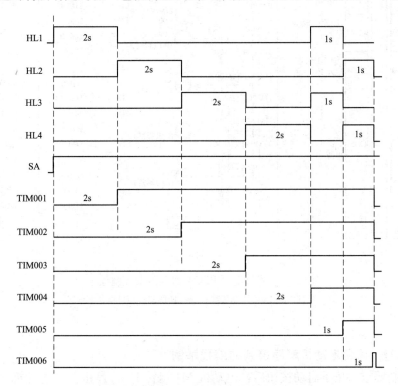

图 2-71　彩灯电路工作波形

（5）列出逻辑表达式，并设计梯形图程序。根据图 2-72 波形图的对应关系，并结合输入/输出点分配，可列出各组彩灯的逻辑表达式：

$$HL1 = 10001 = 00000 \cdot \overline{TIM001} + TIM004 \cdot \overline{TIM005}$$

$$HL2 = 10002 = TIM001 \cdot \overline{TIM002} + TIM005 \cdot \overline{TIM006}$$

$$HL3 = 10003 = TIM002 \cdot \overline{TIM003} + TIM004 \cdot \overline{TIM005}$$

$$HL4 = 10004 = TIM003 \cdot \overline{TIM004} + TIM005 \cdot \overline{TIM006}$$

根据上面的逻辑表达式就可对应画出彩灯电路的梯形图程序。图 2-72（a）为彩灯电路 PLC 外部接线。图 2-72（b）为 PLC 控制梯形图，图中把 TIM006 的动断触点串接在 TIM001 线圈中，目的是使定时器 TIM001～TIM006 能周期地进行工作。

（6）将程序输入 PLC 并调试。如果用简易编程器输入，则应先将梯形图转换成指令助记符程序。图 2-72（b）梯形图所对应的指令助记符程序如图 2-72（c）所示。

按照指令助记符程序，通过简易编程器逐条输入 PLC，也可在个人的计算机上使用 SYSMAC-CPT 软件编程，然后将编好的程序直接装到 PLC 中。程序输入到 PLC 后即可进行调试工作。

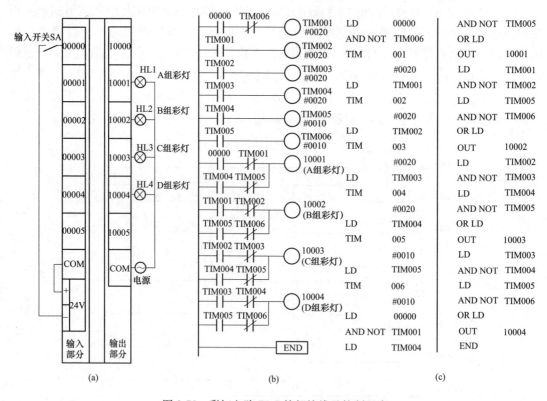

图 2-72　彩灯电路 PLC 外部接线及控制程序

（a）彩灯电路 PLC 外部接线；（b）梯形图；（c）指令字程式

【例 2-59】　两台电动机顺序控制的编程举例

（1）控制要求：按下启动按钮后，电动机 M1 运转 10s，停止 5s，电动机 M2 与 M1 相反，即 M1 停止时 M2 运行，M1 运行时 M2 停止，如此循环往复，直至按下停车按钮。

（2）通道分配如下：0000 为启动按钮；0001 为停止按钮；0500 为 M1 电动机接触器

线圈；0501 为 M2 电动机接触器线圈。

为了使逻辑关系清晰，用中间继电器 1000 作为运行控制继电器，且用 TIM00 控制 M1 运行时间，TIM01 控制 M1 停车时间。根据要求画出时序图如图 2-73 所示。

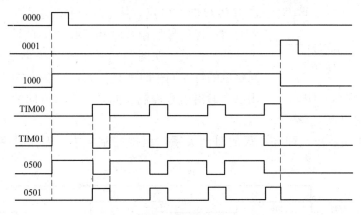

图 2-73 两台电动机顺序控制时序图

由图 2-73 可以看出，TIM00 和 TIM01 组成振荡电路。逻辑关系表达式如下：

$$0500 = 1000 \cdot T00$$
$$0501 = 1000 \cdot \overline{0500}$$

画出梯形图如图 2-74（a）所示。最后还应分析一下所画梯形图是否符合控制要求。指令表程序如图 2-74（b）所示。

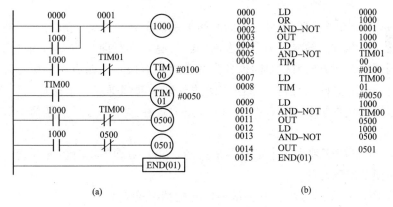

图 2-74 两台电动机顺序控制程序

（a）梯形图；（b）指令表程序

【例 2-60】 用波形图设计法设计城市路口交通指挥灯的 PLC 控制程序

现有某城市十字路口上设置的红、黄、绿交通信号灯，其布置如图 2-75 所示。由于东西方向的车流量较小，南北方向的车流量较大，所以南北方向的放行（绿灯亮）时间为 30s，东西方向的放行时间（绿灯亮）为 20s。当东西（或南北）方向的绿灯灭时，该方向的黄灯与南北（或东西）方向的红灯一起以 5Hz 的频率闪烁 5s，以提醒司机和行人注意。闪烁 5s 之后，立即开始另一个方向的放行。要求只用一个控制开关对系统进行启停控制。

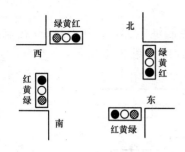

图 2-75 交通灯分布图

下面再一次介绍用时序图法编程的思路。

（1）分析 PLC 的输入和输出信号，以作为选择 PLC 机型的依据之一。在满足控制要求的前提下，应尽量减少占用 PLC 的 I/O 点。从上述控制要求可见，由控制开关输入的启、停信号是输入信号。由 PLC 的输出信号控制各指示灯的亮、灭。在图 2-75 中，南北方向的三色灯共 6 盏，同颜色的灯在同一时间亮、灭，所以可将同色灯两两并联，用一个输出信号控制。同理，东西方向的二色灯也照此办理，只占 6 个输出点。

（2）为了弄清各灯之间亮、灭的时间关系，根据控制要求，先作时序图，如图 2-76 所示。

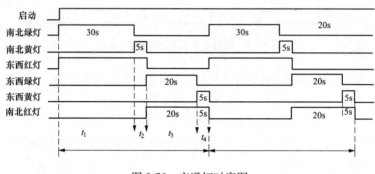

图 2-76 交通灯时序图

（3）由时序图分析各输出信号之间的时间关系。图 2-76 中，南北方向放行时间可分为两个时间区段，南北方向的绿灯和东西方向的红灯亮，换行前东西方向的红灯与南北方向的黄灯一起闪烁；东西方向放行时间也分为两个时间区段，东西方向的绿灯和南北方向的红灯亮，换行前南北方向的红灯与东西方向的黄灯一起闪烁。一个循环内分为 4 个区段，这 4 个时间区段对应着 4 个分界点：t_1、t_2、t_3、t_4，在这 4 个分界点处信号灯的状态将发生变化。

（4）4 个时间区段必须用 4 个定时器来控制，并要明确各定时器的职责，以便于理顺各色灯状态转换的准确时间。

（5）进行 PLC 的 I/O 分配。开关量 I/O 分配情况见表 2-20。

表 2-20　　　　　　　　　　　　　　PLC 的 I/O 分配表

输　入	输　出					
控制开关	南北绿灯	南北黄灯	南北红灯	东西绿灯	东西黄灯	东西红灯
00000	01000	01001	01002	01003	01004	01005

根据定时器功能明细表和 I/O 分配，设计程序梯形图如图 2-77 所示。对图 2-77 的设计意图及功能简要分析如下。

1）程序用 IL/ILC 指令控制系统启停，当 00000 为 ON 时程序执行，否则不执行。

2）程序启动后 4 个定时器同时开始定时，且 01000 为 ON，使南北绿灯亮、东西红灯亮。

3）当 TM000 定时时间到，01000 为 OFF 使南北绿灯灭；同时，01001 为 ON 使南北黄灯闪烁（25501以5Hz的频率ON/OFF），东西红灯也闪烁。

4）当TIM001定时时间到，01001为OFF使南北黄灯、东西红灯灭；同时，01003为ON使东西绿灯、南北红灯亮。

5）当TIM002定时时间到，01003为OFF使东西绿灯灭；同时，01004为ON使东西黄灯闪烁，南北红灯也闪烁。

6）TIM003记录一个循环的时间。当TIM003定时时间到，01004为OFF使东西黄灯、南北红灯灭；同时，TIM000～TIM003全部复位，并开始下一个循环的定时。由于TIM000 OFF，所以南北绿灯亮、东西红灯亮。并重复上述过程。

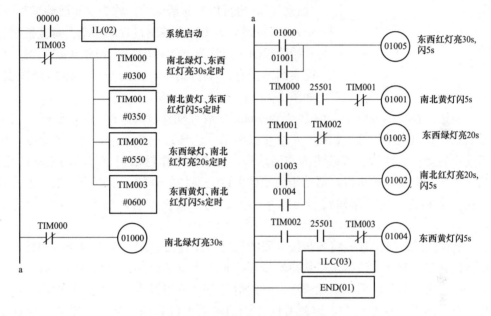

图2-77 交通信号灯控制梯形图

时序图设计法归纳如下。

1）详细分析控制要求，明确各输入/输出信号个数，合理选择机型。

2）明确各输入和各输出信号之间的时序关系，画出各输入和输出信号的工作时序图。

3）把时序图划分成若干个时间区段，确定各区段的时间长短。找出区段间的分界点，弄清分界点处各输出信号状态的转换关系和转换条件。

4）根据时间区段的个数确定需要几个定时器，分配定时器号，确定各定时器的设定值，明确各定时器开始定时和定时时间到这两个关键时刻对各输出信号状态的影响。

5）对PLC进行I/O分配。

6）根据定时器的功能明细表、时序图和I/O分配画出梯形图。

7）做模拟运行实验，检查程序是否符合控制要求，进一步修改程序。

对一个复杂的控制系统，若某个环节属于这类控制，也可以用这个方法去处理。

2.7.4 用功能表图（流程图）设计梯形图的应用编程实践

1. 功能表图及其组成

功能表图（function chart diagram）是用图形符号和文字表述相结合的方法，全面描述控制系统含电气、液压、气动和机械控制系统或系统某些部分的控制过程、功能和特性的一种通用语言。在功能表图中，把一个过程循环分解成若干个清晰的连续阶段称为"步"（Step），步与步之间内"转换"分隔。当两步之间的转换条件满足，并实现转换时，上一步的活动结束，而下一步的活动开始。一个过程循环分的步越多，对过程的描述就越精确。

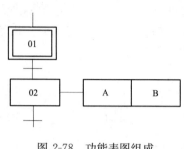

图 2-78　功能表图组成

（1）步。在控制系统的一个工作周期中，各依次相连的工作阶段，称为步或工步，用矩形框和文字（或数字）表示。步有两种状态：一个步可以是活动的，称为"活动步"，也可以是非活动的，称为"非活动步"（停止步）；一系列活动步决定控制过程的状态。对应控制过程开始阶段的步，称为"初始步"（initial step），每一个功能表图至少有一个初始步，初始步用双线矩形框表示，如图 2-78 所示。

（2）动作。在功能表图中，命令（command）或称动作（action）用矩形框文字和字母符号表示，与对应步的符号相连。一个步被激活，能导致一个或几个动作或命令，也即对应活动步的动作被执行。若某步为非活动步，对应的动作返回到该步活动之前的状态。对应活动步的所有功能被执行，活动步的动作可以是动作的开始、继续或结束。若有几个动作与同一步相连，这些动作符号可水平布置，也可垂直布置，如图 2-78 所示的动作 A、B。

（3）有向连线。有向连线将各步按进展的先后顺序连接起来，它将步连接到转换，并将转换连接到步。有向连线指定了从初始步开始向活动步进展的方向与路线。有向连线可垂直或水平布置，为了使图面更加清晰，个别情况下也可用斜线。在功能表图中，进展的走向总是自上而下，从左到右，因此有向连线的箭头可以省略。如果不遵守上述进展规则，必须加注箭头。若垂直有向连线与水平有向连线之间没有内在联系，允许它们交叉，但当有向连线与同一进展相关时，则不允许交叉。在绘制功能表图时，因图较复杂或需用几张图表示，有向连线必须中断，应注明下一步编号及其所有页数。

（4）转换。在功能表图中，生成活动步的进展，是按有向连线指定的路线进行的，进展由一个或几个转换的实现来完成。转换的符号是一根短画线，与有向连线相交，转换将相邻的两个步隔开。如果通过有向连线连接到转换符号的所有前级步都是活动步，该转换为"使能转换"，否则该转换为"非使能转换"。只有当转换为使能转换，且转换条件满足，该转换才被实现。某转换实现，所有与有向连线和相应转换符号相连的后续步被激活，而所有与有向连线和相应转换符号相连的前级步均为非活动步。

（5）转换条件。转换条件标注在转换符号近旁，转换条件可用下述三种方式表示。

1）文字语句：b、c 触点中任何一个闭合，触点 a 同时闭合。

2）布尔表达式：a(b+c)。

3）图形符号：如图 2-79 所示。

所谓转换条件，是指与该转换相关的逻辑变量，可以是真（1）也可以是假（0）。如果逻辑变量为真，转换条件为

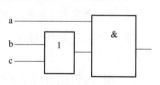

图 2-79　图形符号

"1"，转换条件满足；如果逻辑变量为假，转换条件为"0"，转换条件满足。只有当某使能步转换条件满足，转换才被执行。

2. 功能表图的结构形式

（1）功能表图的基本结构。功能表图的基本结构形式为单序列、选择序列和并行序列。如图 2-80 所示，有时一张功能表图由多种结构形式组成。

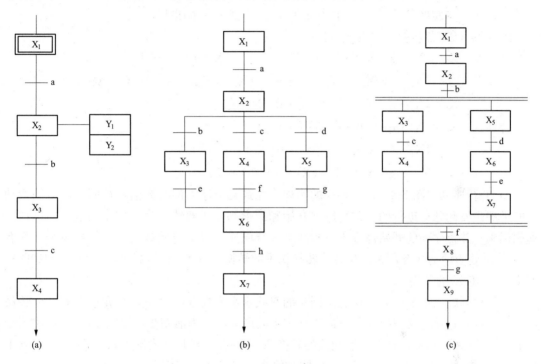

图 2-80　功能表图基本结构

（a）单序列；（b）选择序列；（c）并行序列

1）单序列。如图 2-80（a）所示，每一个步后面仅接一个转换，每一个转换之后也只有一个步，所有各步沿有向连线单列串联。按图 2-80（a）对每一个步都可写出布尔表达式。

$$X_2 = (X_1 \cdot a + X_2) \cdot \overline{b} = (X_1 \cdot a + X_2) \cdot \overline{X_3}$$

$$X_3 = (X_2 \cdot b + X_3) \cdot \overline{c} = (X_2 \cdot b + X_3) \cdot \overline{X_4}$$

式中　　a、b、c——步 X_2、X_3 和 X_4 的转换条件。

X_1、X_2、X_3、X_4——各步的编号。

$\overline{b}$ 与 $\overline{X_3}$ 等效，$\overline{c}$ 与 $\overline{X_4}$ 等效，括号内 X_2 和 X_3 为自保持信号。

若 X_2 为活动步，与其相连的动作 Y_1 和动作 Y_2 被执行。当 b=1，转换条件满足，工步 X_3 被激活，并保持（括号中的 X_3），X_2 变成非活动步，动作 Y_1 利 Y_2 停止执行，恢复到工步 X_2 活动前的状态。单序列的特点是，在任一时刻，只有一个步处于活动状态。

2）选择序列。如图 2-80（b）所示，水平有向连线以上的工步 X_2 为活动步，控制过程的进展有工步 X_3、X_4 和 X_5 可供选择，即 X_3、X_4 和 X_5 为使能步。在水平有向连线之下设分支，选择序列的开始是分支，用与进展相同数量的转换 b、c、d 决定进展的路线。如果只选择一个序列，则在同一时刻与若干个序列相关的转换条件中只能有一个转换条件为真，如 $c=1$，工步 X_4 被激活，X_3 和 X_1 停止。

选择序列的结束是合并，用一根水平有向连线合并各分支，把若干个序列汇合到一个公共序列。在合并处，水平有向连线以上要设置与需要合并的序列相同数量的转换，如转换 e、f 和 g。若 X_4 为活动步，需要发生从 X_4 步到 X_6 步的进展，转换条件 $f=1$ 为真。若步 X_5 为活动步，且转换条件 $g=1$ 为真，则发生步 X_5 到步 X_6 的进展。

图 2-80（b）各步的布尔表达式：

分支处 $\quad X_2=(X_1 \cdot a+X_2) \cdot \overline{b+c+d}=(X_1 \cdot a+X_2) \cdot \overline{b} \cdot \overline{c} \cdot \overline{d}=$

$\qquad\qquad (X_1 \cdot a+X_2) \cdot \overline{X_3+X_4+X_5}=(X_1 \cdot a+X_2) \cdot \overline{X_3} \cdot \overline{X_4} \cdot \overline{X_5}$

$\qquad X_5=(X_2 \cdot d+X_5) \cdot \overline{g}=(X_2 \cdot d+X_5) \cdot \overline{X_6}$

合并处 $\quad X_6=(X_3 \cdot e+X_6) \cdot \overline{h}=(X_3 \cdot e+X_6) \cdot \overline{X_7}=$

$\qquad\qquad (X_4 \cdot f+X_6) \cdot \overline{h}=(X_4 \cdot f+X_6) \cdot \overline{X_7}=$

$\qquad\qquad (X_5 \cdot g+X_6) \cdot \overline{h}=(X_5 \cdot g+X_6) \cdot \overline{X_7}$

3）并行序列。图 2-80（c）转换的实现将导致几个序列同时激活，被同时激活的活动步的进展是彼此独立进行的。并行序列开始和结束都使用双线，表示同步实现，与选择序列相区别。并行序列的开始是分支，双线水平有向连线以上只允许有一个转换符号。只有当工步 X_2 处于活动状态，并且与公共转换相关的转换条件 $b=1$ 为真时，才会发生从步 X_2 到步 X_3 和步 X_4 的进展。

并行序列的结束是合并，在表示同步的双线水平有向连线之下，只允许设置一个转换符号。只有当直接连在双线水平有向连线之上的所有的步为活动步，如图 2-80（c）中工步 X_4 和工步 X_7 为活动步，且与转换相关的转换条件 $f=1$ 为真时，才发生从工步 X_4、X_7 到工步 X_8 的进展。转换实现，工步 X_4、X_7 同时停止，工步 X_8 被激活。

图 2-80（c）各步的布尔表达式：

分支处 $\quad X_2=(X_1 \cdot a+X_2) \cdot \overline{b}=(X_1 \cdot a+X_2) \cdot \overline{X_3+X_5}=(X_1 \cdot a+X_2) \cdot \overline{X_3} \cdot \overline{X_5}$

$\qquad X_3=(X_2 \cdot b+X_3) \cdot \overline{c}=(X_2 \cdot b+X_3) \cdot \overline{X_4}$

$\qquad X_5=(X_2 \cdot b+X_5) \cdot \overline{d}=(X_2 \cdot d+X_5) \cdot \overline{X_6}$

合并处 $\quad X_4=(X_3 \cdot c+X_4) \cdot \overline{f}=(X_3 \cdot c+X_4) \cdot \overline{X_8}$

$\qquad X_7=(X_6 \cdot e+X_7) \cdot \overline{f}=(X_6 \cdot e+X_7) \cdot \overline{X_8}$

$\qquad X_8=(X_4 \cdot X_7 \cdot f+X_8) \cdot \overline{g}=(X_4 \cdot X_7 \cdot f+X_8) \cdot \overline{X_9}$

（2）跳步、重复和循环序列。有的控制过程要求跳过某些工步不执行，重复某些工步或循环执行各工步，其功能表图如图 2-81 所示。

图 2-80（a）控制过程跳过工步 X_3 和 X_4 不执行，去执行工步 X_5。跳步序列实际上是一种特殊的选择序列，工步 X_2 以下分支，有工步 X_3 和工步 X_5 供选择，由工步 X_2 与工步 X_4 合并到工步 X_5。各工步布尔表达式：

$\qquad X_2=(X_1 \cdot a+X_2) \cdot \overline{b} \cdot \overline{e}=(X_1 \cdot a+X_2) \cdot \overline{X_3} \cdot \overline{X_5}$

$\qquad X_3=(X_2 \cdot b+X_3) \cdot \overline{c}=(X_2 \cdot b+X_3) \cdot \overline{X_4}$

$\qquad X_5=(X_2 \cdot e+X_4 \cdot d+X_5) \cdot \overline{f}=(X_2 \cdot e+X_4 \cdot d+X_5) \cdot \overline{X_6}$

图 2-80（b），重复执行工步 X_3、工步 X_4 和工步 X_5，当工步 X_5 为活动步，转换条件

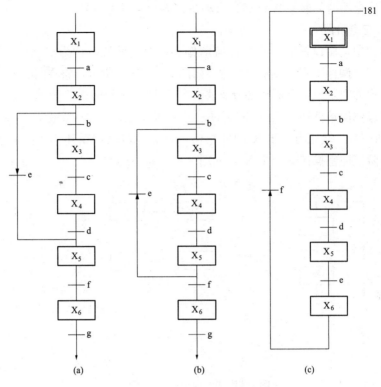

图 2-81 跳步、重复和循环序列功能表图

(a) 跳步序列；(b) 重复序列；(c) 循环序列

$e=1$，$f=0$ 时，进展由工步 X_5 到工步 X_3，重复执行工步 X_3、X_4 和 X_5 对应的动作，直至转换条件 $e=0$，$f=1$ 时，才结束重复，由工步 X_5 进展到工步 X_6。同样地，重复序列也是一种特殊的选择序列，工步 X_5 以下分支，有工步 X_6 和工步 X_3 供选择，只有当各自的转换条件为真，才向相应的步进展。各工步布尔表达式：

$$X_2=(X_1 \cdot a+X_2) \cdot \overline{X_3}=(X_1 \cdot a+X_2) \cdot \overline{b}$$

$$X_3=(X_2 \cdot b+X_5 \cdot e+X_3) \cdot \overline{X_4}=(X_2 \cdot b+X_5 \cdot e+X_3) \cdot \overline{c}$$

$$X_6=(X_5 \cdot f+X_6) \cdot \overline{g}$$

图 2-81（c）为循环序列，当工步 X_6 为活动步，且转换条件 $f=1$ 为真时，工步 X_6 将进展到上一步 X_1。循环序列是重复序列的特例。

3. 初始步

每个功能表图至少有一个初始步，如图 2-81（c）中的工步 X_1，用初始步等待控制过程启动信号的到来，初始步对应过程的预备阶段，如组合机床某动力头处于原位、液压泵已启动等控制过程初始状态。对图 2-81（c），$X_1=(X_6 \cdot f+X_1) \cdot \overline{X_2}$，由于工步 X_6 为非活动步，显然第一个工作循环不能启动，解决的方法是在初始步 X_1 设置一个启动脉冲信号 L，激活初始步 X_1。第一个循环启动后，另加的初始脉冲就不去干扰控制过程的正常运行，通常用控制按钮或专用内部继电器 1815 提供初始脉冲信号。加入启动脉冲信号 L 的初始步 X_1 的布尔表达式为

$$X_1=(L+X_6 \cdot f+X_1) \cdot \overline{X_2}$$

式中：L可以是专用内部继电器1815、启动按钮等启动脉冲信号。

4. 空操作与空阶段

在功能表图中，所设置的不执行任何动作和命令的阶段，称为"空阶段"，对应空阶段的动作称为"空操作"（No-operation）。如图2-80（c）所示，将X_4和X_7两个工步不作任何动作，设定为空阶段，以等待各分支工作结束后，一同转入工步X_8。图2-82（a）为由两个工步组成的简单循环，$X_1 = (X_2 \cdot b + X_1) \cdot \overline{X_2}$，$X_2 = (X_1 \cdot a + X_2) \cdot \overline{X_1}$，$X_2$既担任工步$X_1$的启动信号，又充当工步$X_1$的停止信号，无法启动该循环。在这种情况下，有必要插入一个空阶段即空操作的工步X_3，如图2-82（b）所示。

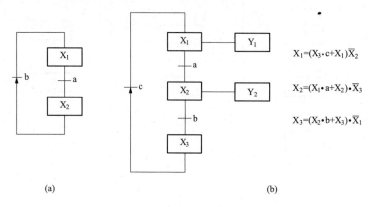

（a）　　　　　　　　　　　　　　　（b）

$$X_1 = (X_3 \cdot c + X_1)\overline{X_2}$$

$$X_2 = (X_1 \cdot a + X_2) \cdot \overline{X_3}$$

$$X_3 = (X_2 \cdot b + X_3) \cdot \overline{X_1}$$

图2-82　功能表图中的空阶段

（a）两个工步的循环；（b）插入空阶段

5. 用功能表图设计顺序控制梯形图举例

【例2-61】　压力机控制的功能表图及梯形图程序

要求：压力机冲头停在上方原始位置，行程开关SQ1（0002）被压下，其动合触点闭合。按启动按钮SB（0000），其动合触点通电一次，液压电磁阀YV1（0500）接通，冲头下行。当冲头接触工件后压力迅速升高，压力继电器SP（0001）压力值达到预定值后，其动合触点闭合（0001为ON）。保压5s，接通电磁阀YV2（0501），关闭电磁阀YV1（0500）。冲头上升，返回原始位置再压住行程开关SQ1（0002），冲头停止上升，按上述控制要求设计梯形图程序。

（1）设定压力机现场I/O信号和工步继电器。压力机控制现场I/O信号及工步继电器见表2-21。继电器1000为初始步，专用内部继电器1815为初始步提供脉冲。

表2-21　　　　　　　　压力机控制现场I/O信号及工步继电器

输入信号				输出信号		工步继电器			
启动按钮	原位开关	压力继电器	保压时限	冲压头下行	冲压头上行	初始步	下行步	保压步	上行步
SB	SQ1	SP	5s	YV1	YV2	1000	1001	1002	1003
0000	0002	0001	TIM01	0500	0501				

（2）压力机控制的功能图及布尔表达式如图2-83所示。

（3）压力机控制梯形图程序。图2-84所示为用保持指令KEEP（11）绘制的梯形图，

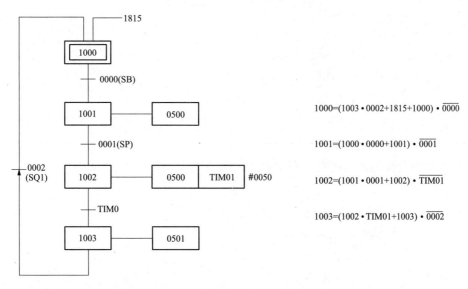

图 2-83 压力机功能图和布尔表达式

工步 1001 和工步 1002 对应动作均有输出继电器 0500，为避免双线圈输出，将 1001 和 1002 并联向 0500 输出。

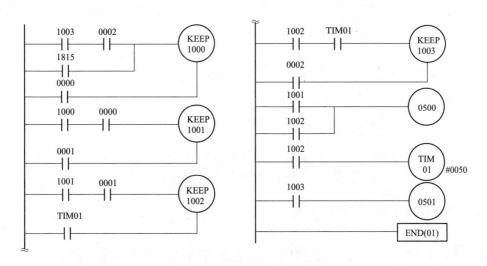

图 2-84 压力机的梯形图程序

【例 2-62】 液压滑台自动循环运动控制的功能表图和梯形图程序

要求：液压滑台循环工作过程分为预备、快进、工进、停留（死挡铁）和快退 5 个工步，分别利用 1000～1005 作为各步的工步继电器，各工步转换条件由外设 SB、SQ1、SQ2、SQ3 和压力继电器 SP 提供，对应各步的动作为驱动电磁阀 YV1、YV2 和 YV3 的线圈。

（1）液压滑台现场 I/O 信号和工步继电器。滑台现场 I/O 信号和工步继电器见表 2-22。表中专用内部继电器 1815 为初始步提供启动脉冲，SP 为压力继电器，压力达到预定值时，其动合触点 0004 闭合。

表 2-22   滑台现场 I/O 信号和工步继电器

输入信号					输出信号			工步继电器				
启动 按钮	原位 开关	快进 开关	工进 开关	压力 继电器	快进 电磁阀	工进 电磁阀	快退 电磁阀	初进 工步	快进 工步	工进 工步	停留 工步	快退 工步
SB	SQ1	SQ2	SQ3	SP	YV1	YV2	YV3	X0	X1	X2	X3	X4
0000	0001	0002	0003	0004	0500	0501	0502	1000	1001	1002	1003	1004

（2）液压滑台控制的功能图及布尔表达式如图 2-85 所示。

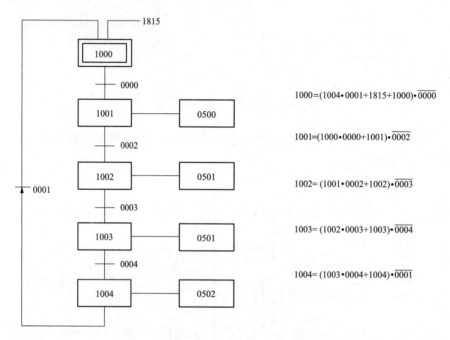

$$1000=(1004 \cdot 0001+1815+1000) \cdot \overline{0000}$$

$$1001=(1000 \cdot 0000+1001) \cdot \overline{0002}$$

$$1002=(1001 \cdot 0002+1002) \cdot \overline{0003}$$

$$1003=(1002 \cdot 0003+1003) \cdot \overline{0004}$$

$$1004=(1003 \cdot 0004+1004) \cdot \overline{0001}$$

图 2-85   液压滑台功能图及布尔表达式

（3）滑台梯形图程序如图 2-86 所示。

【例 2-63】 用流程图设计法设计液体混合装置的 PLC 控制梯形图程序

流程图是用框图表示系统的工作过程，以及输入条件与输出之间关系的一种图形。流程图设计法特别适合那些按动作先后顺序进行工作的顺序控制系统，这种设计方法规律性很强，虽然编出的程序偏长，但程序结构清晰，可读性好。

1）分析工艺过程，明确控制要求。液体混合装置如图 2-56 所示，其控制要求与例 2-55 相同。

2）统计输入/输出点数并选择 PLC 型号。输入：按钮 2 个、液位传感器 3 个，共 5 个输入点；输出：电磁阀 3 个、电动机接触器 1 个，共 4 个输出点。可选用欧姆龙的 CQM1H 系列 PLC。

3）分配 FLC 的输入/输出点。本例中 PLC 输入/输出点分配及外部接线图与例 2-55 相

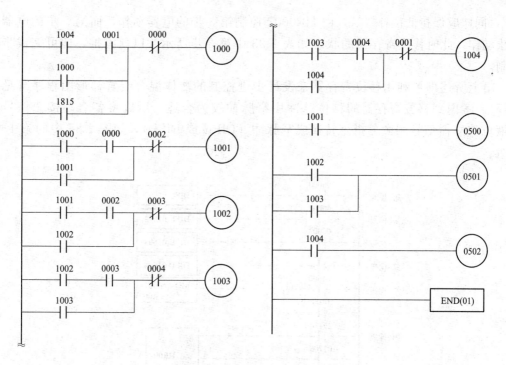

图 2-86 液压滑台的梯形图

同，见表 2-23 及图 2-87。

表 2-23 用移位寄存器实现步进控制

步 序	HR 015	HR 014	HR 013	HR 012	HR 011	HR 010	HR 009	HR 008	HR 007	HR 006	HR 005	HR 004	HR 003	HR 002	HR 001	HR 000
初始状态	0	0	0	0	0	0	0	0	0	0	0	0	0	0	0	0
第1步	0	0	0	0	0	0	0	0	0	0	0	0	0	0	0	1
第2步	0	0	0	0	0	0	0	0	0	0	0	0	0	0	1	0
第3步	0	0	0	0	0	0	0	0	0	0	0	0	0	1	0	0
第4步	0	0	0	0	0	0	0	0	0	0	0	0	1	0	0	0
第5步	0	0	0	0	0	0	0	0	0	0	0	1	0	0	0	0

4）画控制流程图。画控制流程图就是将整个系统的控制分解为若干步，并确定每步的转换条件。本例的控制流程图与例 2-55 相同，参见图 2-57（b）。

5）PLC 梯形图程序设计。由液体混合装置的状态流程图可见，这是典型的步进控制。对欧姆龙 PLC，可以用移位寄存器指令（SFT）很方便地实现步进控制。用移位寄存器来进行步进控制的关键是只能有一个"1"在通道中移动，以此来保证各步的互锁。例如，保持继电器 HR00 通道设置为移位寄存器，在按下启动按钮时，将 HR00 通道的最低位 HR0000 置成"1"，由该位控制第 1 程序步的电器动作，见表 2-23。当第 1 步完成时，由转步条件使移位寄存器移一位，即 HR0001＝"1"，并且在低位补"0"，由 HR0001 控制第 2 步的电器动作，而第 1 步的电器则停止动作，此时移位寄存器的状态如表 2-23 中第 2 步所示。当第 2 步完成时，再由转步条件使移位寄存器移一位，即 HR0002＝

"1"，同样应保持低位补"0"，由 HR0002 控制第 3 步的电器动作，而第 2 步的电器则停止动作，此时移位寄存器的状态如表 2-23 中第 3 步所示。以此类推，即可完成步进控制。

由上所述即可利用移位寄存器来设计步进控制的液体混合装置梯形图程序（见图 2-87）。考虑到移位寄存器的移位脉冲用窄脉冲较为合适，所以将各启动按钮信号和各液位传感器信号用微分指令转换成窄脉冲（DIFU 或 DIFD），如图 2-87 中的第 1～4 梯级。

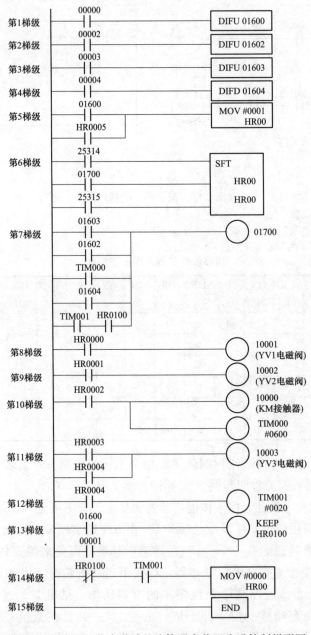

图 2-87　用 SFT 指令设计的液体混合装置步进控制梯形图

按下启动按钮时，输入继电器 00000 闭合，执行 DIFU 指令，使内部辅助继电器 01600 接通 1 个扫描周期，在第 5 梯级的 01600 触点闭合时，由 MOV 指令将移位寄存器通道的最低位 HR0000 置"1"（第 5 梯级），并由该位控制输出继电器 10001 接通（第 8 梯级），使外接的 YV1 电磁阀通电打开，液体 A 流入容器。在按下启动按钮的同时，保持继电器 HR0100 接通并锁存（第 13 梯级）。

当液位高度上升到 I 时，液位传感器 I 闭合，输入继电器 00003 接通，其上升沿经微分后 01603 接通 1 个扫描周期，使 01700 也接通一个扫描周期（第 7 梯级），而 01700 就作为移位寄存器的移位脉冲（第 6 梯级），使 HR00 通道中的各位依次移一位，即 HR0001="1"。由于移位寄存器的输入端逻辑为 25314，这是始终保持 OFF 的特殊功能寄存器，从而保证每次移位时均是"0"移入 HR00 通道的最低位。这时输出继电器 10001 断开，使 YV1 电磁阀断电，而 HR0001="1"控制输出继电器 10002 接通（第 9 梯级），使外接的 YV2 电磁阀通电打开，液体 B 流入容器。

当液位高度到达 H 时，输入继电器 00002 接通，其上升沿经微分后 01602 接通 1 个扫描周期，使 01700 又接通一个扫描周期，使移位寄存器通道 HR00 中的各位再移一位，即 HR0002="1"，此时输出继电器 10002 断开，使 YV2 电磁阀断电，而输出继电器 10000 接通（第 10 梯级），使外接的接触器 KM 线圈通电，电动机启动运转，同时内部定时器 TIM000 开始定时。

当定时器 TIM000 定时 60s 时间到时，其动合触点闭合，使 01700 接通（第 7 梯级），移位寄存器通道 HR00 中的各位再移一位，即 HR0003="1"，此时输出继电器 10000 断开使 KM 接触器线圈断电，电动机停转，而输出继电器 10003 接通（第 11 梯级），使外接的 YV3 电磁阀通电，混合后的液体排放到下一道工序。

当液位下降到 L 以下时，液位传感器 L 断开，输入继电器 0004 断开，经下降沿微分后 01604 接通 1 个扫描周期，使 01700 也接通一个扫描周期（第 7 梯级），移位寄存器通道 HR00 中的各位再移一位，即 HR0004="1"，它既控制 YV3 电磁阀继续通电（第 11 梯级），同时又使内部定时器 TIM001 开始定时。

当定时器 TIM001 定时 2s 时间到时，其动合触点闭合使 01700 接通（第 7 梯级），移位寄存器通道 HR00 中的各位再移一位，即 HR0005="1"，此时输出继电器 10003 断开使 YV3 电磁阀断电，完成一个循环的工作。同时第 5 梯级的 HR0005 触点闭合使 MOV 指令被执行，将移位寄存器通道的最低位 HR000 置"1"，从而又开始了新的循环。

当按下停止按钮 SB2 时，输入继电器 0001 接通，使保持继电器 HR0100 复位（第 13 梯级）。第 7 梯级的 HR0100 的触点断开，从而在液体放完、TIM001 延时到的时候不再接通 01700，而是在第 14 梯级中执行 MOV 指令，将移位寄存器通道 HR00 全部清 0，使整机停止工作。

（6）将程序输入 PLC。如果用简易编程器输入，则应先将梯形图转换成指令助记符程序。图 2-87 梯形图所对应的指令助记符程序如下所示。

LD	00000		HR00		♯0600
DIFU	01600	LD	01603	LD	HR0003
LD	00002	OR	01602	OR	HR0004
DIFU	01602	OR	TIM000	OUT	10003
LD	00003	OR	01604	LD	HR0004
DIFU	01603	LD	TIM001	TIM	001
LD	00004	AND	HR0100		♯0020
DIFD	01604	OR LD		LD	01600
LD	01600	OUT	01700	LD	00001
MOV	—	LD	HR0000	KEEP	HR0100
	♯0001	OUT	10001	LD NOT	HR0100
	HR00	LD	HR0001	AND	TIM001
LD	25314	OUT	10002	MOV	—
LD	01700	LD	HR0002		♯0000
LD	25315	OUT	10000		HR00
SFT	HR00	TIM	000	END	

按照指令助记符程序，通过简易编程器逐条输入 PLC。也可在个人计算机上使用 SYSMAC-CPT 软件编程，然后将编好的程序直接装到 PLC，程序输到 PLC 后即可进行调试工作。

利用移位寄存器 SFT 指令实现状态流程的步进控制，通过程序的设计使移位寄存器每次移位时仅有一个"1"在通道中移动，这样就保证了各步之间的互锁，因而就不必像经验设计法中完全依靠触点来进行互锁，经常会"顾此失彼"，从而简化设计过程。这在步数较多、控制要求较复杂的步进控制中更显出其优越性。

【例 2-64】 用流程图设计法设计搬运机械手的 PLC 控制梯形图程序

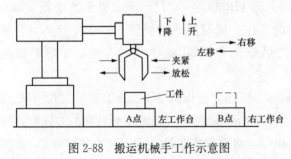

图 2-88 搬运机械手工作示意图

（1）机械手工作的控制要求。图 2-88 所示为某生产车间中自动搬运机械手，用于将左工作台上的工件搬运到右工作台上。机械手的全部动作由汽缸驱动，汽缸由电磁阀控制。机械手的上升/下降、左移/右移运动由双线圈两位电磁阀控制，即上升电磁阀通电时机械手上升，下降电磁阀通电时机械手下降。

机械手的加紧或放松运动由单线圈两位电磁阀控制，线圈通电时机械手加紧，断电时机械手放松。

（2）机械手动作过程分析。机械手的原始状态定为左位、高位、放松状态。在原始状态下，当光电开关检测到左工作台上有工件时，机械手才下降到低位，夹紧工件，然后上升到高位，右移到右位。当检测到右工作台上无工件时，机械手下降到低位，松开工件。最后机械手上升到高位，左移回原位。当右工作台上有工件时，在右、高位等待。其动作逻辑关系如图 2-89 所示。

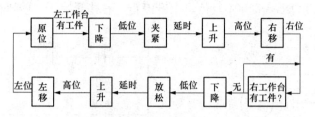

图 2-89　机械手动作逻辑关系图

动作过程中，上升、下降、左移、右移、夹紧及状态指水力输出信号。放松和夹紧共用一个线圈，线圈得电时夹紧、失电时放松，故放松不作为单独的输出信号。机械手的位置检测用行程开关，有无工件检测用光电开关来实现。手动操作按钮、低位、高位、左位、右位及工作台上有无工件信号为输入信号。

（3）控制系统设计方案一。

1）功能要求。为便于控制系统调试和维护，本控制系统应有手动功能和显示功能。当手动/自动转换开关置于"手动"位置时，按下相应的手动操作按钮，可实现上升、下降、左移、右移、夹紧、放松的手动控制，同时"手动"指示灯亮。当机械手处于原位时、将手动/自动转换开关置于"自动"位置，"自动"指示灯亮，进入自动工作状态，手动按钮无效。

2）硬件设计。从以上分析可知，该系统有 13 个输入信号，7 个输出信号，输入全部采用动合触点，逻辑关系简单。选用 CPM2A-40 型 PLC 来实现。系统 I/O 分配见表 2-24。工作台有无工件的检测使用光电开关，动作指示利用发光二极管，与输出接触器并联。

3）软件设计。控制梯形图如图 2-90 所示。控制原理分析如下。

a. 机械手在左位、高位、放松状态下，将自动/手动开关打至"自动"位置，02000 变为 ON，程序进入自动状态。

b. 当光电开关检测到左工作台上有工件时，00004 为 ON，使得 02001 变为 ON，

表 2-24　机械手 PLC 控制的 I/O 分配表

	序　号	名　　称	端子号
输入信号	1	高位	00000
	2	低位	00001
	3	左位	00002
	4	右位	00003
	5	工作台有工件	00004
	6	自动	00005
	7	手动	00006
	8	手动上升	00007
	9	手动下降	00008
	10	手动左移	00009
	11	手动右移	00010
	12	手动夹紧	00011
	13	手动放松	00012
输出信号	1	上升	01000
	2	下降	01001
	3	左移	01002
	4	右移	01003
	5	夹紧	01004
	6	手动指示	01005
	7	自动指示	01006

机械手下降。当下降到低位时，压合低位开关000001为ON，使得02002为ON，HR0000变为ON，02001复位，从而停止下降，开始夹紧工件。

　　c. 经3s延时后，TIM000为ON，发出02003脉冲，表示已经夹紧。02003脉冲使得02004为ON，上升开始。上升到高位时，压合高位开关。00000为ON，使得02005为ON，因而02006变为ON，020004复位、上升停止，右移开始。右移到右位时，右位开关

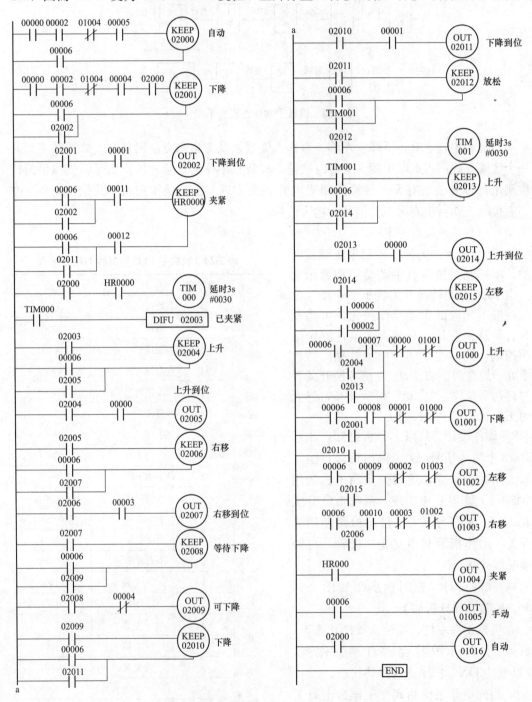

图2-90　机械手PLC控制的梯形图程序

00003 为 ON，使得 02007 为 ON，因而 02008 变为 ON。02006 复位，右移停止，进入等待下降状态。

d. 当光电开关检测到右工作台上无工件时，00004 为 OFF，02009 变为 ON，使得 02010 为 ON，02008 复位，下降开始。下降到低位时，压合低位开关 00001 为 ON，02011 变为 ON，使得 02012 为 ON，02010 复位，HR0000 复位，下降停止，开始放松工件。

e. 延时 3s 后，TIM001 为 ON，使得 02013 为 ON，02012 复位，上升开始。上升到高位，压合高位开关 00000 为 ON，02014 变为 ON，使得 02015 为 ON，02013 复位，上升停止，左移开始。左移到左位时，压合左位开关。00002 为 ON，使得 02015 复位，左移停止。至此，一次工作完成。当再检测到左工作台上有工件时，重复上述动作。

f. 在自动工作过程中，若将自动/手动开关打到"手动"位置，则 00006 为 ON，输出 02000～02015 均复位，自动工作停止。这时，按相应的手动操作按钮，可实现手动上升、下降、左移、右移、夹紧、放松动作。利用手动操作使机械手回到原点后，将自动/手动开关打到"自动"位置，即可进入自动工作状态。

（4）控制系统设计方案二：用流程图法设计机械手控制程序。流程图法是计算机程序设计时常用的方法。它用方框图描述控制过程，方框代表动作，圆圈代表起始位与终止位，连线代表流向，短横线代表状态转换条件。这种图可以把控制对象的工作状态及控制过程清晰地表示出来。

流程图法特别适合于步进控制逻辑的设计。机械手控制就是典型的步进顺序控制，它的一个动作相应于一个步，而步的转换取决于转换条件是否得到满足。

现以机械手控制为例再次说明怎样用流程图法进行步进指令程序设计。

1）依工作状态把控制对象的工作过程划分为步，明确步间的衔接关系，进行 I/O 分配。

图 2-91 的动作（输出）分配如下：

下降——00500 ON，下降；OFF，下降停止。

上升——00502 ON，上升；OFF，上升停止。

夹紧——00501 ON，放松工件；OFF，夹紧工件。

右移——00503 ON，右移；OFF，右移停止。

左移——00504 ON，左移；OFF，左移停止。

条件（输入）分配如下：

下限位开关——00401 ON，到达下位；OFF，离开下位。

上限位开关——00402 ON，到达上位；OFF，

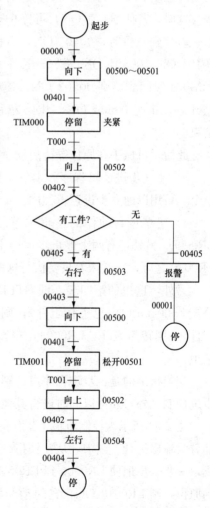

图 2-91 机械手控制程序流程图

离开上位。

　　有工件夹住——00405　有工件夹住；　　OFF，无工件夹住。

　　右限位开关——00403　ON，到达右位；OFF，离开右位。

　　左限位开关——00403　ON，到达左位；OFF，离开左位。

　　启动开关——00000　ON，启动；OFF，停止。

　　2）根据步间的衔接关系和I/O分配，控制程序流程图如图2-91所示。

　　从图2-91可知，启动后（00000 ON），即进入第一步。这时，00500 ON，00501 ON，机械手松开下降，准备抓取工件。当机械手到达下位（00401 ON）时，使00500、00501 OFF，下降停止，并开始夹紧工件。为保证可靠夹紧工件，此时启动定时器TIM000，延时2s。定时器定时到，使机械手上升，即00502 ON。

　　当机械手到达上限，即00402 ON后，上升停止。判断机械手是否夹到工件。若有工件，00405 ON，即有工件夹住，则机械手右移（00503 ON）。若无工件，00405 OFF，它的动断触点00405的非为ON，这时产生报警，即00505 ON（图中未示出），机械手不再工作。这时，若使00001 ON，可停止报警，步进程序结束。

　　右移到右位时，00403 ON，右移停止，并开始下降，即00504 ON。下降到下限位，00401 ON，00501 ON，松开工件。为可靠松开，也延时2s，启动定时器TIM001。TIM001时间到，则00502 ON，使机械手上升。当机械手上升到上限位，00402 ON，上升停，并使00504 ON，开始左移。左移到左限位（原位），00404 ON，步进程序结束。

　　此后，机械手在原位等待启动命令（00000 ON）。再重复上述过程。

　　3）建立步进逻辑程序。本例采用的是CPM2A系列，它有STEP及SNXT两条步进指令，可用以建立步进逻辑程序。步进控制程序如图2-92所示。

　　4）建立步与动作的逻辑关系。从图2-92可知，它共有9步，即STEP LR0000～LR0008。另外还有两个停止步，即不带标号的STEP，分别处在SNXT LR0011及SNXT LR0010之后，这意味着只要执行这两条SNXT，步进程序即行结束。

　　另外，这里的第四步，即STEP LR0003有两个分支，根据00405的ON或OFF区分。若00405 ON（已夹住工件），则转为STEP LR0005，机械手右移。若00405 OFF（无工件），则转为STEP LR0004，报警。此时若使00001 ON，则报警停止，并使步进程序结束。

　　应当指出的是，步进程序可与别的程序并存。如果还有其他的控制要求，PLC除执行步进控制之外，还可以同时进行其他的控制。

　　图2-93所示为控制机械手工作的另一种设计程序。程序的前半部分为步进逻辑，后半部分为输出组合。图中，从互锁指令到互锁清指令之间为步进逻辑。它随着输入条件的形成，一步一步地使LR0000到LR0009 ON。LR0009 ON后，若00404 ON，即机械手返回到原位，则LR0010 ON，它的动断触点使LR OFF，整个电路复位。此外，LR0003 ON时，出现程序分支，以00405（是否夹到工件）为条件，下一步可能是LR0005 ON（有工件），也可能是LR0004 ON（无工件）。

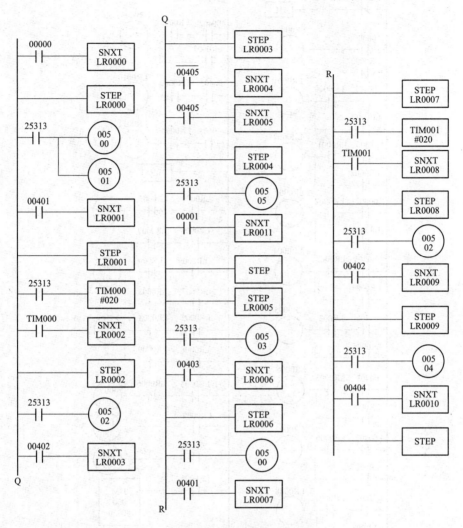

图 2-92 机械手步进控制程序

输出组合则依据条件进行。读者可对照控制要求，自行分析。

【例 2-65】 PLC 在注塑机上的编程应用实践

1. 注塑机的工艺要求

注塑机是塑料加工行业的主要设备，它能加工各种热塑性或热固性塑料，通常由闭模和注塑两大部分组成。颗粒状原料经过柱塞或螺杆压入料筒，加热熔化后，在一定的注射速度和压力下，注射到模具内，经保压后很快凝固成所需要的塑料制品。其自动循环时的工艺过程如图 2-94 所示。

注塑机生产一个产品一般要经过闭模、合闸、稳压、整进、注射、保压、预塑、解压、开闸、起模、顶出产品等工序。这些动作的完成均由电磁阀控制液压回路来完成。注塑机的工作方式有手动和自动循环两种形式。

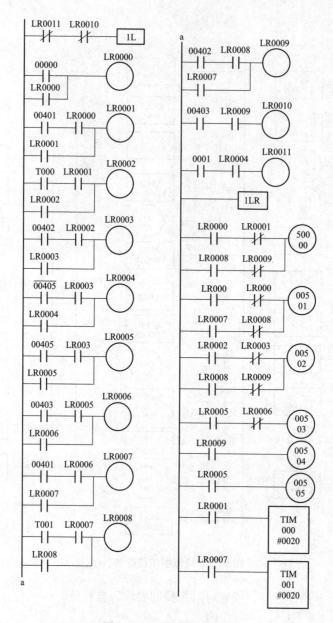

图 2-93　机械手控制程序

2. PLC 输入/输出分析及机型选择

根据对注塑机自动循环时工艺流程图的分析，其输入信号有安全门开关 SQ1、SQ2，行程开关 SQ3、SQ4、SQ5、SQ6、SQ7、SQ8，压力继电器触点 KP，自动循环启动按钮 SB1 和停止按钮 SB2，工作方式选择开关 SA（闭合时为自动循环状态、断开时为手动状态），以及各工步手动按钮 SB3～SB12；该注塑机的执行器件共有 YV1～YV8 8 个电磁阀。故选用 C20P 系列中 40 点（24 点输入/16 点输出）的 PLC 即可以完全满足注塑机的控制要求。

注塑机 PLC(C 系列) 控制输入/输出电路如图 2-95 所示。

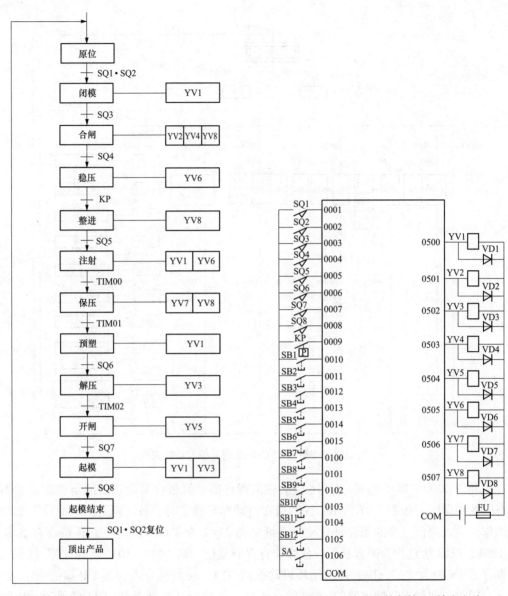

图 2-94 注塑机自动循环时工艺流程图　　图 2-95 注塑机控制输入/输出电路

3. 绘制梯形图

注塑机的控制是顺序控制。它的工作是从闭模开始一步一步有条不紊地进行的，每个工步执行指令使电磁阀动作，用行程开关 SQ1～SQ8 和工艺过程时间（t_1、t_2、t_3）来判断每一步是否完成，且只有当前一个工步完成后才能进入下一工步。也就是说，下一步接通的条件取决于上一步的逻辑结果以及附加在这一步上的条件。PLC 的内部有多组内部辅助继电器，可以用来组成移位寄存器，利用 SFC 指令可以方便地按控制顺序编程，实现顺序控制，其内部定时器可以完成定时控制。

首先，用 1000～1010 分别代表自动循环时从"原位"至"起模"的各个工步（"起模结束"和"顶出产品"时电磁阀不动作，不当成工步），用 1200、1201、1202 代表注塑机的初始化状态、自动状态和手动状态，绘制出注塑机的功能表图如图 2-96 所示。

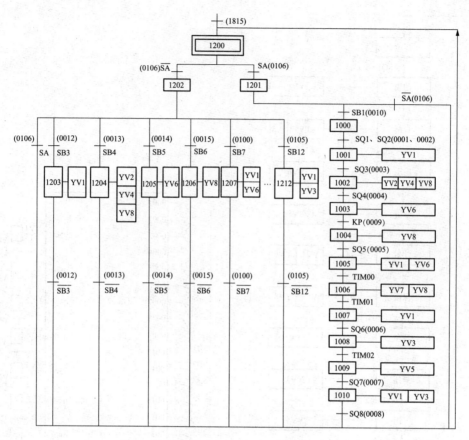

图 2-96　注塑机 PLC（C 系列）控制功能表图

先利用 1000～1015 构成一个 16 位的移位寄存器，就很容易设计出注塑机在自动循环状态时的梯形图，如图 2-97 所示。注塑机在自动循环状态时，每次都是从"原位"工步开始工作。进入原位工步的条件是自动状态继电器 1201 为"1"，此时接到移位寄存器 R 端的 1201、1213 触点均为闭合状态，使移位寄存器复位，则 1000～1015 均为"0"状态，移位寄存器 IN 端为"1"。按下自动循环启动按钮 SB1，接到移位寄存器 CP 端的 0010 触点接通（同时与此触点并联支路的 1213 触点闭合，等待循环转换条件 1011 的接通；R 端的 1213 触点断开）移位信号使 1000 被置"1"。若此时安全门行程开关 SQ1、SQ2 闭合，则 0001、0002 接通，移位寄存器应移位 1 次，使 1001 为"1"，进入"闭模"工步。若"闭模"到位，则 SQ3 被压下，0003 接通，寄存器应再移位 1 次，使 1002 为"1"，进入"合闸"工步。若"合闸"到位，则 SQ4 被压下，0004 接通，寄存器应再移位 1 次，使 1003 为"1"，进入"稳压"工步。当压力继电器动作时，0009 被接通，寄存器应再移位 1 次，使 1004 为"1"，进入"整进"工步。当"整进"至 SQ5 压下时，0005 接通，寄存器应再移位 1 次，使 1005 为"1"，进入"注射"工步。"注射"的同时开始计时，定时时间 t_1 结束后，应使寄存器再移位 1 次，使 1006 为"1"，进入"保压"工步。"保压"的同时开始计时，延时时间 t_2 结束后，应使寄存器再移位 1 次，使 1007 为"1"，进入"预塑"工步。"预塑"至 SQ6 被压下时，0006 被接通，应使寄存器再移位 1 次，使 1008 为"1"，进入"解压"工步。"解压"的同时开始计时，延时时间 t_3 结束后，应使寄存器再移位 1 次，使

1009 为 "1"，进入 "开闸" 工步。"开闸" 至 SQ7 压下时，0007 接通应使寄存器再移位 1 次，使 1010 为 "1"，进入 "起模" 工步。"起模" 至 SQ8 压下，0008 接通，应使寄存器再移位 1 次，使 1011 为 "1"，同时回到初始状态（1200 为 "1"）。若此时 SA 的状态没有发生变化，则又使 1201、1000 依次为 "1"，直至按下停止按钮 SB2，使 1213 状态改变时，机床停止在 1201 为 "1" 的位置上；若此时 SA 的状态发生变化，则回到手动状态（1202 为 "1"）下待命。在移位的过程中，下一工步被激活后，前一工步被立即关断。

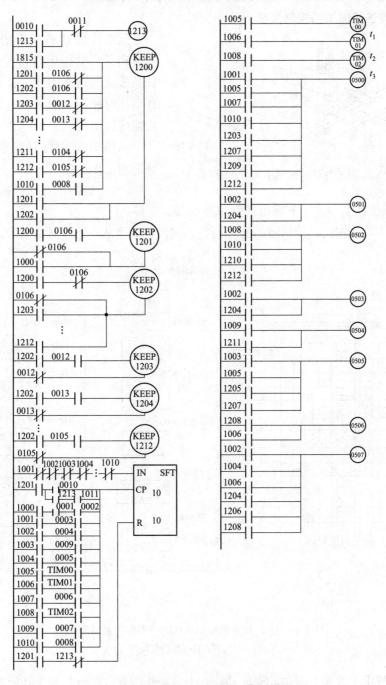

图 2-97 注塑机 PLC(C 系列) 控制梯形图

手动状态时，1202 被置"1"，各工步手动按钮作为 1202 向各手动工步转换的条件；各工步手动按钮复位，各手动工步结束。自动状态时各工步的转换条件，可作为手动时各工步结束的约束条件（该设计过程中没有考虑）。

根据上面的分析，可设计出图 2-97 所示的梯形图。

【例 2-66】　PLC 在工件传送机械手上的编程应用实践

1. 工件传送机械手的控制要求

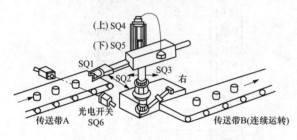

图 2-98　某工件传送机械手的示意图

某工件传送机械手的示意图如图 2-98 所示。其作用是将传送带 A 上的物品搬至传送带 B 上。图 2-99（a）为其动作时序图；图 2-99（b）为对应的功能流程图。

从图 2-99 中可以清楚地看到，机械手的工作过程如下：

0——初始状态：机械手处于原位状态，即右限位开关 SQ3、下限位开关 SQ5 受压。

1——按下启动按钮，传送带 B 开始运行，同时机械手从右下限开始上升。

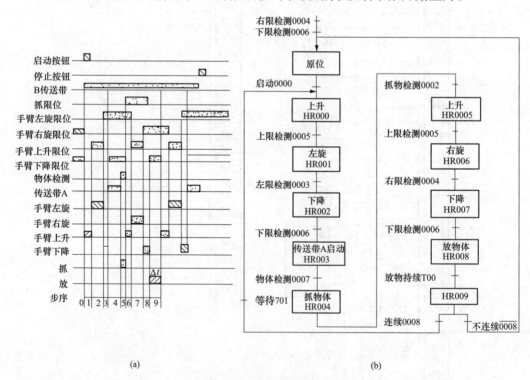

(a)　　　　　　　　　　　　　　(b)

图 2-99　工件传送机械手动作时序图和功能流程图

(a) 时序图；(b) 功能流程图

2——机械手上升至上限位，SQ4 动作，上升动作结束，同时机械手开始左旋动作。

3——机械手旋转至左限位，SQ2 动作，左旋动作结束，同时机械手开始下降动作。

4——机械手下降至下限位，SQ5 动作，下降动作结束，同时输送带 A 开始启动。

5——输送带 A 将工件传送进入光电开关检测区，SQ6 动作，输送带 A 停止运行，机械手开始抓物动作。

6——机械手抓住工件，SQ1 动作，抓物动作完成，同时机械手再次开始上升。

7——机械手上升至上限位，SQ4 动作，上升动作结束，同时机械手开始右旋动作。

8——机械手旋转至右限位，SQ3 动作，右旋动作结束，同时机械手开始下降动作。

9——机械手下降至下限位，SQ5 动作，下降动作结束，同时机械手开始放物动作，经 Δt 延时后，放物动作完成。

以上是机械手传送工件的一次完整的工作流程，系统中输送带 B 随机械手的运行状态而工作，即按下启动按钮开始运转，按下停止按钮结束运转。

要求机械手运行具有以下两种运行方式。

1）单周期运行：按下启动按钮，机械手完成一次传送工件任务后回到原位停止。

2）连续运行：按下启动按钮，机械手周而复始地执行传送工件任务。

机械手运行期间，若按下停止按钮，在完成一次完整的传送动作后，才结束工作（停在初始状态上）。

一般控制系统中考虑到系统的调试、维护工作，应设有手动控制功能。因手动控制编程较为简单，这里没作一一叙述。

2. PLC 输入/输出分析及机型选择

根据对机械手控制要求的分析，可确定输入信号有启动、停止按钮 SB1、SB2，行程开关 SQ1～SQ6 和运行方式选择开关 SA（闭合时为连续运行状态、断开时为单周期运行状态），共计 9 点输入；输出信号为上升、下降、左旋、右旋、抓物、放物以及输送带 A、B，共计 8 点。

综合分析系统要求，考虑到系统的经济性和技术指标，可选用欧姆龙公司微型 PLC，机型 C-20P。该机基本单元有 12 个开关量输入点，8 个开关量输出点，能够满足系统控制要求。

据此可做出工件传送机械手 PLC 控制的输入/输出分配，如图 2-100 所示。

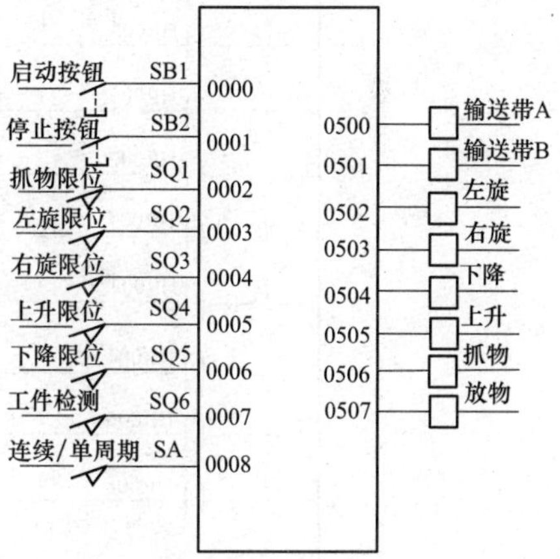

图 2-100 工件传送机械手 PLC
控制的输入/输出分配

3. 绘制梯形图

根据控制功能流程图，可采用移位寄存器控制方法编制相应的梯形图，如图 2-101 所示。

PLC 投入运行时，第 6 行初始化脉冲 1815 产生信号，使移位寄存器状态清零，因而移位寄存器 IN 端 9 个串联连接的动断触点 HR000～HR008 均为闭合状态，即将移位寄存器的 IN 端置"1"。由于机械手在工作时，移位寄存器中的"1"信号在 HR000～HR008 之间依次移动，所以在此期间 HR000～HR008 的动断触点总有一个处于断开状态，将几个动断触点串联连接可以保证机械手运行时移位寄存器的 IN 端禁止置"1"，以免产生误

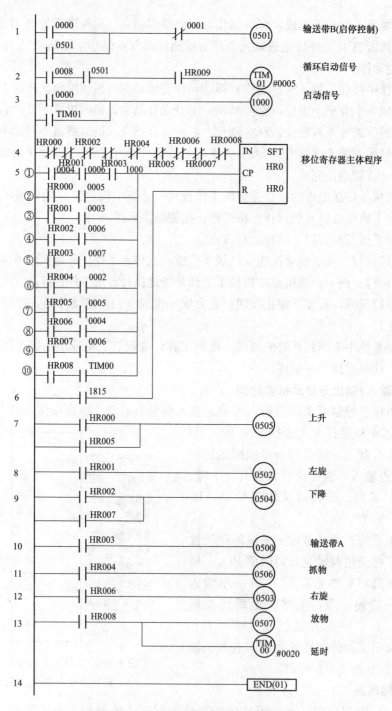

图 2-101　工件传送机械手 PLC 控制的梯形图

操作信号，这就保证了程序的可靠运行。

　移位寄存器的 CP 端接受 10 个并联支路的连接信号，每个支路由两部分触点串联而成，第一部分是所在的步位，第二部分是处于这个步位时的转换条件。第 5 行①支路由原位信号和启动信号两部分触点串联连接，当机械手处于原位时，限位开关 SQ3、SQ5 受压，0004、0006 触点为闭合状态，按下启动按钮，第 1 行 0000 触点闭合，0501 线圈通电且自保，传送带 B 开始运行；第 3 行 0000 触点闭合，1000 线圈通电，使得①支路 1000 触点闭合，此时 CP 接收到由断到通的信号产生移位，IN 端的"1"信号移至 HR0 通道的 00 位（即 HR000），第 7 行的 HR000 动合触点闭合，0505 线圈通电，机械手开始上升；同时 CP 端第②支路的步位信号 HR000 闭合等待转换条件 0005，当机械手上升到位碰到上限位 SQ4 后，0005 动合触点产生移位信号，"1"信号移至 HR001，第 8 行的 HR001 动合触点闭合，0502 线圈通电，机械手转为左旋；此时 CP 端第③支路的步位信号 HR001 闭合等待转换条件 0003，当机械手左旋到位碰到左限位 SQ2 后，0003 动合触点闭合产生移位信号，"1"信号移至 HR002，第 9 行的 MR002 动合触点闭合，0504 线圈通电，机械手转为下降；此时 CP 端第④支路的步位信号 HR002 闭合等待转换条件 0006，当机械手下降到位碰到下限位 SQ5 后，0006 动合触点闭合产生移位信号，"1"信号移至 HR003，第 10 行的 HR003 动合触点闭合，0500 线圈通电，输送带 A 启动运行；此时 CP 端第⑤支路的步位信号 HR003 闭合等待转换条件 0007，当输送带 A 将工件送到光电开关的检测范围内时，SQ6 动作，0007 触点闭合产生移位信号，"1"信号移至 HR004，第 11 行的 HR004 动合触点闭合，0506 线圈通电，机械手执行抓物；此时 CP 端第⑥支路的步位信号 HR004 闭合等待转换条件 0002，当抓物到位时 SQ1 动作，0002 动合触点闭合产生移位信号，"1"信号移至 HR005，第 7 行的 HR005 动合触点闭合，0505 线圈再次通电，机械手持工件上升；此时 CP 端第⑦支路的步位信号 HR005 闭合等待转换条件 0005，当机械手上升到位碰到上限位 SQ4 后，0005 动合触点闭合产生移位信号，"1"信号移至 HR006，第 12 行的 HR006 动合触点闭合，0503 线圈通电，机械手转为右旋；此时 CP 端第⑧支路的步位信号 HR006 闭合等待转换条件 0004，机械手右旋到位碰到右限位 SQ3 后，0004 动合触点闭合产生移位信号，"1"信号移至 HR007，第 9 行的 HR007 动合触点闭合，0504 线圈再次通电，机械手持工件下降；此时 CP 端第⑨支路的步位信号 HR007 闭合等待转换条件 0006，当机械手持工件下降到位碰到下限位 SQ5 后，0006 动合触点闭合产生移位信号，"1"信号移至 HR008，第 13 行的 HR008 动合触点闭合，0507 线圈通电，机械手执行放物，同时定时器 TIM00 线圈通电开始计时；此时 CP 端第⑩支路的步位信号 HR008 闭合等待转换条件 TIM00，经 2s 延时，TIM00 动合触点闭合产生移位信号，"1"信号移至 HR009；此时移位寄存器的 IN 端重新置"1"，等待下一次启动。至此，机械手完成一个周期的动作。若再次按下启动按钮，机械手将重复工作一个周期。

如果选择机械手连续运行方式，运行方式选择开关 SA 为闭合状态，第 2 行 0008 触点闭合，0501 触点也为闭合状态（当按下启动按钮后，第 1 行 0501 线圈通电，第 2 行 0501 动合触点即保持闭合状态等待循环启动信号），当机械手完成一个周期的动作后，"1"信号移至 HR0009，第 2 行 HR0009 触点闭合使定时器 TIM01 开始计时，0.5s 后使得第 3 行的 TIM01 触点闭合，1000 线圈再次通电，移位寄存器 CP 端①支路 1000 触点闭合，机械手重新开始工作，周而复始；当按下停止按钮 SB2 时，由于第 1 行 0001 动断触点断开，0501 线圈断电，输送带 B 停止运行；第 2 行 0501 动合触点为断开状态，因而在机械手完成一次完整的传送动作使 HR009 触点动作后，TIM01 仍不能产生信号驱动 1000，即机械手停止运行，不再循环。

【例 2-67】 送料车 PLC 控制的编程应用实践

1. 送料车的工艺要求

送料车如图 2-102 所示，该车由电动机拖动，电动机正转，小车前进，反转则后退。

小车原位处于后端，压下后限位开关。当合上启动开关时，小车前进，当运行至压下前限位开关后，打开装料斗门，延时 10s 后装料完毕小车后退，退至原位压下后限位开关，打开小车底门卸料（停 5s）。要求对小车的运行控制可手动操作和连续循环的自动控制。

2. PLC 的输入/输出分配

PLC 的输入/输出分配如图 2-103 所示。根据控制要求，程序主要由手动操作和自动控制两大部分组成。

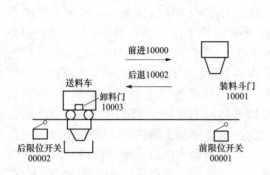

图 2-102　送料车运行过程

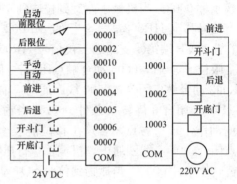

图 2-103　I/O 分配接线图

3. PLC 控制的编程

手动操作梯形图如图 2-104 所示。当选择手动操作工作方式时，把开关置于手动，00010 接通，执行手动操作程序。小车前进和后退设有互锁，并设置前进和后退限位保护。当按前进按钮时，00004 接通，10000 有输出，小车前进；当按后退按钮时，00005 接通，10002 有输出，小车后退。当小车在前端且按翻门按钮时，00006 接通，10001 有输出，打开翻斗门。当小车在后端且按开底门按钮时，00007 接通，10003 有输出，打开底门。

自动控制的步进流程图如图 2-105 所示。当选择自动控制工作方式时，把开关置于自动，00011 接通，执行自动控制程序。自动控制的梯形图如图 2-106 所示。小车运行自动控制过程如下：

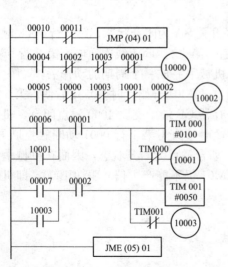

图 2-104　手动操作梯形图

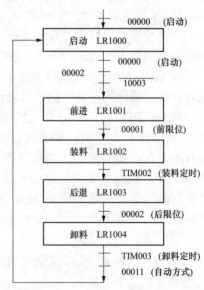

图 2-105　自动控制的步进流程图

PLC 开始运行时，由启动信号 00000 控制进入启动过程 LR1000。小车原位在后端，00002 接通。当启动开关 00000 接通时，则进入前进过程 LR1001，启动过程自动复位，10000 线圈接通，小车前进。小车压到前限位开关时 00001 接通，则进入装料过程 LR1002，前进过程自动复位，10001 线圈接通，翻斗门打开，同时，定时器 TIM002 开始计时。10s 后 TIM002 动合触点动作，进入后退过程 LR1003，装料过程自动复位，10002 线圈接通，小车后退。小车压到后限位开关时，00002 接通，进入卸料过程 LR1004，后退过程自动复位，1003 线圈接通，底门打开，同时，TIM003 开始计时，5s 后 TIM003 动合触点闭合，当工作方式选择自动连续时，00011 动合触点已闭合。此时，又进入前进过程，而卸料过程自动复位，小车完成了一个工作周期后，10000 又接通，小车又开始前进，小车就这样自动连续往返运行下去。打开小车自动运行方式开关 00011，小车立即停止运行。打开启动开关 00000 时，小车则运行完一个周期后自动停止。

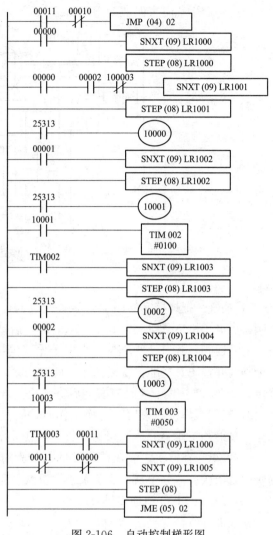

图 2-106 自动控制梯形图

【例 2-68】 PLC 在电子束焊机中的编程应用实践

电子束焊机是一种高能量密度的真空熔焊设备，广泛应用于航空航天、核工业、仪器仪表制造业、汽车工业等领域中。它集机械、真空、高电压、电控和电子光学等技术于一体，是一种技术密集型设备，控制系统十分复杂。

采用欧姆龙 CQM1H 中型机能达到如下目的。

（1）用通用 I/O 模块完成焊机的逻辑操作。

（2）利用 D/A 和 A/D 模块完成焊接参数的设定和采样。

（3）利用脉冲单元完成工作台拖动控制。

（4）利用人机界面完成人机通信、故障显示和参数打印。

下面仅介绍其中的抽真空动作过程开关量控制情况。

电子束焊机需要在真空环境中工作，其真空系统如图 2-107 所示。它由电子枪室和焊接室两套真空系统组成。正常工作时，电子枪室的真空压力要求低于 10^{-2}Pa 才能满足高压电源的绝缘要求。焊接室的真空压力低于 5Pa 时便可以工作。上下两室的压力差靠枪隔阀的特殊结构产生气阻来保证动态平衡。

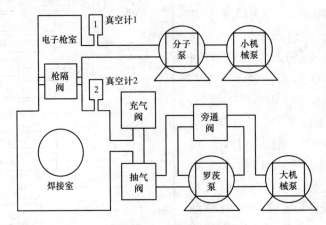

图 2-107 真空系统组成

（1）动作过程。

1）抽气。把焊接室的门关好后关充气阀，启动小机械泵和大机械泵，开旁通阀和抽气阀；当电子枪室真空压力低于 10 Pa 时，启动分子泵；当焊接室的真空压力低于 800Pa 时，关旁通阀，并启动罗茨泵；当电子枪室气压低于 10^2 Pa 而焊接室的气压低于 5Pa 时，开枪隔阀并输出真空准备就绪信号，此时，允许加电子束焊机电子枪供电电源，准备下束焊接。图 2-108 中两真空计有真空状态输出信号，每个状态设定值可分别设定。

2）充气。焊接结束后，更换工作时，需对焊接室充气。首先关枪隔阀，让小机械泵和分子泵继续工作。关抽气阀和罗茨泵，然后开充气阀。

3）停机。在停机之前，首先按抽气步骤对焊接室和电子枪室抽真空，然后关闭所有的阀门，依次关掉分子泵、罗茨泵、大机械泵和小机械泵。

（2）PLC 的 I/O 地址安排：

输入部分：

IR00100 小机械泵按钮	IR00200 枪隔阀关
IR00101 分子泵按钮	IR00201 枪隔阀开
IR00102 大机械泵按钮	IR00202 充气阀关
IR00103 罗茨泵按钮	IR00203 充气阀开
IR00104 枪隔阀按钮	IR00204 抽气阀关
IR00105 充气阀按钮	IR00205 抽气阀开
IR00106 抽气阀按钮	IR00206 旁通阀关
IR00107 旁通阀按钮	IR00207 旁通阀开
IR00108 自动抽气按钮	IR00208 真空计 1 的低真空信号
IR00109 自动充气按钮	IR00209 真空计 1 的高真空信号
IR00110 自动停机按钮	IR00210 真空计 2 的低真空信号
IR00111 手动/自动选择按钮	IR00211 真空计 2 的高真空信号
IR00112 小机械泵故障	

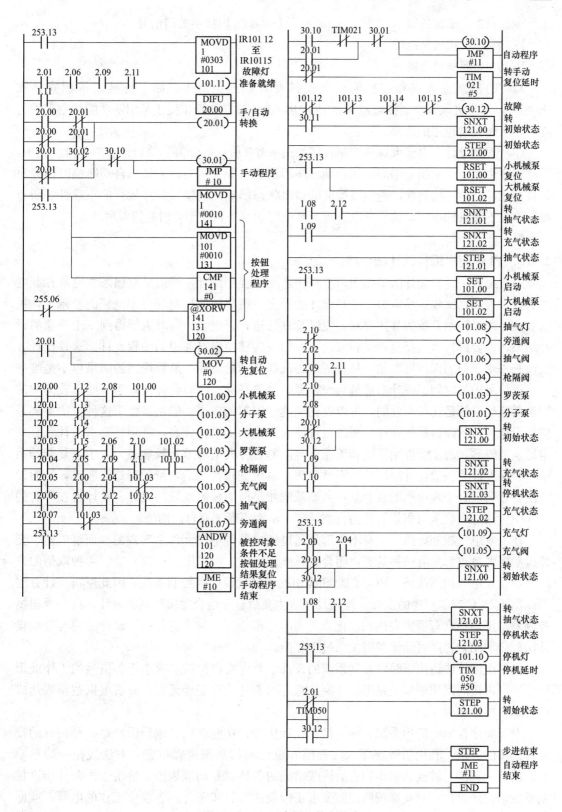

图 2-108 电子束焊机控制程序

IR00113 分子泵故障　　　　　　　　　　IR00212 焊接室关门信号

IR00114 大机械泵故障

IR00115 罗茨泵故障

对应的控制输入点和被控输出点安排在对应的位置上，如小机械泵按钮安排在 IR00l00，则小机械泵控制接触器接到 IR10100 上。这样的安排便于利用字功能指令来编写程序，从而提高程序的效率。

（3）程序设计。电子束焊机控制程序如图 2-108 所示，分为手动和自动两部分。其中，手动程序用组合逻辑指令编写，而自动程序用步进指令来编写。手动和自动转换时需先对各被控元件复位，再转换，避免转换前的输出状态影响到转换后程序运行的正确性。所有按钮均为不带自锁按钮，这样断电后重新来电时抽真空程序不会引起错误启动。

2.7.5　PLC 应用编程设计法小结

一般来说，经验设计法适用于简单控制系统的程序设计，特别是对熟悉继电器控制电路的技术人员，比较容易掌握。经验设计法是在一些典型的控制环节和电路的基础上，根据被控对象对控制系统的具体要求，凭经验进行选择、组合。有时为了得到一个满意的设计结果，需要进行多次反复调试和修改，增加一些辅助触点和中间编程元件。这种设计方法没有一个普遍的规律可遵循，具有一定的试探性和随意性，最后得到的结果也不是唯一的，设计所用的时间、设计的质量与设计者的经验有关。经验设计法对于一些比较简单的控制系统的设计是比较奏效的，可以收到快速、简单的效果。但是，由于这种方法主要是依靠设计人员的经验进行设计，所以对设计人员的要求也比较高，特别是要求设计者有一定的实践经验，对工业控制系统和工业上常用的各种典型环节比较熟悉。对于较复杂的系统，经验设计法一般设计周期长，不易掌握，系统交付使用后，维护困难，所以，经验设计法一般只适合于较简单的或与某些典型系统相类似的控制系统的设计。设计者在平时的工作中应注意多收集与积累各种的典型环节，从而不断丰富自己的经验。

在工业电气控制线路中，有不少都是通过继电器等电气元件来实现的。而继电器、交流接触器的触点都只有两种状态：闭合和断开，因此，可以用"1"和"0"两种取值的逻辑代数设计电气控制线路。PLC 的早期应用就是替代继电器控制系统，因此逻辑设计方法可以用于 PLC 应用程序的设计。逻辑设计法主要适合于组合逻辑控制的设计。首先要根据控制要求正确地列写逻辑表达式，化简后画出梯形图。一般来讲，逻辑设计法应与经验设计法配合使用，否则可能使逻辑关系过于复杂。

波形图设计法适用于时序控制系统的设计。首先要根据控制要求把各信号的工作波形画出来，再按时间用逻辑关系组合，要注意逻辑表达式应正确无误，最后根据逻辑表达式即可画出梯形图程序。

对于顺序控制的应用系统，除了经验设计法外，功能表图（流程图）是一种很好的设计梯形图的方法。利用功能表图（流程图）设计的梯形图逻辑严密、方法规范、简单易行。由若干工步、转换、动作和有向连线组成的整体就是功能表图。适用于按条件步进控制系统的程序设计，只要能按照控制要求正确表达出转步条件和各步应工作的电器，就能很方便地设计出梯形图程序。

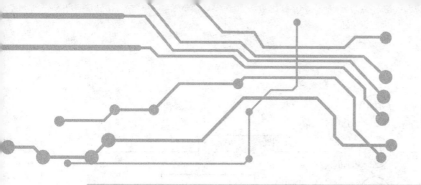

第 3 章

PLC工程应用的基本编程环节和典型小系统的设计编程实践

绝大多数读者学习 PLC 控制技术的主要目的是工程应用。而 PLC 的工程应用主要是通过编写用户程序来实现的。PLC 的基本控制环节是工程中经常要用到的,任何复杂的工程应用系统总是由一些基本的编程环节组成的。因此,要学用欧姆龙系列 PLC 技术,进行欧姆龙系列 PLC 开发应用工程实践,首先必须掌握一些 PLC 工程应用的基本编程环节和典型小系统的设计编程,具有事半功倍的作用。

3.1　PLC 工程应用的常用基本编程环节

【例 3-1】　延时电路

1. 瞬时输入延时断开电路（失电延时型时间继电器）

PLC 中的定时器都是通电延时型,即定时器的输入信号为 ON 时,定时器的设定值作减运算;当设定值减到 0 时,定时器输出一个信号。但在实际应用中,经常需要失电延时型的时间继电器,即通电时（定时器的输入信号为 ON）,定时器的输出瞬时动作,动合触点闭合,动断触点打开;而失电时（定时器的输入信号为 OFF）,延时一段时间后再复位。上述功能可用图 3-1 所示电路来实现。

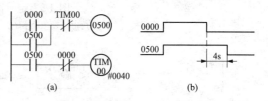

图 3-1　瞬时输入延时断开电路
(a) 梯形图；(b) 波形图

2. 双延时定时器电路

用图 3-2 所示可实现通电、断电都能延时的定时器。

【例 3-2】　定时器的扩展电路

图 3-3 (a) 所示电路输出继电器延时通电时间为 $t_1 + t_2$；图 3-3 (b) 所示电路输出继电器延时通电时间为 t. m。

【例 3-3】　分频电路

图 3-4 (a) 是用 DIFU (13) 指令组成的二分频电路,在第一个输入脉冲信号 0000 到来时,1000 接通一个扫描周期。因为第三行还未执行,CPU 执行第二行时,动合触点

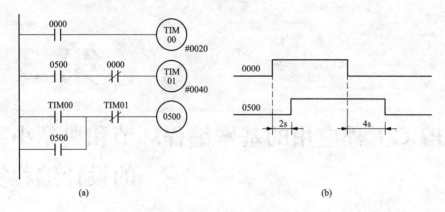

图 3-2　双延时定时器电路

（a）梯形图；（b）波形图

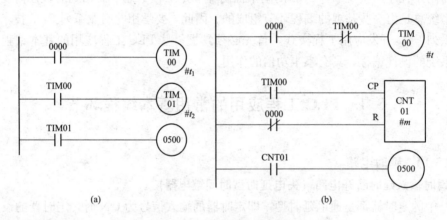

图 3-3　定时器的扩展电路

（a）定时器组合；（b）定时器和计数器组合

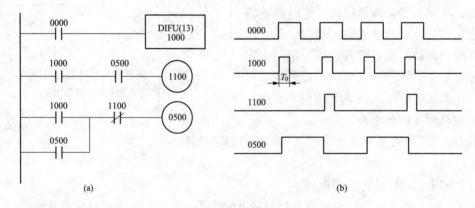

图 3-4　分频电路

（a）梯形图；（b）波形图

0500 仍断开，1100 为 OFF，其动断触点闭合。执行第二行时，输出继电器被接通并保持。当第二个输入脉冲 0000 到来，执行第二行时，动合触点 0500 已接通，1100 为 ON。执行第三行时，虽有触发脉冲 1000，因动断触点 1100 已断开，输入继电器变为 OFF，其时序如图 3-4（b）所示。按上述电路原理，PLC 可组成任意二进制分频电路。

【例 3-4】 脉冲发生器电路

在闪光电路中，无论是用两个定时器还是用两个计数器来组成，实际上都可以看作是脉冲发生器，改变闪光的频率和通断的时间比，实际上就是改变脉冲发生器的频率和脉冲宽度。在实际应用中，常用单个脉冲（即单脉冲触发器）来控制系统的启动、复位、计数器的清零和计数等。单脉冲往往是在信号变化时产生的，其宽度就是 PLC 扫描一遍用户程序所需的时间，即一个扫描周期，如图 3-5 所示。

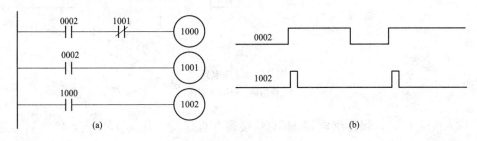

图 3-5　脉冲发生器
(a) 梯形图；(b) 波形图

如 0002 变为 ON，1000、1001 及 1002 为 ON，然后一个周期以后由于 1001 的动断触点断开时 1000 为 OFF，从而使 1002 断电，只产生一个脉冲，即单脉冲。用相同的思路，将图 3-5 中的 0002 动断触点，可实现当 0002 由 ON 变为 OFF 时，使输出 1002 产生一个周期的单脉冲。如果用前沿微分指令，也可以构成单脉冲发生器。

【例 3-5】 多谐振荡电路

多谐振荡电路可以产生有特定的通/断间隔的时序脉冲，常用它来作为脉冲信号源，也可用它来代替传统的闪光报警继电器，作为闪光报警，如图 3-6 所示。由梯形图程序可知，可以通过设定两个定时器的设定值来确定所产生脉冲的占空比。

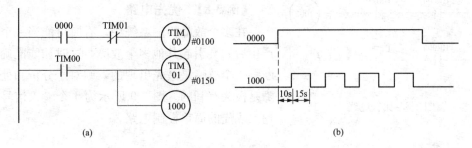

图 3-6　多谐振荡电路
(a) 梯形图；(b) 波形图

【例 3-6】 保持电路

保持电路是可以实现掉电保护的电路。在 PLC 运行时，有可能电源突然中断掉电，

PLC 有关内部辅助继电器和输出继电器被断开，当电源重新恢复后，难以维持掉电前的状态。某些特殊的场合下，为了保持掉电前的状态，以便当重新送电后，能保持被控设备的工作的连续性，可采用保持继电器，如图 3-7 所示。

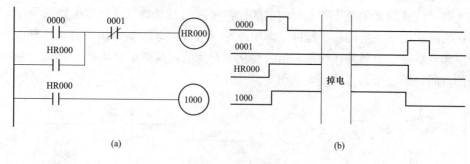

图 3-7　保持电路

(a) 梯形图；(b) 波形图

当输入接通 0000，保持继电器 HR000 接通并自保持，1000 有输出，停电后再通电，1000 仍然有输出。这是因为 HR000 有电池的保护，只有当 0001 触点断开，才能使 HR000 的自我保持消失，从而使 1000 无输出。

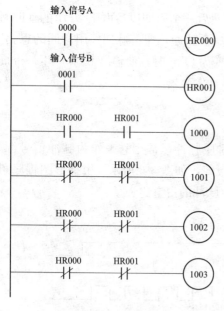

图 3-8　比较电路

【例 3-7】　比较电路（译码电路）

比较电路如图 3-8 所示。电路预先设好输出的要求，然后对输入的信号 A、B 进行比较，接通某一输出。

当 0000、0001 同时接通，1000 有输出。

当 0000、0001 都不接通，1001 有输出。

当 0000 接通，0001 不接通，1000 有输出。

当 0000 不接通，0001 接通、1003 有输出。

【例 3-8】　优先电路

在多个故障检测系统中，有时可能当一个故障产生后，会引起其他多个故障，这时如能准确地判断哪一个故障是最先出现的，则对于分析和处理故障是极为有利的。图 3-9 所示为 4 个输入信号的先输入优先的简单控制电路。

【例 3-9】　计数器的扩展电路

欧姆龙的 C 系列 PLC 计数器的计数范围是 0～9999，当需要计数的数值超过了这个最大计数值时，可以将两个或多个计数器串级组合，以达到扩大计数范围的目的。

图 3-10 所示电路能计数 1 000 000 次，0000 为计数脉冲输入端，0001 为 CNT 的复位端。当 CNT00 计数到 1000 次时，CNT00 接通一个扫描周期，将自身复位后继续计数，同时向 CNT01 的 CP 端输入一个计数脉冲，CNT01 作一次减 1 计数。当 CNT01 计满 1000

次时，CNT01 为 ON，0500 导通，此时 CNT00 已计数 1 000 000 次。

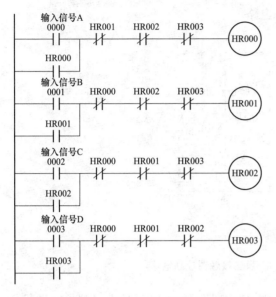

图 3-9 多输入信号的优先电路

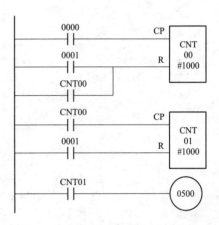

图 3-10 计数器的扩展

【例 3-10】 单按钮启停控制电路

通常一个电路的启动和停止控制是由两只按钮分别完成的，当一台 PLC 控制多个这种具有启停操作的电路时，将占用很多输入点。一般整体式 PLC 的输入/输出点是按 3∶2 的比例配置的，由于大多数被控设备是输入信号多，输出信号少，有时在设计一个不太复杂的控制电路时，也会面临输入点不足的问题。因此用单按钮实现启停控制的意义日益重要，这也是目前广泛应用单按钮启停控制电路的一个原因。

用计数器实现的单按钮启停控制电路如图 3-11 所示。当按钮 0000 按第一下时，输出 0500 接通，并自保持，1000 产生一脉冲，计数器 CNT00 计数为 1；当按钮 0000 第二次按下时计数器 CNT00 计数为 2，计数器 CNT00 接通，它的动断触点断开输出 0500，它的动合触点使计数器 CNT00 复位，为下次计数做好准备。从而实现了用一只按钮完成奇次计数时启动，偶次计数时停止的控制。

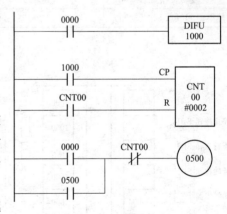

图 3-11 单按钮启停控制电路

3.2 典型小系统 PLC 控制编程应用实践

【例 3-11】 电动机正/反转 PLC 控制

许多生产机械常常要求具有上下、左右、前后等相反方向的运动，这就要求电动机能正、反向转动。对于交流异步电动机，可用正、反向接触器改变定子绕组通电电流的相序来实现。三相异步电动机正、反转接触器控制电路如图 3-12 所示，该电路具有正、反转互锁、过载保护功能，是许多中小型机械的常用电路。

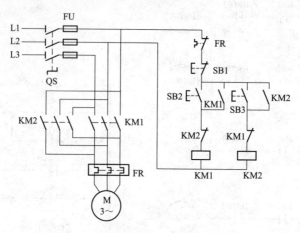

图 3-12　三相异步电动机正/反转接触器控制电路

应用 PLC 实现对电动机的正、反转控制时，先对 PLC 的输入/输出点（端子）进行分配，见表 3-1。PLC 外部接线如图 3-13（a）所示，PLC 控制梯形图如图 3-13（b）所示。

表 3-1　　　　　　　　　　电动机正反转控制 PLC 输入/输出点分配

输入电器	输入点	输出电器	输出点
停止按钮 SB1（动断）	00001	正转接触器 KM1	10001
正转按钮 SB2	00002	反转接触器 KM2	10002
反转按钮 SB3	00003		
热继电器触点 FR（动断）	00004		

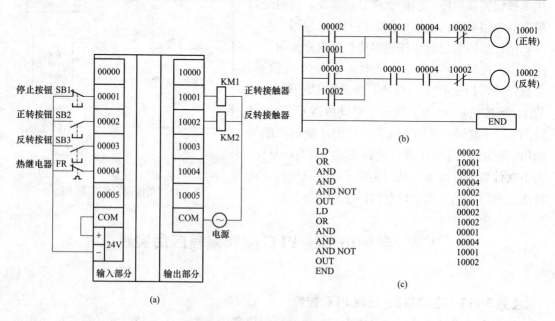

图 3-13　电动机正/反转的 PLC 控制
（a）PLC 外部接线；（b）梯形图；（c）指令助记符程序

按下正转按钮 SB2，输入继电器动合触点 00002 接通，输出继电器 10001 接通并自锁，接触器 KM1 闭合，电动机正转。按下停止按钮 SB1，输入继电器 00001 动断触点断开，输出继电器 10001 断开，接触器 KM1 断开，电动机停止。按下反转按钮 SB3，输入继电器 00003 接通，输出继电器 10002 接通并自锁，接触器 KM2 闭合，电动机反转。按下停止按钮 SB1，电动机停转。如果电动机在运行中发生过载，热继电器 FR 触点动作，输入继电器 00004 断开，输出继电器 10001 或 10002 都会断开，正转接触器或反转接触器会断开，电动机停止工作，避免损坏电动机。

图 3-13（b）梯形图对应的指令助记符程序如图 3-13（c）所示。

【例 3-12】 电动机Y/△启动 PLC 控制

三相笼型异步电动机全压直接启动时，启动电流是正常工作电流的 5～7 倍，当电动机功率较大时，很大的启动电流会对电网造成冲击。对于正常运转时定子绕组作三角形（△）联结的电动机，启动时先使定子绕组接成星形（Y），电动机开始启动，待电动机达到一定转速时，再把定子绕组改成三角形联结，使电动机正常运行。

电动机Y/△启动接触器控制电路如图 3-14 所示。控制要求：按启动按钮时，接触器 KM1 和 KM2 同时闭合，电动机按Y联结启动；3s 后 KM2 断开，换成 KM3 闭合而 KM1 仍保持闭合，电动机按△联结运行。任何时候按停止按钮，接触器 KM1、KM2 和 KM3 都断开，电动机停机。应用 PLC 控制电动机Y/△启动时，先对 PLC 的输入点和输出点进行分配，见表 3-2。PLC 外部接线如图 3-15（a）所示，PLC 控制梯形图如图 3-15（b）所示。

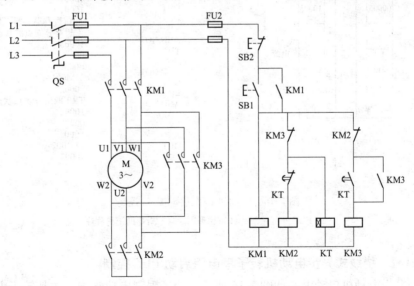

图 3-14 电动机Y/△启动接触器控制电路

表 3-2 电动机Y/△启动控制 PLC 输入/输出点分配

输入电器	输入点	输出电器	输出点
启动按钮 SB1	00001	接触器 KM1	10001
停止按钮 SB2（动合）	00002	接触器 KM2	10002
		接触器 KM3	10003

　　按下启动按钮 SB1，输入继电器 00001 接通，输出继电器 10001 和 10002 接通，接触器 KM1 和 KM2 闭合，电动机绕组接成丫启动。同时，定时器 TIM001 开始延时，3s后其动断触点断开，输出继电器 10002 断开，接触器 KM2 断开。定时器 TIM002 延时0.1s 后其动合触点接通，输出继电器 10003 接通，接触器 KM3 接通，电动机绕组接成△运行。按下停止按钮 SB2，输入继电器 00002 动断触点断开，输出继电器 10001 断开并解除自锁，同时，输出继电器 10003 也断开，接触器 KM1 和 KM3 都断开，电动机停止运转。程序中用定时器 TIM002 延时 0.1s 控制丫/△换接时间，以防止换接瞬间发生相间短路。

　　图 3-15（b）梯形图对应的指令助记符程序如图 3-15（c）所示。

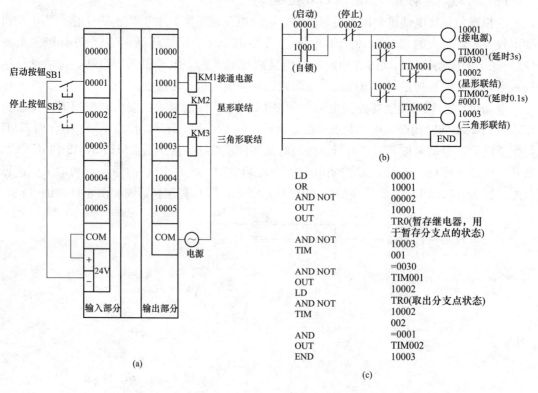

图 3-15　电动机丫/△启动 PLC 控制

（a）PLC 外部接线；（b）梯形图；（c）指令助记符程序

【例 3-13】　绕线式异步电动机转子串电阻启动 PLC 控制

　　绕线式异步电动机启动电路如图 3-16 所示。为了限制启动电流，在其转子电路中串入电阻。启动时，接触器 KM1 合上，串入整个电阻（$R_1+R_2+R_3$）启动；启动 2s 后，接触器 KM4 接通，将电阻短接掉一段，剩下电阻 R_2+R_3；经过 1s，接触器 KM3 接通，串入电阻改为 R_3；再经过 0.5s，接触器 KM2 也合上，转子外接电阻全部短接，电动机启动完毕，投入正常工作。

　　绕线式异步电动机启动控制 PLC 输入/输出点分配见表 3-3。PLC 外部接线如图 3-17（a）所示，PLC 控制梯形图如图 3-17（b）所示。

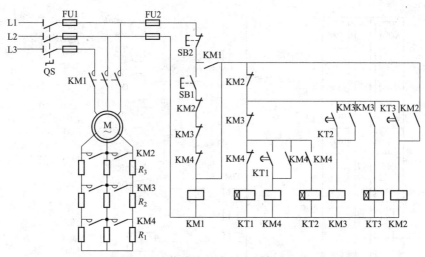

图 3-16　绕线式异步电动机启动电路

表 3-3　　　　　　绕线式异步电动机启动控制 PLC 输入/输出点分配

输入电器	输入点	输出电器	输出点
停动按钮（动合）	00000	接触器 KM1	10001
启止按钮 SB1	00001	接触器 KM2	10002
		接触器 KM3	10003
		接触器 KM4	10004

按下启动按钮 SB1，输入继电器 00001 接通，输出继电器 10001 接通并自锁，接触器 KM1 闭合接通三相电源，电动机转子串电阻 $R_1+R_2+R_3$ 启动，同时定时器 TIM001 开始延时。2s 定时时间到，TIM001 的动合触点闭合，输出继电器 10004 接通，使接触器 KM4 闭合，电动机转子所串电阻改为 R_2+R_3，同时定时器 TIM002 开始延时。1s 延时时间到，TIM002 动合触点闭合，输出继电器 10003 接通，使接触器 KM3 闭合，电动机转子所串电阻改为 R_3，同时定时器 TIM003 开始延时。0.5s 时间到，TIM003 动合触点闭合，输出继电器 10002 接通，使接触器 KM2 闭合，转子外接电阻全部短接，电动机启动完毕。任何时候按下停止按钮，输入继电器 00000 动断触点断开，输出继电器 10001 断开且定时器全部复位，则接触器 KM1～KM4 全部断开，电动机停止。

图 3-17（b）梯形图对应的指令助记符程序如图 3-17（c）所示。

【例 3-14】　运料小车自动往返运动 PLC 控制

运料小车在左端（由行程开关 SQ1 限位）装料，右端（由行程开关 SQ2 限位）卸料，其运行示意图如图 3-18 所示。控制要求：运料小车启动后先向左行，到左端下装料，20s 后装料结束，开始右行，到右端停下卸料，10s 后卸料完毕，又开始左行。如此自动往复循环，直到按下停止按钮，小车才停止工作。运料小车运行接触器控制电路如图 3-19 所示。

应用 PLC 控制运料小车自动往返运动的输入/输出点分配见表 3-4。PLC 外部接线如图 3-20（a）所示，PLC 控制梯形图如图 3-20（b）所示。

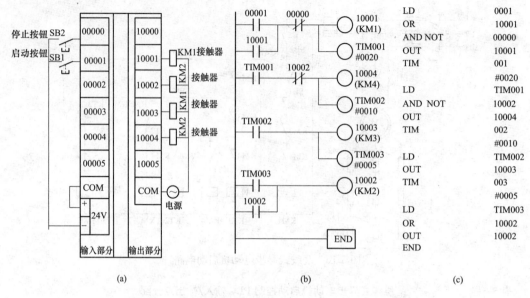

图 3-17　绕线式异步电动机转子串电阻启动 PLC 控制

(a) PLC 外部接线图；(b) 梯形图；(c) 指令助记符程序

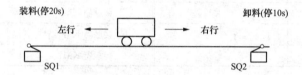

图 3-18　运料小车运行示意图

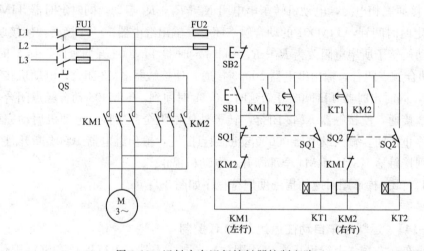

图 3-19　运料小车运行接触器控制电路

表 3-4　　　　　运料小车自动往返运动控制 PLC 输入/输出点分配

输入电器	输入点	输出电器	输出点
停动按钮（动合）	00000	左行接触器 KM1	10001
行程开关 SQ1	00001	右行接触器 KM2	10002
行程开关 SQ2	00002		
启动按钮 SB1	00003		

按下启动按钮 SB1，输入继电器 00003 接通，内部辅助继电器 01600 接通并自锁，用作小车允许工作控制。同时，输出继电器 10001 接通并自锁，左行接触器 KM1 接通，使小车向左运动。当碰到左端行程开关 SQ1 时，输入继电器 00001 动断触点断开，使输出继电器 10001 断开，左行接触器 KM1 断电，小车停止运动。同时，00001 动合触点闭合，定时器 TIM001 开始延时，20s 定时时间到，TIM001 触点闭合，使输出继电器 10002 接通并自锁，右行接触器 KM2 接通，使小车向右运动。当碰到右端行程开关 SQ2 时，输入继电器 00002 动断触点断开，使输出继电器 10002 断开，右行接触器 KM2 断电，小车停止运动。同时，00002 的动合触点闭合，定时器 TIM002 开始延时，10s 定时时间到，TIM002 触点闭合，使输出继电器 10001 接通并自锁，左行接触器 KM1 又接通，小车又开始向左运动。如此周而复始，直到按下停止按钮、输入继电器 00000 的动断触点断开，使内部辅助继电器 01600 断开，其动合触点不断开，使输出继电器都断开，因而接触器都断电，小车停止运动。

图 3-20（b）梯形图对应的指令助记符程序如图 3-20（c）所示。

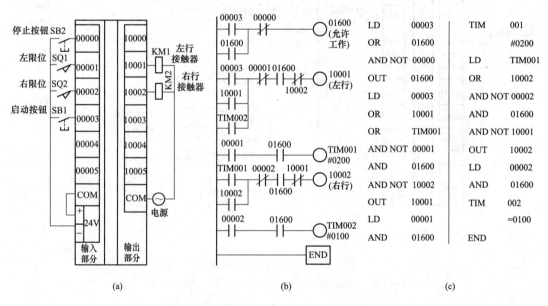

图 3-20　运料小车自动往返运动 PLC 控制

（a）PLC 外部接线图；（b）梯形图；（c）指令助记符程序

【例 3-15】　周期性通断 PLC 控制

周期性通断电路是广泛应用的一种实用控制电路，它既可以控制灯光的闪烁，又可以控制其他负载，如电铃、蜂鸣器等。周期性通断控制通常用两个定时器或两个计数器来实现。应用 PLC 控制周期性通断的输入和输出分配见表 3-5。PLC 外部接线如图 3-21（a）所示，PLC 控制梯形图如图 3-21（b）所示。

表 3-5　　　　　　　　周期性通断控制 PLC 输入/输出点分配

输入电器	输入点	输出电器	输出点
启动按钮	00002	闪烁灯	10001
停止铵钮（动合）	00003		

按下启动按钮，输入继电器 00002 接通，内部辅助继电器 01600 接通并自锁，01600 动合触点闭合，输出继电器 10001 接通，闪烁灯亮，同时定时器 TIM000 开始延时。1s 定时时间到，其动断触点断开，使 10001 断开，闪烁灯暗，而 TIM000 的动合触点闭合，定时器 TIM001 开始定时。1s 定时时间到，TIM001 动断触点断开，使定时器 TIM000 复位，其动断触点恢复闭合使 10001 接通；闪烁灯亮，而 TIM000 的动合触点断开使定时器 TIM001 也复位。如此周而复始，从 10001 控制外接闪烁灯周期性通断，直到按下停止按钮，输入继电器 00003 动断触点断开，内部辅助继电器 01600 断开，整个系统停止工作。改变 TIM000 的定时时间可改变接通时间的长短，改变 TIM001 的定时时间可改变断开时间的长短。

图 3-21（b）梯形图所对应的指令助记符程序如图 3-21（c）所示。

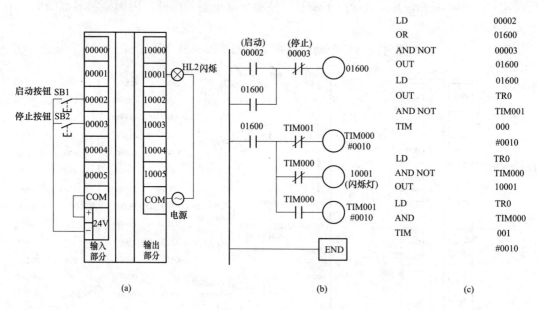

(a) (b) (c)

图 3-21　周期性通断 PLC 控制

(a) PLC 外部接线图；(b) 梯形图；(c) 指令助记符程序

【例 3-16】　传送带卡阻检测与报警 PLC 控制

图 3-22　用 PLC 监视产品传送带示意图

利用 PLC 为图 3-22 所示的某产品传送带控制系统设计一个定时监视器程序。若已知产品 P 传送经过光电传感器 PH1 后，正常情况下 1min 内必定到达光电传感器 PH2 处。若 1min 内不能从 PH1 到达 PH2，则说明传送带发生了卡阻现象，应立即发出故障报警信号。要求故障报警以 0.5s 通、0.5s 断的频率断续工作，直到外部报警复位按钮 SB1 闭合才停止故障报警。检测产品传送带控制 PLC 输入/输出点分配见表 3-6。PLC 外部接线如图 3-23（a）所示，PLC 控制梯形图如图 3-23（b）所示。

表 3-6		检测产品传送带控制 PLC 输入/输出点分配	
输入电器	输入点	输出电器	输出点
报警复位按钮 SB1（动合）	00000	蜂鸣器 HA	10000
光电传感器 PH1	00001		
光电传感器 PH2	00002		

当产品经过光电传感器 PH1 时，输入继电器 00001 接通，内部辅助继电器 01600 接通并自锁，01600 的动合触点闭合，定时器 TIM000 开始延时。如果产品在 60s 内到达光电传感器 PH2，则输入继电器 00002 的动断触点断开，内部辅助继电器 01600 断开，定时器 TIM000 复位不报警。如果产品在 60s 内不能到达光电传感器 PH2，则定时器 TIM000 的动合触点闭合，内部辅助继电器 01601 接通并自锁，其动合触点闭合，通过特殊继电器 25502 使输出继电器 10000 通 0.5s、断 0.5s，使外接蜂鸣器 HA 断续报警。直到操作人员按下报警复位按钮 SB1，输入继电器 00000 的动断触点断开，内部辅助继电器 01600 和 01601 都断开，使输出继电器 10000 断开，停止报警。

图 3-23（b）梯形图对应的指令助记符程序如图 3-23（c）所示。

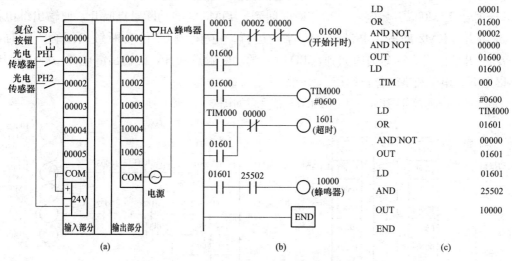

图 3-23　传送带卡阻检测与报警 PLC 控制

(a) PLC 外部接线图；(b) 梯形图；(c) 指令助记符程序

【例 3-17】 多级皮带输送机 PLC 控制

多级皮带输送机示意图如图 3-24 所示。控制要求如下。

（1）按启动按钮，电动机 M3 启动；2s 后 M2 自动启动；M2 启动 2s 后 M1 自动启动。

（2）按停止按钮，电动机 M1 停车；3s 后 M2 自动停车；M2 停车 3s 后 M3 自动停车。

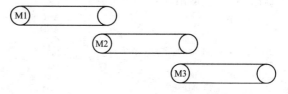

图 3-24　多级皮带输送机示意图

（3）当 M2 异常停车时，M1 也跟着立即停车；3s 后 M3 自动停车。

（4）当 M3 异常停车时，M1 和 M2 也跟着立即停车。

多级皮带输送机控制 PLC 输入/输出点分配见表 3-7。PLC 外部接线如图 3-25（a）所示，PLC 控制梯形图如图 3-25（b）所示。

表 3-7 　　　　　　　　　多级皮带输送机控制 PLC 输入/输出点分配

输入电器	输入点	输出电器	输出点
停止按钮（动合）	00000	电动机 M1 接触器 KM1	10001
启动按钮	00001	电动机 M2 接触器 KM2	10002
		电动机 M3 接触器 KM3	10003

按下启动按钮，输入继电器 00001 接通，输出继电器 10003 接通并自锁，接触器 KM3 闭合，电动机 M3 启动，同时定时器 TIM001 开始定时。2s 定时时间到，定时器 TIM001 动合触点闭合，输出继电器 10002 接通，接触器 KM2 闭合，电动机 M2 启动，同时定时器 TIM002 开始定时。2s 定时时间到，定时器 TIM002 动合触点闭合，输出继电器 10001 接通，接触器 KM1 闭合，电动机 M1 启动。多级皮带输送机启动完毕，正常工作。按下停止按钮，输入继电器 00000 接通，内部辅助继电器 01600 接通并自锁。01600 动断触点断开，使输出继电器 10001 断开，KM1 断开，电动机 M1 停止运行。由于 10001 的动断触点闭合，定时器 TIM003 开始定时。3s 定时时间到，TIM003 的动断触点断开，使输出继电器 10002 断开，KM2 断开，电动机 M2 停止运行。由于 10002 的动断触点闭合，定时器 TIM004 开始定时。3s 定时时间到，TIM004 的动断触点断开，使输出继电器 10003 断开，KM3 断开，电动机 M3 停止运行。

图 3-25（b）梯形图对应的指令助记符程序如图 3-25（c）所示。

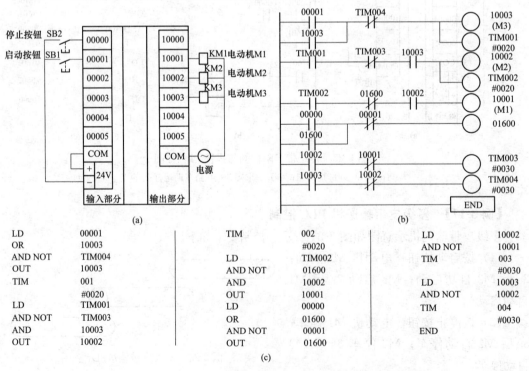

LD	00001
OR	10003
AND NOT	TIM004
OUT	10003
TIM	001
	#0020
LD	TIM001
AND NOT	TIM003
AND	10003
OUT	10002

TIM	002
	#0020
LD	TIM002
AND NOT	01600
AND	10002
OUT	10001
LD	00000
OR	01600
AND NOT	00001
OUT	01600

LD	10002
AND NOT	10001
TIM	003
	#0030
LD	10003
AND NOT	10002
TIM	004
	#0030
END	

(c)

图 3-25　多级皮带输送机 PLC 控制

（a）PLC 外部接线图；（b）梯形图；（c）指令助记符程序

【例 3-18】 分段传送带电动机 PLC 控制

用 PLC 来启动和停止分段传送带的驱动电动机，使那些只载有物体的传送带运转，没有载物的传送带停止运行，以节省能源，如图 3-26 所示。图中传送带 3 电动机始终保持运转，金属板正在传送带 3 上输送。在两段传送带相邻接的地方装有接近开关传感器，一旦金属板进入传感器 3 的检测范围，PLC 便控制传送带 2 的电动机开始工作；当金属板前端进入传感的检测范围，PLC 便控制传送带 1 的电动机开始工作。当金属板后端移出传感器 2 的检测范围时，定时器开始延时，经一定时间后停止传送带 2 电动机运行。当金属板后端移出传感器 1 的检测范围时，经延时后停止传送带 1 电动机运行。分段传送带电动机控制

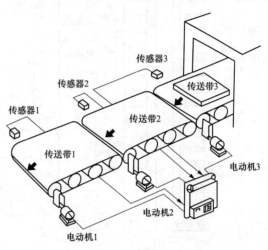

图 3-26　分段传送带示意图

PLC 输入/输出点分配见表 3-8。PLC 外部接线如图 3-27（a）所示，PLC 控制梯形图如图 3-27（b）所示。

表 3-8　　　　　　　　　分段传送带电动机控制 PLC 输入/输出点分配

输入电器	输　入　点	输出电器	输　出　点
传感器 1	00001	电动机 1 接触器 KM1	10001
传感器 2	00002	电动机 2 接触器 KM2	10002
传感器 3	00003	电动机 3 接触器 KM3	10003

在图 3-27（b）中，25313 是始终保持接通的特殊继电器，因此输出继电器 10003 始终接通，使传送带 3 电动机始终保持运转。当金属板的前端被传感器 3 检测到时，输入继电器 00003 闭合，输出继电器 10002 接通并自锁，接触器 KM2 接通，传送带 2 电动机开始运转，金属板被传送到传送带 2 上。当金属板的前端被传感器 2 检测到时，输入继电器 00002 闭合，输出继电器 10001 接通并自锁，接触器 KM1 接通，传送带 1 电动机开始运转。当金属板的后端离开传感器 2 时，输入继电器 00002 的动断触点恢复闭合，定时器 TIM000 开始延时，2s 后金属板已移入传送带 1，TIM000 定时时间到，其动断触点断开，输出继电器 10002 断开，接触器 KM2 断开，传送带 2 电动机停止运转。当金属板的前端被传感器 1 检测到时，输入继电器 00001 闭合，内部辅助继电器 01600 接通并自锁。当金属板的后端离开传感器 1 时，输入继电器 00001 的动断触点恢复闭合，定时器 TIM001 开始延时，2s 后金属板已移出传送带 1，TIM001 定时时间到，其动断触点断开，输出继电器 10001 断开，接触器 KM1 断开，传送带 1 电动机停止运转。

图 3-27（b）梯形图对应的指令助记符程序如图 3-27（c）所示。

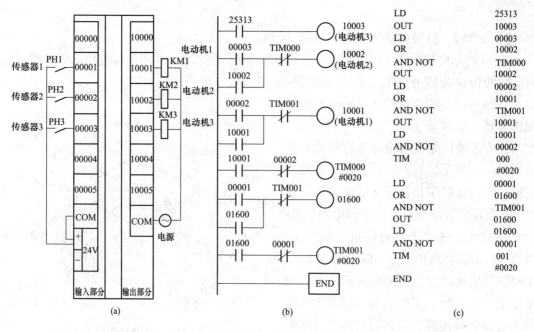

图 3-27   分段传送带电动机 PLC 控制

（a）PLC 外部接线图；（b）梯形图；（c）指令助记符程序

【例 3-19】   产品检查与分选 PLC 控制

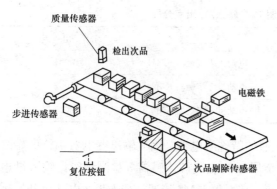

图 3-28   PLC 在产品质量检查与
分选中的应用示意图

PLC 在产品质量检查与分选中的应用示意图如图 3-28 所示。带式输送机匀速运转，从前一道工序过来的产品按等间距排列。输送机入口处每进来一个产品，步进传感器就会发一个脉冲。同时，用产品质量传感器检测输送机入口处的产品是否合格，如果产品合格，该传感器输出逻辑"0"信号；如果产品不合格，则输出逻辑"1"信号。不合格产品信号记忆下来。当不合格产品移到电磁铁机构位置（第 6 个工位）时，电磁铁动作，将不合格产品推出。当检测到不合格产品已推出时，次品剔除传感器输出一个脉冲，使电磁铁断电，推杆缩回。产品检查与分选控制 PLC 输入/输出点分配见表 3-9。外部接线如图 3-29（a）所示，PLC 控制梯形图如图 3-29（b）所示。

表 3-9   产品检查与分选控制 PLC 输入/输出点分配

输入电器	输入点	输出电器	输出点
产品质量传感器 PH1	00000	次品剔除电磁铁接触器 KM	10002
步进传感器 SQ	00001		
次品剔除传感器 PH2	00002		
复位按钮（动合）	00003		

工作中，带式输送机入口每进来一个产品，步进传感器就会发一个脉冲，输入继电器00001就接通一次，移位寄存器通道HR00中的各个位就左移1位。如果是合格品，产品质量传感器输出逻辑"0"，输入继电器00000断开，则逻辑"0"移到HR0000中；如果检测到不合格品，产品质量传感器输出逻辑"1"，输入继电器00000接通，则逻辑"1"移到HR0000中。当带式输送机上的不合格品移到电磁铁工位时，HR0000中的"1"正好移到HR0006中，于是HR0006的动合触点闭合，输出继电器10002接通并自锁，接触器KM通电，电磁铁推杆伸出，将不合格品剔除。当检测到不合格品已推出时，次品剔除传感器输出脉冲，使输入继电器00002动断触点断开，于是输出继电器10002断开，接触器KM断电，电磁铁推杆缩回，完成不合格品的自动剔除工作。

图3-29（b）梯形图对应的指令助记符程序如图3-29（c）所示。

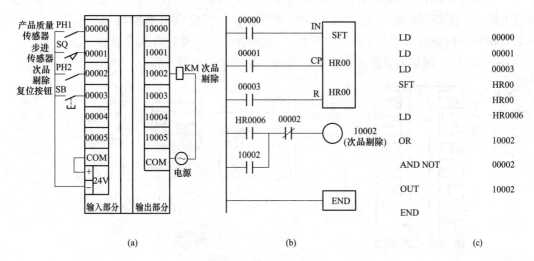

图 3-29　产品检查与分选 PLC 控制

（a）PLC 外部接线图；（b）梯形图；（c）指令助记符程序

【例 3-20】　自动注油 PLC 控制

用 PLC 控制装配线上的齿轮或轴承的润滑油加注，如图 3-30 所示。需加注润滑油的一个齿轮或轴承走到预定位置时，传感器便发出信号，通过 PLC 去打开一个电磁阀，向齿轮加注一定量的润滑油，然后再将电磁阀关闭。油罐中的润滑油的油位用一个传感器进行检测，当油位低于某一数值时，此传感器向 PLC 上发出一个信号，PLC 相应输出信号使缺油指示灯闪烁，提示操作人员向油罐加油。这种自动润滑油加注机构减少了机件的磨损，提高了装配线的生产效率，降低了驱动电动机的能耗。自动注油控制 PLC 输入/输出点分配见表 3-10。PLC 外部接线如图 3-31（a）所示，PC 控制梯形图如图 3-31（b）所示。

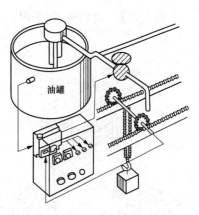

图 3-30　PLC 在自动注油中的应用示意图

表 3-10　　　　　　　　自动注油控制 PLC 输入/输出点分配

输入电器	输入点	输出电器	输出点
注油位置检测	00000	注油电磁阀 YV	10000
油罐油位下限	00001	缺油报警指示灯 HL	10001

每当齿轮或轴承走到预定点时，被注油位置传感器检测到，输入继电器 00000 接通，经上升沿微分指令（DIFU）后，内部辅助继电器 01600 接通一个扫描周期，输出继电器 10000 接通并自锁，注油电磁阀线圈通电，打开注油电磁阀并开始注油，同时定时器 TIM000 开始延时。1s 延时时间到，其动断触点断开，使输出继电器 10000 断开，注油电磁阀线圈断电，注油电磁阀自动关闭，停止注油。

当油罐中的润滑油即将用完时，其油位低于下限值，油位传感器接通，输入继电器 00001 接通，而 25502 是 1s 周期脉冲的特殊继电器，因此输出继电器 10001 通 0.5s，断 0.5s，即缺油报警指示灯 HL 点亮（闪烁），提示操作人员及时对油罐加油。

图 3-31（b）梯形图对应的指令助记符程序如图 3-31（c）所示。

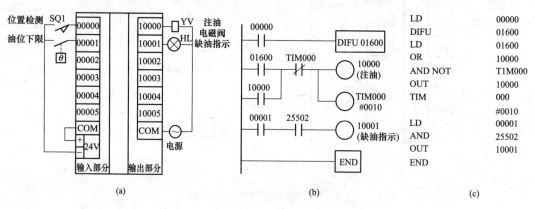

图 3-31　自动注油 PLC 控制

（a）PLC 外部接线图；（b）梯形图；（c）指令助记符程序

【例 3-21】　自动开关门 PLC 控制

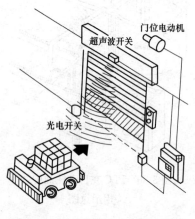

图 3-32　PLC 控制仓库大门示意图

用 PLC 控制仓库大门的自动打开和关闭，以便让车辆进入仓库，如图 3-32 所示。本系统用两种不同的传感器检测车辆。控制要求如下。

（1）在操作面板上设有 SB1 和 SB2 两个常开按钮，其中 SB1 用来启用大门控制系统，SB2 用于停止大门控制系统。

（2）用超声波接收开关检测是否有车辆要进入大门。当本单位的车辆驶近大门时，车上发出特定编码的超声波，被门上的超声波接收器识别出，输出逻辑"1"信号，则开启大门。

（3）用光电开关检测车辆是否已进入大门。光电开关由发射头和接收头两部分组成，发射头发出特定频谱的红外光束，由接收头加以接收。当红外光束被车辆遮住时，接收头输出逻辑"1"；当红外光束未被车辆遮住时，接收头输出逻辑"0"。当光电开关检测到车辆已进入大门时，则关闭大门。

（4）门的上限装有限位开关 SQ1，门的下限装有限位开关 SQ2。

（5）门的上下运动由电动机驱动，开门接触器 KM1 闭合时门打开，关门接触器 KM2 闭合时门关闭。

仓库大门控制 PLC 输入/输出点分配见表 3-11。PLC 外部接线如图 3-33（a）所示，PLC 控制梯形图如图 3-33（b）所示。

表 3-11　　　　　　　　　　　仓库大门控制 PLC 输入/输出点分配

输入电器	输入点	输出电器	输出点
启用大门控制系统按钮 SB1	00000	开门接触器 KM1	10001
停用大门控制系统按钮 SB2	00001	关门接触器 KM2	10002
超声波开关	00002		
光电开关	00003		
门上限位开关 SQ1（常开）	00004		
门下限位开关 SQ2（常开）	00005		

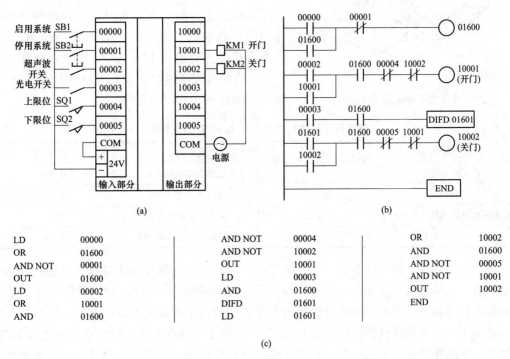

图 3-33　自动开关门 PLC 控制

(a) PLC 外部接线图；(b) 梯形图；(c) 指令助记符程序

按下启用大门控制系统按钮 SB1，输入继电器 00000 接通，内部辅助继电器 01600 接通并自锁，其动合触点闭合，允许大门做升降运动。当有车辆驶近大门时，超声波开关接通，输入继电器 00002 接通，输出继电器 10001 接通并自锁，开门接触器 KM1 接通，电动机驱动大门打开。当门开启到顶碰到上限位行程开关 SQ1 时，SQ1 闭合，输入继电器 00004 动断触点断开，输出继电器 10001 断开，开门接触器 KM1 断开，大门停止运动。当车辆前端进入大门时，光电开关输出逻辑"1"，输入继电器 00003 闭合。当车辆后端进入大门时，光电开关输出逻辑"0"，输入继电器 00003 断开，经下降沿微分后，内部辅助继电器 01601 接通一个扫描周期，使输出继电器 10002 接通并自锁，关门接触器 KM2 接通，电动机驱动大门关闭。当门关闭到底碰下限位行程开关 SQ2 时，SQ2 闭合，输入继电器 00005 动断触点断开，输出继电器 10002 断开，关门接触器 KM2 断开，大门停止运动。当按下停用大门控制系统按钮 SB2，输入继电器 00001 动断触点断开，内部辅助继电器 01600 断开，其动合触点均断开，从而阻止输出继电器 10001 和 10002 的接通，因此大门不会运动。

图 3-33（b）梯形图对应的指令助记符程序如图 3-33（c）所示。

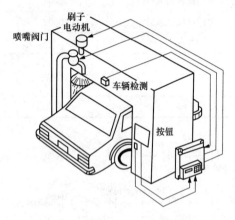

图 3-34　汽车清洗机工作示意图

【例 3-22】　汽车自动清洗 PLC 控制

用 PLC 控制一台汽车清洗机，其工作示意图如图 3-34 所示。

汽车清洗机上有启动按钮和一个车辆检测器，当按下启动按钮后，汽车清洗机就沿着轨道运动，当车辆检测器检测到有汽车时，就自动打开喷淋器阀门并启动刷子电动机，清洗完毕自动停止。汽车自动清洗机控制 PLC 输入/输出点分配见表 3-12。PLC 外部接线如图 3-35（a）所示，PLC 控制梯形图如图 3-35（b）所示。

表 3-12　　　　　　　汽车自动清洗机控制 PLC 输入/输出点分配

输入电器	输入点	输出电器	输出点
启动按钮（常开）	00000	喷淋器电磁阀 YV	10000
车辆检测器	00001	刷子电动机 KM1	10001
轨道终点限位开关（常开）	00002	清洗机电动机 KM2	10002
急停按钮（常开）	00003	清洗机报警蜂鸣器 HA	10003

按下启动按钮，输入继电器 00000 接通，内部辅助继电器 01600 接通并自锁，其动合触点闭合，使输出继电器 10002 接通，控制清洗机运动的电动机接触器 KM2 通电，清洗机开始沿轨道移动。当车辆检测器检测到有待清洗的汽车时，输入继电器 00001 接通，输出继电器 10001 接通并自锁，接触器 KM1 通电，刷子电动机工作，同时输出继电器 10000 也接通，电磁阀线圈 YV 通电，打开喷淋阀，这样清洗机一边移动一边清洗。车辆清洗完毕，即清洗机移出车辆时，输入继电器 00001 的动断触点恢复闭合，内部辅助继电器 01601 接通，其动断触点断开，使输出继电器 10001 和 10000 都断开，接触器 KM1 和电磁阀 YV 断电，刷子电动机停止工作，喷淋阀关闭。同时内部辅助继电器 01600 也断开，输出继电器 10002 断开，使接触器 KM2 断电，清洗机停止运动。

如果清洗机在移动过程中碰到终点限位开关，输入继电器 00002 的动断触点断开，使输出继电器 10002 断开，使接触器 KM2 断电，清洗机停止运动，同时 00002 的动合触点闭合，通过 1s 周期脉冲的特殊继电器 25502 使输出继电器 10003 断续接通，提示操作人员来处理。

图 3-35（b）梯形图对应的指令助记符程序如图 3-35（c）所示。

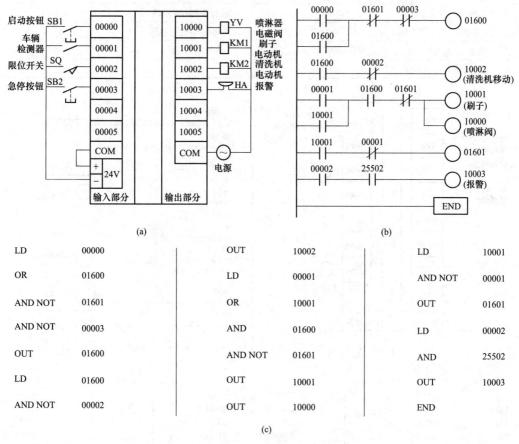

(a)　(b)

LD	00000	OUT	10002	LD	10001
OR	01600	LD	00001	AND NOT	00001
AND NOT	01601	OR	10001	OUT	01601
AND NOT	00003	AND	01600	LD	00002
OUT	01600	AND NOT	01601	AND	25502
LD	01600	OUT	10001	OUT	10003
AND NOT	00002	OUT	10000	END	

(c)

图 3-35　汽车自动清洗 PLC 控制

(a) PLC 外部接线图；(b) 梯形图；(c) 指令助记符程序

【例 3-23】　瓶签检测 PLC 控制

瓶签检测是 PLC 在装瓶、贴标、包装生产线上的一个控制环节，由检测瓶签的光电开关检查传送带上的瓶子，如图 3-36 所示。图中从上道工序传送来的瓶子为等间距排列，用光电开关 PH2 作为瓶子到位检测，用光电开关 PH1 作为瓶签检测。当光电开关 PH2 检测到瓶子时，光电开关 PH1 的光束正好照在该瓶子的瓶签位置。若瓶子上未贴标签，PLC 先将这个不合格的瓶子记忆下来，当该瓶子移动到机械手位置时，PLC 就控制机械手把该不合格

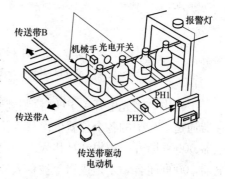

图 3-36　PLC 在瓶签检测中的应用示意图

的瓶子放到传送带 B 上。PLC 还对不合格品进行计数，若计数值达到设定值，PLC 就输出

信号报警，提示操作人员检查设备。瓶签检测控制 PLC 输入/输出点分配见表 3-13。PLC 外部接线如图 3-37（a）所示，PLC 控制梯形图如图 3-37（b）所示。

表 3-13　　　　　　　　　　瓶签检测控制 PLC 输入/输出点分配

输入电器	输入点	输出电器	输出点
瓶签检测光电开关 PH1	00000	机械手电磁阀 YV	10000
瓶子到位检测光电开关 PH2	00001	B 传送带电动机接触器 KM	10001
复位按钮 SB	00002	报警灯 HL	10002
机械手原始位置检测开关	00003		

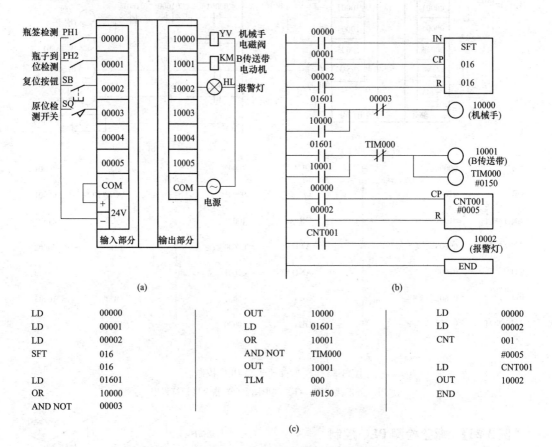

图 3-37　瓶签检测 PLC 控制
(a) PLC 外部接线图；(b) 梯形图；(c) 指令助记符程序

工作中，当光电开关 PH2 检测到瓶子到位时，输入继电器 00001 就闭合一次，移位寄存器通道 016 中的各个位就依次移 1 位。此时，如果光电开关 PH1 检测到瓶签，则输入继电器 00000 断开，逻辑 0 被移入 01600 中；如果光电开关 PH1 没有检测到瓶签，则输入继电器 00000 闭合，于是逻辑 1 被移入 01600 中。当该不合格的瓶子移到机械手位置时，原来在 01600 中的 1 就移到了 01601 中，于是 01601 动合触点闭合，输出继电器 10000 接通并自锁，机械手电磁阀通电，驱动机械手将该不合格瓶子放到 B 传送带上。同时输出继电器 10001 接通并自锁，接触器 KM 通电，启动 B 传送带电动机，而定时器 TIM000 开始定时。当机械手返回原始位置时，输入继电器 00003 动断触点断开，使输出继电器 10000 断开，机械手电磁阀断电。B 传送带电动机工作 15s 后，该不合格瓶子已经核到指定地点。TIM000 定时时间到，其动断触点断开，输出继电器 10001 断开，接触器 KM 断电，B 传送带电动机停止运行。

计数器 CNT001 用作不合格品的计数。每当检测到有不合格品时，输入继电器 00000 闭合 1 次，计数器 CNT001 就计 1 个数。当不合格品累计达到 5 个以上时，CNT001 计数到，其动合触点闭合，输出继电器 10002 接通，报警灯 HL 亮，提示操作人员检查设备。

图 3-37（b）梯形图对应的指令助记符程序如图 3-37（c）所示。

【例 3-24】 液压动力滑台运动 PLC 控制

动力滑台是组合机床中用以完成进给运动的部件，具有一次工作进给线路的动力滑台工作过程，如图 3-38 所示。液压动力滑台控制要求如下。

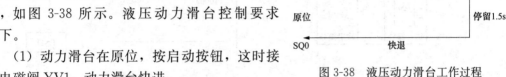

图 3-38 液压动力滑台工作过程

（1）动力滑台在原位，按启动按钮，这时接通电磁阀 YV1，动力滑台快进。

（2）动力滑台碰到行程开关 SQ1 后，接通电磁阀 YV1 和 YV2，动力滑台工进。

（3）动力滑台碰到行程开关 SQ2 时，YV1 和 YV2 断电，并开始延时。

（4）延时 1.5s 后，接通电磁阀 YV3，动力滑台快退。

（5）动力滑台回到原位碰到行程开关 SQ0 时停止。

液压动力滑台控制 PLC 输入/输出点分配见表 3-14。

PLC 外部接线图如图 3-39（a）所示，PLC 梯形图程序如图 3-39（b）所示。

表 3-14　　　　　　　　　液压动力滑台控制 PLC 输入/输出点分配

输入电器	输入点	输出电器	输出点
行程开关 SQ0	00000	电磁阀 YV1	10001
行程开关 SQ1	00001	电磁阀 YV2	10002
行程开关 SQ2	00002	电磁阀 YV3	10003
启动按钮	00003		
停止按钮（常开）	00004		

按启动按钮，输入继电器 00003 接通，输出继电器 10001 接通并自锁，电磁阀 YV1 通电，动力滑台快进。当碰到行程开关 SQ1 时，输入继电器 00001 接通，输出继电器 10002 接通并自锁，电磁阀 YV2 也通电，动力滑台工进。当碰到行程开关 SQ2 时，输入继电器 00002 的动断触点断开，输出继电器 10001 和 10002 都断开，使电磁阀 YV1 和 YV2 都断电，动力滑台停止工进。同时输入继电器的动合触点闭合，定时器 TIM000 开始定时，1.5s 定时时间到，TIM000 的动合触点闭合，输出继电器 10003 接通并自锁，电磁阀 YV3 通电，动力滑台快退。当退到原位碰行程开关 SQ0 时，输入继电器 00000 的动断触点断开，使输出继电器 10003 断开，电磁阀 YV3 断电，动力滑台停止。动力滑台在工作中，如遇异常情况，操作人员可随时按下停止按钮，输入继电器 00004 的动断触点断开，使输出

继电器10001、10002和10003都断开，外接电磁阀均断电，动力滑台立即停止。

图3-39（b）梯形图对应的指令助记符程序如图3-39（c）所示。

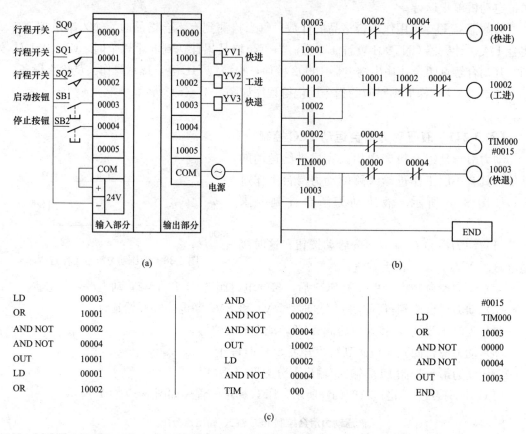

(a)   (b)

LD	00003		AND	10001			#0015
OR	10001		AND NOT	00002		LD	TIM000
AND NOT	00002		AND NOT	00004		OR	10003
AND NOT	00004		OUT	10002		AND NOT	00000
OUT	10001		LD	00002		AND NOT	00004
LD	00001		AND NOT	00004		OUT	10003
OR	10002		TIM	000		END	

(c)

图3-39 液压动力滑台运动 PLC 控制

（a）PLC 外部接线图；（b）梯形图；（c）指令助记符程序

【例 3-25】 送料小车随机运动 PLC 控制

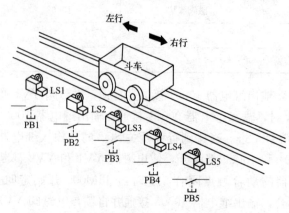

图 3-40 送料小车工作示意图

送料小车可沿轨道左行或右行，在5 个停车位置分别装有 5 个行程开关 LS1～LS5，对应这 5 个行程开关，分别有 5 个呼叫按钮 PB1～PB5，如图 3-40 所示。

系统启动后，当所压按钮号大于小车停车位置的行程开关号时，小车向右运行，运行到所压按钮号对应的行程开关号时停止。当所压按钮号小于小车停车位置的行程开关号时，小车向左运行，直到所压按钮号对应的行程开关位置时停止。送料小车运动控制 PLC 输入/输出点分配见表 3-15。

表 3-15　　　　　　　　　　　送料小车运动控制 PLC 输入/输出点分配

输入电器	输入点	输出电器	输出点
启动按钮	00000	小车停止指示灯 HL	10000
行程开关 LS1	00001	小车左行接触器 KM1	10001
行程开关 LS2	00002	小车右行接触器 KM2	10002
行程开关 LS3	00003		
行程开关 LS4	00004		
行程开关 LS5	00005		
呼叫按钮 PB1	00006		
呼叫按钮 PB2	00007		
呼叫按钮 PB3	00008		
呼叫按钮 PB4	00009		
呼叫按钮 PB5	00010		
停用按钮（常开）	00011		

　　根据送料小车随机运动控制的要求，可将 5 个行程开关赋予不同的值：LS1＝1，LS2＝2，LS3＝3，LS4＝4，LS5＝5。同时，将 5 个按钮也对应赋值：PB1＝1，PB2＝2，PB3＝3，PB4＝4，PB5＝5。当小车碰到某个行程开关时，就将该行程开关的值送到内部辅助继电器通道 020CH。当操作者压了某个按钮时，就将该按钮的值送到内部辅助继电器通道 021CH。然后将这两个通道的值进行比较，根据比较的结果使小车做相应的运动，直到两个通道的值相等时小车才停止。由此可得如图 3-41（a）所示的送料小车随机运动控制 PLC 外部接线图及如图 3-41（b）所示的梯形图。图 3-41（b）梯形图对应的指令助记符程

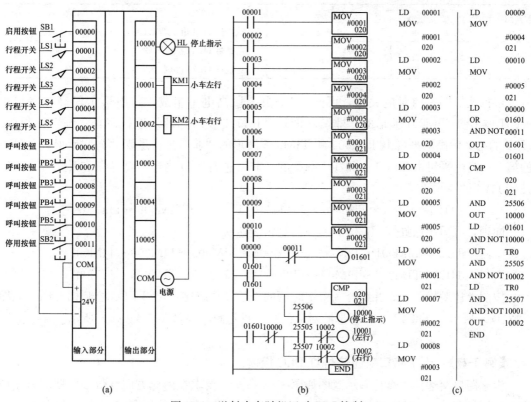

图 3-41　送料小车随机运动 PLC 控制

（a）PLC 外部接线图；（b）梯形图；（c）指令助记符程序

序如图 3-41（c）所示。

【例 3-26】 霓虹灯闪烁 PLC 控制

用 PLC 控制 3 个霓虹灯 HL1、HL2、HL3，工作过程如下。

(1) HL1 灯亮 1s。

(2) HL1 灯暗，HL2 灯亮 1s。

(3) HL2 灯暗，HL3 灯亮 1s。

(4) 3 个灯全暗 1s。

(5) 3 个灯全亮 1s。

(6) 3 个灯全暗 1s。

(7) 3 个灯全亮 1s。

(8) 3 个灯全暗 1s。

然后（1）～（8）反复循环。用一个工作开关控制，开关闭合时灯工作，断开时停止工作。

霓虹灯控制 PLC 输入/输出点分配见表 3-16。按照霓虹灯的工作过程、每个循环分为 8 个时间段，可用 8 个定时器 TIM001～TIM008 控制。其 PLC 外部接线如图 3-42（a）所示，波形如图 3-42（b）所示。

表 3-16　　　　　　　　　　霓虹灯控制 PLC 输入/输出点分配

输入电器	输入点	输出电器	输出点
工作开关	00001	霓虹灯 HL1 继电器 K1	10001
		霓虹灯 HL2 继电器 K2	10002
		霓虹灯 HL3 继电器 K3	10003

根据波形图上的对应关系，可知 HL1 由 3 段高电平组成，其中第 1 段高电平可由 00001 波形和 TIM001 波形的"非"（即将 TIM001 波形翻转）进行逻辑"与"而得到；HL1 的第 2 段高电平可由 TIM004 和 TIM005 波形的"非"进行逻辑"与"而得到；HL1 的第 3 段高电平可由 TIM006 和 TIM007 的"非"进行逻辑"与"而得到；因此可写出霓虹灯 HL1 的逻辑表达式：

$$HL1 = 00001 \cdot \overline{TIM001} + TIM004 \cdot \overline{TIM005} + TIM006 \cdot \overline{TIM007}$$

同理，可写出霓虹灯 HL2 和 HL3 的逻辑表达式：

$$HL2 = TIM001 \cdot \overline{TIM002} + TIM004 \cdot \overline{TIM005} + TIM006 \cdot \overline{TIM007}$$

$$HL3 = TIM002 \cdot \overline{TIM003} + TIM004 \cdot \overline{TIM005} + TIM006 \cdot \overline{TIM007}$$

按照上述逻辑关系，并结合 8 个定时器的先后动作顺序，可得 PLC 控制梯形图，如图 3-42（c）所示。图 3-42（c）梯形图对应的指令助记符程序如图 3-42（d）所示。

【例 3-27】 十字路口交通信号灯 PLC 控制

十字路口交通信号灯控制示意图如图 3-43 所示。要求在南北方向红灯 30s 期间，东西方向先绿灯亮 25s，后变成绿灯闪烁 3s，最后是黄灯亮 2s；然后切换成东西方向红灯亮 30s，南北方向则先绿灯亮 25s，闪烁 3s，再黄灯亮 2s；如此往复循环。另外还有一个夜间

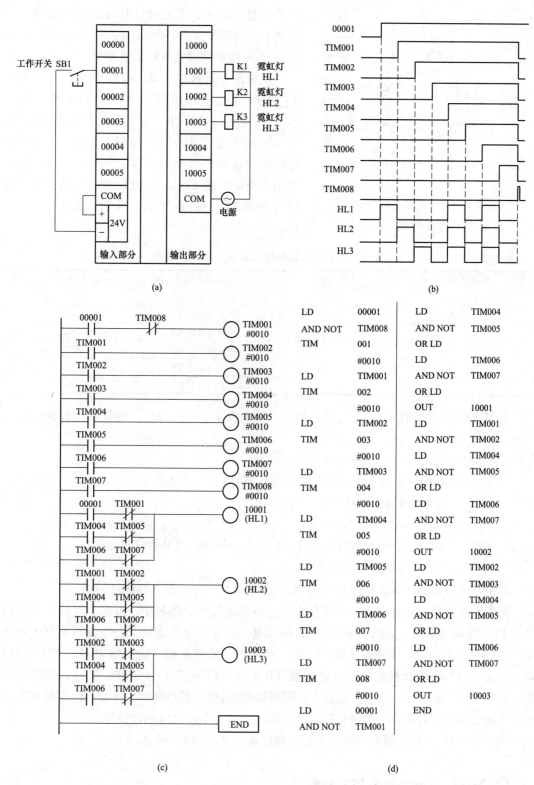

图 3-42　霓虹灯闪烁 PLC 控制

（a）PLC 外部接线图；（b）工作波形图；（c）梯形图；（d）指令助记符程序

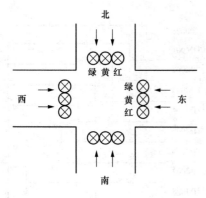

图 3-43　十字路口交通信号灯
控制示意图

开关，当夜间开关接通时（此时工作开关断开），东西向和南北向均为黄灯闪烁（亮 0.5s、暗 0.5s），提醒夜间过往车辆减速慢行。

设东西方向的红、绿、黄灯分别用 R1、G1、Y1 表示，南北方向的红、绿、黄灯分别用 R2、G2、Y2 表示。十字路口交通信号灯控制 PLC 输入/输出点分配见表 3-17。按照十字路口交通信号灯的控制要求，每个工作循环分为 6 个时间段，可用 6 个定时器 TIM000～TIM005 控制，其控制 PLC 外部接线如图 3-44（a）所示，波形如图 3-44（b）所示。

表 3-17　　　　　　　十字路口交通信号灯控制 PLC 输入/输出点分配

输入电器	输入点	输出电器	输出点
工作开关	00000	东西向绿灯 G1	10001
夜间开关	00001	东西向黄灯 Y1	10002
		东西向红灯 R1	10003
		南北向绿灯 G2	10004
		南北向黄灯 Y2	10005
		南北向红灯 R2	10006

根据波形图上的对应关系，可分别列出东西向和南北向的绿灯、黄灯和红灯的逻辑表达式：

$$R2 = 10006 = 00000 \cdot \overline{TIM002}$$
$$G1 = 10001 = 000000 \cdot \overline{TIM000} + TIM000 \cdot \overline{TIM001} \cdot 25502$$
$$Y1 = 10002 = TIM001 \cdot \overline{TIM002}$$
$$R1 = 10003 = YIM002$$
$$G2 = 10004 = TIM002 \cdot \overline{TIM003} + TIM003 \cdot \overline{TIM004} \cdot 25502$$
$$Y2 = 10005 = TIM004$$

其中特殊继电器 25502 是通 0.5s、断 0.5s 的周期脉冲，用来使绿灯闪烁。

按照上述逻辑关系表达式，并结合 6 个定时器的先后动作顺序，可得十字路口交通信号灯 PLC 控制梯形图，如图 3-44（c）所示。图中虚线部分为增加上去的夜间黄灯闪烁功能，由夜间开关控制，接到输入端 00001。当夜间开关接通时，输入继电器 00001 接通，第 1 梯级中 00001 动断触点断开，定时器 TIM000～TIM005 停止工作，则红、绿灯均不亮。而 00001 的动合触点闭合。通过 1s 周期脉冲的特殊功能继电器 25502，使东西和南北两个方向的黄灯同时闪烁，提醒夜间过往车辆在通过十字路口时减速慢行。

图 3-44（c）梯形图对应的指令助记符程序如图 3-44（d）所示。

【例 3-28】　工业机械手 PLC 控制

工业机械手工作示意图如图 3-45 所示，其任务是将传送带 A 的物品搬到传送带 B 上。机械手的原位是在传送带 B 上，开始工作时，先是手臂上升，到上限位时，上升限位开关

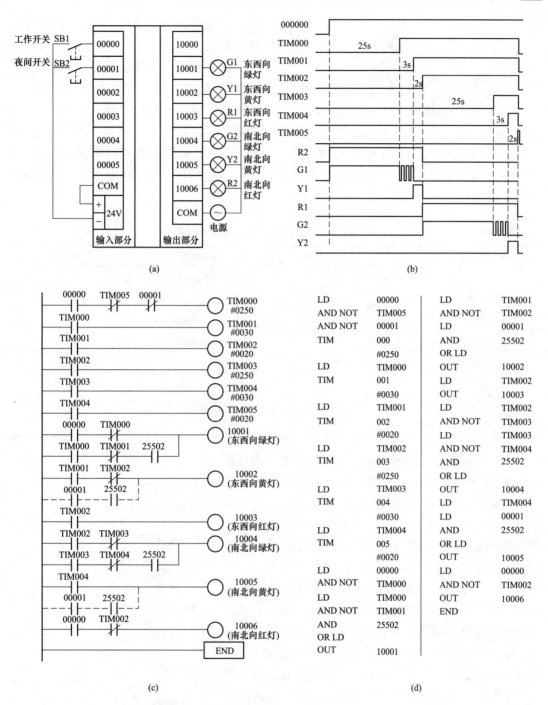

图 3-44 霓虹灯闪烁 PLC 控制

(a) PLC 外部接线图；(b) 工作波形图；(c) 梯形图；(d) 指令助记符程序

LS4 闭合，手臂左旋；左旋到位时，左旋限位开关 LS2 闭合，手臂下降；到下限位时，下降限位开关 LS5 闭合，传送带 A 运行。当光电开关 PS1 检测到物品已进入手指范围时，手指抓物品。当物品抓紧时，抓紧限位开关 LS1 动作，手臂上升；到上限位时，上升限位开关 LS4 闭合，手臂右旋；右旋到位时，右旋限位开关 LS3 闭合，手臂下降；下降到下限位

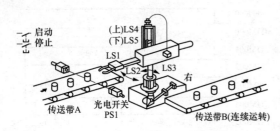

图 3-45 工业机械手工作示意图

时，下降限位开关 LS5 闭合，手指放开，物品被放到传送带 B 上。延时 2s 时间到，一个循环结束，再自动重复。工业机械手控制 PLC 输入/输出点分配见表 3-18。根据机械手的工作过程可画出该机械手的控制流程图，如图 3-46 所示。由图可见，机械手按步进顺序动作，可用移位寄存器指令 SFT 实现步进控制。该工业机械手控制 PLC 外部接线如图 3-47（a）所示，PLC 控制梯形图如图 3-47（b）所示。

表 3-18　　　　　工业机械手控制 PLC 输入/输出点分配

输入电器	输入点	输出电器	输出点
启动按钮	00000	传送带 A 驱动接触器 KM	10000
停止按钮（常开）	00001	手臂左旋电磁阀 YV1	10001
手指抓紧检测开关 LS1	00002	手臂右旋电磁阀 YV2	10002
手臂左旋限位开关 LS2	00003	手臂上升电磁阀 YV3	10003
手臂右旋限位开关 LS3	00004	手臂下降电磁阀 YV4	10004
手臂上升限位开关 LS4	00005	手指抓紧电磁阀 YV5	10005
手臂下降限位开关 LS5	00006	手指放松电磁阀 YV6	10006
物品检测光电开关 PS1	00007		

按下启动按钮，输入继电器 00000 接通，内部辅助继电器 01600 接通并自锁，机械手开始工作。在 01600 接通瞬间，经上升沿微分，使 01601 接通一个扫描周期，执行 MOV 指令，将常数♯0001 送入移位寄存器通道 HR00，使 HR0000＝1，则 HR0000 的动合触点闭合（第 7 梯级），输出继电器 10003 接通，手臂上升。当手臂上升到上限位时，输入继电器 00005 接通（第 5 梯级），内部辅助继电器 01602 接通，其动合触点接在移位指令 SFT 的 CP 端，使移位寄存器通道 HR00 中的各位左移 1 位，即 HR0001 接通（第 8 梯级），输出继电器 10001 接通，手臂左旋。当手臂左旋到位时，输入继电器 00003 接通（第 5 梯级的第 2 行），内部辅助继电器 01602 发一个移位脉冲，移位寄存器通道 HR00 左移 1 位，即 HR0002 接通（第 9 梯级），输出继电器 10004 接通，手臂下降。当手臂降到下限位时，输入继电器 00006 接通（第 5 梯级的第 3 行），内部辅助继电器 01602 发一个移位脉冲，移位寄存器通道 HR00 左移 1 位，即 HR0003 接通（第 10 梯级），输出继电器 10000 接通，

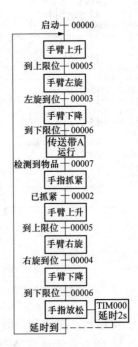

图 3-46　工业机械手控制流程图

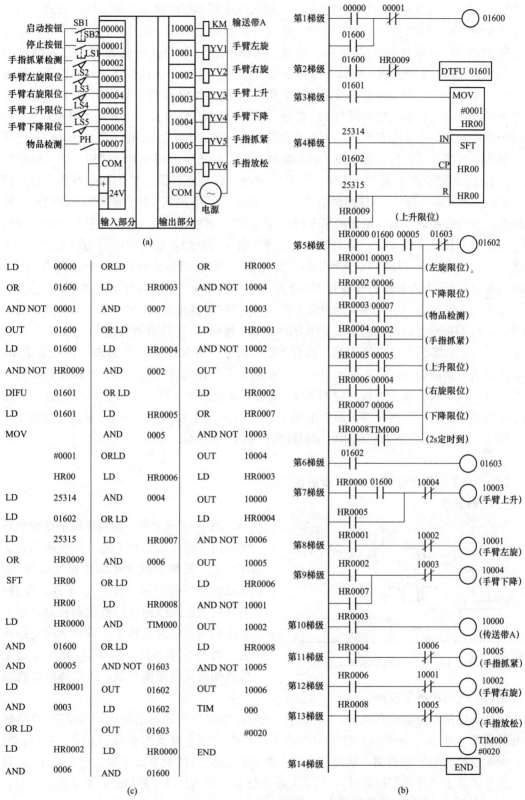

图 3-47 工业机械手 PLC 控制

（a）机械手控制 PLC 外部接线；（b）梯形图；（c）指令助记符程序

传送带 A 运行。当光电开关检测到物品时，输入继电器 00007 接通（第 5 梯级的第 4 行），内部辅助继电器 01602 发一个移位脉冲，移位寄存器通道 HR00 左移 1 位，即 HR0004 接通（第 11 梯级），输出继电器 10005 接通，手指抓紧。当物品已抓紧时，输入继电器 00002 接通（第 5 梯级的第 5 行），内部辅助继电器 01602 发一个移位脉冲，移位寄存器通道 HR00 左移 1 位，即 HR0005 接通（第 7 梯级），输出继电器 10003 接通，手臂上升。当手臂升到上限位时，输入继电器 00005 接通（第 5 梯级的第 6 行），内部辅助继电器 01602 发一个移位脉冲，移位寄存器通道 HR00 左移 1 位，即 HR0006 接通（第 12 梯级），输出继电器 10002 接通，手臂右旋。当手臂右旋到位时，输入继电器 00004 接通（第 5 梯级的第 7 行），内部辅助继电器 01602 发一个移位脉冲，移位寄存器通道 HR00 左移 1 位，即 HR0007 接通（第 9 梯级），输出继电器 10004 接通，手臂下降。当手臂降到下限位时，输入继电器 00006 接通（第 5 梯级的第 8 行），内部辅助继电器 01602 发一个移位脉冲，移位寄存器通道 HR00 左移 1 位，即 HR0008 接通（第 13 梯级），输出继电器 10006 接通，手指放松，同时定时器 TIM0000 开始定时。2s 定时时间到，TIM000 的动合触点闭合（策 5 梯级的最后一行），内部辅助继电器 01602 发一个移位脉冲，移位寄存器通道 HR00 左移 1 位，即 HR0009 接通（第 4 梯级的最后 1 行），移位寄存器通道 HR00 被复位，则 HR0009 也断开。当 HR0009 的动断触点恢复闭合时（第 2 梯级），上升沿微分指令（DIFU）重新被执行，01601 接通一个扫描周期，执行 MOV 指令，将常数♯0001 送入 HR00 通道中，从而又开始了新的循环。第 4 梯级中的 25314 是始终断开的特殊继电器，以保证每次移位时都是 0 移入 HR00 通道的最低位 HR0000。第 4 梯级的第 3 行 25315 是 PLC 运行时只接通 1 个扫描周期的特殊继电器，用于在 PLC 刚上电运行开始时，将 HR00 通道全部清 0。

图 3-47（b）梯形图对应的指令助记符程序如图 3-47（c）所示。

【例 3-29】　搬运机械手 PLC 步进控制

1. 控制要求

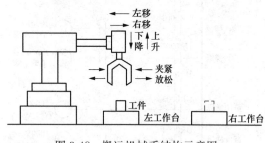

图 3-48　搬运机械手结构示意图

图 3-48 所示为一搬运机械手结构示意图，用于将左工作台上的工件搬运到右工作台上。机械手的全部动作由气缸驱动。气缸由电磁阀控制，其上升/下降、左移/右移运动由双线圈两位电磁阀控制，即上升电磁阀通电时机械手上升，下降电磁阀通电时机械手下降。其夹紧/放松运动由单线圈两位电磁阀控制，线圈通电时机械手夹紧，断电时机械手放松。

为便于控制系统调试和维护，本控制系统应有手动功能和显示功能。当手动/自动转换开关置于"手动"位置时，按下相应的手动操作按钮，可实现上升、下降、左移、右移、夹紧、放松的手动控制，同时"手动"指示灯亮。当机械手处于原位时，将手动/自动转换开关置于"自动"位置时，"自动"指示灯亮，进入自动工作状态，手动按钮无效。

2. 统计输入/输出点数并选择 PLC 型号

输入信号有 14 个，考虑到有 15％的备用点，即 $14 \times (1+15\%) = 16.1$，取整数 17，

因此共需 17 个输入点。

输出信号有 7 个，考虑到有 15％的备用点，即 7×(1＋15％) ＝8.05，取整数 9，因此共需 9 个输出点。

因此可选用 C4OPCPU 类型 PLC，它有 24 个输入点，16 个输出点，满足本例的要求。

3. 动作分析及分配 PLC 的输入/输出端子

将机械手的原位定为左位、高位、放松状态。在原始状态下，当检测到左工作台上有工件时，机械手才下降到位，夹紧工件，上升到高位，右移到右位。当右工作台上无工件时，机械手下降到低位并且放松，然后上升到高位，左移回原位。当右工作台上有工件时，在右、高位等待。

动作过程中，上升、下降、左移、右移、夹紧及状态指示为输出信号。放松和夹紧共有一个线圈，线圈通电时夹紧，失电时放松，故放松不作为单独的输出信号。机械手的位置检测用行程开关，有无工件检测用光电开关来实现。手动操作按钮当然也是输入信号。工件的夹紧与放松采用延时来实现，不再设置检测装置。其动作顺序如图 3-49 所示。表 3-19 为 PLC 的输入/输出端子分配表。

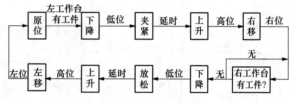

图 3-49　动作顺序图

表 3-19　　　　　　　　　　　PLC 的输入/输出端子分配表

输入继电器	输入端子	输出继电器	输出端子	输入继电器	输入端子	输出继电器	输出端子
高位 SQ1	0000	上升	0500	手动上升 SB1	0007		
低位 SQ2	0001	下降	0501	手动下降 SB2	0008		
左位 SQ3	0002	左移	0502	手动左移 SB3	0009		
右位 SQ4	0003	右移	0503	手动右移 SB4	0010		
左工作台光电开关	0004	夹紧	0504	手动夹紧 SB5	0011		
自动 SA1-1	0005	手动指示	0505	手动放松 SB6	0012		
手动 SA1-2	0006	自动指示	0506	右工作台光电开关	0013		

4. 输入/输出端子配线图

从以上方向可知，该系统有 14 个输入信号，7 个输出信号，输入全部采用动合触点。系统 I/O 配线图如图 3-50 (a) 所示。

5. 梯形图设计

由于该系统逻辑简单，可采用经验设计法设计。机械手在原位时，手动/自动选择开关置于"自动"状态，系统进入自动过程。在自动工作过程中，若选择开关转换到"手动"位置，则停止工作，进入手动工作状态。手动控制程序只需在自动控制程序中把输出合并在一起就可以。这样可编制如图 3-50 (b) 所示的梯形图。

【例 3-30】　三层楼电梯 PLC 控制

1. 控制要求

(1) 电梯运行到位后，具有手动及自动开、关门功能。

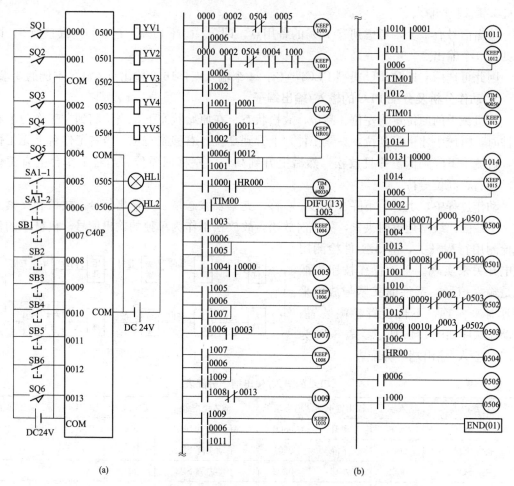

图 3-50　搬运机械手 PLC 步进控制

（a）系统 I/O 配线图；（b）梯形图

（2）利用指示灯显示轿厢外呼叫信号、轿厢内指令信号，以及电梯到达楼层信号。

（3）能自动判别电梯运行方向，并发出响应的指示信号。

（4）电梯能在一定条件下进行启动、加速和换速。

2. 分配 PLC 的输入/输出端子

本系统中 PLC 的输入/输出端子分配，见表 3-20。

表 3-20　　　　　　　三层楼电梯 PLC 输入/输出端子分配表

输入电器	输入端子	输出电器	输出端子
开门按钮 SB1	0000	开门继电器 KM1	0504
关门按钮 SB2	0001	关门继电器 KM2	0505
开门行程开关 SL1	0002	上行继电器 KM3	0500
关门行程开关 SL2	0003	下行继电器 KM4	0501
红外传感器 SA1	0004	加速继电器 KM5	0506
红外传感器 SA2	0005	低速继电器 KM6	0502
门锁输入信号 SA3	0006	快速继电器 KM7	0503

输入电器	输入端子	输出电器	输出端子
一层接近开关 SA4	0007	上行方向灯 HL1	0508
二层接近开关 SA5	0008	下行方向灯 HL2	0509
三层接近开关 SA6	0009	一层指示灯 HL3	0600
一层内指令按钮 SB3	0010	二层指示灯 HL4	0601
二层内指令按钮 SB4	0011	三层指示灯 HL5	0602
三层内指令按钮 SB5	0012	一层内指令指示灯 HL6	0603
一层向上呼叫按钮 SB6	0100	二层内指令指示灯 HL7	0604
二层向上呼叫按钮 SB7	0101	三层内指令指示灯 HL8	0605
二层向下呼叫按钮 SB8	0102	一层向上呼叫指示灯 HL9	0608
三层向下呼叫按钮 SB9	0103	二层向上呼叫指示灯 HL10	0609
一层下行减速接近开关 SA7	0104	二层向下呼叫指示灯 HL11	0610
二层上行减速接近开关 SA8	0105	三层向下呼叫指示灯 HL12	0611
二层下行减速接近开关 SA9	0106		
三层上行减速接近开关 SA10	0107		

3. 统计输入/输出点数并选择 PLC 型号

输入信号有 21 个，考虑到有 15% 的备用点，即 $21 \times (1 + 15\%) = 24.15$，取整数 25，因此共需 25 个输入点。

输出信号有 19 个，考虑到有 15% 的备用点，即 $19 \times (1 + 15\%) = 21.85$，取整数 22，因此共需 22 个输出点。

因此可选用 C60PCPU 类型可编程序控制器，它有 32 个输入点，28 个输出点，能满足本系统的要求。

4. 输入/输出端子接线图

根据通道分配情况，可画出 PLC 外部接线图，如图 3-51 所示。

5. 梯形图设计

为了方便，本系统采用模块化设计。故把梯形图分为开关门的手动/自动控制、电梯到站指示、各层呼叫指示、电梯启动和运行方向选择、电梯速度的变换 5 个部分。

（1）开/关门的控制电路如图 3-52（a）所示。

手动开门时：当电梯运行到位后（运行继电器 1000 为 OFF），按开门按钮 0000，使输出线圈 0504 有效，驱动开门接触器，打开仓门，直至到位，开门行程开关动作，即 0002 动断触点打开，开门过程结束。

自动开门时：电梯运行到位后，相应的楼层接近开关闭合，即 0007 或 0008 或 0009 触点闭合，时间继电器 TIM00 开始计时，计到 3s 时，TIM00 触点闭合，使 0504 线圈有效。

手动关门时：按下关门按钮，即 0001 闭合，0505 有效，驱动关门接触器、关闭仓门，直至到位，行程开关 0003 动作，关门动作结束。

自动关门时：开门到位后，经 5s 延时，使 TIM01 触点闭合，关门。

关门保护：自动关门时，可能夹住乘客，可在门上装设红外传感器。当有人进出时，0004 或 0005 闭合，关门被禁止，同时开门接触器工作，把门打开，至限位位置后，重新执行关门动作。

（2）电梯到站指示如图 3-52（b）所示。1003、1004 分别为单、双数楼层连锁保护中间继电器。

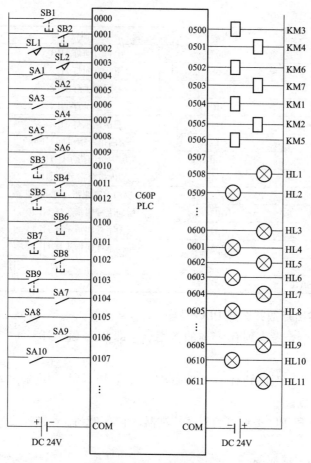

图 3-51　PLC 外部接线图

（3）各层呼叫指示如图 3-52（c）所示。当乘客按下某层的呼叫按钮（0100、0101、0102、0103 中的一个）时，相应的指示灯亮，告诉司机某层有人呼叫，但不能启动电梯，呼叫信号一直保持到电梯到达该楼层，相应层的接近开关动作时才被撤销。

（4）电梯启动和运行方向选择如图 3-52（d）所示。

当二、三层有呼叫信号时，0604 或 0605 为 ON，电梯选择上行方向，而一、二层有呼叫信号时，0603 或 0604 为 ON，电梯选择下行方向；如果此时关门信号和门锁信号符合要求，则电梯启动运行。

当电梯运行到所选楼层时，1005 为 ON 一个扫描周期，用以切断启动控制信号，停止运行。启动控制由中间继电器 1006 来完成。

（5）电梯速度的变换如图 3-52（f）所示。

电梯启动后快速运行，2s 后开始加速；在接近目标楼层时，相应的接近开关（0104、0105、0106 或 0107）动作，电梯开始减速，直至达到目标楼层时停止。

【例 3-31】　钻床钻探精度控制

1. 设备概况和控制要求

钻床结构如图 3-53 所示，主要由进给电动机 M1、切削电动机 M2、进给丝杆、上限和下限行程开关（SQ1，SQ2）、旋转编码器和光电开关组成。

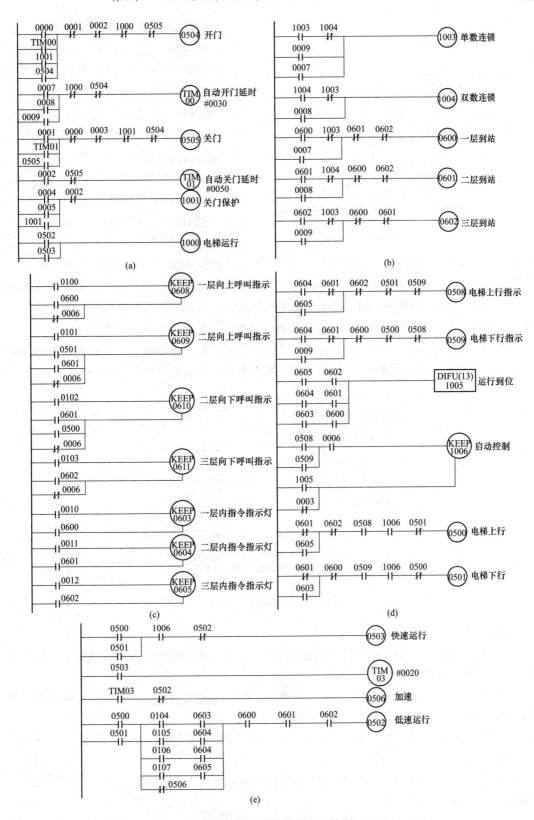

图 3-52 三层楼电梯 PLC 控制

(a) 开/关门的控制电路; (b) 电梯到站指示; (c) 各层呼叫指示; (d) 电梯启动运行; (e) 电梯速度变换

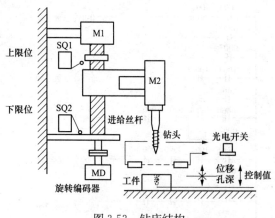

图 3-53　钻床结构

M1 转动，通过进给丝杆传动，使 M2 和钻头产生位移，M1 正转为进刀，反转为退刀。SQ1、SQ2 之间的距离即为钻头的移动范围，并且 SQ2 提供下限位的超行程安全保护。安装于进给丝杆末端的旋转编码器 MD 是将进给丝杆的进给转数转换成电脉冲数的元件，可对进给量即钻头移动距离进行精确控制。光电开关 SPH 是钻头的检测元件，从 SPH 光轴线至工件表面的距离称为位移值，工件上的钻孔深度称为孔深值，位移值和孔深值之和就是脉冲数的控制值。如进给丝杆的螺距为 10mm，MD 的转盘每转一周产生 1000 个脉冲，可知对应于 1 个脉冲的进给量就是 10/1000＝0.01mm。如果要求孔深为 15.75mm，又已知工件表面至 SPH 光轴线的距离为 10mm，那么将控制值设为 (15.75＋10)/0.01＝2575 个脉冲数就可以了。可见钻孔的深度可控制在 0.01mm 的精度内。

该钻床的工作方式除自动控制功能外，还要求设置手动控制环节，以便进行机械调整或在 PLC 故障时改用手动操作。自动钻削的控制要求如图 3-54 的时序图所示。

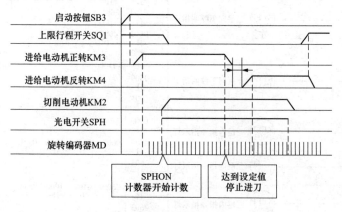

图 3-54　钻床控制时序图

具体工作步骤如下。

（1）按下启动按钮 SB3，正转用接触器 KM3 导通，进给电动机 M1 正向启动，钻头下降，进刀，旋转编码器开始产生脉冲。

（2）在光电开关 SPH 检测到钻头尖的瞬间，便有导通信号输出，使切削电动机 M2 启动，同时，PLC 内部计数器开始计数。

（3）当统计出的脉冲数达到所需"控制值"对应的设定值时，KM3 断电，M1 停转，进刀结束。

（4）正反转用 KM3 和 KM4 经过延时电弧互锁切换后，KM4 接通，M1 停转，M1 反向启动后退，钻头上升退刀。

（5）上升至钻头尖离开 SPH 光轴线的瞬间，SPH 的输出截止，KM2 断电，M2 停转。

（6）上升退刀至最高的原位时，上限行程开关 SQ1 动作，KM4 断电，M1 停转，自动钻削工作过程结束。

手动时由相应的手动按钮 SB4、SB5、SB6 对 KM1、KM2、KM3 进行点动控制。同时，为了便于"运行准备"的操作，设置"运行准备"指示灯 PL，电源的引入使用电源接触器 KM1，在紧急情况下，只需操作"紧急停止"按钮就可使 PLC 控制系统切除电源。

2. 机型选择及 PLC 外部连接回路

此控制系统中，因手动部分较为简单，仅要求点动控制，且只在 PLC 故障时使用，故可将手动控制按钮直接与负载相连，不再经过 PLC。需接入 PLC 的仅为与自功控制相关的 7 个输入信号和 4 个输出信号。为充分利用 PLC 的内部资源，且便于统计旋转编码器输出的高频脉冲数，现选用欧姆龙 C20P 型 PLC 为例进行设计。

图 3-55 所示为 PLC 的外部回路连接图。

在这个连接图中有以下几个特点。

1）在控制电源的引入侧设置了"运行准备"电路，在紧急情况下操作"紧急停止"按钮，即可使 PLC 控制系统切除电源。

2）为消除电噪声的侵入，提高系统的可靠性，使用了电源隔离变压器。

3）手动操作环节直接设在负载侧。

4）设置了一定的安全措施。如在接触器线圈上并接 RC 吸收回路，防

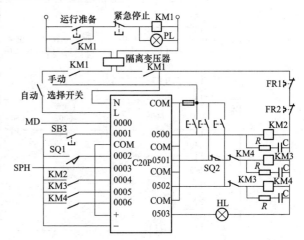

图 3-55　PLC 外部回路连接图

止感性负载对 PLC 输出元件的不良影响；在 KM3 的输出回路中串接 SQ2 的动断触点，以便在出现超行程进给时，可由 SQ2 直接切断 KM3，强制 M1 停转；在控制进给电动机正反转的 KM3 和 KM4 之间设置硬互锁环节；利用接触器动合辅助触点作为反馈信号接于 PLC 输入端，一旦电动机过载热继电器动作而使其复位时，使 PLC 及时停止输出等。

这里，旋转编码器和光电开关信号的接入，可根据所选元件输出回路的具体形式确定。

3. 控制程序设计

根据上述要求设计的控制程序如图 3-56 所示。为达到安全可靠的目的，该梯形图的设计内容要比传统的继电器控制系统复杂些。以切削电动机 M2 的控制为例，上限 SQ1（0001）未被压动、SPH（0003）已检测到钻头时，不允许启动，利用二者构成了 M2 电动机的启动条件。若因 M2 过载 FR2 动作，引起 KM2 复位时，为使 0500 立即停止输出，把 KM2 的反馈信号经 0004 点输入，作为 0500 的解锁信号，同时也是 0500 自锁的前提。进刀过程中，在 SPH 检测到钻头尖的瞬间，就会通过 0003 向 M2 发出启动指令，但要考虑到反馈信号 KM2 辅助触点的固有功作滞后时间、输入信号的响应滞后时间，为保证作为 0500 自锁前提条件的 0004 触点可靠闭合，设置了定时器 TIM00，强制性地延长了 M2 启动信号 1003 的闭合时间。退刀时钻头尖离开 SPH 的光轴线时，0003 复位，0500 停止输出，M2 停转。进给电动机和脉冲计数控制部分请读者自行分析。

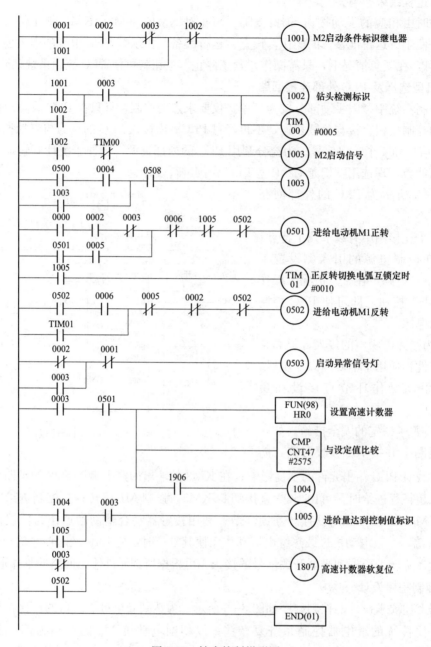

图 3-56　钻床控制梯形图

3.3　PLC 典型程序设计实践

【例 3-32】　自锁控制程序设计

自锁控制程序是自动控制系统中最常见的控制程序。除了继电接触控制系统中的一般形式外，自锁控制还有一些其他的形式，介绍如下。

1. 单输出自锁程序

只对一个负载进行控制的电路称为单输出控制，也称一元控制。它是构成梯形图的最基本的常用程序，如图 3-57 所示。

在图 3-57（a）中，停止操作优先。因为无论启动按钮 0000 是否闭合，只要按一下停止按钮 0001，输出 0500 必停车，所以称这种电路为停止优先的自锁电路。这种控制方式常用于需要急停车的场合。自锁电路也可以用 KEEP 指令来实现，如图 3-57（b）所示，因 KEEP 指令的复位优先，所以图 3-57（b）也是停止优先的自锁电路。用 KEEP 指令实现具有掉电保护功能的自锁控制程序如图 3-57（c）所示，它们也是停止优先控制，它们的启/停波形时间关系如图 3-57（d）所示。

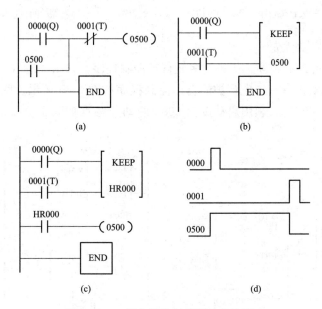

图 3-57　一元自锁控制程序的几种形式

（a）一般的自锁程序；（b）用 KEEP 指令自锁控制程序；
（c）有掉电保护自锁控制程序；（d）工作关系波形图

对于有些应用场合，如报警设备、安全防护及救援设备等，需要有准确可靠的启动控制，即无论停止按钮是否处于闭合状态，只要按下启动按钮，便可启动设备。这就是启动优先自锁控制方式，其程序如图 3-58 所示。由图 3-58 中几种梯形图可以看出，不论停车按钮 0001 处于什么状态，只要按动启动按钮 0000，便可启动负载 0500。

2. 多输出自锁控制程序

多输出自锁控制也称多元控制，即每次输出不止一个控制元。其编程方法有多种，可用 MOV 指令构成多元自锁控制程序。

图 3-59（a）是用 MOV 实现的启动优先多输出自锁控制程序，它将 4 位十六进制数 OFFF 一次传到了 05 通道。因 1 位十六进制数用 4 位二进制数表示，即 F＝1111，那么上述 4 位十六进制数中的低 3 位共有 12 个 1，即按下启动按钮 0002 后，一次启动 05 通道内的 00～11 这 12 个负载。本程序中的第二逻辑行为停车回路，也就是用强迫复位的办法来实现可靠停车，否则 MOV 将保持原状态不变。在启动过程中 0002 的动断触点切断了停车

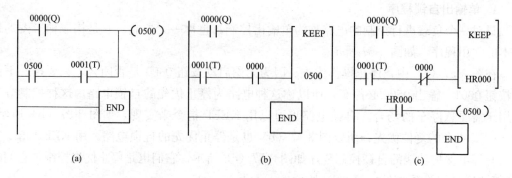

图 3-58　启动优先的几种自锁控制程序
(a) 一般自锁程序；(b) 用 KEEP 实现自锁程序；(c) 有掉电保护的自锁程序

回路，这就保证了启动优先。

用类似的方法可以得到停止优先的多元自锁控制程序，如图 3-59（b）所示。

用 KEEP 指令实现具有掉电保护的自锁控制程序如图 3-60 所示。图 3-60（a）是停止（复位）优先，图 3-60（b）利用启动按钮 0002 的动断触点切断了复位回路，它具有启动优先的功能。

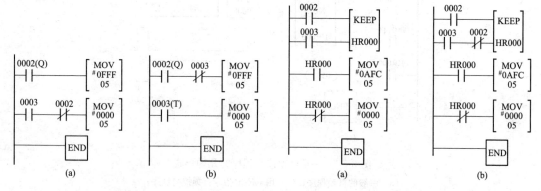

图 3-59　多输出自锁控制程序
(a) 启动优先；(b) 停止优先

图 3-60　有掉电保护的多输出自锁程序
(a) 停止优先；(b) 启动优先

3. 多地控制

对于同一个控制对象（如一台电动机）在不同地点用同样控制方式实现的控制称多地控制。其方法可用并联多个启动按钮和串联多个停车按钮来实现，如图 3-61 所示。图中的 0000 和 0001 组成一对启、停控制按钮，0002 和 0003 又组成另一对控制按钮，安装在另一处，这样就可以在不同地点对同一负载 0500 进行控制了。

【例 3-33】　互锁程序设计

所谓互锁控制，是指多个自锁控制回路之间有互相封锁（禁止）的控制关系。启动其中的一个控制回路，其他控制回路就不能再启动了，即受到已启动回路的封锁。只有将已启动回路的负载停掉之后，其他的控制元才能被启动。但是这些控制回路之间并没有优先级，所以互锁电路就是启动优先控制电路，也称唯一性控制。

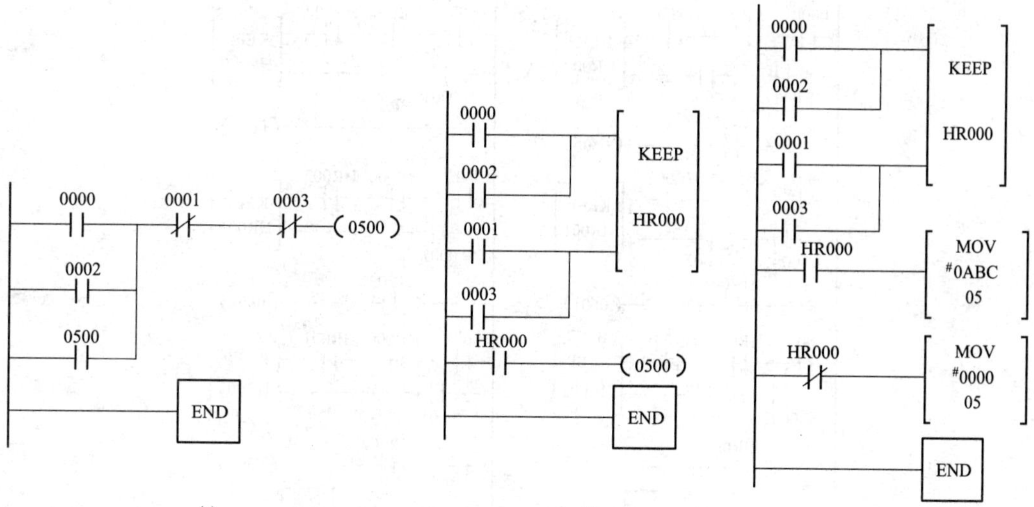

(a) (b) (c)

图 3-61 多地控制

（a）一般多地控制程序；（b）掉电保护多地控制程序；（c）多输出多地控制程序

1. 单输出互锁控制

设现有三个负载 0500、0501 和 0502，每个回路都是单输出自锁控制，它们之间都存在着互锁关系，如图 3-62 所示。在图 3-62（a）中，可任意启动一个负载（如 0500），则通过 0500 的两个动断触点切断了 0501 和 0502 的控制回路，通过 0500 的两个动断触点切断了 0501 和 0502 的控制回路，使它们不能再启动了。只有 0500 释放后，才能启动其他的控制元。在任何时候都只能启动一个控制元。图 3-62（b）是启动优先的互锁程序。

若需要掉电保护的互锁控制程序，可采用如图 3-63 所示程序。

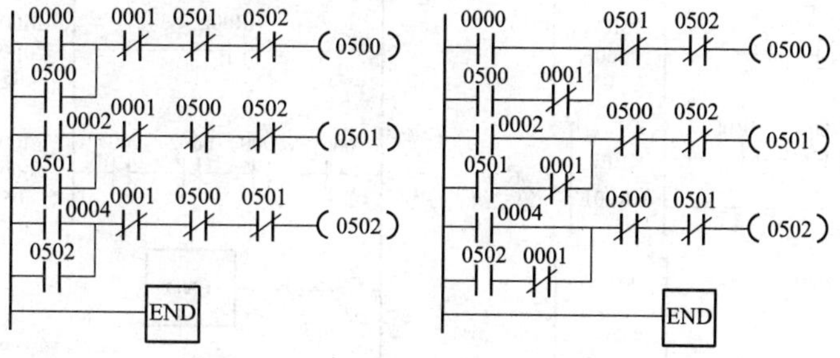

(a) (b)

图 3-62 单输出互锁控制程序

（a）停止优先互锁控制程序；（b）启动优先互锁控制程序

该程序中，用 HR000、HR001 和 HR002 的动断触点互相封锁，当然也可以用输出 0600、0601 和 0602 的动断触点进行互锁。这里设置了一个总停按钮 0001。此程序可作为三组枪答器的控制程序。若设计四组、五组或更多组抢答器，可仿照此方法进行设计。

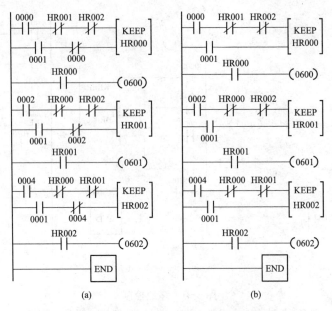

图 3-63　掉电保护的互锁控制程序

（a）启动优先互锁控制程序；（b）停止优先互锁控制程序

2. 多输出互锁控制

由单输出互锁控制程序可知，互锁关系是通过串联动断触点（输出继电器、保持继电器或输入继电器的动断触点）来实现的。将这种方法应用到几个多输出自锁控制回路中，即可得到多输出互锁控制程序。停止优先的多输出互锁控制程序如图 3-64 所示。

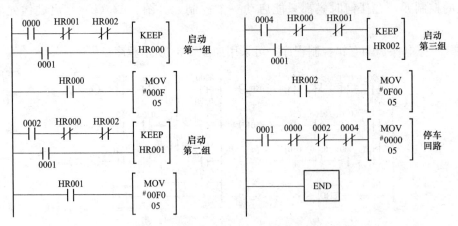

图 3-64　停止优先的多输出互锁控制程序

启动优先、有掉电保护功能、用 KEEP 自锁的多输出互锁程序如图 3-65 所示。

本程序是通过动断触点 HR000、HR001 和 HR002 互相切断 KEEP 的输入端来实现互锁控制的。在这个程序中，当同时按下各路的启动按钮和停止按钮时，由于用各启动按钮 0000、0002 和 0004 的动断触点封锁了停车回路和各 KEEP 的复位端，从而形成了启动优先、多输出（一次启动 4 个负载，F＝1111）互锁控制程序。同时使用了锁存器 KEEP 和 HR，使某组的启动状态在断电后可以保留下来，具有掉电保护功能。若要改为停止优先多输出控制程序,可将各 KEEP 复位端的动断触点解除,另外将停车回路中的 0000、0002 和 0004 的动断触点换成 HR000、HR001 和 HR002 的动断触点即可。

【例 3-34】 顺序控制程序设计实践

在互锁控制程序中,几组控制元的优先权是平等的,它们互相可以封锁。但是在实际应用中,有时几组控制元的优先权并不完全平等。例如,火车站的发车信号灯控制系统,特别快车的信号灯优先权最高,快车次之,慢车最低。即 A 封锁 B,B 封锁 C,而不存在 B 对 A、C 对 A 和 C 对 B 的封锁,也就是封锁关系是单方向的,称单向顺序封锁控制。

1. 单输出单向顺序封锁控制程序

单输出的单向顺序封锁控制程序如图 3-66 所示。

本程序中,若 0500 启动,则 0501 和 0502 均不能启动,若 0501 启动,则 0502 不能启动。只有 0500 和 0501 都不启动时,0502 才能启动。图 3-66 (a) 是停止优先控制程序,将 0001 触点串联在自锁回路中,即可成为启动优先的单向顺序封锁控制程序,如图 3-66 (b) 所示。

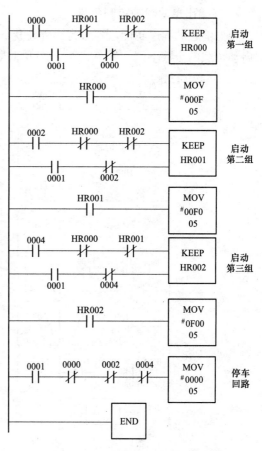

图 3-65 启动优先、有掉电保护功能、用 KEEP 自锁的多输出互锁程序

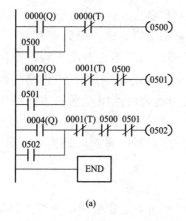
(a)

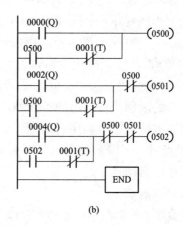
(b)

图 3-66 单输出单向顺序封锁控制程序
(a) 停止优先式;(b) 启动优先式

2. 多输出单向封锁控制程序

根据前述的程序功能，不难得出停止优先、启动优先、有掉电保护功能、多输出（每次启动负载的个数不同，如 A、B、C）单向顺序封锁程序，如图 3-67 所示。

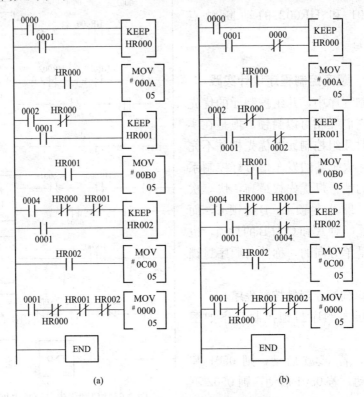

图 3-67　多输出单向顺序封锁控制程序

(a) 停止优先；(b) 启动优先

3. 单向顺序启动程序

A 启动后 B 才能启动，A、B 启动后 C 才能启动，这种控制程序称单向顺序启动控制。图 3-68 所示的梯形图程序就是这种单向顺序启功控制程序。

图 3-68 (a) 程序中的负载 0500 在任何时候都可以启动。但只有 0500 启动后，0501 才能启动；0500 和 0501 同时启动后，0502 才能启动。不难看出本程序是停止优先。若将 0001 触点串联在自锁回路中，就可改为启动优先的甲向顺序启动控制程序。它与单向顺序封锁程序的区别是将输出的动断触点改为动合触点串联在各主回路中。具有掉电保护的停止优先多输出单向顺序启动程序如图 3-68 (b) 所示。将启动触点 0000、0002、0004 的动断触点封锁 KEEP 的复位端及停车回路，即可得到启动优先、具有掉电保护、多输出的单向顺序启动程序。

4. 单向步进式启动

将上述手动操作的单向顺序启动控制改为只按一下主令按钮，便可在启动信号的控制下自动进行顺序启动操作，即所谓的单向步进式启动。

构成自动步进式顺序启动的方法很多，如用 SFT、DIFU/DIFD、TIM 等。在此仅举一例，如图 3-69 所示。

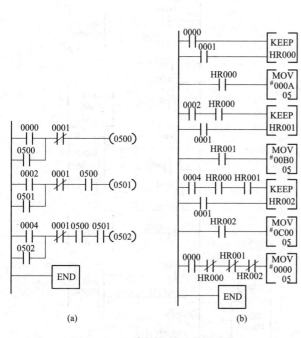

图 3-68　单向顺序启动控制程序
（a）一般单向式；（b）有掉电保护的多输出单向式

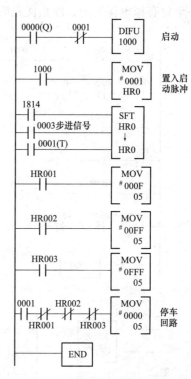

图 3-69　具有掉电保护功能的、机外步进信号控制的、不等时单向步进控制程序

在本程序中，0000 为主令按钮，按下 0000 时，系统启动，并将启动脉冲置入 HR000；当步进信号 0003 到来时，启动信息从 HR000 移入 HR001，第一组输出；下一个步进信号到来时，HR002 为 ON，第二组启动；再下一个步进信号到来时，HR003 为 ON，第三组运行；按下停止按钮 0001，HR00 通道复位，停车控制回路接通，05 通道被复位，各组负载均停止运行。此程序具有复位优先功能及掉电保护功能。

若将系统的机外步进信号 0003 触点换成 1902 秒脉冲发生器，该系统就成为机内秒脉冲信号控制的等时步进系统。按下启动按钮 0000，第一组运行。而后每隔 1s 启动一组负载，直至各组负载全部启动为止。

【例 3-35】　互控程序设计实践

互控是指在多个控制元中，任意启动其中之一，而且只能启动一个控制元，若要启动下一个控制元，无须按动停车按钮，便可启动，而已启动的控制元自行停止控制。

1. 单输出互控程序

停止优先的互控程序如图 3-70 所示。

本程序中各动断触点 0500、0501、0502 只封锁自锁回路，因此只要按下任意一个启动按钮均可启动各自的负载，而且同时可解除另外被控对象的自锁状态而使之停止运行。若同时按下几个启动按钮，几个负载都不能启动，最后释放按钮的负载有可能启动。

2. 多输出互控程序

将单输出互控程序中的输出回路改为多输出回路，另外再加一个停车回路，就可以得到一个只有掉电保护的、停止优先的多输出互控程序，如图 3-71 所示。

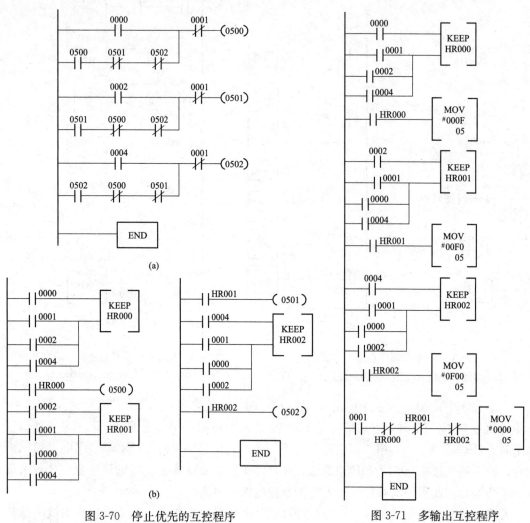

图 3-70　停止优先的互控程序　　　　　图 3-71　多输出互控程序

（a）一般互控程序；（b）具有掉电保护的互控程序

【例 3-36】　时间控制程序设计实践

一个 TIM 的最长定时时间为 999.9s，但在实际生产中很多定时时间均超过这个数值。在自动控制系统中还经常用到延时启动及延时停车控制、步进式启动及停车控制、循环定时步进控制等。下面将对这几类时间控制程序分别加以介绍。

1. 超长定时控制程序

超长定时是指一个 TIM 的定时时间不能完成的情况。超长定时一般采取下列两种方法：一是用多个 TIM 接力定时，二是用 CNT 和 1902 脉冲发生器配合定时。

（1）多个 TIM 接力定时。例如，用 4 个 TIM 接力定时，使 0500 定时运行 1h，程序如图 3-72 所示。将 3600s 平均分配给 4 个定时器 TIM00～TIM03，每个定时器的设定值为 900s。

本程序的特点是利用上一个定时器来启动下一个定时器，利用内部辅助继电器对每个定时器进行自锁，使定时器可靠定时。利用各自定时器的动断触点延时断开进行复位。

（2）用 CNT 与 I902 配合定时。用 CNT 作定时器，可使定时值得到掉电保护。一个 CNT 的计数值为 9999，若每秒计数一次，则可定时 9999s。

利用两个 CNT 和 I902 配合，使 0500 定时运行 5h，程序如图 3-73 所示。

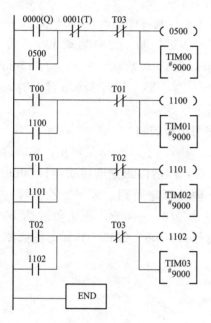

图 3-72　TIM 接力定时程序

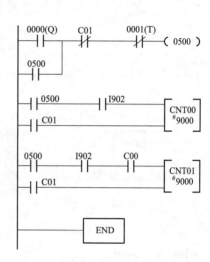

图 3-73　CNT 和 I902 配合定时程序

本程序通过动合触点 0500 来启动两个定时器，当第一个定时器 CNT00 到时，接着由 C00 再启动第二个定时器 CNT01。当第二个定时器 CNT01 到时，同时将 0500 断开，将 C00 和 C01 复位。

2. 延时启、停控制

（1）延时 10s 启动程序及波形关系如图 3-74 所示。

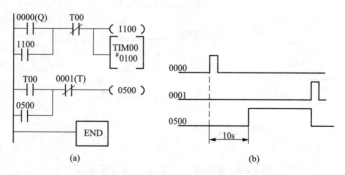

(a)　　　　　　　　(b)

图 3-74　延时启动控制程序及波形图

（a）梯形图；（b）波形图

（2）延时 5s 启动，延时 10s 停车程序如图 3-75 所示。

按下启动按钮 0000 延时 5s 后，启动负载 0500。按下停车按钮 0001 延时 10s 后，停止负载 0500。

3. 单向定时步进控制

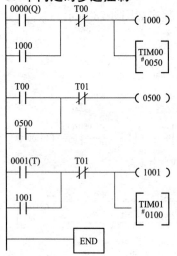

单向定时步进控制按步进的时间不同来分，可分为等时和不等时两种。

（1）等时步进控制程序如图 3-76 所示。

（2）不等时步进控制：0500 启动 10mm 后 0501 启动，再过 5min 后 0502 启动。0500 运行 15min 停，0501 运行 10min 停，0502 运行 15min 停。时间关系和梯形图如图 3-77 所示。

4. 循环定时步进控制

控制要求：甲组运行 10min 后停止，立即启动乙组运行 20min 停，然后丙组立即启动运行 30min 停，再启动甲组。即循环进行启、停甲、乙、丙三组负载。甲组负载为 0500～0503，乙组负载为 0504～0507，丙组负载为 0508～0511。其梯形图如图 3-78 所示。

图 3-75　延时 5s 启动/10s 停车程序

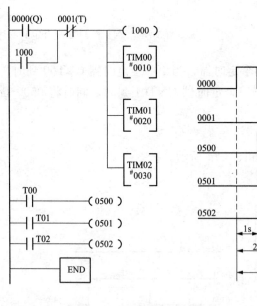

(a)

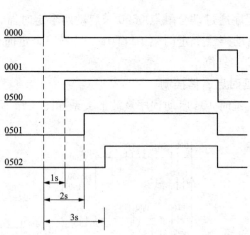

(b)

图 3-76　等时步进控制程序及波形关系

(a) 梯形图；(b) 波形图

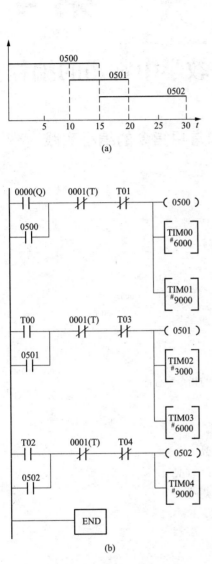

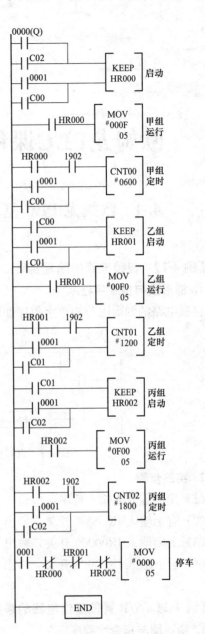

图 3-77　不等时步进控制程序及波形关系
(a) 梯形图；(b) 波形图

图 3-78　循环定时步进控制程序

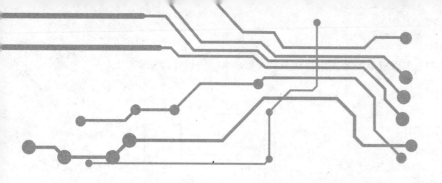

第 4 章

欧姆龙PLC课程实验教学中常用的编程实践

4.1 欧姆龙 PLC 基本指令和常用指令的编程实践

【例 4-1】 自锁电路的编程实践

1. 梯形图与指令字程序

自锁电路的梯形图与指令字程序如图 4-1 所示。

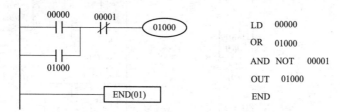

图 4-1 自锁电路的梯形图与指令字程序

2. 实践步骤

(1) 用编程软件输入程序，检验，下载至 PLC。

(2) 合上输入 IR00000 开关，输出 IR01000 灯亮。

(3) 关闭输入 IR00000 开关，输出 IR01000 灯继续亮。

(4) 合上输入 IK00001 开关，输出 IR01000 灯熄灭。

【例 4-2】 S/R 置位复位电路的编程实践

1. 梯形图与指令字程序

S/R 置位复位电路的梯形图与指令字程序如图 4-2 所示。

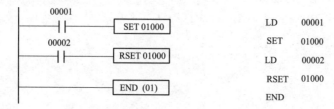

图 4-2 S/R 置位复位电路的梯形图与指令字程序

2. 实践步骤

(1) 编程软件中输入程序，检验，下载至 PLC。

（2）合上输入 IR00001 开关，则输出 IR01000 灯亮。

（3）关闭输入 IR00001 开关，则输出 IR01000 灯继续亮。

（4）合上输入 IR00002 开关，则输出 IR01000 灯熄灭。

（5）关闭输入 IR00002 开关，则输出 IR01000 灯继续熄灭。

【例 4-3】　逻辑块指令或装载电路（1）的编程实践

1. 梯形图与指令字程序

逻辑块指令或装载电路（1）的梯形图与指令字程序如图 4-3 所示。

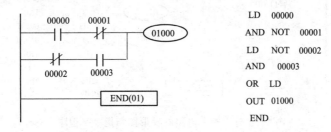

图 4-3　逻辑块指令或装载电路（1）的梯形图与指令字程序

2. 实践步骤

（1）在编程软件 L 输入程序，检验，下载到 PLC。

（2）合上输入 IR00000 开关，则输出 IR01000 灯亮。

（3）合上输入 IR00001 开关，则输出 IR01000 灯熄灭。

（4）合上输入 IR00003 开关，则输出 IR01000 灯亮。

（5）合上输入 IR00002 开关，则输出 IR01000 灯熄灭。

【例 4-4】　逻辑块指令或装载电路（2）的编程实践

1. 梯形图与指令字程序

逻辑块指令或装载电路（2）的梯形图与指令字程序如图 4-4 所示。

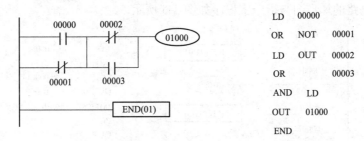

图 4-4　逻辑块指令或装载电路（2）的梯形图与指令字程序

2. 实践步骤

（1）在编程软件上输入程序，检验，下载到 PLC。

（2）全部输入都关闭时，输出 IR01000 灯亮。

（3）合上输入 IR00001 开关，则输出 IR01000 灯熄灭。

（4）合上输入 IR00000 开关，则输出 IR01000 灯亮。

（5）合上输入 IR00002 开关，则输出 IR01000 灯熄灭。

（6）合上输入 IR00003 开关，则输出 IR01000 灯亮。

【例 4-5】 分支指令电路的编程实践

1. 梯形图与指令字程序

分支指令电路的梯形图与指令字程序如图 4-5 所示。

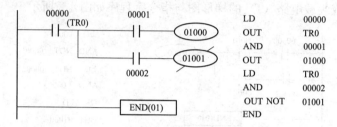

图 4-5 分支指令电路的梯形图与指令字程序

2. 实践步骤

（1）在编程软件上输入程序，检验，下载到 PLC。

（2）全部输入关闭，观察输出 IR01000 灯和 IR01001 灯状态。

（3）合上输入 IR00000 开关，观察输出 IR01000 灯和 IR01001 灯状态。

（4）合上输入 IR00001 并关，观察输出 IR01000 灯和 IR01001 灯状态。

（5）合上输入 IR00002 开关，观察输出 IR01000 灯和 IR01001 灯状态。

（6）关闭输入 IR00002 开关，观察输出 IR01000 灯和 IR01001 灯状态。

（7）关闭输入 IR00000 开关，观察输出 IR01000 灯和 IR01001 灯状态。

【例 4-6】 跳转指令电路的编程实践

1. 梯形图与指令字程序

跳转指令电路的梯形图与指令字程序如图 4-6 所示。

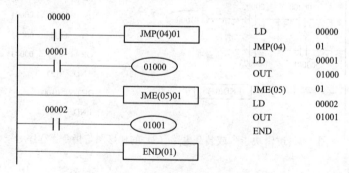

图 4-6 跳转指令电路的梯形图与指令字程序

2. 实践步骤

（1）在编程软件上输入程序，检验，下载到 PLC。

（2）合上输入 IR00002 开关，观察输出 IR01000 灯和 IR01001 灯状态。

（3）合上输入 IR00001 开关，观察输出 IR01000 灯和 IR01001 灯状态。

（4）合上输入 IR00000 开关，观察输出 IR01000 灯和 IR01001 灯状态。

（5）关闭输入 IR00001 开关，观察输出 IR01000 灯和 IR01001 灯状态。

（6）合上输入 IR00001 开关，观察输出 IR01000 灯和 IR01001 灯状态。

（7）关闭输入 IR00000 开关，观察输出 IR01000 灯和 IR01001 灯状态。

【例 4-7】 微分上升和微分下降电路的编程实践

1. 梯形图与指令字程序

微分上升和微分下降电路的梯形图与指令字程序如图 4-7 所示。

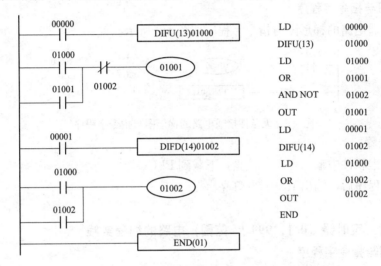

图 4-7 微分上升和微分下降电路的梯形图与指令字程序

2. 实践步骤

（1）在编程软件中输入程序，检验，下载到 PLC。

（2）合上输入 IR00000 开关，则输出 IR01001 灯亮，输出 IR01002 灯闪亮一下。

（3）合上输入 IR00001 开关，关闭输入 IR00000 开关，输出没有变化。

（4）关闭输入 IR00001 开关，则输出 IR01001 灯熄灭，输出 IR01002 灯闪亮一下。

【例 4-8】 保持指令电路的编程实践

1. 梯形图与指令字程序

保持指令电路的梯形图与指令字程序如图 4-8 所示。

2. 实践步骤

（1）在编程软件中输入程序，检验，下载到 PLC。

（2）合上输入 IR00000 开关，则输出 IR01000 灯亮。

（3）合上输入 IR00001 开关，则输出 IR01000 灯亮。

（4）合上输入 IR00002 开关，则输出 IR01000 灯熄灭。

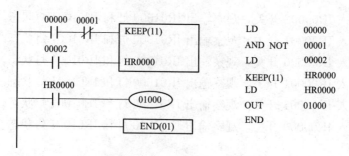

图 4-8　保持指令电路的梯形图与指令字程序

【例 4-9】　无条件接通电路的编程实践

1. 梯形图与指令字程序

无条件接通电路的梯形图与指令字程序如图 4-9 所示。

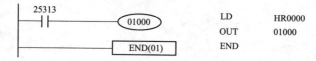

图 4-9　无条件接通电路的梯形图与指令字程序

2. 实践步骤

（1）在编程软件中输入程序，检验，下载到 PLC。

（2）运行程序后，输出 IR01000 灯亮。

【例 4-10】　定时器（0.1，999.9s 范围）电路的编程实践

1. 梯形图与指令字程序

定时器电路的梯形图与指令字程序如图 4-10 所示。

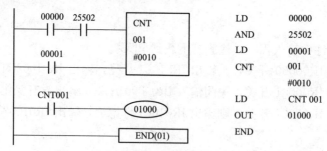

图 4-10　定时器电路的梯形图与指令字程序

2. 实践步骤

（1）在编程软件中输入程序，检验，下载到 PLC。

（2）合上输入 IR00000 开关，延时 1s，输出 IR01000 灯亮。

（3）关闭输入 IR00000 开关，输出 IR01000 灯熄灭。

【例 4-11】　利用秒脉冲和计数器组成的定时器（1～9999s）电路的编程实践

1. 梯形图与指令字程序

秒脉冲和计数器组成的定时器电路的梯形图与指令字程序如图 4-11 所示。

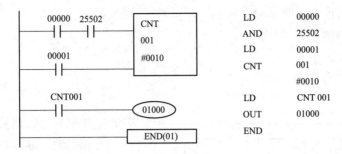

图 4-11 秒脉冲和计数器组成的定时器电路的梯形图与指令字程序

2. 实践步骤

(1) 在编程软件中输入程序，检验，下载到 PLC。

(2) 合上输入 IR00000 开关，延时 10s 后，输出 IR01000 灯亮。

(3) 合上输入 IR00001 开关，输出 IR01000 灯熄灭。

【例 4-12】 连锁和连锁解除电路的编程实践

1. 梯形图与指令字程序

连锁和连锁解除电路的梯形图与指令字程序如图 4-12 所示。

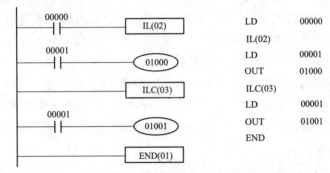

图 4-12 连锁和连锁解除电路的梯形图与指令字程序

2. 实践步骤

(1) 在编程软件中输入程序，检验，下载到 PLC。

(2) 合上输入 IR00000 和 IR00001 开关，则输出 IR01000 灯亮，IR01001 灯亮。

(3) 关闭输入 IR00000 开关，则输出 IR01000 灯熄灭，输出 IR01001 灯亮。

4.2 欧姆龙系列 PLC 的应用编程实践

【例 4-13】 三相电动机的 PLC 顺序控制实验

1. 实践目的

(1) 了解三相电动机的启动方式。

(2) 掌握 PLC 基本指令的应用。

2. 实践器材

(1) 欧姆龙 PLC——主机单元一台。

（2）三相异步电动机顺序控制单元一台。

（3）计算机或编程器一台。

（4）电子连线若干条。

（5）PLC串口通信线一条。

3. 实践原理

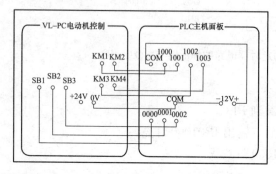

图 4-13　三相电动机 PLC 顺序控制接线图

（1）工作原理接线图如图 4-13 所示。

（2）三相电动机顺序控制要求如下。

1）先上拨正转开关 SB1，再下拨 SB1，电动机以Y/△方式启动，Y接法运行 5s 后转换为△运行。

2）先上拨停止开关 SB3，再下拨 SB3，电动机立即停止运行。

3）先上拨反转开关 SB2，再下拨 SB2，电动机以Y/△方式启动，Y接法运行 5s 后转换为△运行。

4）先上拨停止开关 SB3，再下拨 SB3，电动机立即停止运行。

4. 实践步骤

（1）先将 PLC 的电源线插进 PLC 侧面的电源孔内，再将另一端插到 220V 电源插板。

（2）将 PLC 的电源开关拨到关状态，严格按图 4-13 接线，注意 12V 电源的正负不要短接，电路不要短路，否则会损坏 PLC 触点。

（3）将 PLC 的电源开关拨到开状态，并且必须将 PLC 串口置于 ON 状态，然后通过计算机或编程器将程序下载到 PLC 中，下载后，再将 PLC 的电源开关拨到关状态。

（4）接通 0108、0109、0110（0111 不接通），否则无法正确运行图 4-14 所示程序。

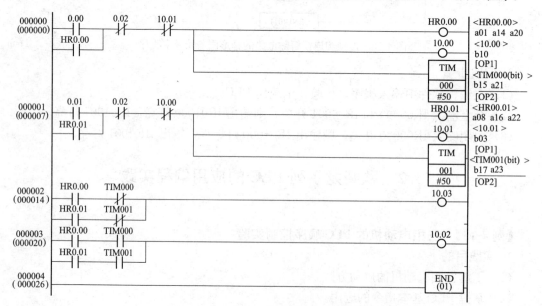

图 4-14　三相电动机 PLC 顺序控制的实践演示程序

（5）将 PLC 的电源开关拨到开状态。

（6）试修改定时器的时间设定值，观察电动机运行情况。

（7）自己设计一种电动机顺序运行的方式，然后编程，并上机实践。

【例 4-14】 水塔水位的 PLC 自动控制实践

1. 实践目的

用 PLC 构成水塔水位自动控制系统。

2. 实践器材

（1）欧姆龙 PLC：主机单元一台。

（2）水塔水位自动控制单元一台。

（3）计算机或编程器一台。

（4）电子连线若干条。

（5）PLC 串口通信线一条。

3. 实践原理

（1）工作原理接线图如图 4-15 所示。

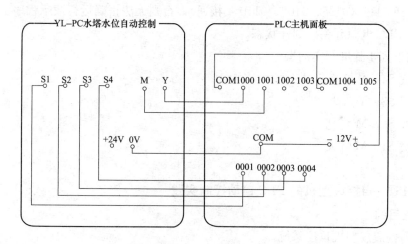

图 4-15 水塔水位 PLC 自动控制的工作原理接线图

（2）水塔水位的工作方式：当水池液面低于下限水位（S4 为 ON 表示），电磁阀 Y 打开注水，S4 为 OFF，表示水位高于下限水位。当水池液面高于上限水位（S3 为 ON 表示），电磁阀 Y 关闭。

当水塔水位低于下限水位（S2 为 ON 表示），水泵 M 工作，向水塔供水，S2 为 OFF，表示水位高于下限水位。当水塔液面高于上限水位（S1 为 ON 表示），水泵 M 停止。

当水塔水位低于下限水位，同时水池水位也低于下限水位时，水泵 M 不启动。

4. 实践步骤

（1）先将 PLC 的电源线插进 PLC 侧面的电源孔中，再将另一端插到 220V 电源插板。

（2）将 PLC 的电源开关拨到关状态，严格按图 4-15 接线，注意 12V 电源的正负不要短接，电路不要短路，否则会损坏 PLC 触点。

（3）将 PLC 的电源开关拨到开状态，并且必须将 PLC 串口置于 ON 状态，然后通过计算机或编程器将程序（见图 4-16）下载到 PLC 中，下载后，再将 PLC 的电源开关拨到关状态。

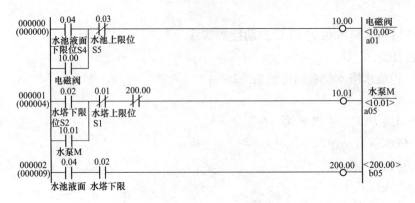

图 4-16　水塔水位 PLC 自动控制的实践演示程序

（4）接通 0111（0108、0109、0110 不接通），否则无法正确运行演示程序。

（5）将 PLC 电源开关拨到开状态。

（6）按下列步骤进行实训操作。

1）上拨 S4，Y 灯亮。

2）上拨 S3，Y 灯灭。

3）上拨 S2，M 灯亮。

4）上拨 S1，M 灯灭。

【例 4-15】　自控成型机的 PLC 自动控制实践

1. 实践目的

用 PLC 构成成型机自控系统。

2. 实践器材

（1）欧姆龙 PLC：主机单元一台。

（2）自控成形机单元一台。

（3）计算机或编程器一台。

（4）电子连线若干条。

（5）PLC 串口通信线一条。

3. 实践原理

（1）工作原理图如图 4-17 所示。

（2）自控成型机的工作方式：初始状态，当原料放入成型机时，各油缸的状态为 Y1、Y2、Y4 关闭（OFF），Y3 工作（ON）。位置开关 S1、S3、S5 分断（OFF），S2、S4、S6 闭合（ON）。

按下启动按钮，Y2＝ON 上油缸的活塞向下运动，使开关 S4＝OFF。当 S3＝ON 时，

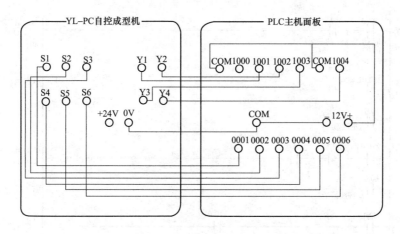

图 4-17 自控成型机 PLC 控制的工作原理接线图

启动左、右油缸（Y3＝OFF；Y1＝Y4＝ON），A 活塞向右运动，C 活塞向左运动，使位置开关 S2、S6 为 OFF。

当左右油缸的活塞达到终点，此时 S1、S5 为 ON，原料已成形。然后备油缸开始退回原位，A、B、C 油缸返回（Y1＝Y2＝Y4＝OFF；Y3＝ON），使 S1＝S3＝S5＝OFF。

当 A、B、C 油缸回到原位（S2＝S4＝S6＝ON）时，系统回到初始位置，取出成品。

放入原料后，按启动按钮可以重新开始工作。

4. 实践步骤

（1）先将 PLC 的电源线插进 PLC 侧面的电源孔中，再将另一端插到 220V 电源插板。

（2）将 PLC 的电源开关拨到关状态，严格按图 4-17 接线，注意 12V 电源的正负不要短接，电路不要短路，否则会损坏 PLC 触点。

（3）将 PLC 的电源开关拨到开状态，并且必须将 PLC 串口置于 ON 状态，然后通过计算机或编程器将程序（见图 4-18）下载到 PLC 中，下载后，再将 PLC 的电源开关拨到关状态。

（4）接通 0108、0111（0109、0110 不接通），否则无法正确运行演示程序。

（5）将 PLC 电源开关拨到开状态。

（6）按下列步骤进行实训操作。

1）PLC 运行前把 S1～S6 拨到 OFF 状态，Y3 亮。

2）PLC 运行后，上拨 S2、S4、S6。

3）上下拨动启动开关 000，Y2、Y3 亮。

4）使 S3：ON（上拨），S4＝OFF（下拨），Y2、Y2、Y3 亮。

5）使 S2＝S6＝OFF（下拨）。

6）使 S1＝S5＝ON（上拨）。

7）使 S1＝S3＝S5＝OFF，S2＝S4＝S6＝ON，Y3 灯亮。

8）S1～S6 均各有指示灯，灯亮为 ON，灯灭为 OFF。

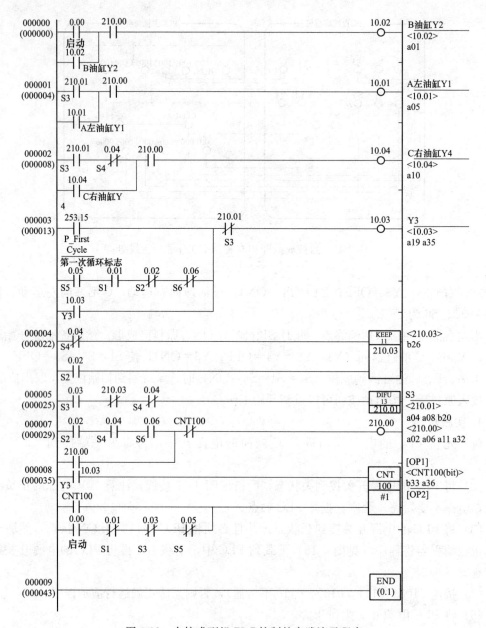

图 4-18　自控成型机 PLC 控制的实践演示程序

【例 4-16】　自动送料装车系统的 PLC 控制实践

1. 实践目的

用 PLC 构成自动送料装车控制系统。

2. 实践器材

（1）欧姆龙 PLC：主机单元一台。

（2）自动送料装车系统单元一台。

（3）计算机或编程器一台。

（4）电子连线若干条。

（5）PLC串口通信线一条。

3. 实践原理

（1）工作原理接线图如图 4-19 所示。

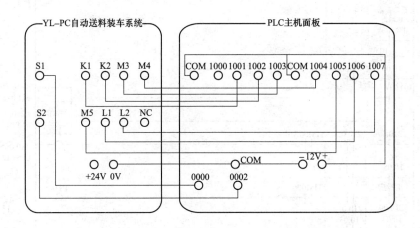

图 4-19　自动送料装车系统 PLC 控制的工作原理接线图

（2）自动送料装车系统控制要求：初始状态，红灯 L2 灭，绿灯 L1 亮，表示允许汽车进来装料。料斗 K2，电动机 M1、M2、M3 皆为 OFF。当汽车到来时（用 S2 开关接通表示），L2 亮，L1 灭，M3 运行，电动机 M2 在 M3 接通 2s 后运行，电动机 M1 在 M2 启动 2s 后运行，延时 2s 后，料斗 K2 打开出料。当汽车装满后（用 S2 断开表示），料斗 K2 关闭，电动机 M1 延时 2s 后停止，M2 在 M1 停 2s 后停止，M3 在 M2 停 2s 后停止。L1 亮，L2 灭，表示汽车可以开走。

S1 是料斗中料位检测开关，其闭合表示料满，K2 可以打开，S1 分断时，表示料斗内未满，K1 打开，K2 不打开。

4. 实践步骤

（1）先将 PLC 的电源线插进 PLC 侧面的电源孔中，再将另一端插到 220V 电源插板。

（2）将 PLC 的电源开关拨到关状态，严格按图 4-19 接线，注意 12V 电源的正负不要短接，电路不要短路，否则会损坏 PLC 触点。

（3）将 PLC 的电源置于开状态，并且必须将 PLC 串口置于 ON 状态，通过计算机或编程器将程序（见图 4-20）下载到 PLC 中，下载后，再将电源开关拨到关状态。

（4）接通 0110、0111（0108、0109 不接通），否则无法正确运行演示程序。

（5）将 PLC 的电源开关拨到开状态。

（6）按照下列步骤进行实训操作。

1）启动后，L1 绿灯亮，K1 红灯亮

2）拨上 S2，L2 红灯亮，M3、M2、M1 依次点亮。

3）拨上 S1，K1 灭，K2 亮。

4）拨下 S2，M1、M2、M3 依次灭，L1 亮，K1 红灯亮，恢复到 1。

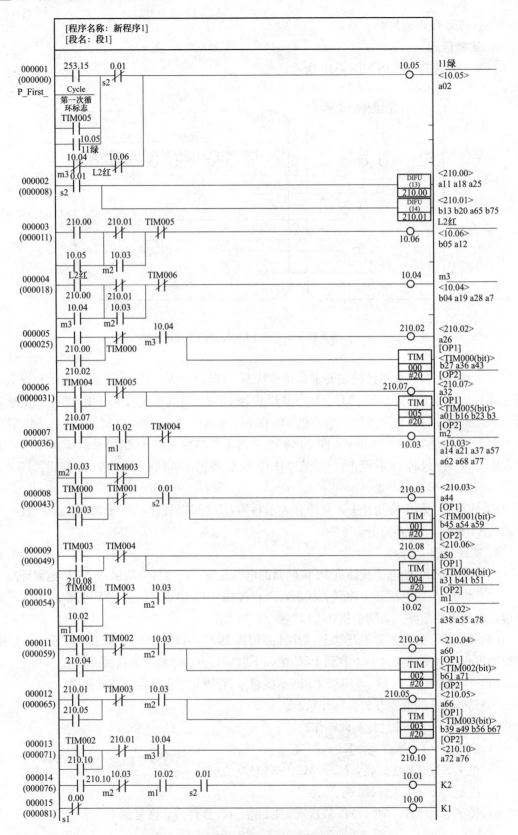

图 4-20　自动送料装车系统 PLC 控制的实践演示程序

【**例 4-17**】 多种液体自动混合控制系统的 PLC 控制实践

1. 实践目的

用 PLC 构成多种液体自动混合控制系统。

2. 实践器材

（1）欧姆龙 PLC：主机单元一台。

（2）多种液体自动混合单元一台。

（3）计算机或编程器一台。

（4）电子连线若干条。

（5）PLC 串口通信线一条。

3. 实践原理

（1）工作原理接线图如图 4-21 所示。

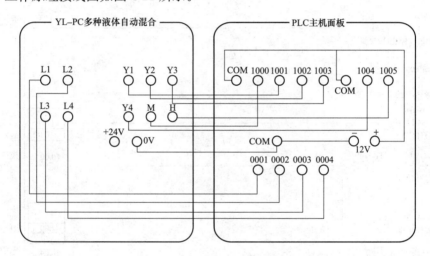

图 4-21 多种液体自动混合控制系统 PLC 控制的工作原理接线图

（2）多种液体自动混合控制要求如下：初始状态，容器为空，电磁阀 Y1、Y2、Y3 和搅拌机 M 为关断，液面传感器 L1、L2、L3 均为 OFF。

按下自动按钮，电磁阀 Y1、Y2 打开，注入液体 A 与 B，液面高度为 L2 时（此时 L2 和 L3 均为 ON），停止注入（Y1、Y2 为 OFF）。同时开启液体 C 的电磁阀 Y3（Y3 为 ON），注入液体 C，当液面升至 L1 时（L1 为 ON），停止注入（Y3 为 OFF）。开启搅拌机 M，搅拌时间为 3s。之后电磁阀 Y4 开启，排出液体，当液面高度降至 L3 时（L3 为 OFF），再延时 5s，Y4 关闭。按启动按钮可以重新开始工作。

4. 实践步骤

（1）先将 PLC 的电源线插进 PLC 侧面的电源孔中，再将另一端插到 220V 电源插板。

（2）将 PLC 的电源开关拨到关状态，严格按图 4-21 接线，注意 12V 电源的正负不要短接，电路不要短路，否则会损坏 PLC 触点。

（3）将 PLC 的电源开关拨到开状态，并且必须将 PLC 串口置于 ON 状态，然后通过计算机或编程器将程序（见图 4-22）下载到 PLC 中，再将 PLC 的电源开关拨到关状态。

（4）接通 0110（0108、0109、0111 不接通），否则无法正确运行演示程序。

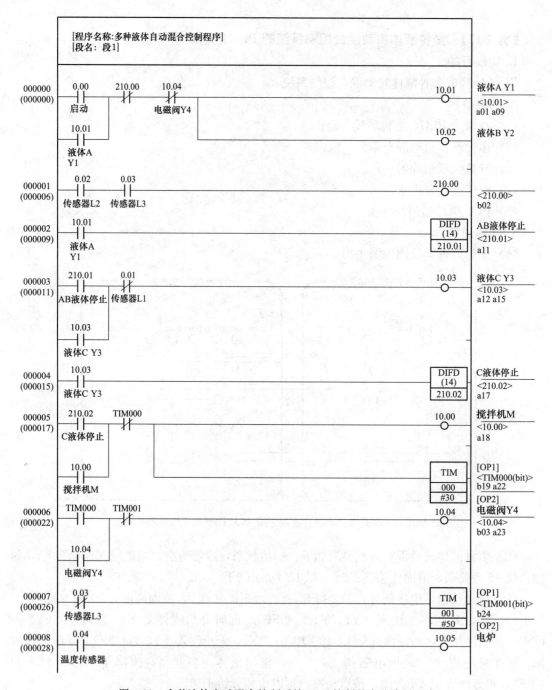

图 4-22　多种液体自动混合控制系统 PLC 控制的实践演示程序

（5）将 PLC 电源开关拨到开状态。

（6）按下列步骤进行实训操作。

1）上下拨动启动开关 000，Y1、Y2 灯亮。

2）上拨 L3、L2，Y1、Y2 灭，Y3 亮。

3）上拨 L1，Y3 灭，M 亮 5s 后 Y4 亮。

4）依次断开 L1、L2、L3，延时 5s 后，Y4 灭。

【例 4-18】　自控轧钢机的 PLC 控制实践

1. 实践目的

用 PLC 构成自控轧钢机系统的 PLC 控制。

2. 实践器材

（1）欧姆龙 PLC：主机单元一台。

（2）自控轧钢机单元一台。

（3）计算机或编程器一台。

（4）电子连线若干条。

（5）PLC 串口通信线一条。

3. 实践原理

（1）工作原理接线图如图 4-23 所示。

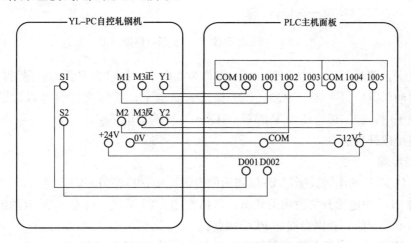

图 4-23　自控轧钢机 PLC 控制的工作原理接线图

（2）自控轧钢机控制要求：当按动启动开关，电动机 M1、M2 运行，Y0 给出向下的轧压量。用开关 S1 模拟传感器，当传送带上面有钢板时 S1 为 ON，则电动机 M3 正转，钢板轧过后，S1 的信号消失（为 OFF），检测传送带上面钢板到位的传感器 S2 有信号（为 ON），表示钢板到位，电磁阀 Y2 动作，电动机 M3 反转，将钢板推回，Y1 给出较 Y0 更大的轧压量，S2 信号消失，S1 有信号电动机 M3 正转。当 S1 的信号消失，仍重复上述动作，完成三次轧压。当第二次轧压完成后，S2 有信号，则停机，可以重新启动。

单元板移位寄存/显示电路原理如图 4-24 所示。

集成电路 CD4015 是双 4 位移位寄存器，其引出端功能为：1CP、2CP 是时钟输入端；1CR、2CR 是清零端；1DS、2DS 是串行数据输入端；1Q0～1Q3、2Q0～2Q3 是数据输出端，VDD 是正电源，VSS 是地。

该电路的时钟输入脉冲信号由 PLC Y1 口提供，CD4015 的输出端 1Q0～1Q2 分别驱动轧压量指示灯（三个发光二极管）。电路的工作原理是当脉冲加到 2CP 端，2Q0 为高电平，其上跳沿既为 1CP 提供脉冲前沿，同时经 1CR 端，又将 2Q0 清零（这样可以滤除 PLC 输出脉冲的干扰信号）。随后 1Q0 为高电平，驱动 LED（上）亮。当 2CP 再接到脉冲时，

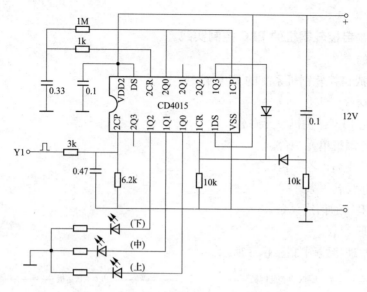

图 4-24　单元板移位寄存/显示电路原理图

1Q1 为高电平，驱动 LED（中）亮，1Q0 保持为高电平，如果 2CP 再接到脉冲时，1Q2 为高电平、驱动 LED（下）亮，1Q0、1Q1 保持为高电平，其移位过程可以以此类推，当 1Q3 为高电平时，经二极管使 1CP 清零，1Q0～1Q3 为低电平。

该电路可以开机清零。

4. 实践步骤

（1）先将 PLC 的电源线插进 PLC 侧面的电源孔中，再将另一端插到 220V 电源插板。

（2）将 PLC 的电源开关拨到关状态，严格按图 4-23 接线，注意 12V 电源的正负不要短接，电路不要短路，否则会损坏 PLC 触点。

（3）将 PLC 的电源开关拨到开状态，并且必须将 PLC 串门置于 ON 状态，然后退过计算机或编程器将程序（见图 4-25）下载到 PLC 中，下载后，再将 PLC 的电源开关拨到关状态。

（4）接通 0109、0111（0108、0110 不接通），否则无法正确运行演示程序。

（5）将 PLC 的电源开关拨到开状态。

（6）按照下列步骤进行实训操作。

1）上下拨动启动开关 000，Y1、M1、M2 灯亮。

2）先上拨 S1，后下拨 S1，Y1、M1、M2 及向左箭头灯亮。

3）先上拨 S2，后下拨 S2，Y1 两个灯、Y2 及向右箭头灯亮。

4）先上拨 S1，后下拨 S1，Y1 两个灯、M1、M2 以及向左箭头灯亮。

5）先上拨 S2，后下拨 S2，Y1 三个灯、Y2 及向右箭头灯亮。

6）先上拨 S1，后下拨 S1，M1、M2、Y1 三个灯及向左箭头灯亮。

【例 4-19】　邮件分拣机的 PLC 控制实践

1. 实践目的

用 PLC 构成邮件分拣控制系统。

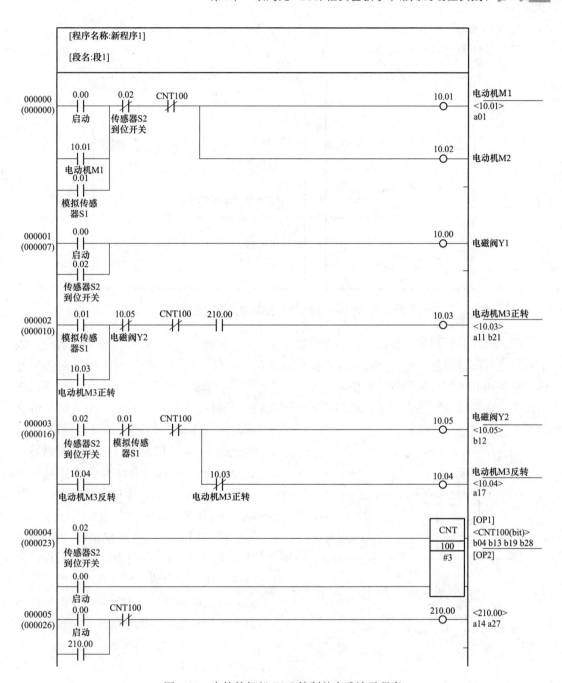

图 4-25　自控轧钢机 PLC 控制的实践演示程序

2. 实践器材

（1）欧姆龙 OLC：主机单元一台。

（2）邮件分拣机单元一台。

（3）编程器（或计算机）一台。

（4）电子连线若干条。

（5）PLC 串口通信线一条。

3. 实践原理

（1）工作原理接线图如图 4-26 所示。

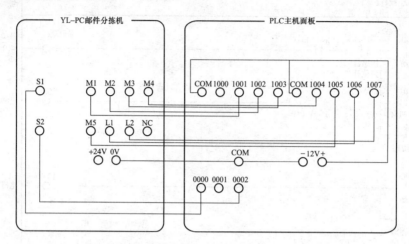

图 4-26 邮件分拣机 PLC 控制的工作原理接线图

（2）邮件分拣机的工作原理：启动后绿灯 L2 亮、红灯 L1 灭，且电动机 M5 运行，表示可以进行邮件分拣。开关 S2 为 ON 表示检测到了邮件，用拨码开关模拟邮件的邮编号码，从拨码开关读到邮码的正常值为 1、2、3、4、5。若非此 5 个数，则红灯 L1 闪烁，表示出错，电动机 M5 停止。重新启动后，可再运行。若是此 5 个数内的任一个，则红灯亮绿灯灭，电动机 M5 运行，PLC 采集电动机光码器 S1 的脉冲数（从邮件读码器到相应的分拣箱的距离已折合成脉冲数），邮件到达分拣箱时，推进器将邮件推进邮箱。随后红灯灭绿灯亮，可继续分拣。

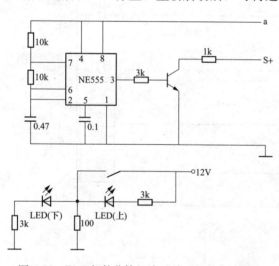

图 4-27 PLC 邮件分拣机演示单元的工作原理图

（3）PLC 邮件分拣机演示单元的工作原理。L1、L2 分别为红绿指示灯，S2 开关为模拟读码器，M1～M4 为模拟推进器，其上面的指示灯为等待，下面的指示灯为工作；电路原理图如图 4-27 所示。

当开关断开时 LED（上）亮，LED（下）灭，当开关闭合时 LED（上）灭，LED（下）亮。

M5 模拟传送带的驱动电动机，S1 模拟光码器，其脉冲电路如图 4-28 所示，当 a 端接入电源后 NE555 开始振荡，脉冲信号经 S1 端可供 PLC 输入端采集。

4. 实践步骤

（1）先将 PLC 的电源线插进 PLC 侧面的电源孔中，再将另一端插到 220V 电源插板。

（2）将 PLC 的电源开关拨到关状态，严格按图 4-26 接线，注意 12V 电源的正负不要短接，电路不要短路，否则会损坏 PLC 触点。

（3）将 PLC 的电源开关拨到开状态，并且必须将 PLC 串口置于 ON 状态，然后通过计算机或编程器将程序（见图 4-28）下载到 PLC 中，下载后，将 PLC 的电源开关拨到关状态。

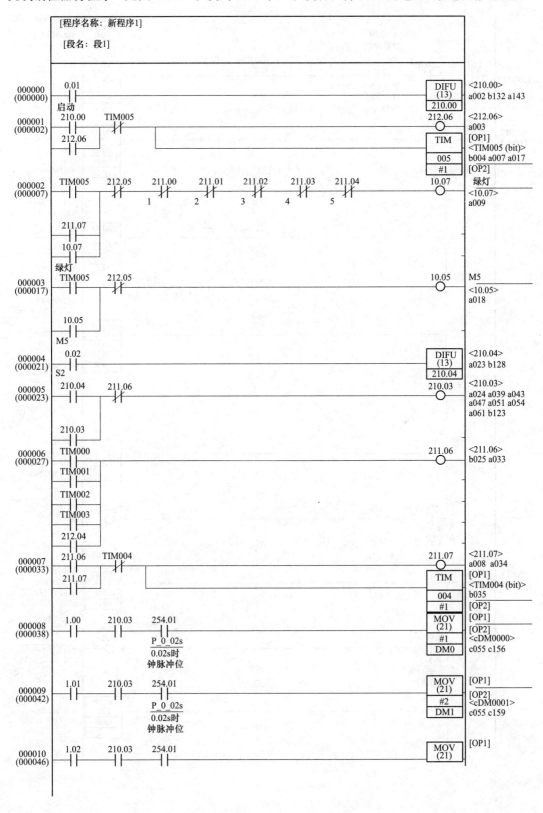

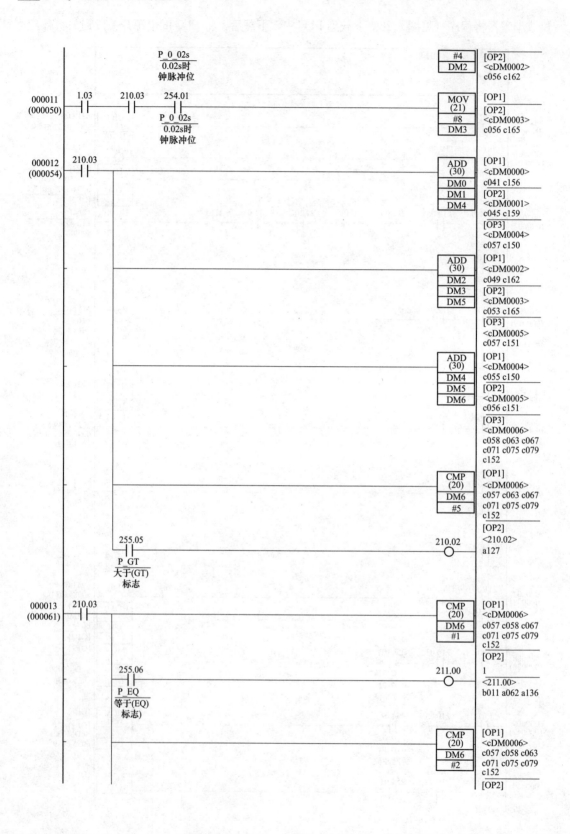

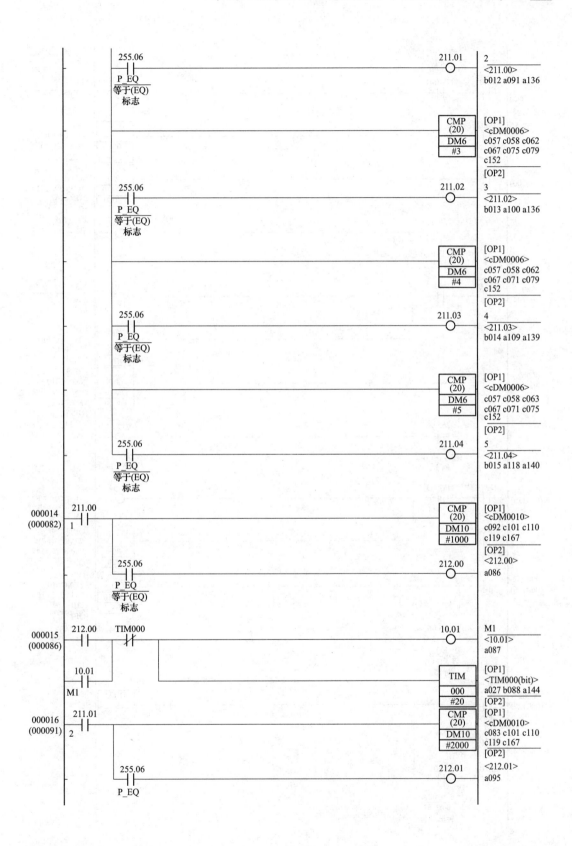

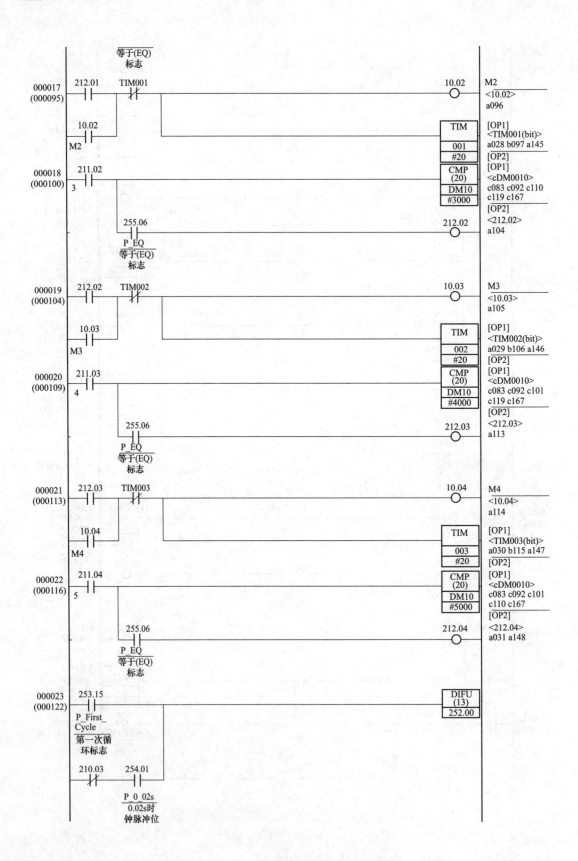

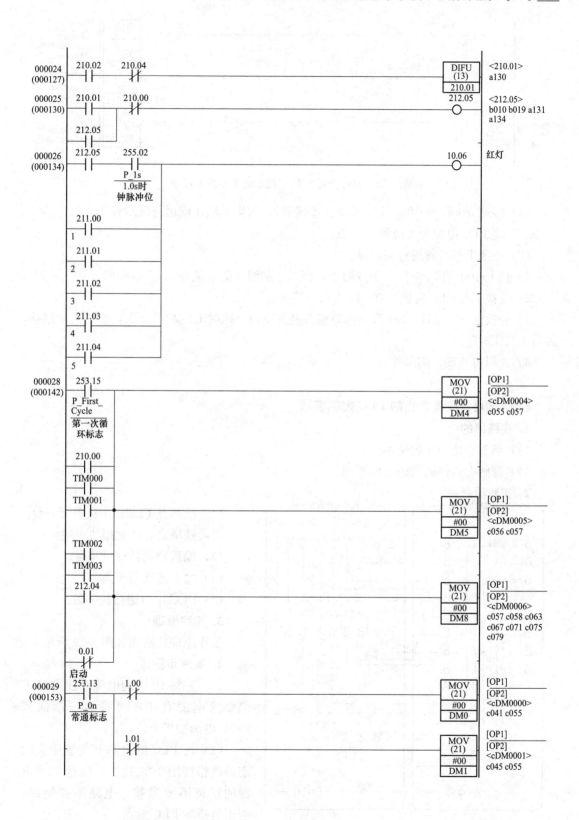

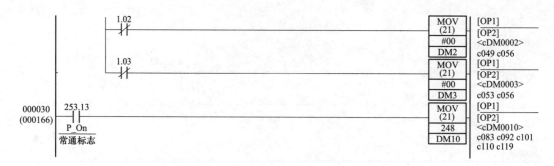

图 4-28　邮件分拣机 PLC 控制的实践演示程序

（4）接通 0108、0010、0111（0109 不接通），否则无法正确运行演示程序。

（5）将 PLC 电源开关拨到开状态。

（6）按照下列步骤进行实验操作。

1）拨上 100～103 中任一个或两个，但二进制组合值必须在 1～5 范围内。

2）先拨上 0001、后拨下 0001，L2、M5 亮。

3）先拨上 S2，M1～M4 有一组灯箭头亮灭反向，同时 L1 亮、L2 灭，然后恢复原状，最后 L2、L5 亮。

4）此时可重新检测邮件。

【例 4-20】　铁塔之光的 PLC 控制实践

1. 实践目的

（1）熟悉功能指令的使用。

（2）理解七段译码器的工作原理。

2. 实践器材

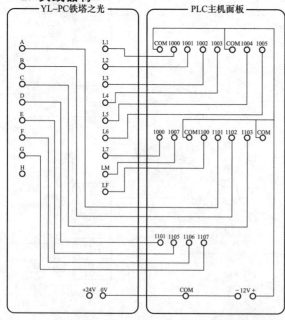

图 4-29　铁塔之光 PLC 控制的工作原理接线图

（1）欧姆龙 PLC：主机单元一台。

（2）铁塔之光单元模块一块。

（3）编程器或计算机一台。

（4）电子连线若干条。

（5）PLC 串口通信线一条。

3. 实践原理

工作原理接线图如图 4-29 所示。

4. 实践步骤

（1）先将 PLC 的电源线插进 PLC 侧面的电源孔中，再将另一端插到 220V 电源插板上。

（2）将 PLC 的电源开关置于关状态，严格按图 4-29 接线，注意 12V 电源的正负不要短接，电路不要短路，否则会损坏 PLC 触点。

（3）将 PLC 的电源开关拨到开状

态，并且必须将 PLC 串口置于 ON 状态，然后通过计算机或编程器将程序（见图 4-30）下载到 PLC 中，下载后，将 PLC 的电源开关拨到关状态。

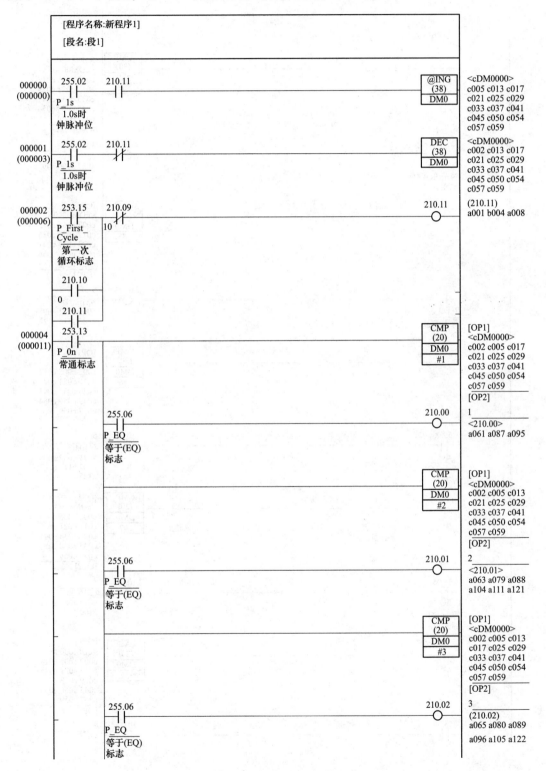

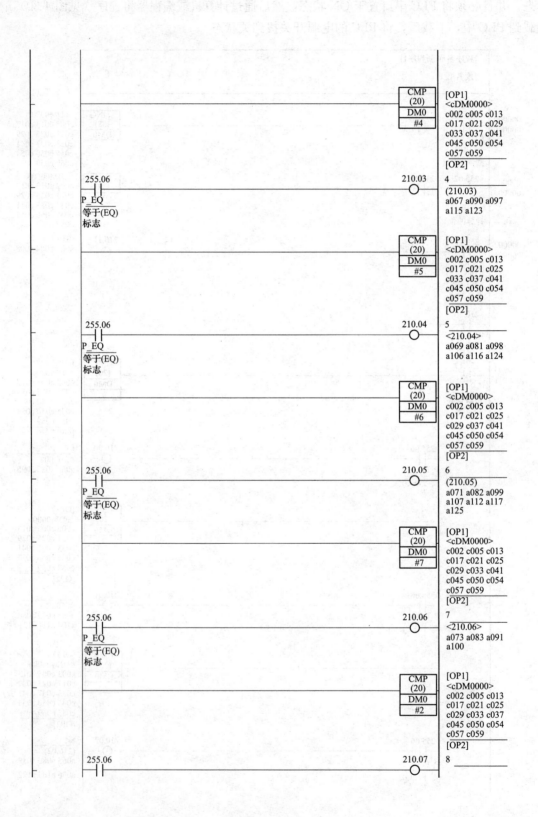

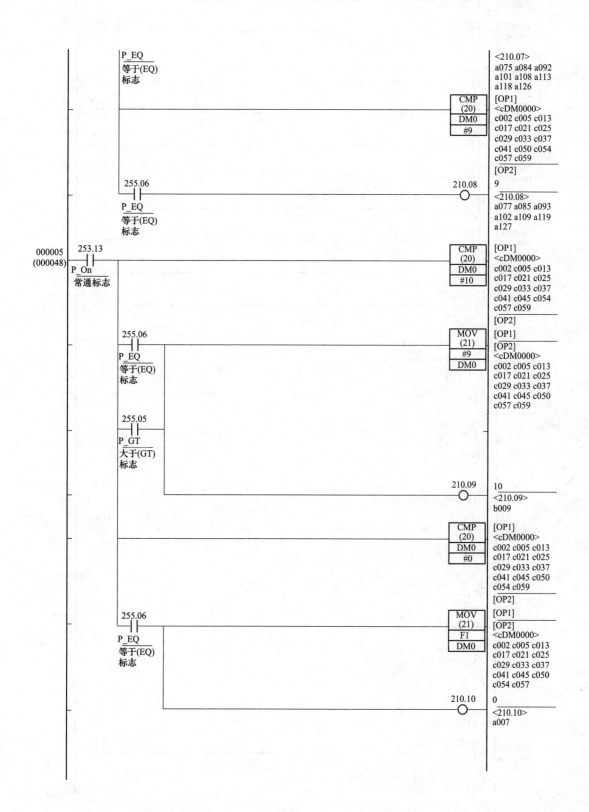

```
000008      210.00                                      10.00    11
(000061)  ──┤├──────────────────────────────────────────○──────
          1
000007      210.01                                      10.01    12
(000063)  ──┤├──────────────────────────────────────────○──────
          2
000008      210.02                                      10.02    13
(000065)  ──┤├──────────────────────────────────────────○──────
          3
000009      210.03                                      10.03    14
(000067)  ──┤├──────────────────────────────────────────○──────
          4
000010      210.04                                      10.04    15
(000069)  ──┤├──────────────────────────────────────────○──────
          5
000011      210.05                                      10.05    16
(000071)  ──┤├──────────────────────────────────────────○──────
          6
000012      210.06                                      10.06    17
(000073)  ──┤├──────────────────────────────────────────○──────
          7
000013      210.07                                      10.07    18
(000075)  ──┤├──────────────────────────────────────────○──────
          8
000014      210.08                                      11.00    19
(000077)  ──┤├──────────────────────────────────────────○──────
          9
000016      210.01                                      11.01    a
(000079)  ──┤├──┬───────────────────────────────────────○──────
          2    │
            210.02
          ──┤├──┤
          3    │
            210.04
          ──┤├──┤
          5    │
            210.05
          ──┤├──┤
          6    │
            210.06
          ──┤├──┤
          7    │
            210.07
          ──┤├──┤
          8    │
            210.08
          ──┤├──┘
          9
000017      210.00                                      11.02    b
(000067)  ──┤├──┬───────────────────────────────────────○──────
          1    │
            210.01
          ──┤├──┤
          2    │
            210.02
          ──┤├──┤
          3    │
            210.03
          ──┤├──┤
          4    │
            210.06
          ──┤├──┤
          7    │
            210.07
          ──┤├──┤
          8    │
            210.08
          ──┤├──┘
          9
000018      210.00                                      11.03    c
(000085)  ──┤├──┬───────────────────────────────────────○──────
          1    │
            210.02
          ──┤├──┘
```

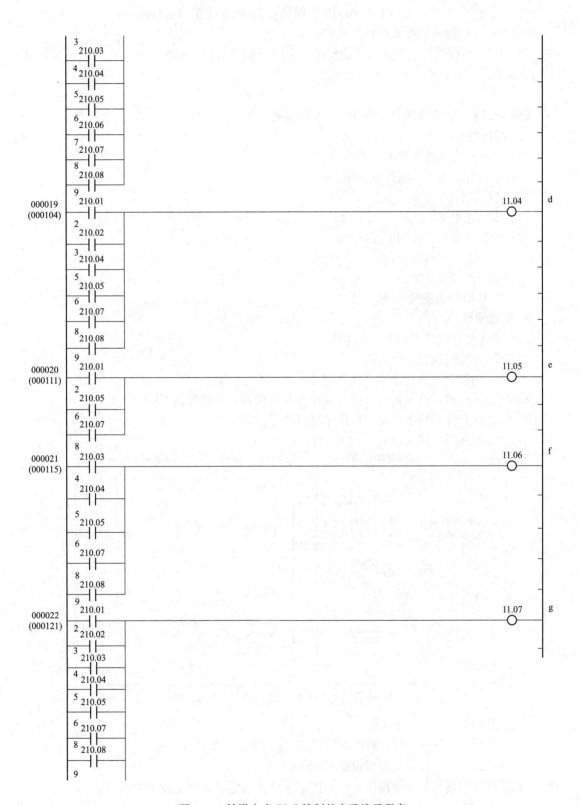

图 4-30 铁塔之光 PLC 控制的实践演示程序

（4）接通 0108、0109、0111（0110 不接通），否则无法正确运行演示程序。

（5）将 PLC 的电源开关拨到开状态。

（6）PLC 运行后，灯光自动开始显示，有时每次一只灯，向上或向下；有时从底层从下向上全部点亮，然后又从上向下熄灭。

【例 4-21】 全自动洗衣机的 PLC 控制实践

1. 实践目的

（1）学习全自动洗衣机的工作原理。

（2）学习计数器、定时器的应用。

2. 实践器材

（1）欧姆龙 PLC：主机单元一台。

（2）全自动洗衣机控制单元一台。

（3）计算机或编程器一台。

（4）电子连线若干条。

（5）PLC 串口通信线一条。

3. 实践原理

（1）工作原理接线图如图 4-31 所示。

（2）全自动洗衣机的工作方式。

1）按启动按钮，首先进水电磁阀打开，进水指示灯亮。

2）按上限按钮，进水指示灯灭。搅轮在正反搅拌，两灯轮流亮灭。

3）等待几秒钟。排水灯亮，后甩干桶灯亮了又灭。

4）按下限按钮，排水灯灭，进水灯亮。

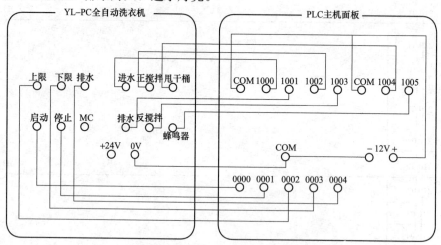

图 4-31　全自动洗衣机 PLC 控制的工作原理接线图

5）重复两次 1）～4）的过程。

6）第三次按下限按钮时，蜂鸣器灯亮 5s 钟后灭，整个过程结束。

7）操作过程中，按停止按钮可结束动作过程。

8）手动排水按钮是独立操作命令，按下手动排水后，必须要按下限按钮。

4. 实践步骤

（1）先将 PLC 的电源线插进 PLC 侧面的电源孔中，再将另一端插到 220V 电源插板。

（2）将PLC的电源开关拨到关状态，严格按图4-31接线，注意12V电源的正负不要短接，电路不要短路，否则会损坏PLC触点。

（3）将PLC的电源开关拨到开状态，并且必须将PLC串口置于ON状态，然后通过计算机或编程器将程序（见图4-32）下载到PLC中，再将PLC的电源开关拨到关状态。

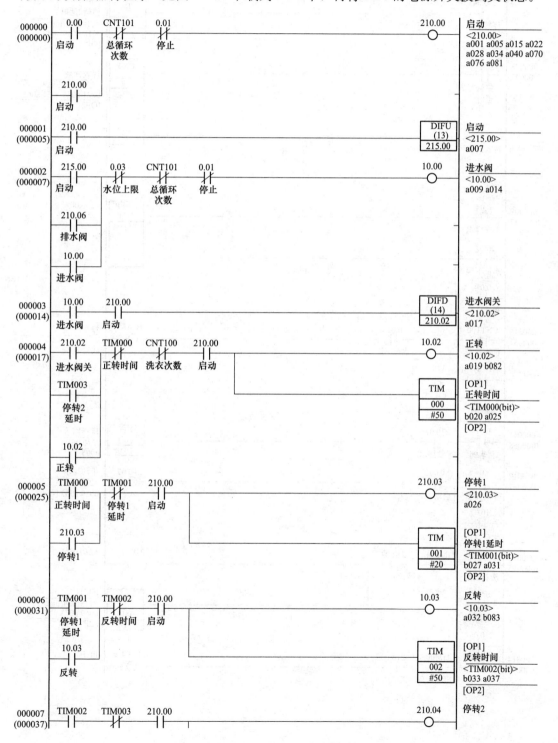

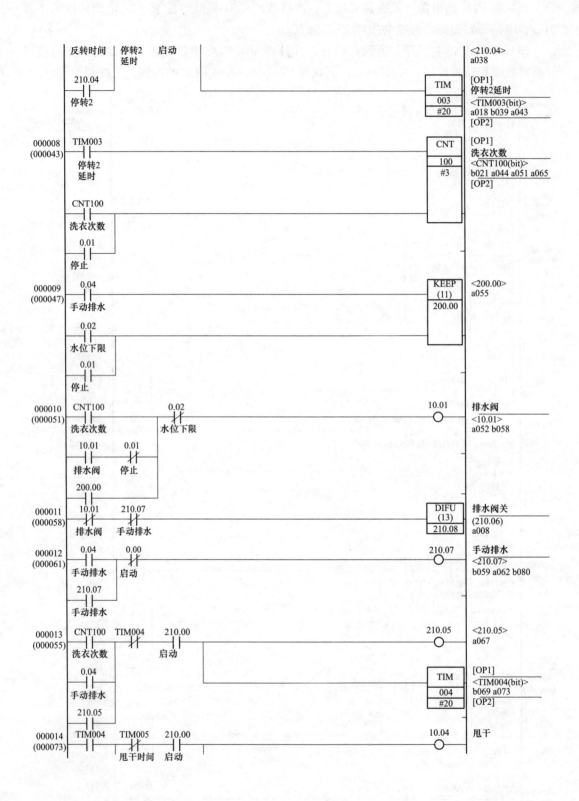

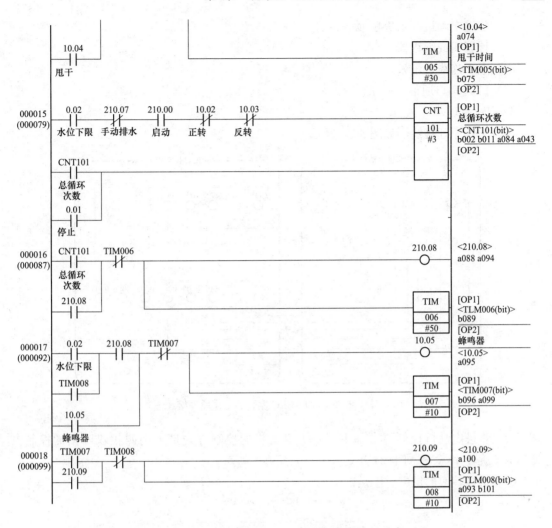

图 4-32 全自动洗衣机 PLC 控制的实践演示程序

（4）在通电以后，再接通 0109、0110（0108、0111 不接通），否则无法正确运行指示程序。

（5）将 PLC 电源开关拨到开状态。

（6）按下启动按钮后，进水指示灯亮。按下上限按钮后，搅轮先正转后反转，循环三次以后，排水指示灯亮。按下下限按钮后，进水指示灯亮，循环三次。按下限按钮后，蜂鸣器指示灯亮，闪动 5s 后结束。

【例 4-22】 步进电动机的 PLC 控制实践

1. 实践目的

（1）用 PLC 组成步进电动机控制系统。

（2）学习步进电动机的使用。

（3）掌握使用步进梯形指令编程的方法。

2. 实践器材

（1）欧姆龙 PLC：主机单元一台。

（2）步进电动机演示板单元一台。

（3）计算机或编程器一台。

（4）电子连线若干条。

（5）PLC串口通信线一条。

3. 实践原理

（1）工作原理接线图如图4-33所示。

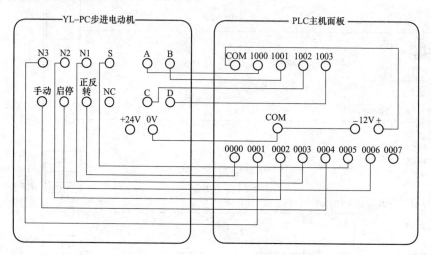

图 4-33　步进电动机 PLC 控制的工作原理接线图

（2）步进电动机控制要求如下：步进电动机的控制方式是采用四相双四拍的控制方式，每步旋转15°，每周走24步。

电动机正转时的供电时序是：

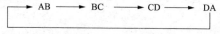

电动机反转时的供电时序是：

$$DA \longrightarrow CD \longrightarrow BC \longrightarrow AB$$

（3）步进电动机单元设有一些开关，其功能如下。

1）启动/停止开关——控制步进电动机启动或停止。

2）正转/反转开关——控制步进电动机正转或反转。

3）速度开关——控制步进电动机连续运转，其中：

速度Ⅰ的速度为0（此状态为单步状态）；

速度Ⅱ的速度为6.25r/min（脉冲周期为400ms）；

速度Ⅲ的速度为15.6r/min（脉冲周期为160ms）；

速度Ⅳ的速度为62.5r/min（脉冲周期为60ms）。

4）单步按钮开关，当速度开关置于速度Ⅰ挡时，按一下单步按钮，电动机运行一步。

4. 实践步骤

（1）先将 PLC 的电源线插进 PLC 侧面的电源孔中，再将另一端插到 220V 电源插板。

（2）将 PLC 的电源开关拨到关状态，严格按图4-33接线，注意 12V 电源的正负不要短接，电路不要短路，否则会损坏 PLC 触点。

（3）将 PLC 的电源开关拨到开状态，并且必须将 PLC 串口置于 ON 状态，然后通过计算机或编程器将程序（见图 4-34）下载到 PLC 中，下载后，再将 PLC 的电源开关拨到关状态。

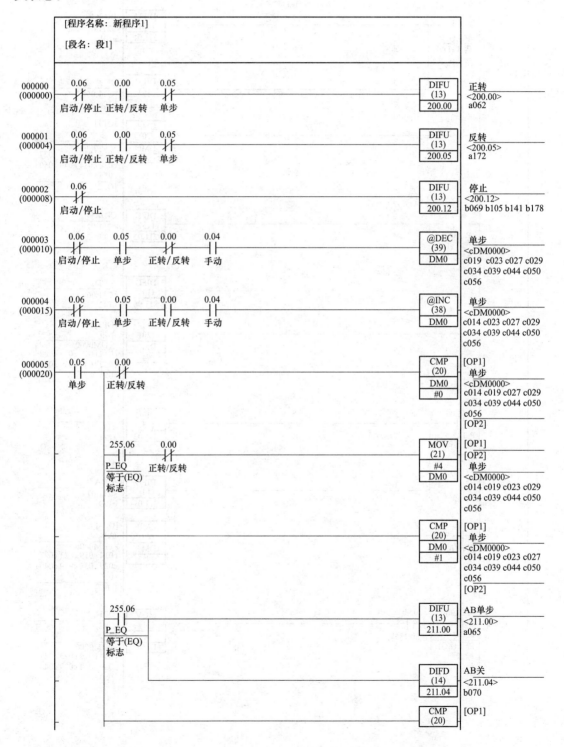

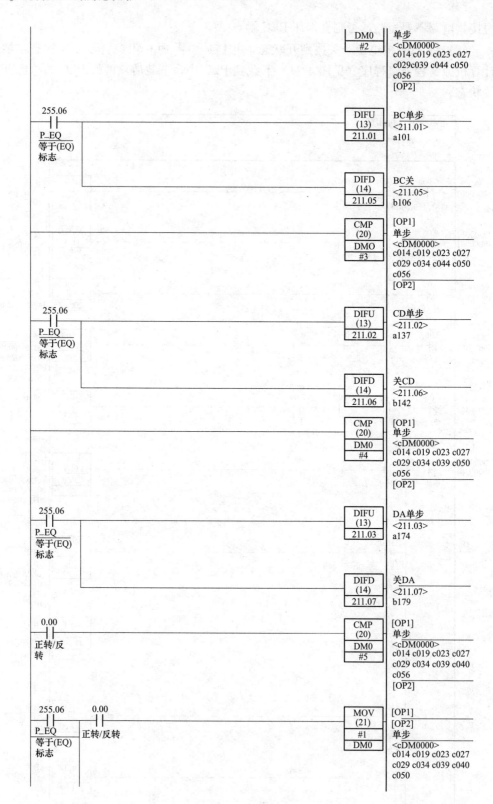

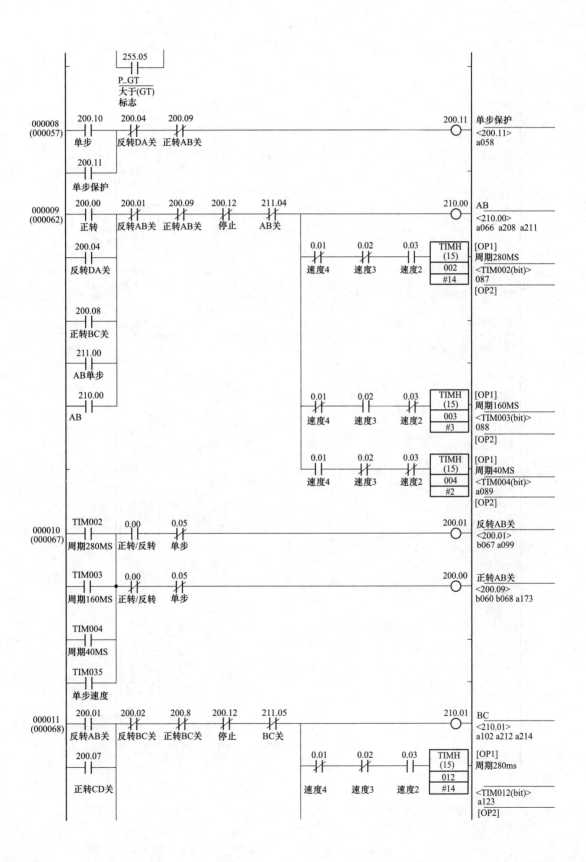

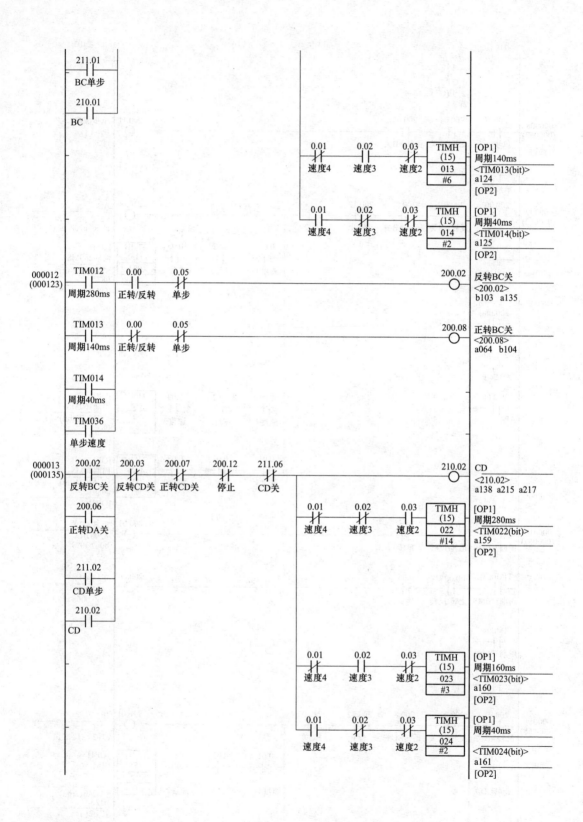

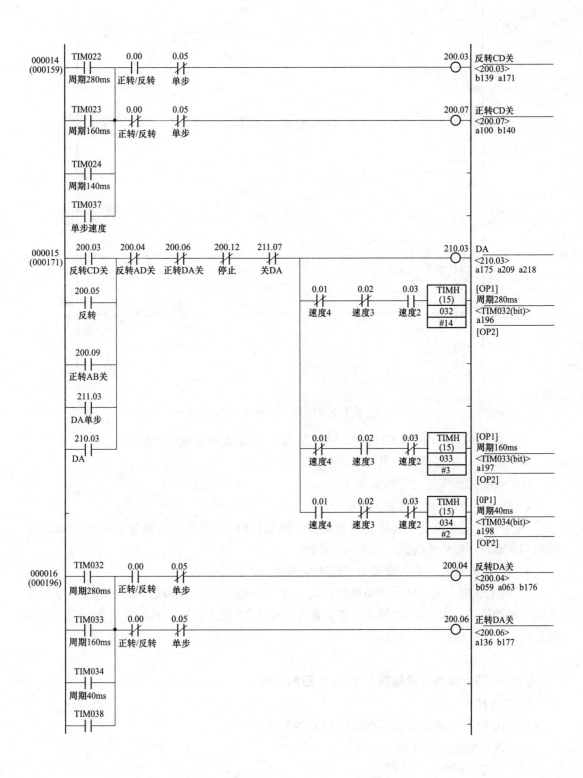

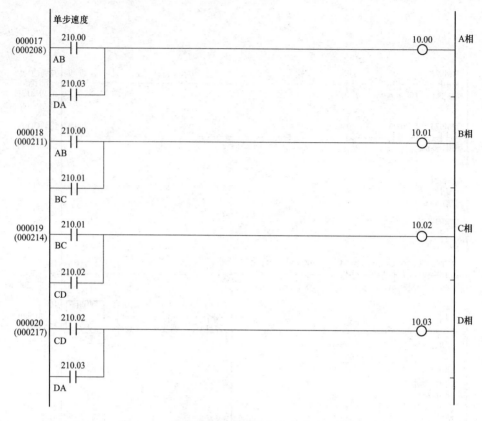

图 4-34　步进电动机 PLC 控制的实践演示程序

（4）接通 0109，0110，0111（0108 不接通），否则无法正确运行演示程序。

（5）将 PLC 的电源开关拨到开状态。

（6）按下列步骤进行实验操作。

1）将正转/反转开关设置为正转。

2）分别选定速度Ⅱ、速度Ⅲ和速度Ⅳ，然后将启动/停止开关置为"启动"，观察电动机如何远行，按停止按钮，使电动机停转。

3）将正转/反转开关，设置为"反转"，重复 2）的操作。

4）选定速度Ⅰ挡，进入手动单步方式，启动/停止开关设置为启动时，每按一下单步按钮，电动机进一次。启动/停止开关设置为"停止"，使步进电动机退出工作状态。尝试正反转。

【例 4-23】　城市交通指挥灯的 PLC 控制实践

1. 实践目的

（1）用 PLC 组成城市交通指挥灯 PLC 控制系统。

（2）学习交通灯的编程过程。

（3）学习功能指令的应用。

2. 实践器材

（1）欧姆龙 PLC：主机单元一台。

（2）交通灯控制单元一台。

（3）编程器或计算机一台。

（4）电子连线若干条。

（5）PLC串行通信线一条。

3. 实践原理

（1）工作原理接线图如图4-35所示。

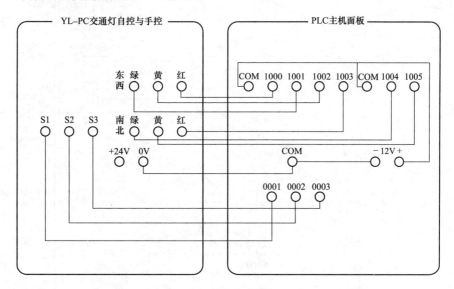

图4-35　城市交通指挥灯 PLC 控制的工作原理接线图

（2）交通灯控制要求。

1）该单元设有启动和停止开关 S1、S2，用以控制系统的"启动"与"停止"。S3 还可屏蔽交通灯的灯光。

2）交通灯显示方式：当东西方向红灯亮时，南北方向绿灯亮，当绿灯亮到设定时间时，绿灯闪亮三次，闪亮周期为1s，然后黄灯亮2s。当南北方向黄灯熄灭后，东西方向绿灯亮，南北方向红灯亮。周而复始，不断循环。

4. 实践步骤

（1）先将 PLC 的电源线插进 PLC 侧面的电源孔中，再将另一端插到 220V 电源插板。

（2）将 PLC 的电源开关拨到关状态，严格按图4-35 接线，注意 12V 电源的正负不要短接，电路不要短路，否则会损坏 PLC 触点。

（3）将 PLC 的电源开关拨到开状态，并且必须将 PLC 串门置于 ON 状态，然后通过计算机或编程器将程序（见图4-36）下载到 PLC 中，下载后，再将 PLC 的电源开关拨到关状态。

（4）接通 0108、0110（0109、0111 不接通），否则无法正确运行演示程序。

（5）将 PLC 电源开关拨到开状态。

（6）实验操作过程。

1）将启动 S1 先拨上再拨下，观察交通灯的变化。

2）拨上屏蔽开关 S3，观察灯的变化；拨下 S3，观察灯的变化。

3）拨上停止开关 S2，观察灯的变化；拨下 S2，观察灯的变化。

4）比较开关 S2 与 S3 的作用。S2 使灯永远熄灭，S3 使灯暂时熄灭。

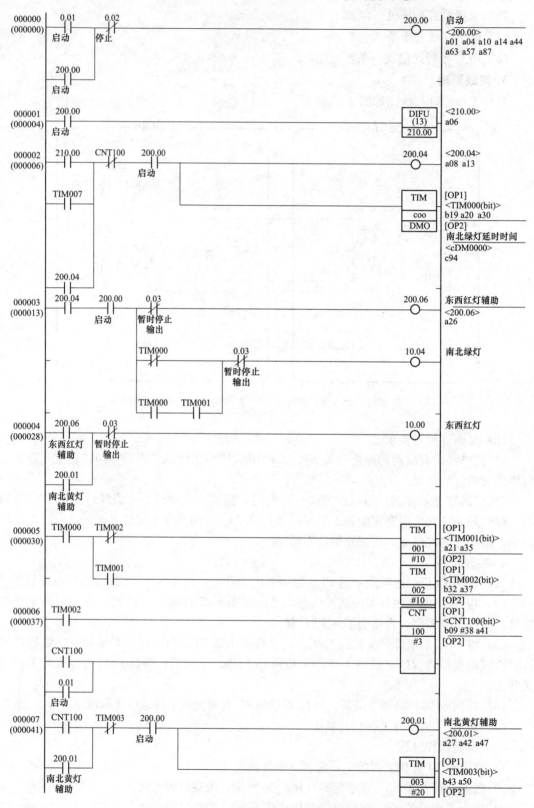

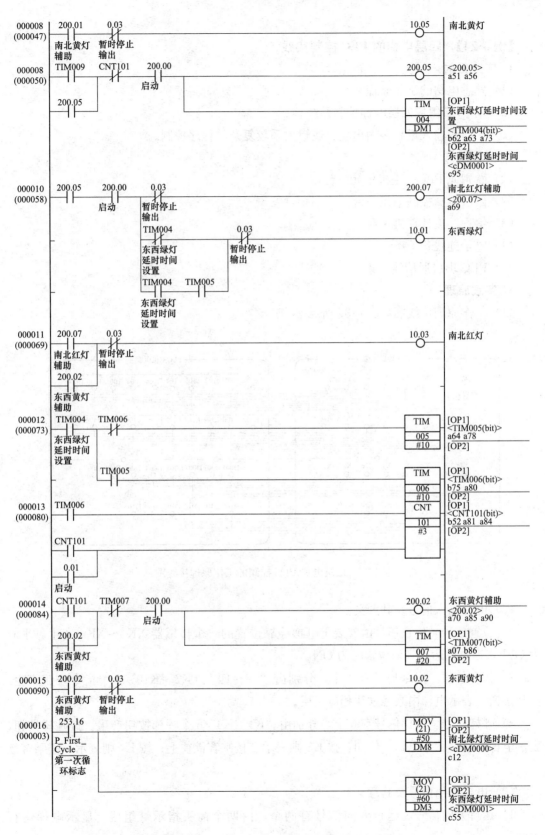

图 4-36　城市交通指挥灯 PLC 控制的实践演示程序

【例 4-24】　四层电梯的 PLC 控制实践

1. 实践目的

(1) 熟悉电梯的工作原理。

(2) 用 PLC 组成四层电梯控制系统。

(3) 学习多输入量、多输出量、逻辑关系较复杂的程序控制。

2. 实践器材

(1) 欧姆龙 PLC：主机单元一台。

(2) 四层电梯控制单元一台。

(3) 编程器或计算机一台。

(4) 电子连线若干条。

(5) PLC 串口通信线一条。

3. 实践原理

(1) 工作原理接线图如图 4-37 所示。

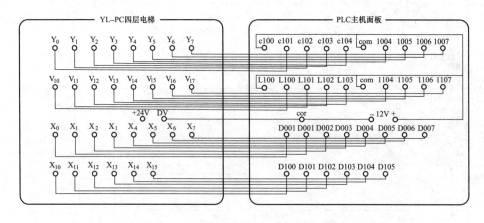

图 4-37　四层电梯 PLC 控制的工作原理接线图

(2) 电梯输入信号及其意义。

1) 位置信号。位置信号由安装于电梯停靠位置的 4 个传感器 XK1～XK4 产生。平时为 OFF，当电梯运行到该位置时为 ON。

2) 指令信号。指令信号有 4 个，分别由"一～四"（K7～K10）4 个指令按钮产生。按某按钮，表示电梯内乘客欲往相应楼层。

3) 呼梯信号。呼梯信号有 6 个，分别由"K1～K6"6 个呼梯按钮产生。按呼梯按钮，表示电梯外乘客欲乘电梯。例如，按 K3 则表示二楼乘客欲往上；按 K4 则表示三楼乘客欲往下。

(3) 电梯输出信号及其意义。

1) 运行方向信号。运行方向信号有两个，由两个箭头指示灯组成，显示电梯运行方向。

2）指令登记信号。指令登记信号有4个，分别由"L11～L14"4个指示灯组成，表示相应的指令信号已被接受（登记）。指令执行完后，信号消失。例如，电梯在二楼，按"3"表示电梯内乘客欲往三楼，则L12亮表示该要求已被接受。电梯向上运行到三楼停靠，此时L12灭。

3）呼梯登记信号。呼梯登记信号有6个，分别由"L1～L6"6个指示灯组成，其意义与上述指令登记信号相类似。

4）楼层数显信号。该信号表示电梯目前所在的楼层位置。由七段数码显示构成，LEDa～LEDg分别代表各段笔画。

（4）模拟电梯运行原则。

1）接收并登记电梯在楼层以外的所有指令信号、呼梯信号，给予登记并输出登记信号。

2）根据最早登记的信号，自动判断电梯是上行还是下行，这种逻辑判断称为电梯的定向。电梯的定向根据首先登记信号的性质可分为两种：第一种是指令定向，指令定向是把指令指出的目的地与当前电梯位置比较得出"上行"或"下行"结论。例如，电梯在二楼，指令为一楼则向下行；指令为四楼则向上行。第二种是呼梯定向，呼梯定向是根据呼梯信号的来源位置与当前电梯位置比较得出"上行"或"下行"结论。例如，电梯在二楼，三楼乘客要向下，则按AX3，此时电梯的运行应该是向上到三楼接该乘客，所以电梯应向上。

3）电梯接收到多个信号时，采用首个信号定向，同向信号先执行，一个方向任务全部执行完后再换向。例如，电梯在三楼，依次输入二楼指令信号、四楼指令信号、一楼指令信号。如用信号排队方式，则电梯下行至二楼→上行至四楼→下行至一楼。而用同向先执行方式，则为电梯下行至二楼→下行至一楼→上行至四楼。显然，第二种方式往返路程短，因而效率高。

4）具有同向截车功能。例如，电梯在一楼，指令为四楼则上行，上行中三楼有呼梯信号，如果该呼梯信号为呼梯向上（K5），则当电梯到达三楼时停站顺路载客；如果呼梯信号为呼梯向下（K4），则不能停站，而是先到四楼后再返回到三楼停站。

5）一个方向的任务执行完要换向时，依据最远站换向原则。例如，电梯在一楼根据二楼指令向上，此时三楼、四楼分别有呼梯向下信号。电梯到达二楼停站，下客后继续向上。如果到三楼停站换向，则四楼的要求不能兼顾，如果到四楼停站换向，则到三楼可顺路载客。

4. 实践步骤

（1）先将PLC的电源线插进PLC侧面的电源孔中，再将另一端插到220V电源插板。

（2）将PLC的电源开关拨到关状态，严格按图4-37接线，注意12V电源的正负不要短接，电路不要短路，否则会损坏PLC触点。

（3）PLC的电源开关拨到开状态，并且必须将PLC串口置于ON状态，然后通过计算机或编程器将程序（见图4-38）下载到PLC中，下载后，再将PLC电源开关拨到关状态。

（4）接通 0109、0110、0111（0108 不接通），否则无法正确运行演示程序。

（5）将 PLC 电源开关拨到开状态。

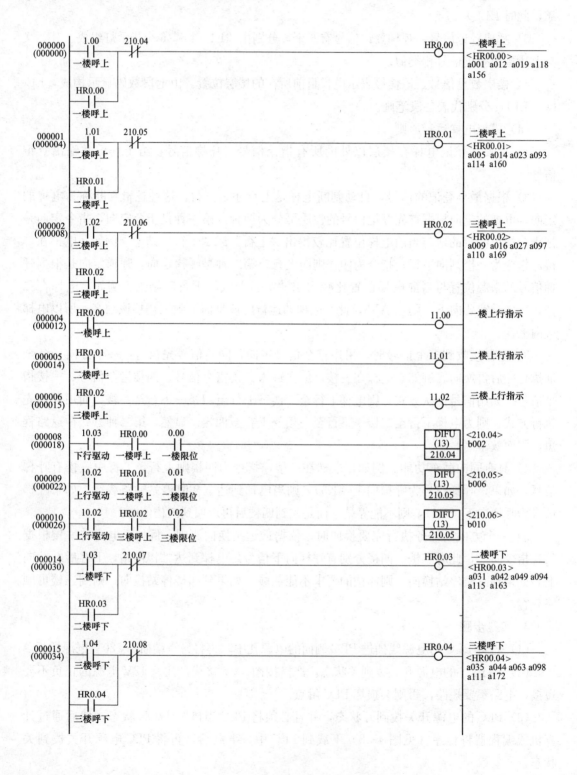

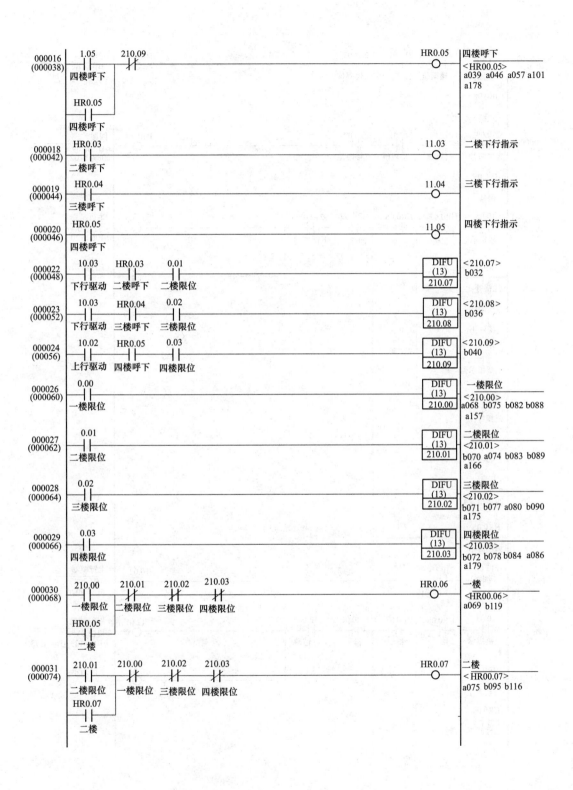

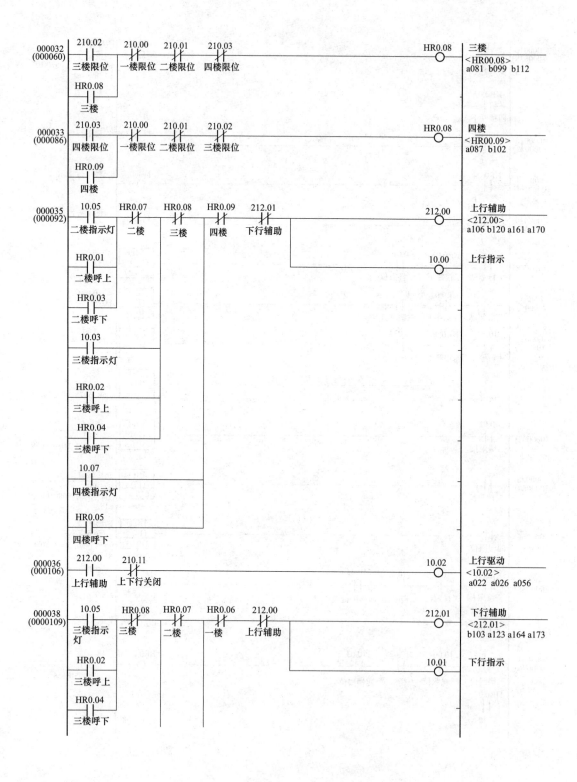

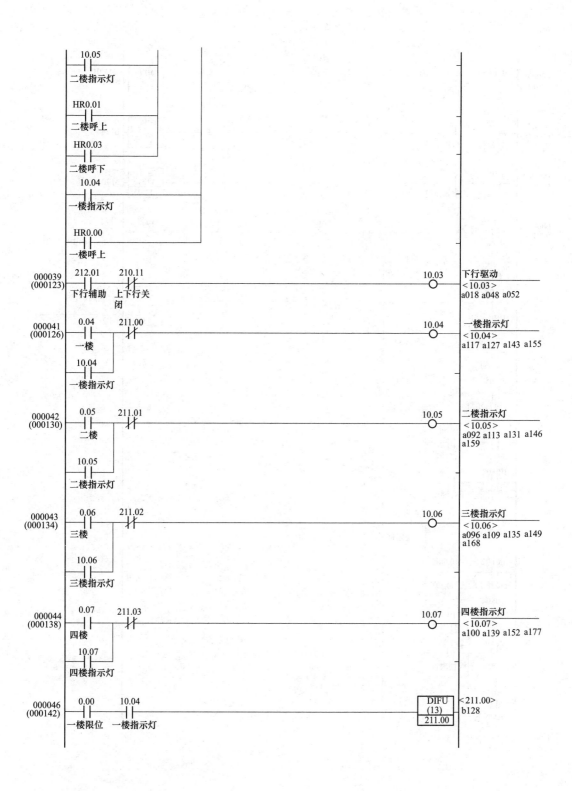

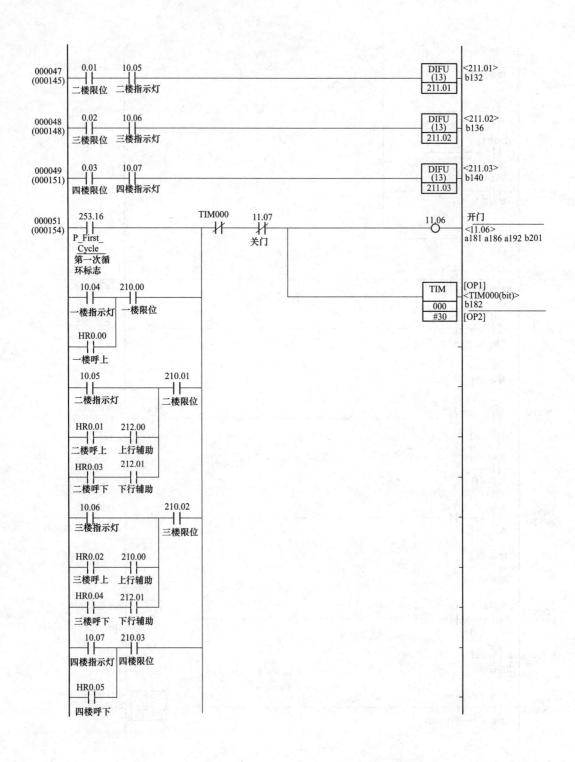

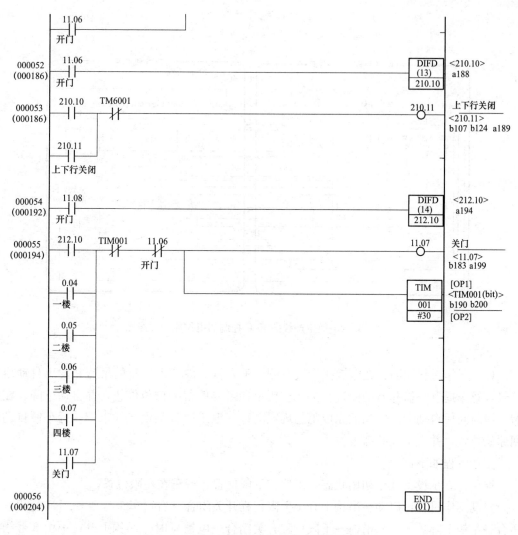

图 4-38　四层电梯 PLC 控制的实践演示程序

【例 4-25】 电镀生产线的 PLC 控制实践

1. 实践目的

（1）用 PLC 组成电镀生产线控制系统。

（2）了解电镀生产线的顺序控制。

（3）学习步进指令的应用。

2. 实践器材

（1）欧姆龙 PLC：主机单元一台。

（2）电镀生产线控制单元一台。

（3）编程器或计算机一台。

（4）电子连线若干条。

（5）PLC 串口通信线一条。

3. 实践原理

（1）实验原理图如图 4-39 所示。

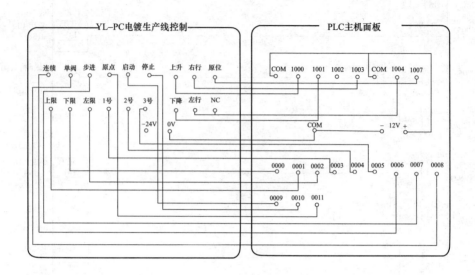

图 4-39　电镀生产线的 PLC 控制的工作原理接线图

（2）工作过程说明：在电镀生产线左侧，工人将零件装入行车的吊篮并发出自动启动信号，行车提升吊篮并自动前进。按工艺要求在需要停留的槽位停止，并自动下降。在停留一段时间后自动上升，如此完成工艺规定的每一道工序直至生产线末端，行车便自动返回原始位置，并由工人装卸零件。

工作流程如下：

原位：表示设备处于初始状态，吊钩在下限位置，行车在左限位置。

自动工作过程：启动→吊钩上升→上限行程开关闭合→右行车 1 号槽→XK1 行程开关闭合→吊钩下降进入 1 号槽内→下限行程开关闭合→电镀延时→吊钩上升……由 3 号槽内吊钩上升，左行至右限位，吊钩下降至下限位（即原位）。

连续工作：当吊钩回到原点后，延时一段时间（装卸零件），自动上升右行。按照工作流程要求不停地循环。当按动"停止"按钮，设备并不立即停车，而是返回原点后停车。

单周期操作：设备始于原点，按下启动按钮，设备工作一个周期，然后停于原点。要重复第二个工作周期，必须再按一下启动按钮。当按动"停止"按钮，设备立则停车，按动"启动"按钮后，设备继续运行。

步进操作：每按下启动按钮，设备只向前运行一步。

4. 实践步骤

（1）先将 PLC 的电源线插进 PLC 侧面的电源孔中，再将另一端插到 220V 电源插板。

（2）将 PLC 的电源开关拨到关状态，严格按图 4-39 接线，注意 12V 电源的正负不要短接，电路不要短路，否则会损坏 PLC 触点。

（3）将 PLC 的电源开关拨到开状态，并且必须将 PLC 串口置于 ON 状态，然后通过计算机或编程器将程序（见图 4-40）下载到 PLC 中，下载后，再将 PLC 的电源开关拨到关状态。

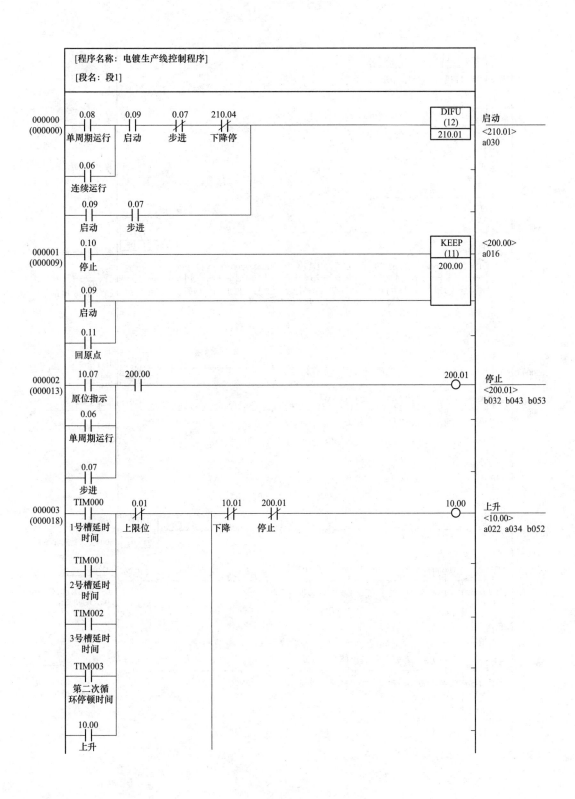

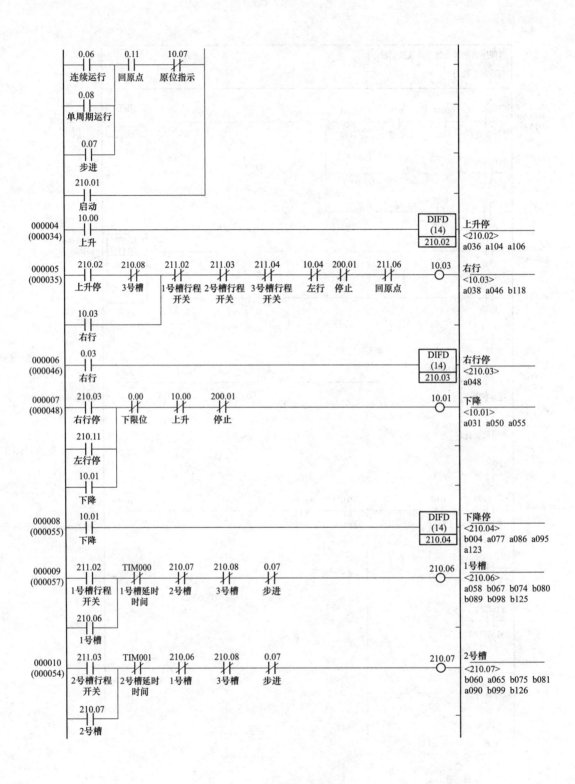

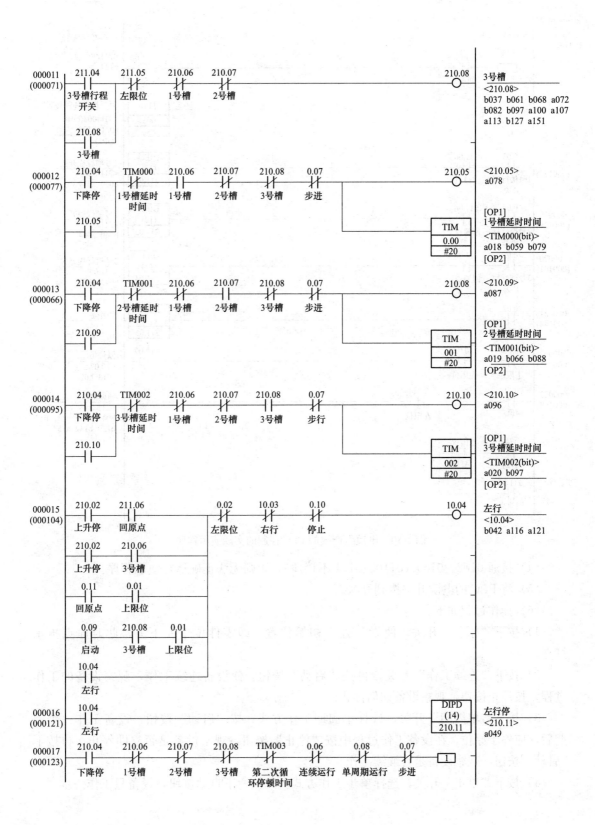

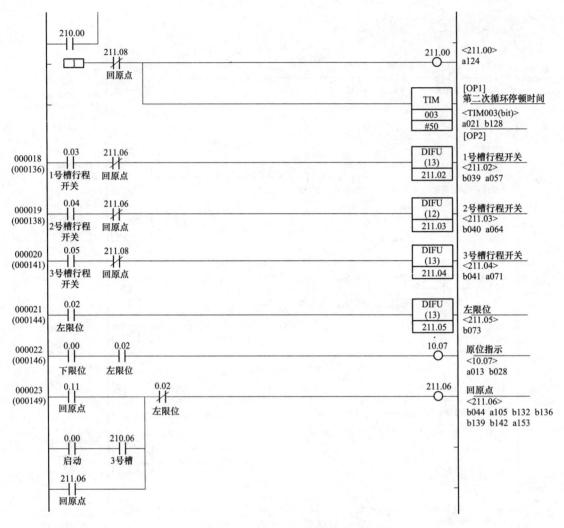

图 4-40 电镀生产线的 PLC 控制的实践演示程序

（4）接通 0108、0109（0110、0111 不接通），否则无法正确运行演示程序。

（5）将 PLC 的电源开关拨到开状态。

（6）操作过程如下。

1）按下"原点"开关，使设备处于初始位置，即零件位于左下方，此时原点指示灯亮。

2）按下"连续工作"开关，再按"启动"按钮，使设备连续工作，观察设备的工作过程。按停止按钮，观察设备如何停止。

3）按下"单周期"开关，选择单周期工作方式。按"启动"按钮，设备工作一个周期后，应停于原位，在设备工作过程中按"停止"按钮，观察设备是否立即停止；再按下"启动"按钮，观察设备是否继续工作。

4）按下"单步"开关，选择单步工作方式，每按一下自动按钮，设备只工作一步。

【例 4-26】　小车运动的 PLC 控制实践

1. 实践目的

（1）用 PLC 组成小车运动控制系统。

（2）了解小车运动控制的工作原理及操作方法。

（3）掌握 PLC 控制的 I/O 连接方法。

（4）掌握梯形图的编程方法和理解指令程序的编法。

（5）掌握编程器的基本操作以及编程器的输入、检查、修改和运行操作。

2. 实践器材

（1）欧姆龙 PLC：主机单元一台。

（2）小车运动控制单元一台。

（3）编程器或计算机一台。

（4）安全连线若干条。

（5）PLC（PC/PPI）通信线一条。

3. 实践原理

小车运动控制要求如下。

（1）该单元设有启动、停止和复位开关，用以控制系统的"启动"、"停止"和"复位"并带有运行和停止指示灯［运行指示灯（绿色）和停止指示灯（红色）］。

（2）小车运动控制运行：

小车运动控制实训单元的原位状态为：小车（铜件）停在左边（靠近直流减速电动机），压住左限位开关（微动开关处于闭合状态）。

继电器与电动机的接法按照如图 4-41 所示，在上电前请再次确认。如果直流减速电动机在原位反转，压住"保护微动开关"，导致直流减速电动机断电，再次按"启动"或"复位"小车也无法运动。拆卸"保护微动开关"，再按"启动"即可。

接近开关的棕色线接 DC 24V，蓝色线接 DC0V，黑色线接 PLC 输入端。

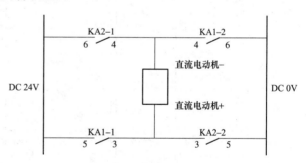

图 4-41　小车运动控制的电动机接线图

在设备完好和连线无误的情况下，按下"启动"按钮，设备将正常运行。

小车从原位开始运行，由直流减速电动机带动滚珠丝杆转动，从而推动小车向右运行（直流减速电动机正转）：第一个接近开关检测到小车时，小车会停止运行，经过若干秒后（时间可由学者在程序中修改），小车重新启动运行；小车到达第二个接近开关时的现象都与所在第一个接近开关时的现象一样（停车的时间不一样）。小车向右行驶碰到右限位开关后（右限位开关闭合），小车先停车再由原路返回（直流减速电动机反转）［在此运行过程中，接近开关会检测到小车，但小车不会停止运行，小车会一直运行到初始位置并停止（即回到原位），整个运动过程结束］。再次需要小车运动，需再次按下"启动"按钮。

　　如果小车在运动途中，按下"停止"按钮，则小车将停车，再次让小车运动可按下"启动"按钮或"复位"按钮，但是两者的运动现象不一样。

　　[按下"启动"按钮时，小车将向右运行（直流减速电动机正转）；按下"复位"按钮时，小车将向左运行（直流减速电动机反转）]。

　　绿色指示灯亮，表示小车处于运行状态；红色指示灯亮，表示小车处于停车状态。

4. I/O 分配表

　　小车运动 PLC 控制的 I/O 分配表见表 4-1。

表 4-1　　　　　　　　　　　小车运动 PLC 控制的 I/O 分配表

输 入		输 出	
0000	启动	1000	电动机正转
0001	停止	1001	电动机反转
0002	复位	1002	运行指示（绿色）
0003	左限位	1003	停止指示（红色）
0004	右限位		
0005	传感器 B1		
0006	传感器 B2		

5. I/O 接线图

　　小车运动 PLC 控制的 I/O 接线图如图 4-42 所示。

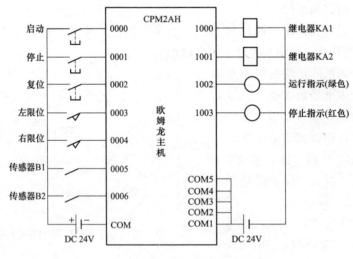

图 4-42　小车运动 PLC 控制的 I/O 接线图

6. 实践步骤

　　(1) 先将 PLC 主机上的电源开关拨到关状态，根据图 4-42 小车运动控制的 I/O 接线图接线，注意 24V 电源的正负不要短接，电路不要短路，否则会损坏 PLC 触点或传感器。

　　(2) 将电源线插进 PLC 主机表面的电源孔中，再将另一端插到 220V 电源插板，确定线路正确的状况下进行下一步操作。

　　(3) 将 PLC 主机上的电源开关拨至开状态，然后通过计算机或编程器将程序（见图 4-43）下载到 PLC 中。

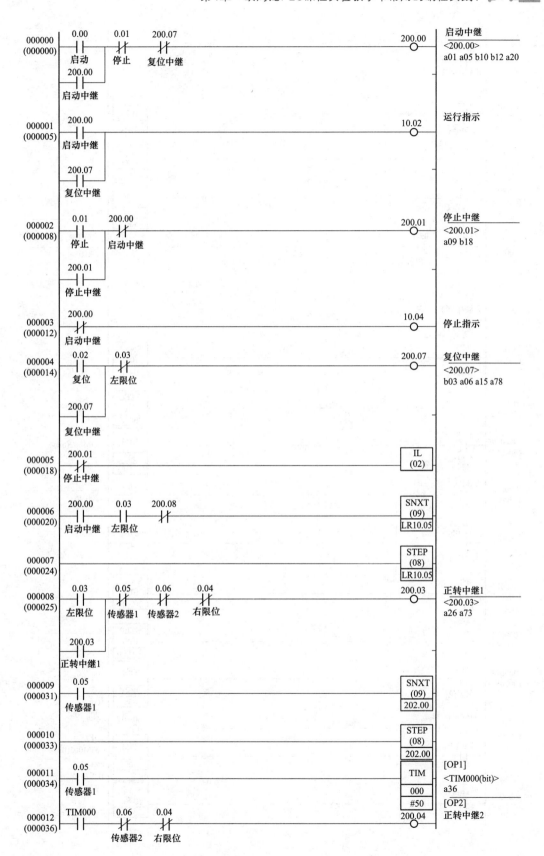

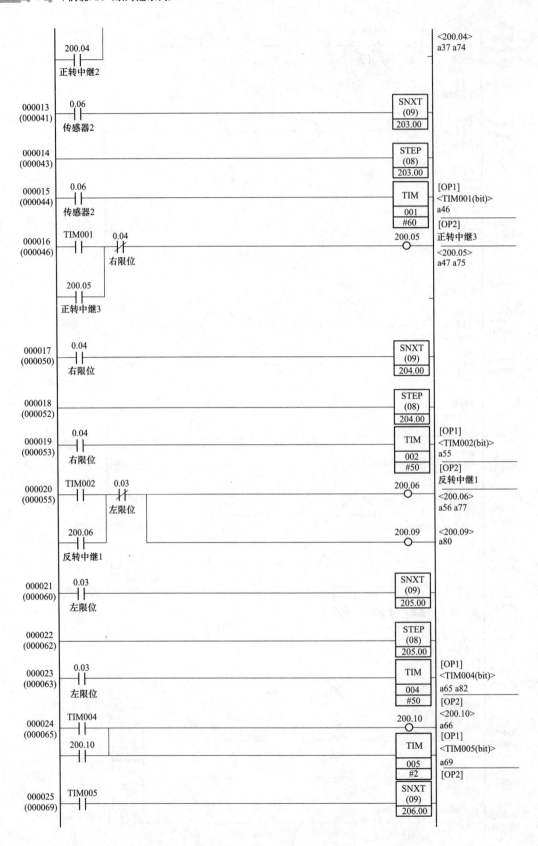

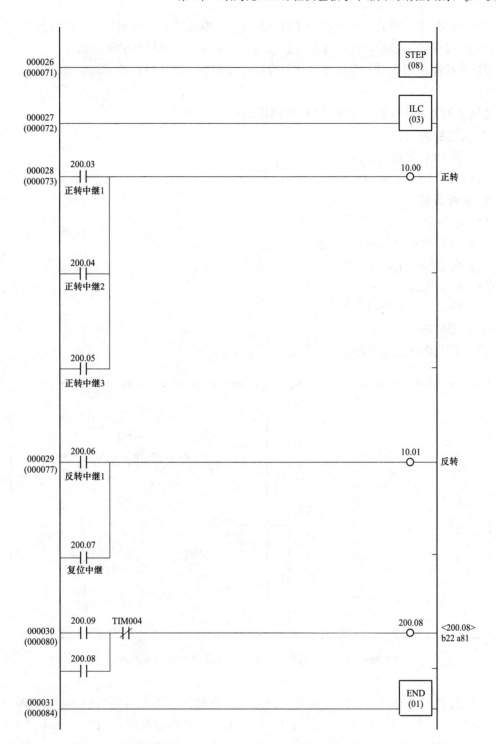

图 4-43　小车运动 PLC 控制的实践演示程序

（4）实训操作过程如下。

1）点动【启动】按钮，观察小车运动模块的运行状态。

2）小车运动在运行中，点动【停止】按钮，观察小车运动模块的运行状态。

3）在操作第二步后，再次点动【启动】按钮，观察小车运动模块的运行状态。

4）在操作第二步后，点动【复位】按钮，观察小车运动模块的运行状态。

5）在操作第四步后，点动【启动】按钮，观察小车运动模块的运行状态。

【例 4-27】　LED 数码显示 PLC 控制实践

1. 实践目的

（1）用 PLC 组成 LED 数码显示系统。

（2）学习 LED 数码显示控制。

2. 实践器材

（1）欧姆龙 PLC：主机单元一台。

（2）LED 数码显示控制单元模块一块。

（3）编程器或计算机一台。

（4）电子连线若干条。

（5）PLC 串门通信线一条。

3. 实践原理

（1）工作原理接线图如图 4-44 所示。

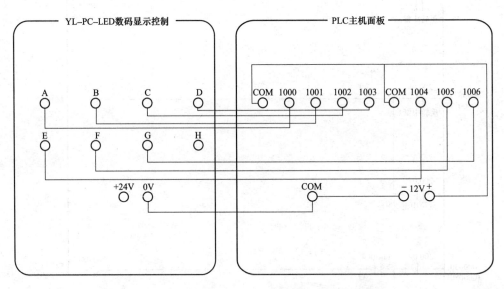

图 4-44　LED 数码显示 PLC 控制的工作原理接线图

（2）当 PLC 有输出时，LED 相对应的段就会点亮，否则相对应的段不亮。本实训循环显示"0"～"9" 10 个数字，当 A、F、E、D、C、B 有输出时，LED 显示为"0"；当 E、F 有输出时，LED 显示为"1"；当 A、B、G、E、D 有输出时，LED 显示为"2"；当 A、B、G、C、D 有输出时，LED 显示为"3"；当 A、F、G、B、C 有输出时，LED 显示为"4"；当 A、F、G、C、D 有输出时，LED 显示为"5"；当 A、F、E、D、C、G 有输出时，LED 显示为"6"；A、B、C 有输出时，LED 显示为"7"；当 A、B、C、D、E、F 都有输出时，LED 显示为"8"；当 A、F、G、B、C 有输出时，LED 显示为"9"。

4. 实践步骤

（1）先将 PLC 的电源线插进 PLC 侧面的电源孔中，再将另一端插到 220V 电源插板。

（2）将 PLC 的电源拨到关状态，严格按图 4-44 接线，注意 12V 电源的正负不要短接，电路不要短路，否则会损坏 PLC 触点。

（3）将 PLC 的电源开关拨到开状态，并且必须将 PLC 串口置于 ON 状态，然后通过计算机或编程器将程序下载到 PLC，下载后，再将 PLC 的电源拨到关状态。

（4）接通 0108（0109、0010、0011 不接通），否则无法正确运行演示程序。

（5）将 PLC 的电源开关拨到开状态。

【例 4-28】 自动售货机的 PLC 控制实践

1. 实践目的

（1）用 PLC 组成自动售货机控制系统。

（2）熟悉自动售货机的工作原理。

（3）掌握 PLC 基本指令的应用。

2. 实践器材

（1）欧姆龙 PLC：欧姆龙主机单元一台。

（2）自动售货机控制单元一台。

（3）计算机一台。

（4）编程电缆 PPI 一条等。

3. 实践原理

SB7 按钮表示投入自动售货机的人民币面值，数码管显示投进的货币面值（例如，按一下 SB7 按钮则数码管上就显示"1"表示一元，最多投入 9 个即显示"9"），自动售货机里有汽水（1 元/瓶）、咖啡（2 元/瓶）、王老吉（3 元/瓶）、雪碧（5 元/瓶）、可乐（6 元/瓶）、牛奶（7 元/瓶），当数码管上面显示的金额能购买物品对应的价格时，物品下面的指示灯就会亮起来，如果您要买该物品则按下对应的按钮，L7 灯就亮起来（表示出物品），而数码管显示的数值为减掉对应物品价格的数字。如果说货币投进去后，却不想买或投多了，则按下 SB8 该货币就全部退出。L8 的指示灯亮（表示货币退出）。

4. I/O 分配表

自动售货机模拟实验的 I/O 分配表见表 4-2。

表 4-2 　　　　　　　　　　自动售货机模拟实验的 I/O 分配表

输　　入		输　　出	
0000	汽水	1000	汽水指示灯
0001	咖啡	1001	咖啡指示灯
0002	王老吉	1002	王老吉指示灯
0003	雪碧	1003	雪碧指示灯
0004	可乐	1004	可乐指示灯
0005	牛奶	1005	牛奶指示灯
0006	投币按钮	1006	出货指示灯
0007	退币按钮	1007	退币口指示灯

5. I/O接线图

自动售货机模拟实验的I/O接线图如图4-45所示。

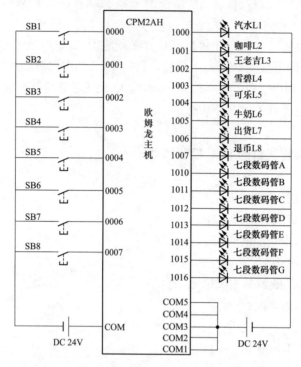

图4-45　自动售货机模拟实验的I/O接线图

6. 实践步骤

（1）先将PLC主机电源置于关状态，严格按图4-45接线，注意24V电源的正负不要接反，电路不要短路，否则会损坏PLC触点。

（2）先将PLC的电源线插进PLC正面的电源孔中，再将另一端插到220V电源插板。

（3）将电源置于开状态，PLC置于STOP状态，用计算机将程序（见图4-46）下载到PLC，程序下载完后，将PLC置于RUN状态。

（4）实践操作过程如下。

1）当PLC打到运行状态时，七段数码管显示"0"，按一次投币按钮SB6（表示一次一元），七段数码管数字加1，七段数码管显示的数字最大为9，当显示为9的时候，再按投币按钮SB6，七段数码管不再加数。

2）当数码管显示的数字（投币数）等于或大于物品栏上的物品价格时，物品对应的指示灯亮，说明能购买此物品，按下能购买的物品按钮，则减去物品对应的数值，数码管以及物品指示灯将有所变化，出货物品的指示灯亮（表示物品出来）。如当数码管显示数字为5，则物品汽水、咖啡、王老吉和雪碧指示灯亮，说明可以买这些物品；当按下按钮SB3（王老吉），数码管显示数字为"2"（5－3＝2），此时物品汽水和咖啡指示灯亮，说明剩下的钱还能购买汽水和咖啡。

3）当按下退币按钮SB8（在您不想买或投多货币时），当七段数码管显示的数字大于0，则数字逐渐减1，并减到0，退币口指示灯亮。

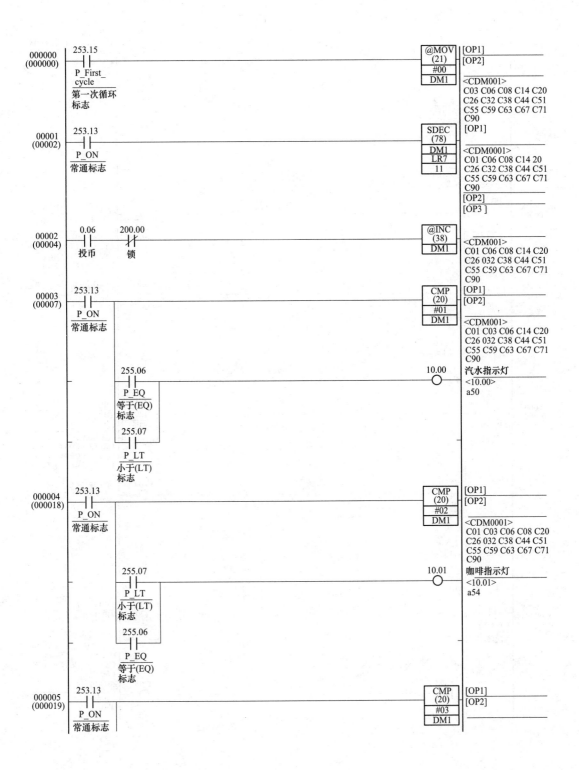

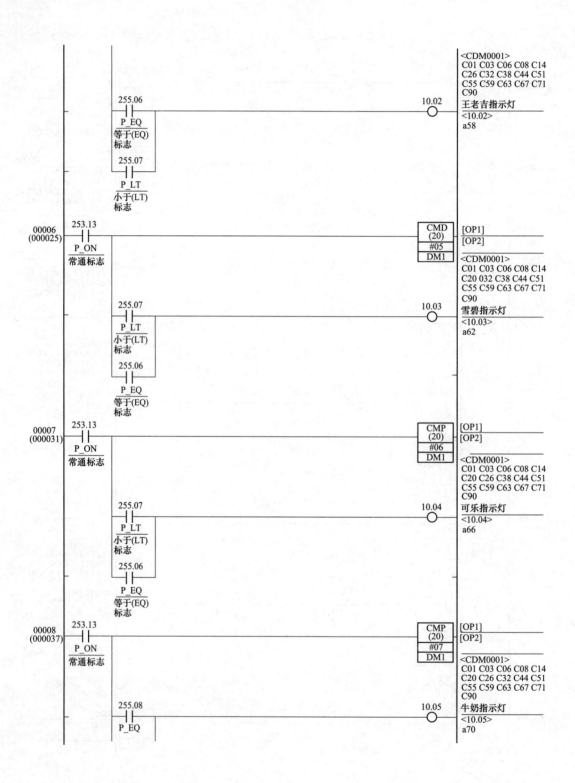

<CDM0001>
C01 C03 C06 C08 C14
C26 C32 C38 C44 C51
C55 C59 C63 C67 C71
C90

255.06
P_EQ
等于(EQ)
标志

255.07
P_LT
小于(LT)
标志

10.02
王老吉指示灯
<10.02>
a58

00006
(000025)
253.13
P_ON
常通标志

CMD
(20)
#05
DM1

[OP1]
[OP2]

<CDM0001>
C01 C03 C06 C08 C14
C20 032 C38 C44 C51
C55 C59 C63 C67 C71
C90

255.07
P_LT
小于(LT)
标志

255.06
P_EQ
等于(EQ)
标志

10.03
雪碧指示灯
<10.03>
a62

00007
(000031)
253.13
P_ON
常通标志

CMP
(20)
#06
DM1

[OP1]
[OP2]

<CDM0001>
C01 C03 C06 C08 C14
C20 C26 C38 C44 C51
C55 C59 C63 C67 C71
C90

255.07
P_LT
小于(LT)
标志

255.06
P_EQ
等于(EQ)
标志

10.04
可乐指示灯
<10.04>
a66

00008
(000037)
253.13
P_ON
常通标志

CMP
(20)
#07
DM1

[OP1]
[OP2]

<CDM0001>
C01 C03 C06 C08 C14
C20 C26 C32 C44 C51
C55 C59 C63 C67 C71
C90

255.08
P_EQ

10.05
牛奶指示灯
<10.05>
a70

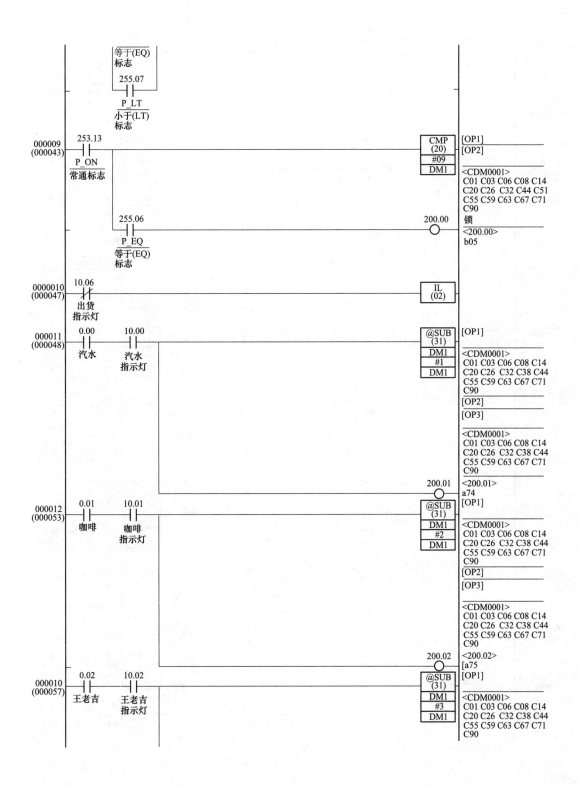

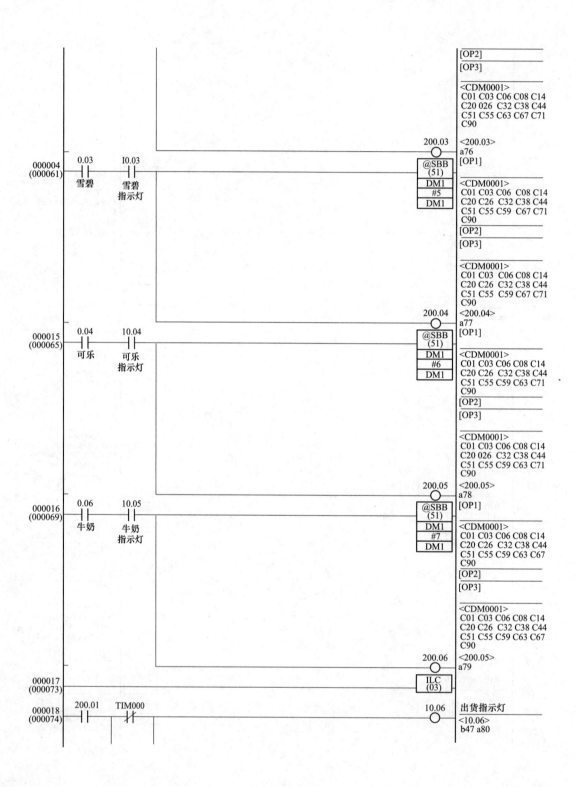

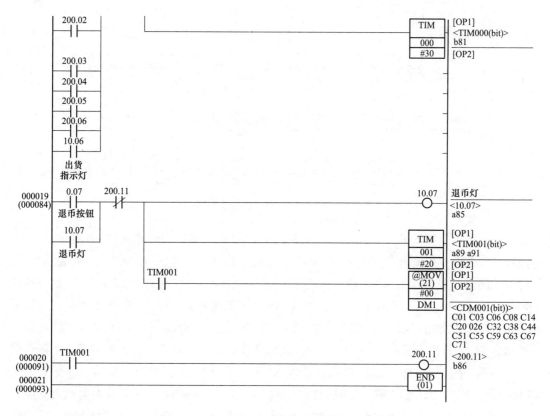

图 4-46 自动售货机模拟实验的实践演示程序

【例 4-29】 机械手装配搬运流水线的 PLC 控制实践

1. 实践目的

用 PLC 构成机械手装配搬运流水线控制系统。

2. 实践器材

（1）亚龙：PLC——欧姆龙主机单元一台。

（2）亚龙：PLC——机械手装配搬运流水线单元一台。

（3）计算机或编程器一台。

3. 实践原理

机械手搬运控制流程图如图 4-47 所示。

在工作流水线上，当检测 1 位置检测到物料后发出信号，机械手自动手臂伸出手爪下降抓物，然后手爪提升手臂缩回，机械手右旋转到右限位，手臂伸出，手爪下降将物料放到传送带上；检测 2 位置检测到物品后到传送带输送物料去做下一个工序，同时机械手返回原位重新开始下一个流程。其主要工作流程：

原位：表示设备处于初始状态，手爪在下限位置，手臂在后限位置，机械手在左限位置。

工作过程：启动→复位→缩回（L9）、提升（L11）、左转（L13）指示灯 1s 闪烁→臂

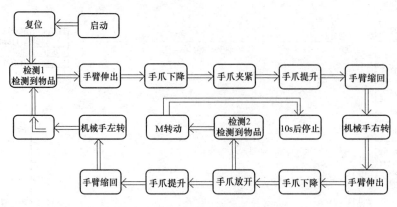

图 4-47　机械手搬运控制流程图

后限位开关闭合（拨动开天 X3 闭合，缩回指示灯 L9 灭，臂后限位指示灯 L0 亮表示）、上升限位开关闭合（拨动开关 X4 闭合，提升指示灯 L11 灭，上限位指示灯 L2 亮表示）、左限位开关闭合（拨动开关 X8 闭合，左转指示灯 L13 灭，左限位指示灯 L5 亮表示）→检测 1 检测到物料（拨动开关 X10 闭合，检测 1 指示灯 L7 亮表示）→延时 2s→手臂伸出（臂后限位指示灯灭，伸出指示灯 1s 闪烁，拨动 X3 开关断开）→臂前限位并关闭合（臂的限位开关 X4 闭合；伸出指示灯 L10 灭，臂前指示 L1 亮表示）→延时 1s→手爪下降（上限位指示灯 L2 灭，下降指示灯 L12 1s 闪烁，拨动 X5 开关断开）→下限位开关闭合（下限位开关 X6 闭合，下降指示灯 L12 灭，下限位指示灯 L3 亮表示）→延时 2s→手爪夹紧（夹紧限位开关 X7 闭合，检测 1 指示灯 L7 灭，夹紧指示灯 L4 亮表示）→延时 2s→手爪提升（下限位指示灯 L3 灭，提升指示灯 L11 1s 闪烁，拨动开关 X6 断开）→上限位开关闭合（上限位开关 X5 闭合，提升指示灯 L11 灭，上限位指示灯 L2 亮表示）→延时 2s→手臂缩回（臂前限位指示灯 L1 灭，缩回指示灯 L9 1s 闪烁，拨动开关 X4 断开）→臂后限位开关闭合（拨动开关 X3 闭合、缩回指示灯 L9 灭，臂后限位指示灯 L0 亮表示）→延时 2s→机械手右转（左限位指示灯 L5 灭，右转指示灯 L14 1s 闪烁，拨动开关 X8 断开）→右限位开关闭合（拨动开关 X9 闭合，右转指示灯 L14 灭，右限位指示灯 L6 亮表示）→手臂伸出（臂后限位指示灯灭，伸出指示灯 1s 闪烁，拨动 X3 开关断开）→臂前限位开关闭合（臂前限位开关 X4 闭合，伸出指示灯 L10 灭，臂前指示灯 L1 亮表示）→延时 2s→手爪下降（上限位指示灯 L2 灭，下降指示灯 L12 1s 闪烁，拨动 X5 开关断开）→下限位开关闭合（下限位开关 X6 闭合，下降指示灯 L12 灭，下限位指示 L3 亮表示）→延时 2s→手爪放开（夹紧限位开关 X7 断开，夹紧指示灯 L4 灭表示）→（分支 1）→延时 2s→手爪提升（下限位指示灯 L3 灭，提升指示灯 L11 1s 闪烁，拨动开关 X6 断开）→上限位开关闭合（上限位开关 X5 闭合，提升指示灯 L11 灭，上限位指示灯 L2 亮表示）→延时 2s→手臂缩回（臂前限位指示灯 L1 灭，缩回指示灯 L9 1s 闪烁，拨动开关 X4 断开），臂后限位开关闭合（拨动开关 X3 闭合，缩回指示灯 L9 灭，臂后限位指示灯 L0 亮表示）→延时 2s→机械手左转（右限位指示灯 L6 灭，左转指示灯 L13 1s 闪烁，拨动开关 X9 断开）→左限位开关闭合（拨动开关 X8 闭合，左转指示灯 L13 灭，左限位指示灯 L5 亮表示，即原位）→（分支 1）→检测 2 检测到物料（拨动开关 X11 闭合，检测 2 指示灯 L8 亮表示）→延时 2s→M 转动（转动指示灯 L15 亮，检测 2 指示灯 L8 灭表示）→延时 10s→M 停止转动（转动指示灯灭表示）。

复位：当机械手在原位时复位不起作用，当按下复位按钮复位后，只有按下启动按钮，重新启动后机械手才能运行工作。

物料检测：当物料检测到物料时，只有机械手在原位时才能动作，否则机械手不能动作。

4. I/O 分配表

机械手装配搬运流水线的 PLC 控制的 I/O 分配表见表 4-3。

表 4-3　　　　　　　　机械手装配搬运流水线的 PLC 控制的 I/O 分配表

I/O 口	说　明	I/O 口	说　明
0000	复位按钮	1000	臂后限位指示灯 L0
0001	启动按钮	1001	臂前限位指示灯 L1
0002	停止按钮	1002	上限位指示灯 L2
0003	臂后限位开关	1003	下限位指示灯 L3
0004	臂前限位开关	1004	夹紧指示灯 L4
0005	上限位开关	1005	左限位指示灯 L5
0006	下限位开关	1006	右限位指示灯 L6
0007	夹紧指示开关	1007	检测 1 指示灯 L7
0010	左限位开关	1010	检测 2 指示灯 L8
0011	右限位开关	1011	缩回指示灯 L9
0012	检测 1 指示开关	1012	伸出指示灯 L10
0013	检测 2 指示开关	1013	提升指示灯 L11
		1014	下降指示灯 L12
		1015	左转指示灯 L13
		1016	右转指示灯 L14
		1017	M 转动指示灯 L15

5. I/O 接线图

机械手装配搬运流水线的 PLC 控制的 I/O 接线图如图 4-48 所示。

6. 实践外部接线图

实践外部接线图如图 4-49 所示。

7. 实践步骤

（1）将电源置于关状态，严格按图 4-49 所示接线，注意电源正负不要短接，电路不要短路，否则会损坏 PLC 触点。

（2）先将 PLC 的电源线插进 PLC 电源进线插口中，再将另一端标到 220 电源插板。

（3）将电源置于开状态，PLC 置于 STOP 状态，用计算机或编程器将总程序（见图 4-50）输入 PLC，输好程序后将 PLC 置于 RUN 状态。

（4）接通 X25。

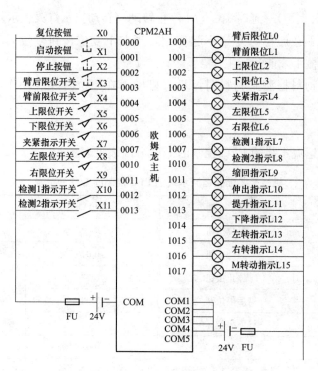

图 4-48　机械手装配搬运流水线的 PLC 控制的 I/O 接线图

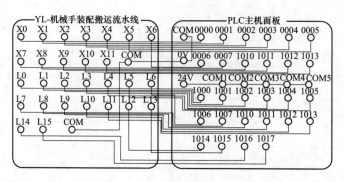

图 4-49　机械手装配搬运流水线的 PLC 控制的实训外部接线图

（5）实训操作过程如下。

1）将启动按钮按下，再按复位按钮，观察指示灯是否是回原位的动作。

2）将原点的各限位开关闭合（即 X3、X5、X8 闭合），将复位按钮按下，观察是否还有回原位的动作。

3）机械手处于原点时，下拨检测 1 开关（即 X10 闭合），观察机械手是否是按工作流程运行。

4）机械手处于工作状态时，按下复位按钮，观察是否是回原位动作。

5）当机械手完成一个周期回到原位，下拨检测 1 开关，观察是否能重新按流程运行。

6）下拨检测 2 开关（即 X11 闭合），M 转动指示灯 L15 转动，观察运行 10s 后能否停止。

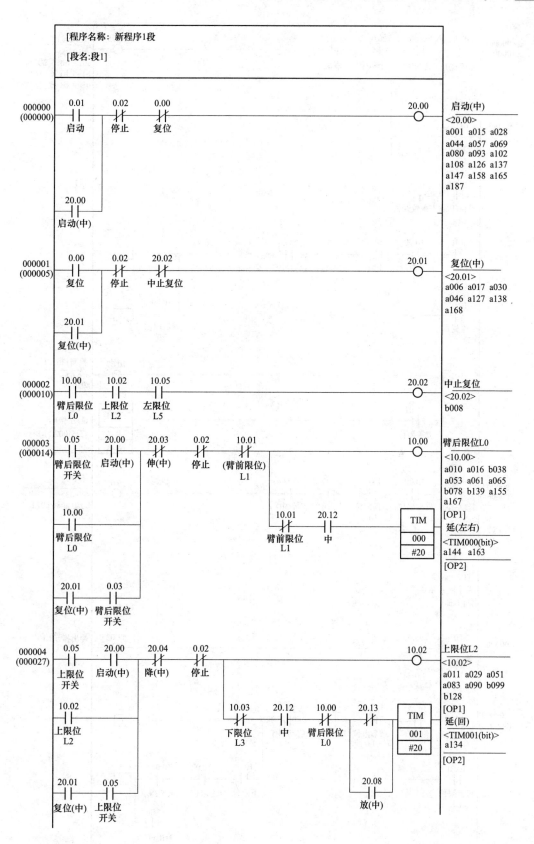

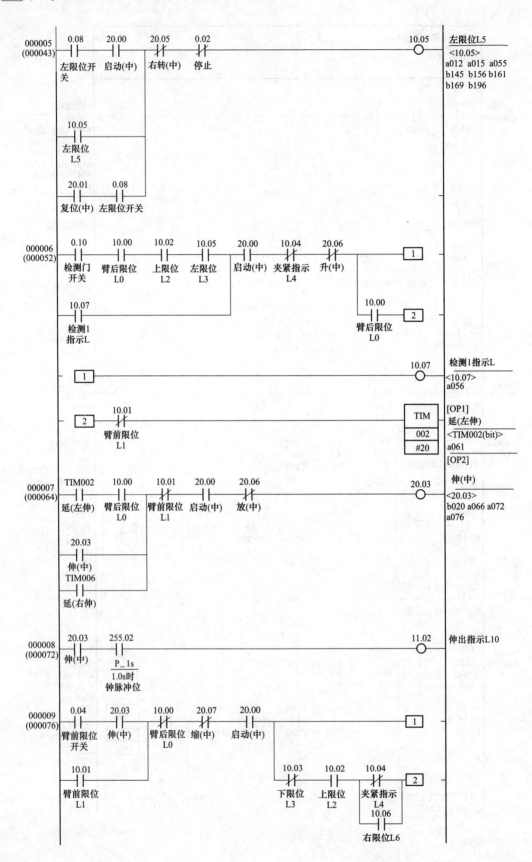

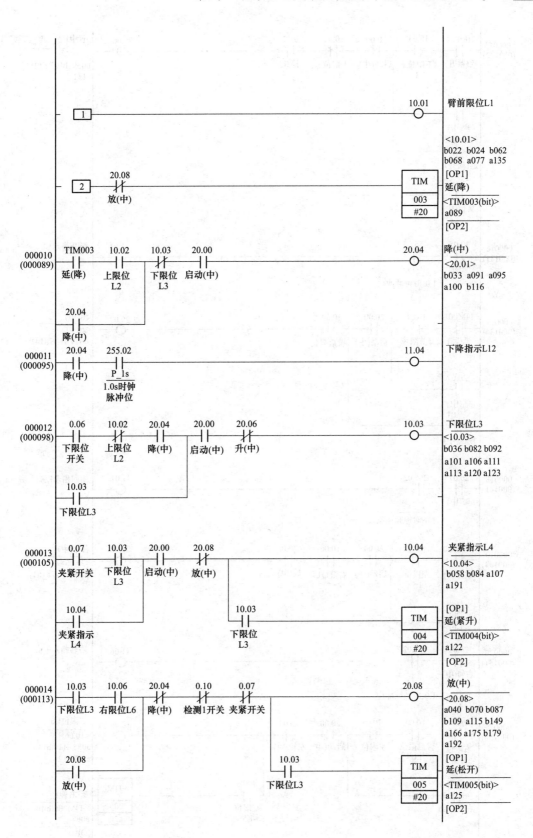

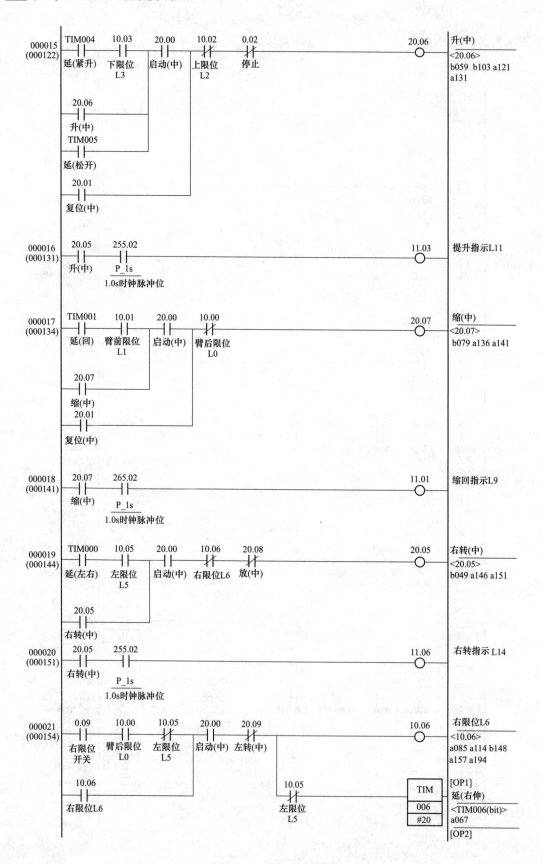

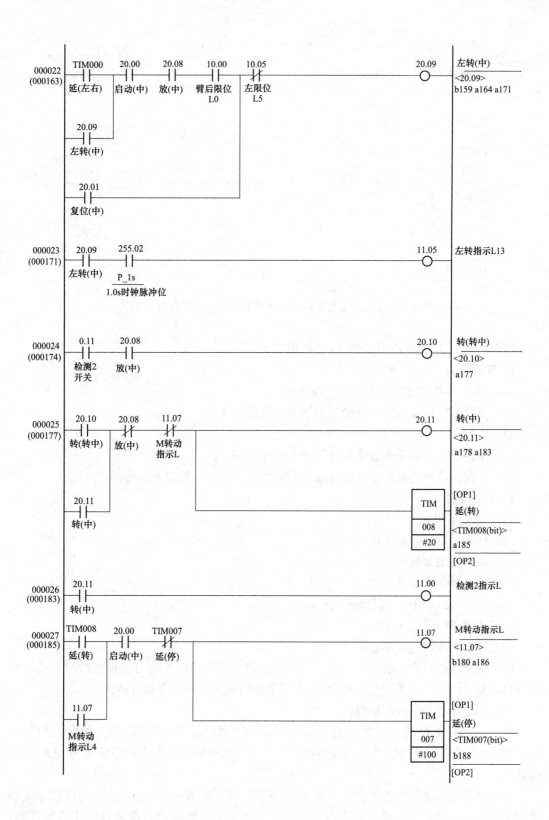

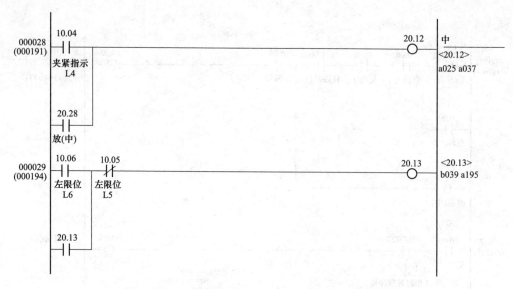

图 4-50　机械手装配搬运流水线的 PLC 控制的实践演示程序

【例 4-30】　加工中心刀库的 PLC 控制实践

1. 实践目的

（1）用 PLC 组成加工中心刀库控制系统。

（2）了解加工中心刀库控制的工作原理及操作方法。

（3）掌握 PLC 控制的 I/O 连接方法。

（4）掌握梯形图的编程方法和理解指令程序的编法。

（5）掌握编程器的基本操作以及编程器的输入、检查、修改和运行操作。

2. 实践器材

（1）PLC 主机单元一台。

（2）PLC：加工中心控制单元一台。

（3）编程器或计算机一台。

（4）安全连线若干条。

（5）PLC（PC/PPI）通信线一条。

3. 实践原理

加工中心刀库控制要求如下。

（1）该单元设有自动启动、正转、反转和拨码开关，用以控制刀库根据拨号开关选择的刀具自动"启动"刀库转盘选择出刀、"手动正转选刀"和"手动反转选刀"。

（2）加工中心刀库控制运行。

加工中心刀库控制实训单元的原位状态为：选刀的拨码开关处"0"位置，刀库转盘转置"0"位置，就是电容传感器对应"0"位。电容传感器对应的位置就是出刀口位置。

继电器与电动机的接线严格按照图 4-51 所示进行。从图中可知加工中心刀库控制实训单元的正转和反转按钮在硬件上已经连接好，只要上电就能控制刀库转盘的正转和反转，而不是通过输入到 PLC 主机的信号。而且在这里控制刀库转盘电动机的控制信号与正转/

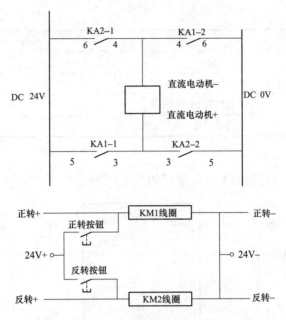

图 4-51　加工中心刀库控制的电动机接线图

反转按钮是并联的关系，即刀库转盘也受 PLC 主机的输出信号控制。

在这里需要注意的是：加工中心刀库控制实训单元上的 24V 是由外部供给的而不是内部输出电源。实训单元上的电容传感器的工作电源和手动控制刀库转盘电动机的电源都是和实训单元的 24V 相接。传感器只需要把信号端连接到主机。

在设备完好和连线无误的情况下，手动控制刀库转盘和拨码开关归"0"初始位置。

首先要通过拨码开关来设置在刀库中要选用的刀具，按下自动启动按钮 PLC 主机控制刀库转盘让其旋转，让与拨码开关设置的刀具位置旋转到出刀口位置，在刀库转盘转到相应位置停下后，可以再通过拨码开关设置要选用的刀具位置，刀库转盘在原有的位置上再次转到相应的位置，但在这里要从提高工作效率方面考虑遵循最近原则（如出刀门对应是 1 号刀具的位置，而拨码开关设置了 6 号刀具，再按自动启动按钮，如果正转要转 5 个位置才能到 6 号刀具的位置，而反转只需要转 3 个位置就能到 6 号位置。所以在这时 PLC 主要控制刀库转盘反转 3 个位置而不是正转 5 个位置让 6 号刀具到出刀口）在设备上电启动后无论出刀口对应的是几号刀具，在再次寻刀时都要使用就近寻刀原则。

在这里要注意：刀库转盘只有 0～7 共 8 个位置，而拨码开关有 0～9 可供选择。因此在此试用程序中拨码开关的 8 和 9 可以视为无效输入。

4. I/O 分配表

小车运动控制的 I/O 分配表见表 4-4。

表 4-4　　　　　　　　　　加工中心刀库 PLC 控制的 I/O 分配表

输　　入		输　　出	
0000	启动	1000	电动机正转
0001	停止	1001	电动机反转
0002	复位	1002	运行指示（绿色）

输　　入		输　　出	
0003	左限位	1003	停止指示（红色）
0004	右限位		
0005	传感器 B1		
0006	传感器 B2		

5. I/O 接线图

加工中心刀库 PLC 控制的 I/O 接线图如图 4-52 所示。

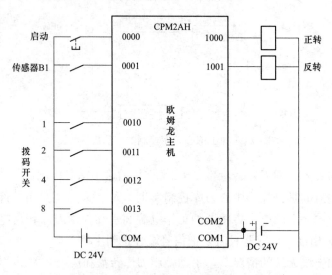

图 4-52　加工中心刀库 PLC 控制的 I/O 接线图

6. 实践步骤

（1）先将 PLC 主机上的电源开关拨到关状态，根据图 4-52 加工中心刀库控制的 I/O 接线图接线，注意 24V 电源的正负不要短接，电路不要短路，否则会损坏 PLC 触点或传感器。

（2）将电源线插进 PLC 主机表面的电源孔中，再将另一端插到 220V 电源插板，在确定线路正确的状况下再进行下一步操作。

（3）将 PLC 主机上的电源开关拨到开状态，然后通过计算机或编程器将程序（见图 4-53）下载到 PLC 中。

（4）实验操作过程如下。

1）点动【正转】或【反转】开关，控制刀库转盘回初始位置。

2）按动【拨码开关】，控制其回到初始位置。

3）按动【拨码开关】选择需要的刀具，按下【自动启动】按钮，观察刀库转盘的转动状态。

4）在刀库转盘正常停止后，再按动【拨码开关】选择与刚才转动相反的刀具，按下【自动启动】按钮，观察刀库转盘的转动状态。

5）在刀库转盘正常停止后，再次按动【拨码开关】选择与刚才转动相同的刀具，按下【自动启动】按钮，观察刀库转盘的转动状态。

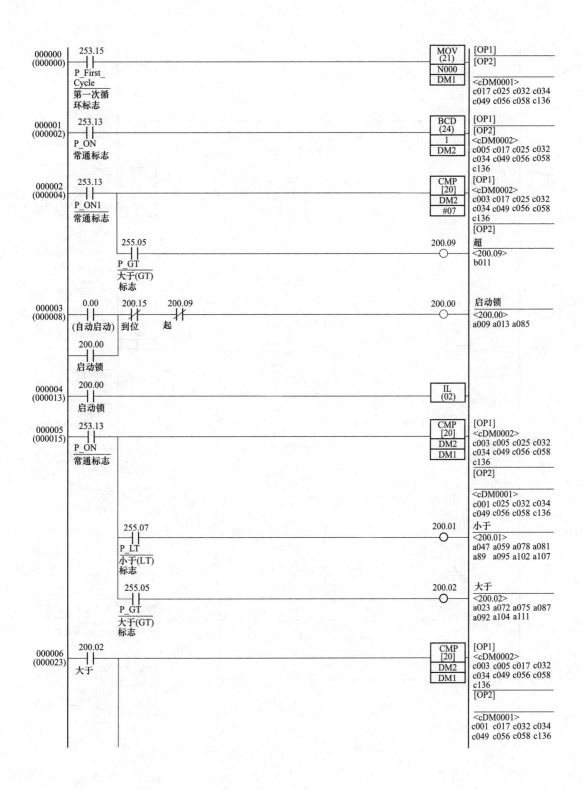

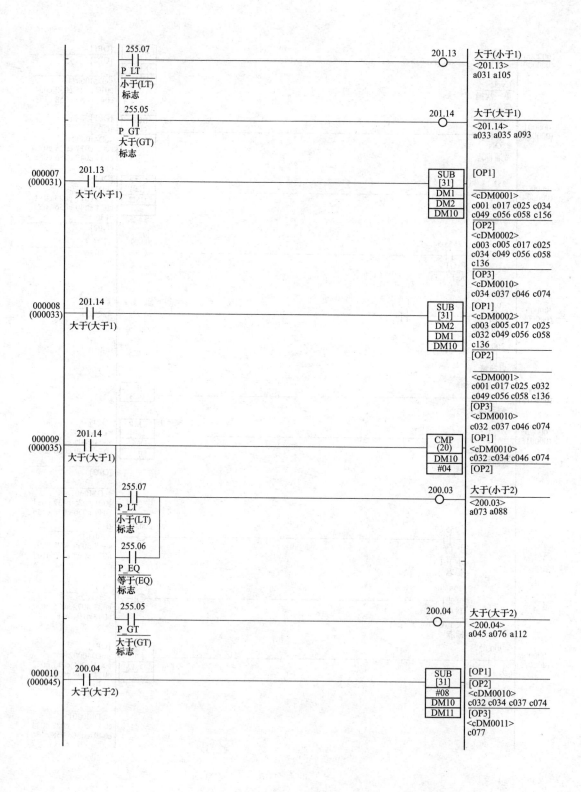

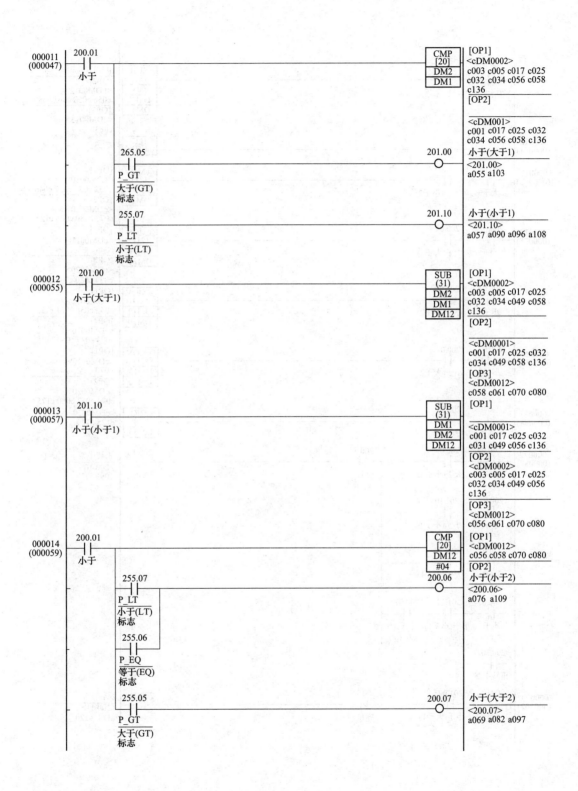

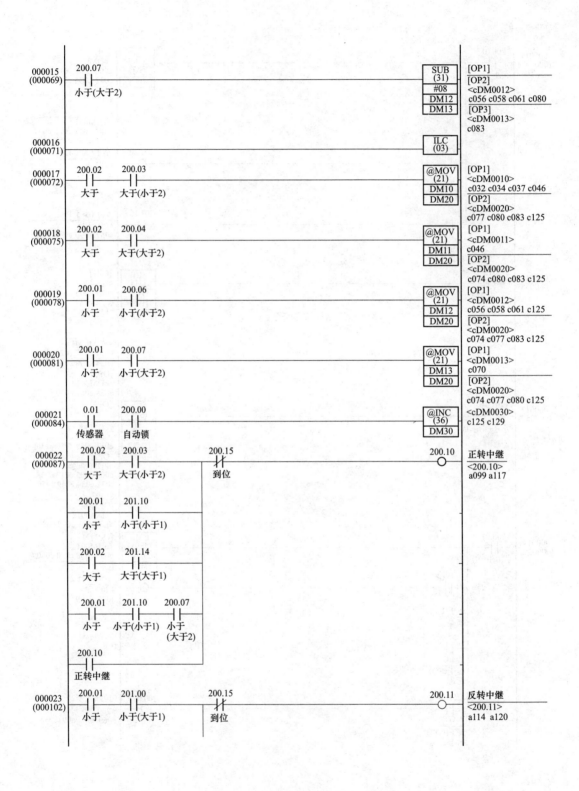

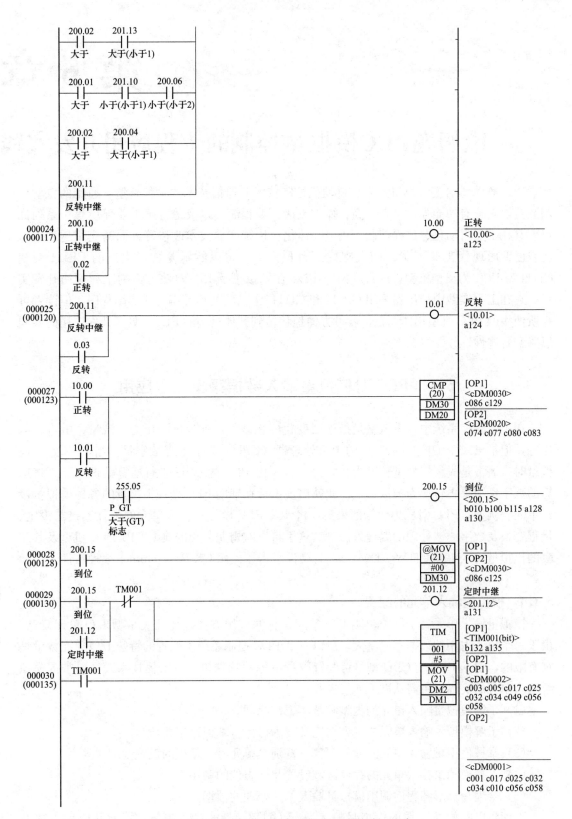

图 4-53 加工中心刀库 PLC 控制的实践演示程序

第 5 章

欧姆龙PLC模拟量控制的工程应用开发实践

PLC 作为综合了计算机技术、自动化控制技术和通信技术的一种新型、通用的自动控制装置,它具有功能强、可靠性高、操作灵活、编程简便以及适合于工业环境等一系列优点,其在工业自动化、过程控制、机电一体化、传统产业技术改造等方面的应用越来越广泛,已跃居现代工业控制的四大支柱之首位。本章将以欧姆龙公司生产的 CP1H 型和 CJ1H 型 PLC 为典型机型,进行欧姆龙 PLC 在模拟量及 PID 算法方面的工程应用开发实践。它在工程实践中,虽然采用 CP1H 和 CJ1H 型 PLC 的地址编写梯形图程序,但读者可视所使用的 PLC 机型稍作调整,就可方便地移植到其他机型的 PLC,具有开发应用的共同思路和普遍性。

5.1 PLC 对模拟量输入数据采集工程应用

在工业测控系统中,模拟量是指连续变化的物理量,如温度、压力、流量、电流、电压等,但是隶属于工控机的 PLC 的中央处理器(CPU)只能处理数字量,当 PLC 处理模拟量时,通常是先将模拟量转换为数字量后,再由 PLC 的 CPU 进行运算处理,最终将运算的数字量结果再转换为模拟量,因此就出现了旨在辅助 PLC 处理模拟量的各种模拟量接口单元。例如,PLC 对压力数据的采集,将涉及 PLC 模拟量输入单元的硬件连接与设定、量程变换及数字滤波处理的编程方法等。这里将以欧姆龙公司的典型 CP1 PLC 机型及其配套的模拟量输入单元 CJ1W-AD081-V1 为硬件平台,使用 CX-Programmer 编程软件。

5.1.1 模拟量输入单元的配置

模拟量输入单元属于特殊功能 I/O 单元,它的应用方法远比开关量型 I/O 单元复杂,由于每个单元占用的数据存储量大,所以一个 PLC 控制系统中配置的特殊 I/O 单元数量是很有限的,根据 PLC 的 CPU 型号可配置数量不等的特殊单元。工程技术人员要掌握模拟量输入单元的实际应用需从以下 5 点入手。

(1)了解模拟量输入单元的类型和基本工作原理。

(2)了解模拟量输入单元的主要功能及技术指标,掌握选型技巧。

(3)掌握模拟量输入单元的硬件配置,特别是单元号、量程的设置及配线等。

(4)掌握模拟量输入单元的存储区域设置及标志位的调用。

(5)会编写梯形图程序调用模拟量输入单元处理的数据。

下面将以欧姆龙公司的模拟量输入单元 CJ1W-AD081-V1 为例,探索其应用方法及技巧。

1. CJ1W-AD081-V1 单元的工作原理

模拟量输入单元是将模拟量输入信号（标准量程的电压或电流信号）转换成数字量后送入 PLC 中相应存储区的单元。CJ1W-AD081-V1 单元的主要技术指标见表 5-1。

表 5-1　　　　　　　　　　　　　CJ1W-AD081-V1 单元的主要技术指标

项　　目		电 压 输 入	电 流 输 入
模拟量输入信号路数		8 路	
输入信号范围①		1～5V　0～5V 0～10V　−10～10V	4～20mA
输入信号最大值②		±15V	±30mA
输入阻抗		1MΩ 以上	250Ω（额定值）
分辨率		满量程的 4000（或 8000③）	
转换输出数据		16 位二进制数	
精度④	23℃±2℃	满量程的±0.2%	满量程的±0.4%
	0～55℃	满量程的±0.4%	满量程的±0.6%
A/D 转换时间⑤		最大 1.0ms/点（或 250μs/点）	
功率消耗		在 5V DC，420mA 以下	
隔离措施⑥		在输入端子与 PLC 间采用光电耦合器 （在单独的 I/O 信号之间无隔离）	
对 CPU 循环时间的影响		0.2ms	
单元的最大数量⑦		每个机架 4～10 个	
与 CPU 单元交换数据		CIO 区（CIO2000～CIO2959）的特殊 I/O 单元区：每个单元占 10 个字 DM 区（D20000～D29599）的特殊 I/O 单元区：每个单元占 100 个字	
安装位置		CJ 系列 CPU 机架或 CJ 系列扩展机架	
输入功能	平均值处理	在缓冲器中存储最后"n"个数据，求取的平均值存储到相应通道中，缓冲号 $n=2$，4，8，16，32，64	
	峰值保持	当峰值保持位为"ON"时，存储最大的转换值	
	输入断线检测	检测断线并将断线检测标志置为"ON"⑧	

① 对每路输入信号单独设置范围。

② 确定信号在规定量程内操作，否则将损坏单元。

③ 对于 V1 版本的模拟量输入单元，可以在 DM 区的 $m+18$ 字内设置分辨率为 8000，转换时间可以设置为 250μs，两者必须同时设置生效或同时取消。

④ 精度按满量程计算，如±0.2%的精度将会导致的最大误差为±8（BCD 码）。缺省设置值的电压输入可以调整，如果是电流输入，则相应调整偏置值和增益值。

⑤ A/D 转换时间是指一个模拟信号经输入单元转换后并以数字量形式存储到存储器中所耗费的时间。CPU 单元读取转换数据前至少延迟一个扫描周期。

⑥ 高于 600V 的电压接入单元会损坏内部元件。

⑦ 能安装到一个机架上的最大模拟量输入单元数量取决于安装在机架上的供电单元。

⑧ 仅当量程设置为 1～5V 或 4～20mA 时，才支持断线检测。当量程设置为 1～5V 或 4～20mA 时，无输入信号，断线标志位为"ON"。

CJ1W-AD081-V1 的工作原理是在单元硬件设置正确的前提下，当 AD081 单元上电或 CJ1 PLC 的辅助区（A 区）中与该单元对应的重新启动位激活时，CPU 将用户预置在 DM

区中的相关参数通过 I/O 总线传送给存储器，并根据用户编写的梯形图程序控制 A/D 转换器完成模拟量到数字量的转换，最后将转换后的数字量传送到 PLC 指定的存储字中。工作原理如图 5-1 所示。

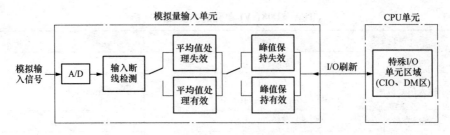

图 5-1　CJ1W-AD081-V1 的工作原理

2. CJ1W-AD081-V1 单元的应用实践

工程实践 1：将生产现场的某压力变送器连接到 CJ1W-AD081-V1 单元上，该压力变送器的输出信号为 1～5V 的模拟电压信号，对应于实际工程值为 200～800kPa，要求将 A/D 转换后的数值存储在 W100 通道中。设置 CJ1W-AD081-V1 单元的操作实践步骤如下。

（1）设置单元号。CJ1W-AD081-V1 单元如图 5-2 所示。

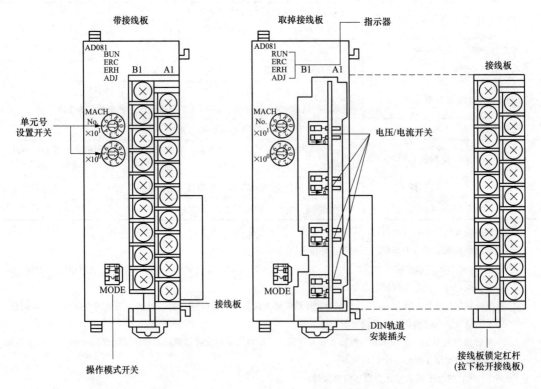

图 5-2　CJ1W-AD081-V1 单元示意图

单元面板上有两个旋转拨码盘用来设置单元号。可以用螺丝刀设置 0～95 任意一个数，但是不能与 PLC 正在使用的其他特殊 I/O 单元的单元号重复。假设本实践中将 CJ1W-AD081-V1 的单元号设置为 1，按以下公式计算该单元占用的 CIO 区首通道 n 与 DM 区首

通道 m。

$$n = CIO2000 + 10 \times 单元号 = CIO2000 + 10 \times 1 = CIO2010$$
$$m = D20000 + 100 \times 单元号 = D20000 + 100 \times 1 = D20100$$

因此，该单元占用 CIO 区的 CIO2010～CIO2019 共 10 个通道，占用 DM 区的 D20100～D20199 共 100 个通道。当设置其他单元号时，CIO 区及 DM 区通道分配参照表 5-2。由于 CJ1 PLC 的 CPU 单元与 AD081 是通过 CIO 区和 DM 区进行 A/D 数据转换及参数设置的，所以在系统上电前，必须设置好单元号，且在 PLC 运行过程中绝不允许带电更换单元或更改单元号。

表 5-2　　　　　　　　　单元号与 CIO、DM 区通道对应关系表

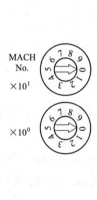

开关位置	单元号	CIO 首通道号 n	CIO 区通道	DM 首通道号 m	DM 区通道
0	#0	2000	CIO2000～CIO2009	20000	D20000～D20099
1	#1	2010	CIO2010～CIO2019	20100	D20100～D20199
2	#2	2020	CIO2020～CIO2029	20200	D20200～D20299
3	#3	2030	CIO2030～CIO2039	20300	D20300～D20399
4	#4	2040	CIO2040～CIO2049	20400	D20400～D20499
5	#5	2050	CIO2050～CIO2059	20500	D20500～D20599
6	#6	2060	CIO2060～CIO2069	20600	D20600～D20699
7	#7	2070	CIO2070～CIO2079	20700	D20700～D20799
8	#8	2080	CIO2080～CIO2089	20800	D20800～D20899
9	#9	2090	CIO2090～CIO2099	20900	D20900～D20999
⋮	⋮	⋮	⋮	⋮	⋮
95	#95	2950	CIO2950～CIO2959	29500	D29500～D29599

注　两个或两个以上特殊 I/O 单元设置相同的单元号时，将导致错误 "UNIT No. DPLERR"（单元号重复错误）产生（可由手编器检索），同时标志位 A40113 置位为 "ON"，PLC 停止运行。

（2）设置单元 DIP 开关。需设置的 DIP 开关有两种：操作模式开关和输入信号类型开关。

1）在单元面板下部的操作模式开关用于选择普通模式或调整模式，具体设置参见表 5-3。调整模式用于调整每一路模拟输入信号的偏置量和增益量，调整数值存储在 CJ1W-AD081-V1 内置的 E^2 PROM 中。普通模式则用于正常的 A/D 转换操作。因此，本实践中应将 SW1、SW2 均置于 "OFF"，即 CJ2W-AD081-V1 单元处于普通模式。

表 5-3　　　　　　　　　　操作模式设置表

开　关　号		模　式
SW1	SW2	
OFF	OFF	普通模式
ON	OFF	调整模式

2）某一路模拟量输入信号的类型可以通过设置接线端子排下的输入信号类型开关实现电压或电流输入信号的切换。首先需卸下接线端子排，方法是向下扳接线端子排下方的杠杆，如图 5-3 所示，拔起端子排，露出下面的电压/电流开关，如图 5-4 所示，"ON" 为

电流输入，"OFF"为电压输入。假定本实践中准备将压力变送器接在单元的第1路，就把"输入1"对应的SW1置为"OFF"，确保该路模拟输入信号为电压信号。设置完成后，重新安装好接线端子排。

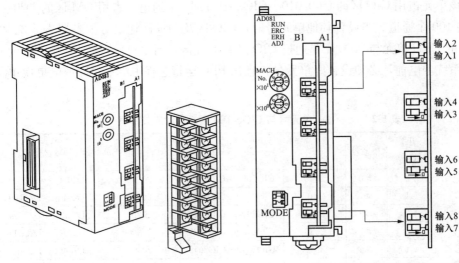

图 5-3 卸下端子排示意图   图 5-4 电压/电流开关示意图

注：安装或拆卸接线端子排前必须关闭 PLC 电源。

（3）单元配线。单元输入信号的接线端子如图 5-5 所示，每一路输入信号由正、负极构成，AG 端连接到单元内部的模拟地，与屏蔽线连接可以有效地降低系统的噪声干扰。

由于本实践中只使用了第 1 路输入，因此参照图 5-6 用导线分别连接压力变送器的正、负极到 A1、A2 端子上，将屏蔽线连接到 A5 端子上。需要注意的是，在配线时端子连接必须用压接端子。当其他 7 路输入信号空闲时，将输入端子的正、负极短接，否则断线标志位将置"ON"，面板"ERC"指示灯报警。也可以在 DM 区参数设置时将空闲输入设为"0"（未使用）。

输入2(+)	B1			
输入2(−)	B2	A1	输入1(+)	
输入4(+)	B3	A2	输入1(−)	
输入4(−)	B4	A3	输入3(+)	
AG	B5	A4	输入3(−)	
输入6(+)	B6	A5	AG	
输入6(−)	B7	A6	输入5(+)	
输入8(+)	B8	A7	输入5(−)	
输入8(−)	B9	A8	输入7(+)	
		A9	输入7(−)	

图 5-5 CJ2W-AD081-V1 单元接线端子图

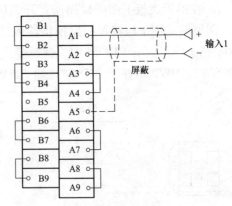

图 5-6 CJ2W-AD081-V1 单元端子接线图

（4）创建 I/O 表。将完成硬件配置的 CJ1W-AD081-V1 单元插在 CJ1 PLC 的 CPU 机架上，接着需对数据区进行参数设置。如果该单元是第一次在 PLC 上使用，当系统上电后，应首先用手持编程器或上位机的梯形图开发工具 CX-Programmer 创建 I/O 表，这是 CJ1 PLC 系统要求必须做的，否则 CPU 报警。使用 CX-Programmer 创建 I/O 表的过程如下。

1）开启梯形图开发工具 CX-Programmer，在新工程窗口中列出了"I/O 表和单元设置"项，如图 5-7 所示。双击该项图标，弹出 I/O 表操作窗口，如图 5-8 所示。

2）将 CX-Programmer 置于在线状态下的编程模式，此时，在 I/O 表操作窗口内单击"选项"菜单下的"创建（R）"项，如图 5-9 所示，开始创建 I/O 表。完成 I/O 表创建的示例如图 5-10 所示。

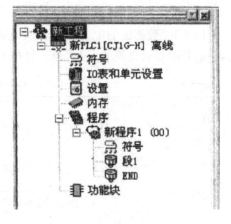

图 5-7　CX-Programmer 工程窗口

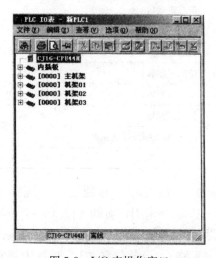

图 5-8　I/O 表操作窗口

图 5-9　创建 I/O 表

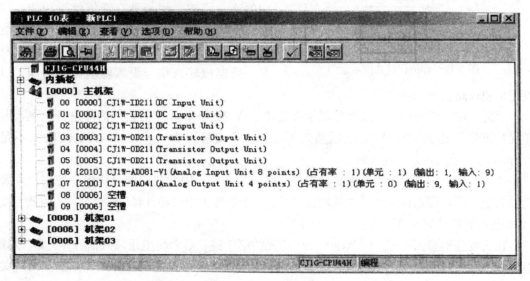

图 5-10　I/O 表创建示例

（5）配置数据区的参数。

1）CIO 数据区的配置。在普通模式下，模拟量输入单元 CJ1W-AD081-V1 对 CIO 区的通道分配及含义见表 5-4，单元号与 CIO 区通道的对应关系参见表 5-2。

表 5-4　　　　　　　　　　　CJ1W-AD081-V1 单元 CIO 通道分配表

I/O	通道号（字号）	位　号															
		15	14	13	12	11	10	9	8	7	6	5	4	3	2	1	0
输出（从 CPU 到单元）	n	未用								峰值保持功能（0：未用；1：占用）							
										8	7	6	5	4	3	2	1
输入（从单元到 CPU）	$n+1$	第 1 路输入经 A/D 转换后的数字量（16 位二进制数）															
		16^3				16^2				16^1				16^0			
	$n+2$	第 2 路输入经 A/D 转换后的数字量（16 位二进制数）															
	$n+3$	第 3 路输入经 A/D 转换后的数字量（16 位二进制数）															
	$n+4$	第 4 路输入经 A/D 转换后的数字量（16 位二进制数）															
	$n+5$	第 5 路输入经 A/D 转换后的数字量（16 位二进制数）															
	$n+6$	第 6 路输入经 A/D 转换后的数字量（16 位二进制数）															
	$n+7$	第 7 路输入经 A/D 转换后的数字量（16 位二进制数）															
	$n+8$	第 8 路输入经 A/D 转换后的数字量（16 位二进制数）															
	$n+9$	报警信号标志（00：无错误）								输入断线检测标志							
		16^1				16^0				8	7	6	5	4	3	2	1

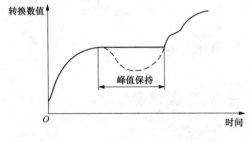

图 5-11　峰值保持功能示意图

在表 5-4 的 CIO 区首通道"n"中，高 8 位（8～15 位）未用，而低 8 位（0～7 位）对应于 CJ1W-AD081-V1 单元的 8 路模拟输入信号（1～8 路），当某位置"1"时意味着它对应的这一路输入信号具有峰值保持功能，即这一路将保持 A 仍转换的最大数字值，示意图如图 5-11 所示。用户可以根据实际情况对某一路模拟输入信号设置峰值保持功能，以便于监视该路信号的最大值。

另外，输入断线检测功能是指对量程是 1～5V 或 4～20mA 的输入信号进行检测，若单元检测到量程为 1～5V 的电压输入不足 0.3V 或量程为 4～20mA 的电流输入不足 1.2mA 时，系统判定为输入断线。

本实践中不需要对压力变送器设置峰值保持的功能，因此各路的峰值保持使用位均置为缺省值"0"，即通道 n 的低 8 位均置"0"。由于步骤 1 中已经计算出 $n=2010$，因此 CIO 2010 通道值是"0000H"。

压力变送器接入了 CJ1W-AD081-V1 单元的第 1 路，后者将电压输入信号 1～5V 以线性方式 A/D 转换为 0000～0FA0，这是由于其对应的分辨率设为缺省值 4000，转换对应关系如图 5-12 所示，转换结果为数字量，将以 16 位二进制数的形式存储在 $n+1$ 通道，即

CIO 2011 通道内。

需要说明的是，CJ1W-AD081-V1 单元内部的转换范围是 0.8～5.2V，当输入信号超出 1～5V 量程但在 0.8～5.2V 量程内时，仍可进行线性转换；但当输入信号低于 0.8V 或超出 5.2V 时，输出值将保持最小值 0.8V 或最大值 5.2V。CJ1W-AD081-V1 单元其他三种量程转换的示意图如图 5-13 所示。

2）DM 数据区的配置。在普通模式下，模拟量输入单元 CJ1W-AD081-V1 在 DM 区中的预置参数见表 5-5。单元号与 DM 区通道的对应关系参见表 5-2。

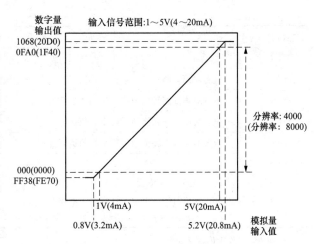

图 5-12　1～5V 量程 AD 转换关系图

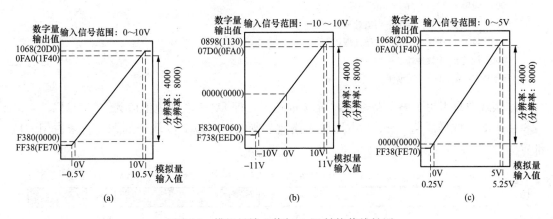

(a)　　　　　　　　　　(b)　　　　　　　　　　(c)

图 5-13　模拟量输入值与 A/D 转换值线性图
(a) 量程 0～10V；(b) 量程 −10～10V；(c) 量程 0～5V

表 5-5　　　　　　　　CJ1W-AD081-V1 单元 DM 区通道分配表

DM 通道（字）	位　号															
	15	14	13	12	11	10	9	8	7	6	5	4	3	2	1	0
m	未　用								输入使用标志位（0：未用；1：占用）							
									8	7	6	5	4	3	2	1
m+1	输入信号范围设置（00：−10～10V；01：0～10V；10：1～5V/4～20mA；11：0～5V）															
	输入 8		输入 7		输入 6		输入 5		输入 4		输入 3		输入 2		输入 1	
m+2[①]	设置对第 1 路转换值进行平均值运算处理															
m+3	设置对第 2 路转换值进行平均值运算处理															
m+4	设置对第 3 路转换值进行平均值运算处理															
m+5	设置对第 4 路转换值进行平均值运算处理															

续表

DM 通道 （字）	位　号															
	15	14	13	12	11	10	9	8	7	6	5	4	3	2	1	0
$m+6$	设置对第 5 路转换值进行平均值运算处理															
$m+7$	设置对第 6 路转换值进行平均值运算处理															
$m+8$	设置对第 7 路转换值进行平均值运算处理															
$m+9$	设置对第 8 路转换值进行平均值运算处理															
$m+10\sim m+17$	未　用															
$m+18$[②]	转换时间/分辨率设置 00：转换时间为 1ms，分辨率为 4000 C1：转换时间为 250μs，分辨率为 8000								操作模式设置 00：普通模式 C1：调整模式							

① 平均值运算设定值含义如下：

　0000：设定 2 个缓冲器的平均值处理（缺省设置）；

　0001：不求平均值；

　0002：设定 4 个缓冲器的平均值处理；

　0003：设定 8 个缓冲器的平均值处理；

　0004：设定 16 个缓冲器的平均值处理；

　0005：设定 32 个缓冲器的平均值处理；

　0006：设定 64 个缓冲器的平均值处理。

② 仅支持 CJ1W-AD081-V 单元。

　　本实践中只占用了第 1 路输入，所以 m 通道，即 D20100 通道值应为"0001H"。

　　由于 I/O 取样周期＝1ms×占用输入路数，所以为缩短 I/O 取样周期，将未占用的位都置为"0"。

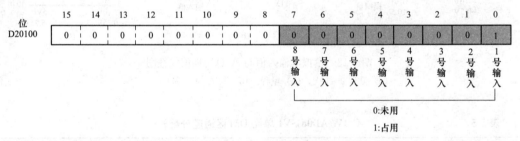

　　第 1 路电压输入信号的量程为 1～5V，所以 $m+1$ 通道，即 D20101 通道应设置为"0002H"。

　　取平均值的目的是去除由于噪声等系统干扰导致的错误值。CJ1W-AD081-V1 单元可根据用户设定的参数，将前几轮 A/D 转换后的数据存储在相应历史数据缓冲器中，求平均值，最后将平均值输出至 PLC 的指定通道。该过程并不影响输入信号的取样刷新周期。系统可设置 2、4、8、16、32 或 64 个历史数据缓冲区。求平均值的过程如图 5-14 所示。

　　图 5-14 中，n 是占用历史数据缓冲器的数量，当 A/D 转换开始后或输入断线被恢复后，第 1 个转换值立即存储到所有缓冲区中，当第 2、第 3、…、第 n 个转换值不断按顺序存入缓冲区，前 n 次转换值的平均值也随之计算得到，最终存储在 CIO 区相应通道中。

　　对 CJ1W-AD081-V1 单元中的 8 路输入信号中任意一路均可计算转换数据的平均值，

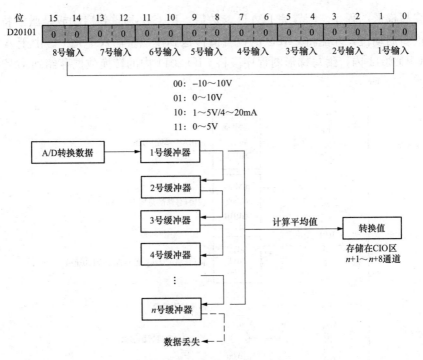

图 5-14 求平均值过程示意图

缓冲区的数量在 DM 区中设置。假定本实践中对电压输入信号不做平均值处理，则 $m+2$ 通道，即 D20102 通道值为 "0001H"。

0000：设置2个缓冲器的平均值处理(缺省设置)
0001：不求平均值
0002：设置4个缓冲器的平均值处理
0003：设置8个缓冲器的平均值处理
0004：设置16个缓冲器的平均值处理
0005：设置32个缓冲器的平均值处理
0006：设置64个缓冲器的平均值处理

需要注意的是，当求平均值与峰值保持功能同时使用时，平均值的计算结果将保持。只要使用了峰值保持功能，即使在输入断线的情况下，峰值仍将被保持。

只有 CJ1W-AD081-V1 单元可以设置不同的转换时间及分辨率，将 D20118 通道设置为 "C100H" 时，转换时间为 $250\mu s$，分辨率为 8000，该设置对 8 路模拟量输入均有效，可提高模拟量输入信号的转换速度及精度。本实践中 D20118 采用缺省值 "0000H"。

本实践中最终设置的参数汇总见表 5-6。

表 5-6 参数设置汇总表

通道号	设置值（十六进制数）	含 义
D20100	0001	使用单元的第 1 路输入
D20101	0002	单元第 1 路输入信号量程是 1～5V
D20102	0001	不对第 1 路输入信号做平均值处理

（6）编写梯形图程序。配置完 DM 区参数后，PLC 必须重新启动或是激活特殊 I/O 单元对应的重新启动位，才能将 DM 区的设置值传送到模拟量输入单元中。由于 A/D 转换结果存储在 CIO 2011 内，编写梯形图程序段将 CIO 2011 内的转换数据存储到 W100 通道中，程序段如图 5-15 所示。

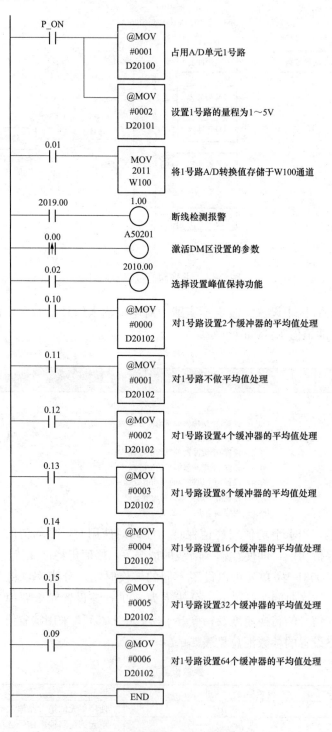

图 5-15　模拟量输入信号处理程序

当条件 0.01 为"ON"时，CIO 2011 的数据存储到 W100 中。若单元检测到第 1 路输入信号断线时，则 1.00 位置"ON"，产生交替输出。当条件 0.00 为"ON"时，产生上跳沿的微分动作，使单元号为 1 的特殊 I/O 单元重新启动位置一次"ON"，从而使在 DM 区设置的参数值有效，重新启动位见表 5-7，或者采用将 PLC 断电后再重新上电的方法来激活 DM 区参数，这种方法比较简便。

表 5-7　　　　　　　　　　CJ1PLC 特殊 I/O 单元重新启动位表

特殊 I/O 单元区标志位	功　能	
A50200	0 号单元重新启动位	
A50201	1 号单元重新启动位	先置"ON"然后再置"OFF"，特殊 I/O 单元被重新启动，否则特殊 I/O 单元将不运行
⋮	⋮	
A50215	15 号单元重新启动位	
A50300	16 号单元重新启动位	
⋮	⋮	
A50715	95 号单元重新启动位	

（7）调试梯形图程序。在运行梯形图程序后，检查单元的运行状态是否正常，观察面板指示灯的显示状态，参见表 5-8，判断故障大致情况，并查阅技术手册检索详细的故障信息。若面板指示灯无异常显示，但转换结果不正确，可以检查模拟输入信号的量程与使用标志是否设置正确，必须牢记更改 DM 区参数后在线下载，重新断电再上电后才能生效。

表 5-8　　　　　　　　　　CJ1W-AD081-V1 面板指示灯说明表

LED	含　义	显示状态	运行状态说明
RUN（绿色）	正在运行	亮	普通模式运行
		不亮	单元已经停止与 CPU 单元交换数据
ERC（红色）	单元已检测到错误	亮	发生报警（如断线检测）或初始设置不正确
		不亮	正常运行
ADJ（黄色）	正在调整	闪烁	在偏移/增益调整模式运行
		不亮	其他情况
ERH（红色）	CPU 出错	亮	与 CPU 单元交换数据过程中出现错误
		不亮	正常运行

5.1.2　量程变换

在实际的控制系统中存在着不同的参数和单位，如温度参数单位是℃，压力参数单位是 kPa（或 MPa），速度参数单位是 m/s，重量参数单位是 kg，等等。这些参数经变送器转换成 1~5V（或 4~20mA）标准信号后，再经 A/D 单元读入并转换为对应的二进制数以便 CPU 进行运算处理，但是出于人机交互性的考虑，为便于实现显示、打印、记录和报警等功能，又需要将这些二进制数转换成对应的工程单位值，这种转换过程称为量程变换。在 CJ1 PLC 的指令系统中，配备了专门的标度指令来实现量程变换的功能，下面逐一介绍其使用方法。

1. 标度指令 SCL(194) 的工作原理

标度指令 SCL 是将无符号的二进制数按照控制数据设定的一次函数转换为对应的无符号十进制数（BCD 码），并将结果输出到指定通道内。其工作原理如图 5-16 所示。

图 5-16 中，横坐标 S 为 A/D 转换得到的二进制数，纵坐标 D 为对应的实际工程值，由 A、B 两点坐标确定了一条直线，即一次函数，因此该直线上任意点 C 均可以由其横坐标 S 求得对应的工程值 D，SCL 指令实现了转换运算，计算公式为

$$D = Bd - (Bd - Ad) \times (Bs - S)/(Bs - As)$$

SCL 具有上微分型指令的特性。其梯形图符号如图 5-17 所示。

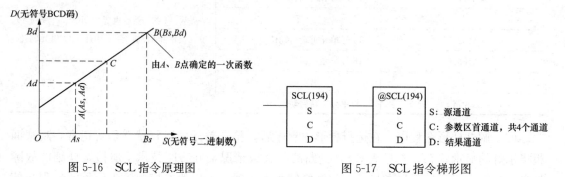

图 5-16 SCL 指令原理图   图 5-17 SCL 指令梯形图

在 CJ1 PLC 中操作数列可选取的存储器区域如下：

S：CIO，W，H，A，T，C，D，*D，@D 或 DR。

C：CIO0000 ～ CIO6140，W000 ～ W508，H000 ～ H508，A000 ～ A956，T0000 ～ T4092，C0000～C4092，D00000～D32764，*D 或@D。

D：CIO，W，H，A448～A959，T，C，D，*D，@D 或 DR。

SCL 指令中 4 个参数通道的含义及设置值范围如下：

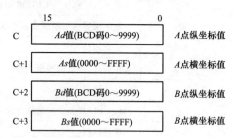

在使用 SCL 指令时需要特别注意以下两点。

（1）当 C(Ad) 和 C+2(Bd) 的值不是 BCD 码时，或 C+1(As) 和 C+3(Bs) 的值相等时，错误标志位 P_ER 将置位，SCL 指令不能正常运行。

（2）当结果通道的值为"0"时，等于标志位 P_EQ 置位。

2. 标度指令 SCL(194) 的应用实践

工程实践 2：沿用工程实践 1，在该实践中，压力变送器的输出信号量程 1～5V，对应于实际工程值为 200～800kPa，经 CJ1W-AD081-V1 单元第 1 路 A/D 转换得到对应的十六进制数 0000～0FA0，存储在 W100 通道中。现使用标度指令 SCL 求出 A/D 输入信号对应

的实际压力值，并将该值存储在 W110 通道内，以备显示或记录之用。在图 5-17 的梯形图中插入量程转换程序段，如图 5-18 所示。

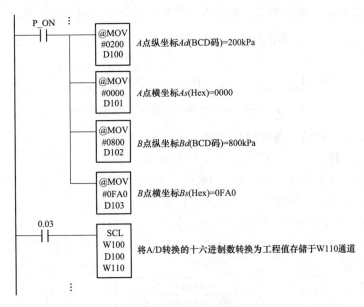

图 5-18　SCL 指令的转换程序

本实践中，A 点坐标为 (0000，200)，B 点坐标为 (0FA0，800)，已知由 A、B 点确定的一次函数上的任意点 C 的横坐标，当 0.03 为 ON 时，执行 SCL 指令，结果通道 W110 的值为转换后的实际压力值 (BCD 码)，单位是 kPa。

若要提高转换精度，可以将实际压力值的单位设为 0.1kPa，运算时只需把 A、B 点的纵坐标 Ad、Bd 的值分别改为 2000、8000 即可。但要注意的是，由于 A、B 均为 BCD 码，故上限不能超过 9999，而是 SCL 指令中源字和结果字都是正数。

但是，当实际工程值一旦出现负值时，假如实践中压力变送器对应于实际工程值为 -200~800Da 时，使用标度变换 2 指令 SCL2(486) 也能实现量程变换。

3. 标度 2 指令 SCL2(486) 的工作原理

标度 2 指令 SCL2 是将带符号的二进制数按照设定偏移量的一次函数转换为对应的带符号 BCD 码 (BCD 数据为绝对值，P_CY 标志表示正负数，ON 为负数，OFF 为正数)，并将结果输出到指定通道。其工作原理如图 5-19 所示。

图 5-19 中，横坐标 S 为 A/D 转换得到的二进制数，纵坐标 D 对应带符号的实际工程值，由 A、B 两点坐标确

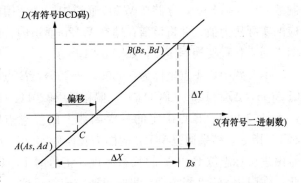

图 5-19　标度 2 指令 SCL2(486) 的工作原理

定了一条直线，即一次函数。由于该直线与纵坐标轴的负半轴相交，因此在横坐标上产生偏移，该偏移量是指纵坐标为 0 时对应横坐标的二进制值，计算公式如下

$$偏移量＝(Ad×Bs－As×Bd)/(Ad－Bd)$$

该直线上任意点均可以由其横坐标 S 求得对应的工程值 D，SCL2 指令实现了转换负值的运算，SCL2 具有上微分型指令的特性。其梯形图符号如图5-20 所示。

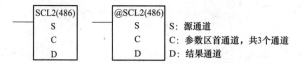

图 5-20　标度 2 指令 SCL2(486) 的梯形图符号

在 CJ1 PLC 中操作数可选取的存储器区域如下：

S：CIO，W，H，A，T，C，D，*D，@D 或 DR。

C：CIO0000～CIO6141，W000～W509，H000～H509，A000～A957，T0000～T4093，C0000～C4093，D00000～D32765，*D 或@D。

D：C10，W，H，A448～A959，T，C，D，*D，@D 或 DR。

SCL2 指令中 3 个参数通道的含义及设置值范围如下：

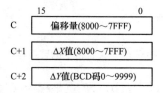

在使用 SCL2 指令时需要特别注意以下三点。

（1）当 ΔX(C+1) 的值为"0"或 ΔX(C+2) 的值不是 BCD 码时，错误标志位 P_ER 置位。

（2）当结果通道的值为"0"时，等于标志位 P_EQ 置位。

（3）当转换的结果为负数时，进位标志位 P_CY 置位。

4. 标度 2 指令 SCL2(486) 的应用实践

工程实践 3　沿用实践 1，在该实践中，压力变送器的输出信号量程 1～5V 对应于实际工程值为－200～800kPa，经 CJ1W-AD081-V1 单元第 1 路 A/D 转换得到对应的六十进制数 0000～0FA0，存储在 W100 通道中。现使用标度 2 指令 SCL2 求出 A/D 输入信号对应的实际压力值，并将该值存储在 W120 通道内，以备显示或记录之用。在图 5-17 的梯形图中插入量程变换程序段，如图 5-21 所示。

本实践中，A 点坐标为（0000，－200），B 点坐标为（0FA0，800），计算得到 $ΔX＝$ 0FA0H，$ΔY＝1000$（BCD 码），偏移量＝320H。

已知由 A、B 点确定的一次函数上的任意点 C 的横坐标，当 0.04 为 ON 时，执行 SCL2 指令，结果通道 W120 的值为转换后实际压力的绝对值（BCD 码），单位是 kPa。符号由进位标志位 P_CY 的状态体现，正号时 P_CY 置"0"，负号时 P_CY 置"1"。因此，在引用 SCL2 指令的结果时不要忘记符号位。

5.1.3　数字滤波

随机误差是由随机干扰引起的，其特点是在相同条件下测量同一个量时，其大小和符

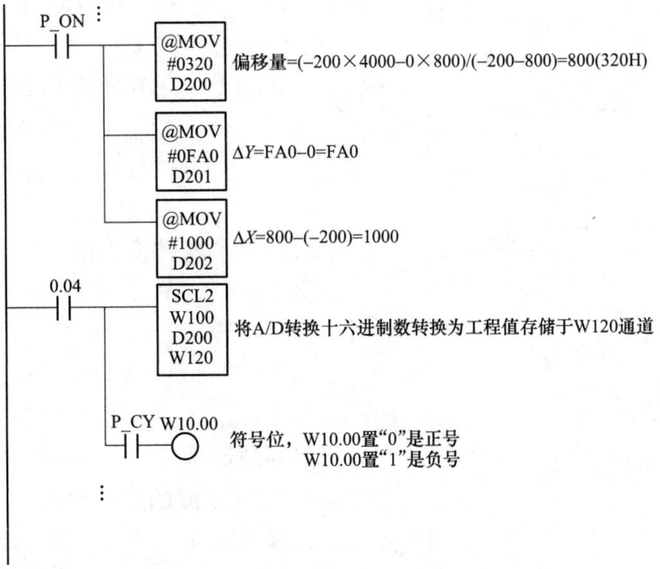

图 5-21　SCL2 指令的转换程序

号做无规则变化而无法预测，但多次测量结果符合统计规律。为克服随机干扰引入的误差，硬件上可采用滤波技术，软件上可以采用软件算法实现数字滤波，其算法往往是系统测控算法的一个重要组成部分，实时性很强，采用数字滤波算法克服随机干扰引入的误差具有以下几个优点。

1）数字滤波无须硬件，仅用一个计算过程，可靠性高，不存在阻抗匹配问题，尤其是数字滤波可以对频率很高或很低的信号进行滤波，这是模拟滤波器做不到的。

2）数字滤波是用软件算法实现的，多输入通道可用一个软件"滤波器"从而降低系统开支。

3）只要适当改变软件滤波器的滤波程序或运行参数，就能方便地改变其滤波特性，这对于低频、脉冲干扰、随机噪声等特别有效。

常用的数字滤波器算法有限幅滤波法、中值判断法、算术平均值法、加权平均值滤波法、滑动平均值滤波法和复合滤波法等。本节采用 PLC 梯形图语言编程实现数字滤波，下面选择几种常用的滤波方法来介绍 PLC 编程方法。

1. 限幅滤波的原理

由实际的工程实践可知，因被测对象惯性而导致的取样值变化速率是有限的，但当取样电路的误差与电磁干扰等因素使取样值出现起伏，且频率较高时，可以考虑通过数字滤波的方法消除。

在实际过程中任何物理量的变化都需要一定的时间，因此相邻两次取样值之差 ΔY 不应超过某一定值，当 ΔY 大于某一定值时，可以判断测量值肯定是某种因素引起的干扰，应将其剔除。具体方法是采用上一次的取样值取代本次的取样值，即令 $Y(i)=Y(i-1)$，这就是限幅滤波的原理，使用公式表示如下：

$$\begin{cases} \text{当} |Y(i)-Y(i-1)| \leqslant \Delta Y_{\max}, \text{当} Y(i)=Y(i) \\ \text{当} |Y(i)-Y(i-1)| > \Delta Y_{\max}, \text{当} Y(i)=Y(i-1) \end{cases}$$

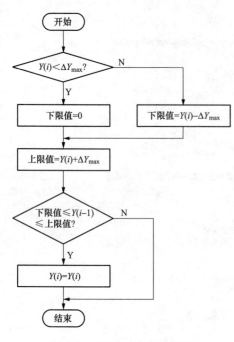

图 5-22　限幅滤波程序流程图

式中　$Y(i)$——第 i 次取样值；

　　　　$Y(i-1)$——第 $i-1$ 次取样值；

　　　　ΔY_{max}——相邻两次取样值最大可能偏差，ΔY_{max} 的值与取样周期 T 和实际过程有关，可根据经验或试验来决定。

可以将上式转换为以下形式：

当 $Y(i) - \Delta Y_{max} \leqslant Y(i-1) \leqslant Y(i) + \Delta Y_{max}$ 时，$Y(i) = Y(i)$

当 $Y(i-1) < Y(i) - \Delta Y_{max}$ 或 $Y(i-1) > Y(i) + \Delta Y_{max}$ 时，$Y(i) = Y(i-1)$

限幅滤波程序流程图如图 5-22 所示。

2. 限幅滤波的应用实践

工程实践 4　沿用实践 1，在该实践中压力取样值为 12 位二进制无符号整数，存储于 W100 通道中，设取样周期为 1s，$\Delta Y_{max} = 50(32H)$，W101、W102 通道存储中间结果，$Y(i)$ 存放在 W104 通道中，梯形图程序段如图 5-23 所示。

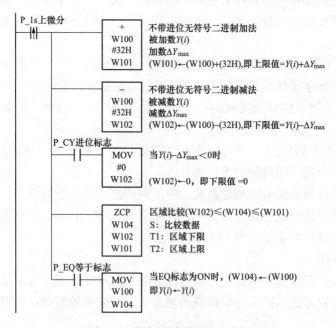

图 5-23　限幅滤波梯形图程序段

本实践中使用了等于标志位 P_EQ，当满足条件"下限值 $\leqslant Y(i-1) \leqslant$ 上限值"时，P_EQ 置位为 ON，则将压力取样值存储到结果通道 W104 中，否则将结果通道中上次的取样值作为本次取样值。

本实践中使用的 ZCP 指令为无符号的区域比较指令，它总是把区域下限值和区域上限值看成是正数，因此当 $Y(i) - \Delta Y_{max} < 0$ 时，应使下限值为 0，否则会引起错误的结果；又因为取样值为 12 位二进制数，加上 ΔY_{max} 也不可能超过 16 位二进制数，也就是说

$Y(i) + \Delta Y_{max}$ 不会产生进位，故对上限值不用作判断。

3. 限幅滤波编程指令的使用方法

(1) 带符号无 CY BIN 加法指令＋（400）。带符号无 CY BIN 加法指令＋是将 2 个通道值或 2 个 16 位的二进制常数相加，并将结果输出到指定通道。若和大于 FFFFH 时，进位标志 P_CY 置"1"。"＋"表示具有上微分型指令的特性。其梯形图符号如图 5-24 所示。

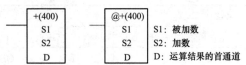

图 5-24　限幅滤波梯形图符号

在 CJ1 PLC 中操作数可选取的存储器区域如下：

S1 和 S2：CIO，W，H，A，T，C，D，*D 或@D。

D：CIO，W，H，A448～A959，T，C，D，*D 或@D。

注意：1) 当运算结果＞FFFFH 时，P_CY 置位。

2) 当运算结果为 0 时，P_EQ 置位。

3) 当运算结果＞32767（7FFF）时，P_OF 置位。

4) 当运算结果＜32768（8000）时，P_UF 置位。

5) 当运算结果通道的 15 位置"1"时，P_N 置位。

(2) 带符号无 CY BIN 减法指令－（410）。带符号无 CY BIN 减法指令－是将 2 个通道值或 2 个 16 位二进制常数相减，并将结果送至指定通道。当结果是负数时，P_CY 将置"1"，同时结果是二进制的补码形式。"－"表示具有上微分型指令的特性。其梯形图符号如图 5-25 所示。

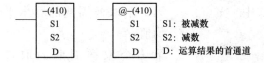

图 5-25　带符号无 CY BIN 减法
指令－梯形图符号

在 CJ1 PLC 中操作数可选取的存储器区域如下：

S1 和 S2：CIO，W，H，A，T，C，D，*D，@D 或♯。

D：CIO，W，H，A448～A959，T，C，D，*D 或@D。

注意：1) 当运算结果为负数时，P_CY 置位。

2) 当运算结果为 0 时，P_EQ 置位。

3) 当运算结果＞32767（7FFF）时，P_OF 置位。

4) 当运算结果＜32768（8000）时，P_UF 置位。

5) 当运算结果通道的 15 位置"1"时，P_N 置位。

当相减的结果是负数时，CY 置位且结果通道的数值将是其二进制的补码形式，因此若希望得到真实值，可用常数"0000"减去结果通道的数据。

(3) 区域比较指令 ZCP（088）。区域比较指令 ZCP 是将一个 4 位十六进制数与设定的上、下限值进行比较，将比较结果反映在状态标志位上。其梯形图符号如图 5-26 所示。

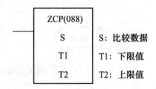

图 5-26　区域比较指令
ZCP 梯形图符号

在 CJ1 PLC 中操作数可选取的存储器区域如下：

S、T1、T2：CIO，W，H，A，T，C，D，*D，@D，#或DR。

与 ZCP 指令相关的各状态标志位见表 5-9。

表 5-9　　　　　　　　　　ZCP 指令相关状态标志位表

ZCP 执行结果	标 志 位 状 态					
	>，P_GT	>=，P_GE	=，P_EQ	<=，P_LE	<，P_LT	<>，P_NE
S>T2	ON	—	OFF	—	OFF	—
T1≤S≤T2	OFF	—	ON	—	OFF	—
S<T1	OFF	—	OFF	—	ON	—

注　当 T1>T2 时，P_ER 置位。

4. 算术平均值滤波的原理

在模拟量输入单元中一般配备了求算术平均值的功能，如 CJ1W-AD081-V1 单元就有此功能。但是由于这些单元取样时间较短（一般在几个毫秒），且取样时间不能调整，因此对于一些取样时间较长的场合，仍需要编程求平均值。

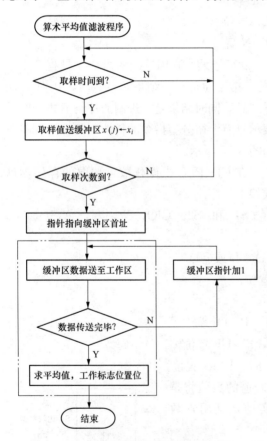

对于一些存在周期性干扰的过程，可以采用算术平均值的方法进行平滑滤波，其公式为

$$Y(i) = \frac{1}{N}\sum_{j=1}^{N}x(j)$$

式中　$Y(i)$——第 i 个取样周期的算术平均值；

N——第 i 个取样周期的取样次数；

$x(j)$——$j=1$，…，N，为第 i 个取样周期 N 次测量值。

从上式可以看出算术平均值就是在某一周期内进行 N 次取样，然后将这 N 次取样相加再除以 N 得到 N 次取样的平均值，将这个平均值作为该周期的最后测量结果。算术平均值滤波的程序流程图如图 5-27 所示。

注：点画线框内为 PLC 执行求平均值指令的内部流程，该指令需 N 次扫描周期才能完成。

图 5-27　算术平均值滤波的程序流程图

5. 算术平均值滤波的应用实践

工程实践 5　设某测量过程每个取样周期为 2s，在一个取样周期内进行 10 次取样（每次取样 200ms），取样值写入 W100 中，缓冲区为 D41～D50，经算术平均值滤波后的最终取样值存于 W130 中。由于 CJ1 PLC 的指令系统中有求平均值指令 AVG，因此实现算术平均值滤波变得很容易。W131～W141 共 11 个通道是 AVG 指令的工作区，用户不能占用。D1000 和 D1001 分别是取样循环和指令扫描时的缓冲区指针，梯形图程序段如图 5-28 所示。

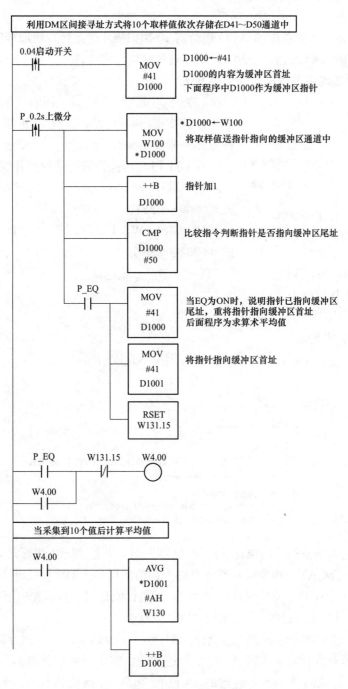

图 5-28　算术平均值滤波的梯形图程序段

本实践中，当 AVG 指令的执行条件 W4.00 为"ON"时，随着每扫描一次程序就将源字值（M41～D50）依次写入工作区，当最后一个源字 D50 的值写入后求平均值，并将计算结果写入结果字，同时将工作标志位置为"ON"。

源字采用间接寻址方式以保证将存放在 D41～D50 通道中的取样值依次送入工作区。当执行完 AVG 指令后，工作标志位 W131.15 置为"ON"，W4.00 位置为 OFF，AVG 指令停止执行。

需要注意的是，本实践中的 AVG 指令需 10 次扫描才能运行，而取样间隔是 0.2s。如果不能在取样间隔 0.2s 内运行 AVG 指令，则程序将会出错。

6. 算术平均值滤波编程指令的使用方法

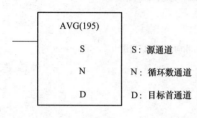

图 5-29　平均值指令 AVG
梯形图符号

（1）平均值指令 AVG（195）。平均值指令 AVG 用于计算指定周期数后的无符号二进制数的平均值。其梯形图符号如图 5-29 所示。

在 CJ1 PLC 中操作数可选取的存储器区域如下：

S：CIO，W，H，A，T，C，D，*D，@D，DR 或 #0000～FFFF。

N：CIO，W，H，A，T，C，D，*D，@D，DR 或 #0001～0040。

D：CIO，W，H，A448～A959，T，C，D，*D 或 @D。

AVG 指令操作数的含义：

循环数通道 N：0001～0040H（1～64）。

目标通道 D：平均值。

目标通道 D+1：作业数据，系统占用，用户不允许访问。

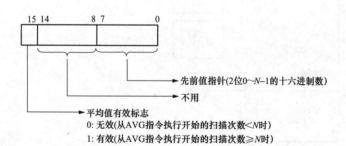

AVG 指令的工作原理是当执行条件为"ON"时，开始 $N-1$ 次循环，将 S 的数值写入 D。每次执行一次 AVG 指令，它就将 S 的先前值依次存入 D+2～D+N+1 的连续通道中。同时使 D+1 通道的先前值指针自动加 1，该指针值是用于指示先前值存放的地址。在 $N-1$ 次循环中，D+1 通道的 15 位保持"OFF"状态。

当第 N 次循环时，先将 S 的先前值存入 D+N+1 通道中，计算出存储在 D+2～D+N+1 通道中的所有数据的平均值（4 位十六进制数，四舍五入取整数），并将计算结果存入目标通道 D 中，此时将 D+1 通道的 15 位置"1"，先前值指针（D+1 的低二位数）清零。

每次执行 AVG 指令都会用 S 中的先前值改写指针指示的通道内容，并计算出此前所有数据的新平均值，写入 D 通道。循环 $N-1$ 次后，指针值清零。

表 5-10 列出了 D～D+N+1 通道的存储内容。

表 5-10 **D～D＋N＋1 通道的存储数据表**

D	平均值（等于 N 或大于 N 次循环后）	D＋3	先前值 2#
D＋1	先前数值指针和平均值有效标志	⋮	⋮
D＋2	先前值 1#	D＋N＋1	先前值 N#

注 N 的位为"0"时，P_ER 置位。

AVG 指令的应用实践见工程实践 6。

工程实践 6 AVG 指令梯形图、助记符及执初结果如图 5-30 所示。

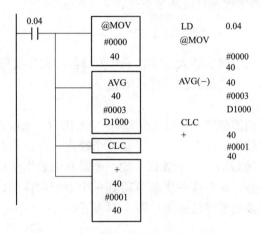

图 5-30 AVG 指令梯形图、助记符及执初结果

实践 6 中，当 0.04 为"ON"时，将 40 通道赋初值 0，每次循环值累加 1。前 2 次循环，AVG 将 40 通道的值传送到 D1002 和 D1003 通道中。D1001 通道的指针值也随之加 1。

AVG 在第 3 次循环时计算 D1002～D1004 内容的平均值为 0001，传送到 D1000 通道，同时 D1001 通道的指针值置为"0"，平均值有效标志位置"1"，即 D1001 的值为 8000。

AVG 在第 4 次循环（即最后一次）时，计算 D1002～D1004 通道中内容的平均值为 0002，传送到 D1000 通道。D1001 通道中的值保持为 8000。

（2）BCD 码递增指令＋＋B（594）。BCD 码递增指令＋＋B 是将指定通道的 4 位 BCD 码内容加 1。＋＋B 具有上微分型指令的特性。其梯形图符号如图 5-31 所示。

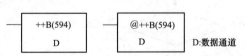

图 5-31 BCD 码递增指令＋＋B 梯形图符号

在 CJ1 PLC 中操作数可选取的存储器区域为：CIO，W，H，A448～A959，T，C，D，*D 或@D。

注意：1）通道数据不是 BCD 码时，P_ER 置位。

2）当累加结果为 0000 时，P_Q 置位。

3）当运算有进位时，P_CY置位。

注：当通道内容为9999时，执行＋＋B，通道内容将为0000。

7. 加权平均值滤波的原理

在算术平均值滤波中，N次取样值的权值是一样的，有时为加强滤波效果，可以给N次取样值不同的权值，也就是说给每个取样值乘一个系数后再相加，公式如下：

$$Y(i) = \sum_{j}^{N} c_j \cdot x(j)$$

式中：c_1，c_2，$\cdots$，c_N为大于零的常数项且应满足下式：

$$\sum_{j}^{N} c_j = 1$$

在实际使用中通常是取样越往后权值越大。加权平均值滤波的程序流程图如图5-32所示。读者可以根据流程图编写加权平均值滤波的梯形图程序。

8. 滑动平均值滤波的原理

在算术平均值滤波或加权平均值滤波中，都必须取样N次作为一个取样周期，其取样速度慢，不适合于某些变量变化较快的场合。为了克服这个缺点，可以在存储器中设一个N个变量的缓冲区，每次取样去掉最旧的一个数据，加一个最新的数据然后再进行算术平均值滤波或加权平均值滤波。显然，每取样一次就可得到一个周期取样值，这种方法称为滑动平均值滤波。滑动平均值滤波的程序流程图如图5-33所示。

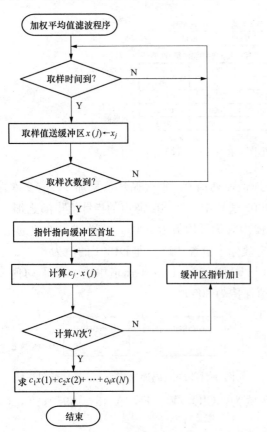

图5-32 加权平均值滤波的程序流程图

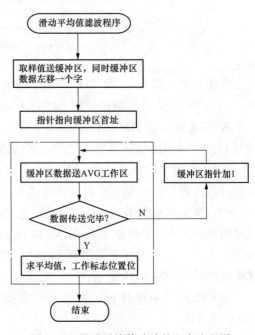

图5-33 滑动平均值滤波的程序流程图

9. 滑动平均值滤波的应用实践

工程实践 7 设 10 次取样缓冲区为 D41～D50，取样值写入 W40 中，经滑动平均滤波处理后的值存于 W51 中，W52～W62 是 AVG 指令的工作区，用户不能占用，采用基于算术平均值的滑动滤波，梯形图程序段如图 5-34 所示。

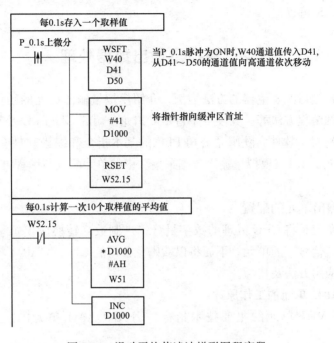

图 5-34 滑动平均值滤波梯形图程序段

本实践中，每 0.1s 取样一次，将取样值依次写入到源字 D41～D50 中，同时将工作标志位 W52.15 置为"OFF"；当 AVG 指令的执行条件 W52.15 为"OFF"时，对源字 D41～D50 的值计算一次平均值，并将计算结果写入结果字 W51，同时将 W52.15 置为"ON"，AVG 指令停止执行。

需要注意的是，本实践中的 AVG 指令每 0.1s 执行一次，若 AVG 指令不能在 0.1s 内完成，则程序将会出错。

10. 字移位指令 WSFT(016) 的工作原理

字移位指令 WSFT 的功能是把一个源通道的数据写入到移位首通道，而原首通道中的数据以通道为单位写入高阶通道，依次上传，最终末通道内的数据将丢失。WSFT 具有上微分型指令的特性。其梯形图符号如图 5-35 所示。

在 CJ1 PLC 中操作数可选取的存储器区域如下：

S：CIO，W，H，A，T，C，

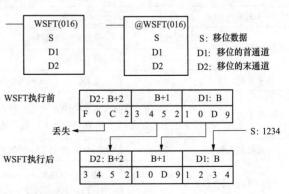

图 5-35 字移位指令 WSFT(016) 梯形图符号

D, * D 或@D。

D1、D2：CIO（I/O区中输入卡占用的字不能使用），W，H。A448～A959，T，C，D, * D 或@D。

注意：D1 和 D2 必须在同一个数据区，且 D2≥D1。若 D1 和 D2 不在同一个数据区或 D1＞D2 时，P_ER 将置位。

5.2 模拟量输出数据处理

本节将以构建锯齿波发生器的方法为例，介绍模拟量输出单元的硬件连接与设定、量程变换及锯齿波的编程方法等。其硬件平台是欧姆龙公司的 CJ1 PLC 及其配套的模拟量输出单元 CJ1W-DA041，软件为欧姆龙公司 PLC 的基本指令和编程软件 CX-Programmer 的使用方法，并掌握了 5.1 "模拟量输入数据采集"中的单元配置与编程方法。

5.2.1 模拟量输出单元的配置

模拟量输出单元是将 CPU 处理的数字量（二进制数）转换成模拟量输出信号（标准量程的电压或电流信号）的单元。下面将以欧姆龙公司的 CJ1W-DA041 模拟量输出单元为例，详细说明其应用方法及技巧。

1. CJ1W-DA041 单元的工作原理

（1）CJ1W-DA041 单元的主要技术指标。CJ1W-DA041 单元的主要技术指标见表 5-11。

表 5-11　　　　　　　　　　CJ1W-DA041 单元的主要技术指标

项　目		电 压 输 出	电 流 输 出
模拟量输出信号路数		4 路	
输出信号范围①		1～5V　　　 0～5V 0～10V　　 −10～10V	4～20mA
容许的最大负载电阻		600Ω（电流输出）	
分辨率		满量程的 4000	
设置数据		16 位二进制数	
D/A 转换时间②		1.0ms/点	
精度③	23℃±2℃	满量程的±0.3％	满量程的±0.5％
	0～55℃	满量程的±0.5％	满量程的±0.8％
功率消耗		在 DC 5V，130mA 以下；在 DC 26V，250mA 以下	
隔离措施		在输出端子与 PLC 间采用光电耦合器 （在单独的 I/O 信号之间无隔离）	
单元的最大数量		每个机架（CPU 机架或 CJ 系列扩展机架）上的单元数最多 10 个	
与 CPU 单元交换数据		CIO 区（CIO2000～CIO2959）的特殊 I/O 单元区：每个单元占 10 个字 DM 区（D20000～D29599）的特殊 I/O 单元区：每个单元占 100 个字	
安装位置		CJ 系列 CPU 机架或 CJ 系列扩展机架	

续表

项　目	电　压　输　出	电　流　输　出
输出功能	在下列情况发生时，单元将按预置参数产生输出状态（即复位、保持当前值或最大值）。 （1）转换使能位为"OFF"④ （2）CPU单元处于备用状态 （3）负载为"OFF" （4）PLC产生致命错误 （5）输出设置错误	

① 对每路输出信号可以单独设置量程。

② D/A转换时间是转换和输出数据所需的时间。模拟量输出单元读取存储在PLC中的数据至少要耗费一个扫描周期。

③ 精度按满量程计算，如±0.5%的精度将会导致的最大误差为±20（BCD）。

④ 当CPU单元的操作模式从"运行"或"监控"转为"编程"，或当电源接通时，输出转换使能位将转成"OFF"。

（2）CJ1W-DA041单元的工作原理。在单元硬件设置正确的前提下，当CJ1W-DA041单元上电时，或当CJ1 PLC的辅助区（A区）中与该单元对应的重新启动位激活时，CPU将用户预置在DM区中的有关参数通过I/O总线传送给存储器，并根据用户编写的梯形图程序及转换使能位控制D/A转换器完成数字量到模拟量的转换。当D/A转换中断时，可以设置中断时的输出状态。最后将转换后的模拟量电压或电流信号从输出单元的相应端子上输出。工作原理如图5-36所示。

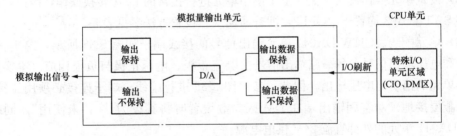

图5-36　CJ1W-DA041单元的工作原理

2. CJ1W-DA041单元的使用方法

工程实践8　使用CJ1 PLC构建一个可设输出峰值且周期可调的锯齿电压波发生器，将该发生器输出的二进制数从D10通道传送给CHW-DA041单元的第1路，进行D/A转换，输出信号的标准量程是0～10V，根据工艺要求，当D/A转换中止时保持锯齿波的当前值。

设置CJ1W-DAM1单元的操作步骤如下。

（1）设置单元号。CJ1W-DA041单元如图5-37所示。设置单元号为5，可以计算单元占用的CIO区首通道 n 及DM区首通道 m。

$$n=CIO2000+10×单元号=CIO2000+10×5=CIO2050$$

$$m=D20000+100×单元号=D20000+100×5=D20500$$

因此，该单元将占用CIO区的CIO2050～CIO2059共10个通道，以及占用DM区的

D20500～D20599 共 100 个通道，参照表 5-2。在 PLC 运行过程中禁止带电插拔单元或更改单元号。新设置的单元号不能与正在使用的其他特殊 I/O 单元的单元号重复。

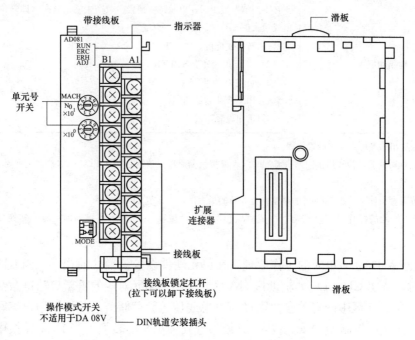

图 5-37　CJ1W-DA041 单元

（2）设置单元操作模式开关。由于使用单元进行正常的 D/A 转换操作，因此，本实践中应将 SW1、SW2 均置于"OFF"，即普通模式。设置方法参见表 5-3。

（3）单元配线。CJ1W-DA041 单元输出信号的接线端子如图 5-38 所示，第 1～4 路均有电流和电压输出信号，每一路输出信号由电流正极、电压正极与负极构成。本实践中只使用了单元的第 1 路电压输出，因此，参照图 5-39 进行配线，端子连接必须用压接端子，可将屏蔽层接地。对空闲输出端在 DM 区参数设置时将其设为"0：未使用"。同时接好 CJ1W-DA041 单元的外部直流 24V 供电电源。

电压输出2(+)	B1	A1	电压输出1(+)
输出2(–)	B2	A2	输出1(–)
电流输出2(+)	B3	A3	电流输出1(+)
电压输出4(+)	B4	A4	电压输出3(+)
输出4(–)	B5	A5	输出3(–)
电流输出4(+)	B6	A6	电流输出3(+)
N.C.	B7	A7	N.C.
N.C.	B8	A8	N.C.
0V	B9	A9	24V

图 5-38　CJ1W-DA041 单元接线端子图

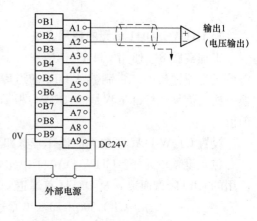

图 5-39　CJ1W-DA041 单元端子接线图

（4）配置数据区的参数。单元的硬件设置完毕，将 CJ1W-DA041 单元安装在 CJ1 PLC 的 CPU 机架上，并使 PLC 上电。若该单元是第一次在 PLC 上使用，则需要创建 I/O 表，方法见实践 1 的步骤 4。下面对数据区进行参数配置。

1）CIO 数据区的配置。配置 CIO 区数据参见模拟量输出单元 CIO 区的通道分配见表 5-12。

表 5-12 <center>CJ1W-DA041 单元接线端子图</center>

I/O	通道号（字号）	位 号															
		15	14	13	12	11	10	9	8	7	6	5	4	3	2	1	0
输出（从 CPU 到单元）	n	未 用								未 用				转换值输出（0：停止；1：开始）			
														4	3	2	1
输入（从单元到 CPU）	$n+1$	第 1 路需进行 D/A 转换的数字量（16 位二进制数）															
		16^3				16^2				16^1				16^0			
	$n+2$	第 2 路需进行 D/A 转换的数字量（16 位二进制数）															
	$n+3$	第 3 路需进行 D/A 转换的数字量（16 位二进制数）															
	$n+4$	第 4 路需进行 D/A 转换的数字量（16 位二进制数）															
	$n+5$	未用															
	$n+6$	未用															
	$n+7$	未用															
	$n+8$	未用															
	$n+9$	报警信号标志（00：无错误）								未 用				输出错误标志（0：正常；1：错误）			
		16^1				16^0								4	3	2	1

本实践中要求从第 1 路输出模拟电压信号，因此，应将第 1 路转换输出使能位置为 "1"，其他位置为缺省值 "0"，则首通道 CIO2050 的通道值为 "0001H"。可以编写梯形图程序并运行，使转换值输出位 CIO2050.00 置位。

CJ1W-DA041 单元将 $n+1$ 通道，即 CIO2051 中的数字量 0000～0FA0H 以线性方式 D/A 转换为 0～10V 电压信号，分辨率设为缺省值 4000，如图 5-40 所示。

输入值超出范围时，输出信号将保持最小值或最大值。

CJ1W-DA041 单元其他三种量程转换的示意图如图 5-41 所示。

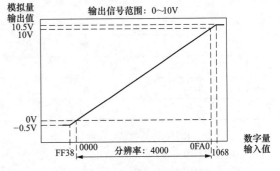

图 5-40 0～10V 量程 D/A 转换关系图

2）DM 数据区的配置。在普通模式下，预置 DM 区参数见表 5-13。

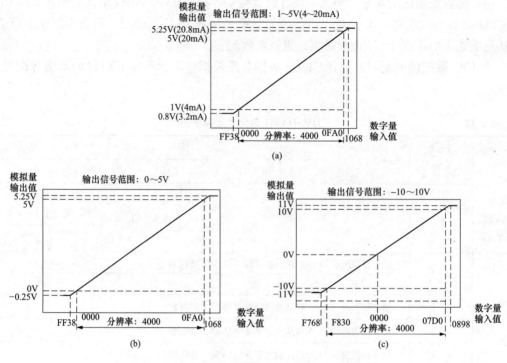

图 5-41　数字量输入值与 D/A 转换值线性图

(a) 量程 1～5V（4～20mA）；(b) 量程 0～5V；(c) 量程 −10～10V

表 5-13　　　　　　　　　　　CJ1W-DA04l 单元 DM 区通道分配表

DM 通道（字）	位 号															
	15	14	13	12	11	10	9	8	7	6	5	4	3	2	1	0
m	未　用								未　用				输出使用标志位 （0：未用；1：占用）			
													4	3	2	1
m+1	未　用								输出信号范围设置 （00：−10～10V；01：0～10V；10：1～5 V/4～20mA；11：0～5V）							
									输出 4		输出 3		输出 2		输出 1	
m+2	未　用								第 1 路 D/A 转换停止时的输出状态							
m+3	未　用								第 2 路 D/A 转换停止时的输出状态							
m+4	未　用								第 3 路 D/A 转换停止时的输出状态							
m+5	未　用								第 4 路 D/A 转换停止时的输出状态							

注　D/A 转换停止时输出状态设定值如下：

00：输出范围的最小值；

01：保持停止前的输出值；

02：输出范围的最大值。

本实践中占用了第 1 路输出，m 通道 D20500 的通道值为"0001H"。

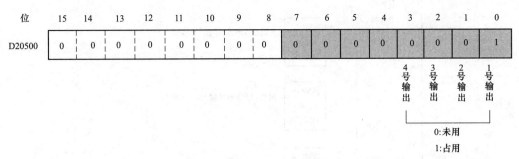

第1路电压输出信号的量程为0~10V，取值"01"，所以 $m+1$ 通道，即D20501通道值为"0001H"。

本实践中要求对第1路0~10V电压信号设置D/A转换中止时输出当前值的功能，所以 $m+2$ 通道，即D20502通道值为"0001H"。

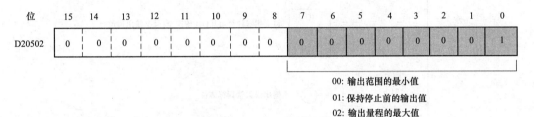

本实践中最终设置的参数汇总见表5-14。

表 5-14 参数设置汇总表

通道号	设置值 （十六进制数）	含 义
D20500	0001	使用单元的第1路输出
D20501	0001	单元第1路输出信号量程是0~10V
D20502	0001	单元对第1路输出信号设置D/A转换中止输出当前值功能

（5）编写梯形图程序。配置完DM区参数后，PLC必须重新启动或是激活特殊I/O单元对应的重新启动位（见表5-7），才能将DM区的设置值传送到模拟量输出单元中。程序段如图5-42所示。接通CJ1W-DA041单元的外部电源，若输出单元第1路设置错误，则1.01位置位，产生报警输出。

当输入条件0.00为"ON"时，将锯齿波发生器的计算值从D10通道传送至CIO区2051通道，同时将CIO区2050.00位置"1"，该位是第1路D/A转换使能位，开始执行D/A转换，此时锯齿波发生器发出的对应电压信号从第1路输出。

（6）调试梯形图程序。在运行梯形图程序后，检查单元的运行状态是否正常，观察面板指示灯的显示状态，参见表5-8，判断故障大致情况，并查阅技术手册检索详细的故障信息。

5.2.2 量程逆变换

实践1中已介绍了两个量程变换指令，分别是标度指令SCL和标度2指令SCL2，它们的功能是将模拟量标准输入信号进行A/D转换后得到的对应二进制数，转换为操作员熟

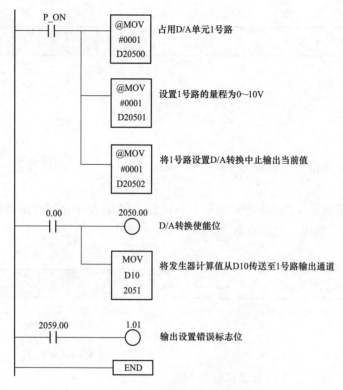

图 5-42　模拟输出信号处理程序

悉的实际工程量，便于显示、打印、记录和报警。

　　但是，在某些场合需要操作员在触摸屏等可编程终端上输入工程单位的设定值，而这些工程值不能直接参与模拟量运算，必须转换为对应的二进制数后，再供 CPU 进行运算。为与实践 1 的量程变换相区别，本节将这种变换称为量程逆变换。在 CJ1 PLC 的指令系统中，实现量程逆变换的指令是标度 3 指令 SCL3(487)。

1. 标度 3 指令 SCL3(487) 的工作原理

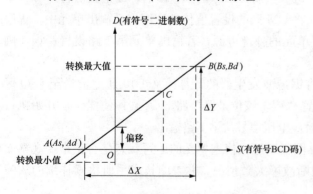

图 5-43　标度 3 指令 SCL3(487) 的工作原理

　　标度 3 指令 SCL3 是将带符号的 BCD 码（BCD 数据为绝对值，P_CY 标志表示正负数，ON 为负数，OFF 为正数）按照设定参数（斜率和偏移量）所确定的一次函数转换为对应的带符号二进制数，并将结果输出到指定通道。其工作原理如图 5-43 所示。

　　图 5-43 中偏移量是指横坐标为 0 时对应的纵坐标的二进制值，偏移量的计算公式如下：

$$偏移量 = (Ad \times Bs - As \times Bd)/(Bs - As)$$

SCL3 具有上微分型指令的特性。其梯形图符号如图 5-44 所示。

在 CJ1 PLC 中操作数可选取的存储器区域如下：

S：CIO，W，H，A，T，C，D，*D，@D 或 DR。

图 5-44　标度 3 指令 SCL3(487) 的梯形图符号

C：CIO0000～CIO6139，W000～W507，H000～H507，A000～A955，T0000～T4091，C0000～C4091，D00000～D32763，*D 或 @D。

D：CIO，W，H，A448～A959，T，C，D，*D，@D 或 DR。

SCL3 指令中 5 个参数通道的含义及设置值范围如下：

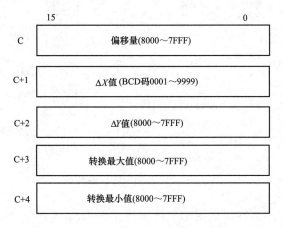

注意：1）当 ΔX(C+1) 的值不是 1～9999 的 BCD 码或 S 的值不是 BCD 码时，P＿ER 置位。

2）当结果通道的值为 0 时，P＿EQ 置位。

3）当结果通道的 15 位为 1 时，P＿N 置位。

SCL3 指令的应用示例见工程实践 9。

工程实践 9　设实际工程值为 -200～800℃转换为对应的十六进制数 0000～0FA0，利用 SCL3 求出某实际温度对应的十六进制数，其中 BCD 码的符号在 P＿CY 标志中，SCL3 的参数值存放在 D300～D304 通道中，程序段如图 5-45 所示。

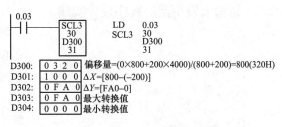

图 5-45　SCL3 指令的应用实践

在实践中，A 点坐标为（-200，0000），B 点坐标为（800，0FA0），$\Delta X = 1000$（BCD 码），$\Delta Y = $FA0H，偏移量 = 320H，最大转换值 = FA0H，最小转换值 = 0000H；则已知由 A、B 点确定的一次函数上的任意点 C 的横坐标，当 0.03 为"ON"时，指令执行后结果以十六进制数的形式存于通道 D31 中。

2. 标度 3 指令 SCL3(487) 的应用实践

工程实践 10　沿用工程实践 9，在该实践中通过触摸屏可以调整锯齿电压波的输出峰值，设定值通道为 D20。CJ1W-DA041 单元的第 1 路标准输出信号量程已设定为 0～10V，对应的数字量是十六进制数 0000～0FA0。现使用标度 3 指令 SCL3 求出锯齿电压波的峰值对应的十六进制数，并存储在 D30 通道内。将图 5-44 的梯形图加入量程逆变换程序段，改写后的梯形图程序如图 5-46 所示。

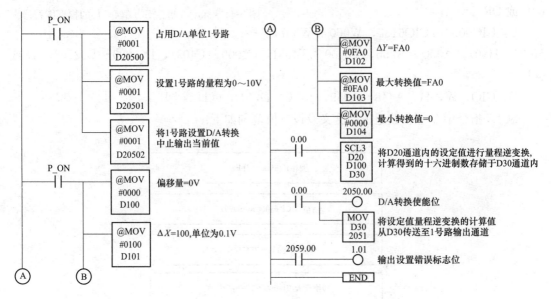

图 5-46　SCL3 指令的转换程序

欲提高转换精度，本实践将设定的电压幅值单位设为 0.1V，因此 A 点坐标为（000，0000），B 点坐标为（100，0FA0），$\Delta X = 100$（BCD 码），$\Delta Y = FA0H$，偏移量=0000H，最大转换值=FA0H，最小转换值=0000H；则已知由 A、B 点确定的一次函数上的任意点 C 的横坐标，当 0.00 为"ON"时，执行 SCL3 指令，将设定的锯齿电压波的峰值进行量程逆变换，计算出的十六进制数存在结果通道 D30 中。

5.2.3　锯齿波发生器的程序设计实践

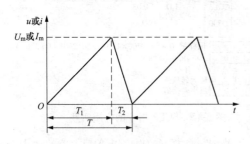

图 5-47　锯齿电压或电流的波形示意图

锯齿波发生器是指能周期地产生锯齿形信号的电路，又称扫描电路或时基发生器。锯齿电压或电流的波形如图 5-47 所示，T 为扫描周期，T_1 为扫描时间，T_2 为回扫时间。锯齿电压波主要用作示波管电路中的扫描电压；锯齿电流波主要用作显像管电路中的偏转电流。锯齿波发生器可分为自激式和他激式两种。前一种的稳定性较差，现代的时基发生器多采用后一种。本实践是利用 PLC 编程设计一个锯齿电压波发生器。

1. 设计锯齿电压波发生器的实践步骤

利用 PLC 及其模拟量输出单元构建的硬件平台，编程开发锯齿电压波发生器。步骤如下。

（1）设定锯齿电压波发生器的上限输出值 Y_{max} 和下限输出值 Y_{min}。

（2）设定锯齿电压波的扫描周期，由于使用 PLC 构建的锯齿电压波发生器不存在回扫

时间 T_2，所以扫描周期 T 为扫描时间 T_1。

（3）设定一个扫描周期内的锯齿电压波发生频率 f，由于 PLC 的 D/A 单元每一路转换时间约为 1ms，所以频率值不宜过高。

（4）根据每个扫描周期的锯齿电压波发生频率计算出发生脉冲及每个脉冲的递增值或递减值 ΔY。

（5）赋锯齿电压波的输出初值 Y_i，当 $Y_i = Y_{max}$ 时，将发生负斜率的锯齿电压波，即程序运行后在每个发生脉冲 Y_i 递减 ΔY，直到 $Y_i = Y_{min}$，再重新设 $Y_i = Y_{max}$，继续执行递减输出。

当 $Y_i = Y_{min}$ 时，将发生正斜率的锯齿电压波，即程序运行后在每个发生脉冲 Y_i 递增 ΔY，直到 $Y_i = Y_{max}$，再重新设 $Y_i = Y_{min}$，继续执行递增输出。

（6）当接收到停止输出信号时，输出的锯齿电压波保持当前值。

锯齿电压波发生器程序设计流程图如图 5-48 所示。

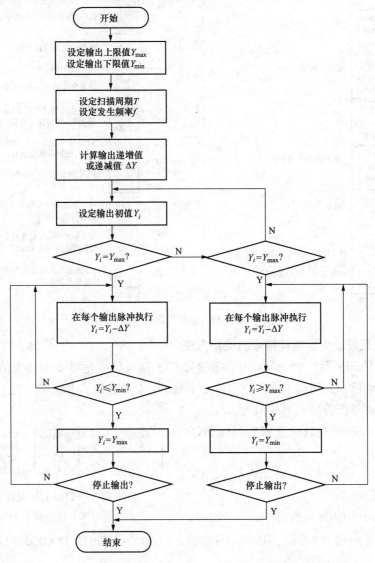

图 5-48　锯齿电压波发生器程序设计流程图

2. 锯齿电压波发生器的编程实践

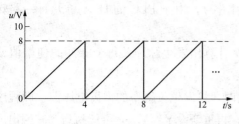

图 5-49　锯齿电压波发生器的波形示意图

工程实践 11　沿用工程实践 8 和工程实践 10，使用 CJ1 PLC 及配套的 CJ1W-DA041 单元构建一个周期为 4s，上限值 8V（设定在 D20 通道内），下限值 0V 的正斜率锯齿电压波发生器，波形如图 5-49 所示。设定单周期的发生频率为 100Hz，则发生脉冲为 0.04s，梯形图程序将在图 5-46 的基础上改写，如图 5-50 所示。

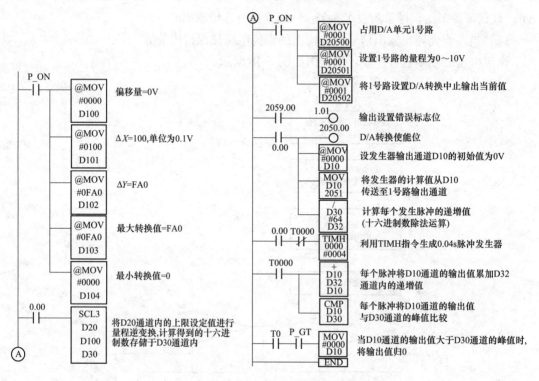

图 5-50　锯齿电压波发生器的梯形图程序

3. 锯齿电压波发生器编程指令的使用方法

（1）带符号 BIN 除法指令/(430)。带符号 BIN 除法指令是将 2 个通道值或 2 个 16 位的二进制常数相除，并将结果送到指定的 2 个通道，分别存放商和余数，且二者均是 16 位二进制数。其梯形图符号如图 5-51 所示。

在 CJ1 PLC 中操作数对选取的存储器区域如下：

S1 和 S2：CIO，W，H，A，T，C，D，*D，@D 或♯。

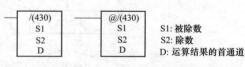

图 5-51　带符号 BIN 除法指令/
(430) 梯形图符号

D：CIO000～CIO6142，W000～W510，H000～H510，A448～A958，T0000～T4094，C0000～C4094，D00000～D32766，*D 或 @D。

注意：1）通道 S2 的值为 "0" 时，P_ER 置位。

2）当商为"0"时，P＿EQ 置位。

3）当通道 D 的 15 位为"1"时，P＿N 置位。

/指令的应用实践见工程实践 12。

工程实践 12 /梯形图、助记符及执行结果如图 5-52 所示。

（2）无符号比较指令 CMP（020）。无符号比较指令 CMP 是将两个通道值或两个 4 位十六进制数进行比较，并将结果反映到状态标志位上，参与比较的两个数值不变。CMP 具有即时刷新型指令的特性。其梯形图符号如图 5-53 所示。

在 CJ1 PLC 中操作数可选取的存储器区域如下：

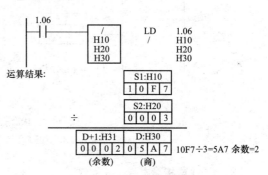

图 5-52 /指令的应用实践

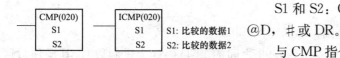

图 5-53 无符号比较指令 CMP 梯形图符号

S1 和 S2：CIO，W，H，A，T，C，D，﹡D，@D，♯ 或 DR。

与 CMP 指令相关的各状态标志位见表 5-15。CMP 指令的使用实践见工程实践 13。

表 5-15　　　　　　　　CMP 指令相关状态标志位表

CMP 执行结果	标 志 位 状 态					
	＞，P＿GT	＞=，P＿GE	=，P＿EQ	<=，P＿LE	＜，P＿LT	<>，P＿NE
S1＞S2	ON	ON	OFF	OFF	OFF	ON
S1＝S2	OFF	ON	ON	ON	OFF	OFF
S1＜S2	OFF	OFF	OFF	ON	ON	ON

工程实践 13 CMP 指令的梯形图及助记符示例如图 5-54 所示。

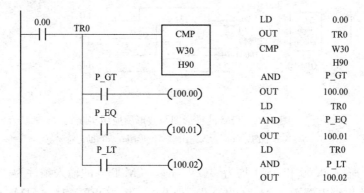

图 5-54 CMP 指令的使用实践

需要特别注意的是，状态标志位必须紧跟 CMP 指令，二者共用一个执行条件且中间不能插入其他指令，如图 5-55 所示。

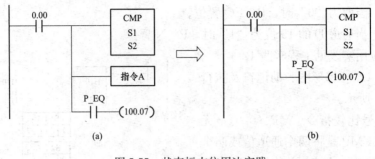

图 5-55　状态标志位用法实践

（a）状态标志位不正确用法；（b）状态标志位正确用法

（3）定时器指令。

1）TIM 指令：

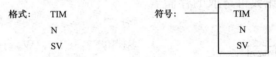

N 是定时器的编号，其取值范围：$0000 \leqslant N \leqslant 4095$。

SV 是定时器设定值，取值范围是 0～9999 之间的 BCD 码（十进制数），其操作数区域：CIO，W，H，A，T，C，D，*D，@D 或 #。

当 SV 是通道时，通道内的值若不是 BCD 码或间接寻址 DM 区的通道号超过范围时，错误标志位 P_ER 置"1"，程序虽能运行，但定时器不准确。

TIM 指令的功能是实现导通延时操作。当定时器的输入条件是"OFF"或电源断电时，定时器复位，此时定时器的当前值 PV 等于设定值 SV；当输入条件是"ON"时，定时器开始定时，PV 值每隔 0.1s 减 1，当 PV 值为"0"时，定时器输出。

由于 TIM 的定时精度是 0.1s，因此 TIM 的定时范围是 0～999.9s。其应用实践见工程实践 13。

工程实践 14　TIM 的梯形图、波形图与助记符应用实践如图 5-56 所示。

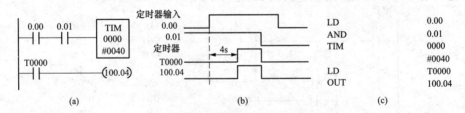

图 5-56　TIM 的梯形图与波形图应用实践

（a）梯形图；（b）输入输出信号波形图；（c）助记符

本实践中当输入 0.00 和 0.01 均为"ON"时，TM0000 的输入条件为"ON"，4s 到时 T0000 置位，输出继电器 100.04 为"ON"；当 0.01 为"OFF"时，TIM 0000 立即复位，当前值恢复为 4s 的设定值，100.04 为 OFF。

当 CPU 的扫描周期超过 100ms 时，编号为 16～4095 的定时器将不能正常工作，应该使用编号为 0～15 的定时器。

当定时器处于待机状态时，使用编号为 0～15 定时器的 PV 值可以被更新；而使用编号为 16～4095 的定时器的 PV 值将被保持。

TIMX（550）的功能与 TIM 相同，区别是设定值 SV 为十六进制数，取值范围是 0000～FFFF，定时范围是 0～6553.5s。

2）高速定时器指令 TIMH（015）：

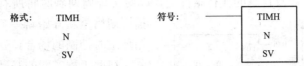

TIMH 除了以下两点之外，其余与 TIM 指令的性能完全相同。

a. TIMH 的定时精度为 0.01s，故定时范围是 0～99.99s。

b. 使用编号为 0～15 的 TIMH 时，PV 值每 10ms 刷新一次。

定时类指令的汇总见表 5-16，具体用法参见相关手册。

表 5-16　　　　　　　　　　　定时类指令功能表

指令名称		指令助记符	定时精度	定时范围	主要特点
定时器	BCD 设定值（0～9999）	TIM	0.1s	0～999.9s	单点递减计时
	HEX 设定值（0～FFFF）	TIMX（550）		0～6553.5s	
高速定时器	BCD 设定值（0～9999）	TIMH（015）	0.01s	0～99.99s	单点递减计时
	HEX 设定值（0～FFFF）	TIMHX（551）		0～655.35s	
超高速定时器	BCD 设定值（0～9999）	TMHH（540）	0.001s	0～9.999s	单点递减计时
	HEX 设定值（0～FFFF）	TMHHX（552）		0～65.535s	
累计定时器	BCD 设定值（0～9999）	TTIM（087）	0.1s	0～999.9s	单点累加计时
	HEX 设定值（0～FFFF）	TTIMX（555）		0～6553.5s	
长时间定时器	BCD 设定值（0～99 999 999）	TIML（542）	0.1s	115 天	单点递减计时
	HEX 设定值（0～FFFFFFFF）	TIMLX（553）	1s	49 710 天	
多输出定时器	BCD 设定值（0～9999）	MTIM（543）	0.1s	0～999.9s	多点累加计时
	HEX 设定值（0～FFFF）	MTIMX（554）		0～6553.5s	

注意：定时器的编号由 TIM、TIMX（550）、TIMH（015）、TIMHX（551）、TM-HH（540）、TMHHX（552）、TTIM（087）、TTIMX（555）、TIMW（813）、TIMWX（816）、IMHW（815）和 TMHWX（817）等指令共同占用，因此当不同的定时指令使用了同一编号时，只要二者不同时工作，即使 CP1H 自检时会将重复错误标志置位，也不会影响其定时操作；否则将不能准确定时。

（4）使用定时器编写循环定时程序。

工程实践 15　双稳态程序，如图 5-57 所示。

该工程实践中的双稳态程序可以实现任意占空比的循环连续输出。从图 5-57 中 100.00 的时序可以看出循环周

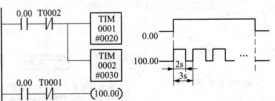

图 5-57　双稳态循环定时程序及波形应用实践

期为 3s，为实现循环将设定值为 3s 的定时器 TIM0002 的动断触点 T0002 串在 TIM0001 与 TIM0002 的输入条件中，当 TIM0002 到时输出，T0002 将在下一个扫描周期置为

"ON"，使 TIM0001 与 TIM0002 同时复位，因而 T0002 将在下一个扫描周期再被置为 "OFF"，从而使 TIM0001 与 TIM0002 的输入条件同时满足，于是二者又开始新一个周期的定时功能。分析扫描过程可以发现 TIM0001 与 TIM0002 仅复位了一个扫描周期后就恢复了。

该工程实践旨在推导出循环定时的编程模式，即将循环周期的最终定时器的动断触点串在周期内各个定时器及自身的执行条件上，以便实现周期到时将所有定时器复位一个扫描周期后重新开始新一个周期，特别适合于循环定时控制的场合，如交通信号灯控制。

在此工程实践的基础上稍加变形，即可创建任意时钟脉冲发生器（最小间隔为 10ms）。003s 脉冲发生器的梯形图程序及波形图如图 5-58 所示。

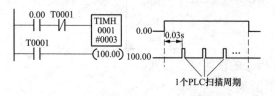

图 5-58　003s 脉冲发生器的梯形图程序及波形图

5.3　PLC 温度控制系统的设计实践

本设计实践将以天津某汽车厂装配车间的空调控制系统为例，介绍模拟量输入输出单元的配置与连接、量程变换及 PID 算法的编程方法等。其硬件平台是欧姆龙公司的 CP1 PLC，软件为欧姆龙公司的 PLC 的基本指令和编程软件 CX-Programmer 的使用方法。

5.3.1　PLC 回路控制方案的确定

20 世纪 80 年代至 90 年代中期是 PLC 发展最快的时期，PLC 在处理模拟量能力、数字运算能力、人机接口能力和网络能力等方面都得到大幅度提高，并逐步进入到过程控制领域，由于它与在过程控制领域占统治地位的集散控制系统（简称 DCS）相比具有价格、结构和组态方式上的优势，因此颇具市场竞争力，基本上取代了小型 DCS 系统的市场位置。

关于利用 PLC 解决连续控制的常见方式主要有以下三种。

（1）在梯形图程序中调用 PID 指令实现过程控制。该控制方式的系统结构如图 5-59 所示，其优点是只用软件就可以实现 PID 控制，无须单独配备 PID 控制单元，并且引入了二自由度 PID 算法，编程简便。

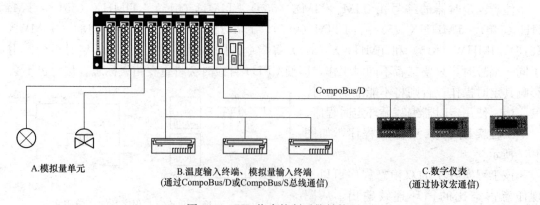

图 5-59　PID 指令控制系统结构图

但该控制方式的缺点是 PID 算法将占用 PLC 的系统扫描时间。对于多回路控制系统而言，由于运算 PID 指令占用系统扫描时间较长，会导致控制动作迟缓。另外，对于多回路系统，当采用梯形图编程时，逻辑关系不如流程图直观、清楚，因此该控制方式不适用于多回路 PID 控制系统。

（2）利用智能 I/O 单元实现过程控制。该控制方式的系统结构如图 5-60 所示。智能 I/O 单元包括 PID 控制单元、温度控制单元、加热/冷却控制单元等，该控制方式的优点在于 PID 单元与 CPU 单元各自相对独立，易于操控；无须编写旨在 PID 控制的梯形图程序。另外，PID 单元不占用 PLC 的系统扫描时间。

但该控制方式的缺点是每个 PID 单元只能控制两个回路；PID 功能受到设置参数的限制。另外要增加硬件投资。

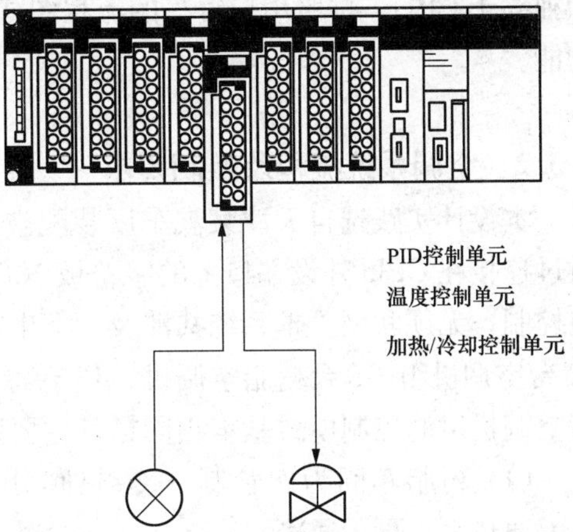

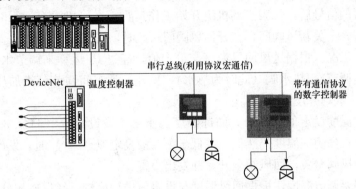

PID控制单元
温度控制单元
加热/冷却控制单元

图 5-60 智能 I/O 单元构成的控制系统结构图

（3）利用单回路控制器与 PLC 配合实现过程控制。该控制方式的系统结构如图 5-61 所示。该控制方式的优点是可以不受 PLC 工作条件的制约；由于应用了 CompoBus/D 总线，使 PLC 与其他单元的操控更加容易。但该控制方式的缺点是需要用梯形图编写通信程序实现 PLC 与各单元回路控制器之间的数据交换，不适用于复杂控制系统；如果新增控制任务，则需额外增配单回路控制器，系统扩展性差。

串行总线(利用协议宏通信)

DeviceNet 温度控制器

带有通信协议
的数字控制器

图 5-61 单回路控制器＋PLC 的控制系统结构图

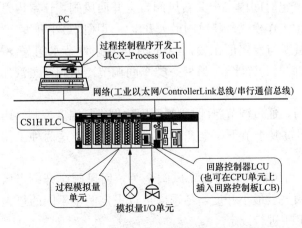

PC

过程控制程序开发工
具CX–Process Tool

网络(工业以太网/ControllerLink总线/串行通信总线)

CS1H PLC

回路控制器LCU
(也可在CPU单元上
插入回路控制板LCB)

过程模拟量
单元

模拟量I/O单元

图 5-62 基于 PLC 的回路控制系统结构图

正是由于以上三种过程控制方案具有各自较明显的缺陷，均不适用于多回路复杂控制系统，所以近年来研发了功能更加先进，操控更加灵活，编程更加简便，维护更加便利的基于 PLC 的回路控制器或回路控制板。以欧姆龙公司的 CS1 系统为例，其系统结构如图 5-62 所示。该系统的结构特点是在 PLC 硬件系统上增加了过程模拟量 I/O 单元和回路控制器（或回路控制板），前者是将生产现场的各种标准模拟量信号直接接入相应单元进行 A/D、D/A 转换，并与 CPU 之间实现数据交换；后者独立于 CPU，按照用户编写的流程图式的组态程序与模拟量单元配合实现 PID 回路控制功能。

5.3.2 空调系统流程及控制要求

本设计实践选自天津某汽车厂装配空调系统，控制器采用 CP1H-XA40DR-A 型 PLC，通过连接在 CPU 外设端口上的字符板 NT11 进行参数设置与实时监视，控制方式全部为就地控制，无须联网。本系统共涉及 5 类生产车间（冲压、焊接、总装、树脂和涂装），共计 52 台空调机组（8 台树脂空调机、12 台涂装空调机、32 台冲压、焊接及总装空调机），所有空调机组的控制模式基本相同，其主要区别如下。

（1）树脂车间为四管制（冷/热阀分开），其他车间为两管制（冷/热水阀为一个阀，冬天通热水，夏天通冷水）。

（2）涂装车间有加湿功能，其他车间没有。

具体技术要求如下。

（1）一台 CP1H PLC 控制一台空调机组，通过 NT11 对空调机组的各项参数实施监视、设定及调整。

（2）PLC 不控制风机的启动和停止（启/停由动力柜完成），只监视风机的运行状态，当收到风机运行的信号后，代表空调机组开始工作运行；在风机没有运行时，应关闭所有的水阀，蒸汽阀，全关新风阀门，全开回风阀门；此时，防冻程序应运行。

1）"冬季"工况。根据送风回风温度与设定值，经过 PI 运算来调节水阀/蒸汽阀，其中有 4 类车间是调节冷/热水阀（此时为热水），另外一类车间调节蒸汽加热阀（冷水阀关闭）。温度越低，阀门开度越大。

防冻报警的温度设定值有 2 个，防冻温度低于第 1 段设定值（6℃）时，全开热水阀（或蒸汽加热阀）；如防冻温度仍然低，并低于第 2 段设定值（3℃）时，发出防冻强切风机命令，同时，新风阀全关，回风阀全开，并发出报警。

涂装车间需要调节湿度，根据回风湿度与设定值进行比较，经比例积分 PI 运算来调节加湿蒸汽阀开度，进行加湿控制。

关于快速制热功能：在风机启动后一定时间内，全关新风阀，全开回风阀，让室内迅速升温；等温度达到设定值后，恢复正常工作模式（新风阀最大开度，回风阀最小开度）。

2）"夏季"工况。根据送风/回风温度与设定值比较，经过 PI 运算来调节水阀/蒸汽阀，其中有 4 类车间是调节冷/热水阀（此时为冷水），另外一类车间调节冷水阀（蒸汽加热阀关闭）。温度越高，阀门开度越大。

3）"过渡季"工况。关闭所有的阀门，通过调节新/回风阀开度比例进行温度控制（PI 运算）；另外，提供一种全新风模式，即过渡季节下，全开新风，全关回风；这两种工作模式可在 NT11 上进行切换。

4）在"夏季"或"冬季"工况下，当风机停止时，新风阀全关，回风阀全开；当风机运行时，新风阀开至最大开度，回风阀关至最小开度，冬季度可以设定两个不同的最大开度，新风阀的最大开度应可以通过 NT11 进行设定。

（3）有部分参数需要提供给厂区的中央监控系统（中央 PLC），有些参数只进进本地

PLC，参与控制或本地监视，同时，由本地 PLC 将信号转换输出，提供给中央 PLC。

（4）提供给中央 PLC 的综合异常报警信号，包括多种异常报警信号，只要属于这几种异常报警之一的，就地 PLC 都必须发出开关量的报警信号给中央 PLC；中央空调知道空调机组出现异常报警，但具体的报警情况，需到现场的 NT11 上面查看。

由于 5 类生产车间共计 52 台空调机的控制模式基本相同，本节仅以冲压车间空调机组为例简要介绍其控制系统设计的流程及方法。冲压车间的工艺流程图如图 5-63 所示。设定好冲压车间的四季适宜温度后，根据检测的送风温度或回风温度通过调节新风阀（或回风阀）的开度和冷/热水盘管水阀的开度使车间的温度达到设定温度。

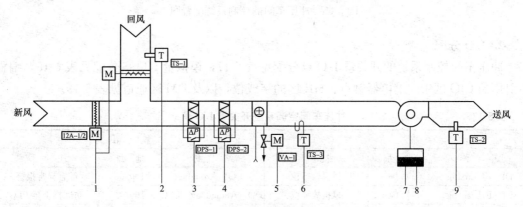

图 5-63 冲压车间空调系统流程图

1—回风阀模出点及新风阀位反馈模拟量输入点；2—回风温度模拟量输入点；3—初效过滤报警开入点；

4—中效过滤报警开入点；5—冷/热水阀模拟量输出点；6—防冻温度模拟量输入点；

7—风机运行状态开入点；8—风机故障开入点；9—送风温度模拟量输入点

在图 5-63 中的新风阀与回风阀采用机械反向装置，即控制回风阀的输出（4～20mA）的同时也就控制了新风阀的开度（也可以控制新风阀的输出从而调节回风阀的开度），并通过新风阀的反馈信号输入（2～10V）实现闭环控制。新风阀与回风阀的作用关系如图 5-64 所示。

新风阀的开度从"全关"（开度 0%）到"最大开度"（在 NT11 中设定最大开度），对应回风阀的开度则从"全开"（开度 100%）到"最小开度"（最小开度＝100%－新风阀最大开度）。

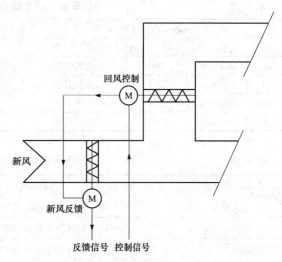

图 5-64 新/回风阀控制示意图

5.3.3 控制系统及 I/O 分配

1. 系统硬件配置

本实践的控制方案是采用 PID 控制算法对冲压车间的空调系统实施自动调节控制，CP1H 本身带 24 个开关量输入点和 16 个开关量输出点，另有 4 路模拟量输入信号和 2 路模拟量输出信号，结合 PID 指令对温度（冷/热水阀）和风量（新风阀）的控制。冲压车间的控制系统配置图如图 5-65 所示。

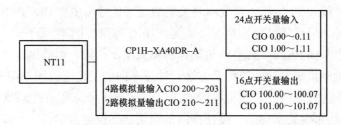

图 5-65　冲压车间的控制系统配置图

2. I/O 分配

冲压车间控制系统的开关量 I/O 点分配见表 5-17，模拟量 I/O 点分配见表 5-18，编程中引用的 CIO 区中间继电器触点、HR 区的字或位，以及 DM 区通道见表 5-19。

表 5-17　　　　　　　　　　　冲压车间空调系统开关量 I/O 表

输　入			输　出		
名　称	地　址	注　释	名　称	地　址	注　释
DI_FJyunxing	0.00	风机运行位	DO_Azonghe	100.00	综合异常报警
DI_FJguzhang	0.01	风机故障位	DO_Afangdong_PLC	100.01	防冻报警至PLC
DI_Axiaofang	0.02	消防报警	DO_Afangdong_QD	100.02	防冻报警至强电
DI_Achuxiao	0.03	初效过滤报警	DO_XinfengON	100.03	新风阀全开
DI_Azhongxiao	0.04	中效过滤报警	DO_xinfengOFF	100.04	新风阀全关
			DO_xinfeng50	100.05	新风阀开50%

表 5-18　　　　　　　　　　　冲压车间空调系统模拟量 I/O 表

输　入　点			输　出　点		
名　称	字　号	注　释	名　称	字　号	注　释
AI_T_songfeng	200	送风温度	AO_V_huifeng	210	回风阀开度
AI_T_huifeng	201	回风温度	AO_V_heat_cool	211	冷/热水阀开度
AI_T_fangdong	202	防冻温度			
AI_V_fankui	203	阀位反馈			

表 5-19　　　　　　　　　　　冲压车间空调系统内存表

CIO 区	DM 区	HR 区
7.00：主菜单	D1：送风温度显示 BCD 值	H0.00：夏季设定
7.01：加页	D2：回风温度显示 BCD 值	H0.01：冬季设定
7.02：减页	D3：防冻温度显示 BCD 值	H0.02：过渡季设定
7.03：温度画面	D5：新风阀开度显示 BCD 值	H1.00：送风温度受控
8.01：送风温度异常报警	D6：冷/热水阀开度显示 BCD 值	H1.01：回风温度受控
8.02：回风温度异常报警	D9：快速制热时间设定 BCD 值	H2：被控温度设定 BCD 值
8.03：防冻温度异常报警	D10：快速制冷时间设定 BCD 值	H3：新风阀最大开度设定 BCD 值
8.05：风阀开度异常报警	D11：被控温度显示 BCD 值	H4：防冻温度 1 设定 BCD 值

CIO 区	DM 区	HR 区
8.06：控温失灵异常报警	D12：新风阀开度 HEX 值	H5：快速制热模式
8.07：新风阀位反馈报警	D13：回风阀最小开度 BCD 值	H5.00：快速制热标志
	D14：回风阀开度输出 BCD 值	H6：全新风模式
	D15：新风阀开度输出 BCD 值	H6.00：过渡季全新风标志
		H6.01：过渡季 PI 标志
		H8：防冻温度 2 设定 BCD 值
		H10.00，手动状态
		H11：防冻温度 1_HEX 值
		H12：防冻温度 2_HEX 值
		H13：被控温度设定 HEX 值
		H14：被控温度实测值 HEX 值
		H15：手动回风阀开度设定 BCD 值
		H16：手动冷热水阀开度设定 BCD 值
		H19：快速制冷模式
		HR19.00：快速制冷标志

5.3.4 CP1H PLC 模拟量输入/输出单元

本节以 XA 型 CP1H PLC 为对象，重点介绍模拟量输入/输出单元的主要功能及工作原理。

1. CP1H PLC 模拟量输入单元功能

CP1H PLC 模拟量输入单元的功能是将标准的电压信号（$-10\sim10V$，$0\sim5V$，$0\sim10V$ 或 $1\sim5V$）或电流信号（$0\sim20mA$ 或 $4\sim20mA$）转换成数字量后送入 PLC 中的对应存储通道中。CP1H PLC 模拟输入信号的接线端子台如图 5-66 所示。在端子台上方的电压/电流输入信号切换开关如图 5-67 所示。

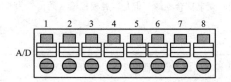

图 5-66 模拟量输入单元端子台

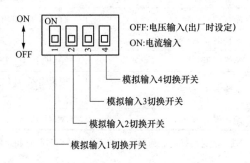

图 5-67 模拟量输入信号切换开关

在图 5-66 中，CP1H PLC 模拟量输入单元各接线端的引脚定义见表 5-20，其技术指标见表 5-21。

表 5-20 　　　　　　　　　　　　　　模拟量输入单元引脚定义表

引 脚 号	符 号	含 义
1	VIN0/IJN0	第 0 路模拟量电压/电流输入（接正极）
2	COM0	第 0 路模拟量输入公共端（接负极）
3	VIN1/IIN1	第 1 路模拟量电压/电流输入（接正极）
4	COM1	第 1 路模拟量输入公共端（接负极）
5	VIN2/IIN2	第 2 路模拟量电压/电流输入（接正极）
6	COM2	第 2 路模拟量输入公共端（接负极）
7	VIN3/IIN3	第 3 路模拟量电压/电流输入（接正极）
8	COM3	第 3 路模拟量输入公共端（接负极）

注 1. 输入连线需使用带屏蔽的 2 芯双绞电缆，不接屏蔽线。
　　 2. 不使用的输入需将输入端子的正、负极短接。
　　 3. 需将 AC 电源线及动力线等分开布线。
　　 4. 电源线上有干扰时，需在电源、输入端插入噪声滤波器。

表 5-21 　　　　　　　　　　　　　　模拟量输入单元技术指标表

项 目		电 压 输 入	电 流 输 入
输入点数		4 点（占用 4 通道、固定分配到 200～203CH、模拟输入 0～3）	
电压输入/电流输入的切换		4 点各通过输入切换开关独立切换	
输入信号量程		0～5V、1～5V、0～10V、-10～10V（通过 PLC 系统设定切换）	0～20mA、4～20mA（通过 PLC 系统设定切换）
最大额定输入		±15V	±30mA
外部输入阻抗		1MΩ 以上	约 250Ω
分辨率		6000 或 12 000（通过 PLC 系统设定切换）	
综合精度	25℃	±0.3%FS	±0.4%FS
	0～55℃	±0.6%FS	±0.8%FS
A/D 转换数据	-10～+10V 时	6000 分辨率时：F448～0BB8H 满刻度 12 000 分辨率时：E890～1770H 满刻度	
	上述以外情况	6000 分辨率时：0000～1770H 满刻度 12 000 分辨率时：0000～2EE0H 满刻度	
平均化处理		有（通过 PLC 系统设定可设定到各输入）	
断线检测功能		有（断线时的值为 8000HEX）	
转换时间		1ms/点	
绝缘电阻		20MΩ 以上（DC 250V）绝缘的电路之间	
绝缘方式		模拟输入与内部电路间：光电耦合绝缘（但是，各模拟输入间信号为非隔离）	
绝缘强度		AC 500V 1min	

注 　合计转换时间为所使用的点数的转换时间总和。使用模拟输入 4 点＋模拟输出 2 点时为 6ms。

2. CP1H 模拟量输入单元的工作原理

　　首先拨 CP1H 主机的模拟量输入切换开关，对每一路信号设置电压或电流输入类型，利用 CX-Programme 软件设置分辨率、模拟输入使用的通道、量程及是否设置 8 个值的动态均值处理，然后将 PLC 上电，在线下载设置到 CP1H，接着将 CP1H 断电并重新上电，此时输入模拟量设置生效,模拟量经 A/D 转换为对应的数字量并存储在 CP1H 的 CIO 区 200~203 通道中。若输入量程为 1~5V 且输入信号不足 0.8V(或输入量程为 4~20mA 且输入信号不足 3.2mA)时,系统判断为输入断线,此时转换数据为 8000H,0~3 路模拟输入对应的断线检测标志位为 A434 通道的 00~03 位。模拟量输入的处理过程如图 5-68 所示。

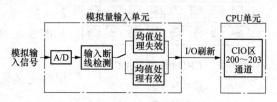

图 5-68 模拟量输入单元工作原理图

XA 型 CP1H 的 4 路模拟输入中每一路输入端子都有电压和电流两种输入方式,其电压输入信号范围有 4 种,即 0~5V、1~5V、0~10V 和−10~10V;其电流输入信号范围有两种,即 0~20mA、4~20mA。模拟量输入信号与 A/D 转换数据之间的关系分别如图 5-69 中(a)、(b)、(c)、(d)、(e)、(f)所示。图中为分辨率为 6000 时,转换值为十六进制(或十进制数)。当输入信号为负电压时,转换值为二进制的补码。

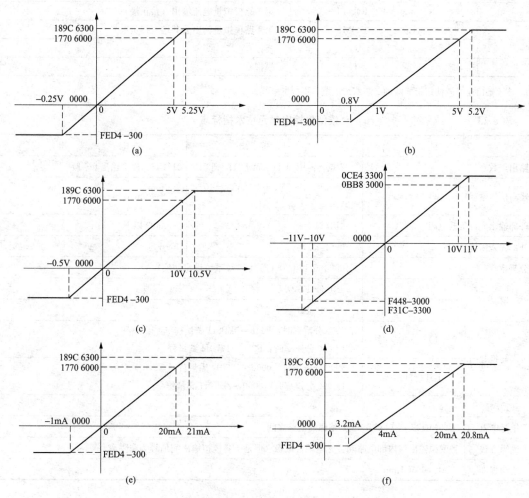

图 5-69 模拟输入值与 A/D 转换的数字量关系图

(a) 0~5V 输入量程;(b) 1~5V 输入量程;(c) 0~10V 输入量程;

(d) −10~10V 输入量程;(e) 0~20mA 输入量程;(f) 4~20mA 输入量程

3. CP1H 模拟量输出单元功能

CP1H 模拟量输出单元是将指定的数字量（二进制数）转换成标准的电压信号（−10～10V，0～5V，0～10V 或 1～5V）或电流信号（0～20mA，4～20mA）。CP1H 模拟输出信号接线端子台如图 5-70 所示。

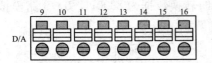

图 5-70 CP1H 模拟输出信号
接线端子台

在图 5-70 中，CP1H 模拟量输出单元各接线端的引脚定义见表 5-22，其技术指标见表 5-23。

表 5-22　　　　　　　　　　模拟量输出单元引脚定义表

引 脚 号	符 号	含 义
9	VOUT0	第 0 路模拟量电压输出（接正极）
10	IOUT0	第 0 路模拟量电流输出（接正极）
11	COM0	第 0 路模拟量输出公共端（接负极）
12	VOUT1	第 1 路模拟量电压输出（接正极）
13	IOUT1	第 1 路模拟量电流输出（接正极）
14	COM1	第 1 路模拟量输出公共端（接负极）
15	AG *	模拟 0V
16	AG *	模拟 0V

注　输出连线需使用带屏蔽的 2 芯双绞电缆，不接屏蔽线。

表 5-23　　　　　　　　　　模拟量输出单元技术指标表

项　目		电 压 输 出	电 流 输 出
输出点数		\multicolumn 2 点（占用 2CH、固定分配到 210～211CH、模拟输出 0～1）	
输出信号量程		0～5V、1～5V、0～10V、−10～10V	0～20mA、4～20mA
外部输出允许负载电阻		1kΩ 以上	600Ω 以下
外部输入阻抗		0.5Ω 以下	—
分辨率		6000 或 12 000（通过 PLC 系统设定切换）	
精度	25℃	±0.4%FS	
	0～55℃	±0.8%FS	
D/A 转换数据	−10～+10V 时	6000 分辨率时：F448～0BB8H 满量程	
		12 000 分辨率时：E890～1770H 满量程	
	上述以外情况	6000 分辨率时：0000～1770H 满量程	
		12 000 分辨率时：0000～2EE0H 满量程	
转换时间		1ms/点	
绝缘电阻		20MΩ 以上（DC 250V）绝缘的电路之间	
绝缘方式		模拟输出与内部电路间：光电耦合绝缘（但是，各模拟输出间信号为非隔离）	
绝缘强度		AC 500V 1min	

4. CP1H 模拟量输出单元的工作原理

首先利用 CX-Programmer 软件设置分辨率、模拟输出占用的通道及量程，然后将 PLC 上电，在线下载设置到 CP1H 中，接着将 CP1H 断电并重新上电，此时输出模拟量设置生效，根据用户编写的梯形图程序将数字量传送至CP1H的CIO区210、211通道，经D/A转换为对应的模拟量输出。模拟量输出的处理过程如图5-71所示。

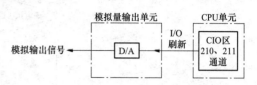

XA型CP1H的2路模拟输出中每一路输出端子都有电压和电流两种输出方式，其电压输出信号范围有4种，即0～5V、1～5V、0～10V和−10～10V；其电流输出信号范围有两种，即0～20mA、4～20mA。输入数字

图5-71 模拟量输出的处理过程

量与D/A转换后的模拟量输出之间的关系分别如图5-72中（a）、（b）、（c）、（d）、（e）、（f）所示。二进制的补码进行D/A转换应输出负电压。

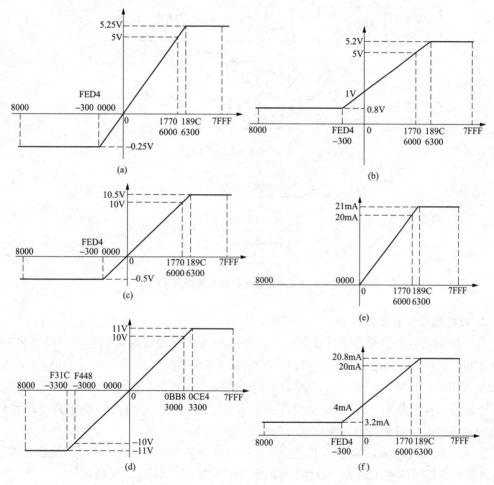

图5-72 数字输入值与D/A转换的模拟量关系图

（a）0～5V输出量程；（b）1～5V输出量程；（c）0～10V输出量程；
（d）−10～10V输出量程；（e）0～20mA输出量程；（f）4～20mA输出量程

5.3.5 控制系统程序设计实践

1. 控制系统程序设计流程

冲压车间空调系统控制流程如图5-73所示。

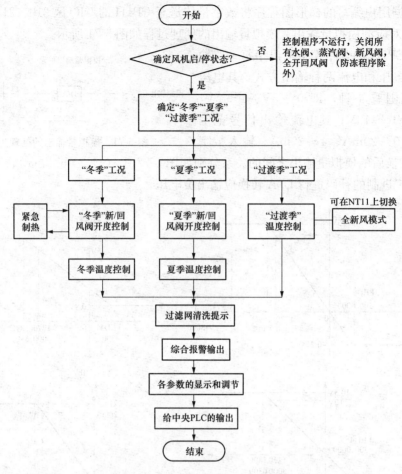

图 5-73　冲压车间控制系统流程图

2. 模拟量单元的软件设置

（1）模拟量输入单元的软件设置。冲压车间的 4 路模拟量输入信号分别是送风温度、回风温度、防冻温度及新风阀位反馈值，其中前 3 路信号的量程均为 4～20mA，第 4 路信号的量程为 0～10V（因反馈信号的输入范围是 2～10V），按顺序接入图 5-66 所示的 CP1H 模拟量输入单元 0～3 路，同时将图 5-67 中的第 1～3 号输入切换开关设置为 ON，即电流输入信号；将第 4 号开关设置为 OFF，即电压输入信号。

进入 CX-Programmer 编程软件的设置项，首先设置分辨率为"6000"，然后分别设置 4 路模拟输入信号的使用通道、量程及平均值处理功能等，如图 5-74 所示。

（2）模拟量输出单元的软件设置。冲压车间的两路模拟量输出信号分别是回风阀开度和冷/热水阀开度，量程均为 4～20mA，按顺序接入图 5-70 所示的 CP1H 模拟量输出单元 0～1 路，注意接电流正极。

进入 CX-Programmer 编程软件的设置项，在图 5-74 的下部分别设置 2 路模拟输出信号的使用通道及量程，如图 5-75 所示。将 PLC 上电，在线下载设置到 CP1H 中，接着将 CP1H 断电并重新上电，此时模拟量设置才能生效。

标度指令 SCL 进行量程转换，参数值存于 D1020～D1023 中，显示的工程值存储在

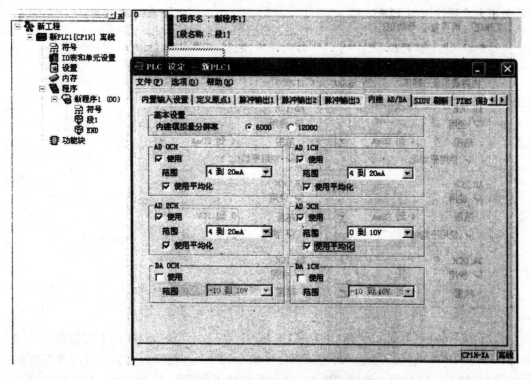

图 5-74 冲压车间模拟量输入信号软件设置图

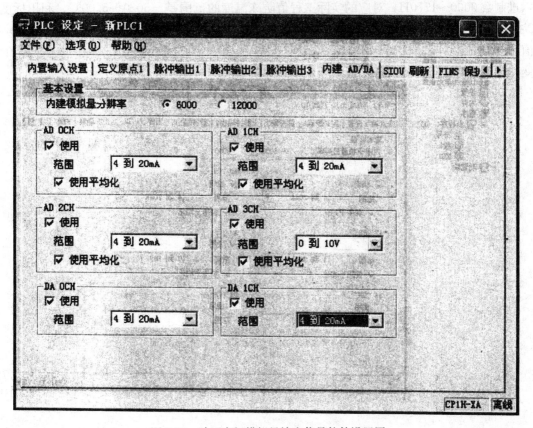

图 5-75 冲压车间模拟量输出信号软件设置图

D6 通道中。程序段如图 5-76 所示。

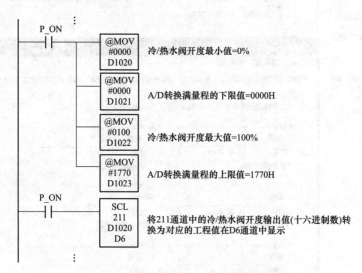

图 5-76　冷/热水阀开度显示程序段

（3）显示带有负值的工程值。本实践中，规定 NT11 上显示温度的工程值范围−50～50℃，考虑到产生负值的情况，需使用标度 2 指令 SCL2 进行量程变换。以防冻温度的量程转换为例，CP1H 的第 3 路模拟输入—防冻温度输入信号为 4～20mA，A/D 转换后为十六进制数 0000～1770H，对应的实际工程值防冻温度的范围是−50.0～5.00℃。利用标度 2 指令 SCL2 进行量程转换，参数值存于 D1000～D1002 中，其中 D1000＝DD8（X 轴截取值，对应 BCD 码 3000），D1001＝1770（X 的变化量，十六进制数），D1002＝1000（Y 的变化量，BCD 码，精确到小数点后 1 位），程序段如图 5-77 所示。

P_ON
```
@MOV
#0BB8
D1000
```
X轴偏移量=(−500×6000−0×500)/(−500−500)=3000(BB8H)

```
@MOV
#1770
D1001
```
A/D 转换的满量程ΔY=1770

```
@MOV
#1000
D1002
```
防冻温度的显示范围ΔX=1000(单位:0.1℃)

P_ON
```
SCL2
202
D1000
D23
```
将202通道中的防冻温度输入值（十六进制数）转换为对应的工程值，绝对值暂存在D23通道中

P_CY
```
ORW
#F000
D23
D3
```
当防冻温度输入值为负数时，P_CY置位，D23的通道值与F000进行或运算，结果存储在D3通道中显示

P_CY
```
MOV
D23
D3
```
当防冻温度输入值为正数时，P_CY复位，D23的通道值传送到D3通道中显示

图 5-77　防冻温度显示程序段

当温度处于"零下"时，即 $-50\sim0℃$ 时，进位标志位 P_CY 置位，将换算值与立即数 F000 进行"或"运算，使转换值的最高位为"F"，此时 NT11 上将会显示负号"$-$"，显示的绝对值存储在 D3 通道中。

（4）设定工程值转换为十六进制的实际输出值。本实践中，NT11 的作用不仅是显示过程信息，而且还可以手动设置温度、阀门开度的设定值，因此可以使用标度 3 指令 SCL3 进行量程逆变换。以手动回风阀开度设定值的量程转换为例，由用户设置的回风阀开度实际工程值是 $0\sim100\%$，转换为十六进制数 $0000\sim1770$，利用标度指令 SCL3 进行转换，参数值存于 $D1010\sim D1014$ 中，其中 D1010=0（Y 轴截取值），D1011=100（X 的变化量，即最大开度 100%），D1012=1770（Y 的变化量，满量程 1770），D1013=1770（上限值），D1014=0（下限值），程序段如图 5-78 所示。

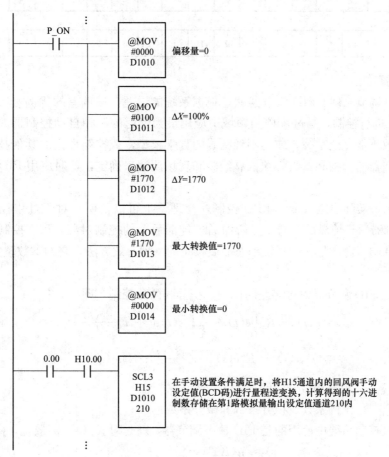

图 5-78　回风阀开度设定程序段

（5）字逻辑或指令 ORW（035）的使用方法。字逻辑或指令 ORW 是将 2 个通道值或 2 个 16 位的二进制常数进行逻辑或运算，并将结果送到指定通道。ORW 具有上微分型指令的特性。其梯形图符号如图 5-79 所示。

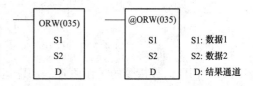

图 5-79　字逻辑或指令 ORW 梯形图符号

在 CP1H PLC 中操作数可选取的存储区域如下：

S1 和 S2：CIO，W，H，A，T，C，D，*D，@D 或♯。

D：CIO，W，H，A448～A959，T，C，D，*D 或@D。

注意：1）当逻辑或的结果是"0"时，P_EQ 置位。

2）当运算的结果通道的 15 位为"1"时，P_N 置位。

运算实践：

15															0

S1: | 1 | 0 | 0 | 1 | 1 | 0 | 0 | 1 | 1 | 0 | 0 | 1 | 1 | 0 | 0 | 0 |

S2: | 0 | 1 | 0 | 1 | 0 | 1 | 0 | 1 | 0 | 1 | 0 | 1 | 0 | 1 | 0 | 1 |

D: | 1 | 1 | 0 | 1 | 1 | 1 | 0 | 1 | 1 | 1 | 0 | 1 | 1 | 1 | 0 | 1 |

3. PID 算法

（1）PID 调节原理。PID 调节器就是根据系统的误差，按偏差的比例（P）、积分（I）和微分（D）进行控制，是过程控制领域中应用最为广泛的一种自动控制器。当被控对象的结构和参数不能完全掌握，或得不到精确的数学模型，或控制理论的其他技术难以采用时，系统控制器的结构和参数必须依靠经验和现场调试来确定，这时应用 PID 控制技术最为方便。

PID 控制，实际中也有 PI 和 PD 控制，在理论上可以证明，对于过程控制的典型对象——"一阶滞后＋纯滞后"与"二阶滞后＋纯滞后"的控制对象，PID 控制器是一种最优控制。PID 调节规律是连续系统动态品质校正的一种有效方法，它的参数整定方式简便，结构改变灵活。

连续系统 PID 调节器为对误差的比例、积分和微分控制，即

$$u(t) = K_p\left[e(t) + \frac{1}{T_i}\int_0^t e(t)\mathrm{d}t + T_d\frac{\mathrm{d}e(t)}{\mathrm{d}t}\right] \tag{1}$$

或

$$u(s) = K_p e(s) + K_i\frac{e(s)}{s} + K_d s e(s) \tag{2}$$

式中　T_i、T_d——积分和微分时间；

　K_p、K_i、K_d——比例系数、积分系数和微分系数。

在计算机控制系统中使用的是 PID 数字调节器，就是对式（1）离散化，令

$$\left.\begin{array}{l} u(t) \approx u(KT) \\[4pt] e(t) \approx e(KT) \\[4pt] \dfrac{\mathrm{d}e(t)}{\mathrm{d}t} \approx \dfrac{e(KT) - e(KT-T)}{T} \\[4pt] \displaystyle\int_0^t e(t)\mathrm{d}t \approx T \cdot \sum_{j=0}^{k} e(jT) \end{array}\right\} \tag{3}$$

（2）PID 运算指令的工作原理。PID 运算指令是将从输入通道获取指定的二进制数据的输入范围，按照设定参数进行 PID 运算，并将运算结果存放到输出通道中。其梯形图符号如图 5-80 所示。

在 CP1H PLC 中操作数可选取的存储器区域如下：

S：CIO，W，H，A，T，C，D，*D，@D 或 DR。

C：CIO0000～CIO6105，W000～W473，H000～H473，A000～A921，T0000～T4057，C0000～C4057，D00000～D32729，*D 或@D。

D：CIO，W，H，A，T，C，D，*D，@D 或 DR。

PID 指令的参数通道范围是同一数据区中的 C～C+38，参数通道的分配见表 5-24。PID 指令各参数的具体含义见表 5-25。

图 5-80　PID 运算指令的梯形图符号

S：测量输入通道
C：PID参数首通道
D：操作量输出通道

表 5-24　　　　　　　　　　　　　　通道 C～C+38 PID 参数表

通　道	15～12 位	11～8 位	7～4 位	3～0 位
C	设定值（SV）			
C+1	比例带（P）			
C+2	积分常数（T_{ik}），T_{ik}=积分时间 T_i/取样周期 τ[1]			
C+3	微分常数（T_{dk}），T_{dk}=微分时间 T_d/取样周期 τ[2]			
C+4	取样周期 τ			
C+5	2-PID 参数 α			[2]
C+6	[3]	输入范围	微分/积分常数单位	输出范围
C+7	操作量下限值			
C+8	操作量上限值			
C+9～C+38	工作区域（30 个通道，用户不能使用）			

[1] C+2 和 C+3 通道中设定的值除以 C+6 中设定的微分/积分常数单位可得实际的微分/积分时间。

[2] C+5 通道的 0 位：设定 PID 的正/反作用；C+5 通道的 1 位：设定 PID 常数的作用时间；C+5 通道的 2 位：保持为 0；C+5 通道的 3 位：设定 PID 运算操作量的输出值。

[3] C+6 通道的 12 位：设定是否对 PID 运算的操作量设置限值；C+6 通道的 13～15 位：保持 0。

表 5-25　　　　　　　　　　　　　　PID 参数设置表

控制数据	项　目	内　容	设 定 范 围
C	设定值（SV）	受控过程的目标值	与指定输入范围位数相同二进制数据（0～指令输入范围最大值）
C+1	比例带（P）	P（比例）控制参数，等于比例控制范围/整个控制范围	0001～270F（BCD 码 1～9999）（0.1%～999.9%，单位 0.1%）
C+2	积分常数（T_{fk}）	描述积分作用强弱的常数，该值越大，积分作用越小	0001～1FFF（BCD 码 1～8191）（270F 为无积分控制）设为"1"：1～8191 倍该为"9"：0.1～819.1s
C+3	微分常数（T_{dk}）	常数，描述微分控制强度，值越大，微分作用越强。时间单位参数决定设定方法	与积分常数设定值相同
C+4	取样周期（τ）	执行 PID 运算的周期	0001～270F（BCD 码 1～9999）（0.01～99.99s，单位 0.01s）

控制数据	项　目	内　　容	设 定 范 围
C＋5 的 0 位	PID 正向/反向设定	确定比例控制的方向	0：反向；1：正向
C＋5 的 1 位	PID 常数作用时间设定	指定在何时将 P、T_{fk}、T_{dk} 参数作用于 PID 运算中	0：仅在输入条件上升沿 1：在输入条件上升沿和每个取样周期
C＋5 的 3 位	操作量输出设定	设定测量值等于设定值时的操作量大小	0：输出 0% 1：输出 50%
C＋5 的 4~15 位	2-PID 参数 α	输入滤波系数。通常使用 0.65（即设定值 000）。当系数接近 000 时，滤波作用减弱	000：$\alpha=0.65$ 若设定为 100~163H，根据设定值低 2 位数决定：$\alpha=0.00\sim0.99$（3 位 BCD 码）
C＋6 的 0~3 位	输出范围设定	输出数据的位数	0：8 位　5：13 位 1：9 位　6：14 位 2：10 位 7：15 位 3：11 位 8：16 位 4：12 位（1 位 BCD 码）
C＋6 的 4~7 位	常数单位设定	指定积分/微分常数的时间单位	1 或 9（1 位 BCD 码） 1：取样周期倍数 9：时间（100ms/单位）
C＋6 的 8~11 位	输入范围设定	输入数据的位数	和输出设定范围相同
C＋6 的 12 位	操作量限值设定	是否对操作量设定限值	0：不设定 1：设定
C＋7	操作量下限值	设定操作量的下限值	0000~FFFF
C＋8	操作量上限值	设定操作量的上限值	0000~FFFF

　　PID 指令的工作原理是在执行条件为 ON 的上升沿，根据设定的 PID 参数，工作区域（C＋9~C＋38 通道）被初始化，PID 控制运算开始，在刚开始运行时为避免控制系统受反向冲击（无冲击运行），运算输出值不发生突变和大幅变化。当 PID 参数更改时，指令执行条件 OFF 变为 ON，更改参数才开始有效。

　　在指令执行条件为 ON 时，PID 运算是按取样周期间隔执行的，取样周期是采集测量数据提供给 PID 运算的间隔时间。该取样周期的设置由 PID 参数决定。但是，PID 指令是根据 CPU 的扫描周期执行的，所以可能会出现超过取样周期的情况，例如，取样周期为 100ms，扫描周期为 150ms，此时 PID 指令将 150ms 执行一次，而不是按取样周期的 100ms 执行一次。但是当取样周期大于扫描周期时，假设取样周期为 100ms，扫描周期为 60ms 时，PID 指令的执行情况如图 5-81 所示。

　　从图 5-81 可以看出，PID 指令是在每个扫描周期（即每隔 60ms）进行一次指令是否执行的判断：第 1 个扫描周期 60ms 小于 100ms，故指令不执行；第 2 个扫描周期（60＋60）ms＝120ms 大于 100ms，故指令执行，并将多余的 20ms 转入下一周期；第 3 个扫描周期（20＋60）＝80ms 小于 100ms，故指令不执行，并将这多余的 80ms 转入下一周期；第 4 个扫描周期（80＋60）＝140ms 大于 100ms，故指令执行，并将多余的 40ms 转入下一周期；第 5 个扫描周期（40＋60）ms＝100ms，故指令执行。以后依次循环。

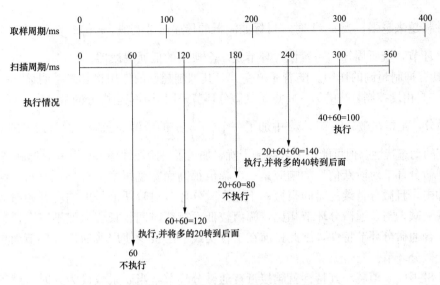

图 5-81 取样周期与扫描周期关系图

通过以上分析不难发现，在前 300ms 中指令执行分别是在 120ms、240ms、300ms 处，它们是扫描周期的整倍数而不是取样周期的整倍数。因此当取样周期设置较长时，可以不考虑扫描周期与取样周期的关系。

注意：1）PID 参数 SV（设定值）超出数据区范围；实际的取样周期超过设定的取样周期 2 倍时，P _ ER 置位。但不影响 PID 运算。

2）PID 运算正在执行时，P _ CY 置位。

3）PID 运算的操作量大于设定操作量上限值时并以操作量上限值输出。

4）PID 运算的操作量小于设定操作量下限值时并以操作量下限值输出。

5）在中断程序，子程序，IL 和 ILC 之间，JMP 和 JME 之间，以及使用了 STEP 和 SNXT 的步进程序中，禁止使用 PID 指令。

6）PID 控制运算过程中，当指令执行条件为 OFF 时，所有设定值保持不变，通过把操作量写入输出字，可以进行手动控制。

（3）二自由度 PID 控制算法原理。CP1H PLC 指令系统中的 PID 指令算法采用的是二自由度 PID 控制算法（以下简称 2-PID），该控制算法的传递函数功能图如图 5-82 所示。

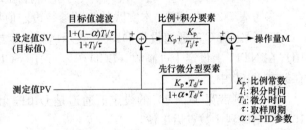

图 5-82 2-PID 控制算法传递函数功能图

从方块图可以看出所谓 2-PID 控制算法实际上是设定值带一阶滤波器并采用微分先行的不完全微分的 PID 控制算法，与普通 PID 相比，它具有以下两个特点。

1）设定值前面加了一个目标滤波器，该滤波器是一个以 α 为可变参数的滤波器，该滤波器有以下两个作用。

a. 具有低通滤波的作用。α 值的取值范围是 0~1，当 α 值逐渐增大时，滤波器的低通滤波特性将越来越强；当 $\alpha=1$ 时，目标滤波器的传递函数变成 $\dfrac{1}{1+\alpha T_i/\tau}$，这是一个典型的一阶惯性环节，众所周知，一阶惯性环节是一个典型的低通滤波器。

b. 具有抑制超调的作用。随着 α 值变大，其抑制超调的作用将越来越明显。

2）二自由度控制算法的另一特点是其微分环节采用了不完全微分的微分先行算法。所谓不完全微分，是指在微分环节 T_d/τ 中加了一个 $\dfrac{1}{1+T_d/\tau}$ 的低温滤波器。微分信号的引入可以改善系统的动态特性，但可能会引入高频干扰，加入了一阶惯性环节后可有效抑制高频干扰。

普通微分环节对阶跃信号的响应是一个幅值很高而宽度很窄的脉冲，它对系统会造成较强的冲击，且微分持续的时间很短；不完全微分环节对阶跃信号的响应开始时幅值较高然后很快衰减，与普通微分环节相比，幅值较低而持续时间较长。显然不完全微分环节特性要优于普通微分环节特性，因此目前在工程实践中已很少使用普通微分环节而更多地使用不完全微分环节。

图 5-82 中，α 值越小其特性就越接近普通微分环节，当 α 系数设为 0 时，就等同于普通微分环节，因此在参数整定时，若使用不完全微分则 α 系数设为 0~1 的非 0 值。

另外，微分环节采用了微分先行的方式，从图 5-82 可看出，微分环节只对操作量进行微分而不对给定值微分，其优点是当给定值变化时（给定值变化通常会比较剧烈），由于没有微分可以避免系统可能产生的振荡；而当操作量发生变化时（输出变化通常比较缓和），由于加入微分可以缩短过渡过程，从而改善系统动态响应。

综上所述，二自由度控制算法的核心是其对给定值的响应和对扰动的响应采用了不同的控制算法，这也是二自由度名称的由来。对于给定值，控制算法是一个目标滤波器加比例积分算法，这样可以有效抑制超调；对于扰动，控制算法是一个采用了不完全微分的比例积分微分算法，这样可以有效地改善系统动态响应。

4. PID 算法编程实践

（1）单回路 PID 算法编程实践。以冲压车间自动模式下冬季正常控温为例，PID 指令的输入字是 H14，表示被控温度实测值，本实践的被控温度为送风温度或回风温度，由用户自行选取。PID 指令的输出字为 211，表示热水阀开度（冬季管内注热水）。CP1H 的 PID 指令参数见表 5-23，自动模式下冬季正常控温 PID 程序段如图 5-83 所示。

参考表 5-24 的内容，本实践的相关参数设定值如下。

1）设定值 C 的通道设为 D100，表示送风温度或回风温度的设定值（十六进制数）由用户在 NT11 上设定十进制数（BCD 码），采用 SCL3 进行量程转换，转换成十六进制数，存储在 D100 中。

2）比例带宽（C+1）的设定值通道是 D101，由用户在 NT11 上设定，缺省值设定为 1000（精确到小数点后 1 位）。

3）积分时间（C+2）由用户在 NT11 上设定，缺省值设定为 100s。

4）微分时间（C+3）的设定值通道为 D103，因本实践不采用微分调节，因此 D103 的值设为 0。

5）取样周期（C+4）取 0.01~99.99s 之间的数值，本实践取 $\tau=100$，即为 1s，因此 D104 的值设为 64H（BCD 码 100）。

6）字 C+5 共设置 4 个参数，分别说明如下。

a. 字 C+5 的 0 位：比例作用方向设定（0：反向作用；1：正向作用）。

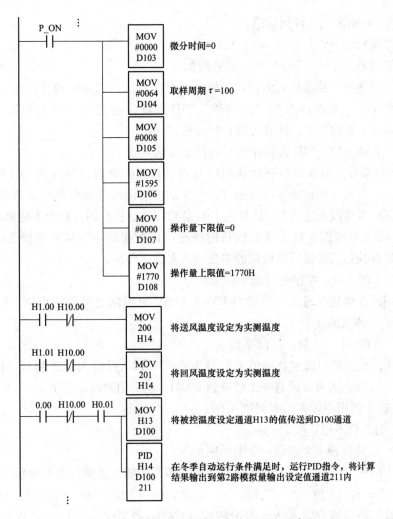

图 5-83 自动模式下冬季正常控温 PID 程序段

PID 调节的方向是 PID 调节的重要参数，可根据实际情况选择正向调节或反向调节。无论是哪种控制方向，控制量 MV 都随设定值 SV 与取样值 PV 之差的增大而增大。正向调节和反向调节的判断分别如图 5-84 和图 5-85 所示。

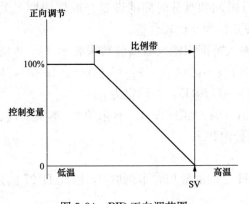

图 5-84 PID 正向调节图

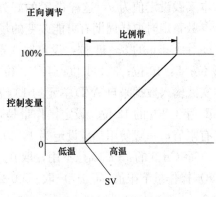

图 5-85 PID 反向调节图

分析图 5-84 和图 5-85 得出结论：

正向调节是指当 PV 大于 SV 时，MV 增加。

反向调节是指当 PV 小于 SV 时，MV 增加。

本实践以"冬季"控温模式为例，为使送风温度或回风温度达到设定值，加热阀将开大，为反向作用。本实践涉及的"过渡季"PID 温度控制也属于反向作用，而"夏季"PID 温度控制却是正向作用，读者可以自行分析。

b. 字 C+5 的 1 位：PID 常数作用时间设定（取 0 或 1）。

取 0：PID 参数只能在指令开始执行时（即 2-PID 指令执行条件为 ON 时的上升沿）修改，就是说，每当 2-PID 指令执行条件为 ON 的上升沿时该指令就将用户设定的参数读入参数工作区；本实践设定为 0，就是说 PID 参数在指令执行的过程中不能修改。

取 1：PID 参数既能在指令开始执行时修改，也能在每一取样周期修改。这就是说，每当 2-PID 指令执行前先将用户设定的参数读入参数工作区。

c. 字 C+5 的 3 位：控制变量输出设定。

该值由用户在编程时确定，是指当 PV 等于 SV 时控制变量的输出值（0：输出 0%；1：输出 50%），本实践定为 1。

d. 字 C+5 的 04～15 位：滤波系数 α。

该值由用户在整定时确定，取值范围是 100～163H（只写入二进制），对应的滤波系数 α 为 0.00～0.99，另外 α 还有一个特殊值 000H，这个值对应缺省值 $\alpha=0.65$，这样规定是因为 0.65 这个值用得较多。本例取 0.00。

e. C+5 的 2 位不用，取 0。

7) 字 C+6 共设置 4 个参数，分别说明如下。

a. 字 C+6 的 0～3 位：设定输出范围。输出范围用输出数据位数来表示（0：8 位；1：9 位；2：10 位；3：11 位；4：12 位；5：13 位；6：14 位；7：15 位；8：16 位），因为本实践输出数据将送到 D/A 单元，其分辨率为 6000，数据位数是 13 位，故设定为 5。

b. 字 C+6 的 4～7 位：设定积分与微分的时间单位（1：取样周期倍数；9：设定时间，单位 0.1s）。例如，积分时间设定为 100，当积分和微分单位设定为 1 时，因本实践中取样周期为 1s，故积分时间为 100s，如将积分和微分单位设定为 9，则积分时间为 $100\times0.1s=10s$。

本实践设定值为 9，这样设置的好处是积分时间和微分时间的设置与取样周期无关，对于参数整定时取样周期有可能改变的场合，设定值为 9 比较合适。

c. 字 C+6 的 8～11 位：设定输入范围。输入范围用输入数据位数来表示（0：8 位；1：9 位；2：10 位；3：11 位；4：12 位；5：13 位；6：14 位；7：15 位；8：16 位），因为本实践输入数据来自 A/D 单元的 13 位数据（0～1770H），故设定为 5。

d. 字 C+6 的 12 位：设定操作量是否加限值（0：无限值；1：有限值）。本实践设定为 1 有限值，一般使用都应设定为 1，以防止积分饱和。

e. 字 C+6 的 13～15 位不用，取 0。

8) 操作量下限值（C+7）取 0000～FFFFH 之间的数值，本例取 0，因此 D107 的值设为 0。

9) 操作量上限值（C+8）取 0000～FFFFH 之间的数值，本例取 1770，因此 D108 的值设为1770。

操作量上、下限与输出范围应满足：0≤操作量下限≤操作量上限≤输出范围最大值。

（2）多回路PID算法编程实践。以涂装车间自动模式下冬季正常控制温度与湿度为例，其控制系统配置图如图5-86所示。涂装车间控制系统的开关量I/O点分配与冲压车间相同，模拟量I/O点分配见表5-26。

图5-86 涂装车间控制系统配置图

表 5-26 涤装车间空调系统模拟量 I/O 表

输 入 点			输 出 点		
名　称	字　号	注　释	名　称	字　号	注　释
AI _ T _ songfeng	200	送风温度	AO _ V _ huifeng	210	回风阀开度
AI _ T _ huifeng	201	回风温度	AO _ V _ heat _ cool	211	冷/热水阀开度
AI _ T _ fangdong	202	防冻温度	AO _ V _ hum	102	蒸汽加湿阀开度
AI _ H _ huifeng	203	回风湿度			
AI _ V _ fankui	2	阀位反馈			

根据控制要求，在冬季需要使用两个PID指令分别对温度与湿度进行回路控制，PID指令参数设置参见表5-24，这两个PID指令的参数设置基本相同，PID调节方向均为反向调节。假设二者取样周期均设为1s，则在编程时需特别注意两个或两个以上PID指令不能在同一个CPU扫描周期中运行，即CPU在同一扫描周期内只能运行一个PID指令，因此为了运行两个PID指令必须编程实现二者的分时单独执行，且两个PID指令的运行间隔至少达到1个取样周期，因此涂装车间自动模式下冬季正常控温和控湿PID程序段如图5-87所示。

从图5-87可以看出，第一逻辑行中定时器TM10（定时1.1s）和定时器TM11（定时2.2s）构成了双稳态电路，使第二逻辑行中控制温度回路的PID指令与控制湿度回路的PID指令彼此间隔1.1s运行一次，从而有效地避免了同一时刻运行两个PID指令。

5. 自整定 PID 控制算法

对于一些缺少工程经验的读者来说，PID参数整定问题常常是最令其头疼的，解决这一问题可以采用CP1H提供的自整定PID控制算法指令。所谓自整定PID，就是PID可以根据需要自动计算出P、I、D参数的一种控制算法。自整定PID控制算法的程序设计流程图，如图5-88所示。

仍以冲压车间自动模式下冬季正常控温为例，PV、SV参数区的设置均不变，但PID采用自整定PID指令，即PIDAT(191)指令。该指令采用与PID指令相同的控制算法，只是增加了自整定的功能。PIDAT指令的参数区设置表见表5-27。

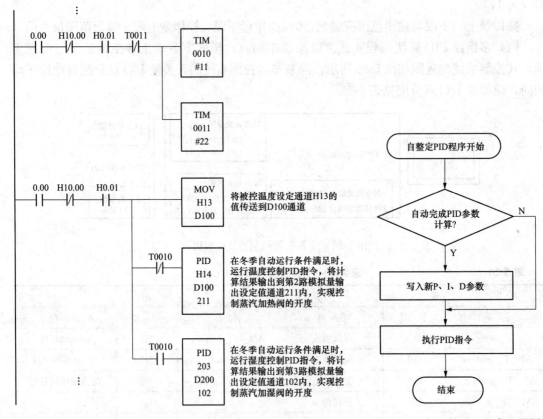

图 5-87　涂装车间冬季 PID 控制温度与湿度程序段　　图 5-88　自整定 PID 程序流程图

表 5-27　　　　　　　　　　　　　**PIDAT 参数设置表**

控制数据	项　目	内　容	设　定　范　围
C	设定值（SV）	受控过程的目标值	与指定输入范围位数相同的二进制数据（0～指令输入范围最大值）
C+1	比例带（P）	P（比例）控制参数，等于比例控制范围/整个控制范围	0001～270F（BCD 码 1～9999）（0.1%～999.9%，单位 0.1%）
C+2	积分常数（T_{fk}）	描述积分作用强弱的常数，该值越大，积分作用越小	0001～1FFF（BCD 码 1～8191）（270F 为无积分控制）设为"1"：1～8191 倍设为"9"：0.1～819.1s
C+3	微分常数（T_{dk}）	常数，描述微分控制强度，值越大，微分作用越强。时间单位参数决定设定方法	与积分常数设定值相同
C+4	取样周期（τ）	执行 PID 运算的周期	0001～270F（BCD 码 1～9999）（0.01～99.99s，单位 0.01s）
C+5 的 0 位	PID 正向/反向设定	确定比例控制的方向	0：反向；1：正向
C+5 的 1 位	PID 常数作用时间设定	指定在何时将 P、T_{ik}、T_{dk} 参数作用于 PID 运算中	0：仅在输入条件上升沿1：在输入条件上升沿和每个取样周期

续表

控制数据	项　目	内　容	设　定　范　围
C+5 的 3 位	操作量输出设定	设定测量值等于设定值时的操作量大小	0：输出 0% 1：输出 50%
C+5 的 4~15 位	2-PID 参数 α	输入滤波系数。通常使用 0.65（即设定值 000）。当系数接近 000 时，滤波作用减弱	000：α＝0.65 若设定为 100~163H，根据设定值低 2 位数决定：α＝0.00~0.99（3 位 BCD 码）
C+6 的 0~3 位	输出范围设定	输出数据的位数	0：8 位　　5：13 位 1：9 位　　6：14 位 2：10 位　7：15 位 3：11 位　8：16 位 4：12 位　（1 位 BCD 码）
C+6 的 4~7 位	常数单位设定	指定积分/微分常数的时间单位	1 或 9（1 位 BCD 码） 1：取样周期倍数 9：时间（100ms/单位）
C+6 的 8~11 位	输入范围设定	输入数据的位数	和输出设定范围相同
C+6 的 12 位	操作量限值设定	是否对操作量设定限值	0：不设定 1：设定
C+7	操作量下限值	设定操作量的下限值	0000~FFFF
C+8	操作量上限值	设定操作量的上限值	0000~FFFF
C+9 的 0~11 位	AT 计算增益	对通过自整定处理的 PID 运算结果自动存储其补给度，用户自己设定。通常使用默认值。强调稳定性时增大；强调反应速度时减小	0000（H）：1.00（默认值） 0001~03E8（H）：0.01~10.00 （单位为 0.01）
C+9 的 15 位	自整定执行位	同时具有执行整定 PID 指令自整定执行中的标志位作用。 当执行自整定时置为 1，自整定完毕自动置为 0。 注：AT 执行中若从 1 置为 0，AT 将中止，以 AT 执行前的 PID 参数进行 PID 运算。但 P、I、D 参数在中止时有效	在上升沿（OFF→ON）时，开始执行自整定运算；在下降沿（ON→OFF）时，停止自整定运算。 作为 AT 执行标志位，"0" 为未执行自整定；"1" 为正在执行自整定
C+10	限位周期滞后	在设定值 SV 中设定发生限位周期时的滞后。 默认值中的逆动作时，在 SV－0.2% 的滞后中将 MV 置 "ON"。 由于 PV 不稳定，在无法产生正常的限位周期时，增大该值。但该值过大会影响自整定精度	0000（H）：0.20%（默认值） 0001~03E8（H）：0.01%~10.00% （单位为 0.01） FFFF（H）：0.00% 注：相对于输入范围的 %
C+11~C+40	工作区，用户不允许使用		

自动模式下冬季正常控温自整定 PID 程序段如图 5-89 所示。

在图 5-89 中，当 0.00 为 ON 且 0.10 为 OFF 时，使用原参数执行 PID 指令；当 0.10 产生上升沿（OFF→ON）时，开始进行自整定运算。其中，D109 的 15 位是 PIDAT 指令内部的自整定开关，自整定过程如图 5-90 所示。本实践中题意要求参数区首址 C 为 D100，故参数区为 D100～D140，其中需用户设置的是 D100～D110，指令占用作为工作区的是 D111～D140。

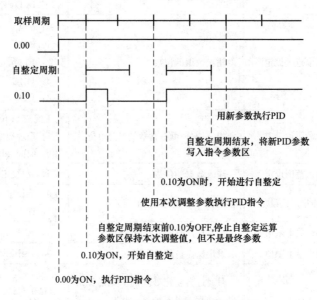

图 5-89　冬季 PIDAT 控制温度程序段

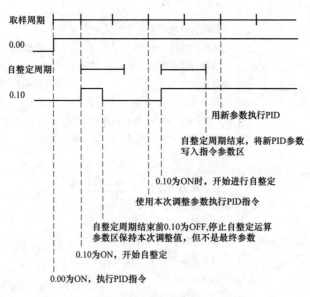

图 5-90　自整定过程执行示意图

PIDAT 指令执行时的响应曲线如图 5-91 所示。

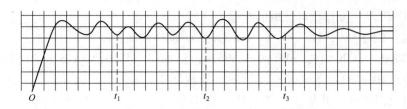

图 5-91 PIDAT 指令执行时的响应曲线

当 $t=0$ 时，0.00、0.10 均为 ON，执行 PIDAT 指令，并开始执行参数自整定。

当 $t=t_1$ 时，D109.15 自动由 ON 变为 OFF，则参数自整定运算终止，此时 PIDAT 按新参数进行控制，如图 8-90 中的 t_1 至 t_2 段所示，曲线呈振荡形式，未达到设定值 SV。

当 $t=t_2$ 时，再次令 0.10 产生上跳沿，使 D109.15 位置为 ON，再次启动参数自整定。

当 $t=t_3$ 时，D109.15 自动由 ON 变为 OFF，则参数自整定终止，此时 PIDAT 按新参数进行控制，如图 5-91 中的 t_3 右侧所示，曲线呈衰减振荡形式，并收敛到设定值，达到控制要求，此时的 PID 参数为自整定的最终参数。

6. 量程标度的标准化

(1) 量程标度标准化编程实践。如图 5-63 所示，冲压车间的新风阀与回风阀采用机械反向装置，控制回风阀的输出（4~20mA）也就等于控制了新风阀的输出，但是由于新风阀的反馈信号是 2~10V 的非标准电压输入信号，却表示了新风阀的开度 0~100%；而其接入 A/D 单元通道的信号量程是标准电压 0~10V，其对应的理论开度 0~100%，因此由于标度值不统一造成了开度的系统偏差。将非标准量程 2~10V 转化为标准量程 0~10V 标度值的程序段如图 5-92 所示。

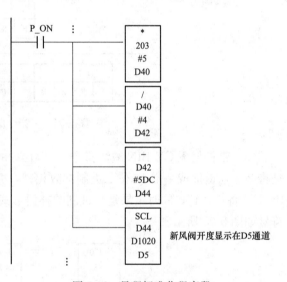

图 5-92 量程标准化程序段

在图 5-92 中，将实际的新风阀位反馈值（十六进制数）乘以 5，再除以 4，即放大了 1.25 倍，相当于满量程为 0000~1D4C（BCD 码：0000~7500），再减去十六进制数 "5DC"（BCD 码：1500），即相当于满量程为 05DC~1770（BCD 码：1500~6000），这样处理后，将 2~10V 的标度值调整到 0~10V 的标准标度值。

(2) 带符号 BIN 乘法指令 * (420) 的使用方法。带符号 BIN 乘法指令 * 是将 2 个通道值或 2 个 16 位二进制常数相乘，结果为 32 位二进制数（占 2 个通道）送到指定通道。* 具有上微分型指令的特性。其梯形图符号如图 5-93 所示。

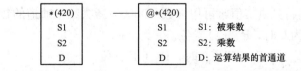

图 5-93 带符号 BIN 乘法指令 * (420) 的梯形图符号

在 CP1H PLC 中操作数可选取的存储器区域如下：

S1 和 S2：CIO，W，H，A，T，C，D，*D，@D 或 ♯。

D：CIO0000～CIO6142，W000～W510，H000～H510，A448～A958，T0000～T4094，C0000～C4094，D00000～D32766，*D 或@D。

注意：1）当运算结果为"0"时，P_EQ置位。

2）当 D+1 通道的 15 位为"1"时，P_N 置位。

* 指令的应用实践如图 5-94 所示。

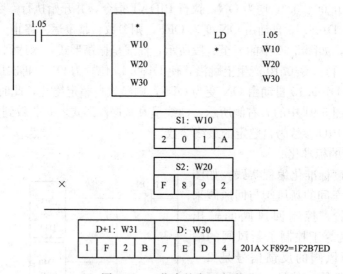

图 5-94　*指令的应用实践

（3）带符号无 CY BIN 减法指令－（410）的使用方法。带符号无 CY BIN 减法指令－是将 2 个通道值或 2 个 16 位二进制常数相减，并将结果送至指定通道。当结果是负数时，P_CY 将置"1"，同时结果是二进制的补码形式。－具有上微分型指令的特性。其梯形图符号如图 5-95 所示。

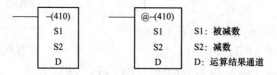

图 5-95　带符号无 CY BIN 减法指令－的梯形图符

在 CP1H PLC 中操作数可选取的存储器区域如下：

S1 和 S2：CIO，W，H，A，T，C，D，*D，@D 或 ♯。

D：CIO，W，H，A448～A959，T，C，D，*D 或@D。

注意：1）当运算结果为负数时，P_CY 置位，且结果通道的数值将是其二进制的补码形式，因此若希望得到真实值，可用常数"0000"减去结果通道的数据。

2）当运算结果为 0 时，P_EQ 置位。

3）当运算结果＞32767（7FFF）时，P_OF 置位。

4）当运算结果＜－32768（8000）时，P_UF 置位。

5）当运算结果通道的 15 位置"1"时，P_N 置位。

一指令的应用实践如图 5-96 所示。

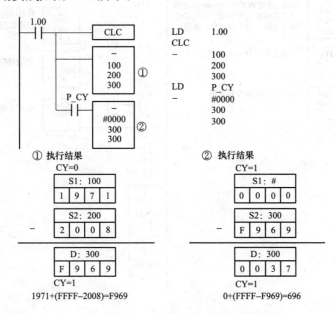

图 5-96　一指令的应用实践

7. 报警程序实践

（1）故障源处理实践。冲压车间的报警程序段如图 5-97 所示，将所有故障报警位并联后产生综合异常报警输出。

但是，经生产实践验证后发现，由于初效过滤报警位 0.03 和中效过滤报警位 0.04 在某时刻会因进风压力的波动造成瞬时的多次通断，从而产生误报警的现象，影响了正常生产，因此必须在图 5-97 的基础上进行改进。采取的改进措施是对这两个敏感位接入定时器，具体方法是在 NT11 上增加一幅设定报警延时值画面，由操作员设定初效过滤报警与中效过滤报警的延迟时间（设定范围是 0～10min），目的是使初效或中效过滤报警位信号稳定一段时间后再产生"真实"的报警，从而有效地避免了瞬间的误报警。

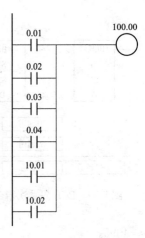

图 5-97　冲压车间的
报警程序段

可以采用两种改进程序的方法，程序段分别如图 5-98（a）、（b）所示。

（2）BCD 码乘法指令 ＊B（424）的使用方法。BCD 码乘法指令 ＊B 是将 2 个 4 位的 BCD 码相乘，并将积输出到结果通道。结果需要占用 2 个通道。＊B 具有上微分型指令的特性。其梯形图符号如图 5-99 所示。

在 CPIH PLC 中操作数可选取的存储器区域如下：

S1 和 S2：CIO，W，H，A，T，C，D，＊D，@D 或 ♯。

D：CIO0000 ～ CIO6142，W000 ～ W510，H000 ～ H510，A448 ～ A958，T0000 ～ T4094，C0000～C4094，D00000～D32766，＊D 或@D。

注意：1）S1 或 S2 的内容不是 BCD 码，P＿ER 置位。

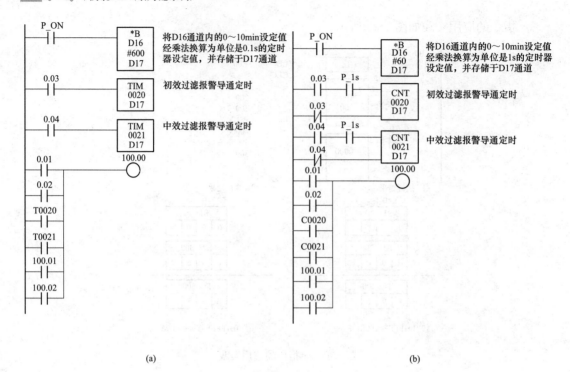

图 5-98 冲压车间的报警改进程序

（a）改进程序 1-TLM 法；（b）改进程序 2-CNT 法

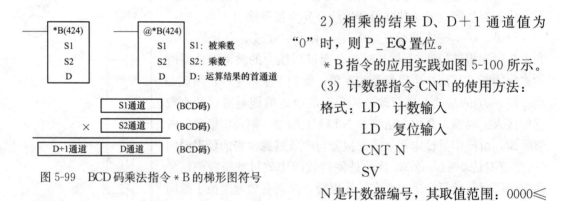

图 5-99 BCD 码乘法指令 ∗B 的梯形图符号

2）相乘的结果 D、D＋1 通道值为"0"时，则 P_EQ 置位。

∗B 指令的应用实践如图 5-100 所示。

（3）计数器指令 CNT 的使用方法：

格式：LD 计数输入

LD 复位输入

CNT N

SV

N 是计数器编号，其取值范围：$0000 \leqslant N \leqslant 4095$。

SV 是计数器设定值，必须是 $0 \sim 9999$ 之间的 BCD 码（1 进制数），其操作数区域：CIO，W，H，A，T，C，D，∗D，@D 或#。

当 SV 是通道时，通道内的值若不是 BCD 码或间接寻址 DM 区的通道号超过范围时，错误标志位 P_ER 置"1"。

CNT 指令是预置计数器，实现减数操作功能。当计数输入端（C）信号从"OFF"变为"ON"时，计算当前值 PV 减 1，当 PV 值减为"O"时，计数器为"ON"；当计数复位端（R）为"ON"时，计数器为"OFF"，且 PV 值返回到 SV 值。当计数输入（C）和复位输入（R）同时为"ON"时，复位输入优先。实践如图 5-101 所示。

时钟脉冲与 CNT 指令构成保持当前值的定时器实践如图 5-102 所示。

在图 5-102 中，只要 PLC 开始运行，时钟脉冲 P_1s 就会连续发出周期 1s、占空比是

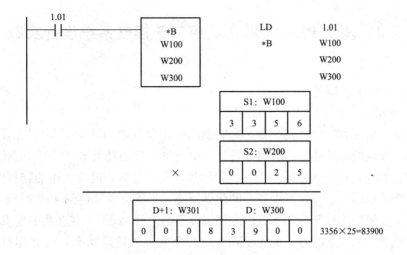

图 5-100 ＊B 指令的应用实践

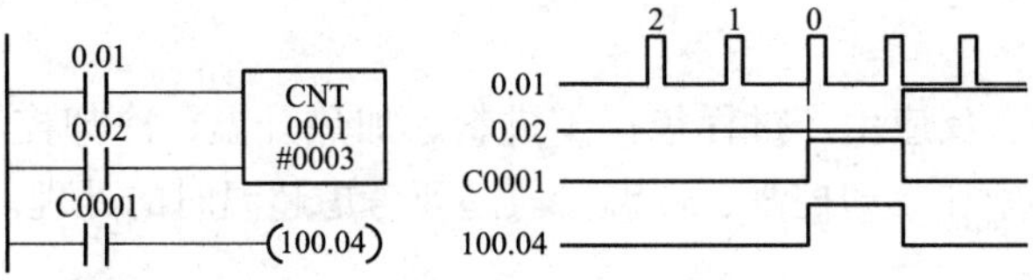

图 5-101 CNT 指令应用实践

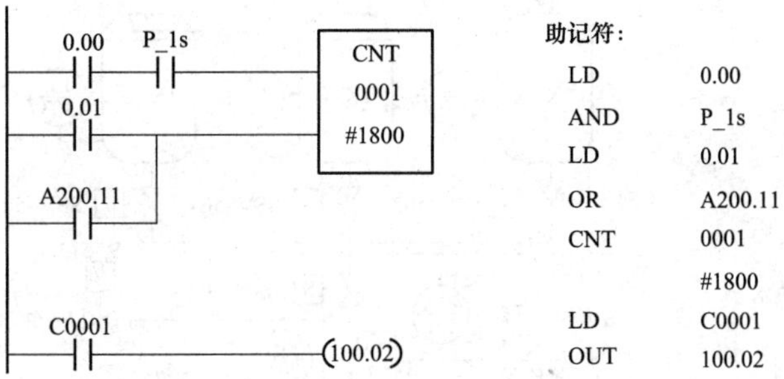

图 5-102 30ms 定时程序实践

1：1 的脉冲。接通启动开关 0.00 后，P＿1s 的上升沿使 CNT0001 计一个脉冲，间隔为 1s，整个的定时公式＝时钟脉冲周期×计数器设定值。图 5-102 中选取 1s 的时钟脉冲，计数器 CNT0001 的计数设定值为 1800 次，则计算得到总定时时间约为 1800s，即 0.00 为 ON 30min 后，100.02 产生输出。

由于 CNT0001 具有保持当前值的特性，所以必须将复位端 0.01 接通一次才能使 CNTM01 复位，从而可以重复计时使用。A200.11 是上电第一周期置位标志，它的作用是将计数器 CNT0001 上电初始复位。

若定时过程中断电，这种由"时钟脉冲＋计数器"的定时器可以保持当前值。

5.4 基于PLC的聚合反应工艺控制系统设计实践

5.4.1 聚合反应工艺概述

1. 工艺说明

该聚合反应属间歇反应，其产物是橡胶制品硫化促进剂DM（2，2'-二硫代苯并噻唑）的中间产品，反应所需的基本原料为三种：多硫化钠、邻硝基氯苯（$C_6H_4C_1NO_2$）及二硫化碳（CS_2）。反应过程是这样的：当三种原料加入反应釜后，反应釜中的物料经夹套蒸汽加热并在搅拌的作用下，开始发生复杂的化学反应，当釜内温度达到45℃时反应变成放热反应，这时应关闭热水打开冷却水，以控制温度逐渐达到120℃，并在此温度点上恒定2～3h。当温度达到150℃或压力达到1.2MPa时，反应进入危险状态，应立即打开放空阀，以减小釜内压力。当反应趋向结束时，放热也趋向停止，这时温度开始下降，当温度逐渐下降到40℃时，即认为反应结束可以出料。另外，在放热反应阶段若温度控制不利将导致升温过快、过高，会使反应加剧，釜压上升，甚至可能造成不可遏制的爆炸而产生危险事故。

综上所述，该聚合反应生产过程包括了进料、加热升温、冷却控制、保温、出料及反应釜清洗等阶段，其中在冷却控制、保温阶段还要考虑超温时的处理。

2. 工艺控制流程

工艺控制流程如图5-103所示。

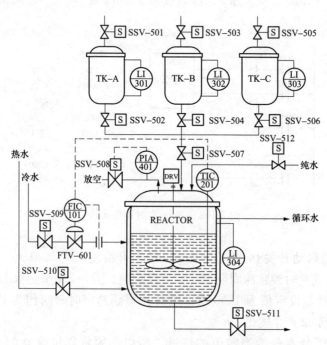

图 5-103 聚合反应工艺流程示意图

TK-A—多硫化钠计量槽；TK-B—二硫化碳计量槽；TK-C—邻硝基氯苯计量槽；

REACTOR—聚合反应釜；DRV—反应釜搅拌器

图 5-103 中 TK-A、TK-B、TK-C 是原料储罐，分别带有液位测量，作为进料计量之用。SSV-501、SSV-503、SSV-505 是三个原料储罐的进料阀组，SSV-502、SSV-504、SS506 是三个原料储罐的出料阀组，SSV-508 和 PIA401 组成压力控制回路，放热反应阶段监控釜内压力，当釜压达 1.2MPa 时打开 SSV-508，以防止爆炸危险。SSV-509、SSV-510 分别是热水和冷却水的开关阀。TIC201、FIC101、FTV-601 组成串级温度调节回路，以控制放热反应阶段的温度。SSV-511 是反应釜的出料阀，SSV-512 是纯水阀，用于在反应结束时清洗反应釜。LI304 是反应釜的液位下限开关，用来判断出料是否结束。

3. 参数表

根据上面的工艺概述，可以总结出系统的 I/O 表，见表 5-28（开关量参数表）和表 5-29（模拟量参数表）。

表 5-28 开关量参数表

输 入 点		输 出 点	
名 称	注 释	名 称	注 释
L1301L	多硫化钠计量槽低位	SSV-501	多硫化钠计量槽入料阀开
L1301H	多硫化钠计量槽高位	SSV-502	多硫化钠计量槽出料阀开
L1302L	二硫化碳计量槽低位	SSV-503	二硫化碳入料阀开
L1302H	二硫化碳计量槽高位	SSV-504	二硫化碳出料阀开
L1303L	邻硝基氯苯计量槽低位	SSV-505	邻硝基氯苯计量槽入料阀开
L1303H	邻硝基氯苯计量槽高位	SSV-506	邻硝基氯苯计量槽出料阀开
L1304L	反应釜低位	SSV-507	釜入料阀开
SW-1	总开关	SSV-508	放空阀开
SW-2	消音按钮	SSV-509	夹套冷水阀开
		SSV-510	夹套热水阀开
		SSV-511	釜山料阀开
		SSV-512	清洗水阀开
		DRV	搅拌器启动
		BEEP	蜂鸣器

表 5-29 模拟量参数表

输 入 点		输 出 点	
名 称	注 释	名 称	注 释
FIC101	夹套冷水流量	FTV-601	夹套冷却水阀门开度
TIC201	反应釜内温度		
PIA401	反应釜内压力		

5.4.2 控制系统硬件配置及 I/O 分配

1. 硬件配置

根据上面的工艺分析可知，控制系统共有 9 个开关量输入点，可选用 1 块标准 16 点 I/O 单元，型号是 CS1W-ID212，通道号为 0000；系统共有 14 个开关量输出点，也选用 1 块标准 16 点 I/O 单元，型号是 CS1W-OD212，通道号为 0001；系统只有 1 个模拟量输出点，用来控制调节阀的开度，调节阀要求 4～20mA 的信号，可选用 D/A 单元，型号是 CS1W-DA041，设单元号为 1，使用见 5.1.1。系统共有温度、压力、流量等 3 个模拟量输入点，这些模拟量均来自 2 线制变送器，其中流量信号还要进行开方处理，根据这些要求应选 1 块 A/D 单元，型号是 CS1W-PTW01，设单元号为 2，使用见 5.2.1。

控制器选用欧姆龙 CS1G-H CPU44PLC，属于欧姆龙高端中型机，具有编程指令丰富，运算速度快，通信功能强，兼容多种特殊单元等特点，尤其是配备了适用于过程控制的特殊指令，使编程方便快捷，很适合本控制系统使用。

人机接口采用欧姆龙 NT631C 彩色触摸屏，它是集显示、操控、报警、打印历史报表等功能于一体的可编程终端。本控制系统除系统总开关和蜂鸣器外，所有的人机处理工作均由可编程终端来完成。该控制系统配置图如图 5-104 所示。

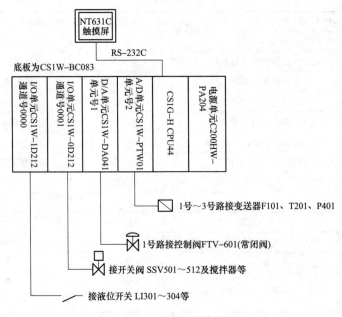

图 5-104　控制系统配置图

2. 开关量 I/O 表

根据系统配置，可列出各开关量的 I/O 地址表，以便在编程时使用。I/O 地址表见表 5-30。

表 5-30　　　　　　　　　　　　　　　　　开关量 I/O 表

通道/位号	输入/输出	名　称	注　释
0000.00	IN	LI301L	多硫化钠计量槽低位
0000.01	IN	LI301H	多硫化钠计量槽高位
0000.02	IN	LI302L	二硫化碳计量槽低位
0000.03	IN	LI302H	二硫化碳计量槽高位
0000.04	IN	LI303L	邻硝基氯苯计量槽低位
0000.05	IN	LI303H	邻硝量氯苯计量槽高位

通道/位号	输入/输出	名　称	注　释
0000.06	IN	LI304L	反应釜低位
0000.07	IN	SW-1	总开关
0000.08	IN	SW-2	消音按钮
0000.09	IN		备用
0000.10	IN		备用
0000.11	IN		备用
0000.12	IN		备用
0000.13	IN		备用
0000.14	IN		备用
0000.15	IN		备用
0001.00	OUT	SSV-501	多硫化钠计量槽入料阀开
0001.01	OUT	SSV-502	多硫化钠计量槽出料阀开
0001.02	OUT	SSV-503	二硫化碳入料阀开
0001.03	OUT	SSV-504	二硫化碳出料阀开
0001.04	OUT	SSV-505	邻硝基氯苯计量槽入料阀开
0001.05	OUT	SSV-506	邻硝基氯苯计量槽出料阀开
0001.06	OUT	SSV-507	釜入料阀开
0001.07	OUT	SSV-508	放空阀开
0001.08	OUT	SSV-509	夹套冷水阀开
0001.09	OUT	SSV-510	夹套热水阀开
0001.10	OUT	SSV-511	釜出料阀开
0001.11	OUT	SSV-512	清洗水阀开
0001.12	OUT	DRV	搅拌器启动
0001.13	OUT	BEEP	蜂鸣器
0001.14	OUT		备用
0001.15	OUT		备用

3. 模拟量参数表

控制系统中共使用两个模拟量单元，设定的单元号分别是1、2。单元号设为1的CS1W-DA041单元的第1路接调节器FTV-601；单元号设为2的CS1W-PTW01单元的第1～3路输入信号分别接变送器TIC201、PIA401、FIC101。

其中，温度变送器的输入信号范围是0～200℃；压力变送器的输入信号范围是0～20MPa；流量变送器的输入信号范围是0～10t/h；3个变送器的输出信号范围均为4～20mA。

现将两块模拟量单元设置参数汇总见表5-31，数值与标志见表5-32。

表 5-31　　　　　　　　　　　DM 区参数设置汇总表

通道号	设置值（十六进制数）	含　义
1 号 CS1W-DA041 单元的 DM 区参数设置（m＝D20100）		
D20100	0001	使用单元的第 1 路输出 PTV-601
D20101	0002	FTV-601 输出信号量程是 4～20mA
D20102	0000	D/A 转换停止时输出为 0
2 号 CS1W-PTW01 单元的 DM 区参数设置（m－D20200）		
D20200	0000	将 CPU 的 DM 区设置参数传入 PTW01 单元
D20202	0320	TIC201：温度报警下下限值 40℃
D20203	0384	TIC201：温度报警下限值 45℃
D20204	0960	TIC201：温度报警上限值 120℃
D20205	0HB8	TIC201：温度报警上上限值 150℃
D20306～D20309	默认值	TIC201：偏差报警上、下限值，零点/量程设置不变
D20334	0000	TIC201：输入信号是 4～20mA
D20335	0000	TIC201：为做开平方处理
D20336	0FA0	TIC201：标定量程最大值 4000
D20337	0000	TIC201：标定量程最小值 0
D20338	0032	TIC201：报警滞后值 50
D20339	0005	TIC201：报警输出延迟 5s
D20340	0FA0	TIC201：偏差最大值 4000
D20341	F060	TIC201：偏差最小值－4000
D20342	0002	TIC201：偏差计算时间间隔 2s
D20343	0FA0	TIC201：偏差标定最大值 4000
D20344	0000	TIC201：偏差标定最小值 0
D20345	0006	TIC201：6 个测量值求滑动平均值
D20311	0960	PIA401：压力报警上限值 1.2MPa
D20310. D20312～D20317	默认值	PIA401：报警下下限值、下限值、上上限值、偏差报警上、下限值、零点/量程设置不变
D20346	0000	PIA401：输入信号是 4～20mA
D20347	0000	PIA401：不做开平方处理
D20348	0FA0	PIA401：标定量程最大值 4000
D20349	0000	PIA401：标定量程最小值 0
D20350	0032	PIA401：报警滞后值 50
D20351	0005	PLA401：报警输出延迟 5s
D20352	0FA0	PIA401：偏差最大值 4000
D20353	F060	PIA401：偏差最小值－4000
D20354	0002	PIA401：偏差计算时间间隔 2s
D20355	0FA0	PIA401：偏差标定最大值 4000
D20356	0000	PIA401：偏差标定最小值 0

通道号	设置值（十六进制数）	含　义
♯2 CS1W-PTW01 单元的 DM 区参数设置（m—D20200）		
D20357	0006	PIA401：6 个测量值求滑动平均值
D20318～D20325	默认值	FIC101：报警值（下下限、下限、上限、上上限）、偏差报警上、下限值、零点/量程设置不变
D20358	0000	FIC101：输入信号是 4～20mA
D20359	0001	FIC101：开平方处理
D20360	0FA0	FIC101：标定量程最大值 4000
D20361	0000	FIC101：标定量程最小值 0
D20362	0032	FIC101：报警滞后值 50
D20363	0005	FIC101：报警输出延迟 5s
D20364	0FA0	FIC101：偏差最大值 4000
D20365	F060	FIC101：偏差最小值－4000
D20366	0002	FIC101：偏差计算时间间隔 2s
D20367	0FA0	FIC101：偏差标定最大值 4000
D20368	0000	FIC101：偏差标定最小值 0
D20369	0006	FIC101：6 个测量值求滑动平均值

表 5-32　　　　　　　　　　　　　CIO 区参数汇总表

通道号	设置值（十六进制数）	含　义
♯1 CS1W-DA041 单元的 CIO 区参数设置（n＝CIO 2010）		
2010	0001	启动 FTV-601
2011		FTV-601 的开度
♯2 CS1 W-PTW01 单元的 CIO 区参数设置（n＝CIO 2020）		
2020		00～03 位对应 TIC201 报警状态（40℃、45℃、120℃、150℃）04～07 位对应 PIA401 报警状态（下下限、下限、1.2MPa、上上限） 08～11 位对应 FIC101 报警状态（下下限、下限、上限、上上限）
2021		TIC201 测量值
2022		PIA401 测量值
2023		FIC101 测量值
2025		TIC201 测量偏差值
2026		PIA401 测量偏差值
2027		FIC101 测量偏差值
2029		00～01 位对应 TIC201 偏差报警状态（下限、上限） 02～03 位对应 PIA401 偏差报警状态（下限、上限） 04～05 位对应 PIC101 偏差报警状态（下限、上限） 08 位对应 TIC201 断线检测状态 09 位对应 PIA401 断线检测状态 10 位对应 FIC101 断线检测状态

5.4.3　控制系统软件流程及工作原理

1. 控制系统软件流程

根据上面的分析，可以画出控制系统的软件流程，如图 5-105 所示。

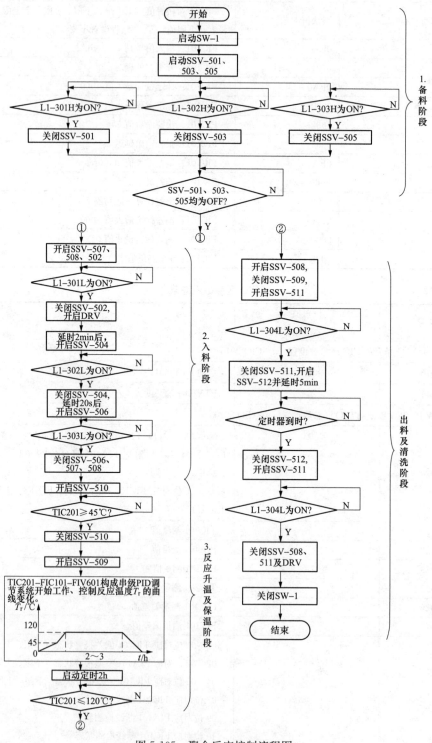

图 5-105　聚合反应控制流程图

流程可分为备料、进料、反应控温、出料清洗等4个阶段。

在备料阶段，开启阀SSV-501、SSV-502、SSV-503将三种原料分别打入原料计量罐中直至上限，通过三个罐的液位上限来控制三种原料的配比。

在进料阶段，根据工艺要求三种原料要依次加入，并且中间要有延时。搅拌在第一种原料加入后就启动直至整个工艺结束。

在反应控温阶段，除按照工艺要求进行控温外，还要考虑超温、超风处理。超温、超压处理流程如图5-105所示。

2. 温度串级调节回路工作原理

在反应控温阶段，由TIC201、FIC101、FIV401构成了温度串级调节回路，在CS1/CJ1系统中可由两个PID指令来实现此控制回路，如图5-106所示。

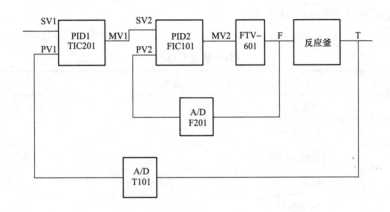

图5-106 温度串级调节回路控制功能图

图5-106中用PID1指令作为TIC201的温度调节器，也是该串级调节回路的主调节器；用PID2指令作为FIC101的流量调节器，也是该串级调节回路的副调节器。PID1的输出MV作为PID2的给定值SV，PID2的输出MV通过D/A单元控制FIV401，流量信号F101经A/D转换作为PID2的测量值PV，温度信号T201经A/D转换作为PID1的测量值PV。

关于对调节器正反作用的确定说明如下。

1）首先从安全角度考虑，应选定调节阀FTV-601为常开阀。

2）判断副调节器控制方向。假定该调节器为正作用，当流量上升时，偏差e减小，调节器输出MV减小，调节开度加大，流量上升，系统为正反馈，所以该调节器为负作用。

3）判断主调节器控制方向。假定主调节器为正作用，当温度上升时，偏差e减小，主调节器输出MV减小，副调节器给定值SV加入，副调节器输出上升，调节阀FTV-601开度减小，温度上升，系统为正反馈，所以主调节器为负作用。

各个信号所使用的通道号见表5-33，其中给定值所用的通道地址也是该PID指令参数区的首址，一般应放在DM区。

表 5-33   PID 指令信号地址表

指令号	信号名称	通道地址	备 注
PID1	给定值 SV	D1000	PID1 参数区首址
PID1	测量值 PV	100	
PID1	控制输出 MV	101	
PID2	给定值 SV	D1100	PID2 参数区首址
PID2	测量值 PV	102	
PID2	控制输出 MV	103	

5.4.4　PID 参数设置及梯形图程序

PID 参数设置见表 5-34、表 5-35。

表 5-34   PID1 参数汇总表

指令号	信号名称	通道地址	备 注
PID1	给定值 SV	D1000	PID1 参数区首址
PID1	测量值 PV	100	
PID1	控制输出 MV	101	
PID2	给定值 SV	D1100	PID2 参数区首址
PID2	测量值 PV	102	
PID2	控制输出 MV	103	

表 5-35   PID2 参数汇总表

地 址	参数值（十六进制数）	说 明
D1000		此值来自 PID1 的输出值
D1001	01F4	比例带 50%
D1002	01F4	积分时间 50s
D1003	0000	微分时间 0
D1004	000A	采样周期 1s
D1005	000A	$\lambda=0.65$，正作用
D1006	1494	PV/MV 值为 12 位，有限位，微积分单位是 0.1s
D1007	0000H	MV 值下限 0
D1008	0FA0H	MV 值上限 4000

顺序控制部分的梯形图程序清单如图 5-107 所示。

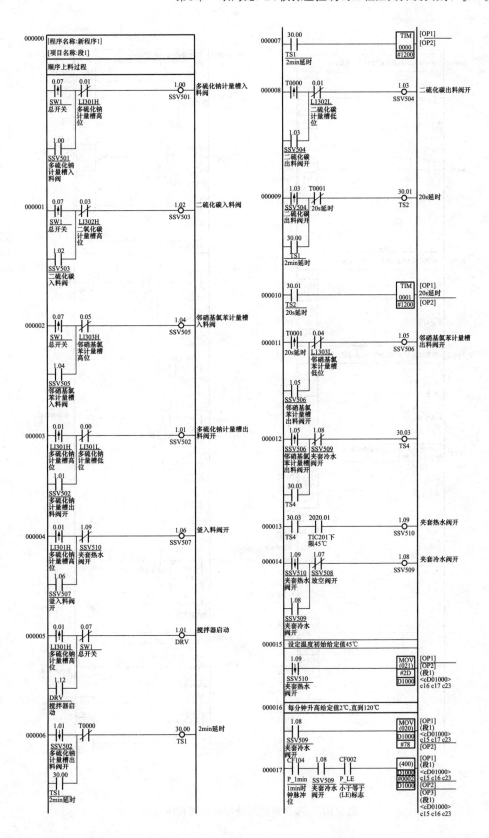

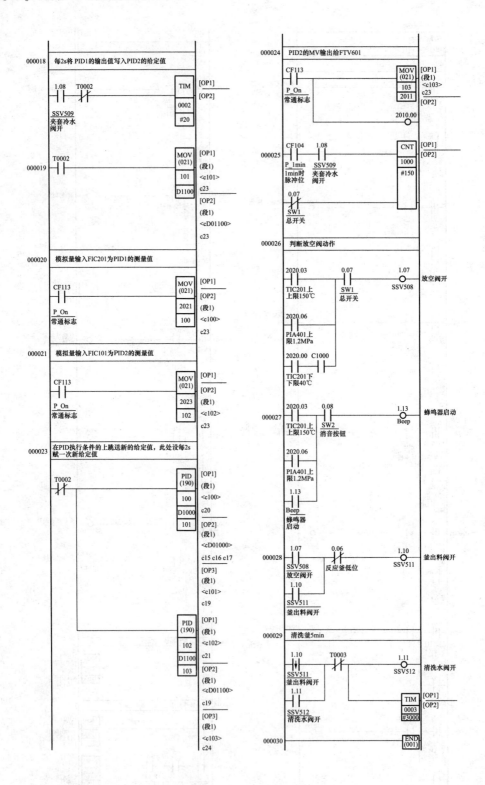

图 5-107　顺序控制部分的梯形图程序清单

5.5 基于 PLC 的乙醇精馏工艺控制系统设计实践

5.5.1 乙醇精馏工艺概述

1. 工艺控制流程及说明

酒精（乙醇）提纯工艺属间歇反应，目的是将纯度为 $95\%\sim98\%$ 的酒精经三重精馏生成纯度达 99.99% 以上的分析醇，其工艺控制流程图如图 5-108 所示。

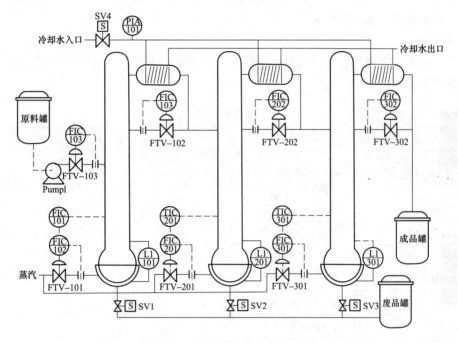

图 5-108 乙醇精馏工艺控制流程图

精馏工艺流程是将存储在原料罐内的酒精原料由泵 Pump1 打入 1 号精馏塔中，从塔中部进料，酒精原料的流量采用单回路 PID 控制，若该流量不稳定会导致整个工艺的不稳定。1 号精馏塔有两个控制点：一个是塔中部的温度控制点，具体位置由工艺决定，为了克服蒸汽扰动对塔内温度的影响，需采用温度—流量的串级调节方式，串级调节回路由 FTV-101、TIC101 和 FIC102 组成；另一个控制点是塔顶的回流比控制，回流比越大，则越有利于提纯，但生产速度越慢，产量越低，反之亦然。回流比的确定由工艺决定。此外，由于该工艺在生产过程中塔釜并不出料，故回流比控制就转变成回流量的控制，按生产经验通常在生产的初始阶段采用全回流。

塔釜的液位控制是精馏塔控制的重要环节之一。当液位低于下限时，停止蒸汽加热，即串级调节停止，FTV-101 关闭；当液位下限回升到正常范围内时，重新启动蒸汽加热。当液位高于上限的，将关闭泵 Pump1，中止进料。当液位从上限回落到正常范围内时，重新启动原料泵。

冷却水对酒精生产至关重要，系统实时监视冷却水管路压力 p，若冷却水压力过低，则关闭泵 Pump1，停止精馏过程，以免塔内压力过大。

2号、3号精馏塔的控制方式与1号精馏塔基本相同，区别在于当2号精馏塔的液位过高时，1号精馏塔将停止回流比控制，将FTV-102完全打开置全回流，3号精馏塔亦如此。

上面提到整个工艺生产是间歇式的，精馏过程的时间是由完成分析醇的产量而决定的，该产量由FIC101流量测量累加得到。

当达到产量的设定值时，关闭泵Pump1，停止1号精馏塔进料，此时1号塔液位将逐步下降。当低于下限时，1号塔蒸汽加热停止，即1号塔停止工作；接着2号塔液位开始下降，当低于下限时，2号塔的蒸汽加热停止，3号塔亦如此。当1号、2号、3号塔的蒸汽加热停止后，自然冷却一段时间后，开启SV1、SV2、SV3，将3个塔的塔釜废料排入废品罐，酒精提纯工艺流程结束。

2. 参数表

根据上面的工艺概述，可以总结出系统的I/O参数，其中开关量参数表见表5-36，模拟量参数表见表5-37。

表 5-36　　　　　　　　　　　　　　开关量参数表

输 入 点		输 出 点	
名 称	注 释	名 称	注 释
SW-1	总开关	SV1	1号精馏塔塔釜出料阀开
LI101L	1号精馏塔塔釜液位下限	SV2	2号精馏塔塔釜出料阀开
LI101H	1号精馏塔塔釜液位上限	SV3	3号清馏塔塔釜出料阀开
LI201L	2号精馏塔塔釜液位下限	SV4	冷却水阀开
LI201H	2号精馏塔塔釜液位上限	Pump1	原料泵启动
LI301L	3号精馏塔塔釜液位下限		
LI301H	3号精馏塔塔釜液位上限		
PIA101L	冷却水压力下限		

表 5-37　　　　　　　　　　　　　　模拟量参数表

输 入 点		输 出 点	
名 称	注 释	名 称	注 释
FIC101	1号精馏塔入料流量	FTV-101	1号精馏塔塔釜蒸汽阀开度
FIC102	1号精馏塔塔釜加热蒸汽流量	FTV-102	1号精馏塔塔顶回流阀开度
FIC103	1号精馏塔塔顶同流流量	FTV-103	1号精馏塔入料阀开度
TIC101	1号精馏塔内温度	FTV-201	2号精馏塔塔釜蒸汽阀开度
FIC201	2号精馏塔塔釜加热蒸汽流量	FTV-202	2号精馏塔塔顶回流阀开度
FIC202	2号精馏塔塔顶回流流量	FTV-301	3号精馏塔塔釜蒸汽阀开度
TIC201	2号精馏塔内温度	FTV-302	3号精馏塔塔顶回流阀开度
FIC301	3号精馏塔塔釜加热蒸汽流量		
FIC302	3号精馏塔塔顶回流流量		
TIC301	3号精馏塔内温度		

5.5.2　控制系统硬件配置及I/O分配

1. 硬件配置

根据上面的工艺分析可知，控制系统共有8个开关量输入点，出于系统扩展的考虑，可以选用1块标准16点I/O单元，型号是CS1W-ID211，通道号为0000；系统共有5个开关量输出点，可以选用1块标准16点I/O单元，型号是CS1W-OD211，通道号为0001。

系统内有7个模拟量输出点，用来控制调节阀的开度，调节阀要求4～20mA的信号，可选用D/A单元，型号是CS1W-DA08C，设其单元号为1，使用说明详见本书5.1.1。

系统共有温度、流量等10个模拟量输入点，其中温度输入3路，均来自3线制热电阻温度计，应选1块热电阻输入单元，型号是CS1W-PTS02，设单元号为2；流量输入7路，采用2线制，要求进行开方处理，应选2块A/D单元，型号是CS1W-PTW01，分别设单元号为3、4，使用说明详见本书5.2.1。

控制器采用欧姆龙的高端中型PLC，型号是CS1G-H CPU44，并在CPU单元上内插了一块适用于多回路PID控制的回路控制板，型号是CS1W-LCB01，实现对3个精馏塔的温度—流量串级控制，以及原料流量、回流量的单回路PID控制。

人机接口采用欧姆龙NT631C彩色触摸屏，它是集显示、操控、报警、打印历史报表、参数设置等功能于一体的可编程终端（PT）。本控制系统除系统总开关外，所有的人机处理工作均由PT来实现。关于PT的使用可参见丛书《触摸屏可编程终端》。

该控制系统配置图如图5-109所示。

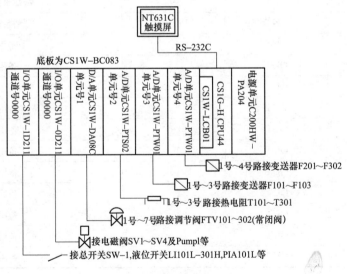

图5-109　控制系统配置图

2. 开关量I/O表

根据系统配置，列出各开关量的I/O地址表，以便在编程中使用。I/O地址表见表5-38。

表 5-38 开关量的 I/O 地址表

通道/位号	输入/输出	名 称	注 释
0000.00	IN	SW-1	总开关
0000.01	IN	LI101L	1号精馏塔塔釜液位下限
0000.02	IN	LI101H	1号精馏塔塔釜液位上限
0000.03	IN	LI201L	2号精馏塔塔釜液位下限
0000.04	IN	LI201H	2号精馏塔塔釜液位上限
0000.05	IN	LI301L	3号精馏塔塔釜液位下限
0000.06	IN	L1301H	3号精馏塔塔釜液位上限
0000.07	IN	PIA101L	冷却水压力下限
0000.08	IN		备用
0000.09	IN		备用
0000.10	IN		备用
0000.11	IN		备用
0000.12	IN		备用
0000.13	IN		备用
0000.14	IN		备用
0000.15	IN		备用
0001.00	OUT	SV1	1号精馏塔塔釜出料阀开
0001.01	OUT	SV2	2号精馏塔塔釜出料阀开
0001.02	OUT	SV3	3号精馏塔塔釜出料阀开
0001.03	OUT	SV4	冷却水阀开
0001.04	OUT	Pump1	原料泵启动
0001.05	OUT		备用
0001.06	OUT		备用
0001.07	OUT		备用
0001.08	OUT		备用
0001.09	OUT		备用
0001.10	OUT		备用
0001.11	OUT		备用
0001.12	OUT		备用
0001.13	OUT		备用
0001.14	OUT		备用
0001.15	OUT		备用

3. 模拟量 I/O 表

控制系统中共使用 4 个模拟量单元，设定的单元号是 1～4。单元号设为 1 的 CS1W-DA08C 的第 1～7 路接调节阀 FTV-101～FTV-302；单元号设为 2 的 CS1W-PTS02 的第 1～3 路接热电阻 T101-T302；单元号设为 3 的 CS1W-PTW01 的第 1～3 路接变送器 F101～

F103；单元号设为 4 的 CS1W-PTW01 的第 1～4 路接变送器 F201～F302。

根据工艺要求选用热电阻温度计的测温范围是 0～150℃；流量变送器的输入信号范围为 0～3t/h，输出信号范围为 4～20mA。

现将 4 块模拟量单元设置参数汇总，见表 5-39；数值与标志见表 5-40。

表 5-39　DM 区参数设置汇总表

通道号	设置值（十六进制数）	含　义
1 号 CS1W-DA08C 单元的 DM 区参数设置（m＝D20100）		
D20100	007F	使用单元的第 1～7 路输出 FTV-101～FTV-302
D20101	2AAA	第 1～7 路输出信号量程均是 4～20mA
D20102～D20108	0000	D/A 转换停止时输出为 0
2 号 CS1W-PTS02 单元的 DM 区参数设置（m＝D20200）		
D20200	0000	将 CPU 的 DM 区设置参数传入 PTS02 单元
D20234 D20249 D20264	0000	T101、T201、T301：传感器类型 P100
D20235 D20250 D20265	05DC	T101、T201、T301：测温最大值 150℃
D20236 D20251 D20266	0000	T101：测温最小值 0℃
D20237 D20252 D20267	0000	T101、T201、T301：温度单位是℃
D20239 D20254 D20269	0FA0	T101、T201、T301：标定温度最大值 4000
D20240 D20255 D20270	0000	T101、T201、T301：标定温度最小值 0
2 号 CS1 W-PTS02 单元的其他 DM 通道值取默认值		
3 号 CS1 W-PTW01 单元的 DM 区参数设置（m＝D20300）		
D20300	0000	将 CPU 的 DM 区设置参数传入 PTW01 单元
D20334 D20346 D20358	0000	F101、F102、F103：输入信号均是 4～20mA
D20335 D20347 D20359	0000	F101、F102、F103：做开平方处理
D20336 D20348 D20360	0FA0	F101、F102、F103：标定量程最大值 4000
D20337 D20349 D20361	0000	F101、F102、F103：标定量程最小值 0

续表

通道号	设置值（十六进制数）	含　义
3 号 CS1W-PTW01 单元的其他 DM 通道值取默认值		
4 号 CS1W-PTW01 单元的 DM 区参数设置（m＝D20400）		
D20400	0000	将 CPU 的 DM 区设置参数传入 PTW01 单元
D20434	0000	F201、F202、F301、F302：输入信号均是 4～20mA
D20446		
D20458		
D20470		
D20435	0001	F201、F202、F301、F302：做开平方处理
D20447		
D20459		
D20471		
D20436	0FA0	F201、F202、F301、F302：标定量程最大值 4000
D20448		
D20460		
D20472		
D20437	0000	F201、F202、F301、F302：标定量程最小值 0
D20449		
D20461		
D20473		
4 号 CS1 W-PTW01 单元的其他 DM 通道值取默认值		

表 5-40　　　　　　　　　　　　　　CEO 区参数汇总表

通道号	设置值（十六进制数）	含　义
1 号 CS1W-DA08C 单元的 CIO 区参数设置（n＝CIO 2010）		
2010	007F	启动 FTV-101～FTV-302
2011～2017		FTV-101～FTV-302 的开度
2 号 CS1W-PTS02 单元的 CIO 区参数设置（n＝CIO 2020）		
2020		00～03 位对应 T101 报警状态（下下限、下限、上限、上上限） 04～07 位对应 T201 报警状态（下下限、下限、上限、上上限） 08～11 位对应 T301 报警状态（下下限、下限、上限、上上限）
2021		T101 测量值
2022		T201 测量值
2023		T301 测量值
2025		T101 测量偏差值
2026		T201 测量偏差值
2027		T301 测量偏差值
2029		00～01 位对应 T101 偏差报警状态（下限、上限） 02～03 位对应 T201 偏差报警状态（下限、上限） 04～05 位对应 T301 偏差报警状态（下限、上限） 08 位对应 T101 断线检测状态 09 位对应 T201 断线检测状态 10 位对应 T301 断线检测状态

通道号	设置值 （十六进制数）	含 义
3 号 CS1W-PTW01 单元的 CIO 区参数设置（n＝CIO 2030）		
2030		00～03 位对应 F101 报警状态（下下限、下限、上限、上上限）
		04～07 位对应 F102 报警状态（下下限、下限、上限、上上限）
		08～11 位对应 F103 报警状态（下下限、下限、上限、上上限）
2031		F101 测量值
2032		F102 测量值
2033		F103 测量值
2035		F101 测量偏差值
2036		F102 测量偏差值
2037		F103 测量偏差值
2039		00～01 位对应 F101 偏差报警状态（下限、上限）
		02～03 位对应 F102 偏差报警状态（下限、上限）
		04～05 位对应 F103 偏差报警状态（下限、上限）
		08 位对应 F101 断线检测状态
		09 位对应 F102 断线检测状态
		10 位对应 F103 断线检测状态
4 号 CS1 W-PTW01 单元的 CIO 区参数设置（n＝CIO 2040）		
2040		00～03 位对应 F201 报警状态（下下限、下限、上限、上上限）
		04～07 位对应 F202 报警状态（下下限、下限、上限、上上限）
		08～11 位对应 F301 报警状态（下下限、下限、上限、上上限）
		12～15 位对应 F302 报警状态（下下限、下限、上限、上上限）
2041		F201 测量值
2042		F202 测量值
2043		F301 测量值
2044		F302 测量值
2045		F201 测量偏差值
2046		F202 测量偏差值
2047		F301 测量偏差值
2048		F302 测量偏差值
2049		00～01 位对应 F201 偏差报警状态（下限、上限）
		02～03 位对应 F202 偏差报警状态（下限、上限）
		04～05 位对应 F301 偏差报警状态（下限、上限）
		06～07 位对应 F302 偏差报警状态（下限、上限）
		08 位对应 F201 断线检测状态
		09 位对应 F202 断线检测状态
		10 位对应 F301 断线检测状态
		11 位对应 F302 断线检测状态

5.5.3　控制系统软件流程及工作原理

1. 控制系统软件流程

根据上面的分析，乙醇精馏过程可分为入料、正常精馏（精馏塔温度控制及塔顶回流比控制）、出料等三个阶段，控制流程如图 5-110 所示。

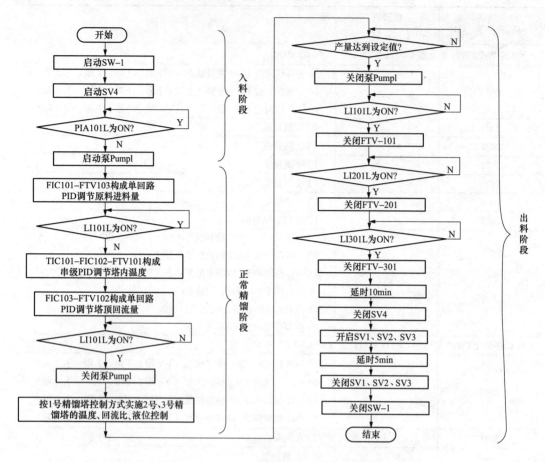

图 5-110　乙醇精馏过程控制流程

2. 精馏塔多回路控制工作原理

（1）温度—流量串级调节回路工作原理。以 1 号精馏塔的塔内控温为例，由 TIC101、FIC102、FTV-101 构成了温度串级调节回路，利用 CS1 的 CPU 内插回路控制板 LCB01 及回路控制组态程序开发工具 CX-Process Tool，可以由两个 PID 模块实现此控制回路，如图 5-111 所示。

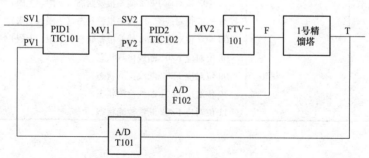

图 5-111　1 号精馏塔温度串级调节回路控制功能图

图 5-111 中用 PID1 模块作为 TIC101 的温度调节器,也是该串级调节回路的主调节器;用 PID2 模块作为 FIC101 的流量调节器,也是该串级调节回路的副调节器。PID1 的输出 MV1 作为 PID2 的给定值 SV2,PID2 的输出 MV2 通过 D/A 单元控制 FTV-101,流量信号 F101 经 A/D 转换作为 PID2 的测量值 PV2,温度信号 T101 经 A/D 转换作为 PID1 的测量值 PV1。

关于对调节器正反作用的确定说明如下。

1)首先选定调节阀 FTV-101 为常闭阀。

2)判断副调节器控制方向。假定该调节器为正作用,当流量上升时,偏差 e 减小,调节器输出 MV 减小,调节开度减小,流量下降,系统为负反馈,所以该调节器为正作用。

3)判断主调节器控制方向。假定主调节器为正作用,当温度上升时,偏差 e 减小,主调节器输出 MV 减小,副调节器给定值 SV 减小,副调节器输出下降,调节阀 FTV-101 开度减小,温度下降,系统为负反馈,所以主调节器为正作用。

(2)原料流量及回流量单回路调节工作原理。以 1 号精馏塔的原料进料量及回流量控温为例,由 FIC101 与 FTV-103 构成了原料流量的单 PID 回路调节酒精原料的进料量;由 FIC103 与 FTV-102 构成了回流比的单 PID 回路调节塔顶酒精产品的回流料量,利用 CS1 的 CPU 内插回路控制板 LCB01 及回路控制组态程序开发工具 CX-Process Tool,可以分别采用 1 个 PID 模块实现两个单回路调节,两者均采用外给定值,如图 5-112、图 5-113 所示。

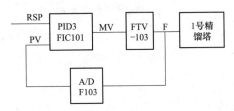

图 5-112　1 号精馏塔原料进料流量
单回路控制功能图

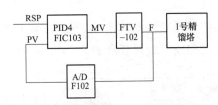

图 5-113　1 号精馏塔塔顶回流量
单回路控制功能图

图 5-112 中采用 PID3 模块作为 FIC101 的进料流量调节器,PID3 的输出 MV 通过 D/A 单元控制 FTV-103,流量信号 F103 经 A/D 转换作为 PID3 的测量值 PV,构成负反馈。由于 FTV-103 为常闭阀,故该调节器应为正作用。

图 5-113 中采用 PID4 模块作为 FIC103 的回流量调节器,PID4 的输出 MV 通过 D/A 单元控制 FW-102,流量信号 F102 经 A/D 转换作为 PID4 的测量值 PV,构成负反馈。由于 FTV-102 为常闭阀,故该调节器应为正作用。

5.5.4　LCB 控制组态程序及 PID 参数设置

利用 CX-Process Tool 编写精馏塔的 LCB 控制组态程序。系统注册后的硬件模块配置如图 5-114 所示,本地终端与实际控制系统硬件相对应。1 号、2 号、3 号精馏塔的回路控制功能模块组态图分别如图 5-115～图 5-117 所示。现以 1 号精馏塔的温度、入料量及回流量控制为例,解释其组态图的含义。

在图 5-115 中,001 模块相当于图 5-111 中的 PID1,是 TIC101 的温度调节器,也是串

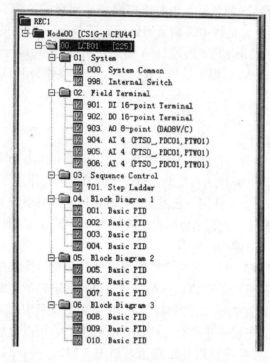

图 5-114　精馏塔控制系统功能模块配置图

级调节回路的主调节器，其测量值取自 904 模块的"Y1"端，即热电阻单元 PTS02 的第 1 路输入 T101。其给定值采用外给定值方式，001 模块的"RSP"端连接到用户链接表的"L2：TIC101-RSP"端，用户通过设置该项数值实现给 PID1 模块的外给定值赋值。001 模块的输出端"MV_C"连接到 002 模块的"RSP"端，即 PID1 模块的输出作为 PID2 模块的给定值。

002 模块相当于图 5-111 中的 PID2，是 FIC101 的流量调节器，也是串级调节回路的副调节器，其测量值取自 905 模块的"Y2"端，即模拟量输入单元 PTW01 的第 2 路输入 F102。其给定值采用外给定值方式，002 模块的"RSP"端连接到 001 模块的"MV_C"端，即 PID1 模块的输出作为 PID2 模块的给定值。002 模块的输出端"MV_C"连接到 903 模块的"X1"

端，即模拟量输出单元 DA08C 的第 1 路输出 FTV-101。001、002、903、904 模块及用户链接表构成串级调节系统。

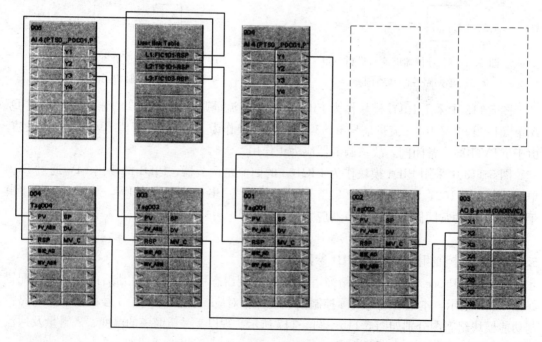

图 5-115　1 号精馏塔控制功能模块组态图

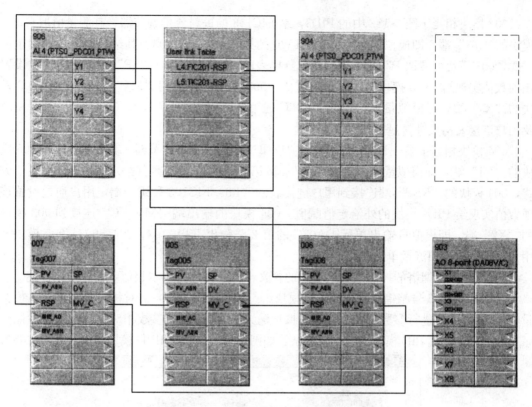

图 5-116　2号精馏塔控制功能模块组态图

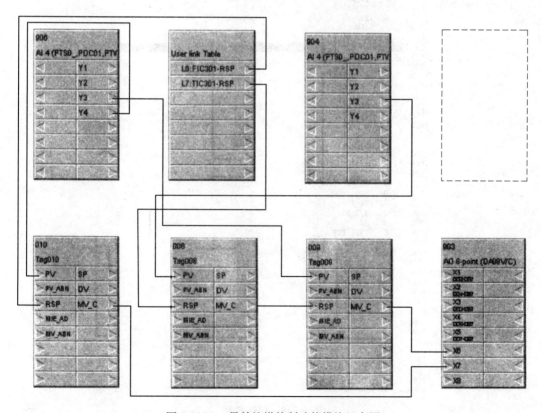

图 5-117　3号精馏塔控制功能模块组态图

003 模块相当于图 5-112 中的 PID3，是 FIC103 的进料流量调节器，其测量值取自 905 模块的"Y3"端，即模拟量输入单元 PTW0 的第 3 路输入 F103。其给定值采用外给定值方式，003 模块的"RSP"端连接到用户链接表的"L1：FIC101-RSP"端，用户通过设置该项数值实现给 PID3 模块的外给定值赋值。003 模块的输出端"MV_C"连接到 903 模块的"X3"端，即模拟量输出单元 DA08C 的第 3 路输出 FTV-103。003、903、905 模块及用户链接表构成进料量单回路调节系统。

004 模块相当于图 5-113 中的 PID4，是 FIC103 的回流量调节器，其测量值取自 905 模块的"Y1"端，即模拟量输入单元 PTW01 的第 1 路输入 F101。其给定值采用外给定值方式，004 模块的"RSP"端连接到用户链接表的"L3：FIC103-RSP"端，用户通过设置该项数值实现给 PID4 模块的外给定值赋值。004 模块的输出端"MV_C"连接到 903 模块的"X2"端，即模拟量输出单元 DA08C 的第 2 路输出 FTV-102。004、903、905 模块及用户链接表构成回流量单回路调节系统。

2 号、3 号精馏塔的控制模块组态图的含义与 1 号精馏塔基本相似，在此不做赘述。

1 号、2 号、3 号精馏塔的回路控制模块组态图建立完成后，需对每个 PID 模块、模拟量输入/输出模块进行参数配置。配置模拟量输入/输出模块的参数相对简单，可以参照附录 4 的内容。配置 PID 模块的参数较繁杂，如图 5-118 所示 003PID 模块的参数表，主要参

ITEM	Type	ITEM tag	Data
		〈 Initial setting data 〉	
001	S	COMMENT	Basic PID
002	S	MODEL	011
004	S	CNT_TMEX	System common operation cycle
005	S	SCAN_NO	2000
006	S	PV_AD	905.021
012	S	HS_SP	1.00
018	S	PVE_AD	000.000
020	S	ALM_LIM	0
021	S	RSP_AD	[LNKD001 : FIC101-RSP]
024	S	CAS_SET	1
025	S	S2	0
032	S	S8	0
043	S	DV_SQ	1
051	S	PID_RATE	0
052	S	DIR_REV	0
061	S	MIE_AD	000.000
062	S	MV_RTM	0
088	S	MV_REV	0
090	S	MVE_AD	000.000
		〈 Operation data 〉	
008	O	HH_SP	115.00
009	O	H_SP	100.00
010	O	L_SP	0.00
011	O	LL_SP	-15.00
017	O	AOF	0
023	O	SP_W	0.00
026	O	R/L_SW	0
035	O	AT	0
036	O	CYCL_OUT	20.00
037	O	CYCL_HS	0.20
038	O	AT_GIN	1.00
039	O	AT_DEV	10.00
040	O	AT_TYP	0
041	O	DVA_SP	115.00
054	O	P	100.0
055	O	I	0
056	O	D	0
065	O	ALFA	0.65
066	O	BETA	1.00
076	O	MH_LMT	105.00
077	O	ML_LMT	-5.00
086	O	A/M_SW	0
089	O	MV	0.00
098	O	MV_IDX	0.00
099	O	OP_MK	0

图 5-118 PID 参数

数被分为两类，即初始化数据和操作数据，前者需在 LCB01 运行中的配置，且大部分数据采用默认值；后者则可以在 LCB01 运行中直接设置或修改，也可以通过梯形图模块利用指令实现某些参数项的设置。

下面以 1 号精馏塔回路控制组态图为例，说明利用梯形图模块设置各 PID 模块中的关键参数的方式。在组态梯形图模块前，首先配置参数，具体操作如图 5-119 所示。

Data Name	Description
Comment	23 characters
Model:Basic PID	
Operation cycle (0: common)	0.1, 0.2, 0.5, 1, 2, 0.01, 0.02, 0.05sec
Operation order	Operation order in the same cycle
PV source designation	BBB: Block address, III: ITEM No.
Hysteresis setting	
PV error source designation	BBB: Block address, III: ITEM No.
Alarm limit	0: No, 1: Yes
RSP source	BBB: Block address, III: ITEM No.
Set Point setting mode (default)	0: Local only, 1: Remote/Local
PV tracking at local (MAN)	0: Not used, 1: Used
Bumpless processing	0: Not used, 1: Used
Deviation alarm standby sequence	0: Not used, 1: Used
Processing cycle of PID control	0: cycle specified at ITEM004
Control action	0: Reverse, 1: Direct
Out-of-range processing	BBB: Block address, III: ITEM No.
Output retrace time for PV error	0: Disabled
Inversion of host indicated MV	0: Not used, 1: Used
MV error source designation	BBB: Block address, III: ITEM No.
High/high alarm setting	
High alarm setting	
Low alarm setting	
Low/low alarm setting	
Alarm stop switch	0: Alarm, 1: Stop
Local Set Point setting	
Remote/Local switch	0: Local, 1: Remote
AT command/AT Executing	0:Cancel AT,1:Execute AT as AT command
Limit cycle MV amplitude	
Limit cycle hysteresis	
AT calculation gain	
Judgment DEV for provisional AT	
AT type	0: Standard, 1: Short
Deviation alarm setting	Hysteresis is set at ITEM012
Proportional band	
Integral time (0: No action)	DP=2: Operation cycle=0.01,0.02,0.05
Differential time (0:No action)	DP=2: Operation cycle=0.01,0.02,0.05
2-PID parameter alpha	
2-PID parameter beta	
High MV limit	
Low MV limit	
Auto/Manual switch	0: Manual, 1: Auto
Host display of MV	
MV index position	
Label	

图 5-119 参数配置具体操作实践

（1）将001～004PID模块的"数据项024"设置为1，即可实现本地/远程给定值的切换。

（2）将004PID模块的"数据项089"设置为"100.00"，即当PID的控制模式切换为手动控制时，模块输出值MV为"100.00"，即输出最大值，意味着全回流；而其他3个PID模块的除数据项的值保持默认值，即"0.00"，表示当该PID模块的控制模式切换为手动控制时，模块输出值为"0"，即关闭调节阀。

（3）其他参数，如"P（054）""I（055）""D（056）""ALFA（065）""DETA（066）"等可以根据实际控制过程任意配置。

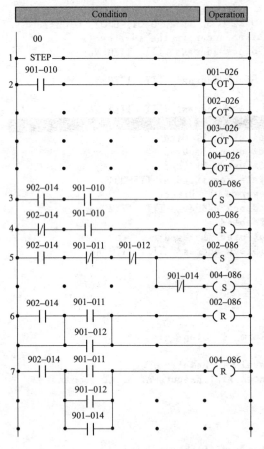

图 5-120　1号精馏塔梯形图模块图

基本数据设置完毕，开始编写梯形图模块图，结果如图 5-120 所示。下面按逻辑行逐条解释各位、指令的含义。

1）1号逻辑行。设置标题及步标志，不能设置任何元件。

2）2号逻辑行。输入点"901-010"表示输入单元 CS1W-ID211 的"00位"，即总开关 SW-1。输出线圈"001-026"表示 001 PID模块的"026数据项"，含义是本地/远程给定值切换开关。其他输电线圈含义类似。

当 SW-1 置入"ON"时，驱动所有线圈产生输出，即将001～004PID模块的给定值方式切换为远程给定。

3）3号逻辑行。触点"902-014"表示输出单元 CS1W-0D211 的"04位"，即原料泵 Pump1 启动触点。"003-086"表示 003PID模块的"086数据项"，含义是手/自动切换开关。

当 Pump1 启动时，"902-014"置为"ON"，将"003-086"置位为"1"，即 003 PID模块的控制模式切换为自动模式。

4）4号逻辑行。与3号逻辑行的逻辑功能相反，当 Pump1 停止时，"003-086"将复位为"0"，即 003 PID模块的控制模式切换为手动模式。

5）5号逻辑行。输入点"901-011"表示输入单元 CS1W-ID211 的"01位"，即1号精馏塔塔釜液位下限。输入点"901-012"表示输入单元 CS1W-ID211 的"02位"，即1号精馏塔塔釜液位上限。输入点"901-014"表示输入单元 CS1W-ID211 的"04位"，即2号精馏塔塔釜液位上限。

当 Pump1 启动时，且"901-011"与"901-012"均为"OFF"时，即1号精馏塔塔釜液位在上、下限之间时，将"002-086"置位为"1"，即 002 PID模块的控制模式都将切换为自动模式。在前面条件满足的同时，"901-014"为"OFF"时，即2号精馏塔塔釜液位在下限以下时，将"004-086"置位为"1"，即004 PID模块的控制模式都将切换为自动模式。

6）6号逻辑行。与5号逻辑行的逻辑功能相反，当Pump1启动时，1号精馏塔塔釜液位低于下限或高于上限时，将"002-086"复位为"0"，即002 PID模块的控制模式都将切换为手动模式。

7）7号逻辑行。与5号逻辑行的逻辑功能相反，当Pump1启动时，1号精馏塔塔釜液位低于下限或高于上限或2号精馏塔塔釜液位高于上限时，"004-086"复位为"0"，即004 PID模块的控制模式都将切换为手动模式。

以上即利用梯形图组态实现PID的过程参数设置。2号、3号精馏塔PID模块的参数设置操作与此类似，不做赘述。当所有模块图、梯形图及相关参数配置完成后，将组态下载到LCB01中并运行，进行现场调试。

乙醇精馏过程中顺序控制部分的梯形图程序清单如图5-121所示。

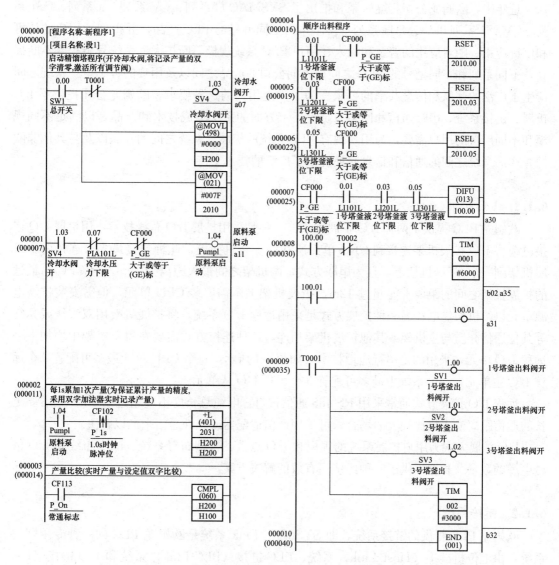

图5-121 乙醇精馏过程中顺序控制部分的梯形图程序清单

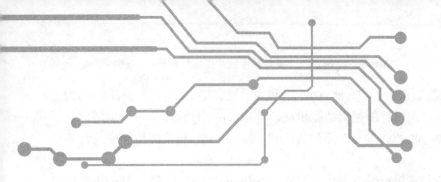

第 6 章

欧姆龙PLC通信与扩展的应用开发设计实践

6.1 概　述

近年来，欧姆龙公司相继研制和推出了 SYSMAC C 系列、CV 系列、a 系列、CS1 系列、CV M1 系列和 CQM1H 系列等多个系列不同型号的 PLC 产品，并得到了用户的认可和广泛应用。随着应用的普及和深入、用户 PLC 系统规模不断扩大、系统复杂程度不断提高，不同系列和不同型号的 PLC 之间、不同公司的产品之间以及用户的各个生产系统之间产生了广泛的互联和信息共享的要求。为了满足用户的这种要求，欧姆龙公司提供了 I/O 扩展、链接系统、串行通信和网络系统等 4 个方面的系统集成技术和产品，以满足不同规模和不同层次的用户需要，为用户现有 PLC 系统的扩展、系统之间的互联以及与其他非欧姆龙产品系统之间的通信和信息交换提供了广泛的技术支持。

6.1.1 I/O 扩展

欧姆龙 PLC 提供了两种 I/O 扩展方式：一种是采用扩展 I/O 总线技术，用扩展 I/O 连接电缆将 I/O 扩展机架连接到 CPU 单元所在的安装机架上，此种连接最多可连接两个扩展机架到一个 CPU 机架上，且为串联方式，两机架之间最大距离为 10m，但 CPU 与最远的扩展机架之间的距离不能超过 12m，扩展机架上不需安装 CPU 单元，但需安装扩展电源单元以给机架供电；另一种扩展方式是采用远程 I/O 系统，将扩展机架用双绞线或光纤等其他通信介质与主机架或其他扩展机架相连，这种连接方式需要在每个机架中增加一个远程 I/O 单元，采用的是串行通信技术，如图 6-1 所示。每个 CPU 单元最多可配置 2 个远程 I/O 主单元，一个系统中最多可配置 5 个远程 I/O 从单元。

远程 I/O 扩展方式通常采用 RS-485 通信接口，电缆总长度不应超过 200m，在需要更长的通信距离或干扰比较大的场合，可采用通信适配器或光纤通信来加以解决。

I/O 扩展方式为用户扩展系统的规模和 I/O 点数、合理布置系统、减少布线和 I/O 信号电缆的数量及长度提供了一种经济而有效的解决方案。

6.1.2 链接系统

欧姆龙 PLC 提供的链接系统，即 SYSMAC Link 系统是欧姆龙 PLC 的一种专用网络系统，由上位机链接（Host Link）系统、PLC 链接（PLC Link）系统和 I/O 链接（I/O Link）系统三级系统组成，如图 6-2 所示。

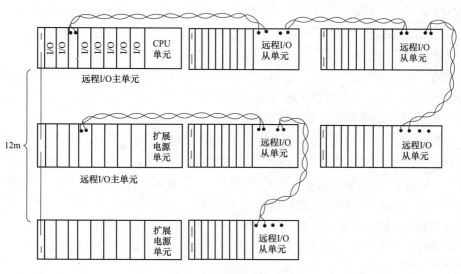

图 6-1 I/O 扩展方式

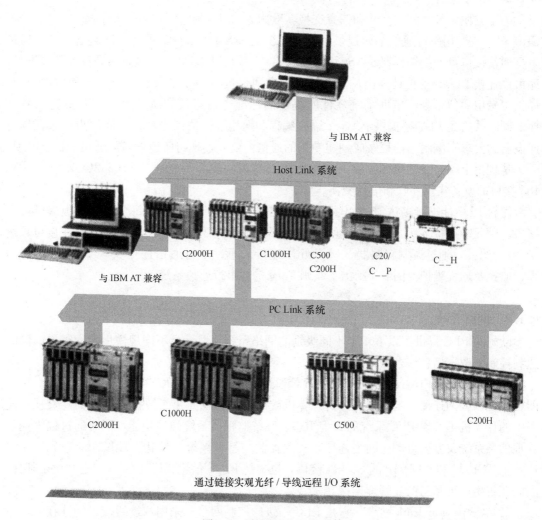

图 6-2 SYSMAC Link 系统

SYSMAC Link 系统为用户提供了一种方便快捷的系统互联与集成的方法。通过 Host Link 系统，PLC 系统中的 PLC 可以很方便地与上位机进行连接和信息交换，一方面可以通过上位机对与其相连的 PLC 进行编程组态、监视各 PLC 的运行状态，还可以给各 PLC 发布相应的控制和操作命令；另一方面，PLC 系统中的各种 I/O 状态和实时数据可以实时地传送给上位机，可以与上位机中的控制程序协同工作。通过 Host Link 系统，上位机可作为整个 PLC 系统的工程师站和操作员站。

PLC Link 系统为欧姆龙 PLC 之间的互联和协同提供了快捷有力的支持。PLC Link 系统是一个 N∶N 型令牌总线网，长达 2KB 的信息能以 2Mbit/s 的速度传送，以组成 PLC 控制网络。每台 PLC 能够安装 2 个或多个 PLC Link 单元，构成多个 PLC Link 网络，以实现系统冗余或组成多级网络系统。每个 PLC Link 单元可连接多达 62 个 PLC。

在远程 I/O 系统中，通过连接一个 I/O Link 单元到光纤远程 I/O 主单元来建立 I/O 链路，为大规模分布式控制系统设计 I/O 链路，并在多个 PLC 之间实现光纤数据交换。

6.1.3　串行通信

为了方便系统之间的互联和信息交换，欧姆龙 PLC 提供了丰富的串行通信功能。PLC CPU 单元或专用串行通信单元提供了 RS-232C 或 RS-422A/485 通用串行通信接口。通过串行通信接口可连接编程器、ASCII 设备、显示终端、打印机和条码输入设备等外部设备，还可以连接 PLC、上位计算机及其他具有标准通信接口的设备。在指令系统和软件方面，提供了专用通信指令，借助系统软件所提供的标准通信协议与所连接的设备进行信息交换。同时欧姆龙 PLC 还提供了 Basic 语言编程和通用通信协议宏功能，使用户可以根据所连设备的要求来编制通信程序或创建专用的通信协议，实现与所连设备的通信和信息交换。

从理论上说，通过串行通信，欧姆龙 PLC 可以实现与所有具有 RS-232C 或 RS-422A/485 接口的设备实现互联和信息交换。

每台 PLC 能支持多达 16 个串行通信单元和一个串行通信板，每个单元或板提供两个端口，因此能连接多达 34 个串行通信设备，通信速率可高达 38.4Kbit/s，信息长度可长达 1000B。另外，通过调制解调器（Modem）连接，通过串行通信还可实现 PLC 的远程编程、监控及远程维护。图 6-3 示出了欧姆龙 PLC 的串行通信系统。

6.1.4　网络系统

欧姆龙 PLC 提供了以下 4 个不同级别的网络系统，以满足不同规模用户的需要，同时达到控制分散、信息综合的目的。

（1）以太网（Ethernet）。欧姆龙 PLC 通过安装 Ethernet PCMCIA 卡或 Ethernet 单元即可实现以太网连接，与以太网中的计算机或编程器实现高速率数据通信和信息交换。网络中的计算机可实现 PLC 系统的编程组态、系统监视及系统维护功能，同时通过以太网与管理信息系统及办公自动化网络连接，实现控制与管理系统一体化。Ethernet 单元支持多达 8 个 TCP/U 和 UDP/IP 的 Socket 接口，也支持 FINS 信息、FTP 文件传送和电子邮件，因此能将生产现场与产品管理连接起来。

（2）Controller Link 网络。它是 PLC 一级的控制网络，采用双绞线或光缆连接，具有网络结构简单、连接方便可靠等特点，主要用于具有较大容量和较高速度并执行主要控制

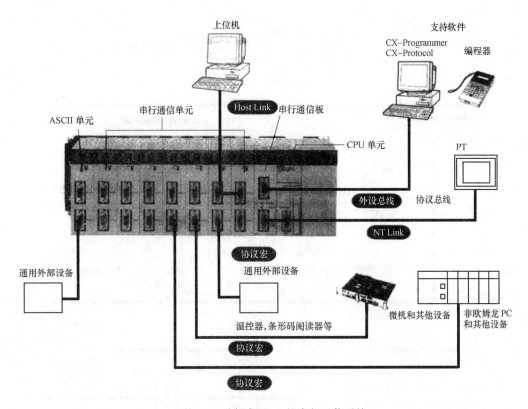

图 6-3　欧姆龙 PLC 的串行通信系统

程序的一级 PLC 之间的互联和通信，是欧姆龙 PLC 网络系统的核心。另外，Controller Link 还可以与具有 Controller Link 支持板的计算机连接，构成 Fins Gateway 网关，使 PLC 能够以 FINS 指令与其他系统进行信息交换。

（3）器件网络（Device Net）。主要用于连接在现场执行控制任务的 PLC、I/O 终端、I/O 链接单元、显示终端及智能设备等现场器件。它采用现场总线技术，标准化、开放式结构。不仅允许欧姆龙 PLC 产品和设备连入网络，还允许符合标准的非欧姆龙产品在同一网络中共存，进行互联和信息交换。

（4）Compo Bus/S 网络。它是一种现场高速 I/O 网络，是欧姆龙 PLC 系统网络中的最低一级网络，主要用于控制系统 I/O 通道设备，如 I/O 终端、远程 I/O 模块、传感器、Amp 终端等的连接，在 PLC 和被控对象之间传送 I/O 信息。

欧姆龙 PLC 的网络系统如图 6-4 所示。

总之，通过以上 4 个方面的扩展与通信技术的支持，欧姆龙 PLC 为工厂生产自动化提供了一整套功能完善的应用方案，并具有以下几个特点。

1）方便、经济的 I/O 扩展功能，为中、小规模用户扩展系统规模和 I/O 点数，实现系统 I/O 灵活、分散配置，提供了有力的技术支持。

2）Host Link 系统，使用户可以使用 IBM PC 或其他工业控制计算机来对 PLC Link 系统中的 PLC 进行编程组态，运行监视、操作维护，并实现系统信息和设备共享，组成小规模的集散控制系统。

3）PLC Link 系统，使不同系列、不同型号、不同规模的欧姆龙 PLC 之间可以方便地

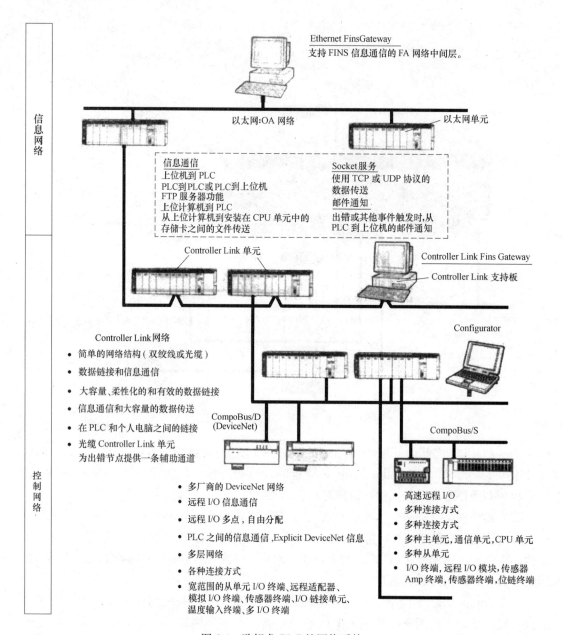

图 6-4　欧姆龙 PLC 的网络系统

实现互联，并实现控制程序之间的信息交换和控制协同。

4）以太网、Controller Link 控制器网络、Compo Bus/Device Net 器件网络和 Compo Bus/SI/O 网络，四级网络系统构成了一个完整无缝的通信网络，为工厂实现生产自动化控制和自动化管理提供了一个良好的应用环境和开发平台。

5）完善、多样的串行通信功能，保证了系统良好的兼容性和开放性，使系统之间可以进行灵活多样的信息通信和交换。

6）功能强大的通信协议宏，使用户可以控制和操作通信过程的每一细节，确保不同协议及非兼容系统之间的串行通信功能顺利实现。

7）通过通信和网络功能，欧姆龙 PLC 可以实现远程操作和维护。

a. 通过 Modem 连接，编程或监控远程 PLC。

b. 通过远程网络和 Host Link 连接，编程或监控远程网络 PLC 及网络设备。

c. 直接从连接到 Ethernet 的 PLC 上发送出错电子邮件。

8）通过网络连接，可实现广泛的设备共享和系统的柔性连接和配置。

6.2　远程 I/O 系统

采用欧姆龙 PLC 提供的 I/O 扩展技术和相应产品，可构成经济、实用的远程 I/O 系统。本节将以欧姆龙 C200H PLC 为例，介绍远程 I/O 系统的特点和组成方法。

6.2.1　远程 I/O 系统的特点和基本部件

1. 系统特点

采用远程 I/O 系统对实现电线型或光纤型分散控制，并且优化系统的结构和节省配线。其特点如下。

（1）将远程 I/O 主站模块（电线型）连接远程 I/O 子站模块（电线型），用一个 CPU 程序就可以进行包括远程操作等的分散控制。

（2）将远程 I/O 主站模块（电线型）连接传送终端＋I/O 继电器终端，或者传送 I/O 终端，就可以进行以 16 点为单位的分散控制。

（3）如果使用传送 S32-RS1 模块、S3D9 传感器控制器就可以和远程 I/O 主站模块连接。

（4）通信线采用 2 芯电缆，能够节省配线，传输距离总长能够延长到 200m。

（5）采用链接适配器可将电线连接扩展到光缆连接，可以适应有较强电磁干扰的应用场合。

2. 远程 I/O 系统的基本部件

远程 I/O 系统的基本部件包括远程 I/O 主站模块、远程 I/O 子站模块、传送终端＋I/O 继电器终端、传送 I/O 终端、传送模块和链接适配器等。

（1）远程 I/O 主站与子站模块。远程 I/O 主站模块安装在 CPU 机架内，一方面与 CPU 部件进行连接和通信，另一方面通过 RS-485 接口与远程 I/O 子站模块等其他远程 I/O 部件进行连接和通信，在 CPU 和 I/O 部件之间传送和管理 I/O 信息。远程 I/O 子站模块安装在远程 I/O 子站机架内，负责传送和接收该子站机架内各 I/O 模块的 I/O 信息。其结构如图 6-5 所示。

（2）传送终端＋I/O 继电器终端。该部件为一组合部件，传送终端的功能类似于 I/O 子站模块，可与 I/O 主站模块相连，完成 I/O 信息通信功能；I/O 继电器功能提供继电器输入和输出功能，并通过传送终端将 I/O 状态传送给 CPU 或接收 CPU 发来的输出状态指令，完成最终的 I/O 输入、输出功能。该部件以 16 点为基本单位，每个部件占用一个通道。其结构如图 6-6 所示。

（3）传送 I/O 终端。传送 I/O 终端与上述部件中的传送终端功能和结构基本相同，如图 6-6 所示，只是它所配置的 I/O 部件不一定都是继电器阵列，根据不同型号的产品具有

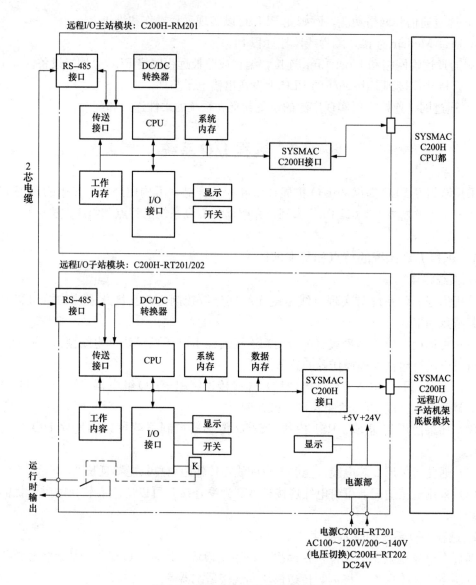

图 6-5　远程 I/O 主站与子站模块

不同的配置。图 6-7 示出了 G72C-ID16 输入部件的 I/O 线路图。

（4）传送模块。传送模块专用于与传感器控制器相连接，完成传感器与 CPU 之间的数据交换，如图 6-8 所示。

（5）链接适配器。链接适配器的功能是将电线连接扩展为光纤连接，在 RS-485 电信号和光纤传输信号之间起到信号转换的作用，用于较长距离或电磁干扰较严重的环境下的远程 I/O 通信。其结构如图 6-9 所示。

6.2.2　远程 I/O 的系统构成

远程 I/O 系统的构成如图 6-10 所示。

1. 各种模块的最大连接个数

（1）远程 I/O 主站模块最多能安装 2 个（包括光型），在扩展 I/O 机架上也能安装远

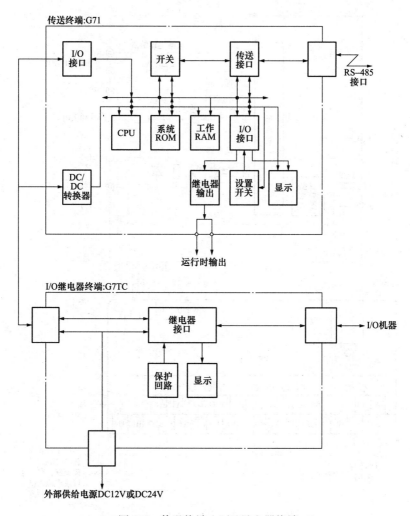

图 6-6 传送终端＋I/O继电器终端

程 I/O 主站模块。

（2）远程 I/O 子站机架最多允许安装 5 个，有光型时，数量相应减少。在有 2 个远程 I/O 主站的情况下，2 个机架所连接的 I/O 子站机架的总和也不能超过 5 个。

（3）传送终端和传送 I/O 终端，占有 1CH/个，合计最多能连接 32 个。

（4）传送模块占有 2CH/个，最多能连接 16 个。

2. 各种模块的连接方法

（1）为了连接远程 I/O 子站、传送终端、传送 I/O 终端、传送模块，必须用远程 I/O 主站。

（2）请从远程 I/O 主站开始，串联连接远程 I/O 子站、传送终端、传送 I/O 终端、传送模块。

（3）各模块可以混合串接，不必顺序连接。

（4）各种模块的最大使用数如上所示。如和光型远程 I/O 并用时，模块数就相应减少。

（5）能在远程 I/O 子站机架上安装的模块，仅为输入输出模块和高功能 I/O 模块。

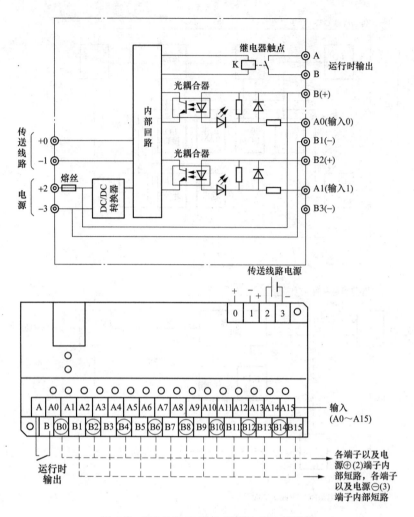

图 6-7　G72C-ID16 输入部件的 I/O 线路图

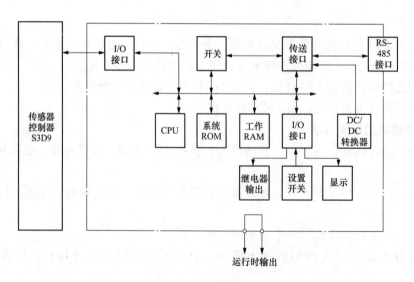

图 6-8　传送模块

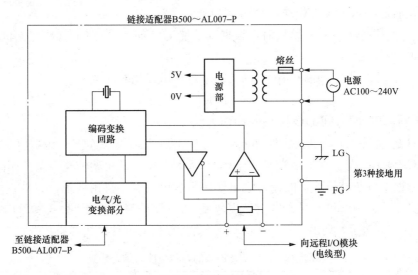

图 6-9　链接适配器

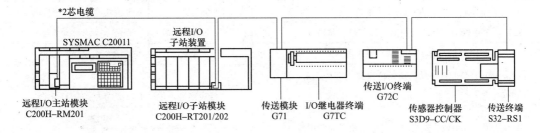

图 6-10　远程 I/O 系统的构成

（6）CPU 模块用 C200H-CPU02 时，不能使用远程 I/O 主站模块。

（7）在远程 I/O 子站上使用多点输入输出模块时，远程 I/O 主站只能用 C200H-RM201/RM001-PV1。

（8）高功能 I/O 模块使用个数的限制见表 6-1。

表 6-1　　　　　　　　　　　　　高功能 I/O 模块使用个数的限制

A	B	C	D
高速计数器，位置控制（NC111/112），ASCII，模拟量输入输出模块的可能使用个数	多点输入输出模块的可能使用个数	温度传感器模块的可能使用个数	位置控制（NC211）模块的可能使用个数
合计 4 个模块	合计 8 个模块	合计 6 个模块	合计 12 个模块

注　1. 在混合使用 A、B、C、D 组的模块时，必须是同时满足下面两个式子的组合：$3A+B+2C+6D \leqslant 12$，$A+B+C+D \leqslant 8$。

　　2. 其他装置也使用时，合计能用 10 个模块。这时，一个 NC211 作为 2 个模块计算。但是，PC 链接模块也使用时，PC 链接模块的使用个数加上后要在 10 个模块以下。

表 6-1 中的数字，是在其他装置上都没有使用时，一台远程 I/O 子站机架上能使用的，仅为 A、B、C、D 各组高功能 I/O 模块的最大可能使用个数。

由于远程 I/O 主站装在 PLC 主机上，扫描周期延长了，请用下式作为参考算出延长时间。约 $1.3ms+100\mu s$（8 点模块数＋16 点模块数×2）＋a。

a：由于使用高功能 I/O 模块时，根据高功能 I/O 的使用方法，数据量有所不同，因此请用下式。

$$a=200\mu s\times 高功能 I/O 区域使用 CH 数$$

6.2.3　不同 CPU 型号间 I/O 模块的连接方法

C200H 远程 I/O 子站机架也能和 C500 远程 I/O 主站模块连接，和其他 SYSMAC 机种连接的 C200H 远程 I/O 子站机架，与 C500 远程 I/O 子站机架的连接条件相同。也就是说，装在远程 I/O 子站机架上的输入输出模块为自由定位、自由通道。另外，高功能 I/O 模块不能安装，这一点和远程 I/O 主站模块是 C200H 的时候不相同。C200H 输入输出模块为 1CH 模块。表 6-2 列出了一些 CPU 类型所能连接的各种模块的最大数量。

表 6-2　　　　　　　　　不同型号 CPU 所能连接的各种模块的最大数量

项　　目	C120（F）	C500（F）	C2000	C1000H C2000H
对应 1 台 PLC 的远程 I/O 主站使用数	4 个模块		8 个模块	8 个模块
对应 1 个远程 I/O 主站模块的远程 I/O 子站数	2 台		2 台	8 台
对应 1 台 PLC 的远程 I/O 子站总使用数	8 台		16 台	16 台
对应 1 个远程 I/O 主站模块的传送终端和传送 I/O 终端的合计数	16 台	32 台		
	传送终端，传送 I/O 终端占有 1CH/1 台			
对应 1 个远程 I/O 主站模块的传送模块最大使用数	8 台	16 台		
	传送模块占有 2CH/1 台			
对应 1 个远程 I/O 主站模块的连接使用 CH 数	16CH（256 点）	32CH（512 点）		

图 6-11 示出了 C200H 远程 I/O 子站机架与其他型号 CPU 机架相连接的情况，此时 C200H 远程 I/O 子站模块的种类开关应设定在非 C200H 的位置上。

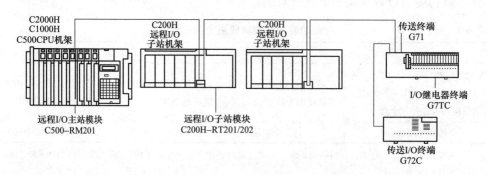

图 6-11　C200H 远程 I/O 子站机架与其他类型 CPU 机架相连接

其他类型的非 C200H 远程 I/O 子站也可以和 C200H 远程 I/O 主站机架相连接，此时不同的远程 I/O 子站可能等同于一台或多台 C200H 远程 I/O 子站，视其类型而定，但最终不能超过 5 个等同 C200H 远程子站机架。

6.2.4　链接适配器的使用

由于电线型远程I/O线路总长最大为200m。因此在需要延长传送线路、增强抗干扰能力时，可使用链接适配器来解决。

C500-AL007-P短接适配器在远程I/O模块（包括传送终端、传送I/O终端、传送模块）之间成对使用，并且将全部模块串联连接，不能分叉连接。图6-12示出了链接适配器的一种连接。

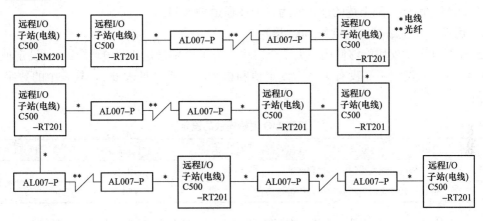

图6-12　链接适配器应用示例

6.2.5　C200H远程I/O的设定方法

1. C200H远程I/O子站机架的通道号

装在C200H远程I/O子站机架上的各个输入输出模块，根据C200H远程I/O子站模块的机号设定来分配通道号，见表6-3。

表6-3　　　　　　　　　　**C200H远程I/O子站机架的通道量**

远程I/O子站模块的设定机号	通道号	远程I/O子站模块的设定机号	通道号
0号机	050～059CH	3号机	080～089CH
1号机	060～069CH	4号机	090～099CH
2号机	070～079CH		

在各个C200H远程I/O子站机架内的输入输出模块与CPU机架、I/O扩展机架上的一样，自由定位、固定通道。因此，从左边开始按顺序I/O槽固定为0～7CH，如图6-13所示。

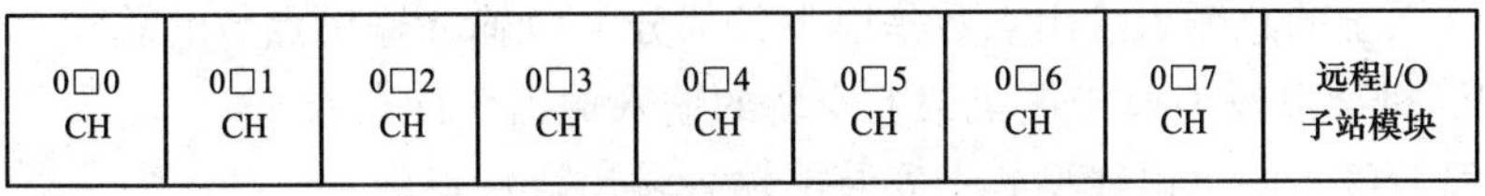

0□0 CH	0□1 CH	0□2 CH	0□3 CH	0□4 CH	0□5 CH	0□6 CH	0□7 CH	远程I/O子站模块

图6-13　C200H远程子站机架通道分配

机号No.重复设定或设定0～4号机以外，会使C200H远程I/O子站模块不动作。

C200H 远程 I/O 子站机架用 I/O 连接电缆连接 I/O 扩展机架时，就按顺序每一台分配 C200H 远程 I/O 子站机架的下一个机号 No. 以及通道号。因此，这些机号 No. 就不能在其他 C200H 远程 I/O 子站机架上设定。

2. C200H 远程 I/O 主站连接传送终端/传送 I/O 终端/传送模块时的通道号

传送终端、传送 I/O 终端、传送模块按照各个模块设定开关，按如下所示分配 200～231CH 的通道号。

传送终端/传送 I/O 终端/传送模块的通道导＝200CH＋设定开关通道号。1 个传送模块占有 2CH，因此分配上述的通道时为（上述通道＋1CH）。

3. 远程 I/O 主站模块的机号 No. 设定

远程 I/O 主站模块能够使用最大 2 个模块，为了区别设定机号 0♯、1♯（设定值 0～3），0♯、1♯ 的设定顺序没有关系。设定值和机号的关系，见表 6-4，其表中的数字表示设定值。

表 6-4　　　　　　　　　　　　　远程 I/O 主站模块的设定

机　号	0 号机（0♯）	1 号机（1♯）
传送错误发生时，传送仍然继续	0	1
传送错误发生时，所有向子站的传送停止	2	3

当两个模块的机号相同，或设定值设定为 0～3 以外的数字就不动作，请加以注意。

机号使用辅助记忆继电器（AR）的错误标志和重新启动标志，见表 6-5。

表 6-5　　　　　　　　　　　　　远程 I/O 主站的 AR 标志

继电器号	功　能	继电器号	功　能
AR0014	远程 I/O 主站 1 号机错误标志	AR0114	远程 I/O 主站 1 号机重新启动标志
AR0015	远程 I/O 主站 0 号机错误标志	AR0115	远程 I/O 主站 0 号机重新启动标志

4. 端末站的设定

远程 I/O 子站模块、传送终端、传送 I/O 终端、传送模块为最终连接的模块时应将设定开关设定为端末站。对应 1 个远程 I/O 主站模块，仅在连接的最终模块设定端末站。即使只连接 1 个模块，也必须设定为端末站。

如果没有设定端末站，远程 I/O 系统就不动作，即使设定运行状态，PLC 主机也不会运行，应充分注意。如果没有设定端末站，远程 I/O 主站模块的 END RS（端末站检查）显示就保持灯亮。这时编程器上的错误显示就显示出"CPU 待机中"。

6.2.6　远程 I/O 系统总输入输出点数

远程 I/O 系统的总输入输出点数是以下各部分 I/O 输入输出点数的总和。

（1）CPU 机架以及 I/O 扩展机架上安装的输入输出合计点数。

（2）远程 I/O 子站（电线型）上安装的输入输出合计点数。

（3）传送终端和传送 I/O 终端的输入输出合计点数（占有 16 点/1 个）。

（4）传送模块的输入输出合计点数（占有 32 点/1 个）。

（5）远程 I/O 子站（光型）上安装的输入输出合计点数。

（6）光传送 I/O 的输入输出合计点数。

（7）I/O 链接的输入输出合计点数。

6.2.7 远程 I/O 系统的配线

1. 传送线路的配线方法

远程 I/O 主站、远程 I/O 子站、传送终端用 2 芯电缆连接。连接方法如图 6-14 所示。

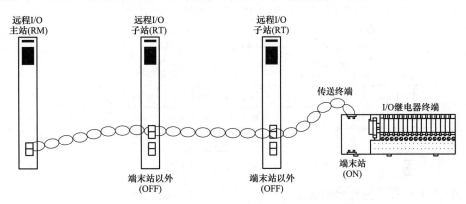

图 6-14 传送线路的配线

配线方法如下。

（1）2 芯电缆请使用 VCTF（橡皮绝缘软电缆）ϕ0.75mm ×2 芯。

（2）"＋"端和"＋"端相连接，"－"端和"－"端相连接。

（3）配线从主站开始按顺序连接，最终端的模块设定端末站（ON）。

（4）远程 I/O 子站的地址、传送终端、传送模块的通道 No. 不要重复设定。

（5）电缆的总长在 200m 以下。

（6）传送线应避免和动力线平行、接近（用屏蔽线时，离开动力线 15cm 以上）。

2. 传送线路所使用的 RS-485 接口

传送线路所使用的 RS-485 接口，如图 6-15 所示。端末站指定开关即终端匹配电阻开关，只有指定了端末站，其接口中的匹配电阻开关才闭合，以保证整个线路的通信和传输有效、可靠。

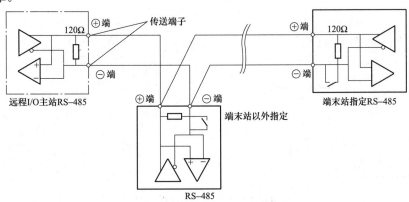

图 6-15 传送线路的 RS-485 接口

3. I/O 继电器终端的外部配线图

图 6-16 示出了 G7TC 系列 I/O 继电器终端的外部连接和配线图。

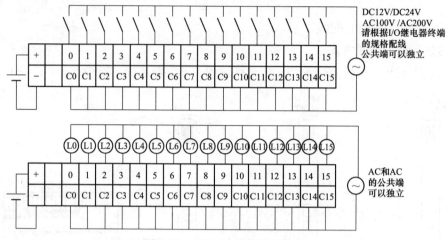

图 6-16　I/O 继电器终端配线图

4. 传送 I/O 终端的外部配线图

图 6-17 和图 6-18 分别示出了输入用 G72C-ID16 传送 I/O 终端和输出用 G72C-OD16 传送 I/O 终端的外部配线图。

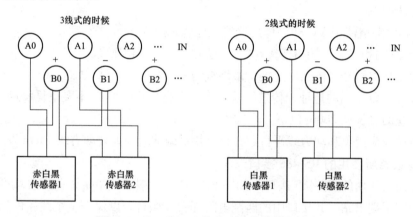

图 6-17　G72C-ID16 传送 I/O 终端外部配线

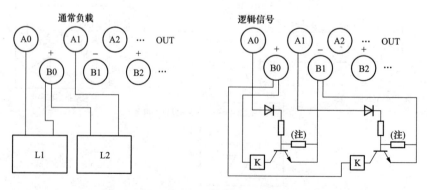

图 6-18　G72C-OD16 传送 I/O 终端外部配线

注：使用逻辑信号输出时，在考虑输出规格（上拉电阻 4.3kΩ，饱和压降 1.2V）的前提下决定外部回路。

6.3　PLC链接系统

PLC链接在2台或多台PLC之间建立联系，达到通过每台PLC的LR区传送数据的目的。它是SYSMAC链接系统的核心，也是欧姆龙PLC网络系统的核心。本节以C200H-LK401和C500-LK009-V1为例介绍PLC链接系统。

6.3.1　系统特点

PLC链接系统用PLC链接单元，在两个或多个C系列PLC之间建立联系，达到通过每个PLC的LR区传送数据的目的。PLC链接子系统可安置在PLC链接系统内，构成不同的运行等级。链接系统内的每个PLC自动地与同一子系统里的所有PLC交换数据。任何同时处于两个子系统中的PLC（即安装两个PLC链接单元的任何PLC）能够作为一个"传送PLC"，在两个PLC链接子系统之间传送数据。

PLC链接系统所提供的数据通信，允许处于该系统的所有PLC在程序里使用其他PLC的输入和输出。在PLC之间PLC链接系统建立控制等级，即所有控制动作必须以编程的方式写入各个PLC程序里。

与I/O链接比较，PLC LINK系统交换数据与光缆远程I/O系统相比有三个主要不同点：第一，I/O链接需要占用I/O点，减少了可利用的I/O点。第二，在PLC链接系统里，PLC间传送位的数目仅由LR区的大小和PLC数量所限制，而光缆远程I/O链接系统只能处理一或两个字。第三，I/O链接使用编程的输入和输出操作来传送数据。而PLC链接系统使用自动轮流查询方法。

PLC链接系统具有以下几个特点。

（1）有效的I/O利用。PLC链接系统只要访问PLC的LR区就可完成数据交换要使用任何PLC的I/O点。

（2）简化的系统设置。只需要对PLC短接单元进行设置，很少或不需要编程就可实现数据交换。

（3）子系统的数据交换。在两个不同层次上运行的PLC链接子系统可通过建立在两个子系统上的PLC的LR区交换数据。

6.3.2　运行分级和轮流查询

所有PLC链接单元都被分配有单元编号，单元号确定了LR区中的哪部分分配给它。在一个PLC链接系统内，不管链接两个或更多的PLC，其中一个PLC链接单元必须设置为查询单元（即0♯单元），而所有其他PLC链接单元必须设置为被查询单元（即0♯以外的任何其他单元）。在每个PLC链接子系统内的查询单元并不控制其他PLC，各个PLC是由它自己的CPU独立控制的。

在同一台PLC中，最多只能安装两个PLC链接单元。如果在一个系统里两个PLC链接单元安装到同一台PLC上，那么该系统即为多级系统，且所有单元必须要设置成多级系统。在一个多级系统里，一定要设置操作级，以创建PLC链接子系统，每个子系统将有它自己的查询单元。

至多可以有4个子系统。任何PLC上安装了两台链接单元，那么将总有一个以上的子链接系统。如有N台安装了两个PLC链接单元的PLC，那么就有N+1个PLC链接子系统。如果在同一台PLC中只需两个PLC链接单元之间加以区分时，操作等级只需设置成0和1。同一子系统里的所有PLC链接单元必须设置成同级。

带三个子系统的PLC链接系统如图6-19所示。任何子系统里的一个PLC链接单元可以设置成查询单元，而所有其他单元为被查询单元。在图中连接PLC链接单元的小长方框是链接适配器，它是在一个子系统里有两个以上PLC链接单元时，用来连接PLC链接单元的。关于系统设计和链接适配器的详细情况，可参见下面介绍。

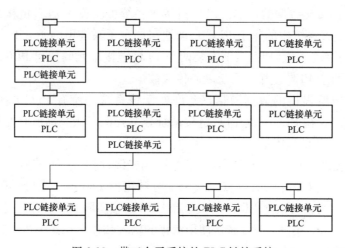

图6-19 带三个子系统的PLC链接系统

6.3.3 系统构成

PLC链接单元安装到PLC框上并互相连接。每个PLC链接单元有一个缓冲器，通过它将数据传送到与此相连的其他PLC链接单元。C500-LK009-V1可用于C500、C1000H和C2000H PLC，而不能用于C200H PLC，只有C200H-LK401专用于C200H PLC。

除了用电缆或连接的仅含两个PLC链接单元的系统之外，都需用链接适配器。该适配器用作分支点，使其能够连接两个以上PLC链接单元。每个链接单元只有一个连接器。它只允许两个PLC链接单元直接相连，或者作为一个转换点用于电缆和光纤电缆之间的连接。3G2A9-AL001链接适配器作为分支链接适配器使用。3G2A9-AL004和3G2A9-AL002链接适配器配套用于电缆—光缆和光缆—电缆的转换。

1. 多链接系统

每个PLC链接单元只有一个连接器，使其不能直接连接多于两个PLC链接单元。若用分支链接适配器，就可使多个PLC链接成为同一个PLC链接系统，图6-20是一个含有6个PLC的PLC链接系统。这种排列使得当某条线路失效时，PLC链接通信不一定会完全中断，即如果分支线的通信中断，对通过PLC链接单元依然连接到查询单元的PLC而言，数据传送仍然继续。

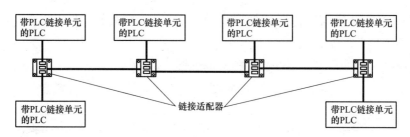

图 6-20 PLC 链接系统

2. 多级系统

一台 PLC 最多可以安装两个 PLC 链接单元。任何装有两个 PLC 链接单元的 PLC，或者在一个 PLC 链接系统中包含两个 PLC 链接单元的这一部分 PLC，都是处于多层 PLC 链接系统中。如在一个 PLC 链接系统中，有一台 PLC 具有两个 PLC 链接单元，那么整个系统就是多级系统。

通过 PLC 链接系统连接，并且 LR 区也共享的一组 PLC，就处于同一个 PLC 链接子系统。如果一台 PLC 装有两个分属于两个链接子系统的 PLC 链接单元，通过每个子系统，从带两个 PLC 链接单元的 PLC 都可以扩展出去，直到一个终端 PLC、或下一个带两个 PLC 链接单元的 PLC。

每个子系统都有自己的查询单元。每个子系统还分配一个操作级，来区分其中的 PLC 属于两个子系统中的哪一个。这些操作级并不意味着存在一个控制级，也不以任何方式影响子系统的操作，它仅仅确定哪些 LR 字分配给哪个子系统。由图 6-21 概念性地展示了一个带有三个子系统的多级 PLC 链接系统。虽然子系统 1 和子系统 3 属于相同的操作级，但它们没有任何特别的联系。

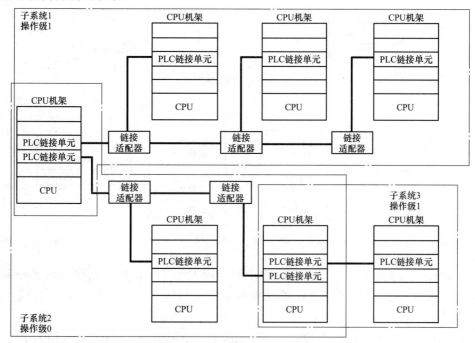

图 6-21 多级 PLC 链接系统

在子系统 3 里未使用链接适配器。正如上面已经解释过，这个子系统只包括两台PLC，因此不需要适配器。

单级系统、多级系统和三级系统如图 6-22～图 6-24 所示。

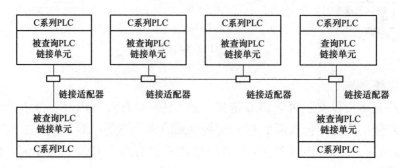

图 6-22　单级系统

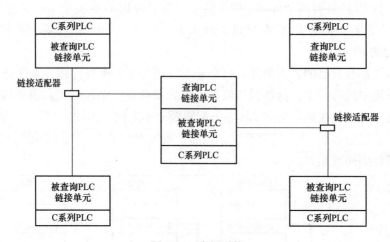

图 6-23　多级系统

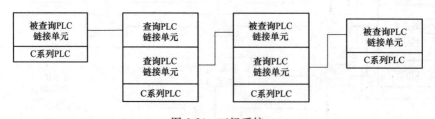

图 6-24　三级系统

PLC 链接单元必须指派一个编号，这个编号应大于 1，小于 PLC 作为系统一部分可以被识别的最大数字。当 PLC 链接单元被指派的编号大于这个极限值，系统就不能识别它。

表 6-6 表示在特定的 PLC 链接系统里可用的最大单元编号。只有表 6-6 中的 PLC 链接单元的组合是可行的。

表 6-6　　　查询单元为 C200H PLC 上的 C200H-LK401 PLC 链接单元时最大编号

	被查询单元			
	C200H 上的 LK401	C500 上的 LK009-V1	C1000H 或 C2000H 上的 LK009-V1	最大总数
多级	16	8	16	16
单级	32	8	32	32

6.3.4　链接适配器的使用

在一个 PLC 链接系统里，任何一个 PLC 链接子系统里只要连有两个以上 PLC 链接单元，就要用链接适配器。该适配器还被用于在 PLC 链接单元之间用光缆链接来实现更远的传送距离和更高的噪声抑制。使用链接适配器时，请参阅《链接适配器安装手册》。

1. PLC 链接系统中的光缆

使用分支适配器和转换链接适配器，可以建立一个具有光通信优点的 PLC 链接系统。由图 6-25 可知，每个 PLC 链接单元连接到进行光通信转换的链接适配器上。光缆是用来构成主线和支线的，它们成对连接每个 PLC 链接单元和转换链接适配器。

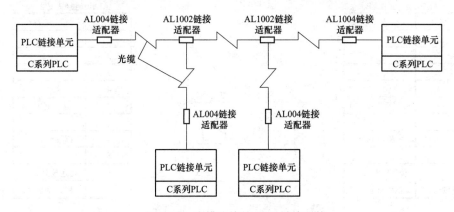

图 6-25　光缆连接的 PLC 链接系统

在图 6-25 中直线表示电缆线，中间带 Z 字形的为光缆。任何 PLC 链接单元都可以设置为查询单元。

2. 光缆的处理

尽管光缆的固有性能要求在连接光缆器件时要小心，但光缆的布线基本上是类同于电缆线。所有的欧姆龙 PCF 和 3G5A2-PF101 APF（长 1m）电缆都带有连接器。所有其他 APF 电缆的连接器必须由客户装配。当使用光缆时就需要用到链接适配器，至于详细资料请查阅《链接适配器安装手册》。

6.3.5　链接适配器的连接

PLC 链接单元使用 RS-485 接口的连接器，也使用 RS-422 接口的连接器。

1. 只用电缆线

当只用电缆线时，接线是一种二线半双工制，且应该用屏蔽双绞电缆线，如图 6-26 所示。

对于不使用光缆连接的系统，连接器管脚连接如图 6-27 所示。

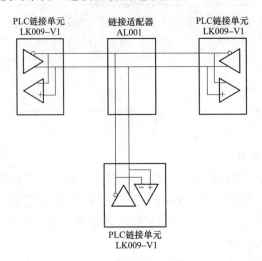

图 6-26 只用电缆线的连接

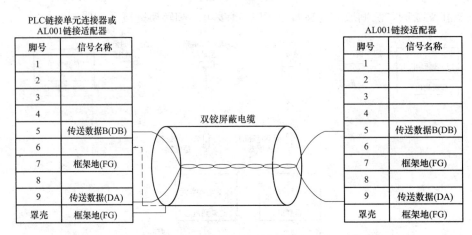

图 6-27 电缆连接器管脚

把 DB 和 DA 绞在一起，屏蔽线只在每根电缆的一个末端被连接，以阻止电流流动。对于 PLC 链接单元连到链接适配器的连接电缆，可把屏蔽线接到 PLC 链接单元的连接器 FG 上（若是金属的，则接连接器外壳或接引脚 7）。对于两个链接适配器的连接电缆，可在链接适配器的任一端把屏蔽线接到引脚 7，而不是屏蔽线的两端。

2. 电线和光缆

对于排除由连接电缆周围的噪声或者因 PLC 接地阻抗不同引起的故障，光缆是非常有效的。同时它增加了系统所允许的电线总长度。当光缆与电线一起使用时，接线是四线单工制的。接线电缆部分应尽可能短，每根最好小于 10M，如图 6-28 所示。

对于用光缆链接的系统，由图 6-29 所示为连接器与适配器的引脚。把 SDB 与 SDA、RDA 与 RDB 绞在一起。屏蔽线只在每根电缆的一端被连接以阻止电流流动。对于 PLC 链接单元连到链接适配器的连接电缆，可把屏蔽线接到 PLC 链接单元连接器上的 FG（若是金属的，则既是连接器罩，又可使用引脚 7）。

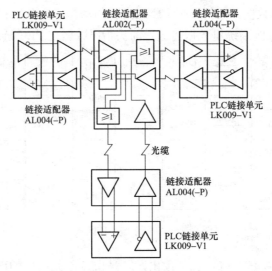

图 6-28　光缆连接的链接系统

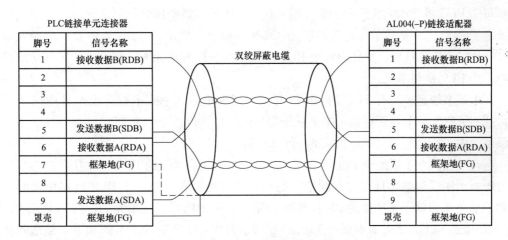

图 6-29　用光缆连接适配器的引脚

3. 电缆长度

链接适配器和作为分支的 PLC 链接单元之间的连接电缆长度应保持在 10m 内。在链接适配器之间使用光缆的系统里，电缆长度应尽可能短，以充分发挥光缆链接的优点。若仅用电缆，在主干线和分支线两者的电缆总长度不应超过 500m。

6.3.6　数据交换和编程

1. LR 区数据

PLC 链接系统使用 LR 区交换数据，在同一个 PLC 链接子系统（或单级系统）中的所有 PLC 的 LR 区内容是保持一致的。为此，在一个子系统中，LR 区按照开关设置划分给了子系统所属的所有 PLC，且每台 PLC 只将数据写入到所分配给它的 LR 区。当 PLC 写入到其数据区时，在 PLC 链接子系统中，所有其他 PLC 的 LR 区里的数据将在下一个查询周期里被更新。然后其他 PLC 能读到该数据，并用它与写入数据的那台 PLC 协调动作。因此每一台 PLC 把数据写到它的"写字"区，并且从由同一子系统里的所有其他 FLC 链接单元写入的字里读出数据。任何影响 LR 区内容的动作，会在所有 PLC 的 LR 区里得到反映。图 6-30 为一个单级系统里数据传送。箭头指出数据在 PLC 链接系统中的流向。

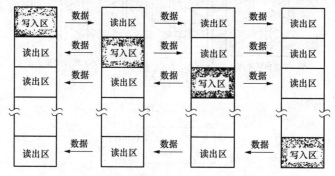

图 6-30　单级系统 LR 区数据

"写入区"是由该单元写入的区。"读出区"是由该单元读出的区（即由另外单元写入的）。LR 区所有未用部分可用作编程工作位。

每个 PLC 链接单元所分配的单元编号决定了 LR 区某个部分分配给它。这些单元编号也决定了哪个 PLC 链接单元是查询单元，哪个是被查询单元。当为 0♯ PLC 链接单元设置好所能用的 LR 位总数，并且为每个 PLC 链接单元分配好单元号，那么 LR 区自动地被分配给每个 PLC 链接单元。

在多级系统里，所有 PLC 的 LR 区都被分成两半，其中一半被分配给其中一个子系统，这不管它实际上是否存在两个子系统都是这样的。也就是一个 PLC 链接单元装入一个多级系统中，那么它就只能使用它的一半 LR 区。

每台处在两个子系统中 PLC（即带有两个 PLC 链接单元的 PLC）含有来自两个子系统的所有 LR 区数据，且具有分配给它的写入数据区。而仅带一个 PLC 链接单元的任何 PLC 只含有来自该子系统里的 LR 区数据。那么带两个 PLC 链接单元的任何 PLC 的 LR 区（即数据传送 PLC）通过对数据传送 PLC 编程。使它在 LR 区的上半部和下半部之间移动数据，就可实现两个子系统之间的数据交换。

2. LR 区分配

如果系统包含的 PLC 它们具备的 LR 区大小不一，那么它们只能使用在实际的 PLC 链接通信中双方都能使用的区域。在下面例子里对每台 PLC 的 LR 区进行说明。标有"工作字"的字，PLC 链接系统是不用的，若需要可用于编程，即所有 PLC 均取具有最小 LR 区的 PLC 为标准，并按其 LR 区的大小来划分各 PLC 的 LR 区。

（1）单级系统。下面例子是使用每个 PLC 128 个 LR 位，把一台 C2000 PLC，两台 C500 LC 和一台 C200H PLC 组合成一个单级系统。系统中每台 PLC 使用 128 个 LR 位。在系统左端 C2000H PLC 上的 PLC 链接单元被指定为查询单元。LR 区最小的 C500 PLC 限制了可通过 PLC 链接单元传送的位的数量，因为 C500 PLC 只有 32 个，只有 00 到 31 通道可用在 C2000 PLC 里（1 号单元和 2 号单元）。C2000H 和 C200H 不同的 LR 通道（32～63）可用作编程中工作位。对于每个 PLC 链接单元的 LR 字分配由下面给出。阴影部分是由 PLC 接单元写入的 LR 区部分。箭头指出数据流向。

在这个例子里，由装有 1 号 PLC 链接单元的 PLC，写入到 LR8～LR15 通道的数据是自动地被传输到其他 PLC 里的 LR8～LR15 通道。而 0 号、2 号和 3 号 PLC 链接单元的 PLC 可以自由读取该数据，却不能在该区写数据。所有其他 PLC 也被指派下面 LR 区有阴影的通道，这些区它们可写，其他 PLC 不能写，如图 6-31 所示。

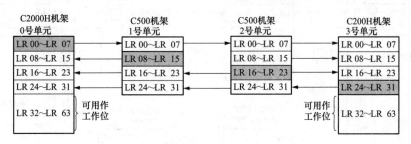

图 6-31　单级系统 LR 区分配

（2）多级系统的 LR 区分配。在多级 PLC 链接系统里，在每一台 PLC 里只有一半 LR 区是用于一个 PLC 链接子系统通信的。被指派为操作级 0 的子系统使用前半部通道；指派为操作级 1 的子系统使用后半部。这样就不管这个 PLC 实际上是否同处在两个子系统里。在下面的例子里，两台 C500 是不使用 LR16 通道～LR31 通道的，因为它们不处于操作级 1 的子系统里。如果以后再有一个 PLC 链接单元加到任一台 PLC 中，那么它就可使用这些通道。因此一个子系统所用通道数目，是 LR 区最小的 PLC 所提供通道的一半。

子系统所用的通道一旦确定，以后的过程与其他 PLC 链接系统相同：子系统里所有 PLC 公共的通道，在各 PLC 链接单元之间均分，该 PLC 链接单元所带的单元号决定哪个通道被分配到哪个单元。再者，每个子系统里指派为 0 号的单元，即为该子系统的查询单元。

在图 6-32 中提供了一个多级系统的系统配置、每个 PLC 链接单元的单元号、操作级和通道分配。方块表示每台 PLC 的 LR 区，箭头指出由每台 PLC 写入的数据流向，每台 PLC 的写入区都已打上阴影。

在指派为操作级 1 的子系统里，LR 通道 56～63 是不用于 PLC 链接通信的，因为开关设置只可设为每个子系统有 2 个、4 个、8 个或 16 个 PLC 链接单元。若第四台 PLC 被加到这个子系统，它将被指派这些通道（56～63 通道）。

标有"不用"的通道，尽管 PLC 链接系统是不用的，但可用作编程中工作通道，用以管理 CPU 内部的数据。

在下面的例子中，C2000H PLC 是一个传送 PLC。可在两个子系统之间传送数据。例如，处于操作级 0 的 C200H 写入 LR12 通道的内容，可被 C2000H 转写到位于操作级 1 的它自己的写入通道 LR32 中。这样，位于操作级 1 的任何 PLC 都可从自己的 LB 区的 LR32 通道直接读取这个数据，如图 6-32 所示。

3. 数据交换

PLC 链接系统中系统控制是分散的，查询单元仅仅处理 PLC 链接单元间的通信。当被轮询单元确认被指派 LR 区中的一部分作为写入区时，在查询和被查询单元之间就建立了一个链接。

当查询单元依次查询系统中或子系统中每个 PLC 链接单元时，向系统中的其他 PLC 发送最新的 LR 数据，并从正被查询的 PLC 链接单元里接收最新的数据。数据保存在 PLC 链接单元的缓冲器里，该缓冲器在 PLC 扫描中的 PLC 链接单元服务段时，由 PLC 更新。

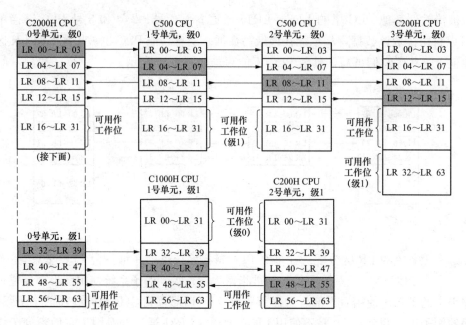

图 6-32　多级子系统 LR 区分配

当单元被查询时，系统中每个单元的运行状态标志和错误状态标志也被更新。

在传送期间若出错，则通信或部分地或全部地被中断，以防止 LR 数据被更新，尽管最新的数据是正常地保存，甚至电源失效时。

最大和最小查询时间：关于 PLC 链接单元传送，每台 PLC 扫描所需要的最大时间取决于系统中 PLC 链接单元的数目和每台 PLC 传送的 LR 位的数目，即最大时间是对所有 PLC 服务所需的时间和更新每台 PLC 里所有 LR 通道所需的时间。为此，下面给出公式，最终的 10ms 是在传输结束处理时所需的。

最大传送时间＝每个 PLC 链接单元的传送时间×PLC 链接单元数＋10ms；

最小传送时间是一个 PLC 链接单元的传送时间加上传送处理时间，即

最小传送时间＝一个 PLC 链接单元的传送时间＋10ms；

总查询时间＝T_n×PLC 链接单元数目＋0ms，T_n 为每台 PLC 的查询时间。

引导顺序：经过 PLC 链接单元 256 次循环查询后，如果还有 PLC 链接单元没有建立起通信关系，则执行一次引导顺序。该顺序为每个未建立通信的 PLC 链接单元建立通信，它对每个 PLC 链接单元执行一次需 15ms。

PLC 数据区：PLC 链接单元为了通信和操作监视要利用 PLC 中的数据区。这些数据区也分布在 LR 数据区和标志出错及 PLC 运行标志区中。

4. 编程实践

该例子解释了对于两个子系统的所有"准备完成标志"接通以后，启动下面所示的整个控制系统所需的编程。使用下列编程方法时，任何未处于运行方式的 PLC 将被忽略，而其他的 PLC 将继续工作。程序也用来启动没有一台 PLC 已处于运行状态的系统。该控制系统由 15 台 PLC 和 16 个 C500-LK009-V1PLC 链接单元所组成，每个单元用 32 个传送位，两个查询单元都装于 C1000H PLC。所有其他 PLC 链接单元装于两个子系统里的

C500 PLC 上，每个子系统由 7 个 PLC 链接单元组成。

在图 6-33 中示出了其系统连接方式、C1000H PLC 写入位定义、C500 PLC 写入位定义及系统 LR 区分配情况。

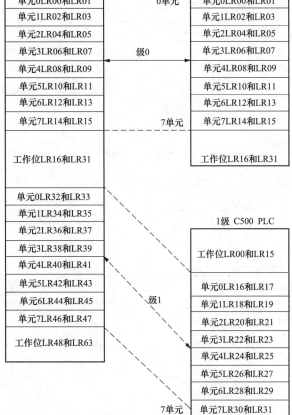

图 6-33　系统连接及 LR 区分配

编程：PLC 运行标志（24800～24807 和 25000～25007）用于带 0 号单元的 PLC 编程。当 PLC 运行时，运行标志接通。图 6-34 示出了各单元编程逻辑。

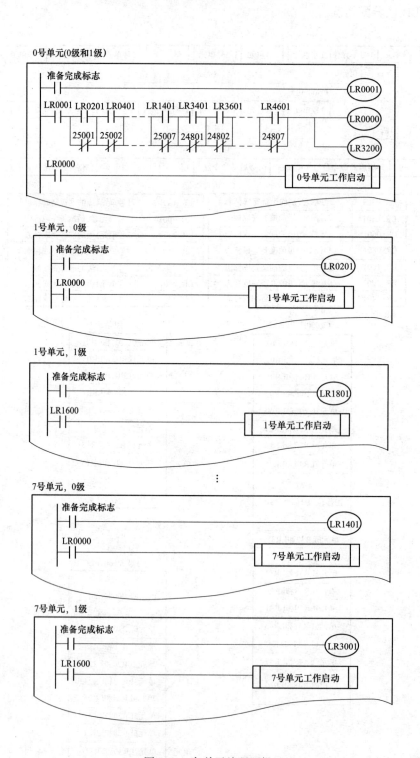

图 6-34　各单元编程逻辑

6.4　串行通信系统

欧姆龙 PLC CPU 单元内的 RS-232C 端口和外设端口支持下列通信功能。

（1）与编程设备［如编程器、LSS 或 SSS（中文版）］进行通信。

（2）与个人计算机和其他外部设备进行上位机链接通信。

（3）与个人计算机和其他外部设备进行 RS-232C4（无通信协议）接口通信。

（4）与其他 PLC 进行 1∶1 链接通信。

（5）与装有 NT 链接接口的可编程终端（PT）进行 NT 链接通信（1∶1 或 1∶N）。

除了上述通信功能外，串行通信模板还支持通信协议宏功能。

表 6-7 列出了欧姆龙 PLC 串行通信的功能及相关指令。本节以 C200HX/HG/HE PLC 为例，介绍欧姆龙 PLC 的通信功能。

表 6-7　　　　　　　　　　　　　　串行通信功能一览表

功能	连接设备	连接	摘　　要	相关指令
上位机链接	上位机或 PT	1∶1 或 1∶N	上位机和 PLC 间提供通信。由上位机监视 PLC 操作状态和数据区内容。使用 TXD（—）传输 PLC 数据区中数据到上位机	上位机链接命令，TXD（—）
RS-232C（无通信协议）	上位机或其他 RS-232C 设备	1∶1	使用 TXD（—）的 RXD（—）管理简单的数据传送序列，如条形码读入器输入或输出至打印机。通过指令控制 RS、CS、ER 和 DR 信号	TXD（—），RXD（—）
一对一链接	PLC	1∶1	使用 PLC 中 LR 区域实现两台 PLC 之间一对一链接	…
NT 链接	PT	1∶1 或 1∶N	在 PLC 和一个或多个 PT 之间提供数据传送	…
通信协议宏	其他串行设备	1∶1 或 1∶N	通信协议宏功能允许用户定义单独的数据传送序列的传送信息。可以登记多达 1000 个通信序列。提供一个支持程序，简化通信序列的生成	PMCR（—）

6.4.1　上位机链接通信

上位机链接通信用来在 PLC 和上位机之间传送数据，使得上位机可以使用上位机链接命令监视 PLC 的运行状态和 PLC 数据区的内容。还可以使用梯形图程序中 TXD（—）指令将 PLC 的 IOM 数据区（IR 区、SR 区、LR 区、HR 区、AR 区、定时器和计数器 PV 值、DM0000～DM6143 和 EM0000～EM6143）中数据传送到上位机。

1. RS-232C 连接（1∶1）

当使用 RS-232C 连接实现上位机链接时，上位机只能与 1 台 PLC 连接（1∶1 连接），如图 6-35 所示。

2. RS-422/485 连接（1∶N）

当使用 RS-422/485 连接实现上位机链接时，上位机可以连接多至 32 台 PLC（1∶N

连接），如图 6-36 所示。

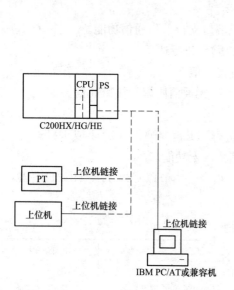

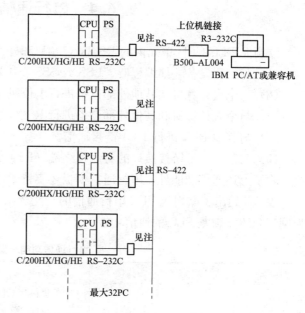

图 6-35　RS-232C 连接（1：1）

图 6-36　RS-422/485 连接（1：N）

注：RS-232C↔RS-422/485 适配器。

3. 端口接线

使用下面接线图作为端口与外部设备接线的指南。

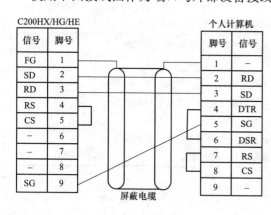

图 6-37　端口接线

图 6-37 是 C200HX/HG/HE 和一台个人计算机之间连接的一个例子。

4. 上位机链接参数

要启动上位机链接通信，必须预先在 PLC 设置中设置下述参数。

（1）通信方式。设置通信方式为上位机链接通信（这是缺省设置）。

RS-232C 端口：置 DM6645 的位 12～15 为 0。

外设端口：置 DM6650 的位 12～15 为 0。

（2）节点号设置。当使用 1：N 连接时，设置 00～31 之间一个节点号（唯一的）；当使用 1：1 连接时，设 PLC 节点号为 00。

RS-232C 端口：置在 DM6648 的位 00～07 中。

外设端口：置在 DM6653 的位 00～07 中。

（3）标准端口设置。标准设置或用户设置是针对 RS-232C 和外设端口的，当下述位置 0 时，使用标准设置。

RS-232C 端口：DM6645 中位 00～03（0：标准；1：用户）。

外设端口：DM6650 中位 00～03（0：标准，1：用户）。

标准设置为：9600bit/s，1个起始位，2个停止位，7个数据位，采用偶校验。

（4）用户端口设置。标准设置或用户设置，用于RS-232C和外设端口。当下述位置1时，使用用户设置。

RS-232C端口：DM6645中位00～03（0：标准；1：用户）。

外设端口：DM6650中位00～03（0：标准；1：用户）。

RS-232C端口的用户设置在DM6646中定义，外设端口的用户设置在DM6651中定义，如图6-38所示。

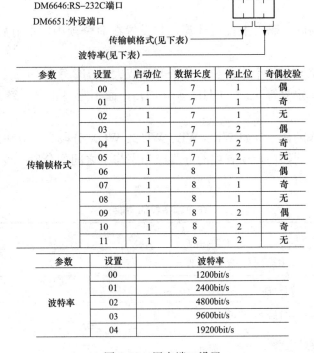

参数	设置	启动位	数据长度	停止位	奇偶校验
传输帧格式	00	1	7	1	偶
	01	1	7	1	奇
	02	1	7	1	无
	03	1	7	2	偶
	04	1	7	2	奇
	05	1	7	2	无
	06	1	8	1	偶
	07	1	8	1	奇
	08	1	8	1	无
	09	1	8	2	偶
	10	1	8	2	奇
	11	1	8	2	无

参数	设置	波特率
波特率	00	1200bit/s
	01	2400bit/s
	02	4800bit/s
	03	9600bit/s
	04	19200bit/s

图6-38　用户端口设置

只有当CPU上DIP开关的引脚5置OFF，图6-38中设置才有效。通信两侧的通信参数必须有相同的设置。

（5）传输延迟时间。根据RS-232C所连接的设备，必须有一个传输时间，此时应设置传输延时以规定允许的时间量。传输延时时间设置单元为100ms。

RS-232C端口：设置在DM6647，从0000～9999（0～99.99s延时）。

外设端口：设置在DM6652，从0000～9999（0～99.99s延时）。

如果CPU上DIP开关的引脚5置为ON，不论PLC设置中如何设置，将使用标准通信设置，其中，节点号设为00，无传输延迟时间。

5. 通信帧格式

上位机链接通信通过在上位机和PLC之间交换命令和应答实现的。在一次交换中，传输的命令或应答数据称为一帧，一个帧最多可包含131个数据字符。

下面叙述由上位机发送的上位机链接命令帧格式和由PLC返回的应答帧格式。当PLC接收到从上位机发来的ASCII码命令时，自动返回ASCII码应答。上位机必须有一个能控制命令和应答的传送和接收的程序。

（1）命令帧格式。从上位机发送一个命令时，按图6-39所示的格式排列命令数据。

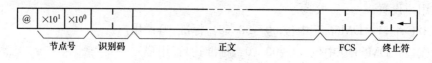

图6-39　命令帧格式

识别码和正文取决于传输的上位机链接命令。当传送一个组合命令时，还将有第二个识别码（子识别码）。

FCS（帧检查顺序）码由上位机计算，并设置在命令帧中，本节后面将叙述FCS的计算。

命令帧可以有最多131个字符长。一个等于或大于132字符的命令必须分成若干帧。命令分段，使用回车定界符［↵，CHR＄（13）］，而不是终止符。终止符必须用在最后帧的末尾。

在对执行写操作的命令（如WR、WL、WC或WD）分段时，应注意不要将写入单独一个字的数据分在不同帧中，还有帧的分段应和字与字之间的分段一致。表6-8列出了各段的功能。

表6-8　　　　　　　　　　　　　　命令帧字段的功能

项　目	功　能
@	@符号必须置于每个命令的开头
节点号	按该节点号辨识PLC，它设置在PLC设置的DM6648中
标识码	设置2字符的命令代码
正文	设置命令参数
FCS	设置2字符的帧检查顺序码
终止符	设置"＊"和回车［CHR＄（13）］两字符，表示命令结束

（2）应答帧格式。来自PLC的应答按图6-40所示格式返回，应准备一个程序，翻译并处理应答数据。

识别码和正文取决于接收到的上位机链接命令。

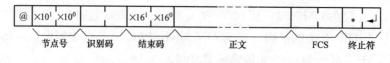

图6-40　应答帧格式

结束码表示命令完成的状态（即是否有错误发生）。

当应答超过132字符，它必须分成若干帧。在每个帧的末尾将自动设置一个定界符［↵，CHR(13)］，代替终止符。终止符必须设置在最后帧的末尾。表6-9列出了应答帧各字段的功能。

表6-9 帧字段功能

项 目	功 能
@	@符号必须置于每个应答的开头
节点号	设在PLC设置的DM6648中的PLC节点号
标识码	返回2字符的命令代码
正文	返回命令的结果
FCS	返回2字符帧检查顺序码
终止符	"＊"和回车[CHR $ (13)] 两字符，表示应答结束

（3）FCS（帧检查顺序）。当传送一个帧时，在定界符或终止符前面安排一个FCS码，以检查传送时是否存在数据错误。FCS是一个转换成2个ASCII字符的8位数据。这8位数据为从帧开始到帧正文结束（即FCS之前）所有数据执行"异或"操作的结果。每次接收到一帧，计算FCS，与帧中所包含的FCS作比较，从而检查帧中间的数据错误，如图6-41所示。

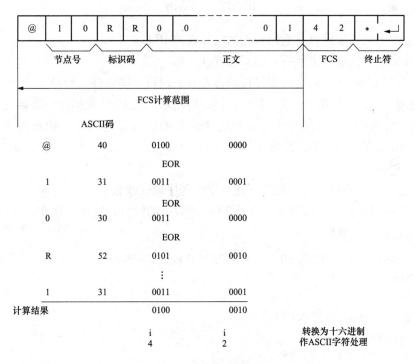

图6-41 FCS帧格式

（4）通信顺序。发送帧的权利称为"传输权"。具有传输权的单元是可以在某一给定时间发送帧的单元。每次发送3帧之后，这个传输权在上位机和PLC之间来回交换。下面叙述一个上位机和PLC之间通信顺序的例子（见图6-42）。

1）上位机在命令的第一帧末端设定界符并送出该帧。

2）当PLC接收到定界符，返回相同的定界符给上位机。

3）上位机收到来自PLC的定界符之后，传送下一帧。

4）PLC在第一应答帧的末端设定界符，传达帧。

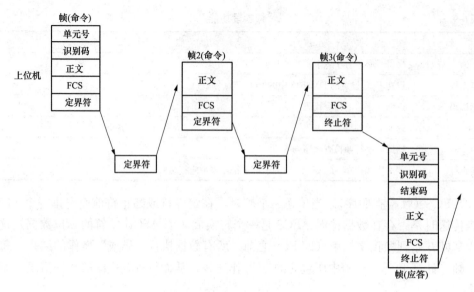

图 6-42　通信顺序

5）当上位机收到定界符，返回相同的定界符给 PLC。

6）接收到上位机来的定界符，FLC 发送下一帧。

7）长传送利用这样方式交换定界符进行管理。最后一帧以终止符结尾。

（5）使用 TXD（一）指令。TXD（一）指令可用来传送 PLC 数据区中数据到上位机。上位机不传送应答。如果一个上位机链接命令的应答正返回给上位机时要执行 TXD（一）指令，必须在传送应答之后才可执行 TXD（一）指令。

6. 程序举例

命令传输：在上位机，必须准备下述类型的程序以接收数据。

在上位机链接正在执行读取命令，从 PLC 读数据的同时，这个程序在计算机可以读入并显示从 PLC 接收的数据。

```
10      ' C200HX/HG/HE SA MPLE PROGRAM FOR EXCEPRION
20      CLOSE
30      CLS
40      OPEN "COM: E73" AS#1
50      * KEYIN
60      INPUT "DATA——", S$
70      TF S$ = "" THEN GOTO 190
80      PRINT "SEND DATA="; S$
90      ST$ = S$
100     INPUT "SEND OK? Y or N? =", B$
110     IF B$ = "Y" THEN GOTO 130 ELSE GOTO * KEYIN
120     S$ = ST$
130     PRINT#1, S$            , 发送命令给 PC
140     INPUT#1, R$            , 接收 PC 来的应答
150     PRINT "RECV DATA="; R$
```

160 IF MID ＄ （R ＄，4，2）＝ "EX" THEN GOTO 210' 识别 PC 来的命令

170 IF RIGHT ＄ （R ＄，1）＜＞ "＊" THEN S ＄＝ ""；GOTO 130

180 GOTO＊KEYIN

190 CLOSE 1

200 END

210 PRINT "EXCEPTION!! DATA"

220 GOTO 140

FCS 处理程序举例

该例子是一个对上位机接收到的帧进行 FCS 检查的 Basic 子程序。

400 ＊FCSCHECK

410 L=LFN （RESPONSE ＄）'…………………传送和接收到的数据

420 Q=0；FCSCK ＄＝ " "

430 A ＄＝RIGHT ＄ （RESPONSE ＄，1）

440 PRINT RESPONSE ＄，AS，L

450 IR A ＄＝ "＊" THEN LENGS=LEN （RESPONSE ＄） —3

　　　　　　　　　　ELSE LENGS=LEN （RESPONSE ＄） —2

460 FCSP ＄＝MID ＄ （RESPONSE ＄，LENGS+1，2）'…接收到的 FCS 数据。

470 FOR I=1TO LENGS'………………FCS 中字符数

480 Q=ASC （MID ＄ （RESPONSE，＄，I，1） XOR Q

490 NEXT I

500 FCSD ＄＝HEX ＄ （Q）

510 IF LEN （FCSD ＄） ＝1THEN FCSD ＄＝ "O" +FCSD ＄' FCS 结果

520 IF FCSD ＄＜＞FCSD ＄ THEN FCSCK ＄＝ "ERR"

530 PRINT "FCSD ＄＝"；FCSD ＄，"FCSP ＄＝"；FCSP ＄，"FCSP ＄＝"；FCSCK ＄

540 RETURN

注：正常接收数据包括 FCS、定界符或终止符等。当发生传播错误，可能不再包含 FCS 或其他数据，系统编程时要考虑这种可能性。

该程序例子中，在 RESPONSE ＄ 中未包含回车（CR）码〔CHR ＄（13）〕，如加入 CR 码，要修改 430 和 450 行。

6.4.2 RS-232C 通信

RS-232C 通信可使用 TXD(一) 和 RXD(一) 指令将数据输出到打印机，从条形码读入器输入数据或向有 RS-232C 端口的其他设备发送上位机链接命令。

1. RS-232C 连接

图 6-43 表示在 RS-232C 方式（无通信协议）下使用 RS-232C 端口时的 RS-232C 连接。

2. PLC 设置参数

要启动通过 RS-232C 或外设端口的 RS-232C

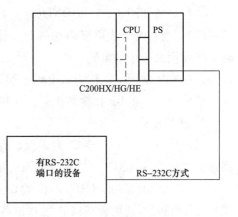

图 6-43 RS-232C 通信

方式通信，必须预先在 PLC 设置中设置下述参数。

1）通信方式设置通信方式为 RS-232C 方式。

RS-232C 端口：DM6645 的位 12～15 置 1。

外设端口：DM6650 的位 12～15 置 1。

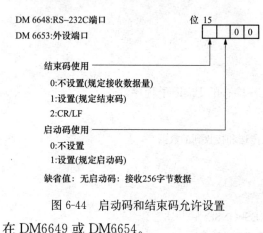

图 6-44　启动码和结束码允许设置

2）标准端口设置。标准设置用于 RS-232C 和外设端口。标准通信设置与上位机链接通信相同。

3）用户端口设置。用户设置用于 RS-232C 和外设端口。用户通信设置与上位机链接通信相同。

4）允许启动码和结束码。由图 6-44 可知，指定在数据开始处是否设启动码。可以规定完成接收操作之前要接收的字节数，代替设置结束码。两种代码和接收字节数设置在 DM6649 或 DM6654。

设置启动码、结束码和接收数据量，如图 6-45 所示。

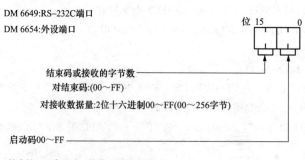

图 6-45　启动码、结束码和接收数据量

3. 通信帧结构

执行一条 TXD(－) 或 RXD(－) 指令，可以发送最多 259 字节数据（包括启动码和结束码）。当有两个或更多启动码时，将使用第一个启动码。同样，有两个或更多结束码时，将使用第一个结束码。

避免使用常用字符作为结束码。如果要截短数据传输，因为结束码插入在传输数据当中，请使用 CR 和 LF 作为结束码。通信帧结构如图 6-46 所示。

4. 通信步骤

（1）传输 ［TXD(－)］。为了保证在进行传送之前，指定端口的传送准备标志为 ON，将该标志包含在 TXD(－) 指令的执行条件中。

1）检查 SR26405（RS-232C 端口发送准备标志）、SR26413（外设端口发送准备标志）、SR28305（通信板端口 A 发送准备标志）或 SR28313（通信板端口 B 发送准备标志）是否为 ON。

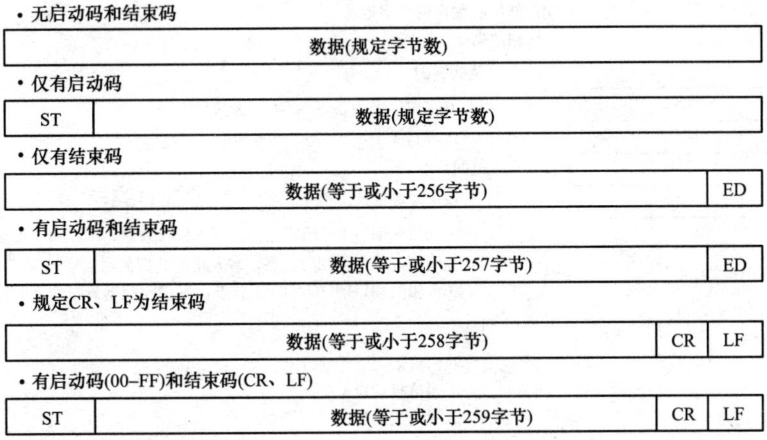
• 无启动码和结束码
数据(规定字节数)
• 仅有启动码
ST
数据(规定字节数)
• 仅有结束码
数据(等于或小于256字节)
ED
• 有启动码和结束码
ST
数据(等于或小于257字节)
ED
• 规定CR、LF为结束码
数据(等于或小于258字节)
CR
LF
• 有启动码(00–FF)和结束码(CR、LF)
ST
数据(等于或小于259字节)
CR
LF

图 6-46　RS-232C 通信帧结构

2）用 TXD(一) 指令发送数据（仅当位 12～15 置为 0，位 08～11 才有效），如图 6-47 所示。

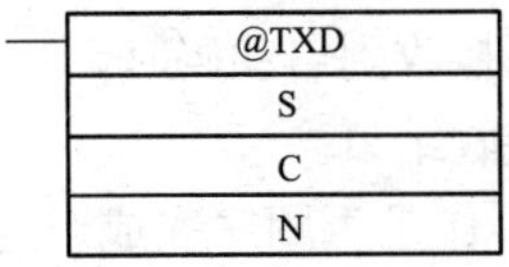
@TXD
S
C
N

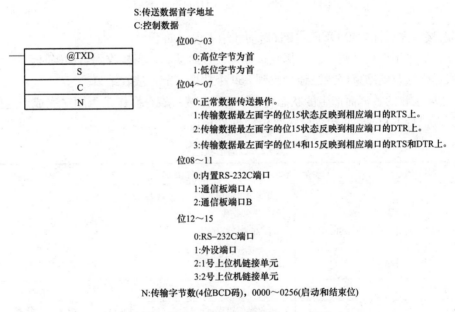

S:传送数据首字地址
C:控制数据
位00～03
0:高位字节为首
1:低位字节为首
位04～07
0:正常数据传送操作。
1:传输数据最左面字的位15状态反映到相应端口的RTS上。
2:传输数据最左面字的位15状态反映到相应端口的DTR上。
3:传输数据最左面字的位14和15反映到相应端口的RTS和DTR上。
位08～11
0:内置RS-232C端口
1:通信板端口A
2:通信板端口B
位12～15
0:RS–232C端口
1:外设端口
2:1号上位机链接单元
3:2号上位机链接单元
N:传输字节数(4位BCD码)，0000～0256(启动和结束位)

图 6-47　RS-232C 通信 TXD(一) 发送

3）从开始执行指令到数据传输结束这段时间，发送准备标志（SR26405、SR26413、SR28305 或 SR28313）保持 OFF。数据传输结束时，它变回 ON。

(2) 接收［RXD(一)］。

1）检查 SR26406（RS-232C 端口接收结束标志）或 SR26414（外设端口接收结束标志）是否为 ON。

2）用 RXD(一) 指令接收数据（仅当位 12～15 置为 0 时位 08～11 才有效），如图 6-48 所示。

3）当执行 RXD(一) 指令时，接收到的数据传送到指定的字中（不含启动码和结束

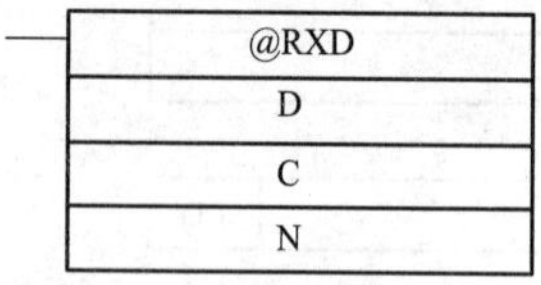

D:存储接收数据的首字地址

C:控制数据

位00～03

　　0:高位字节为首

　　1:低位字节为首

位04～07

　　0:正常数据接收操作

　　1:读相应端口的CTS状态，并写入接收数据，最左面字的位15

　　2:读相应端口的DRS状态，写入接收数据最左面字的位15

　　3:读相应端口的CTS和DSR状态，写接收数据最左面字的位14和15

位08～11

　　0:内置RS-232C端口

　　1:通信板端口A

　　2:通信板端口B

位12～15

　　0:RS-232C端口

　　1:外设端口

N:存储字节数(4位BCD码)，0000～0256(启动位和结束位)

| @RXD |
| D |
| C |
| N |

图 6-48　RS-232C 通信 HXD(一) 接收

码)，同时接收完成标志置 OFF。接收启动和结束说明如下。

　　启动：如果不设启动码，连续接收；如果设置启动码，当接收到启动码时，开始接收。

　　结束：当接收到结束码或已经接收到 259 个数据字节，接收结束。

　　4) 读取接收的数据而产生的状态存储在 SR 区域。检查操作是否顺序完成。这些位的状态在每次执行 RXD(一) 指令时被复位，见表 6-10。

表 6-10　　　　　　　　　　　　RS-232C 通信状态表

RS-232C 端口	外设端口	错　误
SR26400-SR26403	SR26408-SR26411	通信端口错误代码（1 位数 BCD 码） 0：正常完成 1：奇偶校验错误 2：帧错误 3：运行错误
SR26404	SR26412	通信错误标志
SR26407	SR26415	接收操作错误接收完成之后，用 RXD(一) 指令读入数据之前，接收到连接数据
SR265	SR266	接收字节数（不包括启动位和结束位）

　　复位 RS-232C 端口（即恢复初始状态），SR25209 置 ON。复位通信板端口 A，SB28900 置 ON。复位通信板端口 B，SR28901 置 ON。复位之后，这些位自动回到 OFF。

5. 应用实例

　　该实例展示一个程序，它使用 RS-232C 端口在 RS-232C 方式下发送 10 个字节的数据（DM0100～DM0104）到计算机，并将从计算机接收来的数据存储在以 DM0200 为首址的 DM 数据区中。执行该程序之前必须进行下述 PLC 设置。

　　DM6645：1000（RS-232C 方式下 RS-232C 端口，标准设置）。

DM6648：2000（无启动码；结束码 CR/LF）。

假定其他 PLC 设置均为缺省值。上位机必须有相同的通信设置，并且有一个程序以接收从 PLC 传送来的数据。

数据 3454 存储在 DM0100～DM0104 的每个字中。程序如图 6-49 所示。

在 IR00100 为 ON 时，如果 SR26405（发送准备标志）为 ON，发送 10 个字节数据（DM0100～DM0104），高位字节为首。

当 SR26406（接收准备标志）变 ON，由 SR265 指定字节数的数据从 PLC 接收缓冲器中读入，存储到 DM0200 开始的存储器中，高位字节为首。

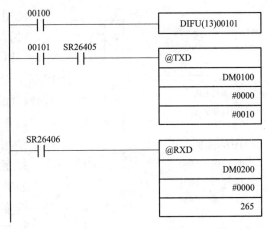

图 6-49　RS-232C 通信程序实例

接收的这个数据是："34543454345434543454 <u>CRLF</u>。"

6.4.3　一对一 PLC 链接

如果两台 PLC 通过各自 RS-232C 端口连接构成一对一链接，它们可以共享公共 LR 区域。当两台 PLC 一对一链接，其中一台为主站，而另一台为从站。

图 6-50　一对一 PLC 链接

由图 6-50 所示，当在被链接的一个单元的 LR 区域一个字内写入数据，该数据将同样自动地写到另一单元的相同字中。每台 PLC 指定可写入的字和由另一台 PLC 写入的字。每台 PLC 可以读，但不可写入由另一台 PLC 写的字。

1. 接线

一对一 PLC 链接通信，其连接器接线如图 6-51 所示。其中，FG 端子接地，电阻小于等于 10000。

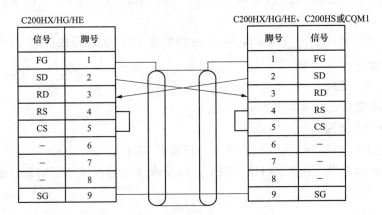

图 6-51　一对一 PLC 链接接线

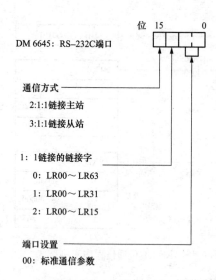

DM 6645: RS–232C端口　位 15　　　0

通信方式
2:1:1链接主站
3:1:1链接从站

1:1链接的链接字
0: LR00～LR63
1: LR00～LR31
2: LR00～LR15

端口设置
00: 标准通信参数

图 6-52　PLC 设置

2. PLC 设置

使用 1∶1 链接，只需设置通信方式和链接字。

设置一台 PLC 的通信方式为 1∶1 链接主站，另一台 PLC 为 1∶1 链接从站，然后在指定为主站的 PLC 上设置链接字。位 08～11 仅对 1∶1 链接的主站有效，如图 6-52 所示。

表 6-11 列出根据主站、从站和链接字设定，每台 PLC 使用的链接字。

3. 通信步骤

如果主站和从站设置正确，PLC 合上电源时，一对一链接自动启动。

4. 应用实例

该实例展示一个程序用于检查使用 RS-232C 端口执行一对一链接的状态。执行程序之前，设置下述 PLC 设置参数：

表 6-11　　　　　　　　　　　　　　一对一 PLC 链接的链接字

DM6645 设置	LR00～LR63	LR00～LR31	LR00～LR15
主站字	LR00～LR31	LR00～LR15	LR00～LR07
从站字	LR32～LR63	LR16～LR31	LR08～LR15

主站：DM6645：3200（一对一链接主站，链接字：LR00～LR15）。

从站：DM6645：2000（一对一链接从站）。

当在主站和从站执行下述程序，每个单元 IR001 的状态反映在另一单元的 IR100 上。IR001 是输入字，IR00 是输出字。组态程序如图 6-53 所示。

6.4.4　NT 链接

一对一 NT 链接是将 PLC 的 RS-232C 端口与可编程终端（PT）上的 ES-232C 端口连接建立起来的，使用 NT 链接命令。

一对一 N NT 链接是通过 RS-422/485 电缆连接 PLC 和可编程终端（PT）建立起来的，使用 NT 链接命令。

1. 一对一 NT 链接

一对一 NT 链接的连接如图 6-54 所示。

2. 一对 N NT 链接

图 6-55 给出一对 N NT 链接的连接图。只要 PLC 不是 C200HE-CPU□□-E，可以最多连接 8 个可编程终端。用 C200HE-CPU□□-E，最多可连接 4 个可编程终端（包括通过通信板连接的 PT）。

3. PLC 设置

当建立一个 NT 链接时，需设置的内容见表 6-12。

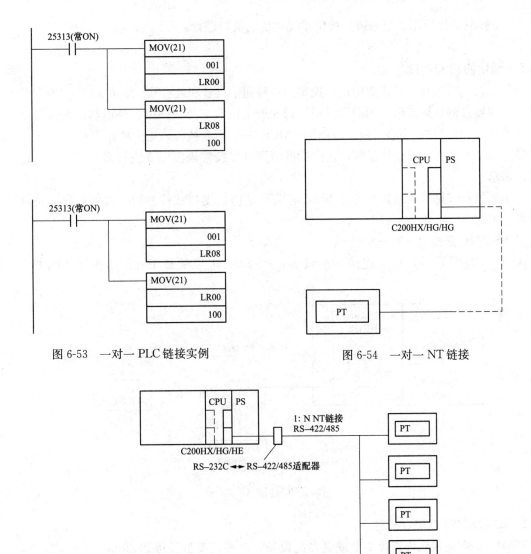

图 6-53　一对一 PLC 链接实例

图 6-54　一对一 NT 链接

图 6-55　一对 N NT 链接

表 6-12		NT 链接时的设置内容
链接	端口	设　置
一对一	内置 RS-232C 端口	DM6645 中位 12～15 置 4
	通信板端口 B	DM6650 中位 12～15 置 4
	通信板端口 A	DM6655 中位 12～15 置 4
一对 N	内置 RS-232C 端口	DM6655 中位 12～15 置 5
	通信板端口 B	DM6650 中位 12～15 置 5 DM6550 中位 08～11 置最大节点号（1～7）
	通信板端口 A	DM6655 中位 12～15 置 5 DM6555 中位 08～11 置最大节点号（1～7）

NT链接的具体应用需根据链接接口单元提供的资料进行。

6.4.5　通信协议宏功能

通信协议宏功能是一种通信协议，控制同各种通信设备和装有 RS-232C 或 RS-422/485 端口的通用器件的数据传送。用户可以用欧姆龙通信协议支持软件很容易地修改数据传送步骤（通信序列），并在梯形图程序中使用 PMCR(一) 指令执行该通信序列。

通信板上已装有 7 种通信步骤，这些标准序列可以按常规使用或进行修改以符合特定应用的需求。

关于通信板详见《通信板操作手册》，有关通信协议支持软件参阅《通信协议支持软件操作手册》。

1. RS-232C 连接（一对一）

采用 RS-232C 连接，只可连接一个设备，RS-232C 电缆最长 15m。其连接如图 6-56 所示。

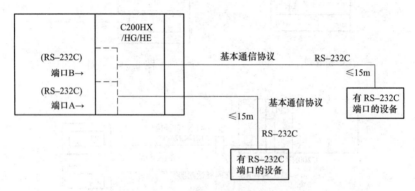

图 6-56　RS-232C 连接（一对一）

2. RS-422/485 连接（一对 *N*）

RS-422/485 连接允许连接 2 个或更多的设备，电缆长度最长可达 500m。RS-422/485 连接还可用于远距离的一对一连接，其连接如图 6-57 所示。

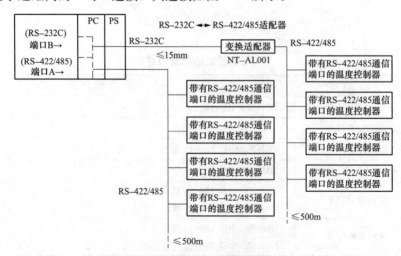

图 6-57　RS-422/485 连接（一对 *N*）

3. 连接电缆接线

图 6-58～图 6-60 表示用于通信协议宏功能通信的电缆接线。

（1）RS-422/485 适配器连接（NT-AL001），如图 6-58 所示。

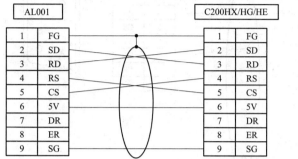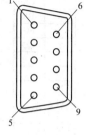

图 6-58　RS-422/485 适配器连接

（2）通用设备/计算机连接（RS/CS 流，交叉连接），如图 6-59 所示。

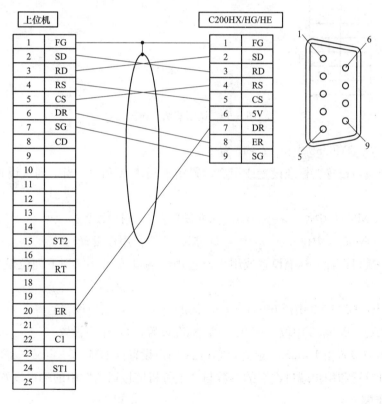

图 6-59　通用设备/计算机连接

（3）调制解调器连接（直线连接），如图 6-60 所示。

4. 通信板设置

使用通信板上通信协议宏功能，必须预先设置下述参数。

（1）通信方式。设置通信方式为通信协议宏功能。

1）端口 B：DM6550 中位 12～15 置 6。

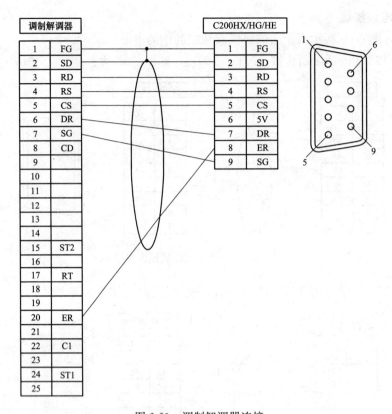

图 6-60　调制解调器连接

2）端口 A：DM6555 中位 12～15 置 6。

（2）标准端口设置。标准设置或用户设置用于端口 A 和 B。当下列位设置为 0 时，使用标准设置。

端口 B：DM6550 中位 00～03（0：标准设置；1：用户设置）。

端口 A：DM6555 中位 00～03（0：标准设置；1：用户设置）。

（3）用户端口设置。标准设置或用户设置用于端口 A 和 B。当下列位设置为 1，使用用户设置。

1）端口 B：DM6550 中位 00～03（0：标准设置；1：用户设置）。

2）端口 A：DM6555 中位 00～03（0：标准设置；1：用户设置）。

端口 B 用户设置由 DM6551 定义，端口 A 用户设置由 DM6556 定义。

标准端口设置和用户端口设置的参数与"上位机链接通信"中的端口设置内容相同。

5. 通信步骤

必须预先运用通信协议支持软件生成通信协议宏通信序列，再传送到通信板。在 PLC 内，使用 PMCR（一）指令执行存储在通信板中的通信序列。

（1）通信序列结构。用通信协议支持软件可以建立多达 1000 个通信序列，序列号从 000～999。

每个通信序列最多由 16 步组成。表 6-13 列出了通信序列的设置。

表 6-13 通信协议宏通信序列设置

项 目		功 能	参 数 设 置
序列 设置	发送控制	设置发送控制方法，如 X-on/X-off 流控制 RS/CS 流控制	X-on/X-off、RS/CS，调制解调器控制、定 界控制或争议控制
	链接字	设置 PLC 和通信板之间数据链接的链接字	IR/SR、LR、HR、AR、DM 和 EM 区域
	监视时间	设置通信处理的监视时间（监视定时器）	接收等待，接收完成，发送完成单位： 0.01s、0.1s、1s 和 1min
	响应告示	设置写接收数据的时间	扫描告示或中断告示
步设置	重复计数器	设置重复步的次数	常数 0～255 IR/SR、LR、HR、AR、DM 和 EM 区域
	命令	设置通信命令	发送、接收或发送与接收
	重复数	设置在执行发送和接收命令时发生错误时 重复执行次数	0～9
	发送等候时间	设置在发送期间等候发送数据的时间	单位：0.01s、0.1s、1s 和 1min
	发送信息	设置用于发送命令或发送和接收命令的发 送数据	识别码、地址、长度、数据、错误检查码 和终止符
	接收信息	设置用于接收命令或发送和接收命令的期 望接收数据	识别码、地址、长度、数据、错误检查码 和终止符
	接收阵列	设置用于接收命令或发送和接收命令的期 望接收数据（最多 15 种类型）并按数据类型 调整处理方法	识别码、地址、长度、数据、错误检查码、 终止符和下一步处理
	响应告示	设置是否写接收数据	是/否
	下一步处理	设置当前步顺利结束时转往的下一步	END、GOTO、NEXT 或 ABORT
	错误处理	设置当前步中出现错误时转往的下一步	END、GOTO、NEXT 或 ABORT

（2）发送/接收信息结构。发送信息和接收信息的结构如下。

识别码	地址	长度	数 据	错误检查码	终止符

表 6-14 列出了各项信息的功能。

表 6-15 列出了在发送和接收信息的每一栏可以设置的属性。缩写"RM"表示接收信息，"TM"表示发送信息。

表 6-14 信息帧各项目功能

项 目	功 能
识别码	设置表示信息开始的数据
地址	设置节点号或其他表示信息送往目标的标志符
长度	数据长度（字节数）自动附加
数据	设置信息内容
错误检查码	设 SUM、LRC 或 CRC 作为错误检查码。发送时指定的错误码自动附加。接收时，按信息中指 定的错误检查码自动执行错误控制，同时接收指定量（长度）的数据。
终止符	设置表示信息结束的数据

表 6-15　　　　　　　　　　信息帧各项目可设置的属性

数据属性		识别码		地址		长度		数据		错误检查		终止符	
		TM	RM	TM	RM	TM	RM	TM	RM	TM	RM	TM	RM
常数	ASCII "□□□□" 十六进制 [□□□□]	Yes	Yes	Yes	Yes	...	...	Yes	Yes	...	...	Yes	Yes
	特殊字符 CR、STX 等	Yes	Yes	...	...	...	...	Yes	Yes	...	...	Yes	Yes
非变量变换	一阶方程 使用变量（N）	...	...	Yes	Yes	...	...	Yes	Yes	...	...	...	...
	通配符（*）	...	...	...	Yes	...	...	...	...	Yes	...	...	...
	读字（R）	...	...	Yes	Yes	...	...	Yes	Yes	...	...	...	...
	写字（W）	...	...	Yes	Yes	...	...	...	Yes	...	...	...	...
	自动变量 LNG	...	...	...	...	Yes	Yes	...	...	...	...	...	...
	自动变量 SUM、LRC 和 CRC	...	...	...	...	...	...	...	...	Yes	Yes	...	...
变量 ASCII 变换	一阶方程 使用变量（N）			Yes	Yes			Yes	Yes				
	通配符（*）	...	...	...	Yes	...	...	...	Yes	...	...	...	...
	读字（R）	...	...	Yes	Yes	...	...	Yes	Yes	...	...	...	...
	写字（W）	...	...	...	Yes	...	...	...	Yes	...	...	...	...
	自动变量 LNG	...	...	...	...	Yes	...	...	...	...	...	...	...
	自动变量 SUM、LRC 和 CRC	...	...	...	...	...	...	...	...	Yes	...	...	...
变量 HEX 变换	一阶方程 使用变量（N）	...	...	Yes	Yes	...	...	Yes	Yes	...	...	...	...
	通配符（*）	...	...	...	Yes	...	...	...	Yes	...	...	...	...
	读字（R）	...	...	Yes	Yes	...	...	Yes	Yes	...	...	...	...
	写字（W）	...	...	...	Yes	...	...	...	Yes	...	...	...	...
	自动变量 LNG	...	...	...	...	...	Yes	...	...	...	...	...	...
	自动变量 SUM、LRC 和 CRC	...	...	...	...	...	...	...	...	...	Yes	...	...

6. 读字（R）

对发送和接收信息中的"地址"或"数据"通过设置所需的属性来读字数据。设置了同性，可从指定字中读到地址或数据，有三种方法指定该字：

（1）使用 PMCR（一）指令中第二个操作数（S，第一个输出字）。

例：R(1)

当命令是"发送"，从 PMCR（一）指令的第二个操作数所指定字后第 1 个字中读数据。

（2）使用通信序列链接区域中输入和输出字。

例：R(11＋5)

指定链接区域中第 1 个接收字后面第 5 个字。

例：R(02＋1)

指定链接区域中第 2 个发送字后面第 1 个字。

（3）可以直接指定数据区字地址。

例：R(DM0000＋2)

指定 DM0000 后第 2 个字。

7. 通配符（＊）和写字（W）

在接收数据时可以对"地址"或"数据"设置通配符（＊）和写字。下面解释它们的功能。

（1）用 PMCR（一）指令中第三操作数指定字地址（首地址）。

（2）在接收信息的地址中设通配符，不论目标为何处接收信息通信，其结果是一种广播通信。

（3）在接收信息的数据中设通配符，接收所有信息。

（4）在接收信息的地址中设置写字属性，不论目标为何处接收信息，同时写该信息到由接收信息的地址所指定的数据区域。

（5）在接收信息数据中设置写字属性，接收所有信息，同时写该信息到由接收信息的地址所指定的数据区域。

8. 使用变量 N 的一阶方程

包含变量 N 的一阶方程用于地址和数据的引入。每当由通信序列的步中指定的重复计数器重复一步时，变量 N 加 1。使用带 N 变量的方程计算地址或数据，可实现下面例子中的一种动态要求。

例：B(2N＋6)

指定 PMCR（一）指令的第二个操作数后面第 6 个字作为"地址"或"数据"，在每重复一步时，再加上两个字，如图 6-61 所示。

9. 错误检查码和长度

当发送信息时，信息中自动加入数据长度和错误检查码 SUM、LRC 或 CRC。当接收信息时，使用错误检查码检查数据的传输错误，同时接收出数据长度指定字节数的数据。

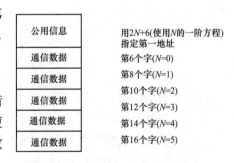

图 6-61　变量 N 的一阶方程的使用

10. 接收阵列

如果在接收信息中设有一个接收阵列，则可以设置最多 15 种类型的接收信息，对每一种接收信息，可以指定不同的过程和错误处理方法。

11. 应用实例

在程序中可以通过 PMCR（一）指令调用并执行通信序列。图 6-62 所示例子表示一个通信序列，它从 PMCR(一) 指令第 2 个操作数后面的第 1 个字开始一个字接一个字地发送 5 个字的数据，然后将接收到的数据存储在第 3 个操作数指定的字中。

(1) 当 IR00000 为 ON，SR28908（通信板端口 A 指令执行标志）为 OFF 时，通过通信板端口 A 进行数据通信。

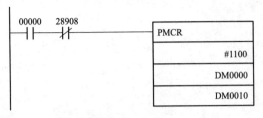

图 6-62 通信协议宏应用实例

(2) DM0000 是发送数据的首字，它根据通信序列的重复计数器连续发送（5 次）。

(3) 接收数据被写至 DM0010 起始的 DM 区域内，如图 6-62 所示。

发送命令必须设置在发送步中，重复计数器设置 5。在用 PMCR(一) 指令第 2 个操作数的发送信息中必须给地址设置读字属性，并且设置一阶方程为 R(N+1)。

为了将接收数据写到由 PMCR(一) 指令中第 3 个操作数指定的数据区域地址，必须将写接收数据的时间设置在序列设置中响应告示参数中。在每个接收步中必须设有 Recv（接收）命令，并在步设置的响应告示参数中设置"Yes"。

在接收信息中设通配符（*），这样就可以接收所有数据，在下一个处理过程的发送步和接收步中设置"End"，为处理错误，在发送步和接收步中设置"Abort"。

6.4.6 串行通信指令

1. 接收指令 RXD(一)

梯形图符号如图 6-63 所示。

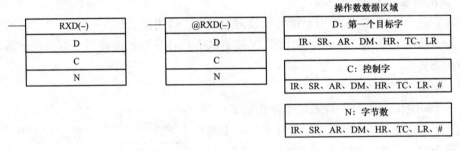

图 6-63 接收指令 RXD(一)

(1) 限制。D 和 D+(N÷2)−1 必须在同一数据区。

N 必须是从 #0000～#0256 的 BCD 码。

(2) 说明。如果执行条件是 OFF，不执行 RXD(一)。如果执行条件是 ON，RXD(一) 读出 N 个在外设端口接收到的数据字节，然后把那些数据写入到字 D～D+(N÷2)−1。一次最多能读出 256 字节数据。如果接收到字节少于 N 个，那么读出接收到的全部数据。只有在经外设端口或 RS-232C 端口接收数据时需要 RXD(一)。从上位计算机到上位机链接单元的传送数据是自动处理的，不需要进行编程。

一旦接收到 256 字节的数据，但用 RXD(一) 指令读不出该接收数据，那么 PLC 就不能接收更多的数据。在接收完成标志转变为 ON（SR26414 用于外设端口，SR26406 用于

RS-232C 端口），则尽快读出数据。

（3）控制字。控制字的数值决定哪一个端口读出数据和采用什么顺序把数据写入到存储器，如图 6-64 所示。

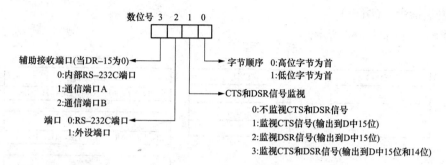

图 6-64 RXD（一）控制字

数据写入存储器的次序取决于 C 中 0 数位的数值。数据 12345678···八个字节用图 6-65 所示方式写入。

0位数=0	高位	低位
D	1	2
D+1	3	4
D+2	5	6
D+3	7	8
⋮	⋮	⋮

0位数=1	高位	低位
D	2	1
D+1	4	3
D+2	6	5
D+3	8	7
⋮	⋮	⋮

图 6-65 数据写入方式

（4）标志。

ER：CPU 没装 RS-232C 端口。

另一装置没有与指定的端口相连。

通信设置（PLC 设置中）或操作数设置上有错。

间接寻址 DM 字不存在（＊DM 字的内容不是 BCD 码或者超出 DM 区域）。

目标字［D～D+($N÷2$)-1］超出数据区域。

（5）外设端口。

26414：当在外设端口上数据被正常接收，SR26414 变为 ON，当执行 RXD（一）指令时，数据被读入，SR26414 复位。

266：SR266 包含外设端口上接收到的字节数，当执行 RXD（一）指令时，SB266 复位为 0000。

（6）RS-232C。

26406：当在 RS-232C 端口上数据被正常接收，SR26404 变为 ON，当执行 RXD（一）指令时数据被读入，SR26404 复位。

265：SR265 包含 BS-232C 端口上接收到的字节数，当执行 RXD（一）指令时，SR265

复位至 0000。

注：给 N 设定 0000 或使用端口复位（SR25208 用于外设端口，SR25209 用于 RS-232C 端口）都使通信标志和计数器清零。

2. 发送指令 TXD(－)

梯形图符号如图 6-66 所示。

TXD(–)
S
C
N

@TXD(–)
S
C
N

操作数数据区域

S: 第一个源字
IR、SR、AR、DM、HR、TC、LR

C: 控制字
IR、SR、AR、DM、HR、TC、LR、#

N: 字节数
IR、SR、AR、DM、HR、TC、LR、#

图 6-66　发送指令 TXD(－)

（1）限制。

S 和 S＋(N÷2)－1 必须在同一数据区。

N 必须是从 ♯0000～♯0256 的 BCD 码（在上位机链接方式中是 ♯0000～♯0061）。

（2）说明。当执行条件是 OFF，不执行 TXD(－) 指令；当执行条件是 ON，TXD(－) 指令从字 S～S＋(N÷2)－1 的 N 个字节里读出数据，转换成 ASCII 码，并且从指定的端口输出数据。

TXD(－) 指令的操作在上位机链接方式中和 RS-232C 方式中是不同的，因此要分别解释这些方式。

下面的标志为 ON，表明可能通过各种端口进行通信，确认在执行 TXD(－) 前响应标志为 ON。

SR26405：RS-232C 端口。

SR26413：外设端口。

SR26705：0♯上位机链接单元。

SB26713：1♯上位机链接单元。

（3）上位机链接方式。N 必须是 ♯0000～♯00M61 之间的 BCD 码（即相当于最多 122 个字节）。控制字的数值决定数据以哪个端口输出，如图 6-67 所示。

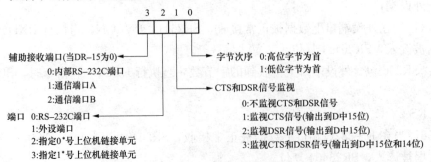

图 6-67　上位机链接方式控制字

从 $S \sim S+(N \div 2)-1$ 中读出指定的字节数，转换成 ASCII 码，并通过指定的端口传送。图 6-68 给出按：12345678…顺序传送源数据字节，C 的 0 位数是 0。当 C 的 0 位数是 1，所示源数据字节传送次序是：21436587。

	高位	低位
S	1	2
S+1	3	4
S+2	5	6
S+3	7	8
·	·	·
·	·	·
·	·	·

图 6-68　数据发送顺序

图 6-69 所示为从 PLC 送至上位机链接命令（TXD）格式。C200HX/HG/HE 和 C200HS 根据它们的设定自动地加上前缀和后缀，如节点号、识别码和 FCS。

（4）RS-232C 方式。N 必须是 ♯0000 ~ ♯0256 之间的 BCD 码。控制字的数值决定数据从哪一个端口输出和数据写进存储器的顺序，如图 6-70 所示。

图 6-69　上位机链接命令（TXD）格式

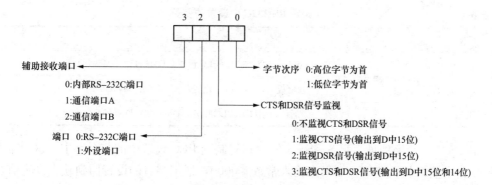

图 6-70　RS-232C 方式控制字

从 $S \sim S+(N \div 2)-1$ 中读出指定的字节数，并且通过指定的端口传送。其发送顺序与上位机链接命令方式相同。当指定开始和结束编码时，包括开始和结束编码的数据总长度应该是 256B。

（5）标志。

ER：另一装置没有与外设端口相连。

在通信设置（PLC 设置中）或者操作数设置上有错误。

间接寻址 DM 字不存在（＊DM 字的内容不是 BCD 码，或者超出 DM 区域）。

源字：$[S \sim S+(N \div 2)-1]$ 超出数据区域。

26405：RS-232C 端口通信有效标志。

26413：外设端口通信有效标志。

26705：0♯上位机链接单元通信有效标志。

26713：1♯上位机链接单元通信有效标志。

3. 修改 RS-232C 设置指令 STUP(一)

梯形图符号如图 6-71 所示。

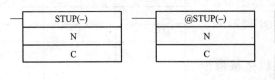

操作数数据区域

STUP(一)
N
C

@STUP(一)
N
C

N: RS–232C端口指定器
IR000、IR001或IR002

S: 第一个源字
IR、SR、AR、DM、HR、TC、LR、#

图 6-71　修改 RS-232C 设置指令 STUP(一)

（1）限制。

N 必须是 IR000、IR001 或 IR002。

S 和 S+4 必须在同一数据区（置 S 为 0，将 RS-232C 设置转为缺省设置）。

如果 DIP 开关插脚 2 为 ON，不能为 RS-232C 端口执行 STUP(一) 指令。

在中断子程序中不能执行 STUP(一) 指令。

（2）说明当指令执行条件为 OFF，不执行 STUP(一) 指令。

当执行条件为 ON，STUP(一) 修改 PLC 设置中由 N 指定的端口的设置。

N 确定 RS-232C 设置中哪一部分变更，见表 6-16。

表 6-16　　　　　　　　　　　　N 确定 RS-232C 中设置的变更

N	指 定 端 口
IR000	内置 RS-232C 端口（PLC 设置：DM6645～DM6649）
IR001	通信板端口 A（PLC 设置：KDM6555～DM6559）
IR002	通信板端口 B（PLC 设置：DM6550～DM6554）

如果 S 是一个字地址，字 S～S+4 的内容复制到 PLC 设置中的 5 个字中，这 5 个字存有由 N 指定端口的设定值。如果 S 输入常数♯0000，指定端口的设置回到缺省设定值。

（3）应用例子。由图 6-72 可知，应用例子表示将 DM0100～DM0104 中内容传送到通信板端口 A 的 PLC 设置区（DM6555～DM6559）。当传送完成，修改 RS-232C 设置标志（SR27504）变为 OFF。表 6-17 列出了被传送的设置数据的作用。

表 6-17　　　　　　　　　　　　传送数据设置的作用

字	内 容	作 用
DM0100	1001	允许 DM0101 中通信设置，通信方式设为 RS-232C
DM0101	0803	设置下列通信设定 9600bit/s，1 启动位、8 位数据、1 停止位、无校验
DM0102	0000	无传输延时（0ms）
DM0103	2000	允许使用结束码 CR、LF
DM0104	0000	…

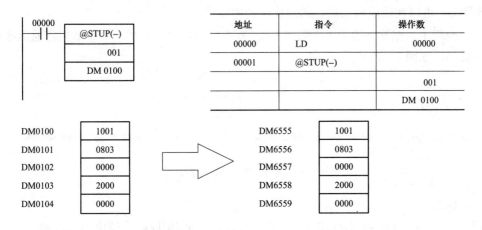

图 6-72 STUP(一) 指令示例

（4）标志。

ER：间接寻址 DM 字不存在（＊DM 字的内容不是 BCD 码或超出 DM 区域）。

端口指定器（N）不是 IR000、IR001 或 IR002。

指定端口 A，但 DIP 开关上插脚 2 为 ON。

PLC 设置写保护（DIP 开关上插脚 1 为 0N）。

指定源字超出数据区域。

在中断程序中执行 STUP(一) 指令。

4. 通信协议宏指令 PMCR(一)

其梯形图符号如图 6-73 所示。

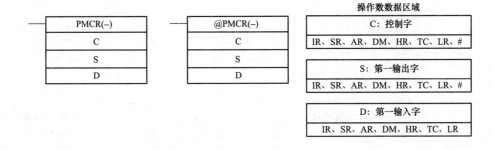

图 6-73 通信协议宏指令 PMCR(一)

（1）限制。C 必须是 ♯1000～♯2999 之间的 BCD 码。DM6144～DM6655 不能用于 D。

（2）说明。当执行条件为 OFF，不执行 PMCR(一) 指令。当执行条件为 ON，PMCR(一) 调用并执行指定的通信序列（通信协议数据），该序列已在安装 PLC 的通信板上登记过。如果 S 和 D 没有设定在 DM 区，由通信板上登记的通信序列发送/接收的信息必须设到读出或写入字数据中。当不需为第一个输出字设数据字时，可用一个常数。如通信序列不需要输入字，任意指定一个字地址。在指定的字地址内并不存入数据，还保留原有内容。当通信序列不需要数个输入字时，请指定不在程序其他地方使用的字。输入字和输出字（S 和 D）可以在通信板上登记的通信序列中设置。

（3）控制字。控制字的第 1 个数（1 或 2）指定通信端口，最后 3 个数指定通信序列号（000～999），如图 6-74 所示。

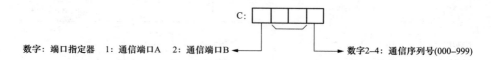

数字：端口指定器　1：通信端口 A　2：通信端口 B ◄───────────►数字 2–4：通信序列号(000–999)

图 6-74　PMCR(一) 指令控制字

（4）标志。

ER：间接寻址 DM 字不存在（＊DM 字的内容不是 BCD 码或超出 DM 区域）。

D 不是 BCD 码或使用字 DM6144～DM6655。

在执行指令时，另一条 PMCR（一）指令正在进行。

端口指定器不是 1 或 2。

6.5　网　络　系　统

表 6-18 和表 6-19 分别列出了欧姆龙 PLC 的网络系统及其通信规格。

表 6-18　　　　　　　　　　　　欧姆龙 PLC 的网络系统

级别	网络	功能	通信	单元/板
信息网络	Ethernet	上位机到 PLC	FINS 信息	Ethernet 单元
		PLC-PLC		
		上位机到 CPU 单元存储卡	FTP 服务器	
		UNIX 计算机或其他到 PLC 的 Socket service	Socket services	
	Controller Link	计算机直接连接到网络和 PLC 上	FINS 信息	Controller Link 支持板 Controller Link 单元
			Data links（偏移量的自动设定）	
控制网络	Controller Link	PLC-PLC	FINS 信息	Controller Link 单元
			Data links（偏移量和自动设定）	
	PLC Link		简单数据连接	PLC Link 单元
	CompoBus/D (DeviceNel)		开放网络上的 FINS 信息	主单元的配置器
	CompoBus/D (DeviceNet)	PLC～器件（从单元）	开放网络上的高容量的远程 I/O（固定或用户分配）	主单元的配置器
	CompoBus/S		欧姆龙的高速远程 I/O 网络（固定分配）	CompoBus/S 主单元

表 6-19　　　　　　　　　　　　　　　　欧姆龙 PLC 网络通信规格

网络		Ethernet	Controller Link	PLC Link	CompoBus/D (Device Net)	CompoBus/S
通信	信息	Yes	Yes	...	Yes	...
	Data links	...	Yes	Yes	...	...
	Remote I/O	...	...	...	Yes	Yes
最大速度		10Mbit/s	2Mbit/s 通信时间；大约 34ms（线缆：32 节点，2-k 位 + 2-k 字 data links）	128Kbit/s	500Kbit/a 通信循环时间：大约 5ms（128 点输入，128 点输出）	750Kbit/a 通信循环时间：大约 1ms（128 点输入，128 点输出）
总的距离		2.5km	双绞线：1km（500b/s）；光缆：20km	500m	500m (125h/s)	干线：100m
最大节点数		100	32	32	63	32
通信介质		同轴电缆	特殊双绞线缆或光缆	双绞线缆或光缆	特殊 DeviceNet 电缆	2 芯 VCTF 电缆、特殊扁平电缆
数据链接容量（网络）		...	32 000 字	64 字	...	...
远程 I/O 容量		...	...	...	4800 点（带配置器）；1600 点（不带配置器）	256 点
支持的 PLC		CSI 系列、CVMI、CV 系列、C200HX/HG/HE	CSI 系列、CVM1、CV 系列、C200HX/HG/HE（光缆：仅 CSI）	CSI 系列、C200HX/HG/HE、C200H、C200HS、C1000H、C2000H	CSI 系列、CVM1、CV 系列、C200HX/HG/HE、CQM1（仅 I/O Link）	CSI 系列、C200HX/HG/HE、CQM1、SRM1

6.5.1　以太网系统

通过以太网系统可以在 OA 信息和 FA 控制之间形成连接。将 PLC 连接到以太网上，可执行许多种通信：用 TCP/IP 传送数据或 UDP/IP Socket Services，执行欧姆龙标准 FINS 指令，用 FINS 传送数据或用 SMTP 传送邮件，根据需要选择通信服务，并将 PLC 柔性地连接到信息级别的以太网上。

欧姆龙 PLC 通过以下两种方法与以太网进行连接。

（1）用标准 PCMCIA Ethernet 网卡与以太网连接。

（2）通过专用 Ethernet 单元与以太网连接，如图 6-75 所示。其特点如下。

1）通过操作存储器中的规定的位，简单

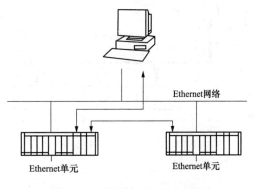

图 6-75　欧姆龙 PLC 以太网络

执行 Socket Services。

2）利用 E-mail 的优点。

3）互联到 Controller Link 和其他网络上。

4）使用 Ethernet 标准协议、TCP/IP 和 UDP/IP。

5）使用欧姆龙的标准 PINS 信息通信。

6）使用 FTP 上位机传送文件。

7）使用 CX-Programmer 设置通信参数。

PLC 在以太网中用 FINS 指令和网络指令与其他 PLC 或上位机进行信息交换，具体的通信过程和编程参阅相关的指令内容。

6.5.2 Compo Bus 设备网络

Compo Bus/D 是一个多位、多厂家的机器/生产线控制级别的网络。它将控制和数据融合在一起；并且遵循 Device Net 开放现场网络标准。Compo Bus/D 支持两种形式的通信，如图 6-76 所示。

图 6-76　Compo Bus/D 两种形式的通信功能

（1）自动地在从单元和 CPU 单元之间传送 I/O 的远程 I/O 通信。它不需要在 CPU 单元里编写特别的程序。

（2）信息通信。读/写信息控制运行，或者用于主单元，安装主单元的 CPU 单元以及从单元执行其他功能。信息通信是通过执行 CPU 单元程序中特定的指令［SEND(192)、RECV(193)、CMND(194)、IOWR］完成的。如果使用配置器（配置器是运行在个人计算机上的应用软件，它作为 Compo Bus/D 网络上的一个节点运行）还支持以下三种功能。

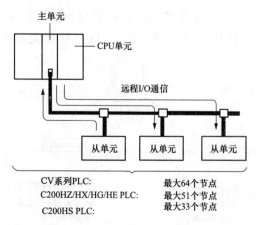

图 6-77　不带配置器的系统配置

1）对于远程 I/O 通信，I/O 区域字能被柔性地分配。

2）不止一个主单元能够安装在一台 PLC 上。

3）不止一个主单元能够连接在一个网络上。

a. 不带配置器的系统配置。当 Compo Bus/D 网络中只有一个主单元时，可以不带配置器，如图 6-77 所示。

b. 带配置器的系统配置。当需要在同一个网络上连接不止一个主单元时，那么一个 Compo Bus/D 配置器是必不可少的，如图 6-78 所示。

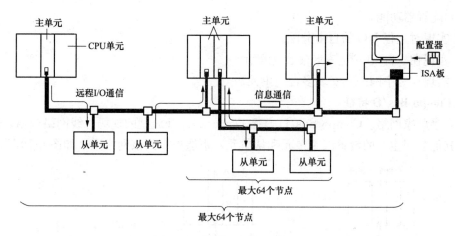

图 6-78 带配置器的系统配置

1. 单元特征

（1）主单元。支持在欧姆龙 PLC（CV 系列、C200HZ/HX/HG/HE/HS）和从单元之间的远程 I/O 通信。支持在欧姆龙 PLC 之间、欧姆龙 PLC 和从单元以及和其他公司主单元之间的通信。

（2）VME 主板。支持在 VME 系统和从单元之间的远程 I/O 通信。

（3）从单元。

1）I/O 终端。

a. 提供一般 I/O。

b. 8 点和 16 点两种模块。

c. 晶体管（无触点）I/O。

2）传感器终端。

a. 接收来自带插头的光电开关和接近开关的信号输入。

b. 16 点输入和 8 点输入/8 点输出两种模块。

c. 输出信号能用于传感器教学和外部诊断。

3）远程适配器。

a. 用于将 G7D 和其他 I/O 端子组合在一起进行继电器输出、电力 MOSFET 输出等。

b. 对 16 点输入和 16 点输出型号有效。

4）模拟量 I/O 终端。

a. 将模拟数据转换为数字量或将数字量转换为模拟量。

b. 模拟输入端子在 2 路和 4 路之间可选择（DIP 开关），有以下形式：1～5V、0～5V、0～10V、−10～10V、0～20mA 和 4～20mA。模拟输出端子提供两路输出有以下形式：1～5V、0～10V、−10～10V、0～20mA 和 4～20mA。

5）I/O Link 单元。

a. 在 1 台 CQM1 PLC 上，能安装不止一个 I/O Link 单元。

b. 在 CQM1 和主单元之间，内部连接 16 点输入或 16 点输出。

c. 在 CQM1 上 I/O 的分配与 I/O 单元相同。

6）温度输入终端提供 TC 或 RTD 输入。

（4）配置器功能。

1）实现对远程 I/O 的自由分配。

2）实现在一台 PLC 上安装多台主单元。

3）实现在一个网络上安装多台主单元。

2. Compo Bus/D 特征

（1）多厂家网络。Compo Bus/D 遵循 Device Net 开放型的现场总线网络规格。因此意味着由其他公司生产的设备（主单元和从单元）也能连接到该网络上，如图 6-79 所示。

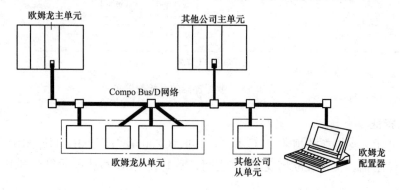

图 6-79　多厂家网络

（2）同时进行远程 I/O 和信息服务。在 PLC 和从站之间定时交换 I/O 数据的远程 I/O 通信和使用 Send/Receive 指令在主单元之间的信息通信可同时进行。因此对于需要位数据交换又需要信息数据交换的应用，正好可以使用 Compo Bus/D 网络，如图 6-80 所示。

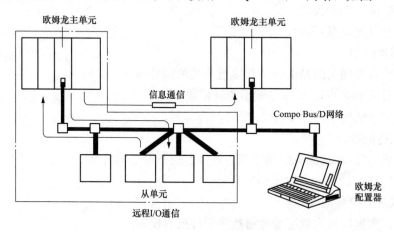

图 6-80　远程 I/O 和信息通信

（3）连接多台 PLC 到同一个网络。当使用配置器（另配）时，能够在一个网络上连接不止一个主单元。能够在 PLC 之间，以及多组 PLC 和从单元之间进行信息通信。也可将 Compo Bus/D 网络作为一个公共总线统一控制而减少接线，如图 6-81 所示。

（4）实现多点控制和多层网络的扩展。使用配置器（另配）能够实现在单台 PLC 上安装不止一个主单元，从而控制更多的点。同时这个特点也能容易地实现网络的扩展和其他应用，如图 6-82 所示。

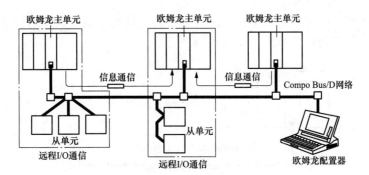

图 6-81 多台 PLC 连接

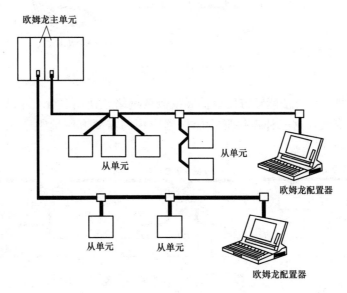

图 6-82 多层网络的扩展

（5）自由远程 I/O 分配。使用配置器也能实现在任何区域和按任何顺序的自由 I/O 分配。这样既可使 I/O 的分配以简化编程，同时也使 PLC 的存储区得到更有效的利用，如图 6-83 所示。

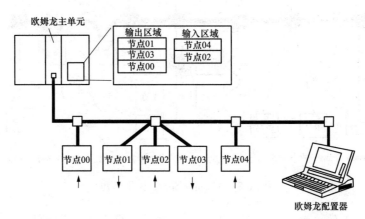

图 6-83 自由远程 I/O 分配

（6）管理不同响应速度的从单元。使用配置器（另配）能够设置通信循环时间，从而可以利用响应时间很慢的从单元，如图 6-84 所示。

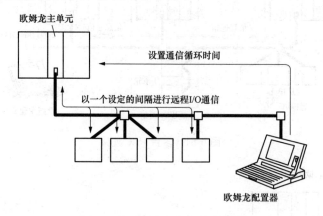

图 6-84　不同响应速度的从单元

（7）使用各种连接方法能够方便地扩展或改变网络。使用多分支干线、T 型多分支线或者菊花链型分支线，这三种连接形式能根据应用的需要方便地组合在一起构筑一个网络，如图 6-85 所示。

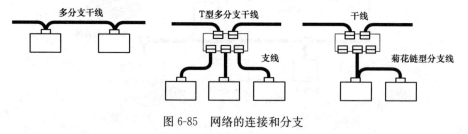

图 6-85　网络的连接和分支

3. 网络结构

Compo Bus/D 网络结构，如图 6-86 所示。

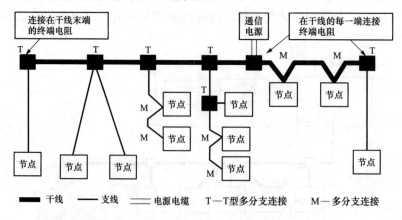

图 6-86　Compo Bus/D 网络结构

（1）节点。在 Compo Bus/D 网络中，有两种形式的节点：连接外部 I/O 的从单元和管理网络以及从单元的外部 I/O 的主单元。在网络中主单元和从单元能在任何位置连接。

（2）干线或支线。通常，在两端连接有终端电阻的电线为干线，它是连接网络两个最远点的电线，从干线分出的支线电缆称其为支线。但干线长度并不一定是网络的最大长度。

（3）电缆。Compo Bus/D 通信通过 5 线电缆传送，电缆有粗细之分。

（4）连接方法。有两种方法能用于连接 Compo Bus/D 节点：T 型多分支方法和多分支方法。用 T 型多分支法，节点连接到由 T 型多分支接头形成的支线，用多分支方法从单元直接连接到干线。这两种连接方法能在同一个网络中同时使用，而且从一条支线上能产生出第二分支。

（5）终端电阻。终端电阻必须连接在干线的两端，以减少信号反射并使通信稳定。有两种终端电阻可用：一种是 T 型多分支接头，另一种是带终端电阻的端子台。

（6）通信电源。在使用 Compo Bus/D 网络时，必须通过 5 线电缆供给每一个节点的通信电源，通信电源不应该用于内部回路电源或 I/O 电源。

4. 连接形式

在同一个网络上可使用多种不同的连接与分支方式，如图 6-87 所示。

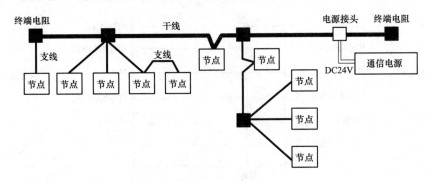

图 6-87　连接与分支方式

Compo Bus/D 的连接方式可以有以下几种。

（1）从干线分出 1 路支线。

（2）从干线分出 3 路支线（最大）。

（3）节点直接连接到干线上。

（4）从支线分出 1 路支线。

（5）从支线分出 3 路支线。

（6）节点直接连接到支线上。

5. 电缆长度

（1）最大网络长度。网络长度是两个最远节点之间的距离，或者是两个终端电阻之间的距离。

（2）电缆长度。有两种形式的电缆：粗缆和细缆。粗缆硬而且难弯曲，但是能阻止信号损耗并且能用于相对较长距离的通信。细缆软而且易弯曲，但不能阻止信号损耗而且不适合于长距离通信。使用粗缆的最大网络长度为 500m，细缆的最大网络长度为 100m。这两种电缆均可作为干线或支线电缆。

（3）支线电缆长度。1路支线的最大长度是 6m，从支线上分出第 2 分支也是可能的。但是从干线上的节点到分支末端的距离也必须是 6m 或更少。

（4）波特率和通信距离。Compo Bus/D 网络的通信距离也受波特率限制，见表 6-20。

表 6-20　　　　　　　　　　　　　　　Compo Bus/D 通信距离与波特率

波特率/(Kbit/s)	最大网络长度/m		最大支线长度/m	总的最大支线长度/m
	粗缆	细缆		
500	100		6	39
250	250	100	6	78
125	500		6	156

6. 电源

用作干线和支线的 5 线电缆中的两根线用作 DC24V 电源供电。可以使用一个 T 型连接器将一个电源连接到网络上，也可以使用特殊电源接头将多个电源连接到网络上，电源接头的结构如图 6-88 所示。

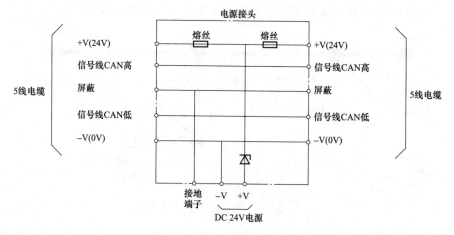

图 6-88　电源接头的结构

7. 配置器

当要使用如下任意功能时，需要使用配置器。

（1）用户设定远程 I/O 分配。

（2）每一台 PLC 使用不止一个主单元。

（3）每一个网络使用不止一个主单元。

（4）设定通信参数。

配置器是运行在一台 IBM PC/AT 或者可兼容的计算机上，而该计算机作为一个 Compo Bus/D 网络节点。与计算机的连接通过 ISA 板或者 PCMCIA 卡。配置器的主要功能如图 6-89 所示。

每个网络只能使用一个配置器。在干扰较强的地方不要使用配置器，特别是 PCMCIA 卡，因为过强的干扰将会使计算机失控。

配置器的规格见表 6-21。

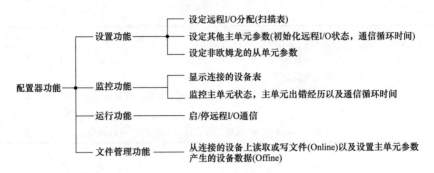

图 6-89 配置器的主要功能

表 6-21   配置器的规格

项 目		规 格
操作环境	硬件	计算机：IBM/PC/AT 或可兼容的 CPU：Windows95；66MHz i486 Dx2（min） 　　　　Windows NT；90MHz Pentium（min） 存储器：Windows95；12MB(min)（推荐 16MB 或更大） 　　　　Windows NT；16MB(min)（推荐 24MB 或更大） 硬盘：5MB(min) 自由空间
	OS	Windows95、Windows NT3.51/4.0（PCMCIA 卡不能使用在 Windows NT 计算机上）
	Compo Bus/D 接口	ISA 板（包括 3G8F5-DRM21）或 PCMCIA 卡（包括 3G8E2-DRM21）
在网络中的位置		在网络中作为一个节点运行，因此需要一节点地址
每个网络中可连接数		每一个网络有一个配置器
配置器在 Compo Bus/D 中的功能		自由的远程 I/O 分配（当扫描表有效时） 每台 PC 不止使用一个主单元 每台网络不止使用一个主单元
主要功能	监控	显示连接的设备表（节点地址顺序、远程 I/O 配置等） 监控主单元状态（远程 I/O 运行、出错等） 监控主单元出错经历（大约有 20 个记录包括出错时间、出错代码、出错类型等） 监控通信循环时间
	设定	设定欧姆龙主单元的参数记录 设定远程 I/O 分配（扫描表） 设定初始远程 I/O 参数（启/停） 设定通信循环时间
		设定非欧姆龙的从单元的参数
		设定节点地址和波特率
主要功能	操作	启/停远程 I/O 通信
	文件管理	读/写连接设备数据的文件（Online）以及设定主单元参数而产生的设备数据（Off-Line）
	其他	读/写 EDS 文件 检查主单元参数 I/O 重复分配 打印主/从单元参数

续表

项　目	规　格
可写的文件	主单元参数文件 从单元参数文件 网络文件（在设备表中用于主单元/从单元的所有主单元/从单元参数、1 个文件/网络） EDS 文件（DeviceNet 设备定义文件、1 个文件/设备类型）

6.5.3　Compo Bus/S I/O 网络

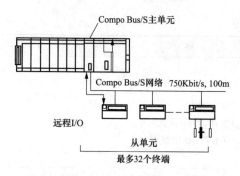

图 6-90　Compo Bus/S I/O 网络

Compo Bus/S I/O 网络无须在 CPU 单元内编程就可向 CPU 单元自动传送远程 I/O 状态，是一种高速 ON/OFF 总线，用于分散的机器控制和减少布线，如图 6-90 所示。高速远程 I/O 是由一个 256 I/O 点、最大 1ms 的通信扫描周期支持的。

1. 特点

（1）最大通信扫描周期为 1ms。在最大 1ms 通信扫描周期内可与最多 32 个从站单元通信、交换 256 点数据；而与 16 个从单元通信、交换 128 点数据只需要 0.5ms。

（2）专用电缆节省接线工作量。主站单元与从站单元，或从站单元之间用专用扁平电缆或 VCTF 电缆连接。

（3）允许使用 T 型分支和多站接线。

（4）用 T 型分支连接器。可以方便地增加从站单元数量，使用 T 型分支连接器和专用的扁平电缆，便于增加从站单元数量。

（5）最长干线长度为 100m。允许在最长的 100m 的干线上进行高速 ON/OFF 通信。

（6）容易同传感器连接。传感器和从站单元可以容易地通过连接器连接。

（7）对一些 I/O 点的分散控制。下面将以 C200HW-SRM21 Compo Bus/S 主单元为例说明 Compo Bus/S 的通信规格和连接方法。

2. Compo Bus/S 主单元

C200HW-SRM21 的通信规格和主单元技术规格分别见表 6-22 和表 6-23。

表 6-22　　　　　　　　　　　　　　主单元通信规格

项　目	规　格
通信协议	专用 Compo Bus/S 通信协议
波特率	750Kbit/s
调制	基带
标记	Manchester
出错控制	Manchester 标记检查、框架长度检查和奇偶校核

项　目	规　格			
电缆	2芯 VCTF 电缆：标称横截面积为 0.75mm² （两根信号线） 专用扁平电缆，0.75mm²×4 （两根信号线和两根电源线）			
通信距离		连接从站单元数	干线长度/m ≤	支路长度/m ≤	支路总长/m ≤
	VCTF 电缆	1～32	100	3	50
	专用扁平 电缆	1～16			
		17～32	30		30

表 6-23　　　　　　　　　　　　　主单元技术规格

项　目	C200HW-SRM21		
适用的 PLC	C200HX/HG/HE		
I/O 最多点数 最多的从站单元数和通信 周期	I/O 最大点数	最多的从站单元数	通信周期/ms
	输入 64/输出 64	输入 8/输出 8	0.5
	输入 128/输出 128	输入 16/输出 16	0.8
安装位置	安装在 CPU 机架的 I/O 扩展机架上（不能安装在从站机架上）		

3. Compo Bus/S 从单元

Compo Bus/S 从单元见表 6-24。

表 6-24　　　　　　　　　　　　　Compo Bus/S 从单元

从　单　元	I/O 点数	型　号	电源
远程 I/O 晶体管终端	4 点输入	SRT1-ID04	分离电源
	4 点输入（PNP）	SRT1-ID04-1	
	8 点输入	SRT1-ID08	
	8 点输入（PNP）	SRT1-ID08-1	
	16 点输入	SRT1-ID16	
	16 点输入（PNP）	SRT1-ID16-1	
	4 点输出	SRT1-OD04	
	4 点输出（PNP）	SRT1-OD04-1	
	8 点输出	SRT1-OD08	
	8 点输出（PNP）	SRT1-OD08-1	
	16 点输出	SRT1-OD16	
	16 点输出（PNP）	SRT1-OD16-1	

续表

从　单　元	I/O 单元	型　号	电源
带 3 排端子台的远程 I/O 晶体管终端	16 点输入（NPN、＋公共点）	SRT1-ID16T	本地电源
	16 点输入（PNP、－公共点）	SRT1-ID16T-1	
	16 点输入/输出（NPN、－公共点）	SRT1-MD16T	
	16 点输入/输出（PNP、＋公共点）	SRT1-MD16T-1	
	16 点输出（NPN、－公共点）	SRT1-OD16T	
	16 点输出（PNP、＋公共点）	SRT1-OD16T-1	
带连接器的远程 I/O 晶体管终端	8 点输出	SRT1-OD08-S	
远程 I/O 继电器终端	8 点输出	SRT1-ROC08	
	16 点输出	SRT1-ROC16	
远程 I/O 电力 MOS FET 终端	8 点输出	SRT1-ROF08	
	16 点输出	SRT1-ROF16	
远程 I/O 模块	16 点输入	SRT1-ID16P	…
	16 点输出	SRT1-OD16P	
传感器放大终端	4 点输入（1 字×4 终端）	SRT1-TID04S	网络电源
	4 点输入（4 字×1 终端）	SRT1-TKD04S	…
扩展传感器放大终端	4 点输入（1 字×4 终端）	SRT1-XID04S	
	4 点输入（4 字×1 终端）	SRT1-X，D04S	
传感器终端	8 点输入	SRT1-ID08S	网络电源
	8 点输出	SRT1-OD08S	
	4 点输入和 4 点输出	SRT1-ND08S	
位链终端	8 点输入或 8 点输出	SRT1-BIT	本地电源
位置驱动器	…	FND-X06H-SRT FND-X12H-SRT FND-X25H-SRT FND-X06L-SRT FND-X12L-SRT	本地电源

注　网络电源：从单元可以从 Compo Bus/S 扁平电缆上获得电源。

　　分立电路：从单元既需要通信电源也需要 Compo Bus/S 电源（通信电源可从 Compo Bus/S 扁平电缆上获得）。

　　本地电源：从单元需外接电源（通信电源不能从 Compo Bus/S 扁平电缆上获得）。

4. 系统配置示例

图 6-91 和图 6-92 示出了用扁平电缆连接和用 VCTF 电缆连接的系统的例子。

6.5.4　Controller Link PLC 网络

Controller Link PLC 网络是欧姆龙主要的 FA 级别的网络，它除了具有 PC Link 的功

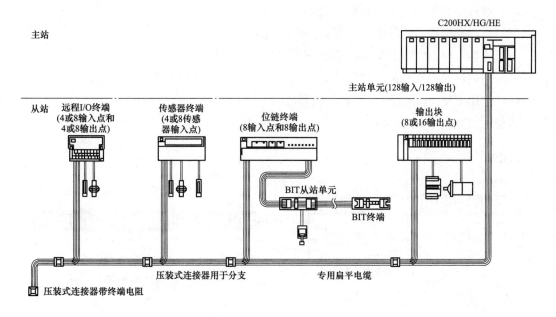

图 6-91　用扁平电缆连接

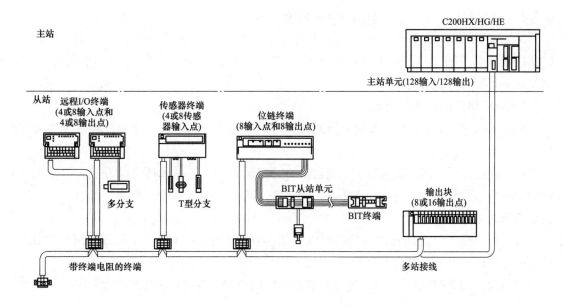

图 6-92　用 VCTF 电缆连接

能，支持在 PLC 之间及 PLC 和上位机之间的自动数据链接以外，还支持网络信息通信功能，可使用信息服务进行可编程的数据传送，使用 FINS 指令、SEND(90) 和 RECV(98) 指令与其他 PLC、上位机等进行大容量的数据通信。其通信介质可以使用双绞线电缆或光缆。Controller Link 具有以下特点。

（1）进行大容量、柔性数据链接。

（2）通过信息服务传送大容量的数据。

（3）通过光缆或双绞线电缆连接。

（4）连接 CS1、C200HX/HG/HE、CV M1 和 CV PLC。

（5）完成出错校正和故障排除功能。

（6）使用 CX-Programmer 设置通信参数。

通信方式如图 6-93 所示。

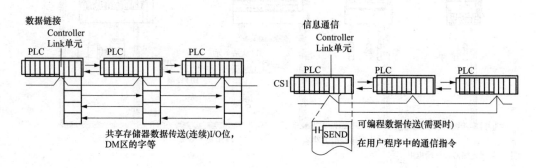

图 6-93　CX-Programmer 通信方式

6.5.5　SYSMACHET 与 SYSMAC Link 系统

SYSMACHET 与 SYSMAC Link 系统是 C200HX/HG/HE 系列、C 系列、CV 及 CVM1 等系列 PLC 所支持的 PLC 一级网络系统。它使用 SYSMAC NET 链接单元与 SYS-MAC Link 单元构成系统。

1. SYSMAC NET 系统特点

SYSMAC NET 是高速光缆局域网系统，可以提高系统的处理速度和改善系统的可靠性。其特点如下。

（1）通过光缆，实现高速、长距离通信。可以运用 N∶N 令牌环通信方法。可以用每秒 2Mbit 数据传输速率，与相距 1km 的节点进行传送，当接有一个长距离中继电器时，传输距离可达 3km。

（2）大规模工厂自动化的结构。可以连接多达 126 个 NSB、NSU 和 SYSMAC NET 链接单元，PLC 可以连接工厂计算机或上位计算机网络。

（3）改善的 RAS 功能。自动循环和节点旁路的检测，有利于出现非正常情况时，获取对策。

（4）PLC 之间提供了方便的数据链接。内置应用软件提供了 PLC 间方便的数据链接。

（5）与 H-PCF 光缆兼容。不仅可使用惯用的 PCF 光缆，还可使用 H-PCF（硬外套纤维）光缆，因为使用了非焊接光缆连接器，现场连接变得更容易。

2. 网络配置

SYSMAC NET 由一个线服务器和最多 126 个 NSB、NSV 和 SYSMAC NET 链接单元构成。网络配置如图 6-94 所示，表 6-25 列出了 SYSMAC NET 的通信规格。

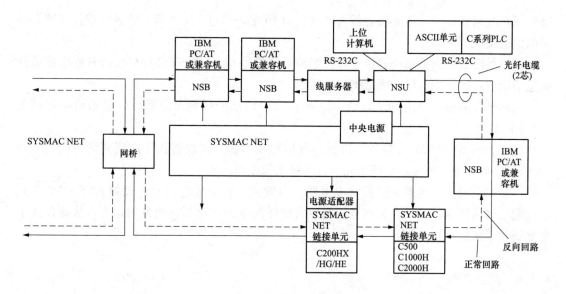

图 6-94　SYSMAC NET 网络配置

NSB—网络服务板；NSU—网络服务单元；网桥—用来连接两个网格，假如每个桥作一个节点处理，

一个网络最多可连接 20 个网桥；SYSMAC NET 链接单元—作为一个节点处理

（它不起网桥的作用，当与 SYSMAC Link 单元连用时，总共只能连接两个单元）

表 6-25　　　　　　　　　　　　**SYSMAC NET 通信规格**

项　目	规　　　格	项　目	规　　　格
通信方法	N：N 令牌环	RAS 功能	自动循环检测
传输方法	Manchester 码，基带		触点旁路
数据传输速率	2Mbit/s		自诊断功能（用试验模式功能）
传输回路	双芯光纤电缆（塑料外套，石英芯线，线芯直径：200μm）		故障检测 CRC-CCITT 生成函数＝$X^{16}+X^{12}+X^5+1$
节点数≤	126	传输方向	1：1 数据发送/接收 1：N 仅发送数据（无应答） 广播数据传送： N：126（max）
节点间距≤	1km		
信息长度	最多 2KB	数据长度	最多 1000 字（2000 字节）仅在相同区域
发送缓冲器容量	1 个信息	发送/接收数据（与 PLC）	程序指令 SEND(90) 用于数据发送，RECV(98) 用于数据接收
接收缓冲器容量	15 个信息		

3. SYSMAC Link 系统特点

C200HW 系列 SYSMAC Link 单元，允许在多达 62 个单元之间进行高速、大容量数据交换，网络配置的规模取决于系统。它支持 C200HX/HG/HE、CV M1、CV 系列及上位机等之间的链接。其特点如下。

（1）最多 62 个 SYSMAC Link 单元。一个网络可连接多达 62 个 SYSMAC Link 单元。此外，一个 PLC 上可安装 2 个 SYSMAC Link 单元，允许多层次系统配置。

（2）数据链接。数据链接容量大，可达 2966 字，通过 LR 区和 DM 区可进行高速大容量的数据交换。

（3）灵活的数据链结构。由于对每个节点（机号），可用 SYSMAC 支持软件生成最佳数据短接表，因此能有效使用数据链接区。

（4）事件通信。使用 SEND 或 RECV 指令，网络中任何节点都可以发送或接收最多 256 字的数据。

（5）利用 SYSMAC 支持软件进行远程编程或监视。可以将程序送到网络中任何一个 SYSMAC 单元上，还可以对该单元执行各种监视操作。

（6）专供通信的内置大规模集成电路。内置大规模集成电路允许设置 SYSMAC 单元之间通信时间周期，一旦在数据链控制站出现任何故障，控制站能自动切换，从而保证了数据链接系统的高可靠性。

6.5.6　网络指令

本节以 C200HX/HG/HE PLC 为例，介绍欧姆龙 PLC 的网络指令。

网络指令用于通过以太网系统、Controller Link 系统（SYSMAC Link 系统）、SYSMAC NET 链接系统与网上的其他 PLC、上位机或 Basic 单元进行通信和数据交换。

1. 网络发送 SEND(90)

梯形图符号如图 6-95 所示。

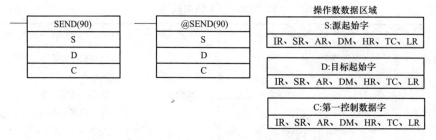

图 6-95　网络发送 SEND(90) 指令

（1）限制。C～C+2 必须在同一数据区域内，必须在表 6-26 的规定值以内。为了使用 SEND(90)，系统必须安装有 SYSMAC NET 链接单元、SYSMAC Link 单元或 PLC 卡单元。

（2）说明。当执行条件为 OFF，SEND(90) 指令不执行。当执行条件为 ON，SEND(90) 将起始于 S 的数据传送到 SYSMAC NET 链接、SYSMAC Link 系统或以太网系统指定的节点中字 D 所开始的地址里。以字 C 开始的控制字决定了传送的字数、目标节点和其他参数。控制数据的内容取决于数据是在 SYSMAC NET 链接系统或在 SYSMAC Link 系统还是在以太网系统中传送。

字 C+1 的位 15 状态决定指令是用于 SYSMAC NET 链接系统或 SYSMAC Link/以太网系统。

（3）控制数据。SEND(90) 控制字见表 6-26。对以太网系统，目标节点号设为 0，则将数据传送到所有节点。SYS MAC NET 系统，目标端口总设为 0，目标节点号设为 0，则将数据传送到所有节点，网络号设为 0，则将数据传送到同一子系统（网络）上的一个节点。

（4）举例。这个例子用于 SYSMAC NET 链接系统。当 0000 为 ON，下列程序将从 IR001～IR005 的内容传送到在节点 10 上的 LR20～LR24，如图 6-96 所示。

表 6-26　　　　　　　　　　　　　　　SEND(90) 控制字

网络	字	位 00～07	位 08～15
	C	传送字的数目（0～1000，用 4 位十六进制，即 0000H～03E8H）	
以太网	C+1	响应时间限制（0.1s 和 25.5s、0.1s 为增量单元，用 2 位十六进制，无小数点，即 01H～FFH）。 缺省值为 00H（2.2s）	位 08～11：重复次数（0～15，用十六进制，即 OH～FH）。 位 12：ON 为间接寻址；OFF 为直接寻址。 位 13：ON 为响应不返回；OFF 为响应返回。 位 14：ON 为 0 级操作；OFF 为 1 级操作。 位 15：置为 1
	C+2	目标节点（0～127，用 2 位十六进制，即 00H～7FH）	位 08～12：目标节点的单元地址：置为 00H。 位 13～15：置为 0
SYSMAC NET	C+1	网络号（0～127），用 2 位十六进制，即 00H～7FH）	位 14：ON 为 0 级操作；OFF 为 1 级操作。 位 08～13 和 15：置为 0
	C+2	目标节点（0～126，用 2 位十六进制，即 00H～7EH）	目标端口； NSB：00； NSU：01/02
SYSMAC Link	C+1	响应时间限制（0.1s 和 25.4s，用 2 位十六进制，无小数点，即 00H～FFH）。 注：如果限制设为 OH，响应时间为 2s。如果设为 FFH，就没有时间限制	位 08～11：重复次数（0～15，用十六进制表示，即 OH～FH）。 位 12：置为 0。 位 13：ON 为响应不返回；OFF 为响应返回。 位 14：ON 为 0 级操作；OFF 为 1 级操作。 位 15：置为 1
	C+2	目标节点（0～62，用 2 位十六进制表示，即 00H～3EH）	置为 0

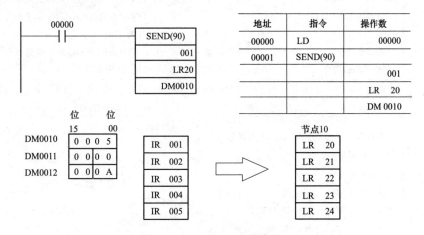

图 6-96　SEND(90) 指令应用

（5）标志 ER。指定的节点号大于 126（在 SYSMAC NET 链接系统中），或大于 62（在 SYSMAC Link 系统中），或大于 127（在以太网系统中）。

被传送数据超出数据区域。

间接寻址的 DM 字不存在（＊DM 字不是 BCD 码或超出 DM 区域）

没有 SYSMAC NET 链接/SYSMAC Link/PC 卡单元。

2. 网络接收 RECV(98)

梯形图符号如图 6-97 所示。

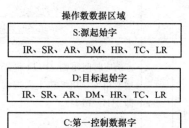

图 6-97　网络接收 RECV(98) 指令

（1）限制。C～C＋2 必须在同一数据区域内，必须在表 6-27 的规定值以内。为了使用 RECV(98)，系统必须安装有 SYSMAC NET 链接单元、SYSMAC Link 单元或 PLC 卡单元。

（2）说明。当执行条件为 OFF，RECV(98) 不执行。当执行条件为 ON，RECV(98) 将 SYSMAC NET 链接 SYSMAC Link，以太网系统一个节点中起始于 S 的数据传送到起始于 D 的字中。以字 C 开始的控制字提供接收字数、源节点和其他传送参数。

表 6-27　　　　　　　　　RECV［98］指令控制数据

	字	位 00～07	位 08～15
	C	接收字数（0～1000，用 4 位十六进制，即 0000H～03E8H）	
以太网	C+1	响应时间限制（0.1s 和 25.5s，0.1s 为增量单元，用 2 位十六进制，无小数点，即 00H～FFH）。缺省值为 00H（2.2s）	位 08～11：重复次数（0～15，用十六进制，即 0H～FH）。位 12：ON 为间接寻址；OFF 为直接寻址。位 13：ON 为响应不返回；OFF 为响应返回。位 14：ON 为 0 级操作；OFF 为 1 级操作。位 15：置为 1
	C+2	源节点（0～127，用 2 位十六进制，即 00H～7FH）	08～12：源节点的单元地址；置为 00H。位 13～15：置为 0
SYSMAC NET	C+1	网络号（0～127），用 2 位十六进制，即 00H～7FH）	位 14：ON 为 0 级操作；OFF 为 1 级操作。位 08～13 和 15：置为 0
	C+2	源节点（0～126，用 2 位十六进制，即 01H～7EH）	源端口；NSB 为 00；NSU 为 01/02
SYSMAC Link	C+1	响应时间限制（0.1s 和 25.4s，2 位十六进制，无小数点，即 00H～FFH）。注：如果限制设为 0H，响应时间为 2s。如果设为 FFH，就没有时间限制	位 08～11：重复次数（0～15，用十六进制表示，即 0H～FH）。位 12：置为 0。位 13：置为 0。位 14：ON 为 0 级操作；OFF 为 1 级操作
	C+2	源节点（0～62 用 2 位十六进制表示，即 00H～3EH）	位 15：置为 0

操作数数据区域

S:源起始字
IR、SR、AR、DM、HR、TC、LR

D:目标起始字
IR、SR、AR、DM、HR、TC、LR

C:第一控制数据字
IR、SR、AR、DM、HR、TC、LR

字 C+1 位 15 的状态决定指令用于 SYSMAC NET 链接系统或 SYSMAC Link/以太网系统。

（3）控制数据。控制数据见表 6-27。SYSMAC NET 系统，源端口号总是设为 0。网络号设为 0，则接收同一子系统（网络）中的一个节点的数据。

（4）举例。这个例子用于 SYSMAC NET 链接系统。当 0000 为 ON，图 6-98 所列程序就将 IR001～IR005 的内容传送到节点 10 中的 LR20～LR24。

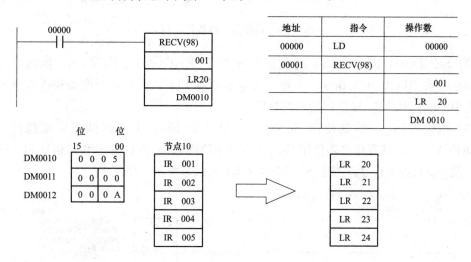

图 6-98　RECV(98) 指令应用示例

（5）标志 ER。指定的节点号大于 126（在 SYSMAC NET 链接系统中），或大于 62（在 SYSMAC Link 系统中），或大于 127（在以太网系统中）。

被接收的数据超出数据区域。

间接寻址的 DM 字不存在（＊DM 字不是 BCD 码或超出 DM 区域）。

没有 SYSMAC NET 链接/SYSMAC Link/PLC 卡单元。

3. 关于网络通信

SEND(90) 和 RECV(98) 是在命令/响应处理基础上，也就是只有在发送节点收到并确认目标节点传来的响应才能完成一个传送。注意 SEND(90)/RECV(98) 的允许标志只有在传送结束后第一个 RND(01) 时才能为 ON。关于命令/响应操作详见《SYSMAC NET 链接系统手册》或《SYSMAC Link 系统手册》。

如果需要重复使用 SEND(90)/RECV(98)，必须用表 6-28 中的标志，以保证在进一步执行 SEND(90)/RECV(98) 操作时，以前的操作已经完成，如图 6-99 所示。

表 6-28　　　　　　　　　　　　连续执行收发指令所使用的标志

SR 标 志	功 能
SEND(90)/RECV(98) 允许标志 （SR25201、SR25204）	SEND(90)/RECV(98) 执行期间为 OFF（包括命令响应处理）。如果标志不为 ON，不能开始 SEND(90)/RECV(98) 操作
SEND(90)/RECV(98) 错误标志 （SR25200、SR25203）	SEND(RECV) 正常完成（即接收到响应信号）后为 OFF。 SEND(RECV) 错误后为 ON，直到下一个 SEND(90)/RECV(98) 操作。 错误类型：超时（命令/响应时间大于 1s）；传送数据错误

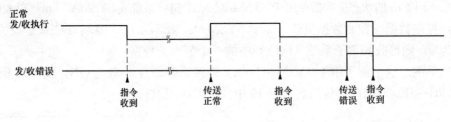

图 6-99　收发指令的执行过程

（1）SEND(90)/RECV(98) 的数据处理。当 SEHD(90)/RECV(98) 执行时，根据
SEND(90) 和 RECV(98) 指令，数据被传送给所有 PLC。在对外围设备和链接单元的服
务过程中完成，对传送/接收做最后的处理。

（2）编程举例——重复使用 SEND(90)/RECV(98)。为了保证成功地操作 SEND
(90)/RECV(98)，其程序必须使用 SEND(90)/RECV(98) 允许标志和错误标志，以保证
执行。图 6-100 所示程序是用于 SYSMAC NET 链接系统的一个例子。

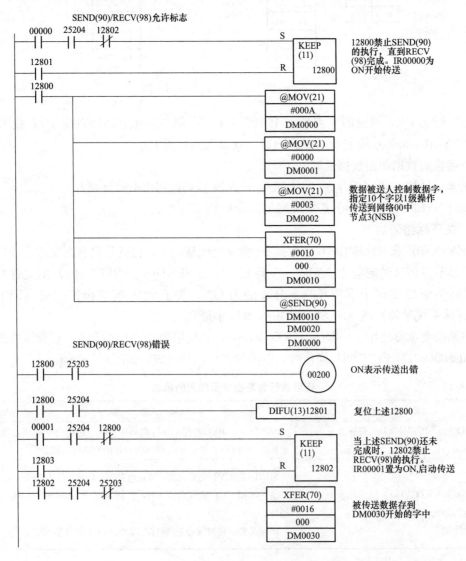

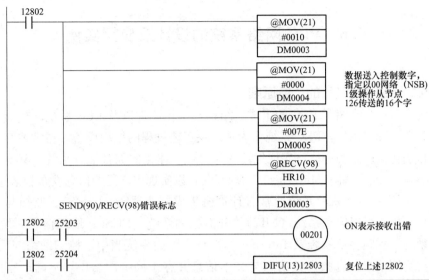

数据送入控制数字，
指定以00网络（NSB）
1级操作从节点
126传送的16个字

SEND(90)/RECV(98)错误标志

ON表示接收出错

复位上述12802

地址	指　　令	操作数	地址	指　　令	操作数
00000	LD	00000	00019	ANF NOT	12800
00001	AND	25204	00020	LD	12803
00002	AND NOT	12802	00021	KEEP(11)	12802
00003	LD	12801	00022	LD	12802
00004	KEEP(11)	12800	00023	AND	25204
00005	LD	12800	00024	AND NOT	25203
00006	@MOV (21)		00025	XFER(70)	
		＃000A			＃0016
		DM0000			000
00007	@MOV (21)				DM0030
		＃0000	00026	LD	12802
		DM0001	00027	@MOV (21)	
0008	@MOV (21)				＃0010
		＃0003			DM0003
		DM00002	00028	@MOV (21)	
00009	@XFER(70)				＃0000
		＃0010			DM0004
		000	00029	@MOV (21)	
		DM0002			＃007E
00010	@SEND(90)				DM0005
		DM0010	00030	@RECV(98)	
		DM0020			HR10
		DM0000			LR10
00011	LD	12800			DM0003
00012	AND	25203	00031	LD	12802
00013	OUT	00200	00032	AND	25203
00014	LD	12800	00033	OUT	00201
00015	AND	25204	00034	LD	12802
00016	DIFU (13)	12801	00035	AND	25204
00017	LD	00001	00036	DIFU (13)	12803
00018	AND	25204			

图 6-100　重复使用收/发指令的例子

6.6 PLC 网络系统的设计及应用实例

6.6.1 PLC 网络系统设计的一般原则

前面的章节中，介绍了 PLC 的组成、结构和工作原理以及 PLC 系统的扩展、网络互联等技术。在实际应用中，PLC 系统作为生产及工艺过程的控制设备，通常要与管理和调度等综合自动化系统融为一体，实现集控制与管理一体化的综合信息系统，甚至与企业内联网（Intranet）或因特网（Internet）实现互联，以实现更广泛的信息发布和信息共享。

与 PLC 网络系统互联的系统通常有计算机集成制造系统（CIMS）、监控与数据采集（SCADA）系统、管理信息系统（MIS）、分散控制系统（DCS）、地理信息系统（GIS）、视频监控系统、视频会议系统及 Internet 等。在实际的系统当中，控制网络与管理网络、控制信息与管理信息、音频视频信息与文本信息并存于同一网络中，不同厂家的控制设备、管理设备并存于同一网络中，实际的网络系统是相当复杂的。面对如此复杂的系统，制定一个科学、统一的一般原则，对网络设计是至关重要的。

（1）标准化原则。只有采用通行的、标准化的网络系统结构和网络接口，才能保证网络互联和数据交换。

（2）开放性原则。用户的应用要求和应用环境是在动态变化的，网络系统是按用户投资的安排逐步建立起来的，网络的技术和设备也是在不断发展和变化的，这就决定了用户的网络系统是不断发展和动态变化的，因此在任何阶段都要遵从网络的开放性原则。

（3）子网独立性原则。通常一个网络是由多个功能相对独立或物理连接上相对独立的子系统组成的。在设计网络的时候，合理地划分子系统和子网络，充分保证子网络的独立性，对整个网络的安全、稳定运行及维护检修是至关重要的。

系统网络在物理连接上与各厂（站）子系统、功能子系统和不同的网络层次之间是相互独立的，便于网络的设计、施工、运行维护，也有利于设备管理、产权划分和网络管理，任何一个子网或站点的故障均不会影响其他网络的正常运行，为整体网络的安全可靠运行提供了有力技术支持，同时为网络的运行维护、权责划分、网络的扩展和升级奠定了物质基础。网络的传输介质可以根据实际需要采用不同的介质、不同的带宽灵活配置，为网络的实现提供了充分的灵活性，同时也降低了系统的投资成本和运营成本，有效地提高了系统的性能价格比。

（4）网络数据完整性原则。网络是由多个相对独立的子网构成的，网络中的设备分散在不同的地理位置和不同的部门。尽管如此，在逻辑上网络一定要是完整的、统一的和无缝的。在设计时，选择良好的网络软件和系统软件，制订合理的网络数据管理方案，使得网络数据具有全局的统一性，为网络应用奠定良好的基础。

系统网络从逻辑上看，整个系统是一个有机的整体，全局数据在网络中的任何一个站点均可实现透明传输和共享，各厂（站）子系统、功能子系统和不同的网络层次之间通过软件系统实现无缝连接，用户所看到的网络是一个统一的、面向全局的网络系统，在此系统上可以方便地完成网络管理、数据传输、实时及历史数据访问、视频数据传输与操作。

6.6.2　PLC 网络系统的设计

在下面的网络系统中，有若干个 PLC 子系统网络通过公用通信网络，如公用电话交换网（PSTN）、虚拟专用网（VPN、GPRS 等）与调度中心网络系统实现远程连接。调度中心网络系统为双电缆冗余网络系统，网络中有若干台操作员站或工程师站、一台历史数据备份服务器、一台路由器或 Web 服务器与因特网（Internet）相连，实现公共信息发布和远程互联接入服务。系统结构图如图 6-101 所示。

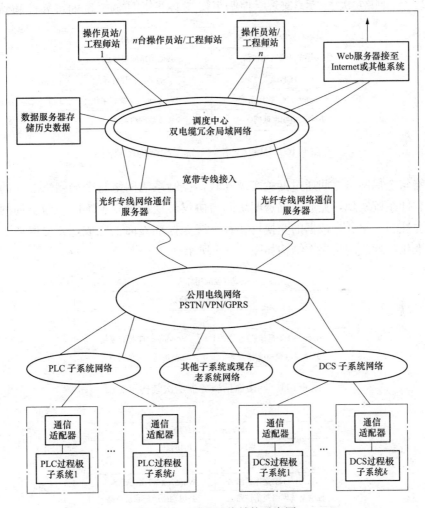

图 6-101　PLC 网络结构示意图

1. 全局统一标准网络平台的选择

全局统一标准网络平台的选择要依据网络的主要硬件设备、传输网络环境、传输媒体以及主要系统软件环境。在本系统中，考虑到系统主干网络设备是基于 PLC 和 Windows 技术的产品，要扩展的网络环境为基于 Internet 技术的互联网，Windows 操作系统对 PSTN、VPN 和 GPRS 等传输网络也能够进行很好的技术支持，因此选择 Windows 操作系统和传输控制协议/网络互联协议（TCP/IP）作为全局统一标准网络平台。

在此平台基础上，设计或定制集成开发环境应用协议和集成开发应用环境，为用户提

集成开发应用环境
集成开发环境应用协议
TCP/IP
Windows NT 操作系统
传输子系统通信网络

图 6-102　全局网络层次结构示意图

供全局的、统一的标准化数据共享服务和开发、操作应用环境。其系统层次结构如图 6-102 所示。

2. Web 服务器系统层次结构

Web 服务器系统层次结构如图 6-103 所示。

3. 网络通信服务器系统层次结构

网络通信服务器系统层次结构如图 6-104 所示。

4. 全局网络与 DCS 等控制系统的连接

为了保证 DCS 等控制系统的可靠性和独立性，控

集成开发应用环境	其他网络应用环境
集成开发环境应用协议	其他网络应用协议
TCP/IP	其他网络协议转换
Windows NT 操作系统	Windows NT 操作系统
冗余双电缆局域网	其他网络系统

图 6-103　Web 服务器系统层次结构示意图

制系统网络与全局网络之间通过网关实现互联，控制系统网络与全局网络之间的高速数据交换通过软件系统实现，完成数据透明访问与协议转换，控制系统网络与全局网络均保持各自的独立性与完整性，数据的交换均在各自统一标准界面上完成，充分保证了网络的开放化、标准化特性。网络层次结构如图 6-105 所示。

集成开发应用环境	
集成开发环境应用协议	
TCP/IP	TCP/IP
Windows NT 操作系统	Windows NT 操作系统
冗余双电缆局域网	公用网络系统协议

图 6-104　网络通信服务器层次结构示意图

集成开发应用环境	
集成开发环境应用协议	
TCP/IP的协议转换	TCP/IP
Windows NT 操作系统	Windows NT 操作系统
控制系统网络通信链路	公用网络通信系统链路

图 6-105　控制网络通信层次结构示意图

5. 全局网络与视频监控等功能子系统的连接

为了保证视频监控、视频电子会议等功能子系统的独立性，各功能子系统网络与全局网络之间通过网关实现互联，各功能子系统与全局网络之间的高速数据交换通过软件系统实现，完成数据透明访问与协议转换，各子系统与全局网络均保持各自的独立性与完整性，数据的交换均在各自统一标准界面上完成，充分保证了网络的开放化，标准化特性。各功能子系统共享全局网络所提供的具有高可靠性的数据传输网络组成分布式功能子系统

网络，实现安全、可靠的网络化系统服务，不需要另外构建网络系统，可以节省系统投资，减轻网络运营维护成本。其网络层次结构如图 6-106 所示。

6. 全局网络与现存老系统设备的连接

为了保证现存老系统设备的独立性和完整性，实现老系统与全局网络的兼容、并存，降低施工量和技术难度，各功能子系统网络与全局网络之间通过网关实现互联，各老系统与全局网络之间的高速数据交换通过软件系统实现，完成数据透明访问与协议转换，各老系统与全局网络均保持各自的独立性与完整性，数据的交换均在各自统一标准界面上完成，充分保证了网络的开放化、标准化特性。其网络结构如图 6-106 所示。

集成开发应用环境	
集成开发环境应用协议	
TCP/IP的协议转换	TCP/IP
Windows NT 操作系统	Windows NT 操作系统
功能子系统网络通信链路	公用网络通信系统链路

图 6-106 功能子系统网络通信层次结构示意图

7. 软件部分

为了实现标准化、开放化、方便地进行二次开发的软件环境，为用户提供优质的、永久无忧的服务，在系统中引用一套功能强大的集成软件开发环境，实现系统通信、数据交换、数据库管理、应用功能管理、用户界面和二次开发环境是非常重要的。该集成开发环境应具有以下功能和特点。

（1）基于 Microsoft Windows NT 技术和 TCP/IP，支持冗余的双局域网系统，支持分布式数据库系统和多服务器、多操作员站系统，支持基于 Internet 的 Web 数据发布，支持所有基于 TCP/IP 的数据通信和数据交换。

（2）具有良好的开放性和兼容性。可与 Windows 系统、Internet 和其他应用程序实现标准化的数据交换，提供 Socket 服务和网络数据包传输，提供 Windows 动态数据交换（DDE）、对象链接与嵌入（OLE）和对象的链接与嵌入控制扩展（OCX）数据交换，允许用户直接嵌入 Excel、Access 等应用程序，并在应用程序中直接引用和处理集成环境中的过程数据。为系统开发和用户二次开发提供了方便、灵活的手段。

（3）具有高度的标准化。系统的结构、数据交换和网络通信均符合 Microsoft Windows 标准，内部功能块和算法均符合 IEC-1131-3 国际标准。

（4）系统通信数据对用户透明。系统为用户提供统一的、透明的数据管理界面，用户在此界面上引用过程数据可根据全局数据点名或编号引用，也可根据站号、模块号和通道号引用，而不用了解现场的仪表、PLC 型号和通信细节。所有通信问题和数据点链接问题均由集成软件统一解决。

（5）具有数据库管理功能，支持历史数据、实时数据和趋势数据的处理和数据管理。所有过程数据和操作指令均可在历史数据库中存储和查询。

（6）采用图形化可视编程、组态界面，支持在线和离线编程组态，支持离线仿真、在线调试，程序的执行过程可全程观察和跟踪。开发人员和应用人员可利用系统的标准功能块方便地实现复杂的运算和控制算法、控制逻辑。

（7）提供功能强大的集成图形和画面开发工具，用户可方便地实现图形生成、画面管理、图面操作。可方便地实现过程工艺画面、操作员操作画面、软光字牌报警画面、模拟仪表盘画面、地理信息画面等，所有过程数据、操作指令均可方便地在画面上以数值、棒图、图形、曲线等形式显示。该系统还可直接将 Windows 画板生成的图片或其他系统生成的甚至是扫描仪掐入的图片用于系统的控制画面。

（8）系统中的所有过程数据均可以表格的形式进行实时显示，支持多级检索、分组显示等功能。

（9）用户可方便地实现单过程点和多过程点的趋势图的生成、显示、存储和打印，所有过程数据均可以实时趋势和历史趋势的形式进行趋势管理。用户还可通过编程组态生成任意函数的指令趋势，为控制系统提供指令或进行误差比较。

（10）支持视频数据的传输与管理功能，支持 Web 访问与视频电子会议等网络服务与功能。

（11）具有丰富、完善的网络安全与管理功能，支持网络用户分组、分级管理及内部虚拟网络等功能，控制网络广播风暴，实现灵活配置，控制不同级别用户对网络的访问权限，检测网络中非法的、不正常的网络流量，保护网络不受来自外部和内部的侵犯，增加网络安全性。

（12）具有完善的企业内联网功能，提供企业内联网（Intranet）的基本服务［WWW（World Wide Web)］、E-mail、文件传输协议（FTP，File Transfer Protocol)、域名服务（DNS，Domain Name Serve）等。

（13）具有良好的扩展性，可方便实现网络规模的扩展、用户数量的增容及网络产品与技术升级，提供更多更先进的增值网络服务。可与企业现存的所有网络实现互联，构建完善的企业信息管理网络系统。

6.6.3　PLC 在大型市政供排水综合系统中的应用实践

大型市政供排水系统是城市市政建设的重要基础设施，它关系到现代化城市的生产、生活、生态及可持续发展等重大问题，是现代化城市建设的重大、关键项目，它一般包括以下几个组成部分：水源，如河流、湖泊、水库等；与水源相关流域的水文信息收集及监测；净水厂；输水管线及输水泵站；配水管网及计量管理；排水管网；污水处理厂；排水泵站；调度及管理中心。

基于 PLC 自动控制、网络化信息管理和 GIS 的优化调度，是现代给排水调度系统的重要标志。它的构成包括 PLC 过程自动控制、综合信息 SCADA 系统、GIS 综合服务系统、供排水优化调度信息服务系统、视频会议系统、工业视频监视系统、IP 辅助调度电话系统，此外系统还能实现办公自动化和企业信息管理。

PLC 过程控制系统是市政供排水自动化系统的基础，它按照预先制定的控制模型和控制规律完成供排水系统生产过程自动化控制，并将有关的生产数据和过程信息通过网络提供给管理信息网络作为整个系统的信息源。PLC 系统同时还能接收来自上一级系统的控制指令完成相应的控制任务或进行系统控制规律的重组和整合。因此，PLC 系统网络和信息系统主干网络是整个市政供排水自动化信息系统的核心，也是本节所要讨论的重点内容。通过对通信网络和各功能子系统的讨论，了解整个网络的结构和构成以及各个功能子网络之间的通信关系，进一步体会大型系统网络设计的有关问题。

GIS 综合服务系统以 GIS 和电子地图为基础，以图形的方式提供水源、排放、资源等分布，包括净水厂、污水厂、管网、泵站、污水源、河流水系、水利工程、社会经济等相关信息，同时提供气象信息管理（卫星云图、实时降雨、降雨等值线、雨量分布等）、水情信息管理（河道水情、水库水情、闸坝水情等）、污水信息管理（排污流量分布、污水水质、污水厂情况）、历史资料、统计数据、预案、防洪抗灾技术等，供指挥和决策人员随时查询。

SCADA 系统完成整个系统的动态监测、采集、实时传输各污水厂、水厂、水库、监测站、管网泵站的信息、数据，并完成信息存储管理和在线分析处理等，并根据已建立的水量、水质和水环境分析模型，结合特定地区的社会、经济、人口、环境等情况和工农业生产对水资源的实时需求，在维护生态环境的前提下，动态生成水资源调配计划、污水排放管理计划，实现对给排水的控制和综合管理。

供排水优化调度信息服务系统服务于主调度中心和分调度中心，可基于 Web 方式，提供防汛信息查询显示分析功能。在提供主要信息内容，包括基础信息、气象信息、水情信息、雨情信息、污水排放信息、旱情信息、灾情信息的基础上，提供给排水的会商的信息化平台，能够把会商前后所需要的防洪形势分析、排污与处理能力形势分析、调度预案等汇总起来，并在会商汇报时，能以图、文、声并茂的方式输出。在决策分析中不但用行之有效的优化模型、方法对确定性问题求解，还根据协议、规则、规定和防洪专家的经验，解决半结构化和非结构化的问题。最终按决策者的意图，迅速、灵活、智能地制订出各种可行方案和应急措施，使决策者能有效地应用历史经验减少风险，选出满意方案并组织实施，以达到在保证工程安全的前提下，充分发挥污水厂及各水利供水工程效益，做到费用最小化，安全性最高。

视频会议系统、工业视频监视系统、IP辅助调度电话系统为辅助功能子系统，选择采用技术先进、质量可靠稳定和服务方便的产品，为系统用户提供信息交流、行政管理、安全保障及内部通信等辅助功能和服务。

下面结合市政供排水系统实例说明系统的组成以及各个控制与信息系统的设计。该市政供排水系统包括供水和排水两大部分。

供水部分包括：水库及净水厂各一座；3 个输水管线管理所；80 个配水管网监测点；7 个供水加压泵站。

排水部分包括：13 座市内排水泵站；9 座沿江排水泵站；5 个污水处理厂。

系统为上述各厂站及设备配备了 PLC 自动控制系统，建立了信息传输网络和调度管理中心，还配备了 SCADA、GIS 和视频会议等先进信息系统。系统的功能组成如图 6-107 所示。

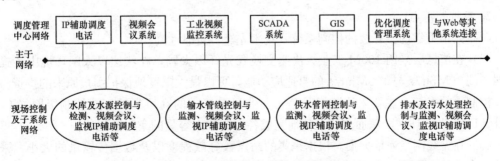

图 6-107 市政供排水系统的功能组成

1. 系统总体概述

在供水工程方面，以水库供水工程为重点，在水库、净水厂设立控制中心，在沿途输水管线各设立 3 个管理所。各个控制中心按各自的工作职能均设有独立的子系统，直接通过光纤链路进行构建供水工程网络系统。该系统分为三级：第一级为远程采集控制站级，其监控现场都配有一套功能完善的 PLC 系统完成本地测控功能及通信功能；第二级为控制中心调度级，主要进行数据的监测与管理，同时将必要信息上报城市水文信息中心；第三级为供排水集团公司总调度中心。在通信方面，为提高通信的可靠性，远程站以上各控制中心局域网采用光纤以太网辅以有线 PSTN 作为备用线路。远程站级采用光纤、有线和无线相结合的方式。其中，设在净水厂的控制中心主要负责监控全厂水处理过程中各工艺参数的变化、设备工作状态和运行管理。在中央控制室可根据进、出水水质的变化情况和处理的需要，调整各站工艺运行参数，修改时间参数等。所有时间、次数等参数均能根据具体情况进行调整。该监控系统与各现场控制站构成欧姆龙工业级高可靠的 Controller Link 光纤环网，具有集中监视、分散控制的功能。同时，当监控工作站故障或不使用时，下位双机冗余的高可靠性 PLC 控制站 CS1D 仍可继续工作而不影响整个工艺过程控制和检测。

此外，在配水管网分散有 80 个点，通过无线的方式将检测的压力、流量直接传送到排水集团主调度中心，针对这种检测点分散、数量步，但每个点上传的数据量不大的情况使用目前先进成熟的 GPRS 无线通信网络。1～7 个供水加压泵站采用无线接入，尽管站点数不多，但每个站点采集的数据比较大，实时性要求较高，故使用在国内无线 SCADA 领域应用较为广泛的 MDS 数传电台（工作频率在 200～240MHz）来完成 7 个泵站的无线数据采集和传输。

在排水工程方面，主要以主污水泵站为排水分调度中心，采用单模光纤连接 9 座沿江污水泵站；采用无线传输方式（数传电台或 GPRS）将市内 13 座污水泵站的现场测控数据传输至集团调度中心，再由调度中心下传至主排水分调度中心。5 座污水处理厂中的两座通过预埋的 6 芯单模光纤直接和排水主泵站分调度中心进行通信，再通过租用光纤线路和有线 PSTN 作为备用线路将数据传输至集团调度中心。另外，3 座污水处理厂在现场控制层和上位操作站之间采用欧姆龙高可靠的工业级光纤环网 Controller Link，上位计算机和服务器之间连接成以太网再通过光纤线路直接连接至供排水主调度中心，从而构筑成集现地控制级的 FCS、中心信息管理层的以太网和上层集团调度中心的光纤传输网络于一体的完整的 SCADA 系统。系统供水部分总体结构如图 6-108 所示，排水部分的总体结构如图6-109 所示。

2. 系统的特点

（1）采用可靠的、开放的控制系统，技术先进，可靠性高。

（2）在信息层采用 100M 工业级快速交换式光纤以太网，在快速以太网环境中还提供了端口间 10Mbit/s 与 100Mbit/s 的自适应功能，可以最大限度地保护用户原来的投资。在现场控制层的 FCS，主要采用欧姆龙公司在业界最先进的高可靠的工业控制级网络 Controller Link 光纤环网，从而方便灵活地完成各控制站大容量的实时数据传输。

（3）在无线网络通信方面，根据采集的站点数分散程度以及数据传输量的大小，采用数传电台和技术先进、成熟的 GPRS 相结合的通信方式，在考虑成本的前提下，使无线网络的功能得到最大限度的发挥。

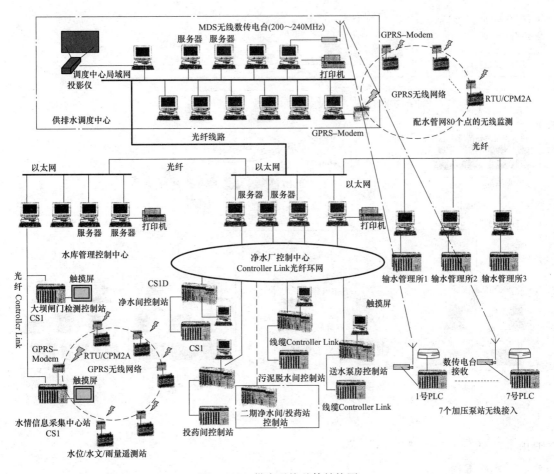

图 6-108　供水系统总体结构图

（4）系统具有强大的信息处理功能，可以将生产过程数据进行记录和储存，对于关键运行参数采用趋势显示及预报，并且可以通过报表方式对生产数据和故障报警信息进行查询。

（5）系统中的 PLC 采用欧姆龙公司产品，可靠性高，保证 30 万小时无故障。其高性能的 CPU 和快速 I/O，以及多任务的软件结构，使系统响应速度大大提高。特别是欧姆龙的双机系统 CS1D，从硬件上真正实现 CPU、电源、网络的三重冗余，从而大大提高系统的可靠性。

（6）本系统采用的欧姆龙公司的 PLC 产品及工控软件产品，集成化高，界面丰富，上位监控软件及 PLC 编程软件均采用中文界面，组态和设置非常简单，操作者可方便地通过人机界面对整个系统进行远方及现场就地操作。

（7）控制系统采用模块化结构，具有先进的自诊断功能，大大减少了维护的工作量；系统中的各类软件均采用统一的软件平台和标准的 Windows 界面。

（8）系统中采用了 GIS、SCADA、MIS 等先进信息技术，并可与 Internet 实现互联，实现各种基于互联网的远程接入和数据访问。还采用了先进的优化调度系统实现系统稳定、安全和经济运行。

（9）借助系统通信主干网络实现了全局范围内的视频会议系统、工业电视监控系统和

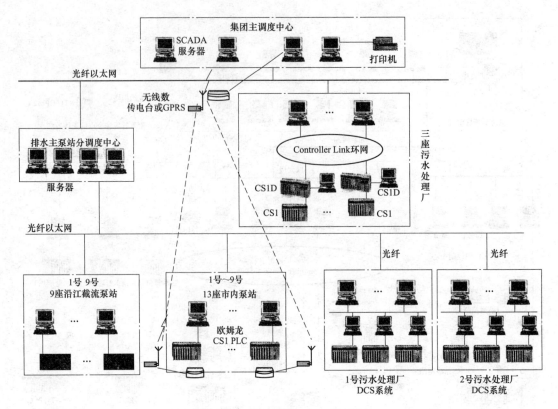

图 6-109　排水系统总体结构图

IP 电话系统。

3. 水库工程

水库工程包括以下三个方面。

（1）水环境自动测报系统。主要由数据采集、控制和通信三部分组成，中心站主系统采用欧姆龙公司最先进的系统——CS1 系统。前段通过各种用于分散控制的带专用 I/O 模块的小型机 CPM2A，按照设计需求说明书中采用的水库水情信息采集与传输组网方案，通过先进的 GPRS 无线网络将水情水环境等信息采集到系统中来，在整理和分析后，输出控制灌溉洞出口闸门，实现定闸位、定流量和急停等控制。同时，由中心站 PLC 通过工业级高可靠光纤 Controller Link 将信息传送到水库管理控制中心。

（2）大坝闸门控制系统。主要由数据采集、控制和通信三部分组成，控制系统采用欧姆龙公司的 CS1 系统，通过 Controller Link 光缆通信模块连接水库管理控制中心，实现实时采集和控制。

（3）水库控制中心及监视控制与数据采集系统。该系统是整个系统的一个子系统，又是远程站级水源部分的管理层，具有承上启下的作用。由两台工作站和两台服务器组成，四台计算机内均装有组态软件，实时处理来自水文水环境自动测报系统和大坝安全监测系统与大坝闸门控制系统发来的信息和数据；通过光纤以太网接受调度中心指令，向调度中心传输数据。

在供水子网方面，以净水厂控制中心局域网为分中心，通过光纤链路依次连接水库控制中心局域网和沿途 3 个输水管线管理所。而水库控制中心和输水管线管理所又分别由各自独立的子系统完成相应的数据采集及监控的功能。特别是水库控制中心在控制层方面又通过欧姆龙工业级专用光纤网络 Controller Link 连接了分别担任现场大坝闸门安全检测和控制功能的 PLC1 和水情信息采集中心站 PLC2，而针对水位、水文、雨量测量点分布广、点数少等特点，又在每个测量点分别配置一台 RTU 作为前端数据检测和采集，所有 RTU 与中心站的通信连接由先进的无线通信网络 CPRS 来完成，如图 6-108 所示。

4. 净水厂工程

净水厂的控制采用分散控制、全厂集中监控的方式，即在全厂设 4 个现场控制站，具体实施各站的数据采集、运算、控制的功能。并将各子站的运行参数、状态传到中央控制室。整个净水厂控制系统由三级组成，如图 6-110 所示。

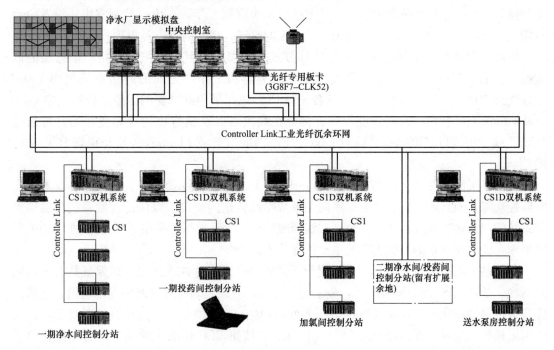

图 6-110　净水厂控制系统总体结构图

第一级：中央控制室；

第二级现场控制站（PLC）；

第三级：就地控制（现场控制箱）。

根据被控对象对连续运行可靠性的要求，现场控制站的 PLC 选用欧姆龙公司高性能的 CS1D 系列处理器。PLC 现场控制站通过工业级高可靠光纤环网 Controller Link 与中央控制室计算机连接。现地控制站既能够独立进行现场各开关量、模拟量的数据采集和控制，又能够通过网络间的数据传送，将各仪表及泵阀等状态信息传送到上位机，完成中央控制室的实时监控。净水厂控制系统方案如下：

中央控制室设置 4 台工业用计算机，其中一台为工程师专用计算机，可对整个系统进行开发、参数修改等。另外三台计算机为操作员用计算机，可通过各种画面监视全厂工艺参数变化情况，设备运行及故障发生情况等。两台计算机处于互为热备用状态。中央控制室配置一台模拟屏。

在中央控制室计算机显示器中具有多种画面，包括各构筑物工艺流程画面、分组画面、各工艺参数画面、工艺参数变化趋势画面、故障报警画面、设备运行状态画面、棒图等。通过这些画面，工作人员可对净水处理过程中的各个部位充分了解，及时掌握各个环节发生的各种情况。所有画面均能通过鼠标单击而放大缩小，每个画面都包括字母、数字和图形符号，采用可变化的颜色、图形、闪烁表示过程变量的不同状态，所有过程变量的数值和状态每秒动态刷新，操作员在此画面对有关变量实施操作和调整。所有设备运行时间等状态可统计报表。

中央控制站通过数据通信网络与各子站进行资料信息通信。系统中央站可对各子站的监测参数进行检测，所测参数可在线存入实时数据库及历史数据库。在中央控制室存储历史数据，一般数据存储时限为半年，重要的数据可存储 5 年。在中央控制室中还设置两台打印机，可随时打印所需的各种资料，并可定时打印日报、周报、月报等。

中心控制室与各子站间采用网络连接方式。按功能类型分成三层网络：信息层的以太网、控制层 Controller Link 和现场总线。服务器和工作站之间的网络系统采用 100M 快速光纤以太网环网；工作站与现场各子站 PLC 之间采用欧姆龙的工业级控制网络 Controller Link 光纤环网；现场智能设备、部分在线仪表以及执行机构（如变频器）可通过现场总线专用接口（RS-485、Device Net、Profi Bus/DP 或 Modbus 等）与现场 PLC 进行通信。

控制系统的软件建立在 Windows 2000 平台上，系统软件具有开放性，即不仅具有实时监控功能，而且还具有实时数据库向关系数据库传送的接口，以保证控制系统与通信管理系统的"无缝"连接，系统将允许在线修改软件。关系数据库采用通用 SQL 兼容的关系数据库，能够建立查询、报表等关系数据库功能。

各子站采用模块式 PLC，保证有足够系统扩展余地，并在系统组态时保证具有充足的灵活性。子站 PLC 柜上设触摸屏，显示运行参数，各站之间能通过网络进行通信，全部操作均通过触摸屏完成。处理器具有多任务处理功能，I/O 模块具有点级自诊断功能，并均可带电插拔。编程软件满足 IEC-1131-3 标准。并按照 PLC 标准化的编程语言图形化语言进行。整个系统均采用中文显示画面和打印报表。

上位监控计算机通过通信网络采集各工艺过程的工艺参数、电气参数及主要设备的运行状态信息。对现场数据进行分析、处理、储存，对各类工艺参数做出趋势曲线，通过简单的键盘操作进行系统功能组态，在线修改和设置控制参数，给下位机下达指令。CRT 可直观显示预处理区域动态流程图，并放大显示各工段工艺流程图，带有动态参数显示，趋势曲线显示，自动生成各类报表，可显示和打印记录。报警系统将现场设备的各种故障在中心控制室进行声、光报警，并能将故障分类打印。现场控制站实现就地工艺区域内的数据采集和过程监控，并与监控管理站和其他控制站进行通信。检测仪的信号送至就近的现场控制站进行显示和传送。

5. 输水管线工程

输水管线工程的控制及仪表系统选用采用欧姆龙高可靠性的工业控制系统 PLCCS1 系列。范围包括 3 个管理所内设备的控制和数据采集，以及输水管线沿途压力控制点的数据采集。欧姆龙的 CS1 系列 PLC 模块上直接内置以太网标准的 RJ-45 口，通过光纤转换器可直接将信息通过光纤以太网向供排水集团主调度中心进行数据交换。

流量计采用电磁式流量计，用于流量测量。液位计采用超声波液位计，用于调压井的液位测量。压力检测仪表选用压力变送器，用于各处压力的测量。

6. 市区配水管网

市区配水管网共有 80 个监测点，主要是将检测的压力、流量等型号直接传送到供排水集团主调度中心，考虑检测点较多、分布较为分散且通信数据量不大这一实际情况，同时考虑系统成本，因此采用目前在无线通信领域较为先进和成熟的 CPRS 无线网络接入。该系统中通过租用现有的 GPRS 网络，在中心站和每个采集终端各配置一个为工业级设计的 GSM/GPRS 调制解调器/模块，即可完成整个无线系统的通信链接。

7. 加压泵站

考虑现有 7 个加压泵站的通信实际情况，通信信号以模拟量居多，站点数不多，每次交换的数据量较大，为保证实时可靠的通信，采用无线数传电台的技术方案。无线数据采集/传输是由专业的数据传输电台来完成的。在供排水集团中心站的上位机运行组态软件，通过主电台与连接 1～7 个加压泵站的远端电台以查询方式通信，远端电台下可以连接 PLC/RTU 或数据采集设备等，电台工作于专用数传频段（200～240MHz），数据接口均为 RS-232，传输速率由 300～38400bit/s 可选。

8. 排水工程

排水工程主要以排水主泵站为分调度中心，通过预埋的 6 芯单模光纤完成 9 座沿江泵站和 2 座污水处理厂的通信连接。而 13 座市内排水泵站可通过无线数传电台或 GPRS 网络直接将数据上传至供排水集团主调度中心，然后通过光纤链路再由主调度中心下传至排水主泵站分调度中心。另外的 3 座污水处理厂在各自构成本地独立的基于 PLC 控制的 SCA-DA 监控系统后再由上位信息层通过光纤链路直接将数据和信息上传至供排水集团主调度中心，其结构和净水厂的自控监控系统类似。

9. 工业电视监控系统

本系统本着高效、经济、实用的原则，力求做到布局合理，安装美观，控制严密，技术先进，操作简便并且易于维修，电视监控系统分为以下几个方面。

（1）前端设备布控。前端设备考虑到安装环境的需要，全部采用全方位室外防水防尘罩，所有摄像机均带有云台，摄像机全部采用电动变焦镜头一体化低照度彩色摄像机。

（2）前端控制中心。本系统所采用的分级前端控制中心为先进的数码工控主机，这样既可以监视、控制和录制本地的监控图像，又可以通过网络的方式，将所有图像传送到上一级控制中心。大大节省了布线费用，同时也减少了故障率。

（3）后端工控主机。由于前端控制中心采用了网络传输的方式，后端工控系统的设备大为减少，而实现的功能却和前段控制中心一样（需要网络提供足够的带宽，一般为百兆）。同时，对设立后端控制中心位置也提供方便，即只要在监控系统的网络范围内，均可设立后端控制中心，大大提高了其灵活性。另外，若需要远程监控的，只要提供前端控制中心带宽上网（ADSL 或 CABLE 均可），远方设备也可监控其图像。

10. 视频会议系统

会议电视传统的组网有两种主要方式：IP 接入、专线接入，选用何种方式进行组网，视用户的具体需求及网络环境而定。

IP 组网接入方便、成本低，易于普及，用户在自己的内部办公局域网上即可实现会议电视功能。但是 IP 网络包交换的特点限定了 IP 网络的 QOS（服务质量）不能像专线一样稳定，在信息传送的时候难免出现 IP 网络包的丢包、抖动、延时等现象，使得图像传送质量随网络 QOS 的变化而波动。现阶段随着 IP 带宽的迅猛增加，以及 IP 网络 QOS 的逐步提高，传统的制约 IP 会议电视发展的带宽瓶颈和稳定性瓶颈已逐步减弱，基于 IP 的会议电视已经成为会议电视发展的大势所趋。

专线组网由于专线传输本身所具有的特点，使得专线的会议电视保密性好、性能稳定，能够充分保证会议质量。但是多数企业和个人都没有自己的专线网络，使用专线需要向电信部门租赁。而专线每月数千元的租赁费用对于多数用户来说是不合适的。加之多数用户在组建会议电视系统的时候，内部已有自己的 IP 网络，如果没有特殊的稳定性方面的要求，则没有必要再行投资租赁专线。专线方式的会议电视在实际应用中多用于对会议稳定性以及保密性有较高要求的党政专网，或是拥有自己的专线网络的企业等。

会议电视的质量与其传输网络的带宽密切相关。常用的几个带宽如下。

384Kbit/s：满足画面连续的最小带宽，对运动图像的显示可能有拖影、马赛克；如低于此带宽则明显感觉画面不连贯。

768Kbits：对一般运动画面的处理不会有拖影、马赛克，画面连续，能满足正常会议需求；图像清晰度一般，可能有块状效应，长时间观看有视觉疲劳，对快速运动图像的处理有拖影、马赛克。

2Mbits：对剧烈运动图像的处理一般不会有拖影和马赛克，图像不会有块状效应，视觉细腻，视觉感受较好，达到 VCD 级的视音频效果。

本会议电视系统的建设，由于供排水集团目前没有自己的专线网络，不适合采用专线方式组建会议电视系统。如果在电信部门租用专线，则每个会场每月数千元的租赁费用相对过高，且不能充分利用供排水集团已有的内部 IP 网络。供排水集团现有的 IP 局域网络，各会场接入带宽可达百兆级，拥有极为丰富的网络带宽。故建议供排水集团采用 IP 的方式组建本次会议电视系统，利用现有 IP 网络的高带宽，提供 2Mbit/s 的会议电视，会议电视的质量能够达到 VCD 级别，图像分辨率达到 352×288。

本会议电视系统，采用中兴通信 IP2M 的会议电视终端，该终端根据 IP 网络带宽的不同能够在 128Kbit/s～2Mbit/s 之间选择会议带宽，充分适应网络带宽的多变性。高达 2Mbit/s 的通信速率，充分利用现有网络高带宽的同时，更是提供了高质量的会议画面。

范围包括 6 个会场，分别为供排水集团公司（主会场）、水库、净水厂、排水主泵站、1 号污水处理厂、2 号污水处理厂。在每个会场配置 1 套会议电视终端，另外需要配置 1 个多点控制单元（MCU），配置在靠近通信机房的地点。

各会场可通过 Web 方式远程登录到 MCU 进行会议管理，自行组织和预约会议，无须专人在 MCU 侧服务，会议使用简单、快捷。

主会场可任意选择各分会场作为当前发言人，各分会场也可申请发言，申请成为主席会场。会议进行中可随意进行会场的增加和删除，MCU 处也可对整个会议进行导演控制。

各会场可以对别的会场进行多画面观看，也可以在传送本会场画面的同时传送宣讲胶片，实现会场画面和宣讲胶片的双视频流功能。

各会场可通过文件传送、应用共享、电子白板等辅助功能，实现 T.120 数据会议的应用。

11. IP 辅助调度电话

IP 电话将语音或传真的模拟信号转化为数字信号进行压缩，并封装成 IP 数据封包通过 IP 网络（如 Internet）传送，在接收端进行组合，还原成连续的语音信号。

供排水集团下设主调度中心、各分调度中心和各个污水厂、净水厂，各厂及调度中心之间语音通话量极大，因此降低各公司之间的通话费用，加强公司之间的业务联系，提高企业管理效率，利用公司现有的数据网络平台，使图像、数据、语音通过统一网络传送，实现"三网合一"，拥有一套安全而经济的内部语音通信网络显得十分必要，基于网络的 IP 语音网关，刚好填补了这方面的需求。

利用新技术以更低的成本在现有的数字传输网络（IP/ATM）上提供语音等传统电信业务，其中一个重要代表就是基于包交换技术的 IP 电话。VOIP/FOIP(Voice Over IP/ FAX Over IP) 技术可以在 IP 网络上以共享网络带宽的方式提供语音、传真业务，因而可以提供成本比传统电话网低得多的电话业务。同时，随着包交换语音技术的成熟，在稳定传输带宽的前提下，IP 电话实时性得到必要的保证，话音质量已经达到了传统电话的 90％以上。在经济效益上，现有的数字网络更可以旁路长途电话，能节省大量的运营费用。

12. 综合调度信息及优化支持决策系统

现代化综合调度管理信息系统，也称为现代化供水调度管理信息系统，主要由 5 大部分组成：供水 SCADA 系统、供水 GIS 系统、供水管网模拟系统（也称仿真模拟系统）、优化决策支持系统（也称"城市给排水优化调度及专家系统"）及企业管理信息库系统。集团公司现代化综合调度管理信息系统应该包括以上 5 部分内容。

主调度中心的现代化综合调度管理信息系统具有传输数据、声音、图像的多媒体功能。它的建立，将使企业具备现代化办公管理的手段。经理、总工、各管理科室在联网后，在自己的办公室计算机上可看到生产过程的各类画面、数据，可随时了解水源、输水、供水及排水情况。并可以向各部门下达指示、传达文件，也可以查询生产计划及人员、设备、资金收入、支出等各类资料和相互交换信息。通过网络可与上级公司相互传送信息，并建立企业管理信息库，如生产管理信息库、计划管理信息库、财务管理信息库、技术管理信息库、水质管理信息库、设备管理信息库、水源管理信息库、档案管理信息库、资料管理信息库、管网管理信息库、维修管理信息库、后勤管理信息库等。

为了满足城市快速发展的需要，城市供排水企业近年来不断采用新的技术、新的工艺，用以提高城市的供排水能力和服务质量。其中，水厂监控系统在全国大多数城市得到广泛应用，还有一些城市的供排水企业正在逐步采用 GIS 技术管理供排水管网信息、用计算机实现收费营业电算化。这些先进的信息、计算机、通信和自动控制等先进技术的应用，的确为供排水企业的现代化运营解决了很多的实际问题。但是还有很多深层次的问题尚未得到卓有成效的解决，究其原因主要是因为：

（1）供排水企业的运营包括从产水、输配水、管理和收费多个环节，仅在某一环节采用新技术并不能解决所有问题。

（2）企业运营的各个环节是密切关联的，分离的系统无法实现整个运营的系统性。

（3）系统运营的很多因素是有统计规律和相关性的，目前的系统无法从这些规律和相关性得到可以辅助决策的信息。

因此，要达到自来水企业的最优化运营，就需要系统分析企业的运营模型，找到每个环节的相关性，获取综合的有效信息，综合历史信息，优化企业的运营，提供辅助决策。以产水到用水到排水的整个过程为主线，以企业的管理现代化为辅线，把信息技术在企业集成应用，实现从产水到排水的最大效益。

本章限于篇幅，有关系统的调试、系统的可靠性、系统的抗干扰性，以及 PLC 的维护与检修等内容可参阅相关文献资料。

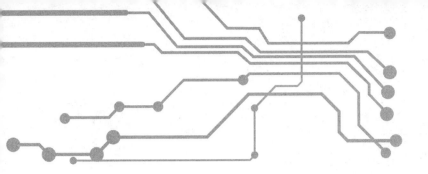

欧姆龙C系列PLC的指令

C20 机使用 C 系列机的共用指令。C20 基本指令有 11 条，功能指令 16 条，共 27 条指令，见表 A-1、表 A-2。

A-1 基本指令

C 系列机基本指令梯形图见表 A-3。

A-1   **C 系列机基本指令**

指令	符号	助记符	操作数字	功能	数据
LD	┤├	LD	继电器号	以动合触点开始的操作符号	电器编号 输入、输出继电器0000～0915
LD NOT	┤╱├	LD NOT	继电器号	以动断触点开始的操作符号	辅助继电器1000～1907
AND	─┤├─	AND	继电器号	逻辑"与"操作，即串联动合触点	保持继电器HR000～HR915 计时器TIM00～TIM47
AND-NOT	─┤╱├─	AND NOT	继电器号	将动断触点串联	设定时间0～999.92
OR	┤├	OR	继电器号	并联动合触点	计数器CNT00～CNT47 设定值0～9999
OR-NOT	┤╱├	OR NOT	继电器号	并联动断触点	暂存继电器 TR0～TR7 （TR 只用在 LD 指令）
AND-LOAD		AND LD		块串联连接两组触点	
OR-LOAD		OR LD		块并联连接两组触点	
OUT	─◯─	OUT	继电器号	把相应电路的操作结果输出给指定的输出继电器、辅助继电器、锁存继电器或移位寄存器中	继电器编号 输出继电器0500～0915 辅助继电器1000～1807 保持继电器HR000～HR915 暂存继电器TR0～TR7
TIM	─(TIM)	TIM	计时器号和设定计时值	接通延时0～999.9s	计数器和计时器编号均为00～47
CNT	CP R ─[CNT]	CNT	计数器号和设定计数值	减计数操作，设定值0～9999	设定值为0000～9999

A-2   **C20 功能指令**

功能指令	操作功能键 FUN（数码）	说明	功能指令	操作功能键 FUN（数码）	说明
END	01	程序结束键	TIMH	15	高速定时器
OUT TR		暂存继电器	CMP	20	比较指令
IL	02	建立分支	MOV	21	传送指令
ILC	03	分支消除	MVN	22	取反传送指令
SFT	10	移位指令	ADD	30	加法指令
KEEP	11	R-S触发器	SUB	31	减法指令
DIFU	13	脉冲前沿微分指令	STL	40	进位位置1指令
DIFD	14	脉冲后沿微分指令	CLC	41	进位位清零指令

A-3   **C 系列机基本指令梯形图**

基本指令	代码表	说明	动作示意图
(LD,AND,OR OUT) 0000 0001 0002 500	LD000 AND0001 OR0002 OUT500	输入 0000 和 0001ON 时或输入 0002ON 时，继电器 500 都 ON	
(LDNOT,AND NOT,OR NOT) 0000 0001 0002 500	LD NOT[①] 0000 AND NOT[②] 0001 OR NOT[③] 0002 OUT 500	输入 0000 和 0001 都 OFF 时成输入 0002 OFF 时，继电器 500 都 ON	
(AND LD) 0000 0002 0001 0003 500	LD000 OR0001 LD0002 OR0003 AND LD OUT 500	输入 0000 和 0002 ON 或 0000 和 0003 ON 或 0001 和 0002 ON 或 0001 和 0003 ON 时，继电器 500 都 ON	
(ORLD) 0000 0001 0002 0003 500	LD0000 AND0001 LD0002 AND0003 OR LD OUT 500	输入 0000 和 0001 ON 或 0002 和 0003 ON 时，继电器 500 都 ON	
(TIMER) 0000 0001 T00 #0075 500	LD0000 AND NOT[①] 0001 TIM 00 #0075 LD TIM00 OUT 500	输入 0000 和 0001 时闭合时（即 0000 ON 和 0001 OFF），7.5s 后 TIM 闭合，继电器 500 都 ON	
(CNTER) 0000 0001 CNT00 #0003 CNT00 500	LD0000 LD0001 CNT00 #0003 LD CNT00 OUT 500	输入 0000 通断 3 次时使 CNT 接通，继电器 500 ON，当 0001 接通时，CNT 复位	

①如果 0000、0001 或 0002 等触点是从输入接线端子引入的外接开关，那么代码表就应该以现实状态为准。例如，引入的就是一个常闭按钮或断开触点，编码时，梯形图中的闭合触点就不要用 NOT，而动合触点才用 NOT。

A-2　专用指令

除了那些自己的键指令外，C20 还提供若干专用指令，这些指令都要用到 FUN 键。为了在程序安排一条专用指令，按：

1. END

符号：—[END]

功能：表示程序的结束。

说明：本指令总是程序的最后一条指令，表示程序的结束。若程序后没有此指令，在运行或监视程序时，显示器将显示出 NO END INST 错误信息。示例如下：

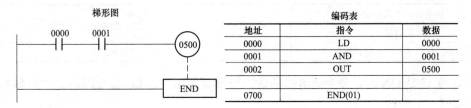

地址	指令	数据
0000	LD	0000
0001	AND	0001
0002	OUT	0500
0700	END(01)	

2. 暂存继电器［TR］

符号：

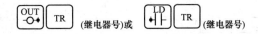

功能：相当于暂存继电器。

说明：为编一个暂存继电器的程序，TR 指令必须与 OUT 或 LD 指令连用。

当梯形图不能用连锁指令编程时，要利用 TR 指令。在由多个触点组成的输出分支电路中，在每个分支点上要用暂存继电器。这种暂存继电器在同一组内不能重复使用，但可在不同的组中使用。继电器可在 0～7 范围内，示例如下：

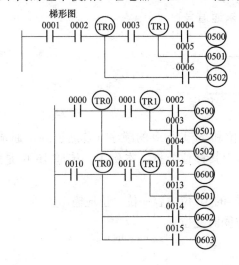

地址	指令	数据
0200	LD	0001
0201	AND	0002
0202	OUT	TR0
0203	AND	0003
0204	OUT	TR1
0205	AND	0004
0206	OUT	0500
0207	LD	TR1
0208	AND	0005
0209	OUT	0501
0210	LD	TR0
0211	AND	0006
0212	OUT	0502

3. 建立分支 IL `FUN` `0` `2`

符号：—`IL`

功能：使电路有一个新的分支起点。

说明：IL 与 ILC 应配合使用，当 IL 未接通时，IL 与 ILC 之间的输出都为 OFF；当 IL 接通时，IL 与 ILC 之间的电路正常工作。

4. 分支消除 ILC `FUN` `0` `3`

符号：—`ILC`

功能：使电路分支到 OUT 指令。

说明：当一个电路分支到多个 OUT 指令时，IL 和 ILC 应成双地使用。如果没有成双使用，在程序检查过程中会出现错误。

当 IL 条件是 OFF 时（例中 0000 或 0001 是 OFF 时）IL 和 ILC 指令之间的每个继电器状态如下：

输出继电器、内部辅助继电器	OFF
定时器	复位
计数器、移位寄存器、保持继电器	保持当前状态

当 IL 条件是 ON 时，每个继电器的状态与没有使用 IL/ILC 指令时的原继电器电路中的状态相同。示例如下：

梯形图

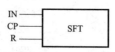

编码表

地址	指令	数据
0200	LD	0000
0201	AND	0001
0202	IL(02)	—
0203	LD	0002
0204	AND–NOT	0003
0205	OUT	0500
0206	LD	0004
0207	OUT	0501
0208	ILC(03)	—

梯形图的内容是：当 0000、0001、0002、0003（常闭）都闭合时，输出 0500 接通。当 0000、0001、0004 都闭合时，输出 0501 接通。

5. 移位指令 SET `FUN` `1` `0` **（首通道号）（末通道号）**

符号：

```
IN ——
CP ——    SFT
R  ——
```

功能：相当于一个串行输入移位寄存器。

说明：移位寄存器必须按照输入、时钟、复位和 SFT 指令的顺序（首通道到末通道）编程。每一条 SFT 必须有若干 16 位的单元来作为其移位数据。本例中，传递 16 位是从 0500 到 0515。

利用被指令通道的继电器号，可把移位寄存器的 16 位内容一位一位地输出。

当复位信号输入到移位寄存器时，所有 16 位同时复位。

数据在输入时钟的前沿移位。

若使用了保持继电器，则在电源故障期间，在时钟或复位输入到来之前数据会得以保存。示例如下：

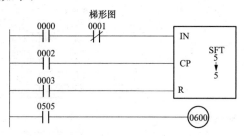

地址	指令	数据
0200	LD	0000
0201	AND-NOT	0001
0202	LD	0002
0203	LD	0003
0204	SFT(10)	05
		05
0205	LD	0505
0206	OUT	0600

当输入0002在上升沿时，把输入0000和0001之反的串联状态向输出继电器（或内部辅助继电器）通道中传送。本例中0000和0001的输入为ON，开始（0002第1次ON时）0500闭合，而后0002每ON一次，依次0501，0502，…，0515闭合，并保持下来。当0000和0001的输入改为OFF时，时钟0002每ON一次，0500，0501，…，0515依次打开。输入0003接通时，复位间0，通道全打开。该例中当0505闭合时，输出0600接通。

通道内容（首通道和末通道可以是同一个通道）

输出继电器、内部辅助继电器	0500 到 1715
保持继电器	HR000 到 915

若需要大于16位的移位寄存器，可以由两级或多级16位移位寄存器组成，如从10通道再转入11通道。如下例：

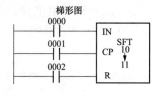

地址	指令	数据
0200	LD	0000
0201	LD	0001
0202	LD	0002
0203	SFT(10)	10
		11

此例是一个从1000到1115的32位移位寄存器。

6. 保持继电器 KEEP（继电器号） FUN [B 1] [B 1]

符号：

功能：相当于一个锁存器。

说明：本指令可以用来形成一个锁存继电器，或像在继电器电路上那样来使用这一锁存继电器。

当结果寄存器的内容是逻辑0、堆栈寄存器的内容为逻辑1时，锁存继电器动作；当结果寄存器的内容是逻辑1时，锁存继电器释放。

锁存继电器程序必须按照置位输入电路、复位输入电路和锁存继电器线圈的顺序输入。

当置位输入和复位输入同时到达时，复位输入优先。如下图所示：

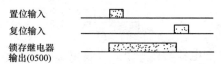

若将保持继电器当作锁存继电器使用，则在电源出现故障时存储器中的数据将保持到置位或复位输入信号到来之前。示例如下：

梯形图

编码表		
地址	指令	数据
0200	LD	0001
0201	AND	0002
0202	LD	0003
0203	AND	0004
0204	KEEP(11)	0500

数据内容

输出继电器，内部辅助继电器	0500 到 1807
保持继电器	HR000 到 915

当输入 0001 到 0002 都闭合时，继电器 0500 即接通，并保持下来（0001 或 0002 断开时 0500 接通），只有当 0003 和 0004 都闭合时，继电器 0500 才释放。

7. 脉冲前沿微分指令 DIFU FUN ᴮ1 ᴰ3 （继电器）

符号：

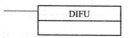

功能：输入脉冲前沿使继电器动作一下，又复原。

说明：本指令用来在每次扫描时把输入状态的微分输出到指定的继电器。

本指令必须这样来安排，即在一次扫描时间内，在进入寄存器的前沿，也就是在寄存器的电平从 0 跳到 1 时产生输出。

在 PLC 启动之后，微分指令执行自己操作，以响应输入的变化。示例如下：

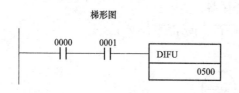

梯形图

编码表		
地址	指令	数据
0200	LD	0000
0201	AND	0001
0202	DIFU(13)	0500

0000 和 0001 串联闭合时，在闭合的前沿，0500 闭合一个扫描周期的时间，而后又打开。

数据内容

输出继电器	0500～1807
保持继电器	HR000～HR915

8. 脉冲后沿微分指令 DIFD FUN ᴮ1 ᴱ4 （继电器号）

符号：

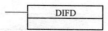

功能：输入脉冲后沿使继电器动作一下，又恢复。

说明：本指令用来在每次扫描时把输入状态的微分输出到指定的继电器。

本指令必须这样来安排，即在一次扫描时间内，在进入寄存器的后沿，也就是在寄存器的电平从 1 跳到 0 时产生输出。

在与 DIFU 指令同时使用时，可编程的 DIFD 和 DIFU 最多可使用 48 个，再多使用时，编程器将显示"DIF OVER"，并把第 49 个 DIFD 或 DIFU 作废。示例如下：

梯形图

编码表		
地址	指令	数据
0200	LD	0000
0201	DIFD(14)	0501

当 0000 开始处于闭合状态，再释放打开时，在打开的后沿（即打开瞬时），使 0501 闭合一个扫描周期时间，而后又打开。

数据内容

输出继电器	0500~1807
保持继电器	HR000~HR915

9. 高速定时器 TIM FUN B 1 F 5 （继电器号）（设定值）

符号：

功能：执行高速定时器操作。

说明：本指令可作为高速导通延时定时器使用。可像一个延时继电器那样使用这一定时器。设定时间在 00.00~99.99s 范围内，时间增量为 0.01s。延时继电器号可在 00~47 范围内设定。不能把同一个号分配给多个定时器和计数器。

梯形图

编码表		
地址	指令	数据
0200	LD	0000
0201	AND－NOT	0001
0202	TIMH(15)	10
		#0150
0204	LD	TIM10
0205	OUT	0500

本指令的操作条件与操作内容同定时器指令相同。若扫描时间超过 10ms，此定时操作可能不准确。本例数据 0150 表示 1.5s（如果是普通定时器，0150 表示 15s）。

10. 比较指令 CMP FUN C 2 A O （S1）（S2）

符号：

功能：将通道数据或 4 位数常数（S1）与另一通道数据或 4 位数（S2）进行比较。

说明：CMP 指令用来把通道数据或 4 位常数（S1）与另一通道数据或 4 位数（S2）进行比较，S1 或 S2 中至少要有一个是通道的内容（不是常数），示例如下：

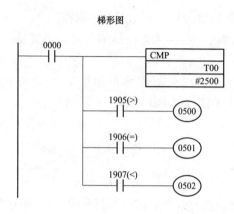

梯形图

编码表

地址	指令	数据
0200	LD	0000
0201	OUT	TR0
0202	CMP(20)	
0203		TIM00
0204		#2500
0205	LD	TR0
0206	AND	1905
0207	OUT	0500
0208	LD	TR0
0209	AND	1906
0210	OUT	0501
0211	LD	TR0
0212	AND	1907
0213	OUT	0502

数据内容（S1、S2）

输入/输出继电器、内部辅助继电器	CH00～17
保持继电器	HR0～9CH
定时器/计数器	TIM/CNT00～47
常数	#0000～FFFF

在本例中，若 S1 大于 S2，1905 接通；若 S1 等于 S2，1906 接通；若 S1 小于 S2，1907 接通。当结果寄存器的内容是逻辑 0 时，本指令不被执行。因此，比较的结果是专用辅助继电器 1905～1907 保持原状态不变，在 END 指令执行之后，这些继电器全被清 0。当进入寄存器的内容是逻辑 1 时，CMP 指令被执行。

在上例中，程序执行时，TIM00 的运行数据与 2500 相比较，其结果输出到专用辅助继电器结果区 1905～1907。比较结果为：

项目	1905	1906	1907
TIM＞2500	1	0	0
TIM＝2500	0	1	0
TIM＜2500	0	0	1

梯形图的内容是：当输入 0000 通道时，输入 TIM00 的数据与 2500 比较，如果大，输出 0503（ON）；如果小，输出 0502（ON）；如果相等，输出 0501（ON）。其中，1905、1906、1907 是辅助继电触点。

11. 传送指令 MOV FUN C 2 1 （S）（D）和取反传送指令 MVN FUN C 2 C 2 （S）（D）

符号：

	MOV			MVN
	S			S
	D			D

功能：MOV 指令把一个通道的数据或 4 位数常数（S）传送到一个指定的通道（D）。MVN 指令把一个通道的数据或 4 位数常数（S）求反后传送到一个指定的通道（D）。

说明：MVN 指令用来把通道数据取反，然后执行 MOV 指令的功能。示例如下：

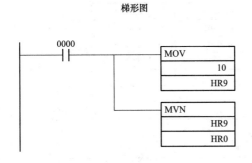

	梯形图				编码表	

地址	指令	数据
0200	LD	0000
0201	MOV(21)	—
		10
		HR9
0202	MVN(22)	—
		HR9
		HR0

数据内容

项　　目	S	D
输入/输出继电器内部辅助继电器	00～17	05～17
保持继电器	HR0～9	
定时器/计数器	TIM/CNT～47	
常数	#0000～FFFF	

注　若被传送数据全是0，则专用辅助继电器1906接通。结果寄存器是逻辑1时，MOV或MVN每次扫描中均被执行，把数据送出或反相送出，为了只执行一次，需要为输入编入一个微分程序。当结果寄存器为逻辑0时，上述指令不被执行。

上例为程序执行时 CH10（1000～1015）的16位数据传送到 HR9CH（HR9CH～HR915），然后反相，再传送到 HR0CH（HR000～HR015）。传输的结果：

$$HR0CH=0\rightarrow1906=1$$

$$(HR0)\neq0\rightarrow1906=0$$

通常的做法是传送4位数数据或者将数据反相后再传送。

梯形图的内容是：当0000接通时，MOV把CH10的数据传给HR9，如果CH10为接通，HR9即为接通。MVH反相传送数据，现在HR9为接通，则HR0为断开。

12. ADD `FUN` `D 3` `A 0` **(S1) (S2) (D)**

符号：

```
   ADD
   S1
   S2
   D
```

功能：将一个通道的数据（S1）或4位数常数与指定通道数据（S2）相加，然后把结果输到指定通道（D）。

说明：本指令用于两个4位数数据的相加。

在执行ADD指令之前，程序上必须安排一条CLC指令来清进位标志（1904）。在结果寄存器为逻辑1时，每次扫描都执行数据相加。为了只执行一次ADD，应为输入编一个微分电路程序。示例如下：

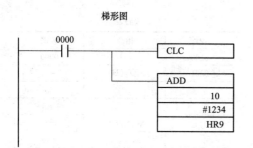

梯形图

编码表

地址	指令	数据
0200	LD	0000
0201	CLC	—
0202	ADD(30)	—
		10
		#1234
		HR9

数据内容

项　目	S1S2	D
输入/输出继电器、内部辅助继电器	00～19	05～17
保持继电器	HR0～9	
定时器/计数器	TIM/CNT～47	—
常数	＃0000～9999	—

解释：如果 0000 为逻辑 0 时，指令不执行，若为 1 时，执行一个 4 位 BCD 数据与另一个 4 位 BCD 数据带进位相加。若相加结果为 0000，则 1906 接通；若有进位，1904 接通。本例中 CH10（1000～1015）的 16 位内容以 4 位 BCD 数据形式与 4 位数字常数 1234 带进位（1904）相加，相加结果输出到 HR9CH（HR900～HR915）的 16 位地址中。若相加结果有进位，1904 接通；若相加结果为 0000，1906 接通。计算过程如下：

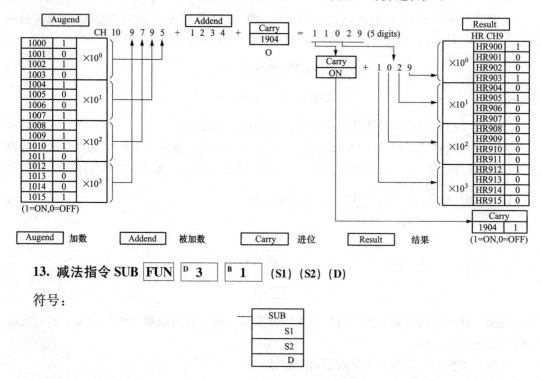

13. 减法指令 SUB FUN ᴰ 3 ᴮ 1 (S1) (S2) (D)

符号：

SUB
S1
S2
D

功能：从指定通道的数据（S1）中减去另一个通道数据或 4 位数据（S2）并将结果输出到指定的通道（D）。

说明：本指令用来执行两个 4 位数据 BCD 码相减。示例如下：

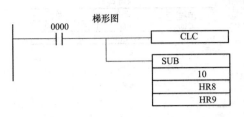

编码表		
地址	指令	数据
0200	LD	0000
0201	CLC	
0202	SUB(31)	
		10
		HR8
		HR9

数据内容

项　目	S1S2	D
输入/输出继电器、内部辅助继电器	00～19	05～17
保持继电器	HR0～9	HR0～9
定时器/计数器	TIM/CNT00～47	—
常数	#0000～9999	—

在执行 SUB 指令之前，程序上必须安排一条 CLC 指令来清进位标志（1904）。在结果寄存器为逻辑1时，每次扫描都执行 BCD 减指令。为了只执行一次 SUB，应为输入编一个微分电器程序。

解释：结果寄存器的内容为逻辑0时，指令不执行，为1时，执行4位 BCD 数据带进位（1904）减法。若运算结果为0000，1906接通，若结果为负数，3904接通。

本例中，从 CH10（1000～1015）的16位地址内容中以4位 BCD 数字形式（如2938）减去 HR8CH（HR00～HR815）的16位地址内容（如对应的是3563）。减法运算结果为 −625 输出到 HR9CH（HR900～HR915）的16位地址中内容为625的反码，即9375。如果想在 HR9 中得到原码，可以再作一次减法程序，从0000中减去 HR9 再把结果通道也定为 HR9，即得到原码了，但1904为 ON 说明运算结果为负数，在执行 SUB 指令之前必须用（CLR）指令清进位寄位器（1904），在多级相减时不要求这样做。

PLC 机将检查 BCD 减法数据是否为4位 BCD 数字，若不是，则出错，专用辅助继电器1903接通，程序不工作。

ADD 梯形图的内容是：当输入0000接通时，把进位清除，并把 CH10 的数据与1234相加，之和送 HR9。有溢出时，1904（进位）为1。SUB 梯形图的内容是，当输入0000接通时，把进位清除，并把 CH10 的数据与 HR8 的数据相减，之差送 HR9。

14. 进位位置1指令 STC　FUN　E4　A0

符号：——[STC]

功能：将进位标志（1904）置 ON。即强制 CARRY（CY）为1接通。

说明：当结果寄存器内容为逻辑 0 时，不执行此指令。示例如下：

梯形图

编码表		
地址	指令	数据
0200	LD	0000
0201	STC(40)	—

15. 清进位指令 CLC FUN E 4 B 1

符号： ┤ CLC ├

功能：将进位标志（1904）置 OFF，即强制 CARRY（CY）为 0 接通。

说明：当结果寄存器内容为逻辑 0 时，不执行此指令。示例如下：

梯形图

┤ 0001 ├ CLC

编码表		
地址	指令	数据
0200	LD	0001
0203	CLC(41)	—

参 考 文 献

[1] 高安邦，李逸博，马欣. 欧姆龙 PLC 技术完全攻略 [M]. 北京：化学工业出版社，2016.

[2] 高安邦，姜立功，冉旭. 三菱 PLC 技术完全攻略 [M]. 北京：化学工业出版社，2016.

[3] 高安邦，孙佩芳，黄志欣. 机床电气识图技巧及实例 [M]. 北京：机械工业出版社，2016.

[4] 高安邦，石磊. 西门子 S7-200/300/400 系列 PLC 自学手册（第二版）[M]. 北京：中国电力出版社，2015.

[5] 高安邦，冉旭. 例说 PLC［西门子 S7-200 系列］[M]. 北京：中国电力出版社，2015.

[6] 高安邦，冉旭，高鸿升. 电气识图一看就会 [M]. 北京：化学工业出版社，2015.

[7] 高安邦，石磊，张晓辉. 典型工控电气设备应用与维护自学手册 [M]. 北京：中国电力出版社，2015.

[8] 高安邦，黄志欣，高鸿升. 西门子 PLC 技术完全攻略 [M]. 北京：化学工业出版社，2015.

[9] 高安邦，高家宏，孙定霞. 机床电气 PLC 编程方法与实例 [M]. 北京：机械工业出版社，2014.

[10] 高安邦，陈武，黄宏耀. 电力拖动控制线路理实一体化教程 [M]. 北京：中国电力出版社，2014.

[11] 高安邦，石磊，胡乃文. 日本三菱 FX/A/Q 系列 PLC 自学手册 [M]. 北京：中国电力出版社，2013.

[12] 高安邦，褚雪莲，韩维民. PLC 技术与应用理实一体化教程 [M]. 北京：机械工业出版社，2013.

[13] 高安邦，佟星. 楼宇自动化技术与应用理实一体化教程 [M]. 北京：机械工业出版社，2013.

[14] 高安邦，刘曼华，高家宏. 德国西门子 S7-200 版 PLC 技术与应用理实一体化教程 [M]. 北京：机械工业出版社，2013.

[15] 高安邦，智淑亚，董泽斯. 新编机床电气控制与 PLC 应用技术 [M]. 北京：机械工业出版社，2013.

[16] 高安邦，石磊，张晓辉. 西门子 S7-200/300/400 系列 PLC 自学手册 [M]. 北京：中国电力出版社，2012.

[17] 高安邦，董泽斯，吴洪兵. 德国西门子 S7-200 PLC 版新编机床电气与 PLC 控制技术 [M]. 北京：机械工业出版社，2012.

[18] 高安邦，石磊，张晓辉. 德国西门子 S7-200 PLC 版机床电气与 PLC 控制技术理实一体化教程[M]. 北京：机械工业出版社，2012.

[19] 高安邦，田敏，俞宁，等. 德国西门子 S7-200 PLC 工程应用设计 [M]. 北京：机械工业出版社，2011.

[20] 高安邦，薛岚，刘晓艳，等. 三菱 PLC 工程应用设计 [M]. 北京：机械工业出版社，2011.

[21] 高安邦，田敏，成建生，等. 机电一体化系统设计实用案例精选 [M]. 北京：中国电力出版社，2010.

[22] 隋秀凛，高安邦. 实用机床设计手册 [M]. 北京：机械工业出版社，2010.

[23] 高安邦，成建生，陈银燕. 机床电气与 PLC 控制技术项目教程 [M]. 北京：机械工业出版社，2010.

[24] 高安邦，杨帅，陈俊生. LonWorks 技术原理与应用 [M]. 北京：机械工业出版社，2009.

[25] 高安邦，孙社文，单洪，等. LonWorks 技术开发和应用 [M]. 北京：机械工业出版社，2009.

[26] 高安邦，等. 机电一体化系统设计实例精解 [M]. 北京：机械工业出版社，2008.

[27] 高安邦，智淑亚，徐建俊. 新编机床电气与 PLC 控制技术 [M]. 北京：机械工业出版社，2008.

［28］高安邦，等．机电一体化系统设计禁忌［M］．北京：机械工业出版社，2008．

［29］高安邦．典型电线电缆设备电气控制［M］．北京：机械工业出版社，1996．

［30］张海根，高安邦．机电传动控制［M］．北京：高等教育出版社，2001．

［31］朱伯欣．德国电气技术［M］．上海：上海科学技术文献出版社，1992．

［32］朱立义．冷冲压工艺与模具设计［M］．重庆：重庆大学出版社，2006．

［33］张立勋．电气传动与调速系统［M］．北京：中央广播电视大学出版社，2005．

［34］吴亦锋．OMRON 可编程序控制器原理与应用速成（第 2 版）［M］．福州：福建科学技术出版社，2009．

［35］陈在平，赵相宾．可编程序控制器技术与应用系统设计［M］．北京：机械工业出版社，2002．

［36］王兆明．可编程序控制器原理、应用与实训［M］．北京：机械工业出版社，2008．

［37］王卫兵．PCL 系统通信、扩展与网络互联技术［M］．北京：机械工业出版社，2005．

［38］夏田，陈婵娟，祁广利．PLC 电气控制技术：CPM1A 系列和 S7-200［M］．北京：化学工业出版社，2008．

［39］黄净．电气控制与可编程序控制器［M］．北京：机械工业出版社，2011．

［40］王卫星．可编程控制器原理及应用［M］．北京：中国水利出版社，2002．

［41］邹金慧．可编程控制器及其系统［M］．重庆：重庆大学出版社，2002．

［42］何友华．可编程序控制器及常用控制电器［M］．北京：冶金工业出版社，2011．

［43］霍罡，曹辉．可编程序控制器模拟量及 PID 算法应用案例［M］．北京：高等教育出版社，2008．

［44］李向东．电气控制与 PLC［M］．北京：机械工业出版社，2009．

［45］柳春生．电器控制与 PLC［M］．北京：机械工业出版社，2010．

［46］曹辉，霍罡．可编程序控制器过程控制技术［M］．北京：机械工业出版社，2006．

［47］翟红程，俞宁．西门子 S7-200 应用教程［M］．北京：机械工业出版社，2007．

［48］徐建俊．电机与电气控制项目教程［M］．北京：机械工业出版社，2008．

［49］徐建俊．电机与电气控制［M］．北京：清华大学出版社，2004．

［50］史宜巧，等．PLC 技术与应用［M］．北京：机械工业出版社，2009．

［51］胡成龙，何琼．PLC 应用技术 三菱 FX$_{2N}$ 系列［M］．武汉：湖北科学技术出版社，2008．

［52］刘建华、张静之．三菱 FX$_{2N}$ 系列 PLC 应用技术［M］．北京：机械工业出版社，2010．

［53］刘兵．可编程逻辑控制器及应用［M］．北京：机械工业出版社，2010．

［54］刘光起，周亚夫．PLC 技术及应用［M］．北京：化学工业出版社，2008．

［55］湖北高职"十一五"规划教材《电气控制与 PLC 应用》研制组．电气控制与 PLC 应用［M］．武汉：湖北科学技术出版社，2008．

［56］张晓峰．电气控制与可编程控制技术及应用［M］．北京：国防工业出版社，2010．

［57］唐修波．变频技术及应用［M］．北京：中国劳动社会保障出版社，2014．

［58］王炳实，王兰军．机床电气控制［M］．北京：机械工业出版社，2008．

［59］殷洪义，吴建华．PLC 原理与实践［M］．北京：清华大学出版社，2008．

［60］高南．PLC 控制系统编程与实现任务解析［M］．北京：北京邮电大学出版社，2008．

［61］杨后川．SIMATIC S7-200 可编程控制器原理与应用［M］．北京：北京航空航天大学出版社，2008．

［62］韦瑞录，麦艳红．可编程控制器原理与应用［M］．广州：华南理工大学出版社，2007．

［63］严盈富．PLC 职业技能培训及视频精讲——西门子 S7-200 系列［M］．北京：人民邮电大出版社，2007．

［64］宋君烈．可编程控制器实验教程［M］．沈阳：东北大学出版社，2003．

［65］胡成龙，何琼．PLC 应用技术［M］．武汉：武汉科技大学出版社，2006．

［66］廖常初．可编程序控制器应用技术（第 5 版）［M］．重庆：重庆大学出版社，2010．

[67] 郁汉琪. 电气控制与可编程序控制器应用技术 [M]. 南京：东南大学出版社，2003.

[68] 邹金慧，黄宋魏，杨晓洪. 可编程序控制器（PLC）原理及应用 [M]. 昆明：云南科技出版社，2000.

[69] 龚仲华，等. 三菱 FX/Q 系列 PLC 应用技术 [M]. 北京：人民邮电出版社，2006.

[70] 郑风冀，郑丹丹，赵春江. 图解（FX$_{2N}$）PLC 控制系统梯形图和语句表 [M]. 北京：人民邮电出版社，2006.

[71] 高钦和. PLC 应用开发案例精选（第 2 版）[M]. 北京：人民邮电出版社，2009.

[72] 邹金慧，等. 可编程序控制器（PLC）原理及应用 [M]. 昆明：云南科技出版社，2001.

[73] 周建清. 机床电气控制（项目式教学）[M]. 北京：机械工业出版社，2008.

[74] 王芹，藤今朝. 可编程控制器技术与应用 [M]. 天津：天津大学出版社，2008.

[75] 廖常初. PLC 编程及应用（第 3 版）[M]. 北京：机械工业出版社，2009.

[76] 严盈富，罗海平，吴海勤. 监控组态软件与 PLC 入门 [M]. 北京：人民邮电出版社，2006.

[77] 求是科技. PLC 应用开发技术与工程实践 [M]. 北京：人民邮电出版社，2005..

[78] 尹昭辉，姜福详，高安邦. 数控机床的机电一体化改造设计 [J]. 电脑学习，2006（4）.

[79] 高安邦，杜新芳，高云. 全自动钢管表面除锈机 PLC 控制系统 [J]. 电脑学习，1998（5）.

[80] 邵俊鹏，高安邦，司俊山. 钢坯高压水除鳞设备自动检测及 PLC 控制系统 [J]. 电脑学习，1998（3）.

[81] 赵莉，高安邦. 全自动集成式燃油锅炉燃烧器的研制 [J]. 电脑学习，1998（2）.

[82] 马春山，智淑亚，高安邦. 现代化高速话缆绝缘线芯生产线的电控（PLC）系统设计 [J]. 基础自动化，1996（4）.

[83] 高安邦，崔永焕，崔勇. 同位素分装机 PLC 控制系统 [J]. 电脑学习，1995（4）.